주기율표

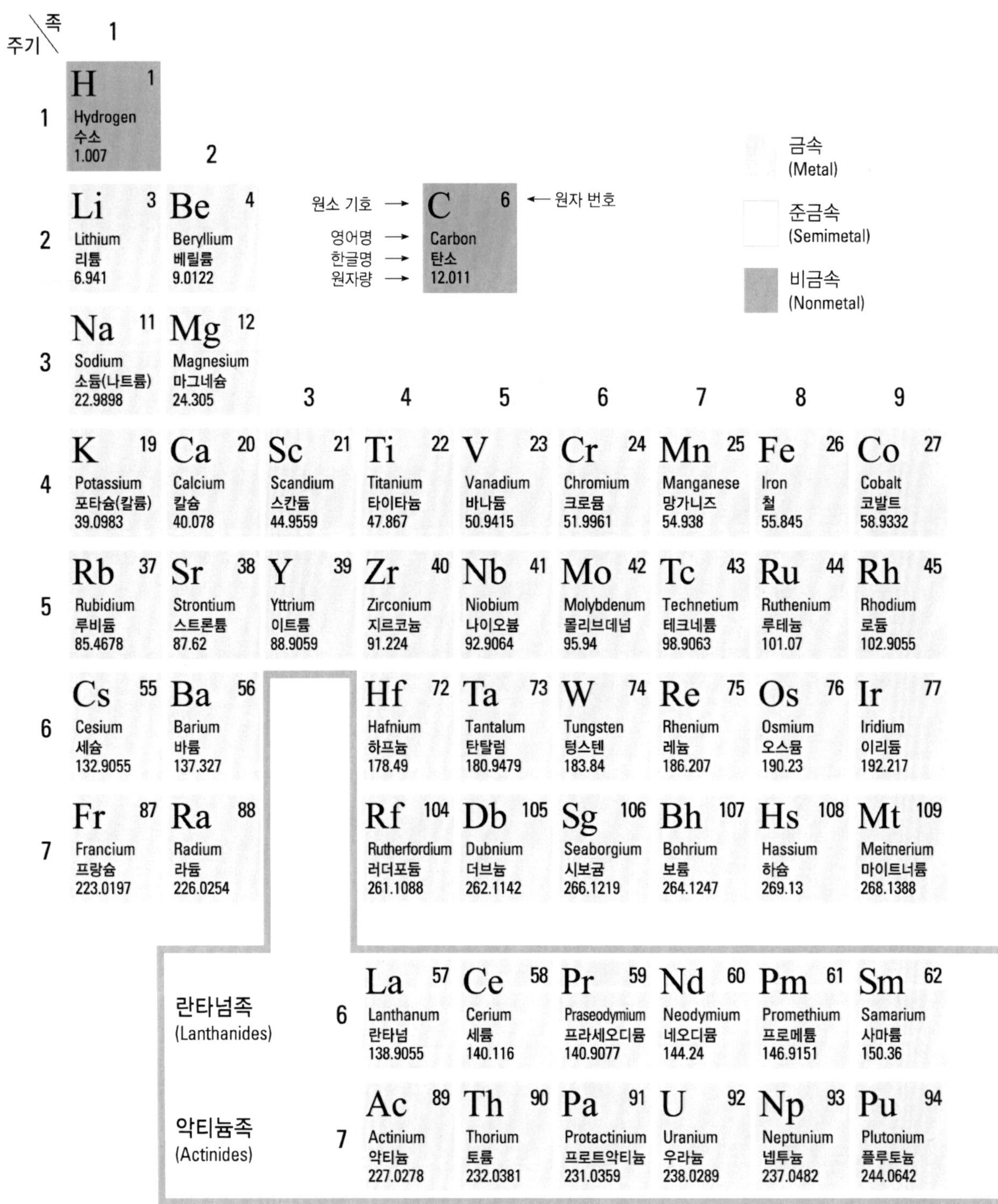

주기＼족	1	2	3	4	5	6	7	8	9
1	H 1 Hydrogen 수소 1.007								
2	Li 3 Lithium 리튬 6.941	Be 4 Beryllium 베릴륨 9.0122							
3	Na 11 Sodium 소듐(나트륨) 22.9898	Mg 12 Magnesium 마그네슘 24.305							
4	K 19 Potassium 포타슘(칼륨) 39.0983	Ca 20 Calcium 칼슘 40.078	Sc 21 Scandium 스칸듐 44.9559	Ti 22 Titanium 타이타늄 47.867	V 23 Vanadium 바나듐 50.9415	Cr 24 Chromium 크로뮴 51.9961	Mn 25 Manganese 망가니즈 54.938	Fe 26 Iron 철 55.845	Co 27 Cobalt 코발트 58.9332
5	Rb 37 Rubidium 루비듐 85.4678	Sr 38 Strontium 스트론튬 87.62	Y 39 Yttrium 이트륨 88.9059	Zr 40 Zirconium 지르코늄 91.224	Nb 41 Niobium 나이오븀 92.9064	Mo 42 Molybdenum 몰리브데넘 95.94	Tc 43 Technetium 테크네튬 98.9063	Ru 44 Ruthenium 루테늄 101.07	Rh 45 Rhodium 로듐 102.9055
6	Cs 55 Cesium 세슘 132.9055	Ba 56 Barium 바륨 137.327		Hf 72 Hafnium 하프늄 178.49	Ta 73 Tantalum 탄탈럼 180.9479	W 74 Tungsten 텅스텐 183.84	Re 75 Rhenium 레늄 186.207	Os 76 Osmium 오스뮴 190.23	Ir 77 Iridium 이리듐 192.217
7	Fr 87 Francium 프랑슘 223.0197	Ra 88 Radium 라듐 226.0254		Rf 104 Rutherfordium 러더포듐 261.1088	Db 105 Dubnium 더브늄 262.1142	Sg 106 Seaborgium 시보귬 266.1219	Bh 107 Bohrium 보륨 264.1247	Hs 108 Hassium 하슘 269.13	Mt 109 Meitnerium 마이트너륨 268.1388

	주기						
란타넘족 (Lanthanides)	6	La 57 Lanthanum 란타넘 138.9055	Ce 58 Cerium 세륨 140.116	Pr 59 Praseodymium 프라세오디뮴 140.9077	Nd 60 Neodymium 네오디뮴 144.24	Pm 61 Promethium 프로메튬 146.9151	Sm 62 Samarium 사마륨 150.36
악티늄족 (Actinides)	7	Ac 89 Actinium 악티늄 227.0278	Th 90 Thorium 토륨 232.0381	Pa 91 Protactinium 프로트악티늄 231.0359	U 92 Uranium 우라늄 238.0289	Np 93 Neptunium 넵투늄 237.0482	Pu 94 Plutonium 플루토늄 244.0642

Periodic Table of the Elements

10	11	12	13	14	15	16	17	18
								He 2 Helium 헬륨 4.0026
			B 5 Boron 붕소 10.811	C 6 Carbon 탄소 12.011	N 7 Nitrogen 질소 14.0067	O 8 Oxygen 산소 15.9994	F 9 Fluorine 플루오린 18.9984	Ne 10 Neon 네온 20.1797
			Al 13 Aluminium 알루미늄 26.9815	Si 14 Silicon 규소 28.0855	P 15 Phosphorus 인 30.9738	S 16 Sulfur 황 32.0650	Cl 17 Chlorine 염소 35.4533	Ar 18 Argon 아르곤 39.948
Ni 28 Nickel 니켈 58.6934	Cu 29 Copper 구리 63.546	Zn 30 Zinc 아연 65.409	Ga 31 Gallium 갈륨 69.723	Ge 32 Germanium 저마늄 72.64	As 33 Arsenic 비소 74.9216	Se 34 Selenium 셀레늄 78.96	Br 35 Bromine 브로민 79.904	Kr 36 Krypton 크립톤 83.798
Pd 46 Palladium 팔라듐 06.421	Ag 47 Silver 은 107.8682	Cd 48 Cadmium 카드뮴 112.411	In 49 Indium 인듐 114.818	Sn 50 Tin 주석 118.71	Sb 51 Antimony 안티모니 121.76	Te 52 Tellurium 텔루륨 127.6	I 53 Iodine 아이오딘 126.9045	Xe 54 Xenon 제논 131.293
Pt 78 Platinum 백금 95.078	Au 79 Gold 금 196.9666	Hg 80 Mercury 수은 200.59	Tl 81 Thallium 탈륨 204.3833	Pb 82 Lead 납 207.2	Bi 83 Bismuth 비스무트 208.9804	Po 84 Polonium 폴로늄 208.9824	At 85 Astatine 아스타틴 209.9871	Rn 86 Radon 라돈 222.0176
Ds 110 Darmstadtium 다름스타튬 271.15	Rg 111 Roentgenuim 뢴트게늄 272.1535	Cn 112 Copernicium 코페르니슘 (277)	Nh 113 Nihonium 니호늄 (284.18)	Fl 114 Flerovium 플레로븀 (289.19)	Mc 115 Moscovium 모스코븀 (288.19)	Lv 116 Livermorium 리버모륨 (293)	Ts 117 Tennessine 테네신 (294)	Og 118 Oganesson 오가네손 (294)
Eu 63 Europium 유로퓸 51.964	Gd 64 Gadolinium 가돌리늄 157.25	Tb 65 Terbium 터븀 22.9898	Dy 66 Dysprosium 디스프로슘 162.5	Ho 67 Holmium 홀뮴 164.93	Er 68 Erbium 어븀 167.259	Tm 69 Thulium 툴륨 168.9342	Yb 70 Ytterbium 이터븀 173.04	Lu 71 Lutetium 루테튬 174.967
Am 95 Amoricium 아메리슘 243.0614	Cm 96 Curium 퀴륨 247.0703	Bk 97 Berkelium 버클륨 247.0703	Cf 98 Californium 캘리포늄 251.0796	Es 99 Einsteinium 아인슈타이늄 252.083	Fm 100 Fermium 페르뮴 257.0951	Md 101 Mendelevium 멘델레븀 258.0984	No 102 Nobelium 노벨륨 259.101	Lr 103 Lawrencium 로렌슘 262.1097

한 권으로 끝내는

유기화학 기초 연습

윤용진 · 윤효재 지음

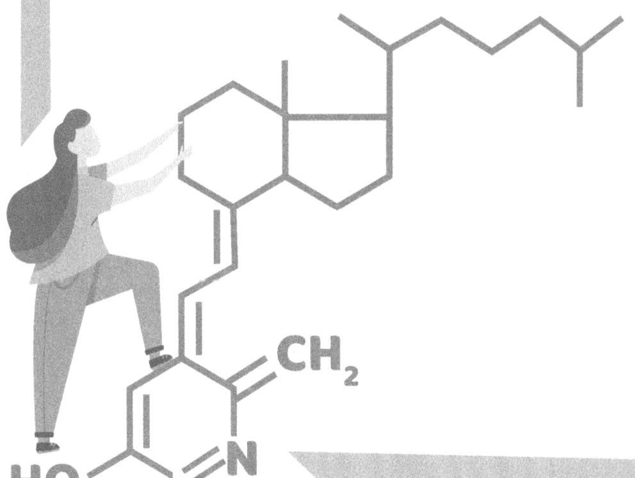

자유아카데미

머리말

유기 화합물은 자연과 인간의 삶 어디에서나 그 중심에 있다. 따라서 화학 전공 분야뿐만 아니라 생명과학, 의학, 약학, 수의학, 공학, 농학 및 수산학 등 다양한 학문 분야에서 유기화학을 필요로 한다. 오늘날 관련 학문 분야가 크게 발전하면서 유기 분자의 명명, 합성 및 구조와 성질의 이해가 더욱 중요해졌다. 특히 유기화학을 처음 시작하는 학습자들에게는 더욱 그렇다.

대부분의 유기화학 교재는 한두 학기용으로 만들어져 있다. 이 교재들은 분량의 한계 때문에 처음 유기화학을 배우려는 학습자에게 필요한 유기 분자 구조식 그리기, 명명법 및 반응 메커니즘 등을 자세히 다루지 않는다. 이런 이유로 대부분의 학습자들은 관련 기초 지식이 부족하여 유기화학 학습에 큰 부담을 느끼며 기피하게 된다. 저자들은 학습자들의 이런 어려움을 다소나마 해소해 줄 수 있는 연습 교재의 필요성을 느껴 이 책을 집필하게 되었다.

모쪼록, 처음 유기화학을 접하는 이들이 부담 없이 쉽게 접근하여 유기화학을 학습하는 데 도움이 되길 바란다.

이 책은 분자 구조식 그리는 방법, 명명하는 방법 및 반응 메커니즘 그리는 방법 등을 스스로 학습할 수 있도록 구성하였다. 즉, 하나의 주제에 대하여 1) 개략적인 개념 설명, 2) 단계별 수행 방법 3) 반복 학습에 따른 복습 및 연습문제 형식으로 구성되었다.

이 책은 모두 10개의 장으로 구성되어 있다. 1장과 2장은 화합물의 표현 방법 및 명명법을, 3장은 반응 메커니즘 그리는 방법, 4장부터 9장까지는 작용기를 중심으로 한 계열 화합물의 중요 반응 메커니즘을 다루었다. 마지막으로 10장은 대사 과정에서 중요한 생체 분자의 반응 메커니즘을 다루었다.

좋은 책을 만들고자 많은 노력을 기울였음에도 오류가 있을 것이다. 이 책의 부족한 점이나 오류를 발견하면 자유아카데미 대표 메일(editor@freeaca.com)로 알려주길 바라며, 출간 후 수정사항이 있을 경우에는 자유아카데미 홈페이지(www.freeaca.com) 자료실을 통해 알릴 예정이다.

끝으로 이 교재가 유기화학을 시작하는 이들에게 많은 도움이 되길 바라며, 이 교재를 출간할 수 있도록 지원해 준 자유아카데미에 깊은 감사를 드린다.

2020년 3월
저자 대표

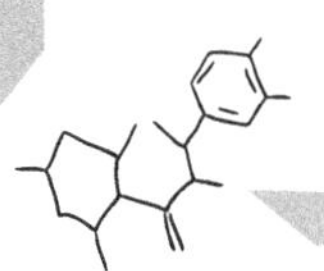

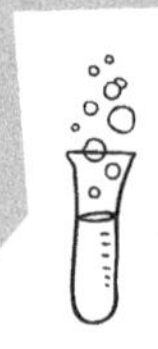

이 책은 이렇게 활용하라!

이 책은 유기화학을 배우는 학습자들이 가장 어려워하는 기초적 문제를 해결해 주고자 한다. 이 책은 크게 다음의 세 분야의 내용을 다룬다.

유기 분자의 다양성 때문에 유기 분자의 구조식을 그리고, 이름을 붙이고, 반응 메커니즘을 그리는 것은 생각보다 쉽지 않다. 여기에는 원칙과 규칙과 방법이 있으며, 기초를 혼자서 효과적으로 학습할 수 있도록 네 단계로 편집하였다.

1. **본문** 본문에서 간단한 이론과 규칙 등을 서술하였다
2. **방법** 실제 수행하는 방법을 단계별로 나타내었다.
3. **복습** 방법으로 제시한 것을 그대로 반복하여 수행할 수 있도록 하였다
4. **연습** 앞의 과정에서 습득한 방법의 이해도를 스스로 평가할 수 있도록 하였다.

이 책을 다음과 같이 활용하라! 그러면 유기화학을 쉽게 정복할 수 있다.

첫째: 먼저 기초 이론 설명을 읽어라. 짧지만 필요한 내용이다.
둘째: 방법은 직접 쓰고 그려보라. 눈으로만 공부해서는 습득이 어렵다.
셋째: 복습은 책에서 직접 수행하고 수행 후에 옳은지 확인하라.
틀린 곳은 반복 수행하여 습득하라.
넷째: 연습 문제를 풀어 자신의 이해도를 평가하라.
솔직하고 정확한 평가는 실력을 향상시킨다.

모쪼록 이 책이 모든 독자들의 유기화학 학습과 연구에 큰 도움이 되기를 바란다.

차례

1장 화합물의 표현법

2장 유기 화합물의 명명법

3장 반응 메커니즘 그리기

4장 알케인, 알켄, 알카인의 반응 메커니즘

5장 알코올/아민/나이트로 작용기 반응 메커니즘

6장 방향족 화합물 반응 메커니즘

7장 카보닐 화합물 반응 메커니즘

8장 카복실산과 카복실산 유도체들의 반응 메커니즘

9장 카보닐 화합물의 α-탄소 반응 메커니즘

10장 생체 분자의 반응 메커니즘

부록

1장 화합물의 표현법

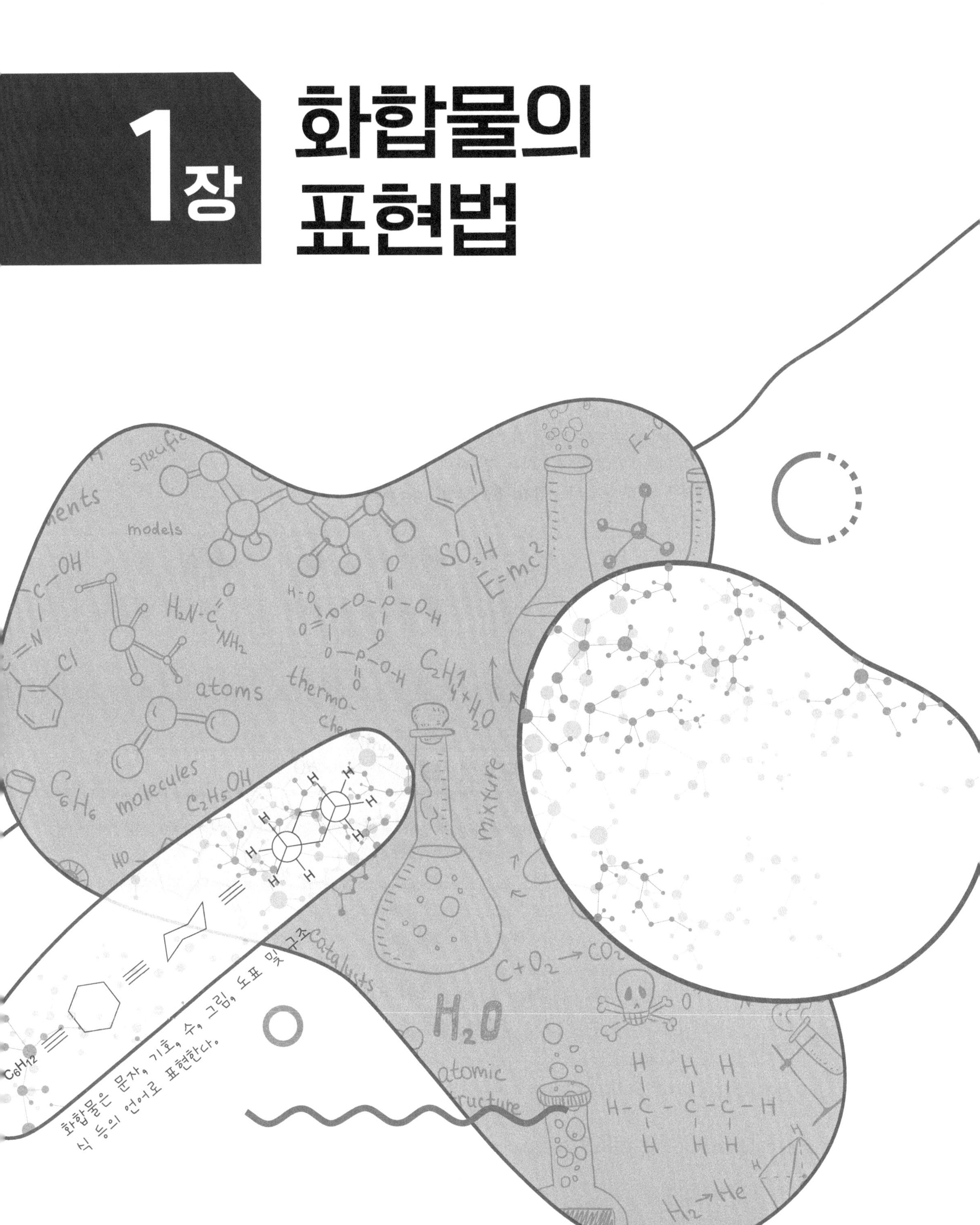

화학은 화학을 다루고 이해하고 전달하는 데 서로 약속한 화학만의 특별한 언어를 사용한다. 이 때문에 국적과 언어가 다른 화학자들 사이에서도 상호 의사소통이 가능하다. 화학의 소통 언어에는 문자, 기호, 수, 그림, 도표뿐만 아니라 구조식 등도 포함된다. 이런 화학의 일반적이고 규정화된 관례와 규칙은 국제 순수 및 응용 화학 연합(International Union Pure & Applied Chemistry, IUPAC)에서 정한다. 따라서 화학을 처음 시작하는 사람이라면 누구나 이런 관례와 규칙을 이해하고 사용할 수 있어야 한다.

하나의 화합물(compound)을 나타낼 때에는 이름과 화학식(chemical formula) 또는 구조식을 이용한다. 화합물 이름은 국제적인 규약으로 이용하는 **계통명**(IUPAC 규칙)과 IUPAC 규칙이 제정되기 이전부터 사용되었던 **관용명**(common name)이 쓰인다. 화학식은 구성된 원소의 종류와 수, 구성 원소들의 상호 반응관계 등을 원소 기호와 숫자로 표현한 것이다. 구조식은 각 원자들이 결합 형태와 모양을 나타낸다. 화학식과 화합물의 모양(구조)을 알면 해당 물질의 물리적, 화학적 성질과 거동을 알 수 있다.

분자성 물질을 다루는 유기화학에서 화합물의 구조식을 그리는 방법을 알고 숙지하는 것은 매우 중요하다. 분자의 구조를 표현하는 방법으로 축약해서 그리는 **간략 구조식**(condensed structural formula)과 하나의 결합을 선으로 표현하는 **선-구조식**(line-structural formula)이 있다. 또 1차원 평면에 그리는 평면 구조식과 3차원 모양을 표현하는 3차원 구조식들이 있다. 화학자들은 분자의 모양을 이해하기 위해 원자를 "공"으로 결합을 "막대"로 표현하는 **공-막대 모형**(ball & stick model)과 3차원 전자구름을 이해하는 데 도움이 되는 **공간 채움 모형**(space filling model)을 이용한다.

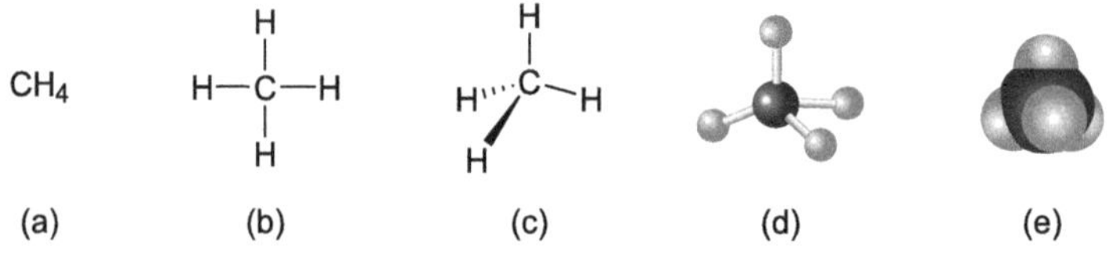

그림 1.1 Methane(CH_4) 분자를 표현하는 방법 :
(a) 분자식 (b) 평면 구조식 (c) 점선–쐐기 선 3D 구조식 (d) 공–막대 모형 (e) 공간 채움 모형

1.1 화학식 및 분자식 쓰기

화학식은 화합물을 구성하는 원자와 구성 원자들 간의 상호 반응관계를 숫자로 표시한 것이다. 분자에 대해서 표기한 화학식은 **분자식**(molecular formula)이라고 한다. 동일한 원소가 여러 개 있으면 원소 기호 오른편에 아래 첨자로 그 수를 표기한다. 또 원자단의 수는 해당 원자단을 괄호로 묶고, 괄호 오른편에 아래 첨자로 표시한다.

원소 기호
수소

H_2 ← 수소의 수 $C_6H_5(NO_2)_2$ ← (NO_2)의 수

화학식은 혼란을 피하기 위해, 정해진 표준화된 방식으로 표기한다. 방법 1.1에 2종류의 원소만을 포함하는 이성분 화합물의 화학식 표기 지침을 나타냈다.

방법 1.1 이성분 화합물의 화학식 쓰기

1단계 수소(H) 원자를 제외하고는 주기율표에서 더 왼편에 있는 원소를 먼저 쓴다.

예 인(P) 원자 1개와 염소(Cl) 원자 3개로 된 화합물 → PCl_3로 표기.

2단계 수소(H) 원자가 존재하면, 다른 원소가 주기율표의 16족(산소족) 또는 17족(할로젠족)에 속하는 경우를 제외하고는 수소(H) 원자를 마지막에 쓴다.

예 수소(H) 원자 6개와 붕소(B) 원자 2개로 된 화합물 → B_2H_6로 표기.
수소(H) 원자 2개와 산소(O) 원자 2개로 된 화합물 → H_2O_2로 표기.

3단계 두 원소가 동일한 족(group)에 속하면, 주기율표에서 더 아래쪽 원소를 먼저 쓴다.

예 산소(O) 원자 2개와 황(S) 원자 1개로 된 화합물 → SO_2로 표기.
S는 주기율표에서 O 바로 아래에 위치한다.

4단계 이온 결합 화합물(ionic compound)의 경우는 양이온을 먼저 쓰고 다음에 음이온을 쓴다.

예 K^+ 양이온 1개와 Br^- 음이온 1개로 된 이온 결합 화합물 → KBr로 표기.

이온 결합 화합물: 양이온과 음이온으로 구성된 화합물. 예 Na^+Cl^-

연습문제 1.1 다음에 주어진 원자들로 구성된 이성분 화합물의 화학식을 쓰시오.

수소(H) 원자 2개와 질소(N) 원자 3개로 된 화합물
수소(H) 원자 3개와 붕소(B) 원자 1개로 된 화합물
염소 음이온(Cl^-) 2개와 칼슘(II) 양이온(Ca^{2+}) 1개로 된 화합물

연습문제 1.2 다음 각 문제에 주어진 화합물의 화학식을 쓰시오.

(a) 수소(H) 원자 4개와 탄소(C) 원자 1개로 이루어진 화합물
(b) 염소(Cl) 원자 3개와 인(P) 원자 1개로 이루어진 화합물
(c) 수소(H) 원자 2개와 탄소(C) 원자 2개로 이루어진 화합물
(d) 수소(H) 원자 6개와 탄소(C) 원자 6개로 이루어진 화합물
(e) 수소(H) 원자 3개와 인(P) 원자 1개로 이루어진 화합물

구성 원자 수가 많은 복잡한 화합물이나 분자들의 화학식을 쓰려면, 화합물 내의 결합에 대한 정보나 지식이 필요하다. 화합물은 결합의 유형에 따라 공유 결합 화합물과 이온 결합 화합물로 구분할 수 있다. 여기서는 유기화학에서 주로 다루는 공유 결합 화합물에 대해서만 다룬다.

공유 결합 화합물은 공유 결합으로만 이루어진 화합물이다.

공유 결합 화합물들은 대부분 탄소 계열의 유기 화합물들이다. 하나의 탄소는 최대 4개의 다른 원자들과 공유 결합할 수 있다. 뿐만 아니라 탄소는 다른 탄소나 질소 및 산소 등과 이중 결합 또는 삼중 결합도 형성할 수 있다. 따라서 탄소를 포함하는 유기 화합물의 화학식(또는 분자식)은 다음과 같은 **Hill 체계**(Hill system 또는 notation) 지침에 따라 분자식을 쓴다.

힐 체계는 미국 특허 상표청(USPTO, US Patent & Trademark Office)에 근무하는 Hill(Edwin A. Hill)이 제안한 유기 화합물 화학식 표기법이다. [*J. Am. Chem. Soc.* 1900, 22(8), 478]

방법 1.2 탄소 화합물의 화학식 쓰기

1단계 C 원자를 맨 앞에 쓴다.

2단계 그 다음에 H 원자를 쓴다.

3단계 나머지 원소는 알파벳 순서대로 쓴다.

예 C 원자 3개, H 원자 6개 그리고 O 원자 2개로 구성된 아세트산의 화학식 → $C_3H_6O_2$ 로 쓴다.

연습문제 1.3 각 문제에 주어진 원자들이 만드는 탄소 화합물의 화학식을 쓰시오.

(a) H 원자 6개, C 원자 2개와 O 원자 1개로 이루어진 화합물

(b) H 원자 5개, C 원자 2개, N 원자 1개와 O 원자 1개로 이루어진 화합물

(c) H 원자 5개, C 원자 3개, Cl 원자 1개와 O 원자 1개로 이루어진 화합물

연습문제 1.4 다음 각 문제에 주어진 원자들이 만드는 화합물의 화학식을 쓰시오.

(a) H 원자 8개, C 원자 6개와 O 원자 6개로 이루어진 화합물

(b) N 원자 1개, H 원자 5개와 C 원자 5개로 이루어진 화합물

(c) C 원자 3개, H 원자 5개, Br 원자 1개와 O 원자 2개로 이루어진 화합물

(d) C 원자 3개, H 원자 7개, Cl 원자 1개, N 원자 1개와 O 원자 1개로 이루어진 화합물

유기 화합물의 분자식으로부터 불포화 결합이나 고리의 수를 알 수 있다. 탄화수소는 포화 탄화수소와 불포화 탄화수소로 구분한다.

불포화 탄화수소에서 포화 탄화수소보다 부족한 H 수를 알면, 루이스(Lewis) 구조식을 그리는 데 편리하다. 이 부족한 H의 수는 불포화도 또는 수소 결핍지수로 나타낸다.

불포화도가 1이면 H 원자 2개가 부족하거나 또는 하나의 고리를 이루고 있다는 것을 알 수 있다. 불포화도는 다음과 같이 계산한다.

포화 탄화수소(saturated hydrocarbon)는 C_nH_{2n+2}라는 일반식을 갖는다.

불포화 탄화수소(unsaturated hydrocarbon)는 포화 탄화수소보다 H 수가 2의 배수씩 부족한 탄화수소이다. 일반식은 C_nH_{2n}, 또는 C_nH_{2n-2} 등의 일반식을 갖는다.

포화 탄화수소에서 "포화(saturated)"란? 화합물에 포함된 탄소(C) 원자가 모두 4개의 다른 원자들과 결합하고 있음을 의미한다.

불포화 탄화수소에서 "불포화(unsaturated)"란? 구성된 일부 또는 모든 탄소 원자가 4개보다 적은 수로 결합하고 있음을 나타낸다.

수소 결핍지수(index of hydrogen deficiency) 또는 **불포화도**(degree of unsaturation)는 해당 탄소로 구성된 포화 탄화수소보다 부족한 H의 수를 나타내는 지표이다.

방법 1.3 탄화수소의 불포화도 계산하기

1단계 주어진 분자의 C 원자 수를 헤아려 해당 분자가 포화 탄화수소일 때의 H 원자 수를 계산한다. 즉 C 수가 n개이면 H 수는 $(2n+2)$개이다.

2단계 주어진 분자의 실제 H 원자 수를 계산한다.

3단계 다음과 같이 불포화도를 계산한다.

$$\text{불포화도} = \frac{H_{(2n+2)} - H_{(\text{실제})}}{2} \qquad n = \text{분자내 C 원자 수}$$

4단계 유기 할로젠 분자의 경우는 할로젠 원자 수를 수소 수로 바꾸어 분자식을 만들어 계산한다. H와 할로젠(X)이 모두 1가이기 때문이다.

예 $C_4H_6Cl_2$는 분자식이 C_4H_8인 것으로 간주한다.

5단계 O 원자를 포함하는 분자의 경우는 O 원자를 제외한 식으로 계산한다. 산소가 2가이기 때문이다.

예 C_5H_8O는 분자식이 C_5H_8인 것으로 간주한다.

6단계 N 원자를 포함하는 분자의 경우는 주어진 분자식에서 N 원자 수만 큼의 H 원자 수를 빼서 계산한다. 질소가 3가이기 때문이다.

예 C_5H_9N은 분자식이 C_5H_8인 것으로 간주한다.

연습문제 1.5 다음 각 분자의 불포화도를 계산하시오.

(a) C_5H_{10} (b) $C_5H_8Br_2$ (c) $C_6H_{10}O$ (d) $C_8H_{13}N$

연습문제 1.6 다음 각 분자의 불포화도를 계산하시오.

(a) C_5H_6 (b) C_4H_8O (c) $C_6H_{10}BrCl$ (d) $C_5H_{11}N$

탄화수소의 불포화도를 계산하는 다른 방법으로 **13-규칙**(rule of 13)이 있다. 13-규칙은 탄소와 수소의 원자량의 합이 13이므로 분자량(M)을 13으로 나누어 얻은 계수(n)에서 나머지(r)를 빼고 2를 더하여 얻은 값을 2로 나누는 방법이다. 즉, C_nH_{n+r}이 되기 때문이다.

$$\frac{M}{13} = \frac{n+r}{13} \qquad \text{불포화도} = \frac{n-r+2}{2}$$

1.2 루이스 구조식 그리기

분자에서 원자들은 결합(bond)으로 서로 연결되어 있다. 이런 결합은 원자들이 가지는 전자들에 의해 형성된다. 따라서 결합을 표현하는 데 전자를 고려하여야 한다. 전자는 1874년에 Gorge Johnstone Stoney에 의해 제안되고 1877년에 J. J. Thomson에 의해 확인되었다. Lewis(G. Lewis)는 공유 결합하는 원자가 전자를 하나의 점으로 표기하는 것을 제안하였다. 화학종의 반응은 주로 원자가 전자들에 의해 일어나기 때문이다.

원자가 전자(valance electron)는 원자핵으로부터 가장 멀리 있는 전자 껍질의 전자를 말한다.

공유 결합(covalent bond)은 "두 원자가 두 개 전자를 서로 공유하여 형성되는 결합"을 말한다.

방법 1.4 원자의 Lewis 구조식 그리기

1단계 각 원소는 원소 기호로 나타낸다.

2단계 원자가 전자만을 점으로 표시한다. 원자의 원자가 전자 수는 주기율표에서 원자의 족(group) 수와 동일하다.

3단계 전자 수만큼의 점을 원소 기호 왼쪽-오른쪽-위-아래로 표시한다. 원자가 전자 수가 4개까지는 점을 한 개씩 표시하고, 5개부터는 한편에 쌍을 이루도록 표시하여 8개인 원자는 모두 4개의 전자쌍이 되도록 표시한다.

예 수소(H)의 원자가 전자는 1개이다. → H·

탄소(C)의 원자가 전자는 4개이다. → ·Ċ·

산소(O)의 원자가 전자는 6개이다. → :Ȯ:

네온(Ne)의 원자가 전자는 8개이다. → :N̈e:

4단계 두 원자 사이에 놓인 전자쌍은 하나의 선으로 표시한다. 두 원자는 단일 결합(single bond, 한 개의 전자쌍, 하나의 선), 이중 결합(double bond, 두 개의 전자쌍, 두개의 선) 또는 삼중 결합(triple bond, 세 개의 전자 쌍, 세 개의 선)을 이룰 수 있다.

C:C ⇨ C—C	C::C ⇨ C=C	C:::C ⇨ C≡C
단일 결합	이중 결합	삼중 결합

비공유 전자쌍(nonbonding electron pair) 또는 고립 전자쌍(lone pair electron)은 결합에 참여하지 않고, 특정 원자에 편재되어 있는 전자쌍이다.

5단계 원소 기호 옆에 있는 점들은 결합하지 않은 비공유 전자쌍의 전자를 나타낸 것이다. 편의상 비공유 전자쌍도 하나의 선으로 표시하기도 한다.

원자들은 원자가 전자 수가 8개를 충족하면 안정하다. 이 법칙을 **팔전자 규칙**(octet rule)이라고 한다.

6단계 수소(H)를 제외한 각 원소들이 팔전자계를 충족하는지 확인한다.

7단계 모든 원자들의 전체 원자가 전자 수가 맞는지, 모든 원자의 형식 전하가 최소가 되는지 확인하라.

연습문제 1.7 다음 원소들의 Lewis 구조식을 그리시오.

(a) Fluorine (b) Sulfur (c) Bromine

(d) Beryllium (e) Boron (f) Nitrogen

1.2.1 작은 분자의 Lewis 구조식 그리기

각 원자의 Lewis 구조를 합쳐 분자의 Lewis 구조식을 쉽게 그릴 수 있다. 탄소(C)의 원자가 전자는 4개이다. 이 탄소와 원자가 전자가 1개인 수소(H) 4개와 결합하면 CH_4 (methane) 분자가 된다.

방법 1.5 작은 분자의 Lewis 구조식 그리기

1단계 분자에 포함되는 각 원자의 원자가 전자 수를 결정한다. 만일 화학종이 이온이면, 각 음전하 또는 양전하마다 전자를 더하거나 뺀다.

예 CH_2O 분자에서 구성 원소들의 원자가 전자 수는 C(4개), H(1개), O(6개)이다.

2단계 한 개 이상의 결합을 형성하는 원자를 결정한다.

예 CH_2O 분자에서 H는 1개, C는 4개 그리고 O는 2개의 결합을 형성할 수 있다.

3단계 우선, 한 개 이상의 결합을 형성할 수 있는 원자들을 단일 결합으로 연결하여 분자 골격을 조립한다. H는 1개의 결합만을 형성하므로 맨 마지막에 연결한다.

예 CH_2O 분자의 경우에 C와 O 결합을 먼저 연결한다.

·C:O: ≡ ·C—O:

4단계 다음으로 짝을 이루지 않은 홀전자 수가 많은 원자에 H를 연결한다.

예 3단계 예에서 C는 홀전자가 3개, O는 홀전자가 1개이므로 H 원자 2개를 C와 연결한다.

H:C:O: ≡ H—C—O:
   H   H

5단계 H를 제외한 각 원소들이 팔전자계를 이루는지 확인한다. 마지막으로 팔전자계를 이루지 못하는 원자들의 홀전자를 서로 공유시켜 팔전자계가 되도록 한다.

예 4단계 예에서 C와 O는 각각 한 개씩의 홀전자를 가지므로 추가로 C와 O가 전자쌍을 공유하도록 배열한다.

H:C::O: ≡ H—C=O:
   H   H

6단계 마지막으로 H를 제외한 원자들이 팔전자를 만족하는지 확인한다. 또 모든 원자들의 전체 원자가 전자 수가 맞는지, 모든 원자의 형식 전하가 최소가 되는지도 확인한다.

분자 내 각 원자의 형식 전하를 합치면 분자 전체의 전하가 된다. 다음 식으로 계산할 수 있다. 다만, 수소(H)는 형식 전하를 가지지 않는다.

형식 전하 = (자유 원자의 원자가 전자 수) − (결합 원자에서의 원자가 전자 수)
= (원자가 전자 수) − (비공유 전자 수) − (결합 전자 수)
= (원자가 전자 수) − (비공유 전자 수) − (공유 결합 수)

방법 1.5에서 제시된 CH_2O의 전체 원자가 전자 수는 C(4개), H(1 + 1 = 2개), O(6개)로 합계 12개이다. CH_2O에서 산소의 형식 전하는 6 - 4 - (4) = 0이다.

형식 전하(formal charge)는 공유 결합을 하는 원자가 정상적인 원자가 전자를 가지지 않으므로 형성되는 전하이다.

예 Nitropropane, ($CH_3CH_2CH_2NO_2$)에서의 질소와 산소의 형식 전하를 계산한다.

- **질소(N)의 형식 전하 계산**

  N의 원자가 전자 수 = 5
  N의 결합 전자 수 = 8
  N의 비공유 전자 수 = 0
  형식 전하 = 5 − (8/2) − 0 = +1

- **단일 결합 산소(O)의 형식 전하 계산**

  O의 원자가 전자 수 = 6
  O의 결합 전자 수 = 2
  O의 비공유 전자 수 = 6
  형식 전하 = 6 − (2/2) − 6 = −1

연습문제 1.8 CH_2O_2 분자의 Lewis 구조식을 그리시오.

연습문제 1.9 (a)~(d)의 Lewis 구조식을 그리시오.

(a) C_2H_6 (b) CH_3OH (c) CH_5N (d) C_2H_4

1.3 원소들의 전형적인 결합 형태

유기화학에서 자주 다루게 되는 2주기 원자들의 결합 수는 1~4개이다. 이들 각 원자의 결합 수는 최외각 전자 껍질에 추가될 수 있는 전자 수와 같다. 즉, 팔전자계를 이루기에 필요한 수만큼의 결합이 형성된다.

표 1.1 제2주기 원소들의 원자가 전자 수, 결합 수 및 비공유 전자쌍의 수

중성 원자	원자가 전자 수	결합 수	비공유 전자쌍 수
H	1	1	0
C	4	4	0
N	5	3	1
O	6	2	2
F	7	1	3

이들 2주기 중성 원자들이 만들 수 있는 결합 형태는 다음과 같다.

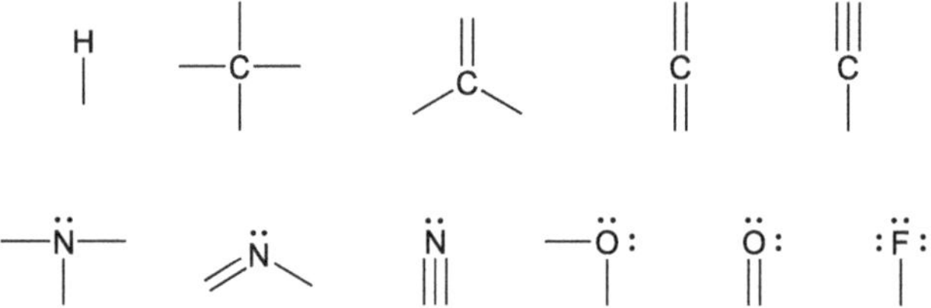

그림 1.2 2주기 중성 원자들이 만들 수 있는 결합 종류

그러나 이들 원자들이 전하를 띤 이온으로 되면 결합 수도 달라진다. 유기화학에서 자주 만나게 되는 탄소, 질소 또는 산소 이온종의 결합 형태는 다음과 같다.

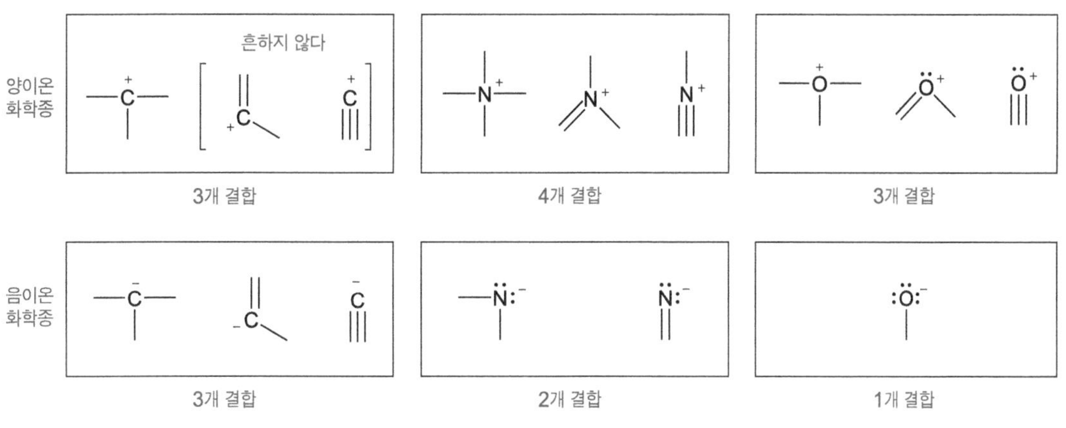

그림 1.3 2주기 원자 이온종이 만들 수 있는 결합 종류

1.4 구조식 그리기

화합물을 이루는 원자들이 어떻게 결합되어 있는가는 화학을 이해하는 데 매우 중요하다. 분자식은 분자의 구성 성분을 알려주지만, 원자들이 어떤 방식으로 결합하여 어떤 3차원 모습을 이루고 있는지는 알 수 없다. 따라서 분자 내 원자들의 결합 방식을 나타내는 구조식(structural formula)이 필요하다. Lewis 구조식은 결합 전자와 비공유 전자 그리고 원자들의 배열을 나타내므로 작은 분자에서만 효과적이다. 따라서 유기화학자나 생화학자들에 의해 많이 사용하는 분자 구조 표현법을 습득하는 것도 매우 중요하고 필요하다.

분자 구조를 나타내는 방법으로 i) 선-결합 구조식, ii) 축약 구조식, iii) 골격 구조식 및 iv) 점선-쐐기 구조식 등을 이용한다.

아래에 *n*-butane의 분자식, Lewis 구조식, 선-결합 구조식 및 축약 구조식을 나타냈다.

C_4H_{10} ═ H:C:C:C:C:H ≡ H–C–C–C–C–H ≡ $CH_3CH_2CH_2CH_3$ 또는 $CH_3(CH_2)_2CH_3$

분자식 | Lewis 구조식 | 선-결합 구조식 | 축약 구조식

선-결합 구조식(line-bond structure, 또는 Kekulé structure)에서는 두 원자 사이의 결합을 하나의 선(–)으로 나타내어 그린다.

축약 구조식(condensed structure)은 결합선 없이 원소 기호만으로 표시한다.

골격 구조식(skeletal structure 또는 line-angle structure)은 C–C 결합을 선으로 표시한다. 단, 헤테로 원자와 헤테로 원자에 결합한 H는 표기한다.

점선-쐐기 구조식(dash-wedge structure)은 결합의 입체 배향을 고려하기 위해 도입된 표기법이다. 종이면을 기준으로 하여, 종이면 상의 결합은 실선(–)으로, 송이면 앞으로 나오는 결합은 쐐기 선(wedge, ▬)으로, 종이면 뒤로 배열되는 결합은 점선(dash, ⋯⋯)으로 표시한다.

방법 1.6 골격 구조식 그리는 방법

1단계 탄소-탄소 결합만을 선으로 나타내고, 탄소 원자는 원소 기호로 표시하지 않는다. 두 선의 교차점이나 각 선의 끝에 하나의 탄소 원자가 존재하는 것으로 간주한다. 그러나 특정 탄소 원자를 강조하기 위해 탄소 원자를 표시하는 경우도 있다.

2단계 탄소에 결합된 수소(H) 원자는 표시하지 않는다. 탄소의 원자가는 4가이므로 마음속으로 탄소의 원자가를 충족시킬 수 있는 수만큼의 수소가 결합된 것으로 간주한다.

헤테로 원자(heteroatom)란 C나 H 이외의 원자들을 일컫는다.

3단계 헤테로 원자는 원소 기호로 표시하고, 헤테로 원자와 결합된 수소는 함께 원소 기호로 표시한다.

예 2-(1-Cyclohexenyl)ethanol의 Kekulé 구조식과 골격 구조식을 그리시오.

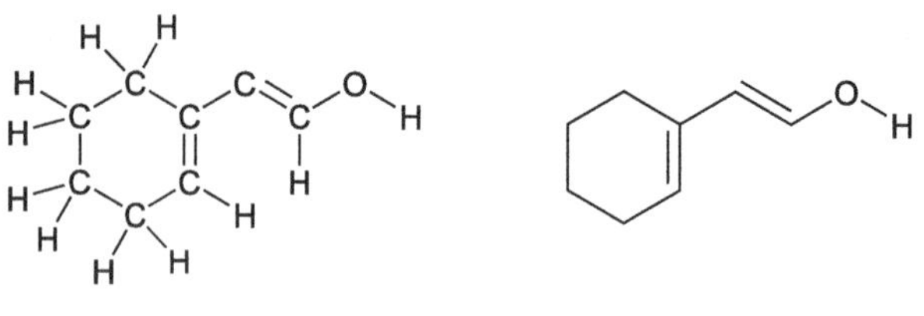

Kekulé 구조식 골격 구조식

4단계 단일 결합을 그릴 때, 결합이 그려진 방향은 무관하다. 또 이중 결합을 그릴 때는 모든 결합이 가능한 한 멀리 떨어져 있도록 그린다.

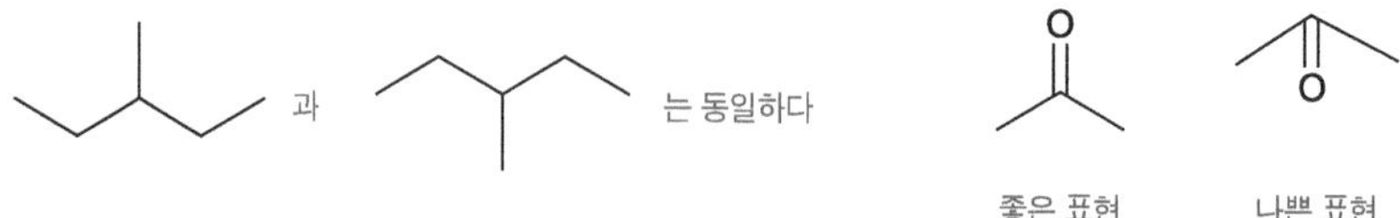

좋은 표현 나쁜 표현

연습문제 1.10 C_6H_5COOH의 축약 구조식을 가지는 분자의 선-결합 구조식을 그리시오.

연습문제 1.11 다음 각 화합물의 골격 구조식을 그리시오.

(a) $CH_2CHOCH_2CH_3$ (b) $HCCCH_2NHCONH_2$ (c) $F_3CCH_2CH_2Cl$

(d) $CH_2CHOCOCH_3$ (e) $C_6H_{11}NHCH_3$ (f) $C_6H_5CHCHC_6H_5$

(g) $C_2H_4O_2$

점선-쐐기 구조식은 **Natta 투영식**(Natta projection) 이라고도 한다.

유기 화합물의 이해나 학습을 위해 분자의 3차원 모양을 나타내는 방법도 필요하다. 그 방법 중 하나가 점선-쐐기 구조식이며 분자의 3차원 구조-특히 거울상 이성질체 배열-를 이해하는 데 도움이 된다.

방법 1.7 점선-쐐기 구조식 그리기

1단계 해당 탄소 원자를 먼저 그린다.

2단계 종이면 상에 배열하려는 결합은 실선(−)으로 나타낸다.

3단계 종이면의 뒷면에 있는 결합은 점선(⋯⋯ 또는 ◁)으로 나타낸다.

4단계 종이면의 앞쪽으로 있는 결합은 쐐기 모양의 선(◀)으로 나타낸다.

예 CH_4(methane)과 $CHClF_2$(chlorodifluoromethane)의 점선–쐐기 구조

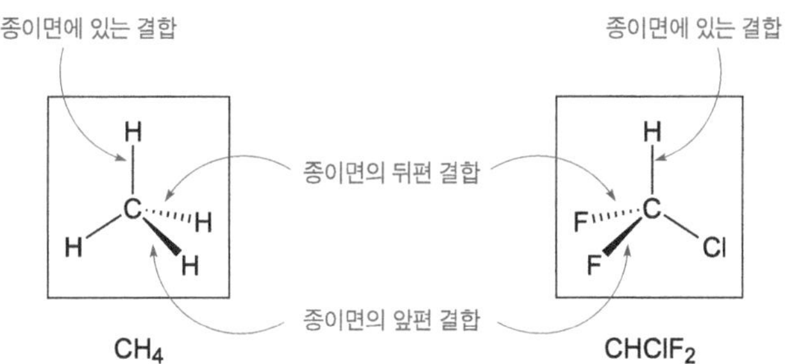

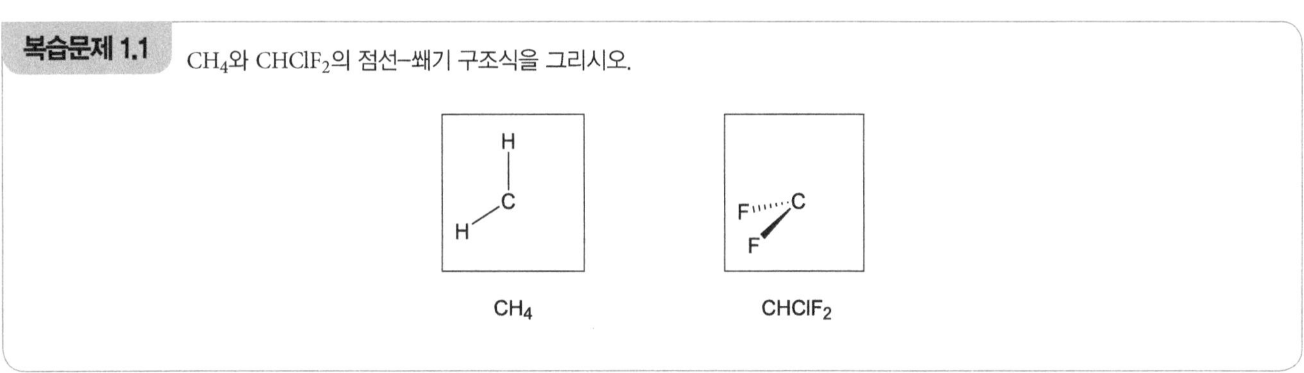

1.5 전자 이동의 표현

공유 결합은 두 개의 전자를 두 원자가 공유하고 있다. 따라서 공유 결합이 분해되고 생성되는 것을 표현하는 경우 굽은 화살표(↷, curved arrow)를 이용하면 유용하다. 이 방법은 굽은 화살표 표현법(curved arrow notation)이라고 하며, 일종의 협약이다. 물론 공명 구조에서도 굽은 화살표를 이용하지만, 반응에서처럼 실제로 전자가 이동하지는 않는다. 출발 물질이 반응하여 생성물로 되는 과정 동안의 결합 전자의 변화를 화살표로 나타낸다. 즉 결합하고 있는 전자의 이동을 화살표로 나타내는 것이다. 이런 방법은 반응 메커니즘을 표현하는 데 매우 유용하며 유기 화학자들이 일반적으로 이용한다.

전자 이동(electron movement)은 출발 물질이 생성물로 되는 과정 동안의 결합 전자의 변화를 화살표로 나타내는 표현 방법이다.

방법 1.8 메커니즘 전자 이동 그리기

1단계 한 쌍의 전자 이동을 하나의 온전한 굽은 화살표(↷)로 표현한다. 화살표는 전자가 풍부한 쪽에서 부족한 쪽으로 그린다. 즉, 화살표의 꼬리는 전자가 풍부한 원자가 되고, 화살표 머리는 전자가 부족한 원자로 향하도록 그린다.

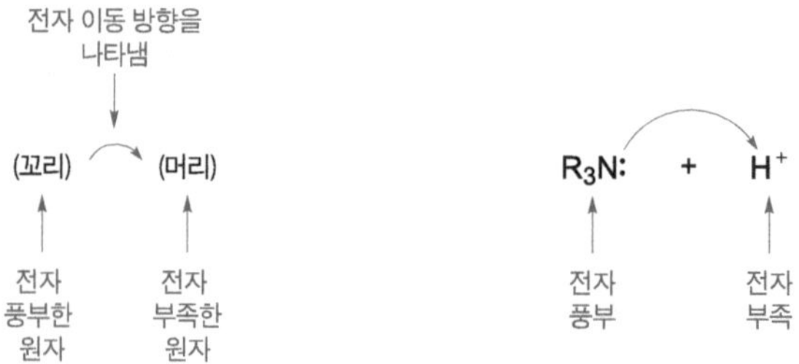

2단계 단일 결합(시그마 결합)을 이루는 전자 한 쌍이 어느 한 원자 쪽으로 이동하면, 두 원자 사이의 결합은 끊어진다. 이 경우 전자를 잃은 원자는 양이온이 되고, 전자를 얻는 원자는 음이온이 된다. 이런 형태의 결합 분해를 불균일 분해(heterolytic cleavage 또는 heterolysis)라고 한다.

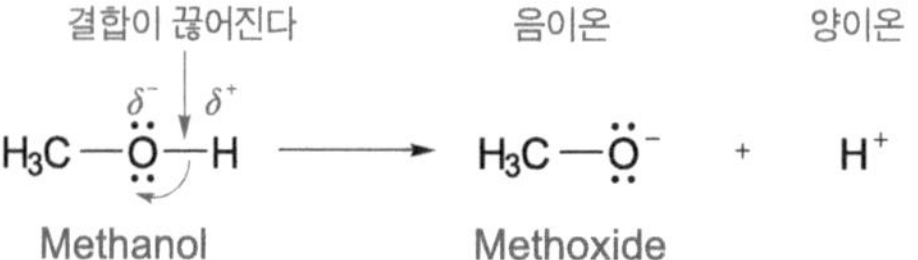

3단계 두 원자가 이루는 다중 결합에서 파이(π) 전자가 이동하면, 기존의 파이 결합이 분해되고, 이 전자쌍을 받은 다른 원자와 새로운 파이 결합이 형성되는 것을 나타낸다.

$$H_2C{=}CH{-}\overset{+}{C}H_2 \longrightarrow H_2\overset{+}{C}{-}CH{=}CH_2$$

기존의 파이 결합　　새롭게 형성된 파이 결합

2주기 원소들은 원자가 껍질에 4개의 오비탈만을 가진다.

4단계 2주기 원소(예, C, N, O, F)의 경우는 팔전자가 초과되도록 전자 이동을 그리지 않는다.

$H_3C-\ddot{O}:^- \not\longrightarrow H_3\bar{C}{=}\ddot{O}:$　　$H_3CHN-\ddot{O}:^- \not\longrightarrow H_3CH\bar{N}{=}\ddot{O}:$

잘못된 전자 이동　　잘못된 전자 이동

5단계 홑전자 반응인 라디칼 반응(radical reaction)에서는 전자가 한 개씩 이동한다. 이런 경우는 온전한 굽은 화살표 대신 반쪽머리 굽은 화살표(⌒, fishhook arrow)를 사용하여 나타낸다. 만일 두 원자 사이의 단일 결합 전자쌍이 두 원자에 각각 하나씩 균등하게 이동하면 결합이 분해되면서 두 종의 라디칼이 생성된다.

$$X{-}Y \equiv X:Y \longrightarrow X\cdot + \cdot Y$$

라디칼

$$H_2C{=}CH{-}CH_3 \equiv H_2C\overset{..}{-}CH{-}CH_3 \longrightarrow H_2\dot{C}{-}\dot{C}H{-}CH_3$$

이중 라디칼

복습문제 1.2 다음 반응식에서 생성물이 얻어지기에 적합한 전자 이동을 표시하시오.

$$\underset{\text{Methanol}}{H_3C-\overset{\delta^-}{\ddot{\underset{..}{O}}}-\overset{\delta^+}{H}} \longrightarrow \underset{\text{Methoxide}}{H_3C-\ddot{\underset{..}{O}}^-} + H^+$$

$$H_2C=\underset{H}{C}-\overset{+}{C}H_2 \longrightarrow H_2\overset{+}{C}-\underset{H}{C}=CH_2$$

$$X-Y \equiv X:Y \longrightarrow \underset{\text{라디칼}}{X\cdot + \cdot Y}$$

$$H_2C=\underset{H}{C}-CH_3 \equiv H_2C\ddot{-}\underset{H}{C}-CH_3 \longrightarrow \underset{\text{이중 라디칼}}{H_2\dot{C}-\underset{H}{\dot{C}}-CH_3}$$

1.6 공명 구조와 토토머 그리기

유기 분자 중에는 Lewis 구조식이나 선-결합 구조식으로는 자연에 존재하는 실제 구조를 정확히 표현하지 못하는 분자들이 있다. 가장 대표적인 분자가 benzene(C_6H_6)이다. 완전하지는 않지만, 이런 문제를 보완하기 위해서 화학자들은 **공명**(resonance)이라는 개념을 도입하고, 몇 개씩의 공명 구조로 실제 분자에 가까운 구조를 그린다. 이런 실제 분자에 가까운 구조를 **공명 혼성체**(resonance hybrid)라고 한다. 각 공명 구조는 Lewis 구조식이나 선-결합 구조식으로 나타낼 수 있다. 공명 구조와 공명 구조 사이에는 화살표 "⟷"로 표시한다. 각 공명 구조에서 모든 원자의 위치는 동일하지만, 파이 결합 전자나 비공유 전자쌍의 위치는 다르다. Benzene을 예로 들어 보자.

공명 구조(resonance structure)는 실제 구조가 아니며, 동일한 분자에 대해 나타낸 다른 Lewis 구조식이다.

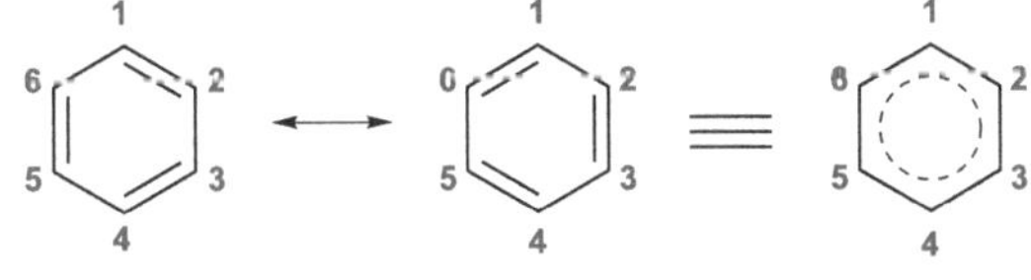

2개의 공명 구조　　　공명 혼성체

공명 구조의 수가 많을수록 더 안정하다. 공명 구조는 다음과 같은 방법으로 그린다.

공명 구조를 그리는 규칙

1. 공명 구조에 포함되는 모든 원자는 일반적인 원자가 법칙을 따라야 한다.
2. 한 화학종의 모든 공명 구조에서 전자쌍의 수가 항상 동일해야 하고, 공명 구조를 그릴 때는 전자가 쌍(pair)으로 이동하도록 그려야 한다.

$$\underset{\text{(옳바른 전자 이동)}}{H_2C=CH_2 \longleftrightarrow H_3\bar{C}-\overset{+}{C}H_2} \qquad \underset{\text{(잘못된 전자 이동)}}{H_2C=CH_2 \not\longleftrightarrow H_2\dot{C}-\dot{C}H_2}$$

3. 각 공명 구조들에서는 파이 전자나 비공유 전자들의 배치만이 다르다. 공명 구조에서는 시그마(σ) 결합이 끊어지도록 전자 이동을 하면 안 된다.

$H_3C-C(=O)-CH_3$ ←✕→ $H_3C-C(OH)=CH_2$

Acetone　　2-Propenol

시그마(σ) 결합이 끊어지도록 전자 이동하면 안 된다
(공명 구조가 아니고 다른 화합물임)

등원자가 공명 구조(isovalent resonance structure)는 파이 결합 수가 서로 동일하다.

이종원자가 공명 구조(heterovalent resonance structure)는 파이 결합 수가 서로 다르다.

4. 한 화학종에서 등원자가 공명 구조가 이종원자가 공명 구조보다 더 중요하며, 등원자가 공명 구조의 공명 안정화 기여도가 더 크다.

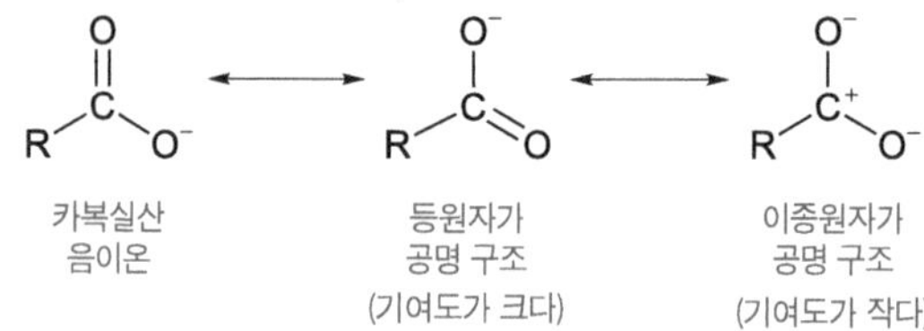

전기 음성도가 큰 원자(할로젠, 산소, 질소 등)가 음전하를 가지도록 그려진 공명 구조가 공명 안정화에 더 크게 기여한다.

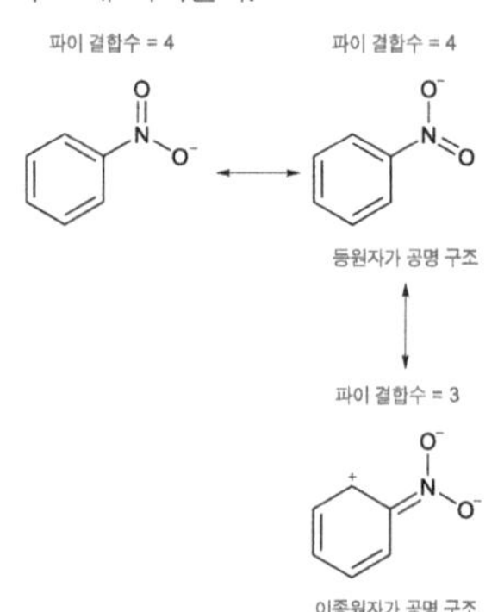

5. 공명 구조를 그릴 때는 전기 음성도가 큰 원자가 음전하를 띠도록 그린다. 동일 화학종에서 공명 구조는 안정화에 기여하는 정도가 각기 다르다.

공명 구조의 안정화 기여도 평가

1. 등원자가 공명 구조가 이종원자가 공명 구조보다 더 중요하고, 안정화 기여도도 크다.
2. 공명 구조 내의 양전하와 음전하 간의 거리가 가까울수록 안정화 기여도가 크다.

$H_2\overset{-}{C}-\overset{+}{C}H-CH=CH_2$ ⟷ $H_2\overset{-}{C}-CH=CH-\overset{+}{C}H_2$

안정화 기여도 더 큼　　안정화 기여도 더 낮음

3. 전하가 밀집된 공명 구조는 공명 안정화에 대한 기여도가 낮다.

$R-C(=O)-C(=O)-R$ ⟷ $R-\overset{+}{C}(O^-)-\overset{+}{C}(O^-)-R$

더 중요함　　덜 중요함

연습문제 1.12 각 다음 화합물의 공명 구조를 그리시오. 또 전자 이동도 화살표로 나타내시오.

(a) CH_3CO_2H　(b) $CH_3CO_2^-$　(c) CH_3NO_2

(d) $C_6H_5N_2^+$　(e) CH_3CONH_2　(f) HN_3

앞에서 언급한 것처럼 acetone(CH_3COCH_3)과 2-propenol[$CH_3C(OH)CH_2$]은 같은 분자식 C_3H_6O를 갖지만, 공명 구조 관계가 아니다. 이들은 서로 다른 물질이며, 서로 토토머 관계이다.

토토머화(tautomerization)는 하나의 토토머(tautomer)가 다른 토토머로 변환되는 과정이다.

C=O기를 유지하고 있는 토토머를 **케토(keto)형**이라고 하며, CH−C=O기가 C=C−OH로 변화된 토토머를 **엔올(enol)형**이라고 한다.

케토형-토토머 ⇌(토토머화) 엔올형-토토머

$H_3C-C(=O)-CH_3 \rightleftharpoons H_3C-C(OH)=CH_2$

Acetone 2-Propenol

(분자식이 동일한 다른 화합물임)

방법 1.9 토토머 그리는 방법

1단계 토토머화에서는 시그마 결합도 이동한다. 따라서 원자(주로 H)의 위치도 변경된다.

2단계 C=O나 C=N 결합의 이웃 탄소(α−탄소)가 C−H 결합을 이루고 있을 때 가능하다.

C=O기를 가진 분자는 케토형과 엔올형 토토머가 가능하고, C=N기를 가진 분자는 이민형과 엔아민형이 가능하다. 일반적으로 케토형 토토머가 더 안정하다.

C=NH기를 가진 분자를 **이민**(imine)이라고 하며, C=C−NH_2를 가진 분자를 **엔아민**(enamine)이라고 부른다. 엔(−en−)은 알켄 명명에서 사용되는 접미사 −ene로부터 유래되었다.

3단계 토토머화에서는 양성자 첨가와 이탈, 두 단계가 필요하다.

4단계 산 촉매 토토머화에서는 양성자 첨가가 먼저 일어나고, 다음 단계에서 양성자 이탈이 일어난다.

$Z-C(=O)-CH_2H$ (α-탄소) + H^+ ⇌ [$Z-C(=O^+H)-CH_3$ ⟷ $Z-C^+(OH)-CH_3$] + :B ⇌ $Z-C(OH)=CH_2$ + HB^+

케토형 엔올형

5단계 염기 촉매 토토머화에서는 양성자 이탈이 먼저 일어나고, 다음 단계에서 양성자 첨가가 일어난다.

카보닐(C=O)기의 이웃 탄소에 있는 H는 산도가 커서 염기에 의해 쉽게 이탈된다.

$Z-C(=O)-CH_2H$ (α-탄소) + :B ⇌ [$Z-C(=O)-CH_2^-$ ⟷ $Z-C(O^-)=CH_2$] + H_2O ⇌ $Z-C(OH)=CH_2$ + HO^-

케토형 엔올형

복습문제 1.3 아래 토토머들이 생성되기에 적합한 전자 이동을 그리시오.

산-촉매 토토머화

α-탄소

케토형 엔올형

염기-촉매 토토머화

α-탄소

케토형 엔올형

연습문제 1.13 각 다음 화합물의 토토머화에 대한 전자 이동을 나타내시오.

(a) $CH_3C(=O)CH_3$의 산 촉매 토토머화

(b) $CH_3CH_2C(=O)OCH_3$의 산 및 염기 촉매 토토머화

(c) $CH_3CH_2C(=NH)CH_3$의 산 촉매 토토머화

(d) Acetone(CH_3COCH_3) 분자의 산-촉매 토토머화

(e) Cyclohexanone의 산 및 염기 촉매 토토머화

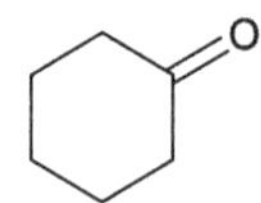

Cyclohexanone

1.7 구조 이성질체 그리기

이성질체는 크게는 **구조 이성질체**(structural isomer)와 **입체 이성질체**(stereoisomer)로 구분한다. 구조 이성질체는 **구성 이성질체**(constitutional isomer)라고도 한다.

방법 1.10 이성질체 구분하기

1단계 분자식이 동일한지 확인한다. 분자식이 다르면 다른 화합물이고, 동일하면 이성질체이다.

2단계 해당 분자식에 이름을 부여한다. 이름이 다르면 구조 이성질체이다.

시스(*cis*)/트랜스(*trans*)-, (*R*)/(*S*)-, (*d*)/ (*l*)- 등의 접두사는 입체 이성질체를 나타내는 접두사 및 기호들이다.

3단계 분자식이 동일하고, 배열이나 기하 구조가 다른지를 확인한다.
⇒ 시스(*cis*)/트랜스(*trans*)−, (*R*)/(*S*)−, (*d*)/(*l*)− 등의 접두사만 다르면 입체 이성질체이다.

4단계 분자들이 입체 이성질체이면서 서로 거울상 관계에 있으면 거울상 이성질체이고, 거울상 관계가 아니면 부분 입체 이성질체이다.

거울상 이성질체(enantiomer)란 카이랄 중심을 가지고 있는 분자가 실체와 거울상 관계인 이성질체를 말한다(1.12 참고).

부분 입체 이성질체(diastereomer)는 분자 내에 카이랄 중심이 있지만 서로 거울상 관계가 아닌 이성질체이다.

연습문제 1.14 다음에 주어진 각 분자 쌍이 어떤 관계인지 구별하시오.

(a) C_5H_{12}와 $(CH_3)_4C$ (b) (*S*)-alanine과 (*R*)-*N*-methylalanine

(c) $CH_3(CH_2)_2CH_3$와 $(CH_3)_3CH$

(d) *trans*-1,4-dimethylcyclohexane과 *cis*-1,4-dimethylcyclohexane

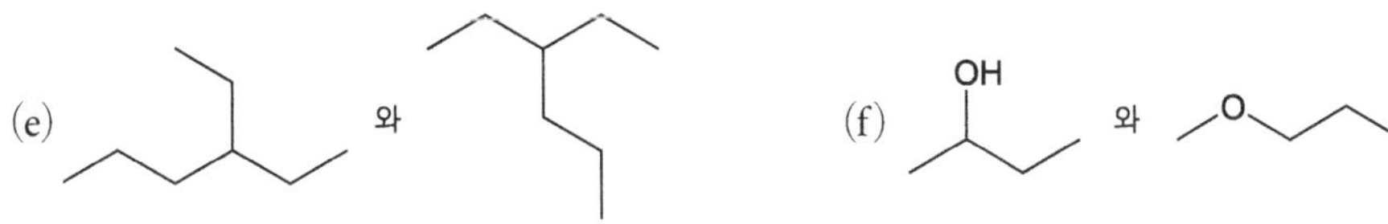

알케인의 구조 이성질체 수는 분자의 크기가 증가하면 따라서 증가한다. 알케인의 일반식은 C_nH_{2n+2}로 쓴다. 이런 계열을 **동족계열**(homologous series)이라고 한다. 탄소가 3개인 알케인까지는 이성질체 수가 하나뿐이지만 일반식이 C_4H_{10}인 알케인은 *n*-butane과 2-methylpropane 두 개의 구조 이성질체가 있다. 동족계열의 구조 이성질체 수는 탄소 수가 증가함에 따라 크게 증가한다.

구조 이성질체의 특징은 분자식은 동일하지만 IUPAC 이름이 서로 다르고, 분자에 포함된 작용기는 다르거나 동일하다. 또 물리적 및 화학적 성질도 다르다.

방법 1.11 탄소 4개 이상의 탄화수소 구조 이성질체 그리기

1단계 한 줄로 연결된(직선) 탄소 사슬 분자를 그린다. 이 분자가 첫 번째 이성질체이다. C_nH_{2n+2}인 경우 탄소 n개를 직선으로 배열한다.

예 *n*-pentane(C_5H_{12})의 경우

```
1   2   3   4   5
C—C—C—C—C
```

n-Pentane

2단계 두 번째는 첫 번째 이성질체보다 탄소 수가 하나 적은 탄소 직선 사슬(C_{n-1})을 그리고, 남은 하나의 탄소를 사슬의 내부 탄소에 배열한다. 내부 탄소 수가 증가하면 이성질체 수가 따라서 증가한다.

예 위의 C가 5개인 *n*-pentane의 경우에서 4개 탄소 사슬을 그리고, 나머지 한 개 탄소는 모체 사슬(*n*-butane)의 내부 탄소에 연결한다.

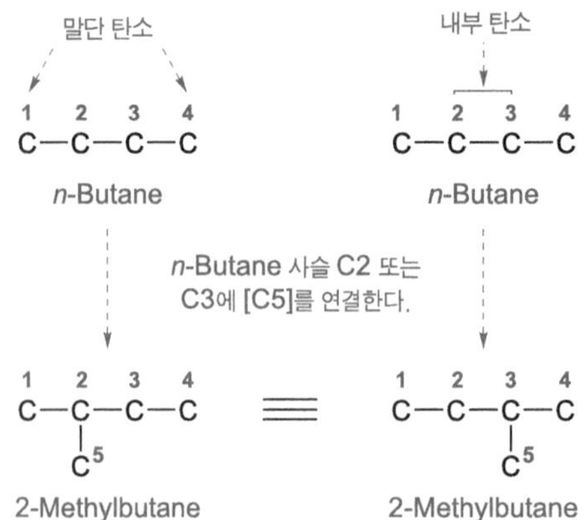

3단계 세 번째는 C_{n-2}인 탄소 모체(*n*-propane) 사슬을 그리고, 남은 두 개의 탄소 원자를 사슬 내부 탄소에 배열한다.

⇒ 모체 사슬의 내부 탄소 수와 사슬에 연결해야 하는 탄소 수가 증가하면 따라서 이성질체 수도 증가한다.

예 *n*-pentane(C_5H_{12})의 경우

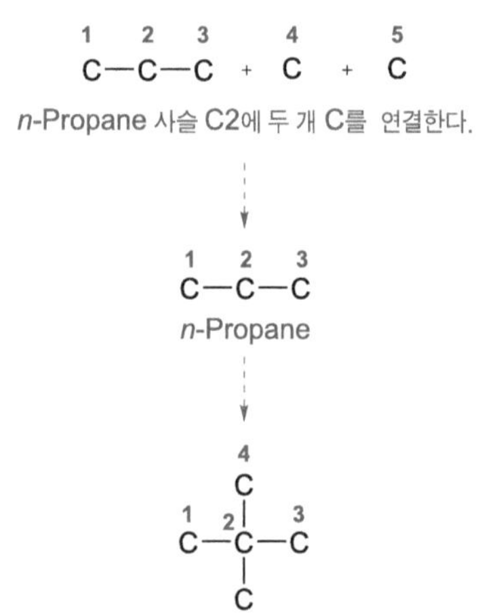

4단계 탄소 수가 5개 이상인 분자의 경우는 방법 1.11 2단계 과정을 수행한 후에, 직선 사슬의 탄소 수가 하나 더 적은 사슬을 그리고 나머지 탄소들을 직선 사슬 탄소에 연결해서 새로운 구조 이성질체를 찾는다.

⇒ 새로운 이성질체를 더 이상 찾을 수 없을 때까지 방법 1.11의 2단계 및 3단계를 반복한다.

5단계 찾아진 이성질체의 탄소 골격에 적절한 수의 H 원자를 연결한다.

6단계 각 이성질체에 분자식과 이름을 확인해 보라. 동일한 이름을 갖는 분자는 서로 구조 이성질체가 아니라 동일한 분자이다.

연습문제 1.15 C_4H_{10}의 분자식을 가지는 알케인의 구조 이성질체를 그리시오.

연습문제 1.16 C_6H_{14}의 분자식을 가지는 알케인의 구조 이성질체를 그리시오.

연습문제 1.17 다음 분자식을 가지는 각 화합물의 가능한 구조 이성질체를 그리시오.

(a) C_5H_{12} (b) C_7H_{16}

1.8 탄소 원자의 분류

유기물 분자는 탄소가 주 원소로 구성된 화합물이다. 자세히 보면 유기물 분자를 구성하는 각 탄소 원자는 다른 탄소들과 결합한 방식이 다르기도 하다. 분자 내에서 한 탄소가 다른 탄소와 결합하는 형태는 4가지이다. 이유는 탄소의 원자가가 4가이기 때문이다. 화합물의 성질은 결합 형태에 의존한다. 따라서 유기화학에서는 탄소의 결합 형태를 구분하여 화합물을 이해하려고 한다.

방법 1.12 결합 형태에 따른 탄소 원자 분류하기

1단계 기준 탄소에 다른 탄소 하나가 결합되어 있으면, 일차(1°) 탄소라고 한다.
2단계 기준 탄소에 다른 탄소 두 개가 결합되어 있으면, 이차(2°) 탄소라고 한다.
3단계 기준 탄소에 다른 탄소 세 개가 결합되어 있으면, 삼차(3°) 탄소라고 한다.
4단계 기준 탄소에 다른 탄소 네 개가 결합되어 있으면, 사차(4°) 탄소라고 한다.

또한 각 탄소에 결합된 수소(H)도 자신이 결합된 탄소에 따라 일차(1°), 이차(2°) 및 삼차(3°) 수소로 분류한다.

방법 1.13 수소 원자 분류하기

1단계 해당 수소가 일차(1°) 탄소에 결합되었으면, 일차(1°) 수소이다.
2단계 해당 수소가 이차(2°) 탄소에 결합되었으면, 이차(2°) 수소이다.

3단계 해당 수소가 삼차(3°) 탄소에 결합되었으면, 삼차(3°) 수소이다.

H—C—C (1° 수소, 1° 탄소) H—C(C)—C (2° 수소, 2° 탄소) H—C(C)(C)—C (3° 수소, 3° 탄소)

연습문제 1.18 다음 각 문제에 포함된 탄소와 수소의 차수를 분류하시오.

(a) $C(CH)_3$ (b) $CH_3C(CH_2CH_3)_3$ (c)

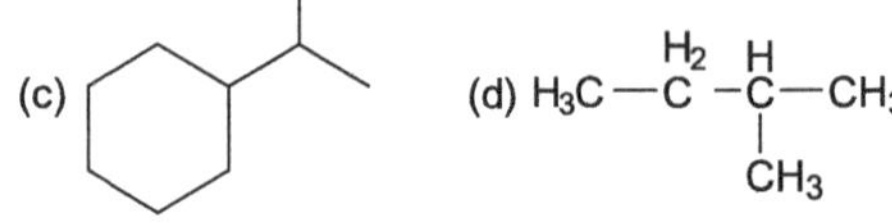

1.9 이형태체 그리기

단일 결합의 회전에 의해 원자 배열이 다른 배열로 상호변환된 것을 **형태**(conformation)라고 하며, 이들 다른 두 형태를 **이형태체**(conformer)라고 한다.

Newman 투영도(Newman projection)에서 앞 탄소 결합과 뒤 탄소 결합 간의 사이각을 **이면각**(dihedral angle)이라고 한다.

단일 결합은 자유 회전이 가능하므로 회전하기 전과 후의 구조가 다르다. 이 과정에서 관찰되는 형태 중에는 가려진 형태와 엇갈린 형태가 있다. **가려진 형태**(eclipsed conformation)는 한 탄소의 C–H 결합이 이웃한 탄소의 C–H 결합들과 서로 같은 방향으로 배열되어 있어 서로 겹쳐짐으로 불안정하다. **엇갈린 형태**(staggered conformation)는 이웃한 두 탄소의 C–H 결합들이 서로 엇갈리게 배열되어 있어 더 안정한 형태이다.

이런 형태를 보다 잘 이해하는 데 도움이 되는 표현 방식이 Newman 투영도이다. 투영도에서 이면각이 큰 형태가 작은 형태보다 더 안정하다.

방법 1.14 엇갈린 형태의 Newman 투영도 그리기

1단계 C–C 결합을 관통해서 보고, 뒤에 있는 탄소 원자를 하나의 원으로 그린다.

2단계 관측자 앞에 있는 탄소는 뒤 탄소 원의 중심에 점으로 나타낸다.

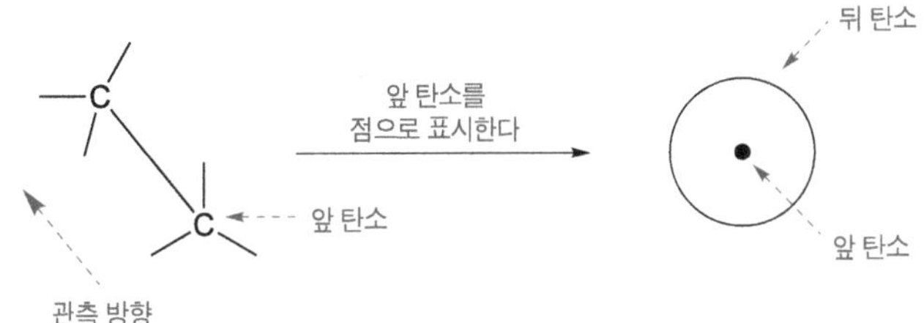

3단계 원의 중심에 있는 앞 탄소 점에 결합각이 120°가 되도록 세 개의 결합선을 원 밖에까지 그린다.

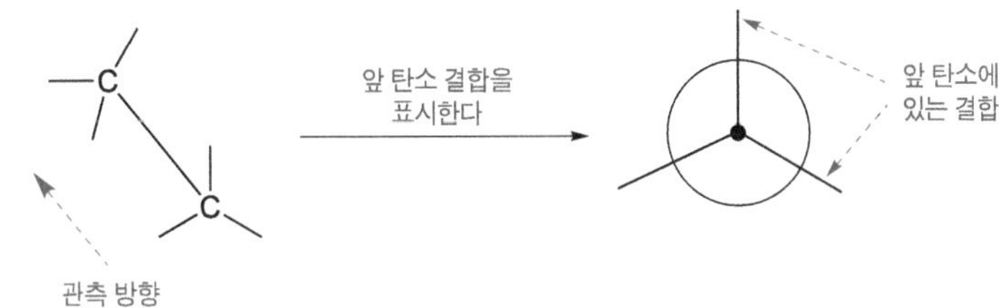

4단계 뒤 탄소의 세 개 결합을 원 둘레에서부터 선으로 그린다. 이때 앞 탄소 결합들 중간에 이면각이 60°가 되도록 배열한다.

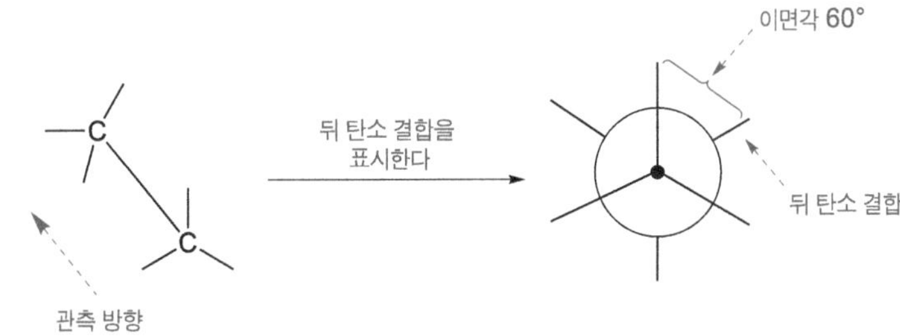

5단계 각 결합선 끝에 원자나 원자단을 삽입한다.

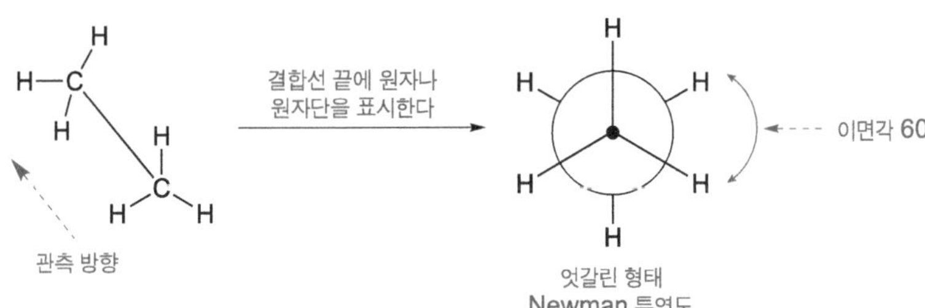

복습문제 1.4 Ethane(CH_3CH_3)의 엇갈린 형태의 Newman 투영도를 그리시오.

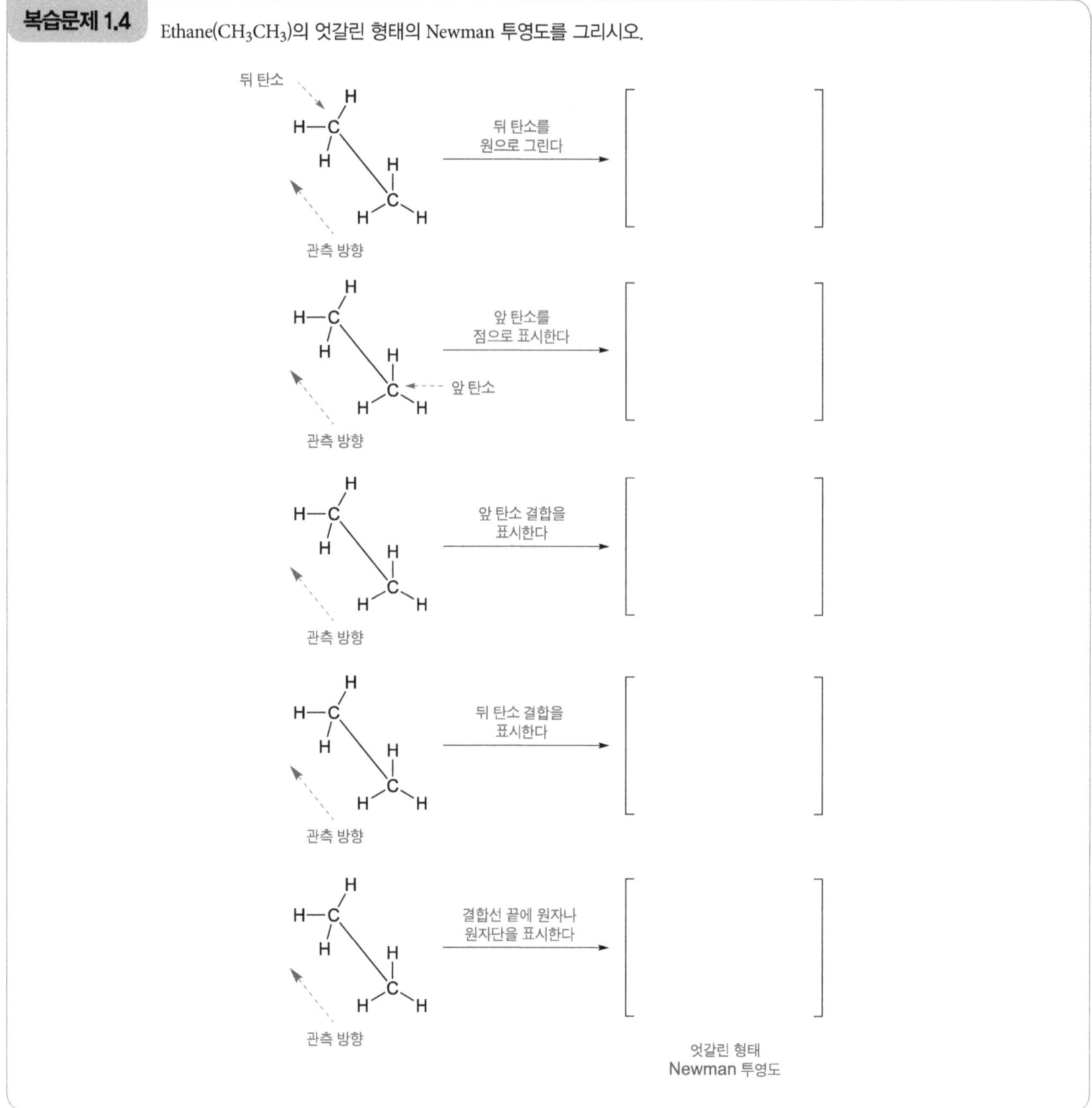

방법 1.15 가려진 형태 Newman 투영도 그리기

가려진 형태 Newman 투영도 그리는 방법은 엇갈린 형태 그리는 방법 1.14의 3단계까지는 동일하고, 4단계부터는 다르게 그린다.

1단계 C–C 결합을 관통해서 보고, 뒤에 있는 탄소 원자를 하나의 원으로 그린다.

2단계 관측자 앞에 있는 탄소는 뒤 탄소 원의 중심에 점으로 나타낸다.

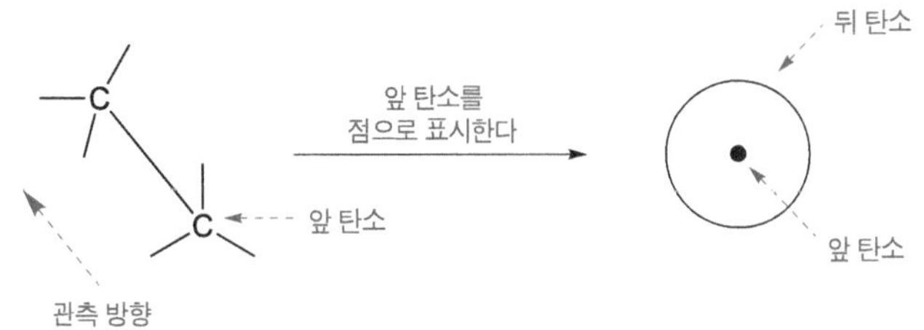

3단계 원의 중심에 있는 앞 탄소 점에 결합각이 120°가 되도록 세 개의 결합선을 원 밖에까지 그린다.

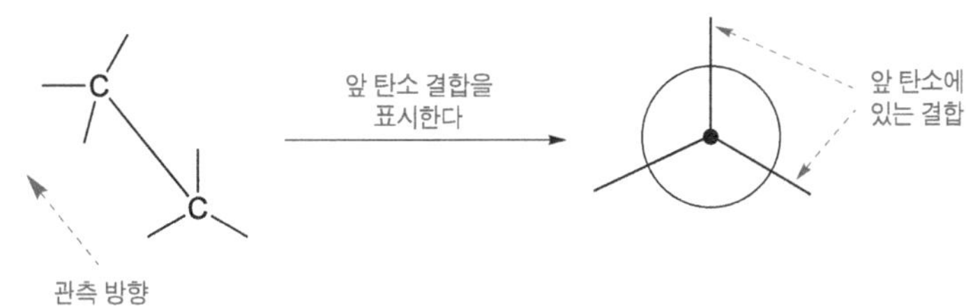

4단계 뒤 탄소의 세 개 결합은 앞 탄소 결합 가까이에 이면각이 적다는 것을 알 수 있도록 원 둘레까지만 오게 그린다.

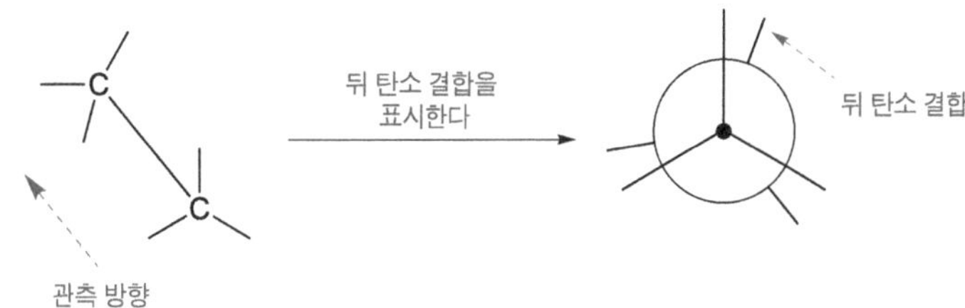

5단계 각 결합선 끝에 원자나 원자단을 삽입한다.

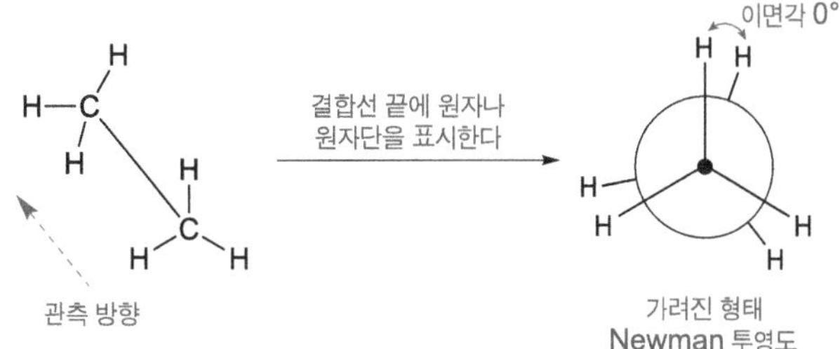

복습문제 1.5 Ethane(CH_3CH_3)의 가려진 형태의 Newman 투영도를 그리시오.

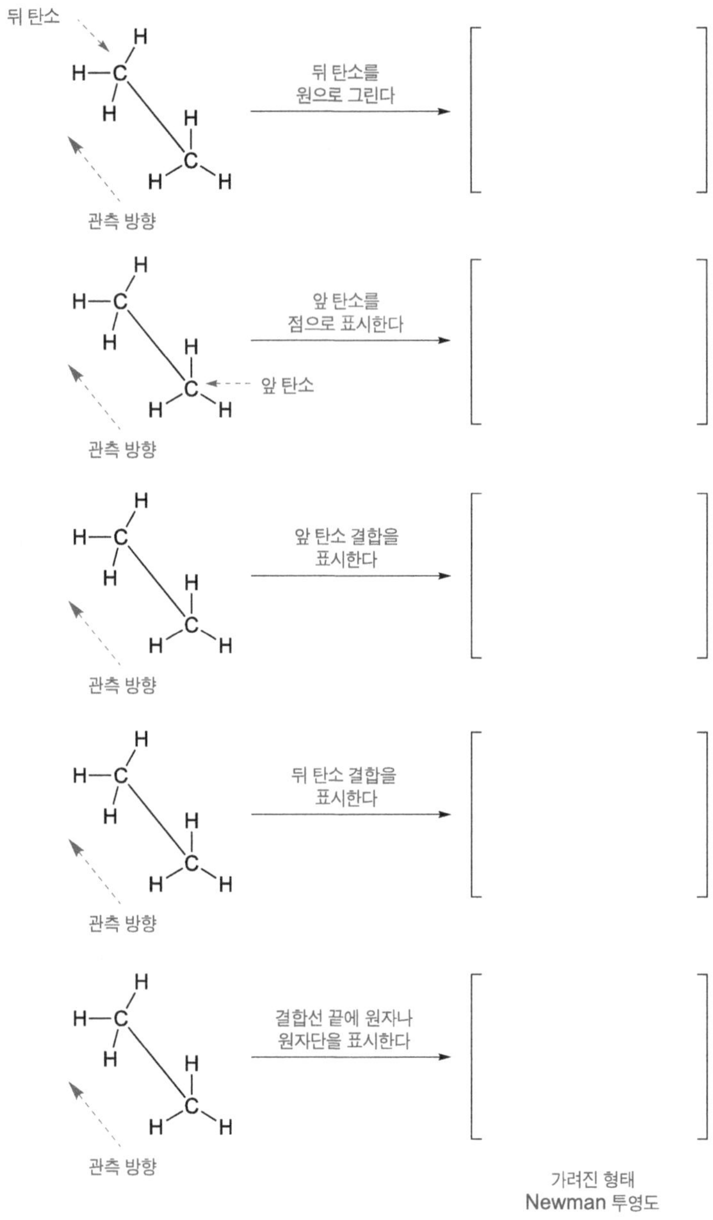

뒤 탄소

관측 방향

뒤 탄소를 원으로 그린다

앞 탄소를 점으로 표시한다

앞 탄소

관측 방향

앞 탄소 결합을 표시한다

관측 방향

뒤 탄소 결합을 표시한다

관측 방향

결합선 끝에 원자나 원자단을 표시한다

관측 방향

가려진 형태 Newman 투영도

연습문제 1.19 (a) $CH_3CH_2CH_3$의 1번 탄소와 2번 탄소 결합을 기준으로 가려진 형태와 엇갈린 형태의 Newman 투영도를 그리시오.

(b) $CH_3CH_2CH_2CH_3$(*n*-butane)의 1번과 2번 탄소들에 대해 가려진 형태와 엇갈린 형태를 그리시오.

(c) $CH_3CH_2CH_2CH_3$(*n*-butane)의 2번과 3번 탄소들에 대해 가려진 형태와 엇갈린 형태를 그리시오.

단일 결합 회전에 의해 생기는 형태들은 이웃한 두 탄소의 결합들이 가려지면 불안정하고, 엇갈려 있으면 보다 더 안정하다. 이들의 상대적인 에너지를 예측해 볼 수 있다.

이웃한 두 탄소들의 C−H 결합이 가려지면 엇갈린 형태에 비해 4 kJ/mol 만큼 에너지가 증가한다. 한 탄소의 $C-CH_3$ 결합과 C−H 결합이 가려지면 6 kJ/mol의 에너지가 증가하고, $C-CH_3$와 $C-CH_3$가 가려지면 무려 11 kJ/mol의 에너지가 증가하므로 그만큼씩 불안정하다. 이런 에너지들을 무리 에너지라고 한다. 따라서 CH_3CH_3의 가려진 형태 에너지는 C−H/C−H 가려지는 형태가 3개이므로 엇갈린 형태보다 4 kJ/mol × 3 = 12 kJ/mol 만큼 더 에너지가 높다.

무리 에너지(strain energy)는 결합각 또는 형태로 인해 분자가 구조적으로 불안정(무리)하게 됨으로써 발생하는 에너지이다.

방법 1.16 이형태체의 무리 에너지 예측하기

1단계 분자에 해당하는 이형태체의 Newman 투영도를 그린다.

2단계 앞뒤 탄소의 결합 형태에 따른 무리 에너지 값을 예측한다.

3단계 예측한 무리 에너지를 합하여 전체 분자의 무리 에너지를 예측한다.

연습문제 1.20 다음에 제시된 형태 에너지를 계산하시오.

(a) $CH_3CH_2CH_3$의 1번과 2번 탄소의 가려진 형태

(b) $CH_3CH_2CH_2CH_3$(*n*-butane)의 2번과 3번 탄소 기준으로 그릴 수 있는 3개의 가려진 형태

1.10 고리 탄화수소 구조식 그리기

유기화학에서는 많은 고리 화합물을 다룬다. 특히 자연에 존재하거나 유용한 화합물 중에는 육−원자 고리 화합물이 흔하다. 고리 화합물의 평면 구조를 그리는 것은 그리 어렵지 않다. 그러나 육각형 고리 화합물을 이해하기 쉽게 입체감을 살려서 그리는 것은 쉽지 않다. 육각형 고리를 이루는 cyclohexane의 구조 그리기를 해보자. cyclohexane은 안정한 의자 형태와 불안정한 보트 형태가 있다.

의자 형태(chair conformation)에서는 모든 C−H 결합이 엇갈려 있어 안정하다.

보트 형태(boat conformation)에서는 4개 탄소에서 결합이 가려진 형태로 있어 불안정하다.

그림 1.4 의자 형태(a, b)와 보트 형태(c, d)의 Newman 투영도

방법 1.17 Cyclohexane의 의자 형태 그리기

의자 형태와 보트 형태는 **고리 뒤집힘**(ring flip) 또는 **고리 반전**(ring inversion)에 의해 상호 변환된다.

1단계 넓은 V자를 그린다.

2단계 V자 오른쪽 끝에서 60° 각도로 비스듬하게 내려가는 선을 V 중심 바로 옆까지 긋는다.

3단계 오른쪽으로 내려 그은 선 끝에서 V자 왼쪽으로 평행선을 긋는다.

4단계 V자 왼쪽 끝에서 60° 각도로 비스듬하게 아래로 내려가는 선을 오른쪽 선과 평행하게 그린다.

5단계 왼쪽 아래선 끝과 3단계에서 그린 선의 끝을 연결하는 선을 그린다.

6단계 각 탄소에 수평선과 수직선을 그린다. 수직선은 하나는 위로, 다른 하나는 아래로 교대 배열이 되도록 그린다.

7단계 수소 원자를 표시한다.

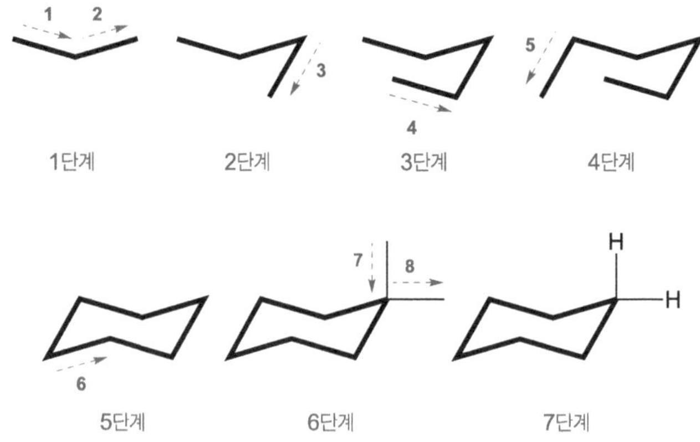

복습문제 1.6 Cyclohexane의 의자형 골격 구조를 그리는 순서를 점선 위에 나타내시오. 점선을 따라 순서대로 그리시오.

1단계 2단계 3단계 4단계

5단계 6단계 7단계

1.11 시스-트랜스 구조 그리기

고리 화합물이나 이중 결합을 포함하고 있는 분자들은 분자식이 동일하지만, 고리와 이중 결합 탄소에 결합된 원자 배열이 달라서 다른 화합물로 구분되는 물질들이 있다. 시스-트랜스 이성질체가 여기에 해당한다. 시스-트랜스는 이중 결합이나 고리 두 탄소에 결합된 치환기가 동일할 때 적용된다. 시스-이성질체와 트랜스-이성질체는 분자식이 동일하지만 다른 물질이다. 이중 결합 탄소에 각기 다른 4개 치환기가 결합된 분자는 *E*/*Z*-명명법으로 명명한다(2장 참고).

시스(*cis*) 이성질체는 고리 탄소나 이중 결합의 2개 탄소에 결합된 치환기가 같은 편으로 배열되어 있다.

트랜스(*trans*) 이성질체는 고리 탄소나 이중 결합의 2개 탄소에 결합된 치환기가 서로 다른 편으로 배열되어 있다.

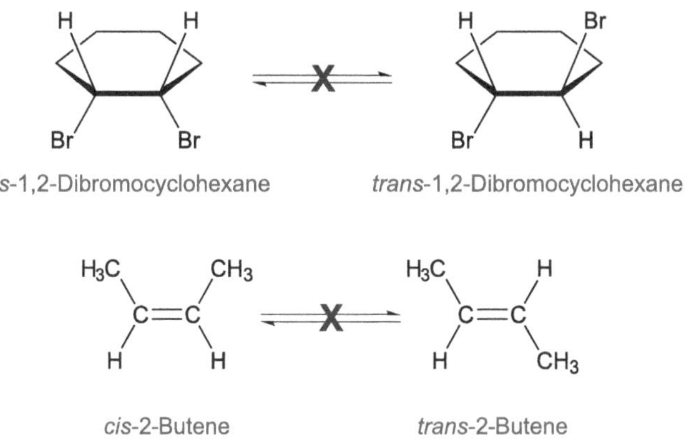

cis-1,2-Dibromocyclohexane *trans*-1,2-Dibromocyclohexane

cis-2-Butene *trans*-2-Butene

방법 1.18 시스-트랜스 이성질체 그리기

1단계 화합물의 고리나 이중 결합을 그린다.

2단계 고리 화합물에서는 해당 위치의 각 탄소에 결합선 2개씩을 위아래로 그린다. 이중 결합 화합물에서는 이중 결합 탄소에 각각 2개씩의 결합선을 그린다.

3단계 고리 화합물 구조 2개를 그리고, 시스-형태는 같은 편에 동일한 원자를 표시하고, 트랜스-형태는 서로 다른 편에 하나씩 동일한 원자를 표시한다.

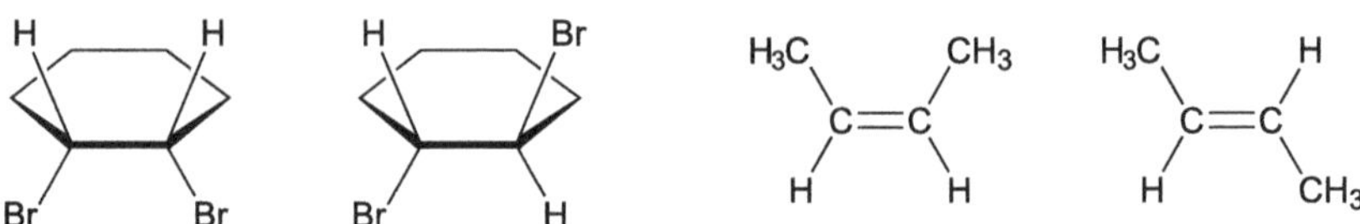

4단계 IUPAC 명명을 통해 확인한다. 이름이 동일하면 잘못 그린 구조식이다.

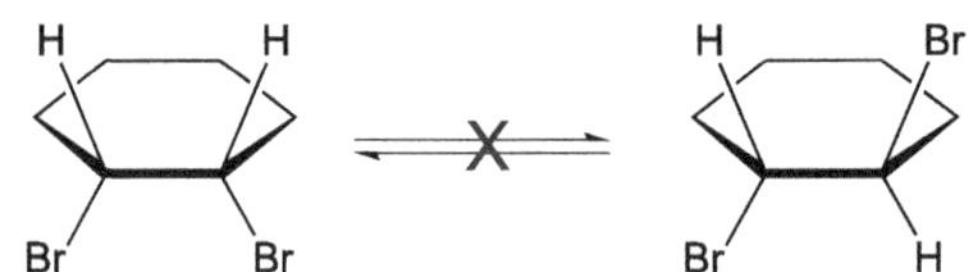

cis-1,2-Dibromocyclohexane *trans*-1,2-Dibromocyclohexane

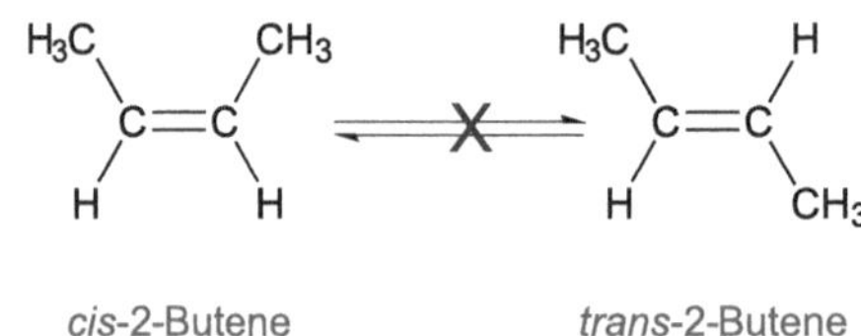

cis-2-Butene *trans*-2-Butene

복습문제 1.7 1,2-Dibromocyclohexane과 2-butene의 시스/트랜스 이성질체 구조를 단계별로 그리시오.

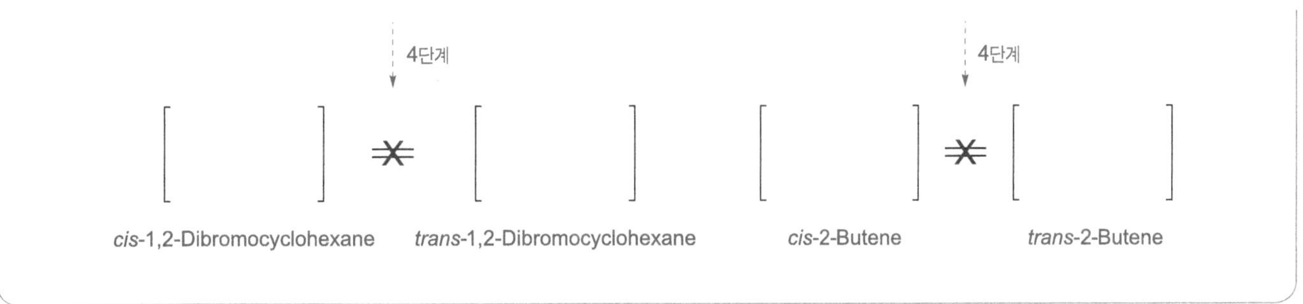

1.12 거울상 이성질체 그리기

탄소가 $2sp^3$ 혼성화를 하면 정사면체 구조를 이룬다. 정사면체 탄소의 치환기 4개가 모두 다르면 거울상 이성질체가 존재할 수 있다. 거울상 이성질체는 물리적으로는 단순히 편광의 회전 성질만이 다르지만, 이들의 화학적 및 생물학적 거동은 다양하고 매우 다르다. 따라서 이들 이성질체를 다루고 이해하기 위해 종이 위에 입체적으로 그리는 방법을 알아야 한다. 거울상 이성질체를 그리기 위해서는 먼저 분자내 카이랄 중심(탄소)을 찾아야 한다.

4개 치환기가 모두 다른 탄소를 **카이랄 중심**(chiral center), **입체 중심**(stereocenter) 또는 **입체 발생 중심**(stereogenic center)이라고 한다.

방법 1.19 카이랄 중심 찾기

1단계 분자 내의 각 탄소의 혼성 상태를 확인하여 sp^3 탄소를 찾는다.

예 Alanine 분자에는 3개의 탄소가 있고, sp^3 혼성 탄소는 2번과 3번 탄소이다.

Alanine

2단계 각 sp^3 혼성 탄소의 치환기를 확인하라. 치환기 4개가 다르면 카이랄 중심이다. 3번 탄소는 CH_3이고, 2번 탄소는 4개의 치환기가 모두 다르다. 따라서 2번 탄소가 카이랄 중심 탄소이다.

카이랄 중심

$CH_3 \neq H \neq NH_2 \neq COOH$

3단계 고리 화합물의 카이랄 중심은 기준 탄소로부터 같은 거리에 있는 고리 원자들과 결합 차이가 발견될 때까지, 또는 기준 탄소에서부터 양쪽이 만날 때까지 비교한다. 양쪽 고리 원자들의 결합 차이가 없으면 카이랄 중심이 아니고, 차이가 나면 카이랄 탄소이다.

양편이 동일하다 — 카이랄 탄소가 아니다

양편이 다르다 — 카이랄 탄소

방법 1.20 거울상 이성질체 그리기

1단계 카이랄 탄소를 중심으로 두 개의 결합이 같은 평면에 있다고 생각하고 결합선을 실선으로 그린다.

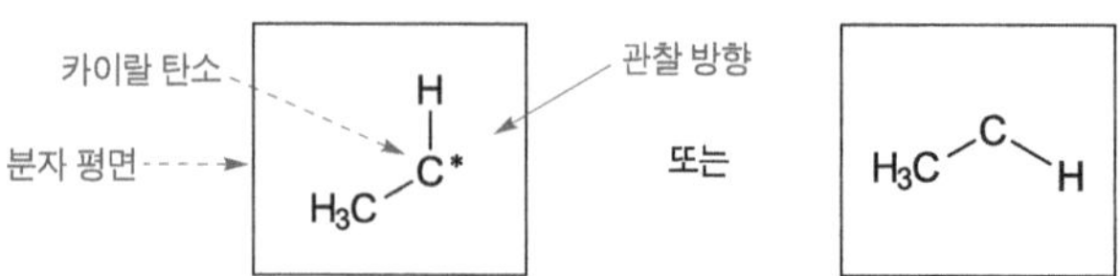

2단계 나머지 두 결합 중 관찰자 앞으로 나오는 결합은 쐐기(▬) 모양으로, 뒷면으로 배열되는 결합은 점선(⋯⋯) 모양으로 그린다. 이들 결합선은 실선의 반대편에 그린다.

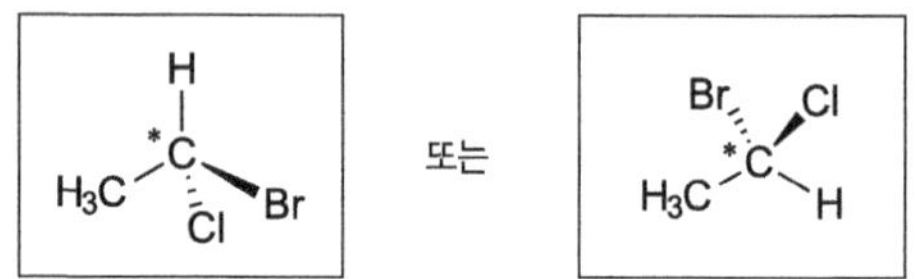

3단계 거울면을 그리고(숙달되면 마음속으로 있다고 생각하고), 처음 그린 이성질체가 거울에 반영된 것처럼 다른 거울상 이성질체를 그린다.

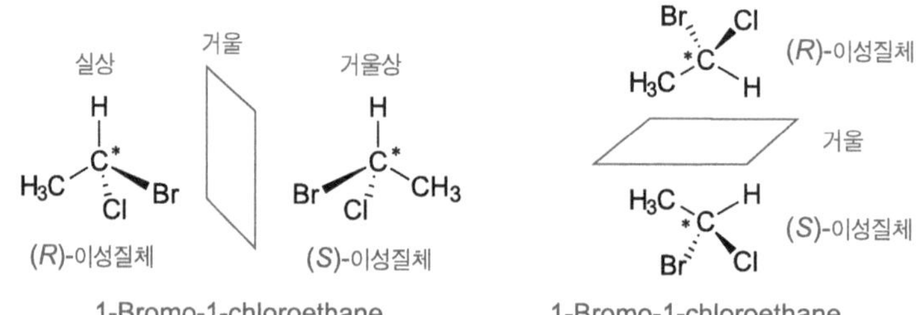

4단계 두 이성질체가 포개지는지 확인하라. 포개지면 잘못된 구조식이다. 두 이성질체가 다른지를 확인하는 또 다른 방법은 이들을 IUPAC 규칙에 따라 명명하는 것이다. 거울상 이성질체의 명명법은 2장에서 다룰 것이다.

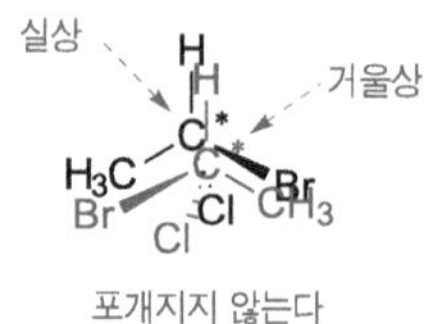

복습문제 1.8 1-Bromo-1-chloroethane의 두 개의 거울상 이성질체를 그리는 단계를 나타내시오.

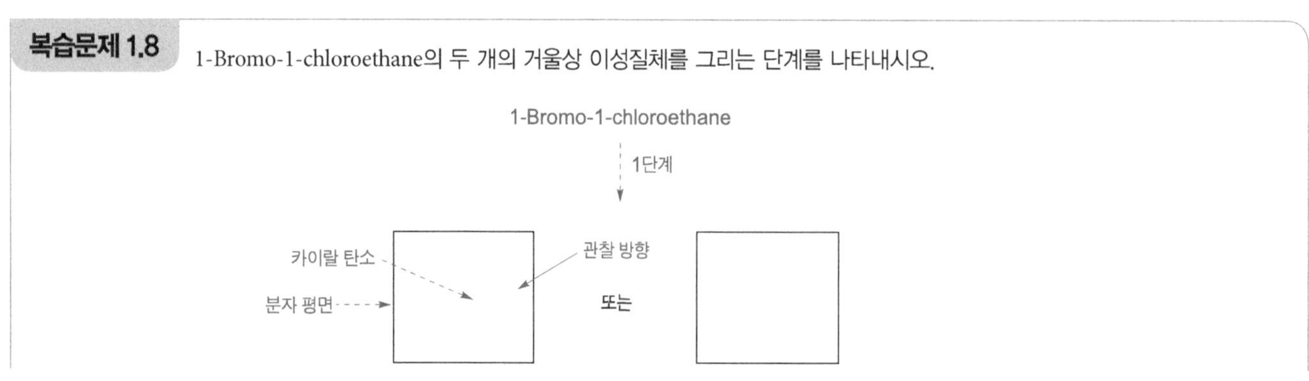

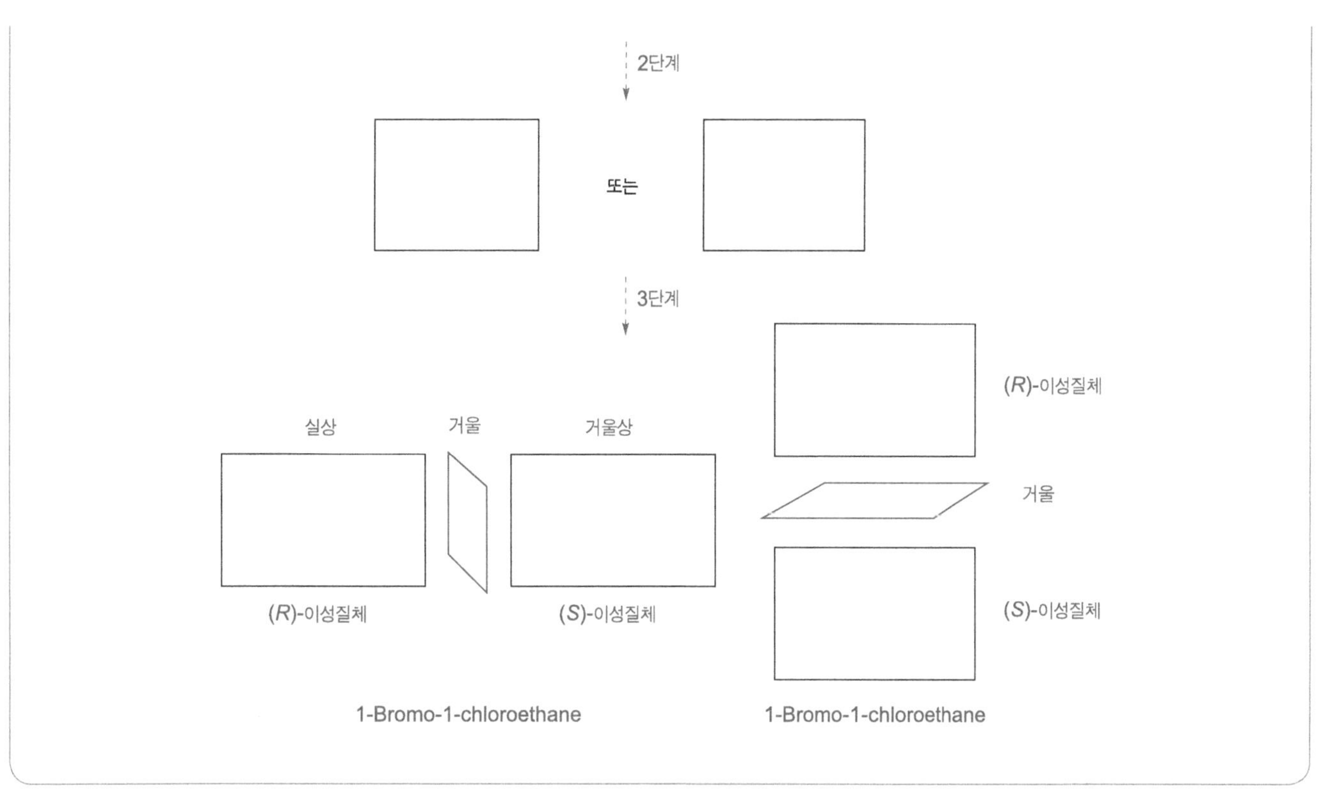

연습문제 1.21 $CH_3CH_2CH(OH)CH_3$(butan-2-ol)의 거울상 이성질체를 그리시오.

연습문제 1.22 다음 화합물에 존재하는 카이랄 탄소를 표시하고, 두 개씩의 거울상 이성질체를 그리시오.

(a) $CH_3CH(Br)CH_2CH_2CH_3$ (b) $CH_3CH(NH_2)COOH$

1.13 탄수화물 구조식 그리기

탄수화물(carbohydrate)은 하나 이상의 카이랄 탄소를 가지고 있는 다작용기 화합물이다. 특히 카보닐(C=O, carbonyl)기와 여러 개의 OH기를 가지고 있다. 탄수화물 화학을 이해하기 위해서 분자의 직선 구조와 고리 구조를 자주 다룬다. 따라서 탄수화물의 직선 구조와 고리 구조를 잘 그릴 수 있어야 한다. 단당류(monosaccharide)는 여러 개의 탄소에 OH기를 가지고 있어 종이면에 간단히 직선으로 그리는 Fisher 투영도를 이용하면 편리하다.

다작용기 화합물(polyfunctional compound)이란 여러 가지 작용기를 포함하고 있는 분자를 말한다.

Fisher 투영도(Fisher projection)는 앞에서 사용했던 쐐기(—)–점선(……) 구조식을 이용하여 배열 형태를 유지하며 직선 구조식으로 나타낸 것이다.

방법 1.21 쐐기–점선 구조식을 Fisher 투영도로 그리기

1단계 카이랄 탄소의 실선(–)으로 나타낸 결합을 수평으로 배열한다.

2단계 1단계에서 수평으로 배열한 결합을 쐐기선(▬)으로 표기한다. 이 수평 결합은 관측자 앞쪽으로 배열된 것을 의미한다.

3단계 나머지 두 개 결합은 수직으로 배열하고 점선(⋯⋯)으로 표기한다. 이 수직 결합은 관측자 뒷면으로 배열된 것을 의미한다.

4단계 그려진 구조식의 쐐기선과 점선을 모두 직선으로 바꾼다.

쐐기-점선 구조식

Fischer 투영도

복습문제 1.9 (R)-2,3-dihydroxypropanol의 Fisher 투영도를 그리는 단계를 나타내시오.

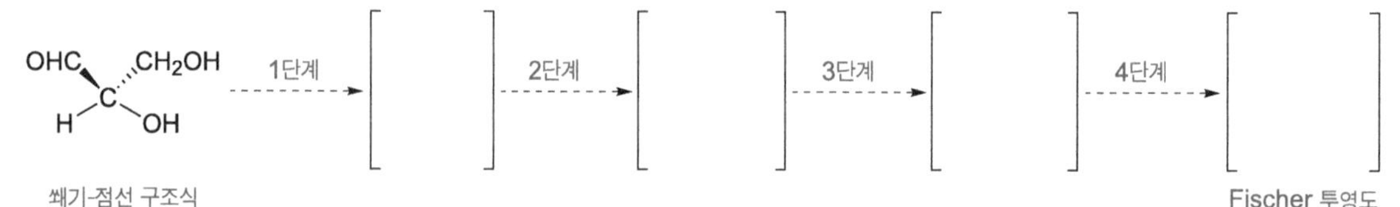

카이랄 분자는 여러 가지 다른 방법으로 나타낼 수 있어 어떤 분자들이 동일한 거울상 이성질체인지를 구분하기 위해 두 개의 투영도를 비교해 볼 필요가 있다. 화합물의 동일성을 확인하기 위해 Fischer 투영도도 종이면에서 움직일 수 있지만, 허용되는 회전은 두 가지뿐이다.

Fisher 투영도 회전 규칙

1. 하나는 180° 회전이다. 만일 90°나 270°로 회전하면 다른 화합물이 된다.
2. 다른 하나는 한 개 치환기를 고정하고, 다른 세 개를 시계 방향 또는 반시계 방향으로 회전하는 것만이 허용된다.

허용된 회전

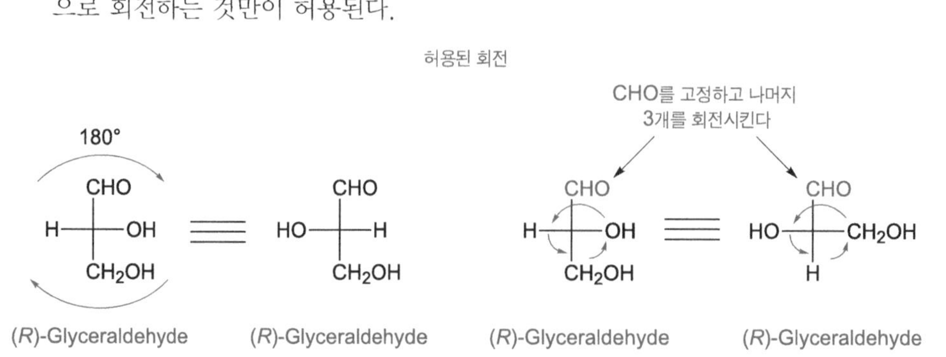

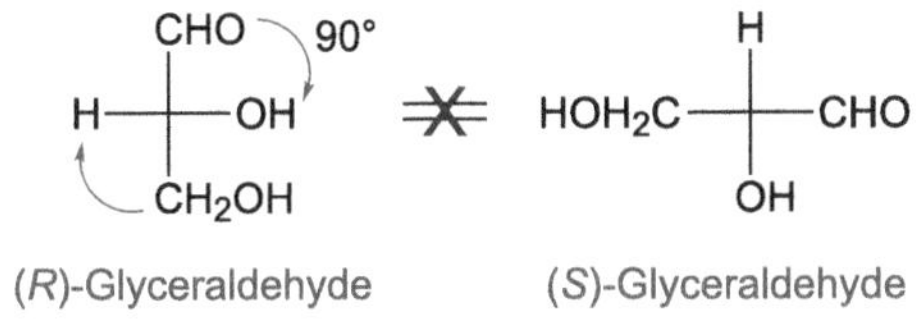

금지된 회전

(R)-Glyceraldehyde (S)-Glyceraldehyde

지금까지는 탄수화물의 직선 구조 그리기에 대해서만 논의하였으나, 자연에 있는 탄수화물은 대부분 고리 형태를 이루고 있다. 단당류는 사슬에 카보닐기(C=O)와 OH기를 동시에 가지고 있어 **헤미아세탈화**(hemi-acetalization) 반응을 통해 분자 내에서 오-원자 고리내지는 육-원자 고리를 형성할 수 있다. 단당류의 분자 내 고리화로 형성된 고리 구조는 헤미아세탈 구조이다. 육-원자 고리형인 헤미아세탈을 **피라노스**(pyranose)라고 하며, 오-원자 고리형인 헤미아세탈은 **퓨라노스**(furanose)라고 한다.

Pyranose와 furanose는 유사한 고리 화합물 pyran과 furan의 이름에서 유래되었다.

헤미아세탈(hemiacetal)은 카보닐기(R_2C=O)에 알코올(R'OH) 한 분자가 첨가 반응하여 생성하는 $R_2C(OH(OR))$형 물질의 계열 이름이다.

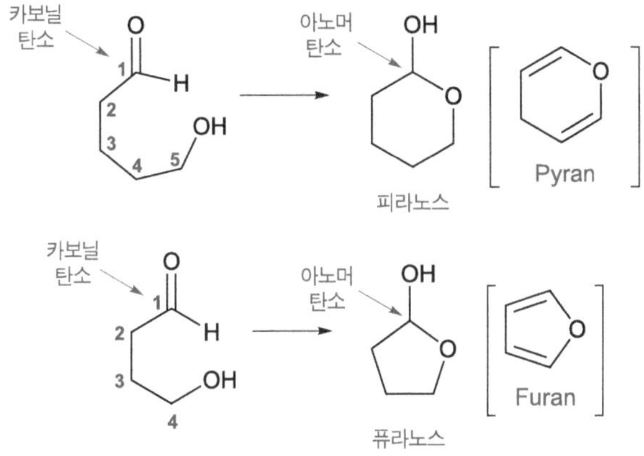

카보닐 탄소 / 아노머 탄소 / Pyran / 피라노스

카보닐 탄소 / 아노머 탄소 / Furan / 퓨라노스

탄수화물의 고리화에서 새로 생성되는 카이랄 중심인 헤미아세탈 탄소(반응 전에 카보닐 탄소, C=O 였음)를 **아노머 탄소**(anomer carbon)라고 한다. 카보닐 탄소가 평면 구조를 이루므로 아노머 탄소의 배열이 다른 두 종류의 고리가 생성된다. 이들을 **아노머**(anomer)라고 부른다. 아노머는 α-와 β-아노머로 구분하며, C-5의 CH_2OH와 C-1(아노머 탄소)의 OH의 배열을 기준으로 구분한다.

헤미아세탈 고리화에서 C=O 탄소가 새로운 카이랄 중심 탄소가 된다.

α-와 β-아노머의 구별

1. α-아노머: C-5의 CH_2OH와 C-1(아노머 탄소)의 OH가 서로 트랜스로 배열된 이성질체이다.
2. β-아노머: C-5의 CH_2OH와 C-1(아노머 탄소)의 OH가 서로 시스로 배열된 이성질체이다.

트랜스 / 시스 / 아노머 탄소

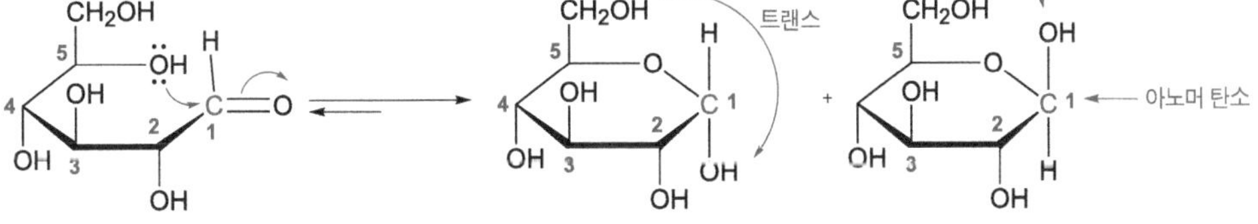

D-Glucose 알데하이드 / α-D-Glucose α-아노머 (헤미-아세탈) / β-D-Glucose β-아노머 (헤미-아세탈)

당의 헤미아세탈 고리를 평면의 육-원자 고리로 나타내면 편리하다. 이 투영식을 **Haworth 투영식**(Haworth projection)이라고 하며, 각 카이랄 중심 배열을 나타낼 수 있으므로 유용하다.

방법 1.22 고리 알도헥소스로부터 피라노스형 Haworth 투영도 그리기

D-Mannose를 예로 들었다.

1단계 육각형 고리의 윗면 직선 오른편 꼭짓점(⬡)에 산소(O) 원자가 오도록 Haworth 투영도의 골격을 그린다.

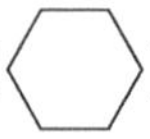

2단계 고리 산소 왼편 첫 번째 탄소, C-5에 CH_2OH기를 그린다.

⇒ *D*-당은 CH_2OH기를 고리 평면 위로 배열한다.

⇒ *L*-당은 CH_2OH기를 아래로 배열한다.

3단계 아노머 탄소(산소 원자 오른편 첫 번째 탄소, C-1)에 OH를 그린다.

⇒ α-아노머는 *D*-당에서 OH기를 아래로 배열한다.

⇒ β-아노머는 *D*-당에서 OH기를 위로 배열한다.

4단계 나머지 OH기를 각 탄소에 배치한다.

⇒ Fischer 투영도에서 오른쪽 치환기는 고리 아래로 배열한다.

⇒ Fischer 투영도에서 왼쪽 치환기는 고리 위로 배열한다.

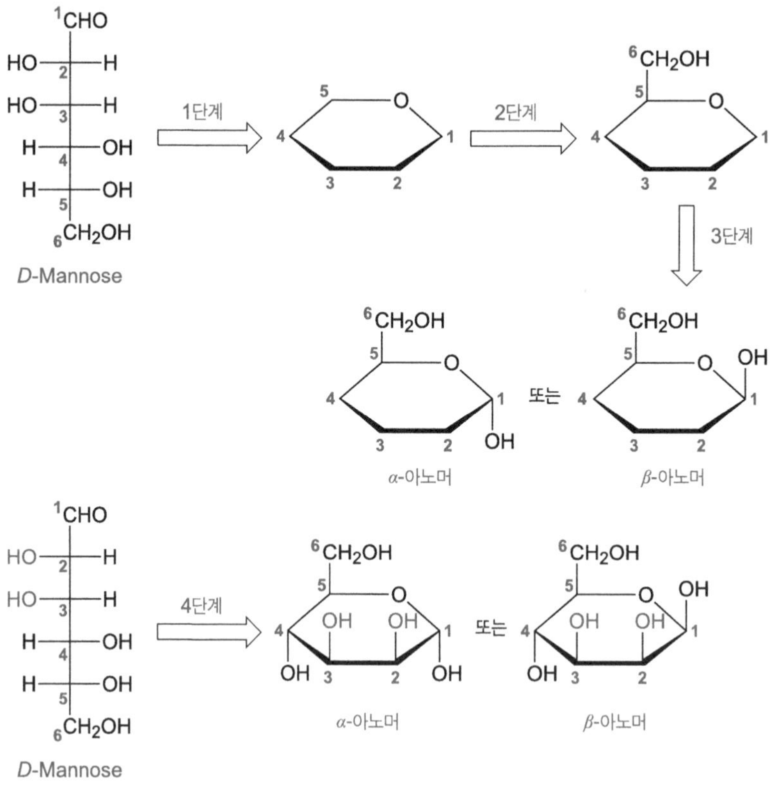

그림 1.4 *D*-Mannose의 Haworth 투영식 그리기

복습문제 1.10 *D*–Mannose의 Haworth 투영식을 그리시오.

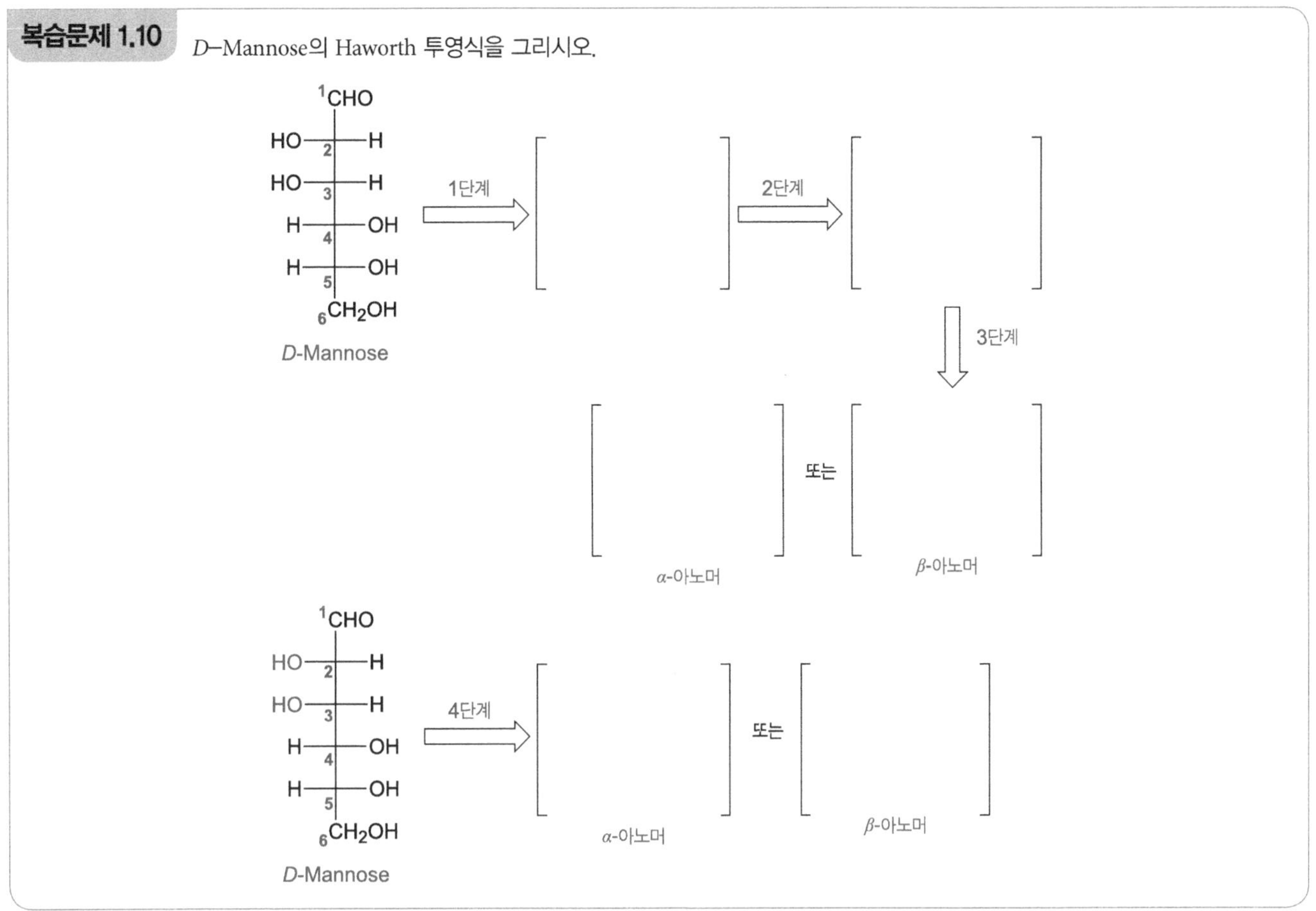

알도펜토스나 케토헥소스는 피라노스 고리 대신 퓨라노스 고리를 형성한다. 퓨라노스 또한 고리 탄소 수가 하나 적다는 것 외에는 피라노스 고리를 그리는 원리를 그대로 적용한다.

방법 1.23 Fischer 투영도를 퓨라노스형 Haworth 투영도로 변환하기

D–Fructose를 예로 들었다.

1단계 오–원자 헤미아세탈 고리형 골격을 그린다.

2단계 C–2와 C–5에 CH_2OH를 위와 아래로 배열한다.

.3단계 아노머 C–3와 C–4의 OH기를 오른쪽과 왼쪽으로 구분하고, 오른쪽 OH기는 아래로, 왼쪽 OH기는 위로 배열한다.

그림 1.5 *D*-Fructose의 Fischer 투영도를 퓨라노스형 Haworth 투영도로 변환하는 경로

복습문제 1.11 *D*–Fructose의 Fischer 투영도를 퓨라노스형 Haworth 투영도로 변환하시오.

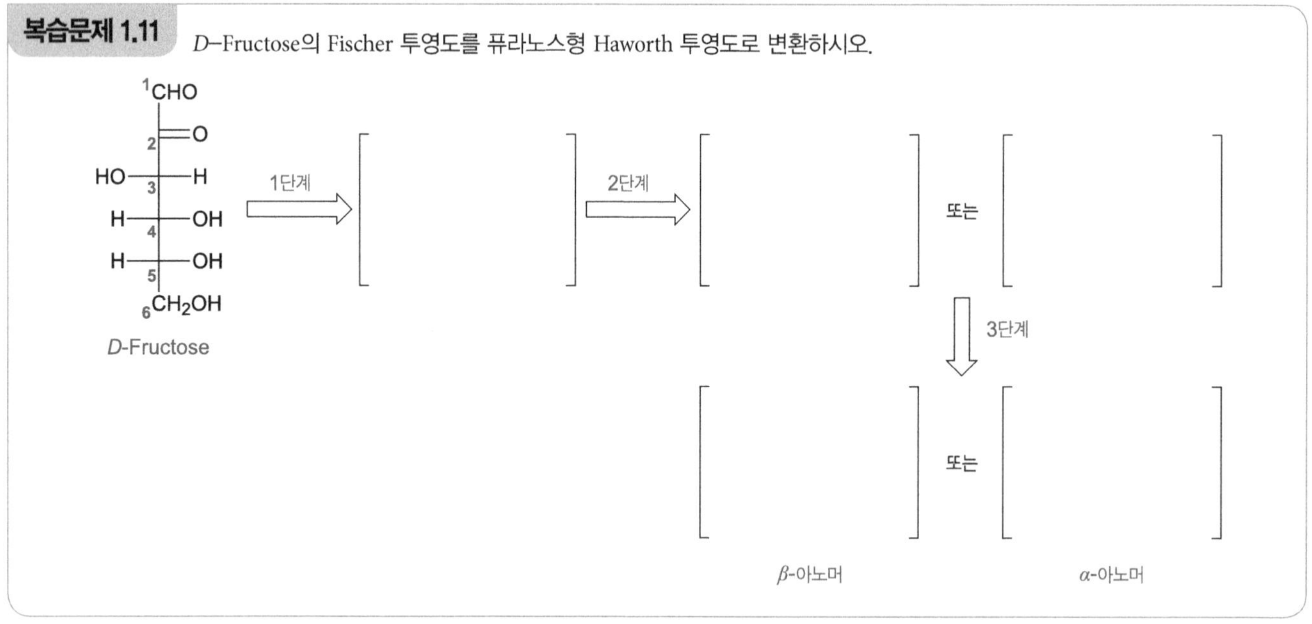

피라노스의 정확한 3차원 구조는 육-원자 고리의 의자 형태이다. 육-고리는 고리의 유동성 때문에 의자 형태와 보트 형태가 가능하지만, 의자 형태가 더 안정하므로 천연물은 대부분 의자 형태로 존재한다. 의자 형태의 분자를 이해하기 위해서는 Fischer 투영도나 Haworth 투영도를 의자 형태로 그리면, 구조의 이해에 더 도움이 된다. 따라서 Haworth 투영도를 의자 형태 구조로 변환할 수도 있어야 한다.

방법 1.24 피라노스 Haworth 투영도를 의자형 구조로 변환하기

1단계 피라노스 구조의 위 오른쪽에 산소(O) 원자가 오도록 Haworth 투영도를 그린다. 그리고 각 치환기를 "위"와 "아래"로 구분한다.

2단계 산소 원자가 위쪽, 맨 뒤의 오른쪽 모서리에 위치하도록 의자 형태의 골격을 그리고, 각 치환기를 "위"와 "아래"로 구분한다.

3단계 "위"쪽 치환기는 의자 구조의 위쪽(수직 방향 또는 수평 방향)에 배열하고, "아래"쪽 치환기는 아래쪽(수직 방향 또는 수평 방향)에 배열한다.

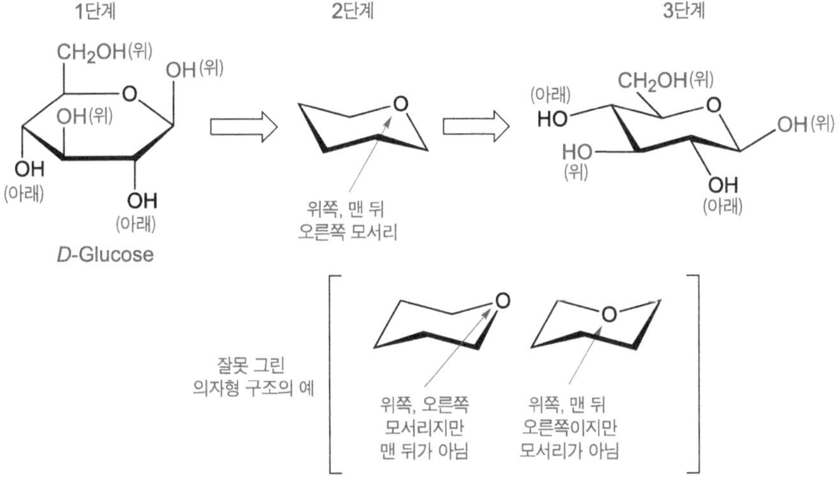

그림 1.6 피라노스 Haworth 투영도를 의자형 구조로 변환하기

복습문제 1.12 *D*–Glucose의 Haworth 투영도를 의자형 구조로 변환하시오.

1단계 2단계 3단계

CH_2OH, OH, O, OH, OH, OH

D-Glucose

연습문제 1.23 *D*–Ribose의 Fischer 투영도를 그리고 이 구조를 Haworth 투영도로 변환하시오.

연습문제 1.24 *D*– 및 *L*–Mannose의 Haworth 구조를 그리시오.

D-Mannose			*L*-Mannose		
	1 CHO			1 CHO	
HO	2	H	H	2	OH
HO	3	H	H	3	OH
H	4	OH	HO	4	H
H	5	OH	HO	5	H
	6 CH_2OH			6 CH_2OH	

2장 유기 화합물의 명명법

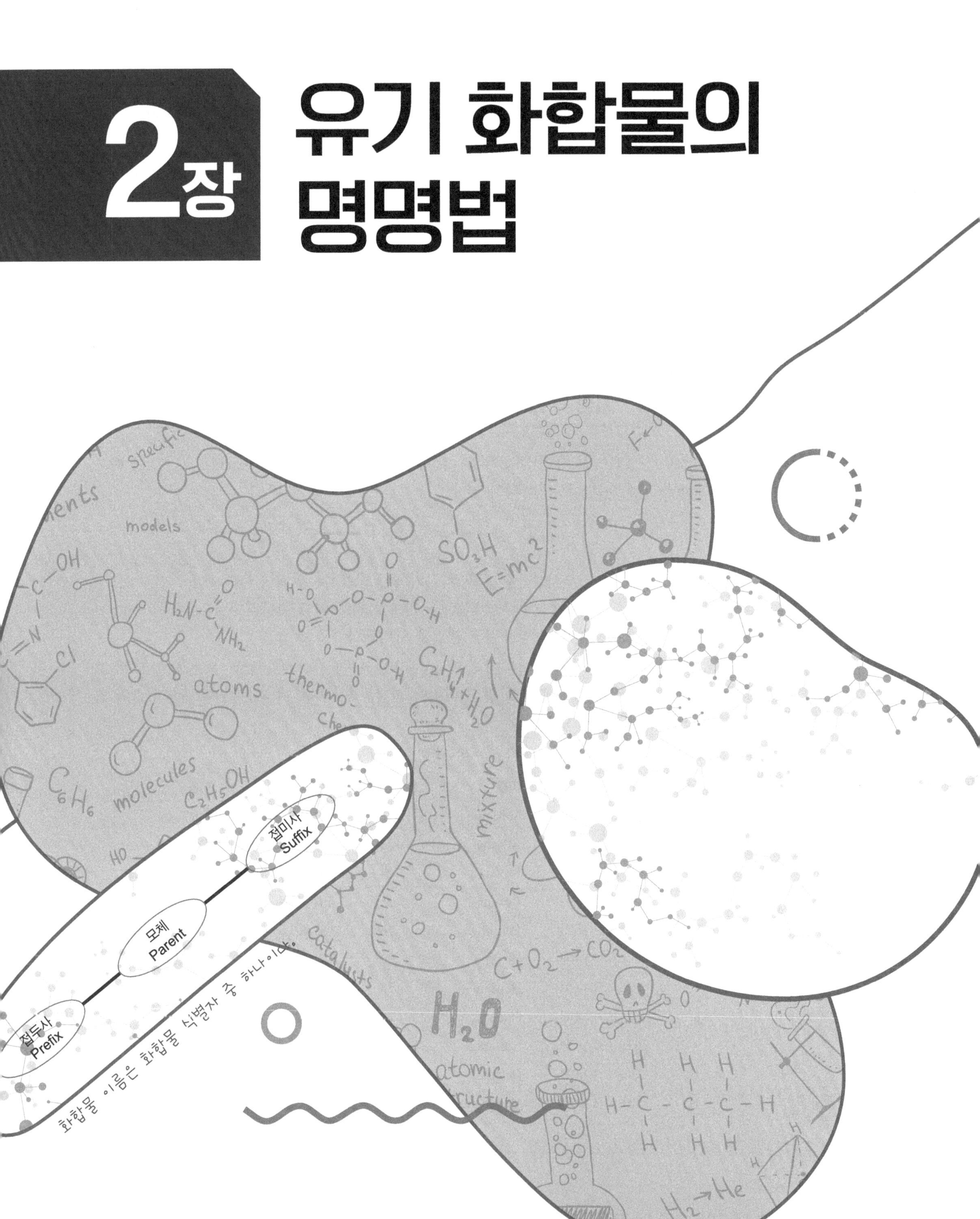

19세기 초반까지 유기 화합물의 명명은 발견자의 의도에 따라 명명하였다. 매년 수많은 새로운 유기 화합물이 추출되거나 합성되면서, 쉽게 명명하고 기억할 수 있는 체계적인 이름이 필요하게 되었다. 1892년 유럽 화학자들(34명)이 스위스에서 "제네바(Geneva) 규칙"이라는 유기 화합물 명명법 체계를 개발하였다. 이 화합물의 명명 규칙을 IUPAC 명명법(nomenclature of International Union Pure and Applied Chemistry) 또는 계통명(systematic name)이라고 한다. 이 장의 목표는 다양한 유기 화합물의 IUPAC 명명법을 습득하는 것이다.

계통명은 **관용명**(common name 또는 trivial name)에 대응되는 용어이다. 관용명은 IUPAC 명명법이 탄생하기 이전부터 사용하던 이름을 말한다.

오늘날 유기 화합물은 IUPAC 규칙에 따라 명명한다. 유기 화합물의 이름은 (접두사)-(모체)-(접미사)의 세 부분으로 구성되었다. "접두사"는 작용기 및 치환기의 종류와 위치를 나타낸다. "모체"는 주 사슬의 탄소 수를 나타내고, "접미사"는 작용기의 계열을 나타낸다. 한편 고리 화합물과 이중 결합 화합물의 배열은 시스/트랜스 또는 *E*/*Z*-명명법으로 구분하여 부른다.

2.1 지방족 탄화수소의 명명

IUPAC 명명법에서 유기 화합물의 이름은 **접두사**(prefix), **모체**(parent) 그리고 **접미사**(suffix)의 세 부분으로 구성되어 있다.

접두사: 작용기 및 치환기의 종류와 수, 위치를 나타낸다.
모 체: 주 사슬의 탄소 원자가 몇 개인가를 나타낸다.
접미사: 작용기의 계열을 나타낸다.

곧은 사슬 모체 포화 탄화수소는 다중 결합과 곁가지가 없는 탄화수소를 말한다.

IUPAC 규칙에 따라 화합물에 명명을 하려면, 먼저 곁가지가 없는 곧은 사슬 모체 포화 탄화수소의 이름을 정확히 알고 있어야 한다. 자주 다루게 되는 포화 탄화수소의 영어 이름을 표 2.1에 나타냈다.

표 2.1 몇 가지 곧은 사슬 알케인의 분자식과 이름

탄소 수	분자식	이름	탄소 수	분자식	이름
1	CH_4	Methane	22	$CH_3(CH_2)_{20}CH_3$	Docosane
2	CH_3CH_3	Ethane	23	$CH_3(CH_2)_{21}CH_3$	Tricosane
3	$CH_3CH_2CH_3$	Propane	24	$CH_3(CH_2)_{22}CH_3$	Tetracosane
4	$CH_3(CH_2)_2CH_3$	Butane	25	$CH_3(CH_2)_{23}CH_3$	Pentacosane
5	$CH_3(CH_2)_3CH_3$	Pentane	26	$CH_3(CH_2)_{24}CH_3$	Hexacosane
6	$CH_3(CH_2)_4CH_3$	Hexane	27	$CH_3(CH_2)_{25}CH_3$	Heptacosane
7	$CH_3(CH_2)_5CH_3$	Heptane	28	$CH_3(CH_2)_{26}CH_3$	Octacosane
8	$CH_3(CH_2)_6CH_3$	Octane	29	$CH_3(CH_2)_{27}CH_3$	Nonacosane
9	$CH_3(CH_2)_7CH_3$	Nonane	30	$CH_3(CH_2)_{28}CH_3$	Triacontane
10	$CH_3(CH_2)_8CH_3$	Decane	31	$CH_3(CH_2)_{29}CH_3$	Hentriacontane
11	$CH_3(CH_2)_9CH_3$	Undecane	32	$CH_3(CH_2)_{30}CH_3$	Dotriacontane

12	$CH_3(CH_2)_{10}CH_3$	Dodecane	33	$CH_3(CH_2)_{38}CH_3$	Tritriacontane
13	$CH_3(CH_2)_{11}CH_3$	Tridecane	40	$CH_3(CH_2)_{38}CH_3$	Tetracontane
14	$CH_3(CH_2)_{12}CH_3$	Tetradecane	50	$CH_3(CH_2)_{48}CH_3$	Pentacontane
15	$CH_3(CH_2)_{13}CH_3$	Pentadecane	60	$CH_3(CH_2)_{58}CH_3$	Hexacontane
16	$CH_3(CH_2)_{14}CH_3$	Hexadecane	70	$CH_3(CH_2)_{68}CH_3$	Heptacontane
17	$CH_3(CH_2)_{15}CH_3$	Heptadecane	80	$CH_3(CH_2)_{78}CH_3$	Octacontane
18	$CH_3(CH_2)_{16}CH_3$	Octadecane	90	$CH_3(CH_2)_{88}CH_3$	Nonacontane
19	$CH_3(CH_2)_{17}CH_3$	Nonadecane	100	$CH_3(CH_2)_{98}CH_3$	Hectane
20	$CH_3(CH_2)_{18}CH_3$	Eicosane	120	$CH_3(CH_2)_{118}CH_3$	Eicosahectane
21	$CH_3(CH_2)_{19}CH_3$	Henicosane	130	$CH_3(CH_2)_{128}CH_3$	Triacontahectane

2.2 가지 달린 알케인의 명명

가지 달린 알케인(branched alkane)의 명명은 탄화수소 모체를 이용하여 다음의 규칙에 따라 명명한다. 먼저 치환기 명명법 규칙을 알아보자.

고리와 사슬로 구성된 화합물에서는 구성 탄소 수가 많은 쪽이 모체가 된다(고리 탄화수소 명명은 다음 절에서 다룬다).

탄화수소 치환기 명명 규칙

1. 모체 사슬에 결합된 치환기를 확인한다.

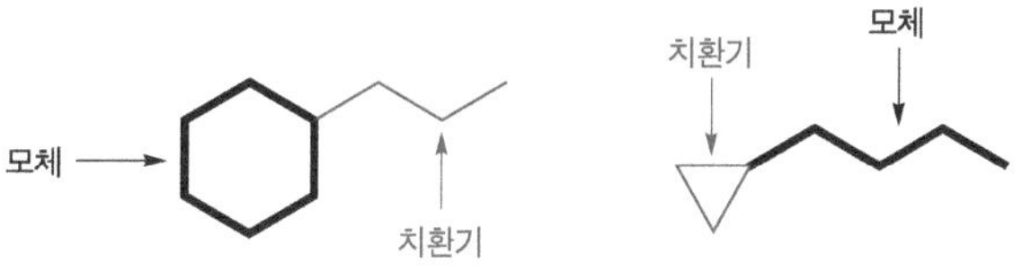

Propylcyclohexane　　1-Cyclopropylbutane

2. 치환기의 모체 사슬을 확인하고, 모체 사슬 끝 이름 -ane를 -yl로 변환한다.
   예 Ethane → Ethyl
3. 모체 사슬에 결합된 탄소를 1-번으로 매긴다.
4. 치환기에 곁가지가 있으면, 위 규칙-2와 규칙-3에 따라 명명하고 끝 이름 -ane를 -yl로 변환한다.
5. 전체 치환기 이름을 하나의 단어로 표기하여 해당 탄소 번호를 붙여 표기한다.

복습문제 2.1 다음 화합물의 치환기 및 모체 이름을 쓰시오.

모체　치환기　치환기　모체

표 2.2 몇 가지 알킬기의 치환기 이름 및 구조식

탄소 수	분자식	이름	치환기 이름(약 기호)	치환기 구조식
1	CH_4	Methane	Methyl(Me)	CH_3–
2	CH_3CH_3	Ethane	Ethyl(Et)	CH_3CH_2–
3	$CH_3CH_2CH_3$	Propane	Propyl(Pr)	$CH_3CH_2CH_2$–
4	$CH_3(CH_2)_2CH_3$	Butane	Butyl(Bu)	$CH_3(CH_2)_2CH_2$–
5	$CH_3(CH_2)_3CH_3$	Pentane	Pentyl	$CH_3(CH_2)_3CH_2$–
6	$CH_3(CH_2)_4CH_3$	Hexane	Hexyl	$CH_3(CH_2)_4CH_2$–
7	$CH_3(CH_2)_5CH_3$	Heptane	Heptyl	$CH_3(CH_2)_5CH_2$–
8	$CH_3(CH_2)_6CH_3$	Octane	Octyl	$CH_3(CH_2)_6CH_2$–
9	$CH_3(CH_2)_7CH_3$	Nonane	Nonyl	$CH_3(CH_2)_7CH_2$–
10	$CH_3(CH_2)_8CH_3$	Decane	Decyl	$CH_3(CH_2)_8CH_2$–

연습문제 2.1 다음 치환기들의 IUPAC 명을 쓰시오.

(a) (b) 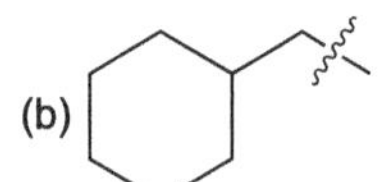 (c) 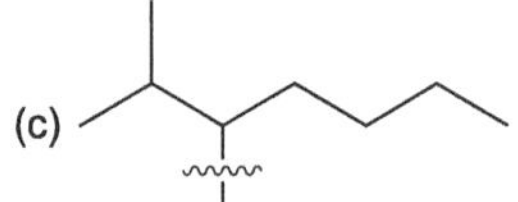 (d) 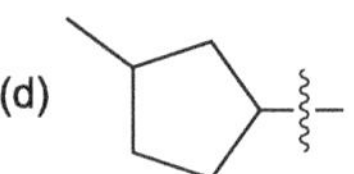

연습문제 2.2 다음 치환기들의 구조를 그리시오.

(a) 1-Methylpropyl (b) 2,3-Dimethylcyclobutyl

(c) 2-Cyclopentylheptyl (d) (3-Cyclopropylmethyl)cyclohexyl

가지 달린 알케인의 명명 규칙

가장 긴 연속된 사슬은 그려진 방식대로만 있지는 않으며, 구부러진 것일 수도 있다.

1. 가장 긴 연속된 탄소 사슬을 찾아 모체 알케인으로 선택하고 명명한다.
   ⇒ 굽은 사슬도 곧게 펴면, 곧은 사슬이 된다는 점에 유의하라.
   ⇒ 길이가 동일한 두 개의 서로 다른 사슬이 존재하면, 곁가지 수가 많은 쪽을 모체 사슬로 선택한다.

   다음 예의 구조(I)에서 가장 긴 연속된 사슬은 C가 7개이므로 모체 이름은 heptane이다.

$$H_3C-\overset{H_2}{C}-\overset{H_2}{C}-\overset{H_2}{C}-\underset{H}{\overset{H_2C-CH_3}{C}}-CH_3$$

(I)

C7: Heptane (맞다) C6: Hexane (틀리다)

2. 치환기의 위치 번호를 가능한 한 작은 숫자로 나타낼 수 있도록 모체 탄소에 번호를 매긴다.

⇒ 만일 모체 사슬의 양쪽 끝에서부터 동일한 위치에 치환기가 결합되어 있으면, 두 번째 곁가지의 위치 번호가 최소가 되도록 번호를 부여한다.

아래 구조(III)에서처럼 번호를 부여하면 치환기를 나타내는 숫자가 구조(II)에서보다 크므로 잘못된 번호 매김이다. 즉, 구조 (II)에서는 CH_3(methyl) 기는 C−3에 CH_3CH_2(ethyl) 기는 C−4에 있으나, 구조 (III)에서는 CH_3기가 C−5에 있고, CH_3CH_2기는 C−4에 있다.

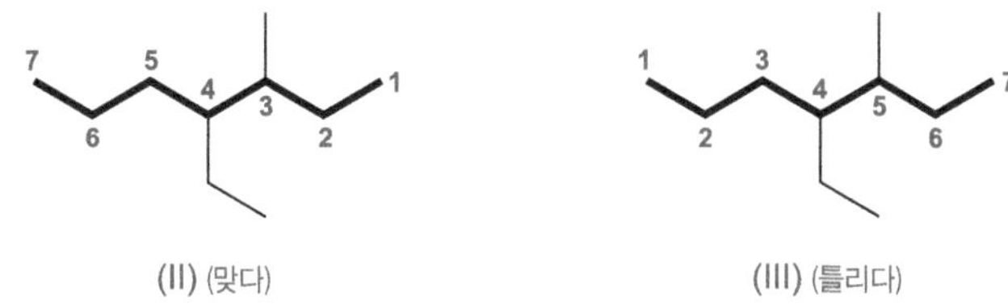

(II) (맞다) (III) (틀리다)

⇒ 첫 번째 곁가지가 끝에서부터 동일한 위치에 있으면 두 번째 곁가지 위치가 적은 번호가 되도록 번호를 부여한다.

구조(IV)에서는 두 번째 곁가지 CH_3기가 오른쪽에서 네 번째 탄소에 결합되어 있다. 따라서 3−CH_3CH_2, 4−CH3 및 7−CH_3로 번호를 부여한다.

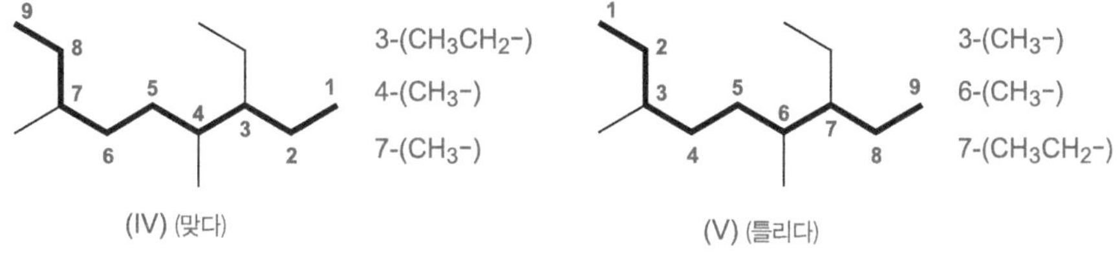

(IV) (맞다) (V) (틀리다)

3. 모체 사슬에 있는 치환기의 종류, 위치 번호 및 수를 확인한다.

⇒ 치환기를 명명하고 위치 번호 숫자와 치환기 이름의 알파벳 사이에는 하이픈(−)으로 연결한다.

⇒ 동일 치환기가 2개, 3개 또는 4개가 있으면 위치 번호를 2번, 3번 또는 4번을 겹쳐 쓰고 숫자와 숫자 사이는 쉼표(,)로 분리시킨다. 또, 치환기 이름 앞에 di−, tri− 및 tetra− 등의 수사를 사용하여 치환기 수를 나타낸다.

⇒ Di−, tri− 및 tetra− 등의 수사는 이름의 알파벳 순서를 결정할 때 고려하지 않는다.

구조(IV)의 화합물에는 C−3에 ethyl기 그리고 C−4와 C−7에 methyl기가 있으므로 4,7−dimethyl로 명명한다.

4,7-Dimethyl−을 4-dimethyl 또는 7-dimthyl 및 47-dimethyl로 명명하면 다른 화합물이 된다. 화합물 이름은 고유명사이다.

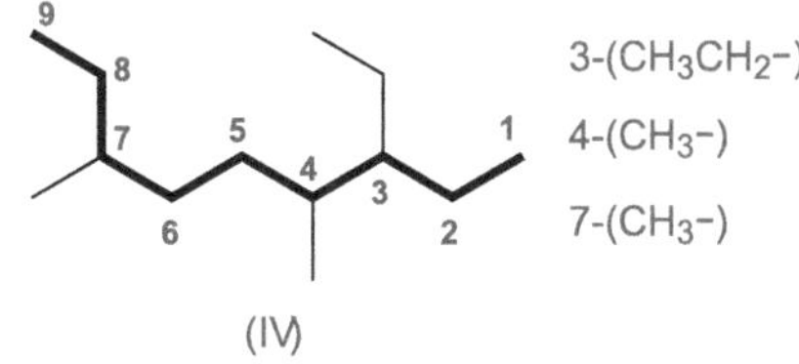

(IV)

4. 복잡한 치환기의 명명은 치환기 자체를 하나의 화합물로 보고, 앞의 3가지 규칙을 적용하여 명명한다.

⇒ 모체 사슬에 결합된 첫 번째 탄소가 곁가지 주 사슬에 포함되어야 하고 이 탄소 번호를 "1"번으로 한다.

구조식(VI)를 예로 나타냈다. 모체 분자에 결합된 치환기의 이름은 2-methylhexyl로 명명한다. 혼란을 피하기 위해 분자 전체의 이름을 완전히 기록할 때는 이 치환기 이름을 괄호로 묶는다. 즉, 모체 분자의 2번 탄소에 이 치환기가 결합되었다면 2-methylhexyl로 명명한다. 모체 분자(naphthalene)의 탄소 위치 번호는 정해져 있다.

치환기: 2-methylhexyl

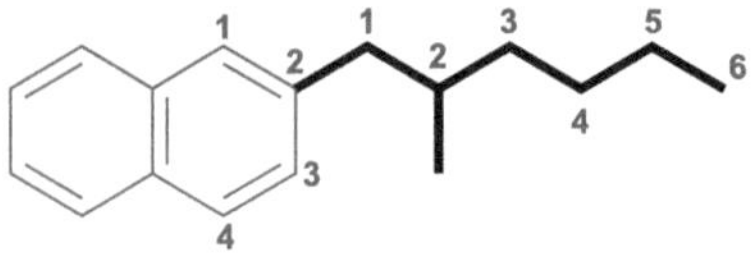

모체 분자

(VI)

5. 치환기의 이름은 알파벳순으로 나열하고 이름을 한 단어로 연결하여 전체 이름을 명명한다. 즉, 구조(VI)는 2-(2-methylhexyl)naphthalene으로 명명한다.

알케인의 IUPAC 명명 규칙은 4단계로 수행한다.
1단계: 모체 사슬의 확인
2단계: 치환기 종류 확인 및 명명
3단계: 모체 사슬 탄소 번호 부여 및 치환기 위치 번호 부여
4단계: 치환기 이름을 알파벳순으로 나열하여 명명

복습문제 2.2 다음 가지 달린 알케인의 IUPAC 명을 쓰시오.

(a) $H_3C-\overset{H_2}{C}-\overset{H_2}{C}-\overset{H_2}{C}-\underset{H}{C}(CH_2CH_3)-CH_3$

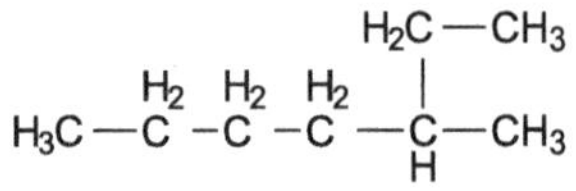

(b)

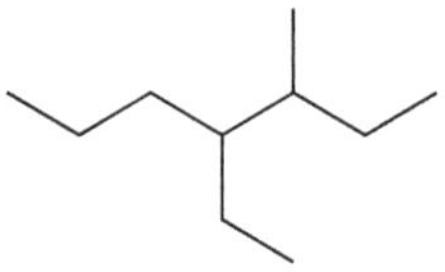

(c)

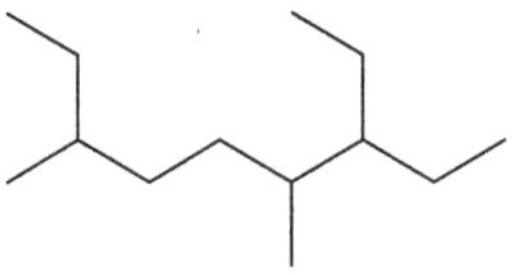

(d)

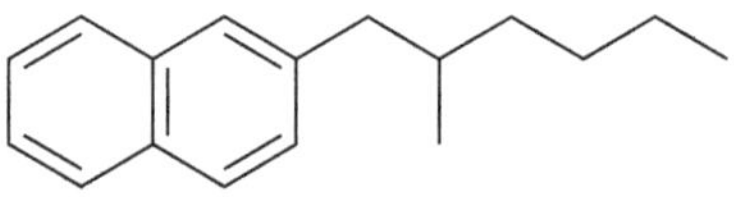

한편, 역사적인 이유 때문에 여러 개의 치환기들은 관용명을 가지고 있다. IUPAC 규칙에서도 부분적으로 관용명 사용을 허용하고 있다. 탄소 수가 3~5개까지의 가지 달린 사슬의 관용명과 IUPAC 이름(괄호 안 이름)을 아래에 나타냈다.

$(CH_3)_2CH-$ ≡ 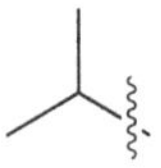
Isopropyl(*i*-Pr)
(1-Methylethyl)

$CH_3CH_2CHCH_3$ ≡ 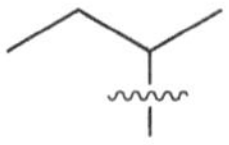
sec-Butyl(*sec*-Bu)
(1-Methylpropyl)

$(CH_3)_3C-$ ≡ 
tert-Butyl(*t*-Bu)
(1,1-Dimethylethyl)

$(CH_3)_2CHCH_2-$ ≡ 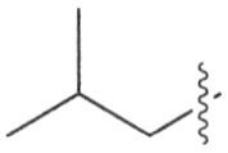
Isobutyl(*i*-Bu)
(2-Methylpropyl)

$(CH_3)_2CHCH_2CH_2-$ ≡ 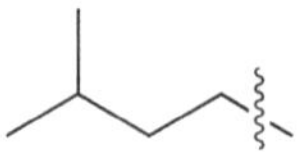
Isopentyl or Isoamyl(*i*-Amyl)
(3-Methylpentyl)

$(CH_3)_3CCH_2-$

Neopentyl
(2,2-Dimethylpropyl)

$CH_3CH_2(CH_3)_2C-$

tert-Pentyl or *tert*-Amyl(*t*-Amyl)
(1,1-Dimethylpropyl)

관용명을 이용하여 명명할 경우 isopropyl, isopentyl 및 neopentyl의 "i"나 "n"은 알파벳 순서를 결정할 때 고려해야 하지만, 하이픈으로 분리된 *sec*– 및 *tert*– 등은 고려하지 않는다.

연습문제 2.3 다음 화합물의 IUPAC 이름을 쓰시오.

(a)

(c)

(b)

(d)

연습문제 2.4 다음 화합물의 구조식을 그리시오.

(a) 3-Methylhexane

(b) 3-Ethyl-5-isobutylnonane

(c) 3-Ethyl-4-methylhexane

(d) 3,5,5-Trimethyloctane

2.3 사이클로알케인의 명명

사이클로알케인(cycloalkane)의 이름은 고리를 형성하고 있는 탄소 수에 해당하는 알케인의 모체 이름 앞에 cyclo–를 추가하여 명명한다.

몇 가지 간단한 사이클로알케인의 구조와 이름을 아래에 나타냈다.

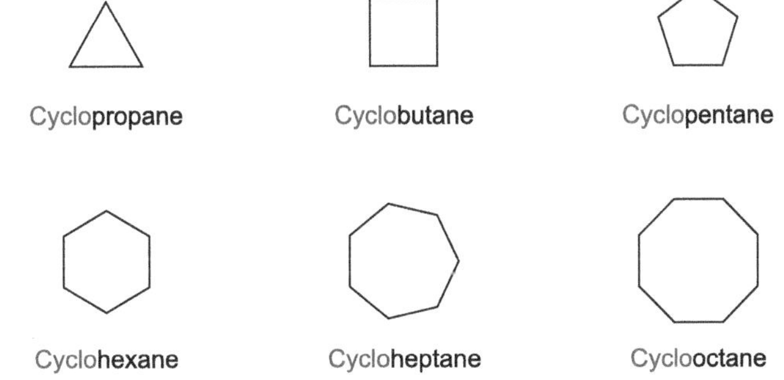

치환된 사이클로알케인의 명명은 가지 달린 열린 사슬 알케인의 규칙과 유사하게 명명한다.

고리 탄화수소를 포함하는 화합물의 명명 규칙

대부분의 화합물에 대해 다음의 두 가지 규칙을 적용한다.

1. 모체를 결정한다.
   ⇒ 고리나 치환기 사슬 중 탄소 수가 많은 쪽이 모체가 된다.
2. 알킬기가 치환된 사이클로알케인의 경우는 치환기 위치 번호가 가능한 한 작은 수로 표시되도록 고리 탄소에 번호를 부여한다.
   아래 화합물의 이름은 1,3-dimethylcyclohexane으로 명명한다.

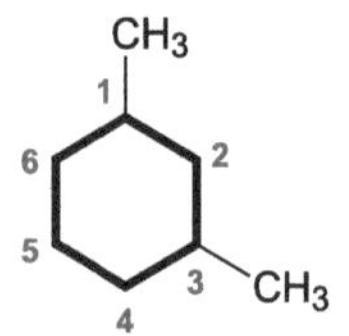

1,3-Dimethylcyclohexane
(맞다)

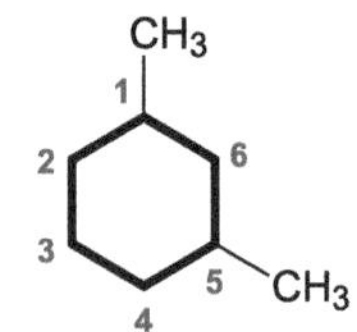

1,5-Dimethylcyclohexane
(틀리다)

3. 고리에 동일한 번호를 부여할 수 있는 두 개 이상의 서로 다른 알킬기가 존재하면, 치환기 이름의 알파벳 순서에 따라 위치 번호를 부여한다.
   ⇒ 할로젠은 알킬기와 동일하게 취급한다.
   아래 오른편 화합물은 Br이 치환된 탄소 번호를 1-번으로 부여하여 1-bromo-3-methylcyclohexane으로 명명하고, 3-bromo-1-methylcyclohexane으로 명명하지 않는다. 또 왼편 화합물은 1-ethyl-2-methylcyclopentane으로 명명하고, 2-ethyl-1-methylcyclopentane이라고 명명하지 않는다.

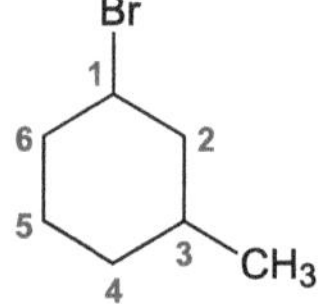

1-Bromo-3-methylcyclohexane

1-Ethyl-2-methylcyclopentane

cis–는 라틴어로 "on the same side"라는 뜻이고, *trans*–는 "across"라는 뜻이다.

4. 이치환–사이클로알케인에서 두 치환기가 모두 고리 평면의 같은 편에 놓여 있으면 시스(*cis*)–라는 접두사를 이름 앞에 덧붙인다. 두 치환기가 고리 평면의 서로 반대편에 놓여 있으면 트랜스(*trans*)–라는 접두사를 덧붙여 명명한다.
   시스/트랜스 이성질체는 분자식이 동일하지만 입체 구조가 다르며, 실제로 다른 화합물이므로 이들을 명명에서도 구분해야 한다. 이와 같은 명명은 이중 결합을 가지는 알켄 화합물에서도 필요하다.

한편 이중 결합 2개 탄소에 각기 다른 3개 또는 4개의 치환기가 결합하고 있으면 시스–트랜스 명명법 대신 *E*/*Z* 명명법을 사용한다.

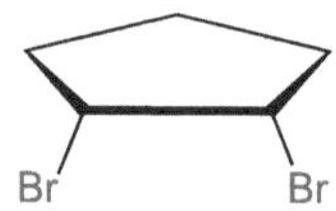

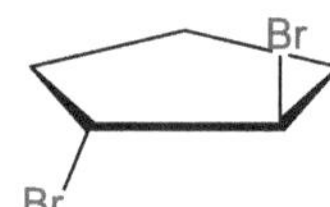

cis-1,2-Dibromocyclopentane　　*trans*-1,2-Dibromocyclopentane

E/*Z* 명명법에서 '*Z*'는 '서로 같이'를 의미하는 독일어 zusammen의 첫 글자이고, '*E*'는 '반대로'를 의미하는 독일어의 entgegen의 첫 글자에서 유래되었다.

E/*Z*– 명명법은 이중 결합 탄소에 네 개의 치환기가 모두 다를 경우에 이용한다. 이 명명법에서는 치환기들의 우선순위를 이용하여 배열을 나타낸다. 이 순위 결정 규칙은 거울상 이성질체의 절대 배열을 표시하는 (*R*,*S*)–명명법에서도 이용한다. 이 순위 결정 규칙을 **Cahn–Ingold–Prelog 순차 규칙**(Cahn–Ingold–Prelog sequence rule)이라고 한다.

Cahn–Ingold–Prelog 순차 규칙(Cahn–Ingold–Prelog sequence rule)은 CIP 체계라고도 한다.

복습문제 2.3 다음 화합물의 IUPAC 이름을 명명하시오.

(a) 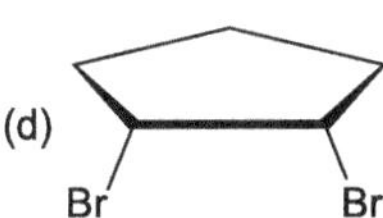

(b) 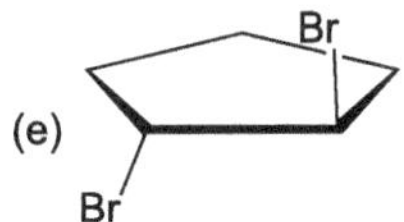

(c) CH_3 CH_2CH_3

(d) Br Br

(e) Br Br

Cahn–Ingold–Prelog 순차 규칙

1. 기준 탄소를 결정한다.
   ⇒ 알켄에서는 이중 결합 탄소가 기준 탄소이고, 고리 화합물에서는 치환기가 결합된 탄소가 기준 탄소이다.
   ⇒ 카이랄 중심이 있어 (*R*, *S*)–명명이 필요한 경우는 카이랄 탄소가 기준 탄소이다.

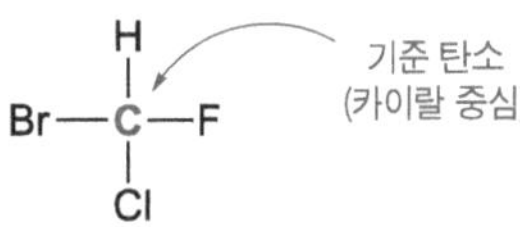

H — Br—C—F — Cl

기준 탄소 (카이랄 중심)

알켄 화합물　　고리 화합물　　카이랄 화합물

2. 기준 탄소에 직접 결합한 원자들의 원자 번호가 큰 것부터 작아지는 순서대로 우선순위를 부여한다.
   ⇒ 원자 번호가 가장 큰 원소의 우선순위가 가장 높다.
   예로, HClC=CClH에서 이중 결합 탄소에 결합된 치환기는 각각 H와 Cl이다. 두 원자 중 Cl의 원자 번호가 더 크므로, Cl의 우선순위는 1번이 되고 H는 2번이 된다.
   Dibromocyclohexane에서는 Br이 원자 번호가 H보다 크므로, 우선순위는 1번이 된다.
   카이랄 중심 탄소에 HBrClF가 결합하고 있으면, 우선순위는 원자 번호에 따라, Br(1) → Cl(2) → F(3) → H(4)이다.

4 H — 1 Br—C—F 3 — 2 Cl

기준 탄소 (카이랄 중심)

알켄 화합물　　고리 화합물　　카이랄 화합물

3. 기준 탄소에 결합한 원자들이 동일하면, 두 번째로 결합한 원자들의 원자 번호를 이용하여 순위를 정한다.
   ⇒ 원자 번호가 큰 원자가 하나라도 있으면 더 높은 우선순위를 부여한다.

예로 2-butanol($CH_3CH_2C^*HOHCH_3$)에서 카이랄 중심 탄소(C^*)에 O, CH_2CH_3, CH_3와 H가 직접 결합하고 있다. 이 경우의 우선순위는 O(1) → CH_2CH_3(2) → CH_3(3) → H(4)가 된다.

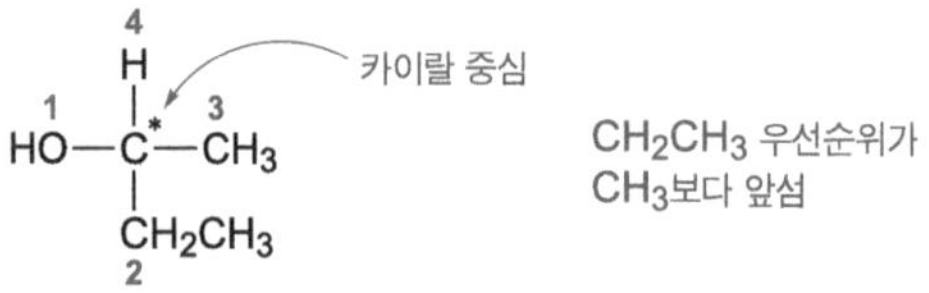

카이랄 중심

CH_2CH_3 우선순위가 CH_3보다 앞섬

4. 동위 원소가 결합되어 있으면 질량수가 큰 것이 우선한다.

   예 삼중수소(T), 중수소(D)와 수소(H)가 있으면, 우선순위는 T(1) → D(2) → H(3)순이 된다.

5. 다중 결합의 원자는 단일 결합 원자가 다중 결합 수만큼 중복되어 있는 것으로 취급하여 순위를 정한다.

   예로 C=O의 경우는 C가 두 개의 O와, O는 두 개의 C와 결합한 것으로 취급한다. C=C 결합이나 C≡C 결합도 같은 방식으로 취급하므로 C–C보다 C=C가 더 우선순위가 높다.

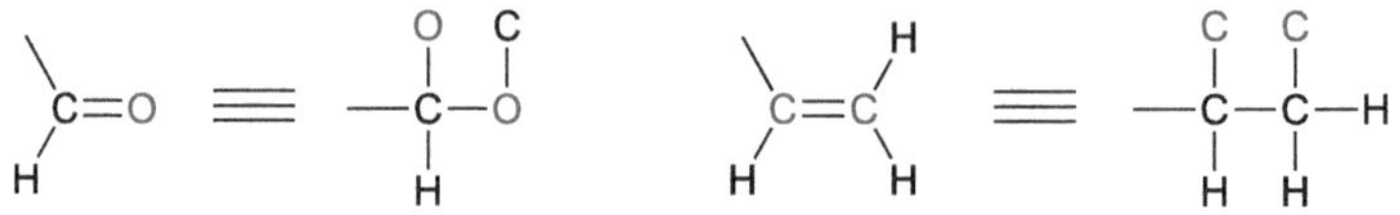

복습문제 2.4 제시된 화학종의 각 기준 탄소(C)에 결합된 치환기들의 우선순위를 결정하시오.

(a) (b) (c) (d)

방법 2.1 이중 결합 치환기 *E*/*Z*–배열 결정하기

1단계 각 이중 결합의 두 치환기를 확인한다.

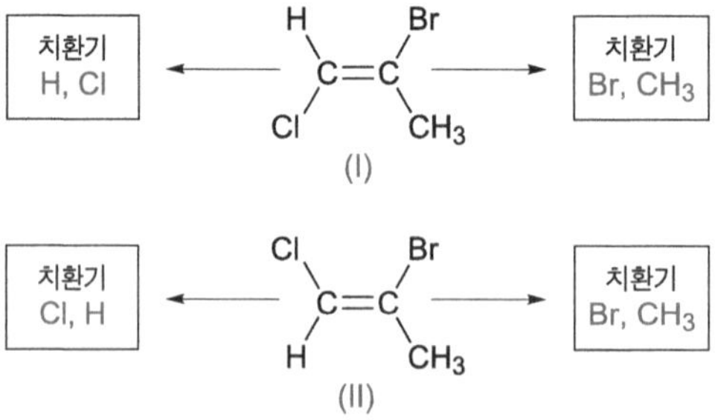

치환기 H, Cl ← (I) → 치환기 Br, CH_3

치환기 Cl, H ← (II) → 치환기 Br, CH_3

2단계 각 이중 결합에 결합된 두 치환기의 우선순위를 순위 규칙에 따라 결정한다.

우선순위 : H(2), Cl(1) ← (I) → 우선순위 : Br(1), CH_3(2)

우선순위 : Cl(1), H(2) ← (II) → 우선순위 : Br(1), CH_3(2)

3단계 우선순위가 높은 치환기가 같은 편에 있으면 *Z*−배열, 반대편에 있으면 *E*−배열로 구분하여 명명한다.

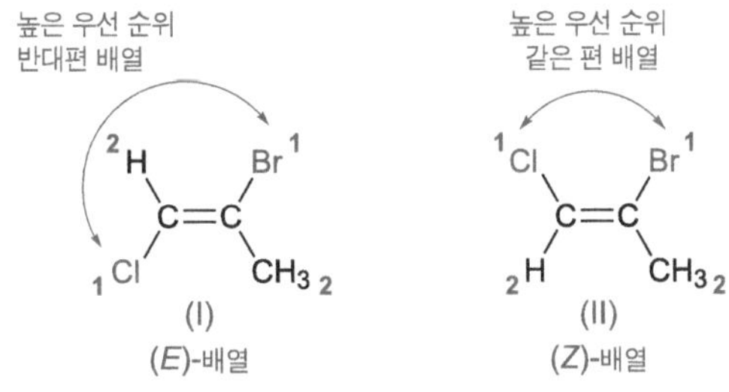

복습문제 2.5 제시된 화합물의 *E*/*Z*−배열과 이중 결합에 치환된 치환기의 상대적인 우선순위를 나타내시오.

(I) (II)

연습문제 2.5 다음 화합물의 배열을 *E*− 또는 *Z*−로 구분하시오.

(a) (b) (c)

분자식이 동일하고 카이랄 중심의 배열이 다른 이성질체를 거울상 이성질체라고 한다. 따라서 이들은 구별하여 (*R*,*S*)−명명법으로 명명한다.

방법 2.2 카이랄 중심에서의 (*R*,*S*) −이성질체 결정하기

2-Butanol($CH_3CH_2C^*HOHCH_3$)을 예로 들어 보자.

1단계 카이랄 중심에 결합된 치환기의 우선순위를 정한다.

OH(1) → CH_2CH_3(2) → CH_3(3) → H(4)

2단계 우선순위가 가장 높은 1번을 관찰자의 정면에 배열하고, 가장 낮은 우선순위(4 순위) 치환기를 뒤쪽(점선)으로 배열한다.

1 OH
관찰자가 보는 방향
C*
4 H

3단계 나머지 2개 치환기(2번과 3번)의 우선순위를 배정하여 치환기 우선순위가 시계 방향으로 1 → 2 → 3이면 (*R*)−배열로 표기한다. 반시계 방향이면 (*S*)−배열로 표기한다. 배열 형태(*R* 또는 *S*)는 '하이픈(−)'으로 구분하여 화합물 이름 맨앞에 표기한다.

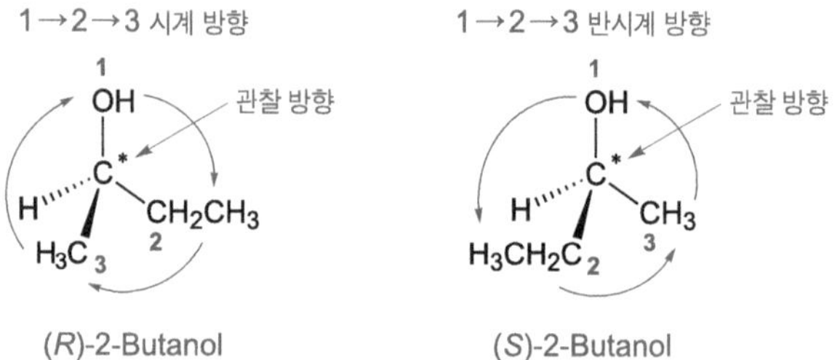

복습문제 2.6 2-Butanol의 카이랄 중심 탄소의 치환기 우선순위를 나타내고, (*R*)− 또는 (*S*)− 이성질체를 지정하시오.

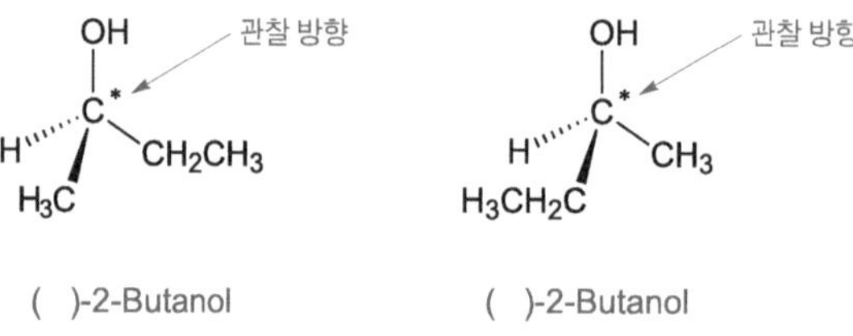

( )-2-Butanol ( )-2-Butanol

연습문제 2.6 다음 화합물들은 카이랄 화합물이다. 각 화합물의 카이랄 중심에 있는 치환기들의 우선순위를 나타내시 오. 또 (*R*)− 및 (*S*)−배열을 지정하시오.

치환기 우선순위 : (> > >) 치환기 우선순위 : (> > >)

(a) H, HO, C*, H3C, CH2CH2CH3

(b) H, Cl, C*, F3C, CH2CH2Cl

연습문제 2.7 다음 화합물들의 (*R*)− 및 (*S*)−이성질체를 쐐기−점선 구조로 나타내시오.

(a) $CH_3\overset{*}{C}H(NH_2)COOH$

Alanine
(아미노산)

(b) NH2

Amphetamine
(중추신경 흥분제)

2.4 알켄의 명명

알켄은 탄소-탄소 이중 결합(C=C)을 포함하는 화합물 계열이다. 탄소-탄소 이중 결합은 작용기이다. 작용기를 가지고 있는 계열 화합물의 명명법은 일반적으로 네 단계를 거쳐 명명한다.

1단계: C=C 결합을 포함하고 있는 가장 긴 연속된 사슬을 모체 사슬로 지정한다. 모체 사슬의 끝 이름 -ane를 -*ene*으로 변환한다.

2단계: 치환기 종류, 개수와 배열을 확인하고 명명한다.

3단계: 이중 결합 탄소가 가장 적은 수로 표시되도록 모체 사슬에 위치 번호를 지정한다. 이중 결합 탄소 번호는 시작되는 탄소 원자 번호만 표기한다. 그러나 모체 사슬에는 두 탄소가 모두 포함되도록 해야 한다.

4단계: 치환기 이름을 알파벳순으로 나열하여 명명한다.

사슬 알켄의 명명 규칙

1. 이중 결합 두 탄소(C=C)가 모두 포함된 가장 긴 연속된 탄소 사슬을 찾는다. 그 탄소 수에 해당하는 알케인의 이름을 모체로 쓰고, 이 모체 이름의 접미사 −ane를 −*ene*으로 바꾸어 명명한다.
   아래 화합물에서 이중 결합 탄소 두 개를 모두 포함하는 가장 긴 사슬은 C5이므로 모체는 'pentene'으로 명명해야 한다. 연속된 사슬에 하나의 이중 결합 탄소만을 포함시켜 'hexene'으로 명명하면 잘못이다.

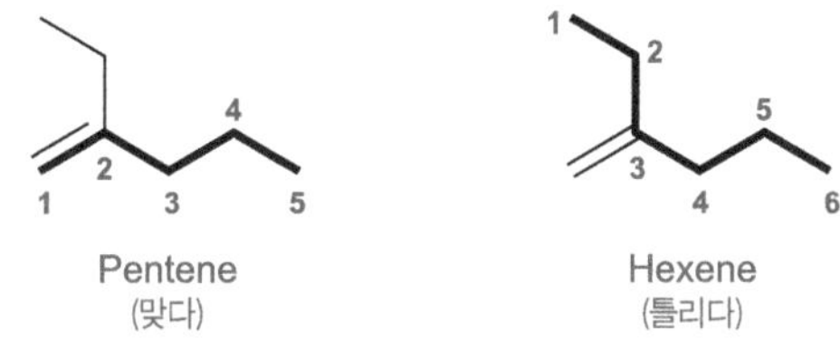

2. 치환기와 치환기의 배열을 확인하고 명명한다.
   ⇒ 치환기 이름은 알켄에서처럼 붙이고, *cis*/*trans* 배열 또는 *E*/*Z* 배열로 구분한다.

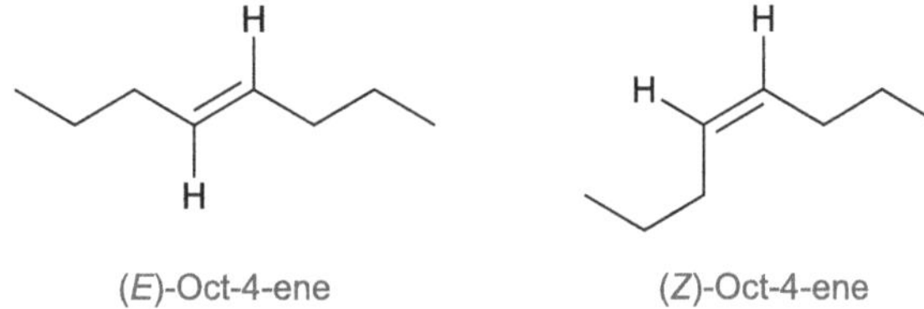

3. 이중 결합 탄소가 가장 작은 수로 표시되도록 모체 사슬에 번호를 지정한다.
   ⇒ 이중 결합 탄소 번호는 시작되는 탄소 번호만 표기한다. 그러나 모체 사슬에는 두 탄소가 모두 포함되어야 한다.
   ⇒ 이중 결합이 가까운 쪽 끝에서부터 사슬 탄소에 번호를 매긴다. 이 경우에 이중 결합 탄소의 위치 번호는 연속되도록 부여한다.
   ⇒ 이중 결합으로부터 양쪽이 동일한 탄소 수로 되어 있으면 첫 번째 치환기가 가까운 끝에서부터 번호를 부여한다. 즉, 이중 결합 탄소가 가능한 한 낮은 번호가 되도록 번호를 부여한다.

다음의 heptene 유도체는 이중 결합 시작 탄소를 적은 수로 표시한 3-heptene이 바른 명명이다. 아래 hexene 유도체는 이중 결합 탄소가 양쪽 끝으로부터 동일한 위치에 있다. 따라서 이 화합물의 이름은 2-methyl-3-hexene이 바른 명명이다.

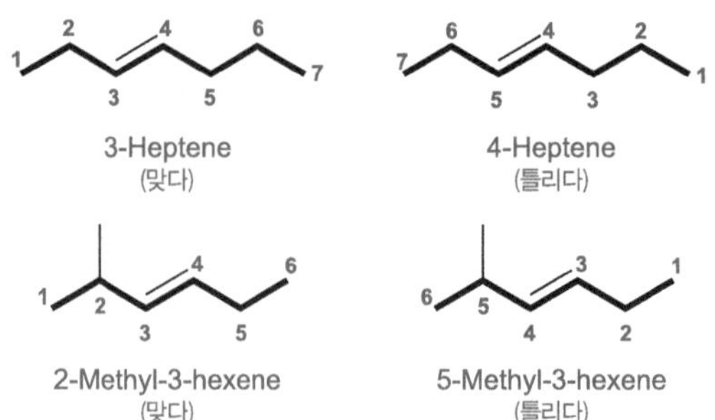

이중 결합이 하나 이상이면 –ene에 이중 결합 수에 해당하는 수사를 붙이고, 이중 결합 위치 번호도 수사와 같은 수만큼을 표기해야 한다. Diene이면, 1,2-diene, triene이면 1,3,5-triene, tetraene이면 1,3,5,7-tetraene처럼 표기한다.

4. 치환기 이름을 알파벳순으로 나열하여 하나의 단어로 이름을 쓴다.
   ⇒ 이중 결합이 하나 이상이면 각각의 위치를 번호로 나타내고 이중 결합 수에 따라 접미사 –diene, –triene 및 –tetraene 등을 사용하여 나타낸다.

복습문제 2.7 다음 알켄의 IUPAC 이름을 쓰시오.

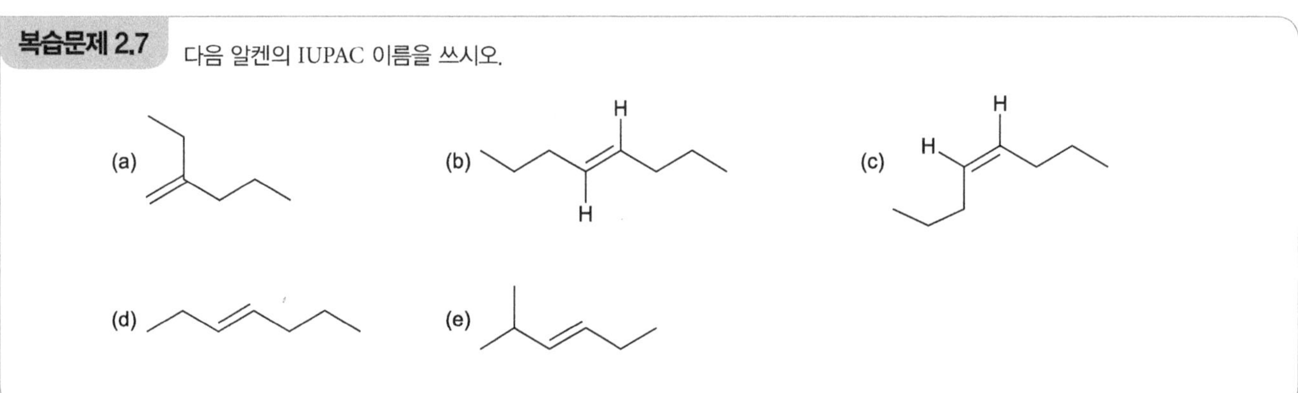

알켄 중에는 고리에 이중 결합을 갖고 있는 알켄들이 있다. 이런 알켄을 **사이클로알켄**(cycloalkene)이라고 한다. 이들의 명명 규칙을 살펴보자.

사이클로알켄의 명명 규칙

1. 탄소–탄소 이중 결합(C=C)을 포함하는 고리의 탄소 수에 해당하는 사이클로알케인 이름의 접미사 –ane를 *–ene*으로 변경한다.
   ⇒ C=C 결합보다 명명 우선순위가 빠른 작용기를 포함하는 분자의 경우에는 사이클로알켄 고리는 치환기로 간주해야 한다.
   ⇒ 고리가 하나 이상이면, 가장 큰 고리를 모체로 선택한다.
   ⇒ 치환기의 주 사슬 탄소 수가, 고리 탄소 수보다 많으면 고리를 치환기로 간주한다.
2. 모체로 선택한 고리에 위치 번호를 부여하되, 가능한 첫 번째 치환기가 낮은 번호가 되도록 사이클로알켄에 번호를 매긴다.
   ⇒ 이중 결합 탄소 위치 번호는 연속되게 부여한다.

⇒ 이중 결합이 하나뿐인 고리 알켄에서는 이중 결합이 항상 고리 탄소의 1-번 과 2-번 탄소에 있게 된다. 따라서 이중 결합 위치 번호를 나타내지 않는다.

3. 치환기 이름을 모체 이름 앞에 알파벳순으로 나열하여 하나의 단어로 명명한다.

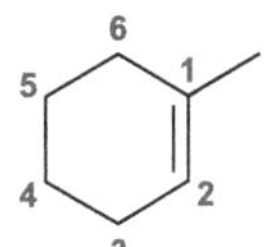

1-Methylcyclohexene

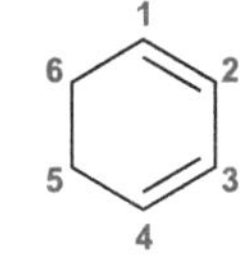

1,3-Cyclohexadiene

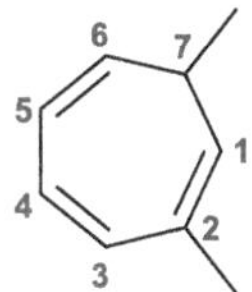

2,7-Dimethylcyclohepta-1,3,5-triene

IUPAC에서 인정하는 몇 가지 알켄류의 관용명을 아래에 나타냈다. 괄호 안의 이름이 IUPAC 명이다.

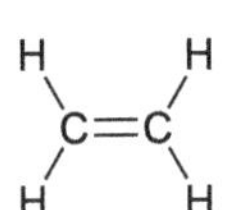
Ethylene
(Ethene)

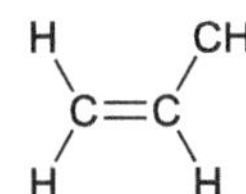
Propylene
(Propene)

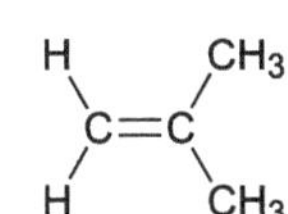
Isobutylene
(2-Methylpropene)

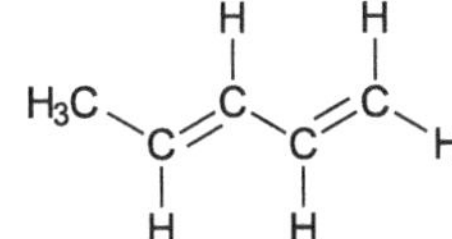
Piperylene
(1,3-Pentadiene)

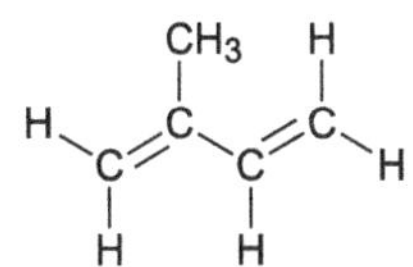
Isoprene
(2-Methylbuta-1,3-diene)

복습문제 2.8 다음 사이클로알켄의 IUPAC 이름을 쓰시오.

(a) 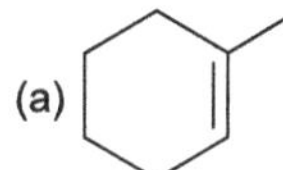

(b) 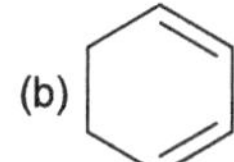

(c) 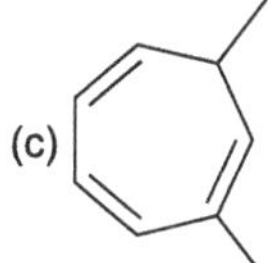

알겐 치환기의 명명 규칙

1. 이중 결합을 가지고 있는 치환기의 이름은, 이중 결합 접미사 -ene의 -e를 -yl로 변환시켜 명명한다.
2. 이중 결합을 포함하고 있는 치환기의 명명에서도 모체에 결합된 탄소의 위치 번호를 1번으로 부여한다.
3. 모체에 결합되는 위치 번호는 2-cyclohexen-1-yl처럼 -x-yl(x= 모체와의 결합 위치 번호) 식으로 나타낸다.

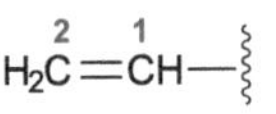
Ethenyl
(치환기 모체명)
(Ethene)

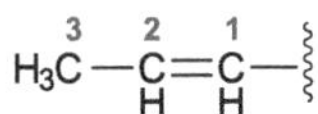
Propen-1-yl
(치환기 모체명)
(Propene)

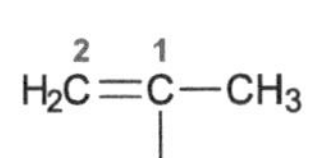
1-Methylethene-1-yl
(치환기 모체명)
(Ethene)

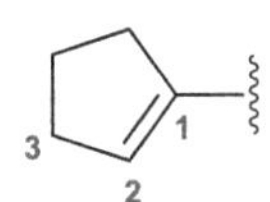

Cyclopentenyl
(치환기 모체명)
(Cyclopentene)

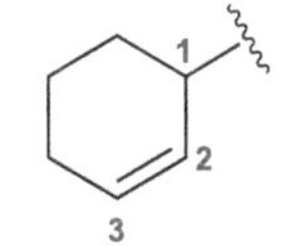

2-Cyclohexen-1-yl
(치환기 모체명)
(Cyclohexene)

IUPAC 명명에서 사용하는 몇 가지 알켄 치환기의 관용명 이름을 나타냈다. 괄호 안의 이름은 IUPAC 명이다.

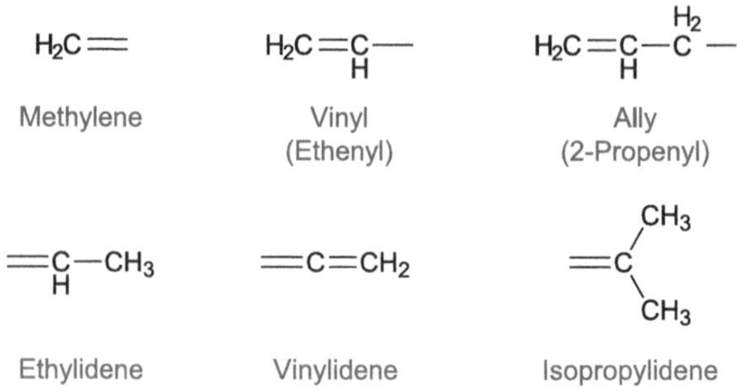

$H_2C=$ Methylene

$H_2C=CH-$ Vinyl (Ethenyl)

$H_2C=CH-CH_2-$ Ally (2-Propenyl)

$=CH-CH_3$ Ethylidene

$=C=CH_2$ Vinylidene

$=C(CH_3)_2$ Isopropylidene

복습문제 2.9 다음 치환기들의 IUPAC 이름을 쓰시오.

(a) 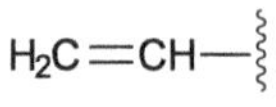 $H_2C=CH-$

(b) 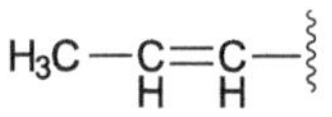 $H_3C-CH=CH-$

(c) 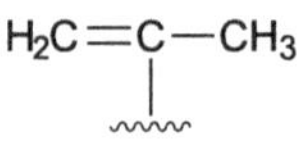 $H_2C=C(-)-CH_3$

(d)

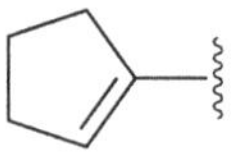

(e)

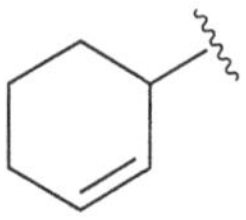

연습문제 2.8 다음 알켄의 IUPAC 이름을 쓰시오.

(a) 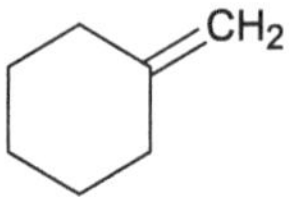 CH_2

(b)

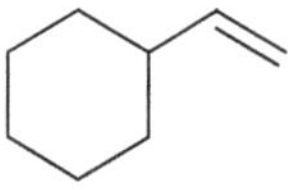

(c)

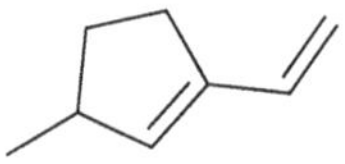

(d)

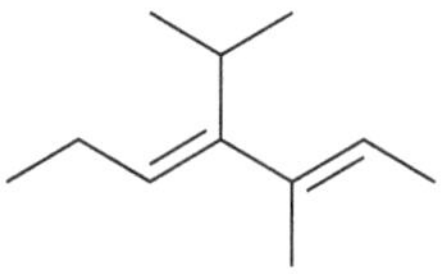

연습문제 2.9 다음 알켄의 구조식을 그리시오. 명명이 잘못된 것이 있는가? 있으면 바른 IUPAC 이름을 쓰시오.

(a) (3*E*)-4-Ethyl-3-heptene

(b) (*Z*)-2-Methyl-2-hexene

(c) 2-Butyl-3-methyl-1-pentene

(d) 1-*sec*-Butyl-2-cyclopentene

2.5 알카인의 명명

탄소–탄소 삼중 결합(C≡C) 작용기를 가지고 있는 계열 화합물을 알카인(alkyne)이라고 한다. 알카인은 삼중 결합이 사슬 끝에 있는 **말단 알카인**(terminal alkyne)과 사슬 중간에 존재하는 **내부 알카인**(internal alkyne)으로 구분한다.

알카인의 명명법도 일반적으로 4단계를 거쳐 명명한다.

1단계: C≡C 결합을 포함하고 있는 가장 긴 사슬을 모체 사슬로 지정하고, 모체 사슬 이름의 끝 이름 -ane을 -*yne*으로 변환한다.

2단계: 치환기 종류와 개수를 확인하고 명명한다.

3단계: 삼중 결합 탄소가 가장 적은 수로 표시되도록 모체 사슬에 위치 번호를 지정한다. 삼중 결합 탄소 번호는 시작되는 탄소 원자 번호만 표기한다. 그러나 모체 사슬을 선택할 때는 두 탄소가 모두 포함되도록 해야 한다.

4단계: 치환기 이름을 알파벳순으로 나열하여 명명한다.

알카인의 명명 규칙

1. 삼중 결합 탄소를 포함하는 가장 긴 연속된 사슬을 모체로 선택하고, 그 탄소 수에 해당하는 알케인의 모체 이름의 -ane을 -*yne*으로 바꾸어 명명한다.
   다음 화합물은 모체 사슬이 C8이므로 모체는 octane이다. 삼중 결합을 가지고 있으므로 octyne으로 명명한다.

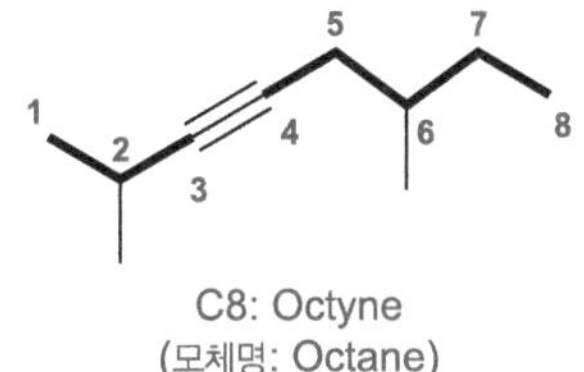

C8: Octyne
(모체명: Octane)

2. 치환기 종류 및 다중 결합 종류와 수를 확인하고 명명한다.
   ⇒ 삼중 결합이 한 개 이상 존재하면 −diyne, −triyne 등과 같이 표기하고, 삼중 결합 위치 번호를 두 번 또는 세 번씩 겹쳐 쓴다.
   다음 화합물은 2개의 methyl기를 가지고 있어, 치환기를 dimethyl로 명명한다. 또 삼중 결합이 두 개이므로 −diyne으로 명명한다.

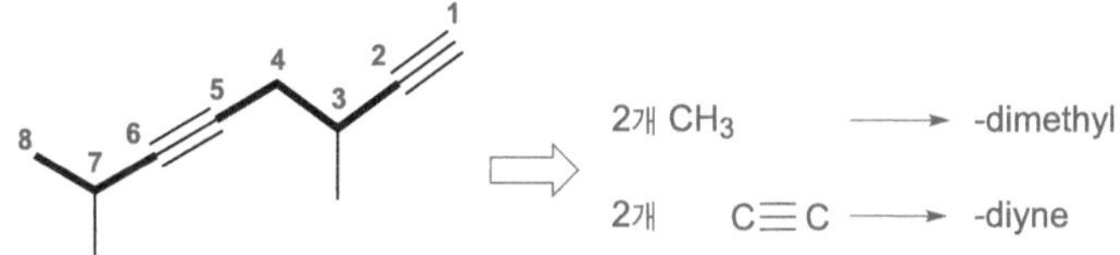

3. 삼중 결합 탄소가 가장 작은 수로 표시되도록 모체 사슬에 위치 번호를 지정한다.
   ⇒ 모체 탄소의 번호는 치환기 위치가 가까운 끝에서부터 번호를 시작하여 삼중 결합이 가능한 한 작은 수로 표시할 수 있도록 번호를 매긴다.
   ⇒ 이중 결합과 삼중 결합을 함께 포함하는 화합물인 −enyne(주의: ynene으로 명명하지 않는다.) 사슬의 경우는 항상 삼중 결합이나 이중 결합에 관계없이 첫 번째 다중 결합에서 가까운 사슬 끝부터 번호를 부여한다.
   ⇒ 다만, 두 개의 다중 결합 번호가 경쟁적이면, 이중 결합을 더 낮은 수로 표시되도록 번호를 부여한다.

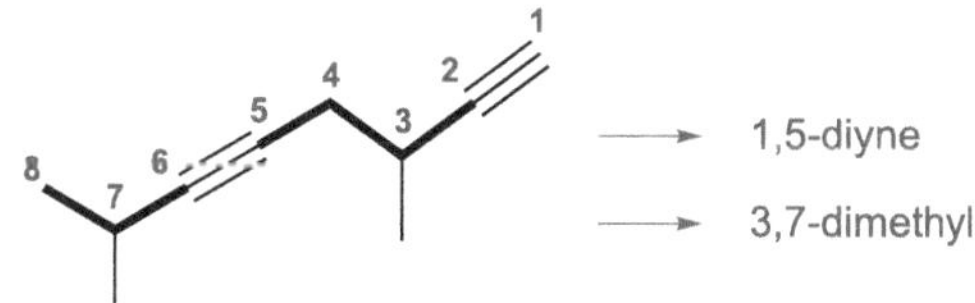

4. 치환기 이름을 알파벳순으로 나열하여 명명한다.

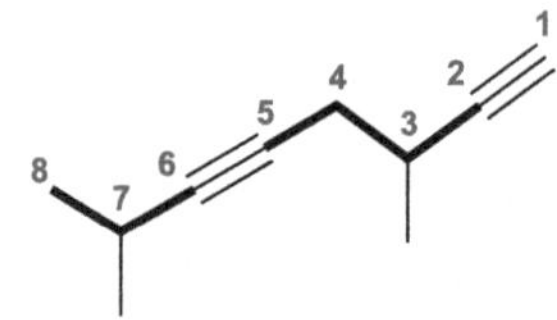

3,7-Dimethyl-1,5-octadiyne

삼중 결합을 포함하는 치환기의 이름은 알켄 치환기의 명명법과 유사한 방법으로 명명한다. 이중 결합을 포함하는 치환기를 알케닐(alkenyl)−로 부르는 것처럼, 삼중 결합을 포함하는 치환기는 알키닐(alkynyl)−로 부른다.

복습문제 2.10 아래에 제시된 화합물에 대한 질문에 답하시오.

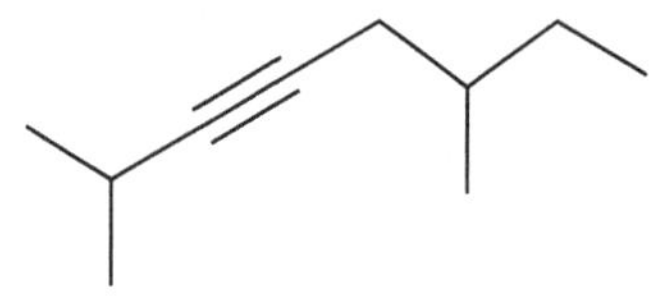

(a) 모체 탄소 수는 몇 개인가? 이 탄소 수에 해당하는 알케인의 이름은 무엇인가?

(b) 문제 (a)에서 제시한 알케인의 이름을 해당하는 알카인 이름으로 변환하시오.

(c) 제시된 화합물의 IUPAC 명명 규칙에 적합한 탄소 번호를 부여하시오.

(d) 치환기 위치와 이름을 쓰시오

(e) IUPAC 규칙에 맞는 전체 이름을 쓰시오.

알카인 치환기의 명명 규칙

1. 삼중 결합을 가지고 있는 치환기의 이름은 삼중 결합 접미사 -yne의 −e를 −*yl*로 변환시켜 명명한다.
2. 삼중 결합을 포함하고 있는 치환기의 명명에서는 모체에 결합된 탄소의 위치 번호를 1번으로 부여한다.
3. 모체에 결합되는 위치 번호는 2-cyclohexyn-1-yl처럼 -*x*−yl(*x* = 모체와의 결합 위치 번호) 식으로 나타낸다. 2-cyclohexyn-1-yl에서 앞의 2−는 삼중 결합의 위치 번호이다.

몇 가지 자주 사용되는 알카인 치환기의 예를 아래에 나타냈다.

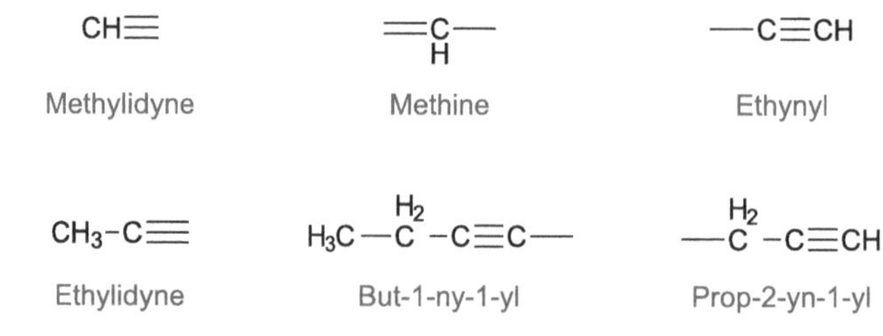

연습문제 2.10 다음 화합물의 IUPAC 이름을 쓰시오.

(a)

(b) $H_3C-\overset{H_2}{C}-\overset{H_2}{C}-C{\equiv}C-C{\equiv}CH$

(c) $H_3C-\overset{H_2}{C}-\overset{H_2}{C}-\underset{H}{C}{=}\underset{H}{C}-C{\equiv}C-CH_3$

(d)

연습문제 2.11 다음 각 이름에 해당하는 구조식을 쓰시오.

(a) 5,6-Dimethyl-2-heptyne

(b) 6-Methyloct-1-yne

(c) *cis*-1-Ethynyl-2-methylcyclopentane

(d) 3,4-Dimethylocta-1,5-diyne

2.6 Benzene 유도체의 명명

Benzene 유도체 화합물의 명명은 다음 단계와 규칙을 기초로 한다. Benzene 유도체는 다음 4단계로 명명한다.

1단계: 모체를 확인하고 명명한다.
2단계: 치환기를 확인하고 명명한다.
3단계: 각 치환기의 위치를 표시한다.
4단계: 치환기 이름을 알파벳순으로 나열하여 명명한다.

Benzene 유도체 명명 규칙

1. Benzene이 모체인가를 확인한다.
2. 모체가 benzene이면, 모체 이름으로 –benzene을 사용하여 명명한다.
3. 치환기의 위치를 확인하여 benzene 고리에 위치 번호를 부여한다.
   ⇒ 치환기가 하나뿐일 때는 치환기 위치 번호를 표기하지 않는다.
   ⇒ 치환기가 2개인 경우는 숫자로 위치 번호를 표기하거나, *o*–(*ortho*–), *m*–(*meta*–), *p*–(*para*–)의 기호로 표기할 수 있다.

o–는 1,2–이치환, *m*–는 1,3–이치환 그리고 *p*–는 1,4–위치를 나타낸다. *o,m,p*– 표기법은 2개 치환기를 갖고 있는 경우에만 허용된다.

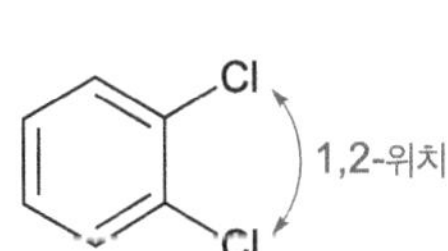

ortho-Dichlorobenzene
o-Dichlorobenzene
1,2-Dichlorobenzene

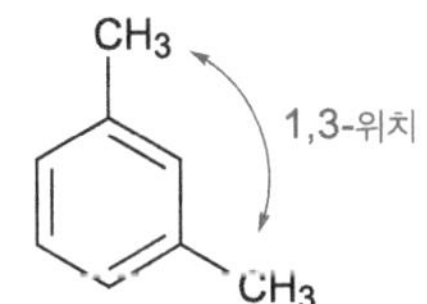

meta-Dimethylbenzene
m-Dimethylenzene
1,3-Dimethylbenzene

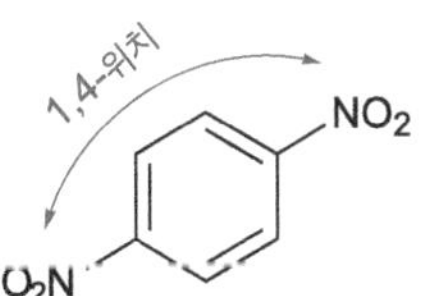

para-Dinitrobenzene
p-Dinitrobenzene
1,4-Dinitrobenzene

⇒ 치환기가 3개 이상이면 치환기 위치 번호는 숫자로만 표기해야 한다. 치환기 위치 번호의 합이 최소가 되도록 번호를 부여한다. 4-Bromo-1,2-dimethylbenzene을 5-bromo-1,2-dimethylbenzene으로 명명하면 잘못이다.

4-Bromo-1,2-dimethylbenzene (맞다)　　5-Bromo-1,2-dimethylbenzene (틀리다)

4. 치환기의 이름을 부여한다.
5. 치환기 이름을 알파벳순으로 나열하여 명명한다.
⇒ 각 치환기 이름 뒤에 모체 이름 –benzene을 붙여 명명한다. C_6H_5Br은(bromo + benzene), 즉, bromobenzene이라고 명명한다.

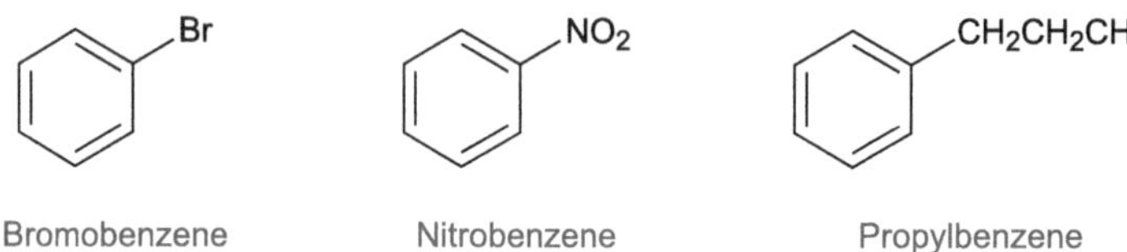

Bromobenzene　　Nitrobenzene　　Propylbenzene

Benzene 유도체 중에는 IUPAC에서 허용하는 몇 가지 관용명들을 모체 이름으로 사용하여 명명하기도 한다. 관용명을 모체 이름으로 사용할 수 있는 화합물들은 아래와 같다. 괄호 안의 이름은 IUPAC 명이다.

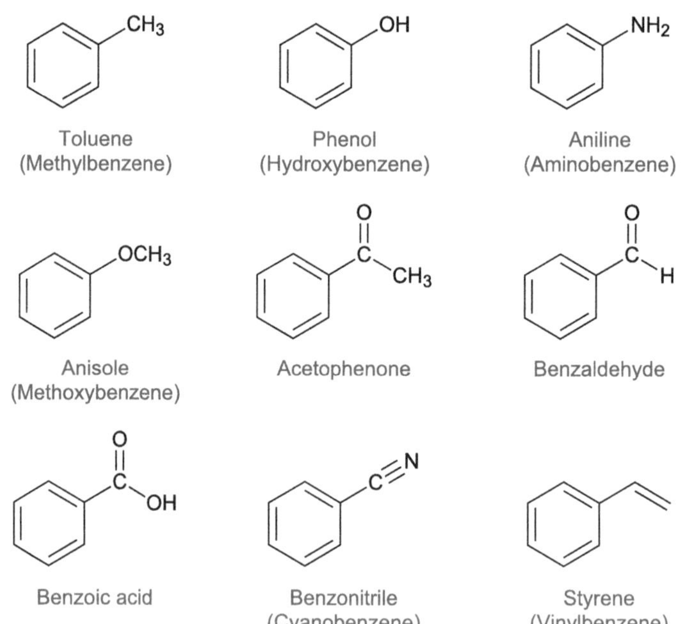

Toluene (Methylbenzene)　　Phenol (Hydroxybenzene)　　Aniline (Aminobenzene)

Anisole (Methoxybenzene)　　Acetophenone　　Benzaldehyde

Benzoic acid　　Benzonitrile (Cyanobenzene)　　Styrene (Vinylbenzene)

복습문제 2.11 다음 화합물의 IUPAC 이름을 쓰시오.

(a) Cl, Cl (b) CH_3, CH_3 (c) NO_2, O_2N (d) Br, CH_3, CH_3

(e) NH_2 (f) Br (g) NO_2 (h) $CH_2CH_2CH_3$

(i) CH_3 (j) OH (k) (l) OCH_3

(m) O, C, CH_3 (n) O, C, H (o) O, C, OH (p) C≡N

알킬–benzene의 치환기 명명 규칙

1. 알킬–benzene(alkylbenzene)을 치환기로 명명할 경우는, benzene을 모체로 하여 명명한 다음, –benzene을 *phenyl*–로 변환하여 명명한다.
   ⇒ 치환기의 가장 긴 연속된 사슬의 탄소 수가 benzene의 탄소 수(6개)보다 많으면, 이 치환기를 모체로 선택한다.

   예를 들어, methylbutyl기가 벤젠에 결합되면, benzene을 모체로 하여 (1-methylbutyl)benzene이라고 한다. Heptane의 1–번 탄소에 벤젠 고리가 치환되어 있으면, C7 사슬을 모체로 하고, 1-phenylheptane이라고 명명한다.

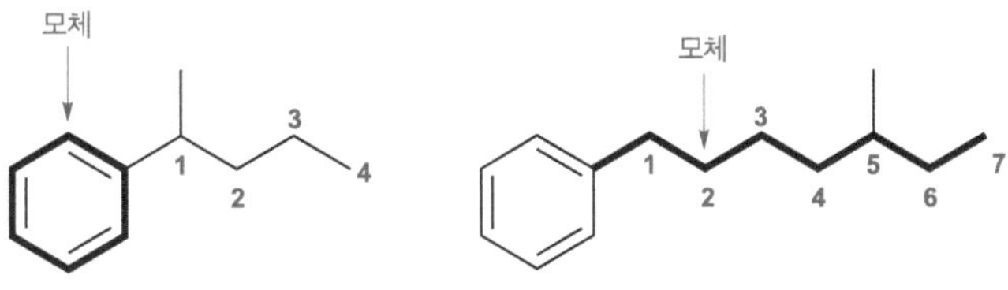

(1-Methylbutyl)**benzene** 5-Methyl-1-phenyl**heptane**

Benzene 고리의 치환기 이름은 phenyl이고, 약기호 Ph–로 표기한다. 구조식에서는 phenyl–기를 Φ– 및 C_6H_5–로 표기한다.

$C_6H_5CH_2$–는 benzyl기이며 구조식으로 표기할 때는 $ΦCH_2$–나 $C_6H_5CH_2$–로 표기한다.

관용명을 이용한 benzene 유도체의 명명 규칙

1. Benzene 유도체의 관용명을 모체 이름으로 사용할 경우에는 해당 작용기(CH_3, OH, NH_2, CHO 등)의 위치를 1번으로 지정하고, 나머지 치환기들의 위치 번호를 지정해야 한다.
   ⇒ −benzene 대신 −toluene이라는 모체 이름을 사용할 경우에는 $-CH_3$기를 가지는 탄소가 1번이 되고(예: 2,4,6-trinitrotoluene), −phenol을 모체 이름으로 사용하면 −OH를 가지는 탄소가 1번 탄소가 된다(예: 2,6-difluorophenol).
2. 나머지 치환기 위치 번호도 가능한 한 작은 수로 표시되도록 번호를 부여한다. 2-Ethylbenzaldehyde를 6-ethylbenzaldehyde로 명명하면 잘못이다.
3. 치환기 이름을 알파벳순으로 나열하여 전체 이름을 명명한다.

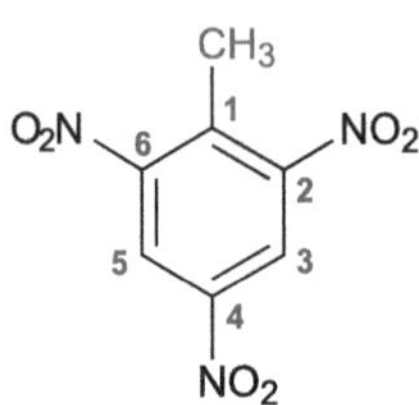

2,4,6-Trinitrotoluene

OH, F, F

2,6-Difluorophenol

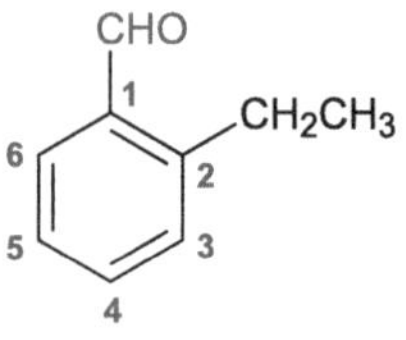

o-Ethylbenzaldehyde
2-Ethybenzaldehyde

복습문제 2.12 다음 화합물의 IUPAC 이름을 쓰시오.

(a) (b)

(c) OH, F, F (d) CHO, CH_2CH_3 (e) CH_3, O_2N, NO_2, NO_2

연습문제 2.12 다음을 명명하시오.

(a) CH_3, CH_3, H_3C, CH_3 (b) $CH(CH_3)_2$, $CH(CH_3)_2$ (c) OH, OH, $CH_2(CH_2)_4CH_3$ (d) OH, OCH_3, $CH_2CH{=}CH_2$

연습문제 2.13 다음 관용명으로 명명된 화합물의 IUPAC 명을 쓰시오.

(a) 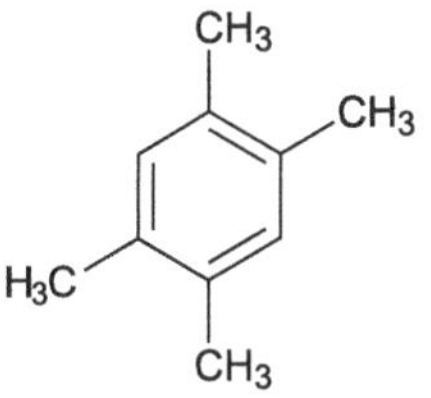 Durene

(b) 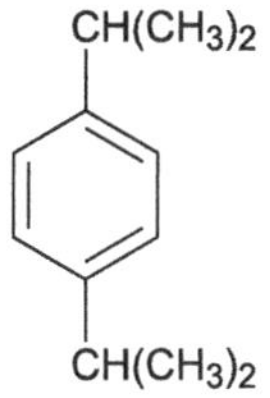 *p*-Diisopropylbenzene

(c) 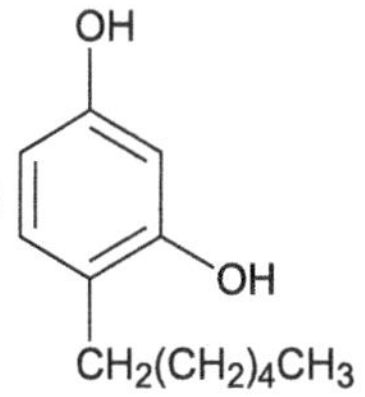 Hexylresocinol

(d) 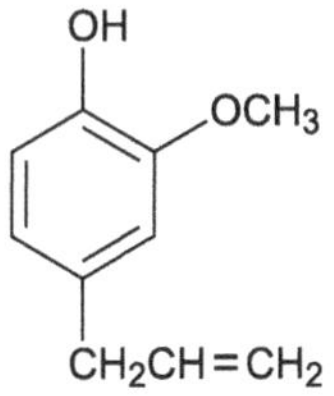 Eugenol

2.7 헤테로 원자를 포함하는 작용기의 명명

헤테로 원자(heteroatom)는 탄소(C)와 수소(H)를 제외한 원소들을 말한다. 탄소-탄소 이중 결합이나 삼중 결합을 제외한 모든 작용기는 헤테로 원자를 포함하고 있다. 큰 분자의 경우는 여러 개의 작용기가 한 분자에 포함될 수도 있어 IUPAC에서는 작용기에 따른 명명 우선순위를 정하고 있다.

2.7.1 할로젠화 알킬의 명명

할로젠(halogen, X)을 포함하는 탄화수소의 IUPAC 명명법에서는 할로젠(X−)과 알킬기(R−)를 동등하게 취급한다. C−X(X = 할로젠) 작용기를 가지고 있는 계열 화합물의 명명법은 일반적인 알케인의 4단계 명명 규칙에 따라 명명한다.

할로젠화 탄화수소의 명명 규칙

1. 알케인, 알켄 및 알카인의 명명법에 따라 가장 긴 연속된 사슬을 모체로 지정한다.
   ⇒ 이중 결합 및 삼중 결합이 있으면 이들을 모체 사슬에 포함시켜야 한다.
2. 모체 사슬에 위치 번호를 부여한다.
   ⇒ 할로젠은 알킬기가 치환된 것으로 간주하여 명명한다.
   ⇒ 위치 번호는 다중 결합의 위치 번호와 치환기 위치 번호가 적은 수로 표시되도록 부여한다.
   ⇒ 모체 사슬의 탄소 번호는 다중 결합이나 첫 번째 치환기에서 가장 가까운 끝에서부터 부여한다.
   ⇒ 두 치환기의 위치가 사슬 끝에서 같은 위치(번호)가 될 때는, 알파벳 순서에서 우선하는 치환기 쪽의 사슬 끝에서부터 번호를 부여한다.
3. 치환기 종류와 개수를 확인하고, 치환기를 알파벳순으로 나열하여 명명한다.
   ⇒ 동일한 종류의 할로젠이 한 개 이상 있으면, 각각의 번호를 쉼표(,)로 구분하여 표기하고 접두사 di−, tri−, tetra− 등을 할로젠 이름 앞에 붙여 표기한다.

다음에 두 가지 할로젠 화합물을 예로 들어 명명하였다.

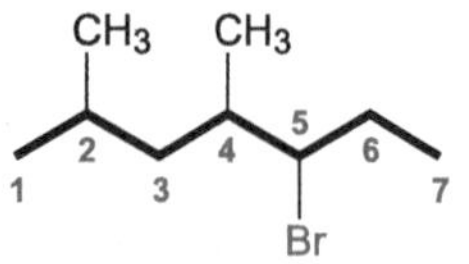

5-Bromo-2,4-dimethylheptane(맞다)
3-Bromo-4,6-dimethylheptane(틀리다)

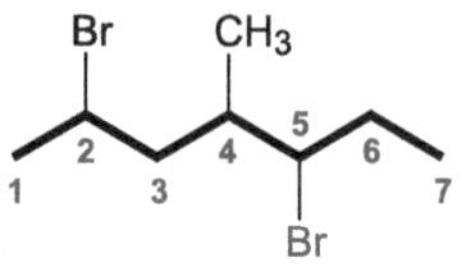

2,5-Dibromo-4-methylheptane(맞다)
3,6-Dibromo-4-methylheptane(틀리다)

체계적인 이름과 더불어 일상생활에서는 관용명이 자주 사용된다. 관용명에서는 간단한 할로젠화 알킬(alkyl halide)에 대해 알킬기 다음에 할로젠의 이름을 붙여 명명한다. 아래에 그 예를 나타냈다. 괄호 안의 이름이 IUPAC 명이다.

CH_3Cl	CH_2Cl_2	$CHCl_3$
Methyl chloride (Chloromethane)	Methylene chloride (Dichloromethane)	Chloroform (Trichloromethane)
CCl_4	$CH_3CHClCH_3$	(cyclohexane–Br)
Carbon tetrachloride (Tetrachloromethane)	Isopropyl chloride (2-Chloropropane)	Cyclohexyl bromide (Bromocyclohexane)

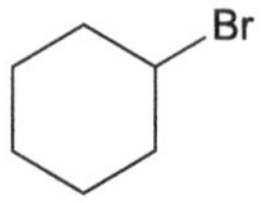

복습문제 2.13 다음을 명명하시오. 관용명이 있으면 함께 제시하시오.

(a) 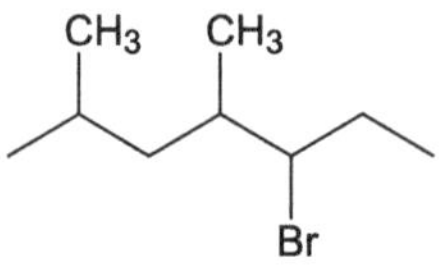 (b) 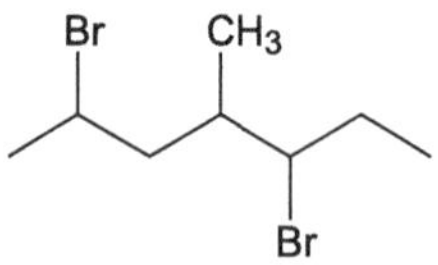 (c) 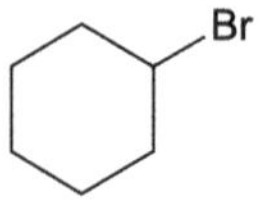 (d) CH_2Cl_2

(e) $CHCl_3$ (f) CCl_4 (g) $CH_3CHClCH_3$ (h) CH_3Cl

연습문제 2.14 다음 화합물의 IUPAC 이름을 쓰시오.

(a) 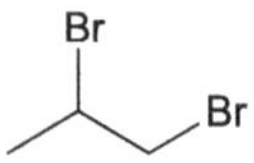 (b) 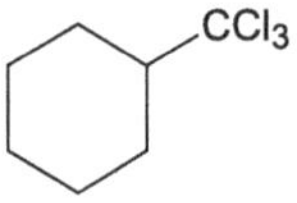 (c) 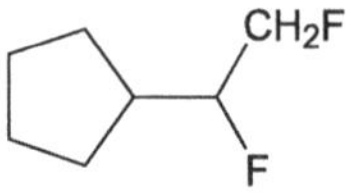 (d)

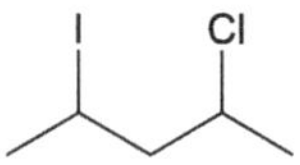

연습문제 2.15 다음 각 이름에 해당하는 구조식을 쓰시오.

(a) 3-Ethyl-2-iodopentane
(b) 3-Bromo-1,1-dichlorobutane
(c) 1,2,3-Trichloro-2-methylpropane
(d) *cis*-1-(Bromomethyl)-2-(chloromethyl)cyclobutane

2.7.2 알코올의 명명

알코올(alcohol, ROH)은 **지방족 알코올**(aliphatic alcohol)과 **방향족 알코올**(aromatic alcohol)로 구분된다. 지방족 알코올과 방향족 알코올의 명명법은 다르다. 지방족 알코올의 IUPAC 명명에서는 반드시 OH기가 모체 사슬에 포함되어야 한다. 지방족 알코올은 OH기를 가지고 있는 탄소에 치환된 알킬기 수에 따라 1차(primary, 1°), 2차(secondary, 2°) 및 3차(tertiary, 3°)로 구분한다.

알코올(ROH)은 OH기를 가지는 화합물의 계열명이다.

지방족 알코올의 차수 구분하기

1. 하이드록시(OH)기와 결합된 탄소에 알킬기(R−)가 한 개인 알코올은 1차(primary, 1°) 알코올이라고 한다.
2. 하이드록시(OH)기와 결합된 탄소에 알킬기(R−)가 두 개인 알코올은 2차(secondary, 2°) 일코올이라고 한다.
3. 하이드록시(OH)기와 결합된 탄소에 알킬기(R−)가 세 개인 알코올은 3차(tertiary, 3°) 알코올이라고 한다.

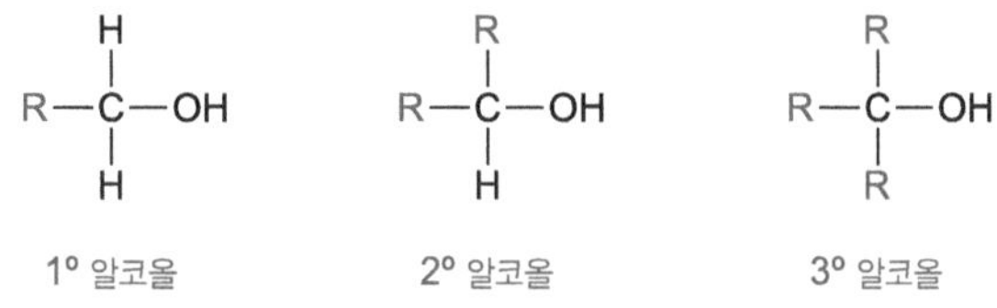

지방족 알코올의 명명 규칙

1. OH기가 포함된 가장 긴 연속된 사슬을 모체 사슬로 선택하고, 사슬 탄소 수에 해당하는 알케인의 이름 말단의 −e를 −*ol*로 바꾸어 명명한다.
   ⇒ 알케인 알코올(alkane alcohol)은 −*anol*, 알켄 알코올(alkene alcohol)은 −*enol*, 알카인 알코올(alkyne alcohol)은 -*ynol*로 명명한다.
   ⇒ 알케인 OH기 보다 명명 우선순위(표 2.4)가 높은 치환기가 있으면 OH를 치환기로 보고, OH기의 치환기 이름인 *hydroxy*−로 명명한다.
2. 모체 사슬에 번호를 매기고, OH기와 각 치환기의 위치 번호를 지정한다.
   ⇒ OH기가 가까이 있는 끝에서부터 시작하여 모체 사슬에 번호를 매긴다.
   ⇒ OH기가 2개, 3개씩 있을 경우에는 위치 번호를 두 번 혹은 세 번씩 연이어 쓰고, −diol 및 −triol 식으로 부른다. 이 경우 모체 탄화수소 이름 끝의 −e를 그대로 살려 둔다. 숫자와 숫자는 쉼표(,)로 구분하여 표기한다.
3. 치환기를 확인하고 이름을 붙인다.
4. 알파벳순으로 치환기 이름을 나열하여 명명한다.

몇몇 알코올의 예를 아래에 나타냈다.

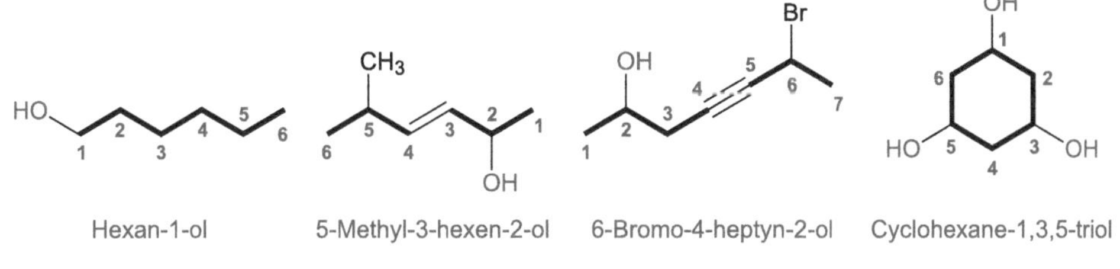

간단한 지방족 알코올들은 IUPAC에서 허용하는 관용명을 가지고 있다. 아래 예에서 괄호 안의 이름은 IUPAC 명이다.

$HO—CH_2CH_2—OH$	$HO—CH_2CH(OH)CH_2—OH$	$H_2C=CH—OH$	$H_3C—C(CH_3)_2—OH$
Ethylene glycol (1,2-Ethanediol)	Glycerol (1,2,3-Propanetriol)	Allyl alcohol (2-Propen-1-ol)	*tert*-Butyl alcohol (2-Methyl-2-propanol)

2°나 3° 지방족 알코올의 경우는 OH기가 결합된 탄소가 카이랄 탄소이면, (*R*)–형인가 (*S*)–형인가를 확인하여 명명한다(방법 2.2).

Phenol 유도체의 명명 규칙

1. Hydroxybenzene의 관용명인 phenol을 IUPAC에서 인정하여 혼용한다.
2. Phenol 유도체의 경우는 phenol을 모체로 하여 명명할 수 있다(규칙 2.12).
   ⇒ Resorcinol의 IUPAC 이름은 1,3-dihydroxybenzene이다.

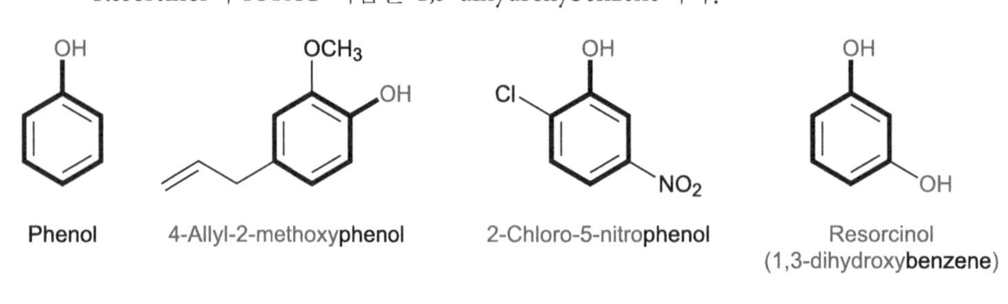

Phenol — 4-Allyl-2-methoxy**phenol** — 2-Chloro-5-nitro**phenol** — Resorcinol (1,3-dihydroxy**benzene**)

복습문제 2.14 다음 분자의 IUPAC 이름과 관용명을 쓰시오.

(a) HO (b) CH_3 OH (c) OH Br (d) OH HO OH

(e) $HO—CH_2CH_2—OH$ (f) $HO—CH_2CH(OH)CH_2—OH$ (g) $H_2C=CH—OH$ (h) $H_3C—C(CH_3)_2—OH$

(i) OH (j) OH OH (k) OCH_3 OH (l) OH Cl NO_2

연습문제 2.16 다음 화합물의 IUPAC 이름을 쓰시오.

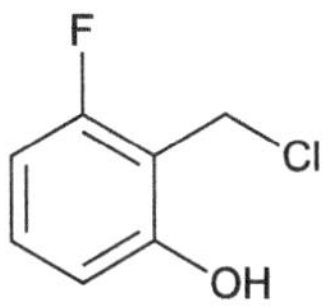

연습문제 2.17 다음 분자들의 구조식을 그리시오.

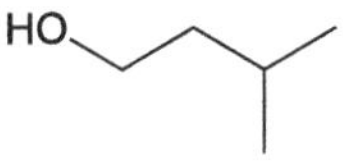

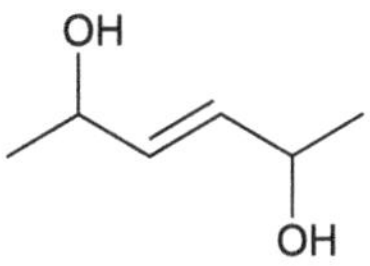

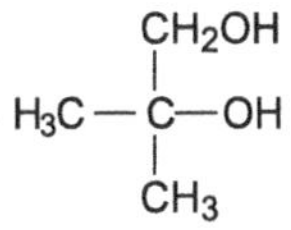

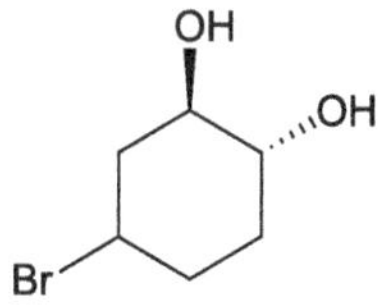

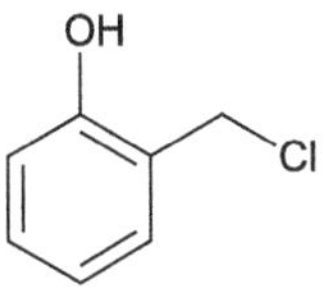

(a) 2-(Dimethylamino)ethanol

(b) 1-Methylcyclopropanol

(c) 3-(1-Methylethyl)hexan-2-ol

(d) *trans*-Cyclohexane-1,2-diol

(e) 1,2,4-Trihydroxybenzene

(f) 3-(1-Bromovinyl)phenol

2.7.3 에터의 명명

에터(ether)는 알코올의 −OH 수소가 알킬기로 치환된 ROR 형태의 화합물이다. 에터의 명명은 IUPAC에서 두 가지 방법이 허용된다.

에터의 명명 규칙

1. 다른 작용기가 없는 간단한 에터는 2개의 유기 치환기 이름을 알파벳순으로 표기하고 "*ether*" 라는 단어를 끝에 붙인다. 이때 각 치환기의 이름과 ether는 모두 띄어 쓴다.

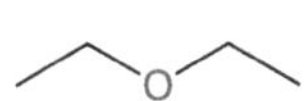

Diethyl ether

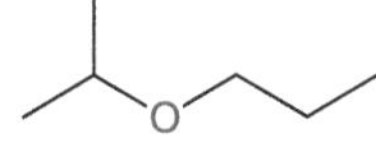

Isopropyl propyl ether

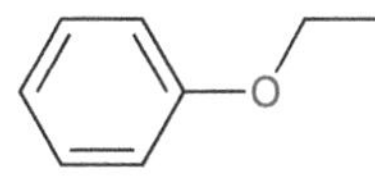

Ethyl phenyl ether

2. 명명 우선순위가 에터보다 빠른 다른 작용기(표 2.4)가 있으면 치환기로 명명한다. 이 경우는 에터 부분을 알코올 음이온인 알콕시(alkoxy, RO^-)가 치환된 것으로 간주한다.

   예를 들어 methanol의 경우는 (meth + oxy), 즉, *methoxy*−라 하고, ethanol의 경우는 (eth + oxy), 즉, *ethoxy*−, 그리고 isobutanol의 경우는 (isobut + oxy), 즉, *isobutoxy*−로 부른다. 2-Methoxyphenol에서는 OH가 에터보다 명명 우선순위가 앞서기 때문에 -*phenol*이 모체가 된다.

알콕시의 명명은 알코올의 모체 탄소 수에 해당하는 어간에 -*oxy*를 붙인다.

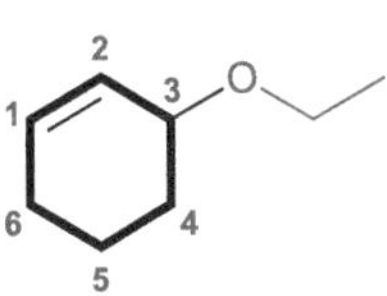

3-Ethoxy-1-**cyclohexene**

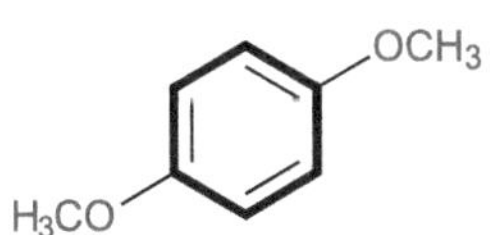

p-Dimethoxy**benzene**

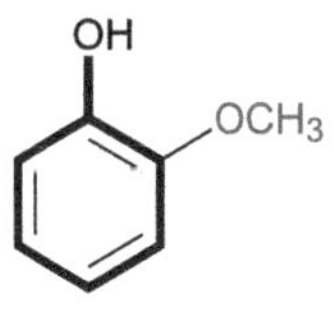

2-Methoxy**phenol**

복습문제 2.15 다음 분자의 IUPAC 명을 쓰시오.

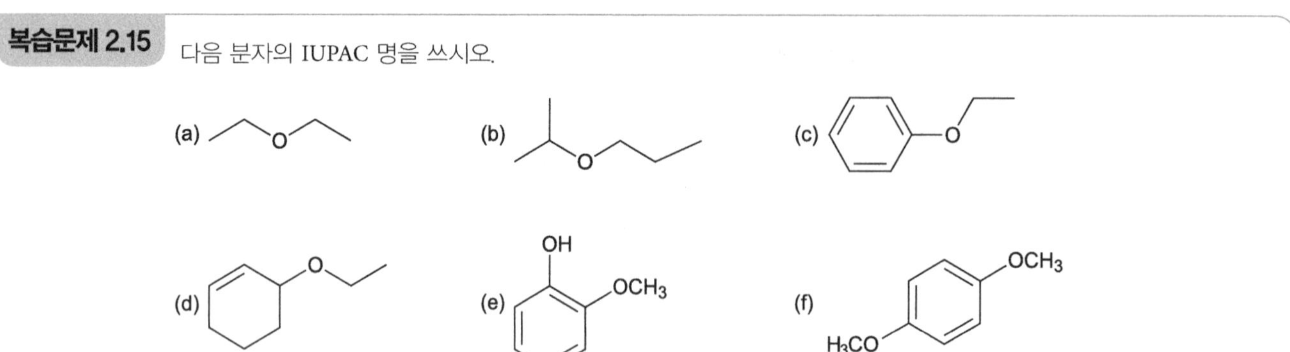

2.7.4 싸이올과 설파이드의 명명

HS−(mercaptan)기를 가지는 화합물 부류는 thiol(싸이올, RSH)이라고 한다. RSR 형의 화합물은 설파이드(sulfide)라고 한다.

싸이올의 명명 규칙

1. SH기가 포함된 가장 긴 연속된 사슬을 모체로 선택하고 모체에 해당하는 탄화수소의 이름 끝에 −*thiol*을 덧붙여 명명한다. −SH기는 OH보다 명명 우선순위가 낮지만, 탄소−탄소 이중 결합 및 삼중 결합보다는 빠르다.
2. 나머지 규칙은 알코올 규칙에 따른다.
3. −SH의 치환기 이름은 *mercapto*−이다.

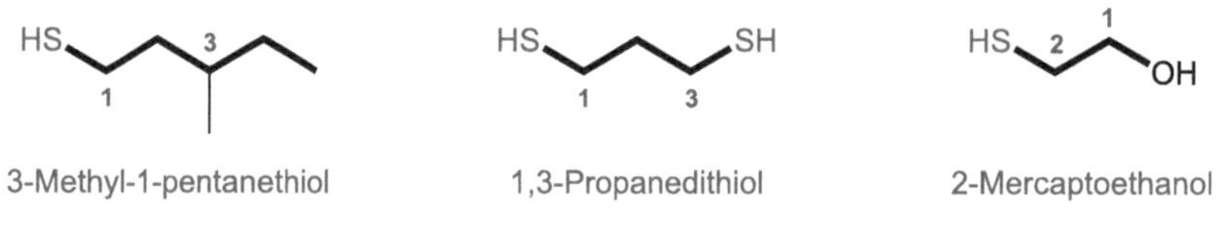

3-Methyl-1-pentanethiol　1,3-Propanedithiol　2-Mercaptoethanol

설파이드의 명명 규칙

1. RSR 식의 구조를 가지는 화합물의 계열 이름은 sulfide(설파이드)이다. 명명은 에터에서처럼 알킬기 이름 뒤에 −*sulfide*를 붙인다.
2. 치환기로 부를 때는 *alkylthio*− 또는 *arylthio*− 식의 치환 명명 방식으로 명명한다.
3. 다른 규칙은 에터 규칙처럼 명명한다.

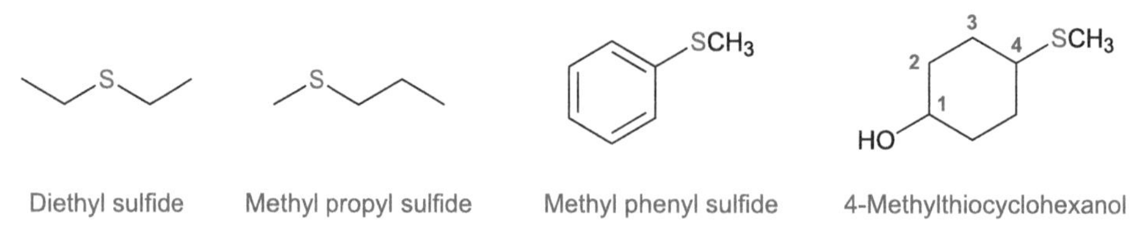

Diethyl sulfide　Methyl propyl sulfide　Methyl phenyl sulfide　4-Methylthiocyclohexanol

복습문제 2.16 다음 분자의 IUPAC 이름을 쓰시오.

(a) HS (b) HS SH (c) HS OH (d) S

(e) S (f) SCH_3 (g) SCH_3 HO

연습문제 2.18 다음 분자의 IUPAC 이름을 쓰시오.

(a) $OCH_2CH_2CH_3$ (b) OH SCH_3 (c) S (d) H_3CO OCH_3

연습문제 2.19 다음 분자들의 구조식을 그리시오.

(a) Diphenyl sulfide
(b) 1,2,3-Trimethoxypropane
(c) Dipropyl disulfide
(d) 1,1-Dimethylethyl heptyl sulfide

2.7.5 아민의 명명

아민의 명명법은 아민 종류에 따라 다르다. 아민(amine)은 ammonia의 유도체이다. 질소에 결합된 알킬(alkyl) 혹은 아릴(aryl) 치환기의 수에 따라 일차(primary, 1°), 이차(secondary, 2°), 삼차(tertiary, 3°) 및 사차 암모늄염(quaternary ammonium salt, 4°) 등으로 구분한다.

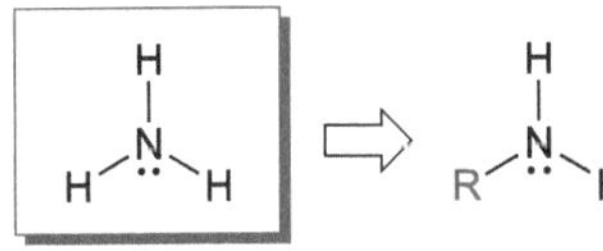

Ammonia

1°(일차) 아민

2°(이차) 아민

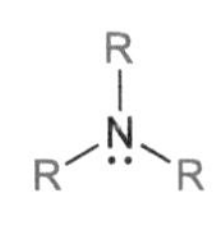
3°(삼차) 아민

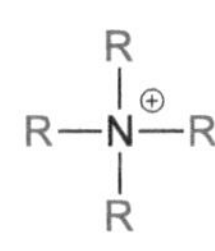
4°(사차) 암모늄

아민의 명명법은 아민 종류에 따라 다르다. 일차 아민은 IUPAC 명이나 관용명으로 명명한다.

일차 아민(RNH_2)의 IUPAC 명명 규칙

1. 아민(NH_2)기를 포함하고 있는 가장 긴 탄소 사슬을 모체 탄화수소로 선택한다.
2. 모체 탄화수소 이름의 마지막 –e 대신에 –*amine*를 붙여 명명한다.
3. 아민기보다 명명 우선순위가 앞서는 작용기가 없으면, NH_2기와 결합한 탄소를 1–번으로 하여 번호를 부여한다.
   ⇒ 분자 내에 아민기보다 명명 우선순위가 빠른 작용기(표 2.4)가 존재하면 $-NH_2$를 치환기로 부른다.
   ⇒ NH_2의 치환기 이름은 *amino*–이고, $-NR_2$기는 *N*,*N*-dialkylamino– 식으로 명명한다.

일차 아민의 관용명 명명 규칙

1. 아민(NH_2)기를 포함하고 있는 가장 긴 탄소 사슬을 모체 탄화수소로 선택한다.
2. 모체 탄화수소의 치환기에 −*amine*를 붙여 명명한다. 즉, (alkyl + amine) → *alkylamine* 식으로 명명하므로, pentaneamine은 *pentylamine*으로 명명한다.
3. NH_2기의 위치 표시가 필요하면 숫자로 표기하고, NH_2기가 한 개 이상이면 모체 탄소의 위치 번호와 수사 di−, tri− 및 tetra− 등을 사용하여 표기한다. 괄호 안의 이름이 IUPAC이다.
4. Benzeneamine은 아릴 아민(aryl amine)이며, 관용명은 *aniline*이다. Aniline의 유도체로 명명할 경우는 $-NH_2$기가 결합된 탄소를 1−번으로 지정한다.

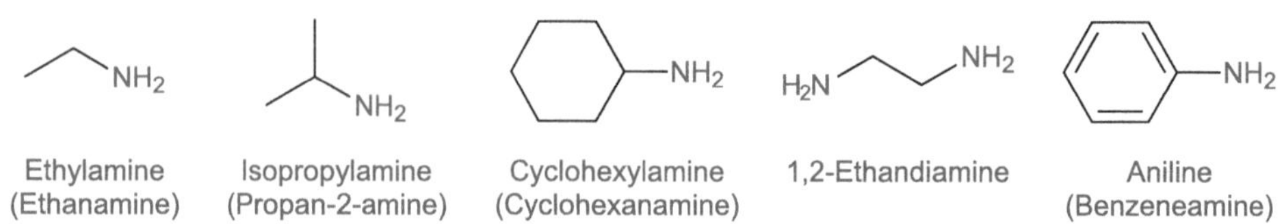

이차(2°, R_2NH)와 삼차(3°) 아민(R_3N)의 명명 규칙

1. 동일한 알킬기를 갖는 2° 및 3° 아민은 1° 아민 이름에 접두사 di− 또는 tri−등의 수사를 붙여 명명한다.

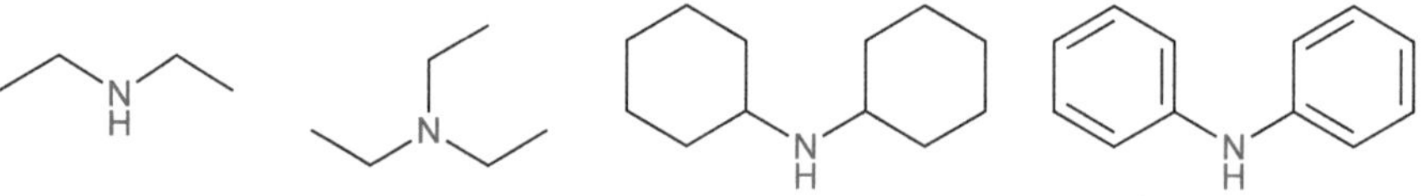

2. 비대칭적으로 치환된 2° 및 3° 아민은 1° 아민의 질소에 알킬기가 치환된 것으로 간주하여, 가장 큰 알킬기를 모체로 선택한다.
   ⇒ 다른 알킬기는 모체의 질소 원자에 치환된 것으로 명명한다.
   ⇒ 질소(N)에 있는 치환기 위치 번호는 숫자 대신 원소 기호 *N*−를 이용하여 나타낸다.
   ⇒ 알킬기는 알파벳순으로 배열한다.

N-Alkylalkanamine에서 *N*−은 알킬기가 질소 원자에 결합하고 있음을 나타낸다.

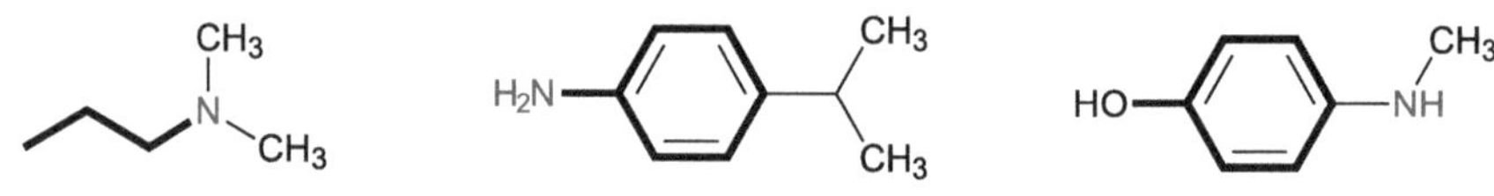

3. 분자 내에 아민기보다 명명 우선순위가 빠른 작용기가 존재하면(표 2.4) 아민을 치환기로 부른다. 즉 $-NH_2$는 *amino*− 또 $-NR_2$기는 *N,N*-dialkylamino− 식으로 명명한다.

방향족 헤테로고리 아민(heterocyclic amine)의 명명법은 매우 방대하므로 여기서 다루지 않는다.

복습문제 2.17 다음 화합물의 IUPAC 이름을 명명하시오. 관용명이 있는 분자는 함께 제시하시오.

(a) NH_2 (b) NH_2 (c) $-NH_2$ (d) H_2N NH_2

(e) $-NH_2$ (f) NH (g) N (h) NH

(i) NH (j) CH_3 N CH_3 (k) H_2N- CH_3 CH_3 (l) $HO-$ $-NH$ CH_3

2.7.6 나이트로 및 나이트로소 화합물의 명명

나이트로 및 나이트로소 화합물의 명명 규칙

1. $-NO_2$ 및 $-NO$기는 명명 우선순위가 낮으므로 치환기로만 부른다(표 2.4 참고).
2. 모체 분자의 탄소 위치 번호를 확인한다.
3. $-NO_2$는 *nitro*−로, $-NO$는 *nitroso*−로 명명한다.
   ⇒ 하나 이상 있으면 위치 번호를 쉼표(,)로 구분하여 표기하고, di−, tri− 등의 수사를 치환기 이름 앞에 표기한다.

H_3C-NO_2

Nitromethane

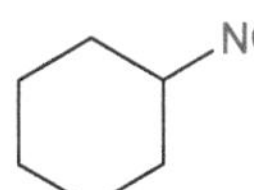

Nitrosocyclohexane

NO_2 NO_2

o-Dinitrobenzene
1,2-Dinitrobenzene

복습문제 2.18 다음 분자의 IUPAC 명을 쓰시오.

(a) H_3C-NO_2 (b) NO (c) NO_2 NO_2

연습문제 2.20 다음 분자들의 IUPAC 이름을 쓰시오.

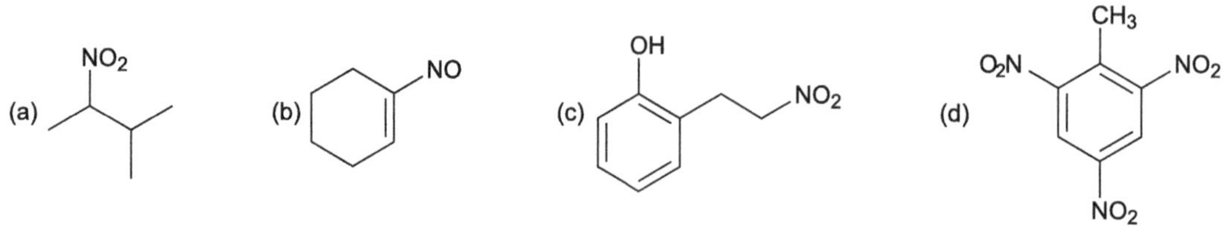

(a) (b) (c) (d)

연습문제 2.21 다음 분자들의 구조식을 그리시오.

(a) 3-Nitroprop-2-yn-1-ol (b) 3-Methyl-6-nitrosocyclohex-2-enol

(c) 1,3-Dinitro-5-vinylbenzene (d) (*E*)-1-Nitro-2-(2-nitrovinyl)benzene

2.8 카보닐 화합물의 명명

카보닐(C=O, carbonyl)기를 가지는 화합물은 종류가 다양하고 명명법도 다르다. 카보닐기를 가지는 화합물은 케톤(ketone, R_2CO), 알데하이드(aldehyde, RCHO), 카복실산(carboxylic acid, RCOOH) 및 카복실산 유도체(carboxylic acid derivative, RCOY 및 RCN) 등이 있다.

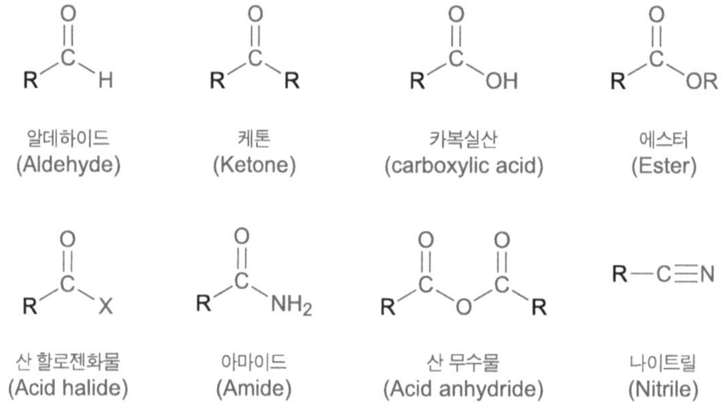

알데하이드 (Aldehyde)
케톤 (Ketone)
카복실산 (carboxylic acid)
에스터 (Ester)
산 할로젠화물 (Acid halide)
아마이드 (Amide)
산 무수물 (Acid anhydride)
나이트릴 (Nitrile)

나이트릴(RCN: nitrile) 화합물은 C=O기를 가지고 있지 않지만, 가수 분해하면 RCOOH(carboxylic acid)로 쉽게 변환된다. 또 카복실산으로부터 나이트릴로 변환할 수도 있다. 카보닐 화합물 등과 유사한 반응성을 가지고 있어 카보실산 유도체로 분류된다.

2.8.1 알데하이드의 명명

알데하이드는 −CHO 작용기를 가지고 있고 다음과 같은 단계를 거쳐 명명한다.

알데하이드의 명명 규칙

1. −CHO기를 포함하는 가장 긴 연속된 탄소 사슬을 모체로 선택한다. 해당하는 모체 탄화수소 이름 끝에 있는 −e를 −*al*로 바꾸어 명명한다.
2. 카보닐 탄소부터 모체 사슬 탄소에 번호를 부여한다.
   ⇒ 알데하이드가 모체일 때는 알데하이드기가 항상 말단에 있으므로 위치 번호를 표기하지 않는다.

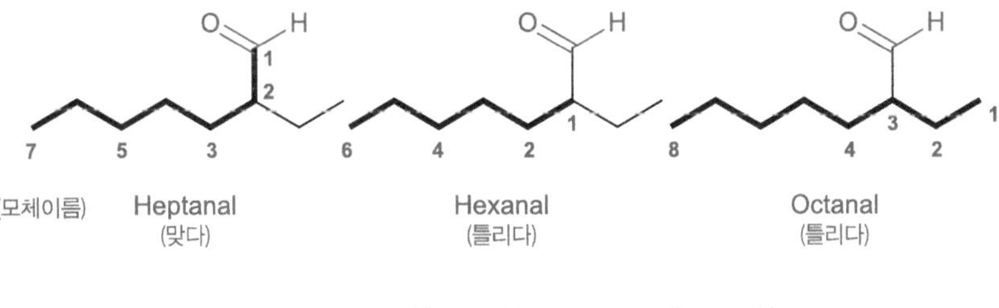

(모체이름) Heptanal (맞다) Hexanal (틀리다) Octanal (틀리다)

(모체이름) 4-Hexenal 5-Hexynal

3. 치환기와 위치 번호를 확인하고 명명한다.

Heptanal ⇨ 2-Ethyl 4-Methyl

4. 치환기들을 알파벳순으로 모체 이름 앞에 배열하여 명명한다.

2-Ethyl-4-methylheptanal

5. −CHO기보다 명명 우선순위가 높은 작용기가 있으면, −CHO를 치환기로 부른다.
   ⇒ −CHO의 치환기 이름은 formyl−이다.
   ⇒ C=O는 oxo−로, $-CH_2CHO$는 2-oxoethyl로 명명한다.

2-(2-Oxoethyl)cyclohexanecarboxylic acid

p-Formylbenzoic aicd
4-Formylbenzoic aicd

고리 알데하이드의 명명 규칙

1. 알데하이드기가 결합된 탄화수소 고리의 모체 이름을 쓴다.
2. −CHO기를 뜻하는 -*carbaldehyde*를 모체 이름 끝에 붙여 명명한다.

Cyclohexanecarbaldehyde　　Benzenecarbaldehyde (Benzaldehyde)

잘 알려진 몇몇 알데하이드의 관용명은 IUPAC에서도 인정하고 있다. 실험실에서는 오히려 이런 관용명이 더 자주 쓰이기도 한다. 아래 구조식에서 괄호 안에 있는 이름은 IUPAC 명이다.

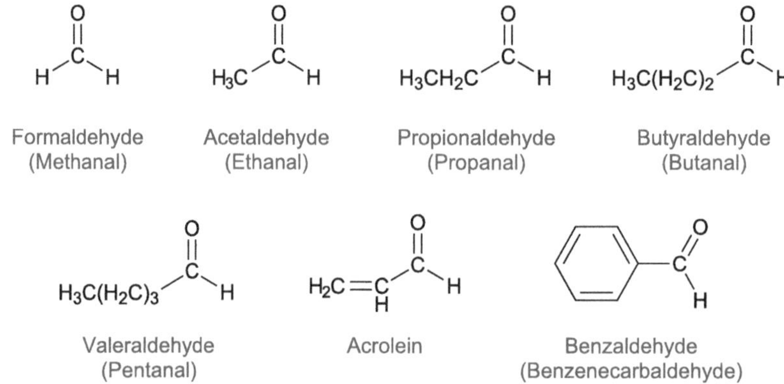

복습문제 2.19 다음 분자들의 IUPAC 이름을 쓰시오.

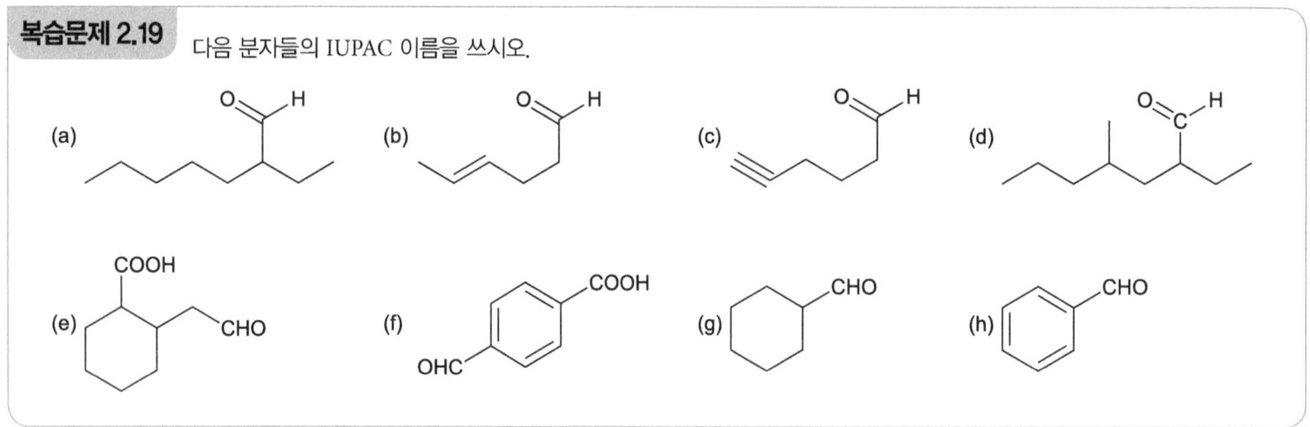

연습문제 2.22 다음 분자의 IUPAC 이름을 쓰시오.

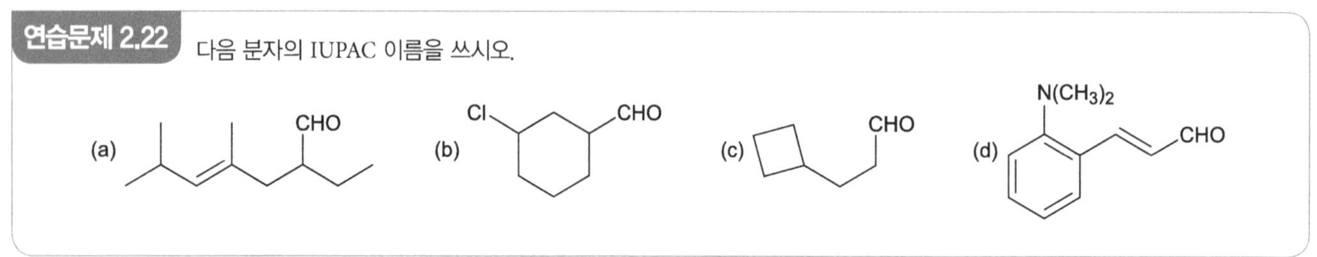

연습문제 2.23 다음 분자들의 구조식을 그리시오.

(a) 2,2-Dimethyl-3-butenal (b) *m*-Acetylbenzaldehyde
(c) *α*-Methoxypropionaldehye (d) 4-Hydroxycyclohexanecarbaldehyde

2.8.2 케톤의 명명

케톤은 RC(=O)R의 구조식을 가지는 화합물이며, 명명은 알데하이드 명명법과 유사하다.

케톤의 명명 규칙

1. C=O기를 포함하는 가장 긴 탄소 사슬을 모체로 선택한다.
   ⇒ 다중 결합이 있으면 다중 결합과 C=O기가 포함된 가장 긴 사슬을 모체로 선택한다.
2. 선택한 모체 탄화수소 사슬 끝 이름의 −e를 −*one*로 바꾸어 명명한다.
   ⇒ 모체 사슬이 알케인이면 -*anone*, 알켄이면 −*enone* 그리고 알카인이면 -*ynone*으로 명명한다.

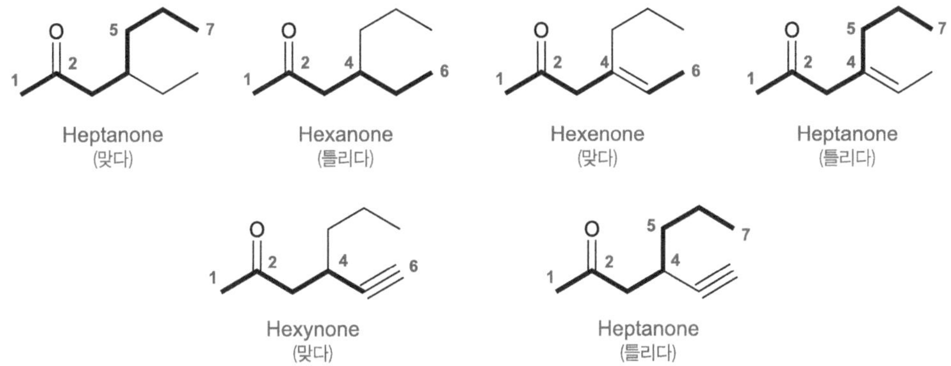

3. 카보닐(C=O) 탄소를 작은 수로 표시되도록 사슬 탄소에 번호를 부여하고, 카보닐 탄소 및 다중 결합 탄소 위치 번호를 부여한다. 카보닐 탄소 번호는 −one 앞에 표기한다.

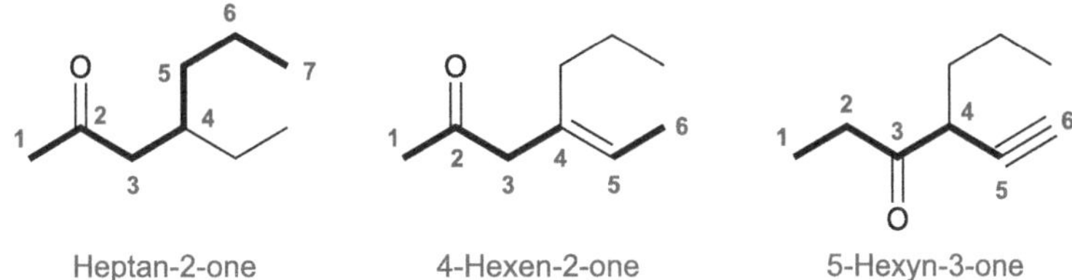

4. 치환기 및 작용기 종류와 위치 번호를 확인하여 명명한다.

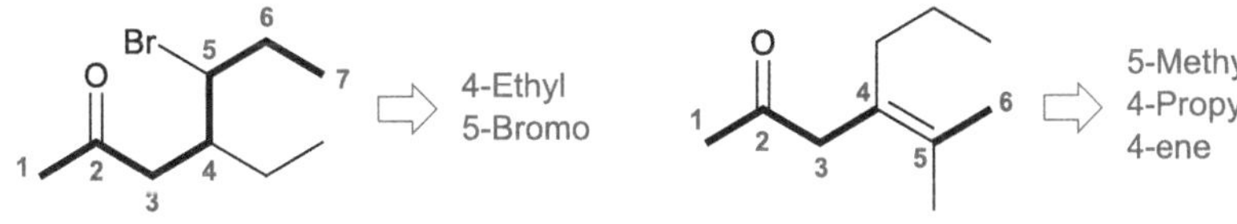

5. 치환기 이름을 알파벳순으로 배열하여 전체를 명명한다.
   케톤기보다 명명 우선순위가 앞서는 작용기가 존재하면 치환기로 명명해야 한다.

5-Bromo-4-ethylheptan-2-one　　5-Methyl-4-propyl-4-hexen-2-one

케톤 치환기의 명명 규칙

1. 명명 우선순위(표 2.4)가 빠른 다른 작용기가 존재하면 이중 결합 산소 원자가(=O) 치환된 것으로 간주하고, 알데하이드에서처럼 *oxo*−라는 이름을 사용하여 명명한다.

3-Oxohexanal　　5-Oxoheptanoic acid

2. RC(=O)−(acyl: a−sil로 발음한다)기를 치환기로 명명할 경우는 IUPAC 명이나 관용명에 -*yl*이나 -*oyl*을 덧붙여 명명한다.

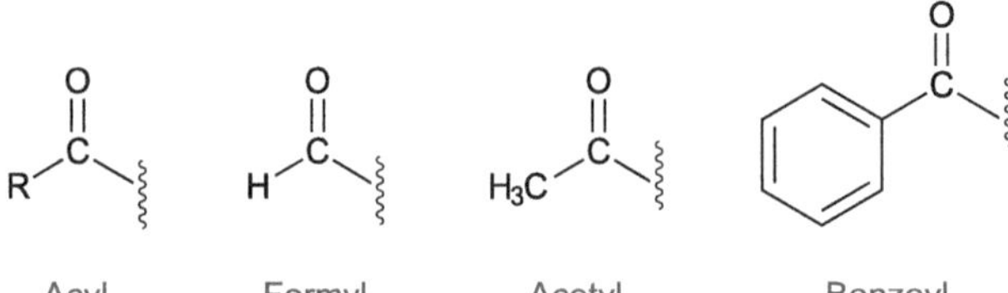

Acyl　　Formyl　　Acetyl　　Benzoyl

3. 모체에 결합된 탄소를 치환기 사슬의 탄소 1번으로 부여한다.

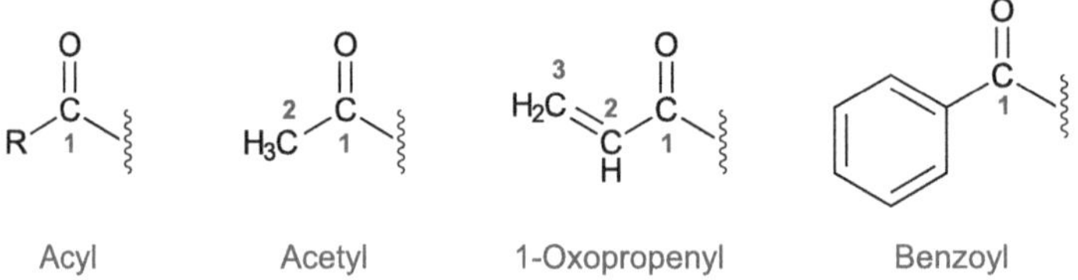

Acyl　　Acetyl　　1-Oxopropenyl　　Benzoyl

케톤의 관용명 명명 규칙

1. 케톤을 모체명으로 하여 두 알킬기의 이름을 알파벳순으로 배열하여 명명한다. 아래 구조식에서 괄호 안의 이름은 IUPAC 명이다.
2. 각 알킬기의 이름은 관용명이나 IUPAC 방식의 이름을 사용한다.

Methyl propyl ketone (Pentan-2-one)　　**Ethyl isopropyl** ketone (2-Methylpentan-3-one)

몇 가지 간단한 케톤의 관용명은 이 규칙에 따르지 않으며, IUPAC에서도 인정하고 있다.

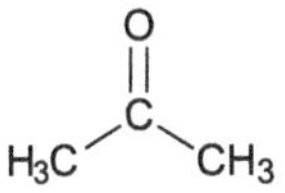

Acetone 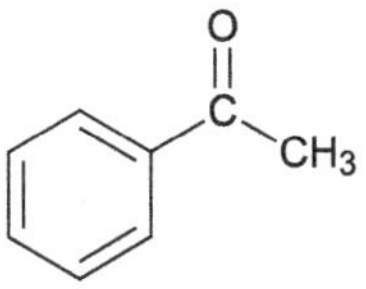　　Acetophenone 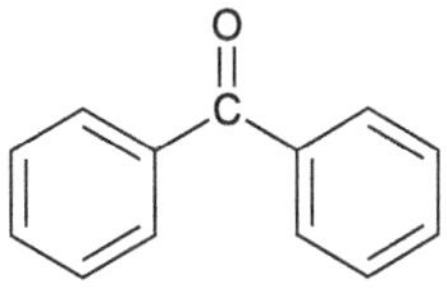　　Benzophenone

복습문제 2.20 다음 화학종들의 IUPAC 이름을 쓰시오.

(a) 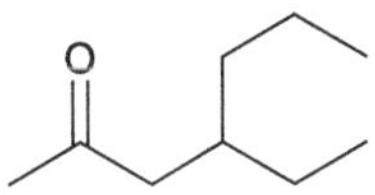 (b) 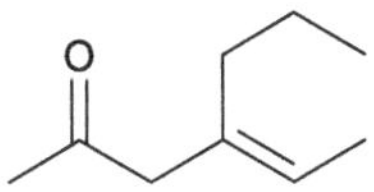 (c) 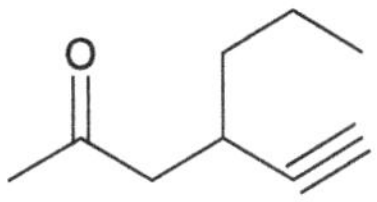 (d)

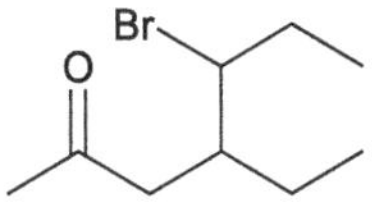

(e) 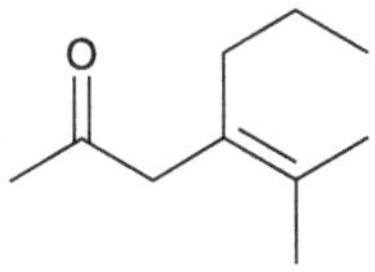 (f) 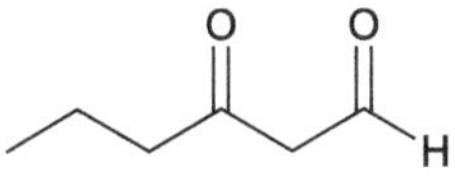 (g) 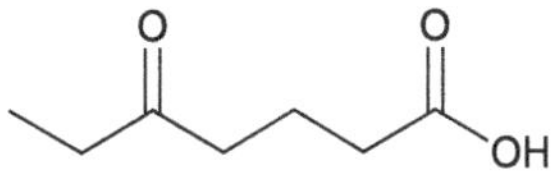 (h) 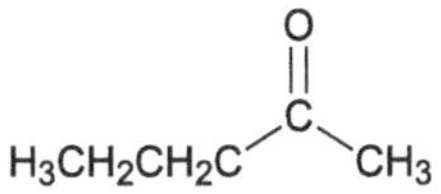 $H_3CH_2CH_2C(=O)CH_3$

(i) 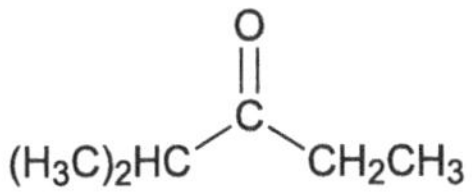 $(H_3C)_2HC(=O)CH_2CH_3$ (j) 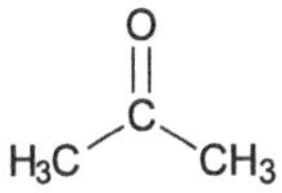 $H_3C(=O)CH_3$ (k) 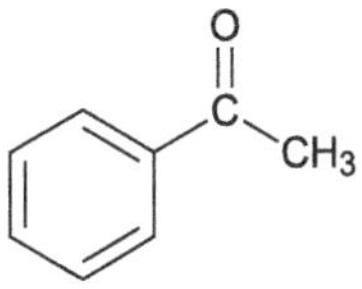 (l)

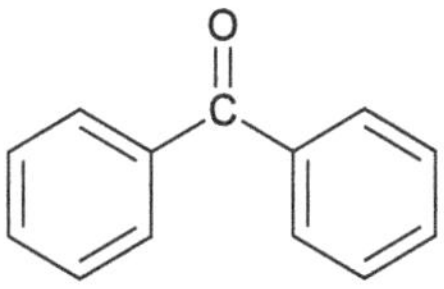

연습문제 2.24 다음 각 분자의 IUPAC 이름을 쓰시오.

(a) 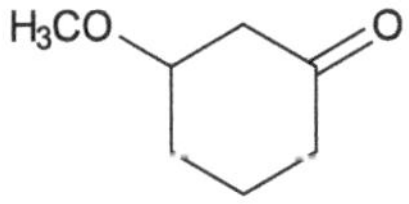 (b) 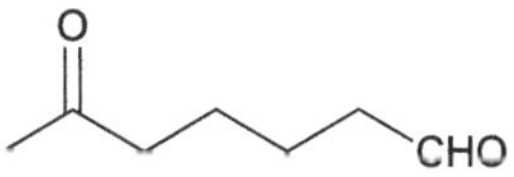 (c) 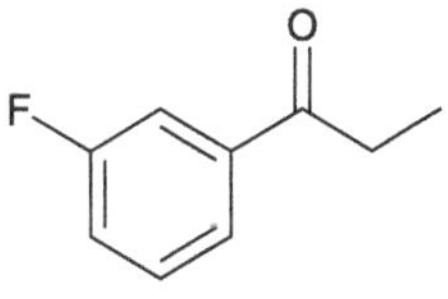 (d)

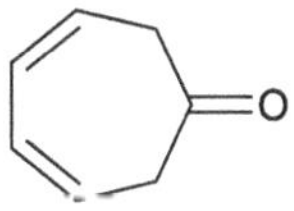

연습문제 2.25 다음 화합물들의 구조식을 그리시오.

(a) 4-(*tert*-Butyl)cyclohexanone　　(b) 1-(4-Methoxyphenyl)propan-1-one

(c) 4-Oxo-2-pentenal　　(d) 5-Isopropyl-2-cyclohexenone

2.8.3 카복실산의 명명

카복실산은 IUPAC 명명법으로 명명하지만, 간단한 카복실산들은 관용명이 더 널리 사용된다.

카복실산의 IUPAC 명명 규칙

1. −COOH기를 포함하는 가장 긴 연속된 탄화수소 사슬을 모체로 선택하고, 선택한 모체 탄화수소의 끝 이름 -e를 -*oic acid*로 바꾼다.
   ⇒ 알케인은 -*anoic acid*, 알켄은 -*enoic acid*, 알킨은 -*ynoic acid*가 된다.
   ⇒ 고리에 -COOH기가 결합되어 있으면, 고리 이름에 -carboxylic acid를 덧붙여 명명한다.

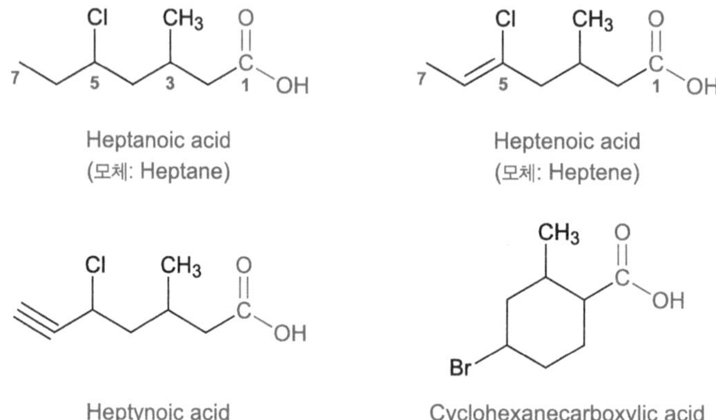

Heptanoic acid (모체: Heptane)

Heptenoic acid (모체: Heptene)

Heptynoic acid (모체: Heptyne)

Cyclohexanecarboxylic acid

2. 모체 탄화수소에 있는 COOH기 탄소를 1번으로 하여 사슬 탄소에 번호를 매긴다. 고리 탄화수소에서는 COOH기가 결합된 탄소를 1번으로 부여한다.

3. 치환기와 다른 작용기를 확인하고 명명한다.

⇨ 3-Methyl 5-Chloro

⇨ 2-Methyl 4-Bromo

4. 치환기 이름을 모체 사슬 이름 앞에 알파벳순으로 나열하여 전체를 명명한다.

5-Chloro-3-methylheptanoic acid

4-Bromo-2-methylcyclohexanecarboxylic acid

카복실산도 관용명이 있다. 카복실산의 관용명은 모체 이름에 접미사 -ic acid를 덧붙여 명명한다. 관용명에서 탄소 위치 번호를 기호로 나타낸다. COOH기에 결합한 첫 번째 탄소를 α(alpha)−, 다음 탄소는 β(beta)−, 계속해서 γ(gama)−, δ(delta)− 등으로 부르고, 마지막 탄소는 ω(omega)−로 부르기도 한다. 즉, IUPAC 방식의 2번 탄소는 β−탄소이고, 3번 탄소는 γ−탄소가 된다.

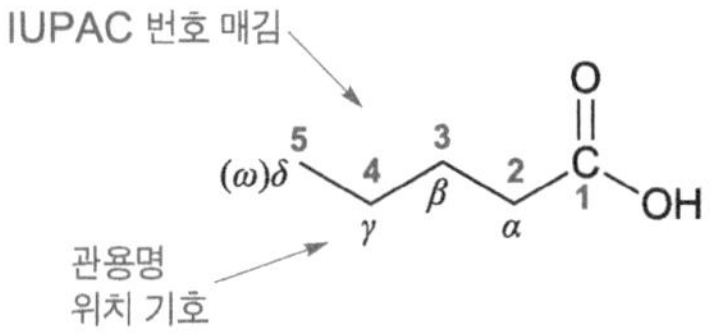

IUPAC 번호 매김

관용명 위치 기호

표 2.3에 몇 가지 간단한 카복실산의 관용명을 실었다. 표에 나타낸 관용명 모체 이름은 카보닐기를 갖는 알데하이드, 케톤 및 카복실산 유도체 등 다른 많은 화합물들의 명명법에 사용된다.

표 2.3 몇 가지 간단한 카복실산의 관용명

탄소 수	구조	모체명	관용명
1	HCOOH	Form−	Formic acid
2	CH_3COOH	Acet−	Acetic acid
3	CH_3CH_3COOH	Propion−	Propionic acid
4	$CH_3(CH_2)_2COOH$	Butyr−	Butyric acid
5	$CH_3(CH_2)_3COOH$	Valer−	Valeric acid
6	$CH_3(CH_2)_4COOH$	Capro−	Caproic acid
7	C_6H_5COOH	Benzo−	Benzoic acid

복습문제 2.21 다음 카복실산들의 IUPAC 이름을 쓰시오.

(a) (b) 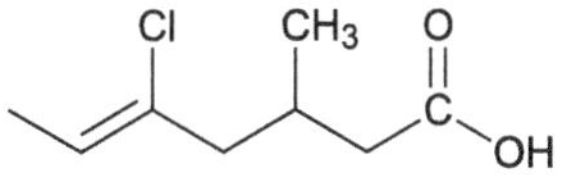 (c) 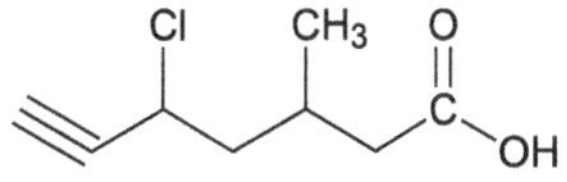 (d)

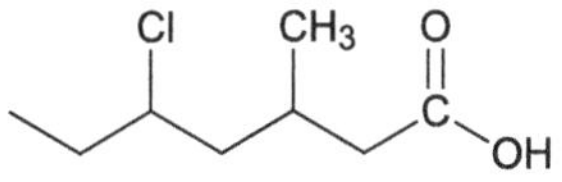

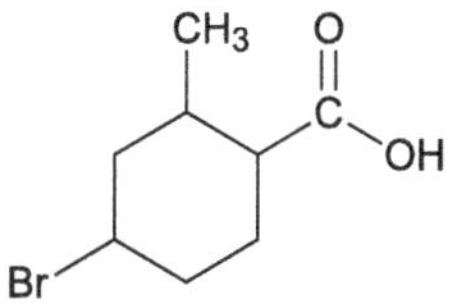

하나의 분자에 COOH기를 2개 가지는 카복실산을 이가 산, 3개를 가지면 삼가 산이라고 한다. 이가 산(diacid)은 IUPAC 명명에서는 −*dioic acid*로 부른다.

다가 카복실산의 명명법

1. 이가 카복실산은 두 가지 방식으로 명명할 수 있다. 어미에 −*dioic acid*를 붙여 명명하거나, −*dicarboxylic acid*를 붙여 명명하는 방법이다.
2. COOH기가 2개 이상 결합된 가장 긴 탄화수소 사슬을 찾는다.
   ⇒ 이 경우 COOH기가 모두 포함되어야 한다.
   ⇒ −dioic acid를 사용하는 명명에서는 카보닐 탄소(C=O)도 모체 사슬에 포함한다.
   ⇒ −dicarboxylic acid를 사용하는 명명에서는 카보닐 탄소(C=O)를 모체 사슬에 포함시키지 않는다.
   ⇒ 3가 카복실산부터는 −carboxylic acid 명명 방식을 사용한다.

Dioic acid 명명법

Dicarboxylic acid 명명법

C5: Pentane이 모체이다

C3: Propane이 모체이다

Carboxylic acid 명명법

Carboxylic acid 명명법

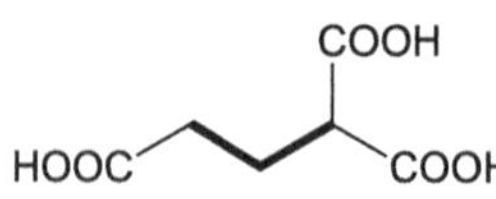

C3: Propane이 모체이다

C5: Pentane이 모체이다

3. COOH기들의 위치 번호가 작은 수로 표시되도록 모체 사슬 탄소에 번호를 부여한다.
   ⇒ −dioic acid를 사용하는 명명에서는 카보닐 탄소(C=O)도 모체 사슬에 포함되므로 번호를 부여한다.
   ⇒ −dicarboxylic acid를 사용하는 명명에서는 카보닐 탄소(C=O)를 모체 사슬에 포함시키지 않으므로, C=O기를 제외한 모체 사슬 탄소에만 번호를 부여한다.
   ⇒ 삼가 카복실산부터는 −carboxylic acid 명명 방식을 사용하므로 C=O기를 제외한 모체 사슬 탄소에만 번호를 부여한다.

Dioic acid 명명법

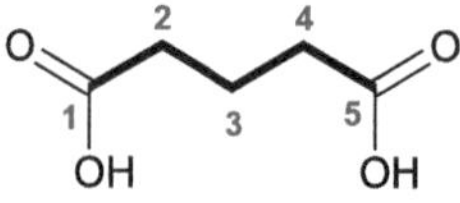

Dicarboxylic acid 명명법

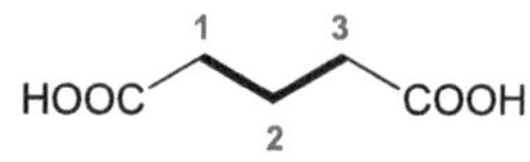

C5: Pentane이 모체이다

C3: Propane이 모체이다

Carboxylic acid 명명법

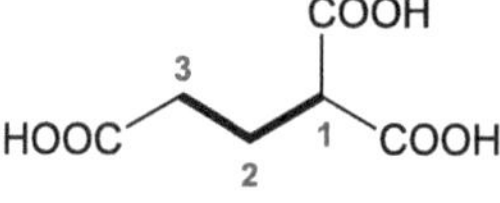

Carboxylic acid 명명법

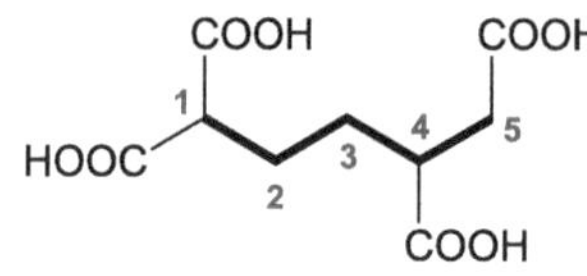

C3: Propane이 모체이다

C5: Pentane이 모체이다

4. 모체 사슬 이름 뒤에 COOH기의 위치 번호를 쉼표로 구분하여 표기하고, carboxylic acid를 붙여 전체를 명명한다. 이때 COOH기의 수를 표시하는 di−, tri− 또는 tetra−등의 수사를 carboxylic acid 앞에 표기한다.

Pentane-1,5-dioic acid
Pentanedioic acid
(Glutaric acid)

Propane-1,3-dicarboxylic acid
(Glutaric acid)

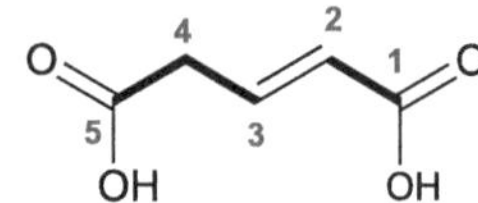

(*E*)-Pent-2-ene-1,5-dioic acid
(*E*)-Pent-2-enedioic acid

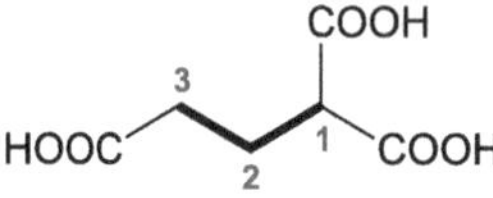

Propane-1,1,3-tricarboxylic acid

(*S*)-Pentane-1,1,4,5-tetracarboxylic acid

자연에 흔하게 존재하는 2가 카복실산들의 관용명도 자주 사용된다. 괄호 안의 이름이 IUPAC 명이다.

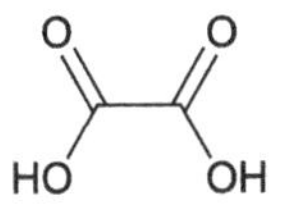

Oxalic acid (Ethanedioic acid)　Malonic acid (Propanedioic acid)　Succinic acid (Butanedioic acid)　Glutaric acid (Pentanedioic acid)

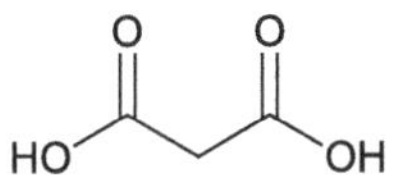

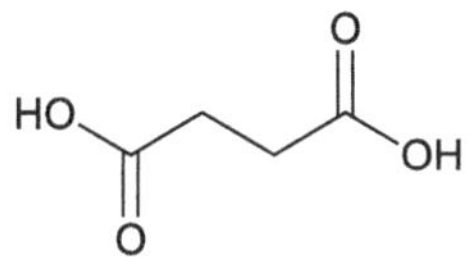

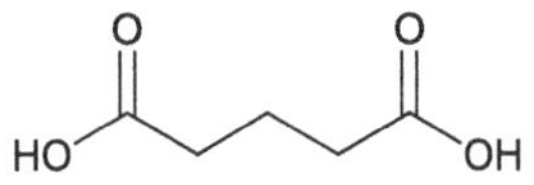

복습문제 2.22 다음 다가 카복실산들의 IUPAC 이름을 쓰시오.

(a)  HOOC ~ COOH　(b)  HOOC ~ COOH　(c) 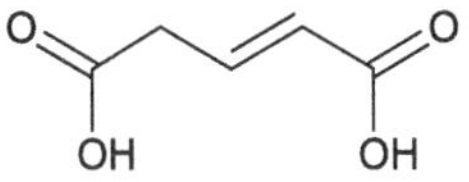 O, OH, O, OH

(d) 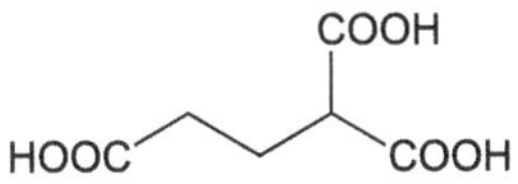 COOH, HOOC, COOH　(e) 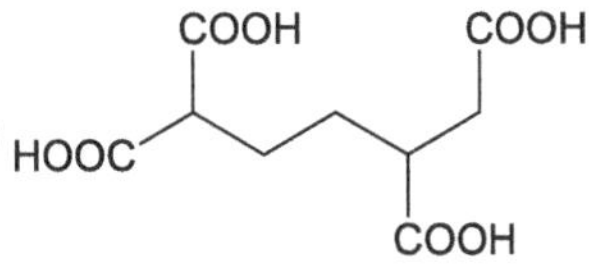 COOH, COOH, HOOC, COOH

$RCOO^-$이거나 $RCOO^-M^+$ 형태의 화합물도 흔하다. 이들은 카복실산으로부터 유도된 것이므로 끝 이름으로 *-ate*를 붙여 명명한다.

카복실산 음이온 및 염(salt)의 명명 규칙

1. 카복실산 명명 규칙을 이용하여 카복실산을 명명한다.
2. 명명한 카복실산 이름의 -ic acid는 *-ate*로, -oic acid는 *-oate*로 바꾸어 명명한다.
3. 카복실산 음이온의 염은 (양이온 이름) + (모체명) + (접미사: −ate 또는 −oate)로 구성되며 양이온 부분을 먼저 쓴다.
   → $CH_3COO^-NH_4^+$에서 NH_4^+는 양이온 부분이고, 나머지는 카복실산 음이온이므로 ammonium acetate로 명명한다.
   ⇒ 염의 양이온 이름과 카복실산 음이온의 이름 사이는 띄워서 쓴다.

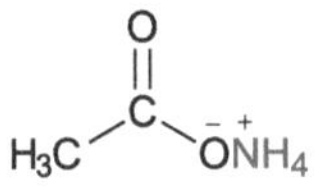

$H_3C-C(=O)-O^-\,NH_4^+$　$H_3C-C(=O)-O^-\,Na^+$　$H_3CH_2CH_2C-C(=O)-O^-\,K^+$

Ammonium acetate 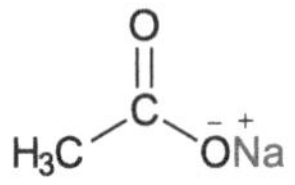　Sodium acetate 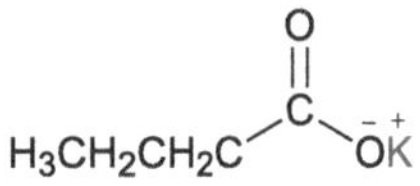　Potassium butanoate

복습문제 2.23 다음 다가 카복실사들의 IUPAC 이름을 쓰시오.

(a) 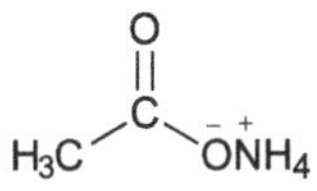 $H_3C-C(=O)-O^-\,NH_4^+$　(b) $H_3C-C(=O)-O^-\,Na^+$　(c) $H_3CH_2CH_2C-C(=O)-O^-\,K^+$

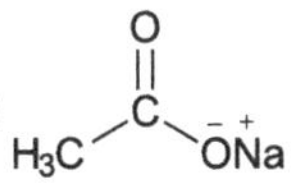

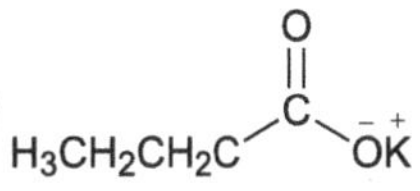

연습문제 2.26 다음 각 화합물의 IUPAC 이름을 쓰시오.

(a) 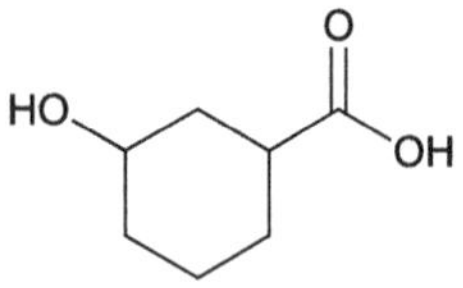 HO–(cyclohexane)–C(=O)OH　(b) 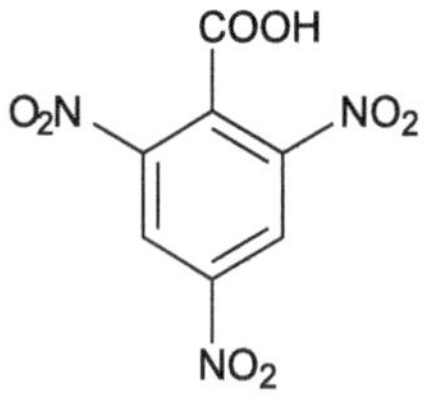 2,4,6-$(NO_2)_3C_6H_2COOH$　(c) HOOC–CH=CH–CH_2–CH_2–COOH　(d) $CH_3(CH_2)_6CO_2K$

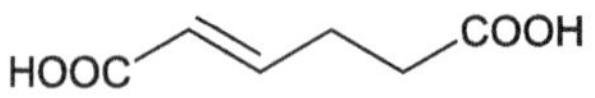

연습문제 2.27 다음 화합물들의 구조식을 그리시오.

(a) 4-Amino-2-methylpentanoic acid　(b) Sodium 2-phenylpentanoate

(c) Octane-1,1,4-tricarboxylic acid　(d) 3-Oxo-3-phenylpropanoic acid

2.8.4 카복실산 유도체의 명명

카복실산 유도체로는 할로젠화 아실(acyl halide, RC(=O)X), 산 무수물(acid anhydride, $(RCO)_2O$), 에스터(ester, RC(=O)OR), 아마이드(amide, $RC(=O)NR_2$) 및 나이트릴(nitrile, RC≡N) 등이 있다. 이들의 명명법을 살펴보자.

할로젠화 아실의 명명 규칙

1. 할로젠화 아실(RCOX)의 명명에서는 먼저 아실기를 명명하고, 해당되는 할로젠을 명명한다.
2. 아실기(RC(=O)—) 이름은 카복실산 이름 어미의 −ic acid를 −*yl* 또는 이름 끝의 −carboxylic acid를 −*carbonyl*로 바꾸어 명명한다. 따라서 acetic acid는 *acetyl*로 명명하면 된다.
3. 할로젠(X)은 음이온으로 간주하여 *halide*로 명명한다. 즉, Cl은 *chloride*, Br은 *bromide* 등으로 명명한다.
4. 아실기 이름을 앞에 쓰고, 뒤에 할로젠 이름을 써서 전체를 명명한다. 아실기 이름과 할로젠 이름은 띄워서 쓴다.

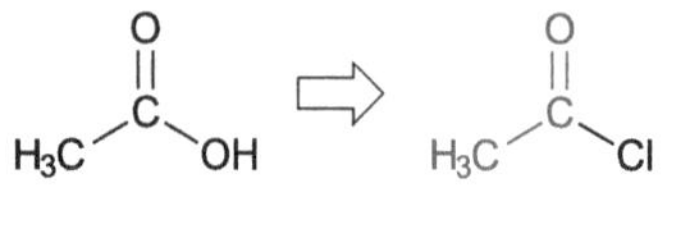

H_3C–C(=O)–OH ⇨ H_3C–C(=O)–Cl　　C_6H_5–C(=O)–OH ⇨ C_6H_5–C(=O)–Cl

Acetic acid　Acetyl **chloride** 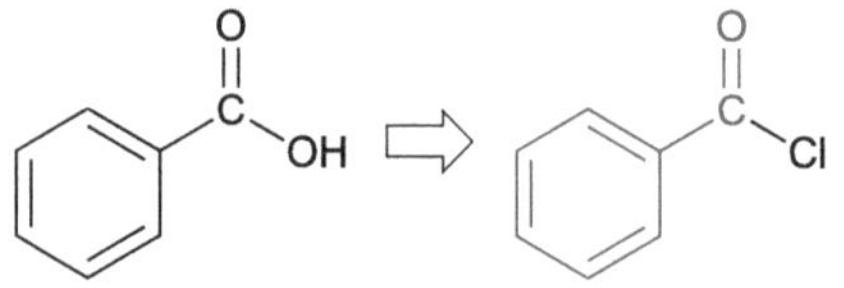　Benzoic acid　Benzoyl **chloride**

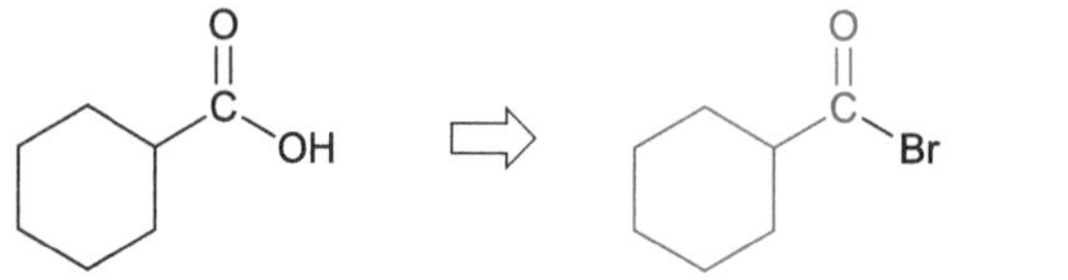

C_6H_{11}–C(=O)–OH ⇨ C_6H_{11}–C(=O)–Br

Cyclohexanecarboxylic acid　Cyclohexanecarbonyl **bromide**

복습문제 2.24 다음 분자들의 IUPAC 이름을 쓰시오.

(a) (b) 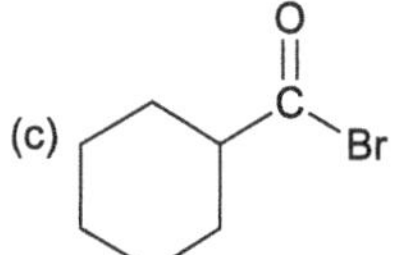 (c)

산 무수물의 명명 규칙

산 무수물은 대칭 및 비대칭 산 무수물로 구분한다. 아실 단위 2개가 동일하면 **대칭 산 무수물**(symmetric acid anhydride)이고, 아실 단위 2개가 각기 다르면 **비대칭 산 무수물**(asymmetric anhydride)이라고 한다.

RC(=O)—O—C(=O)R, R=R: 대칭 산 무수물

RC(=O)—O—C(=O)R', R≠R': 비대칭 산 무수물

1. 대칭적인 산 무수물의 명명에서는 먼저 카복실산을 명명하고 산 이름의 acid를 *anhydride*로 바꾸어 명명하고 anhydride는 띄어서 쓴다.
   ⇒ 고리형 산 무수물도 같은 방식으로 명명한다. 즉, succinic acid로부터 유도된 산 무수물은 succinic anhydride로 명명한다.
   ⇒ 치환기가 있는 단일 카복실산으로 만들어진 무수물이면, 산 이름 앞에 접두어로 bis-(둘이라는 의미)를 붙여서 명명하기도 한다.

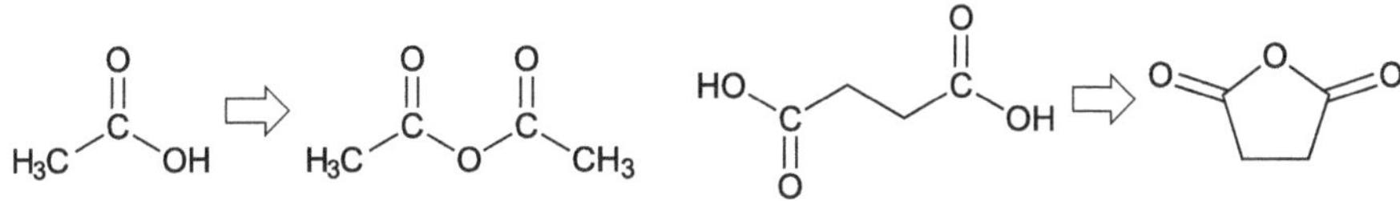

Acetic acid ⇒ Acetic anhydride; Succinic acid ⇒ Succinic anhydride

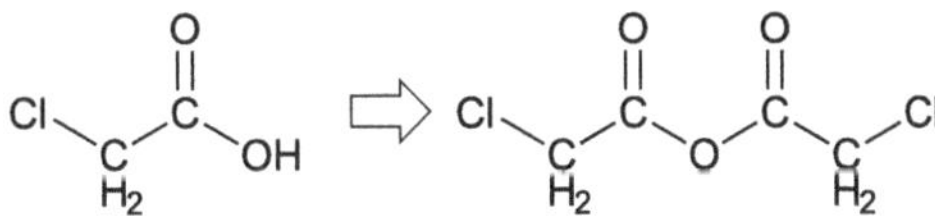

Chloroacetic acid ⇒ Bis(chloroacetic) anhydride

2. 비대칭 무수물은 두 카복실산의 이름에서 'acid'를 제거하고, 산 이름은 알파벳 순서로 나열하고, *anhydride*를 덧붙여 명명하되 각 단어는 띄어서 표기한다. 예를 들어, acetic acid와 butanoic acid로부터 만들어진 무수물은 (acetic + butanoic + anhydride), 즉 acetic butanoic anhydride로 명명한다.

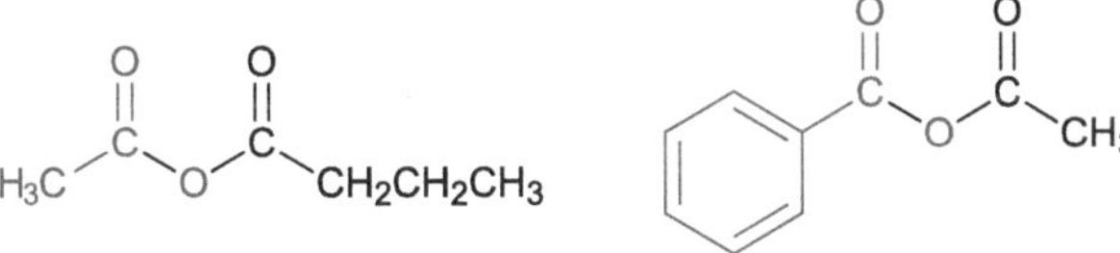

Acetic **butanoic** anhydride　　**Acetic** benzoic anhydride

복습문제 2.25 다음 화학종들의 IUPAC 이름을 쓰시오.

(a) 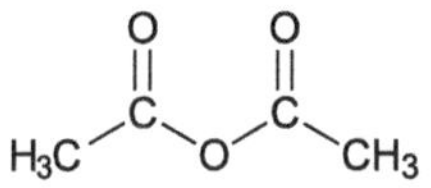 $H_3C-C(=O)-O-C(=O)-CH_3$ (b) 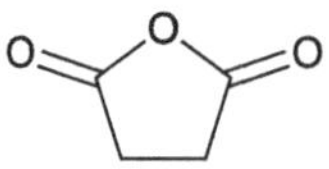 (c) 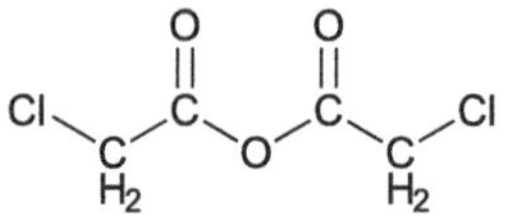 $Cl-CH_2-C(=O)-O-C(=O)-CH_2-Cl$

(d) 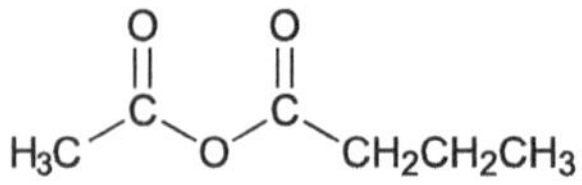 $H_3C-C(=O)-O-C(=O)-CH_2CH_2CH_3$ (e) 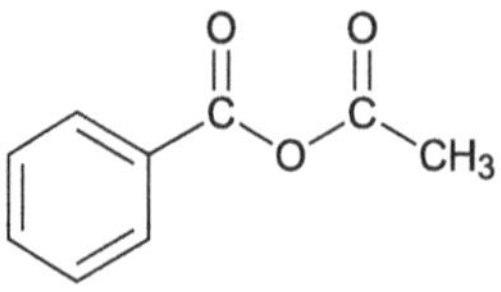 $C_6H_5-C(=O)-O-C(=O)-CH_3$

에스터의 명명 규칙

1. 에스터(ester, RC(=O)OR')는 카복실산 음이온(RCO_2^-)에 알킬 양이온(R^+)이 결합된 것으로 명명한다.
2. 에스터는 단일 결합 산소에 결합된 알킬기 이름을 먼저 쓰고 해당되는 카복실산의 음이온 이름을 서로 띄어 쓴다.
   ⇒ 즉, (알킬기 이름) + (카복실산 음이온 이름) 순으로 배열한다.
3. 카복실산 음이온 이름은 카복실산의 −ic acid를 −*ate*로, -oic acid는 −*oate*로 바꾸어 명명한다. 예를 들어 $CH_3C(=O)OOCH_2CH_3$는 (ethyl + acetate), 즉, ethyl acetate로 명명한다.

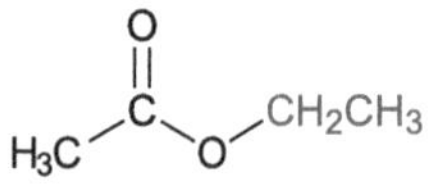

$H_3C-C(=O)-O-CH_2CH_3$ $H_3C-O-C(=O)-CH_2-C(=O)-O-CH_3$ $C_6H_{11}-C(=O)-O-CH_3$

Ethyl **acetate** 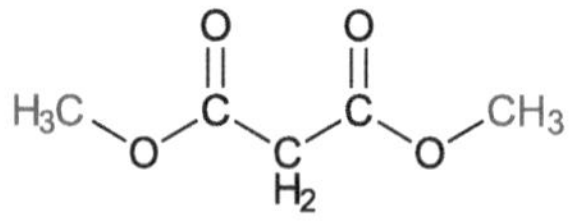 Dimethyl **malonate** 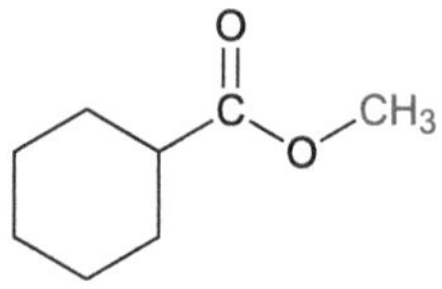 Methyl **cyclohexanecarboxylate**

복습문제 2.26 다음 에스터들의 IUPAC 이름을 쓰시오.

(a) 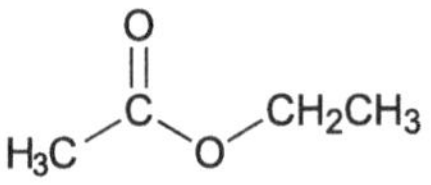 $H_3C-C(=O)-O-CH_2CH_3$ (b) $H_3C-O-C(=O)-CH_2-C(=O)-O-CH_3$ (c) $C_6H_{11}-C(=O)-O-CH_3$

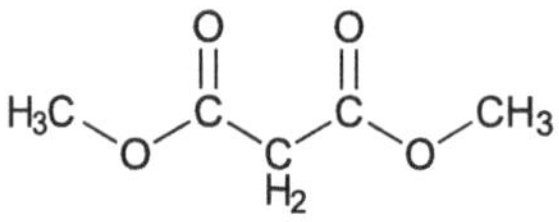

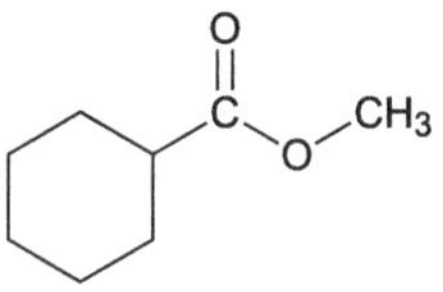

아마이드의 명명 규칙

아마이드(amide)는 카복실산의 OH기 대신 NR_2(amino)기를 가진 카복실산 유도체이다. 아마이드 질소에 치환된 탄화수소 수에 따라 1차(1°), 2차(2°) 및 3차(3°) 아마이드로 구분한다.

$R-C(=O)-NH_2$ 1° 아마이드 $R-C(=O)-NHR$ 2° 아마이드 $R-C(=O)-NR_2$ 3° 아마이드

1. 아마이드($RCONR'_2$)는 모체 카복실산 이름의 −oic acid 또는 −ic acid를 −*amide*로 바꾸어 명명한다.
2. 고리에 아마이드기가 결합된 경우는 카복실산 이름 −carboxylic acid를 −*carboxamide*로 바꾸어 명명한다.
3. 2° 및 3° 아마이드의 경우 질소(N) 원자에 결합된 치환기의 위치는 숫자 대신 원소 기호를 이용하여 표기한다.
   ⇒ 치환기가 한 개 있으면, *N*−으로, 두 개 있으면 *N*,*N*− 식으로 나타내고, 치환기 이름 앞에 di−, tri− 등의 수사를 사용하여 명명한다.
   예를 들어 propanamide의 질소 원자에 methyl기가 하나 치환되어 있으면 (*N*-methyl + propanamide), 즉, *N*-methylpropanamide로 명명한다.

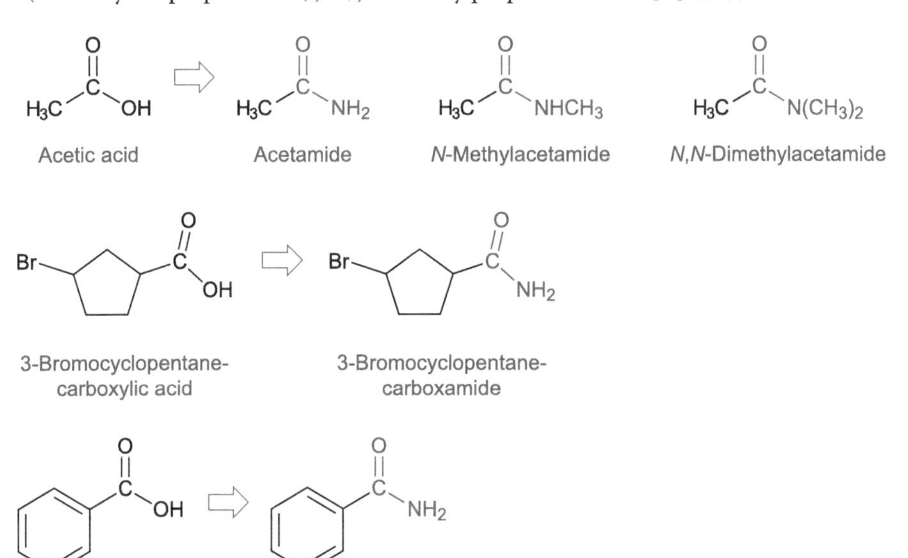

복습문제 2.27 다음 화학종들의 IUPAC 이름을 쓰시오.

(a) $H_3C-C(=O)-NH_2$ (b) $H_3C-C(=O)-NHCH_3$ (c) $H_3C-C(=O)-N(CH_3)_2$ (d) Br–(cyclopentyl)–$C(=O)-NH_2$ (e) (phenyl)–$C(=O)-NH_2$

나이트릴의 명명 규칙

1. 나이트릴(nitrile, RCN)에서는 C≡N기의 탄소를 포함하고 있는 가장 긴 사슬을 모체로 하고, 모체 알케인 이름 뒤에 *–nitrile*이라는 접미사를 붙여 명명한다.
2. 나이트릴(C≡N) 탄소가 1번이 되도록 위치 번호를 부여한다. 그러나 이 번호는 표기하지 않는다.
3. 고리에 –CN이 결합된 화합물은 상응하는 카복실산의 끝 이름 –carboxylic acid을 *–carbonitrile*로 바꾸어서 명명한다.
4. 나이트릴의 관용명은 탄소 원자 수가 동일한 카복실산으로부터 유래되며, 카복실산 이름의 -ic acid를 *-onitrile*로 바꾸어 명명한다.
5. CN기보다 명명 우선순위가 앞서는 작용기가 있으면(표 2.4), CN기를 치환기로 간주한다. CN기의 치환기 이름은 *cyano–*이다.

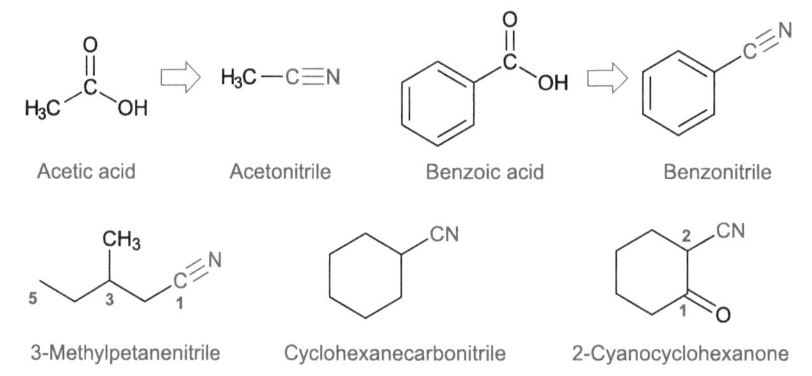

복습문제 2.28 다음 화학종들의 IUPAC 이름을 쓰시오.

(a) $H_3C—C≡N$ (b) (c) (d) (e)

연습문제 2.28 다음 각 화합물의 IUPAC 이름을 쓰시오.

(a) (b) (c) (d)

(e) (f) (g) (h)

연습문제 2.29 다음 화합물들의 구조식을 그리시오.

(a) 3-Methylpentanedioyl dibromide
(b) 2-(2-Fluorophenyl)acetyl cyanide
(c) Ethyl 6-ethylcyclohexa-1,4-dienecarboxylate
(d) (*E*)-N-Ethyl-2,3-dimethylpent-3-enamide
(e) Isopropyl formate
(f) Phenyl 2-cyclohexylacetate
(g) Methyl 5-cyano-5-oxopentanoate
(h) 2-Cyano-2-methylpropanamide

2.9 다작용기 화합물의 명명

지금까지는 하나의 작용기만을 포함하고 있는 분자들의 명명법을 다루었다. 그러나 유기화학에서는 하나 이상의 작용기를 가지는 **다작용기 분자**(polyfunctional molecule)들을 자주 접하게 된다.

IUPAC에서는 다작용기 분자들의 명명이 용이하도록 작용기들의 명명 우선순위를 정했다. 표 2.4에 작용기들의 명명 우선순위를 나타냈다. 우선순위가 빠른 것을 기준(모체)으로 하여 명명한다.

다작용기 분자의 명명 규칙

1. 분자에 포함된 작용기를 확인하여, 주작용기(principal group) 부류와 부작용기(subordinate group) 부류로 구분한다.
   ⇒ 주작용기 부류는 접미사 이름과 치환기 이름을 둘 다 가지는 작용기이고, 부작용기 부류는 치환기 이름만을 가진다(표 2.4).
2. 분자에 포함된 작용기 중에서 명명 우선순위가 가장 빠른 주작용기를 선정한다(표 2.4). 예를 들어 5-ethyl-6-oxohexanoic acid에는 알데하이드기와 카복실산이 함께 존재하지만 COOH가 주작용기이다.

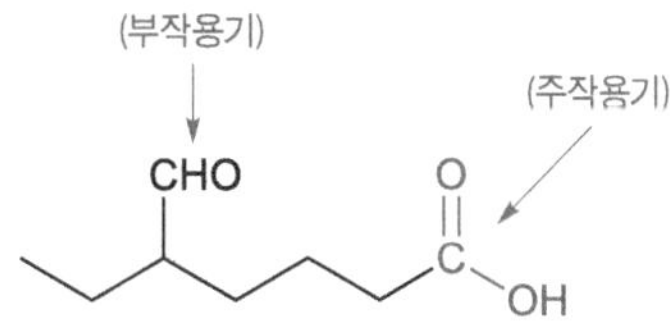

3. 주작용기와 다른 작용기가 포함되는 가장 긴 사슬이나 고리를 모체로 선택한다. 아래 예에서 methyl 4-oxopentanoate는 케톤($R_2C=O$)보다 에스터(RCOOR')가 명명 우선순위가 더 빠르므로 에스터를 모체로 하여 명명한다. 또, 5-amino-2-pentanol의 경우는 알코올이 아민보다 우선순위가 빠르다.

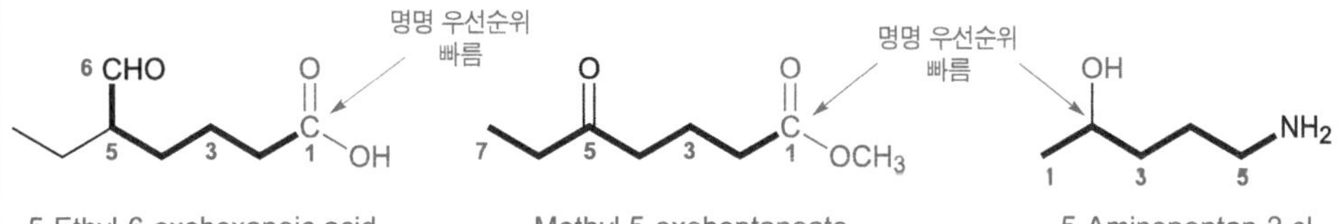

고리 화합물인 2-acetyl-4-methylbenzonitrile에서는 benzonitrile를 모체로, (2-acetyl-4-methylphenyl)acetonitrile에서는 acetonitrile을 모체로 선택하고 phenyl은 치환기로 명명한다.

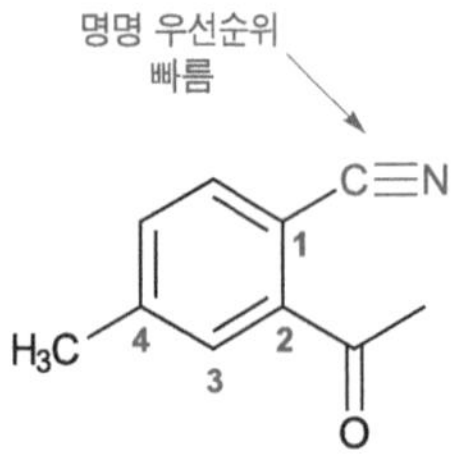

명명 우선순위 빠름

(모체)

2-Acetyl-4-methylbenzonitrile 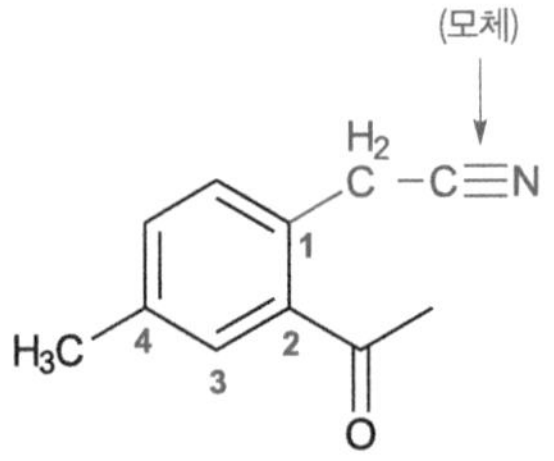 (2-Acetyl-4-methylphenyl)acetonitrile

4. 주작용기와 결합한 탄소로부터 치환기들의 위치 번호가 작은 수로 표시되도록 모체에 번호를 부여한다.
5. 치환기 종류와 번호를 확인하여 명명한다. 모호하거나 복잡한 치환기 이름은 괄호-( ), [ ]- 또는 { }- 등을 사용하여 구분한다.

   Benzene 고리에 $-CH_2Cl$이 결합되어 있는 경우는 Cl이 methane에 결합되어 있으므로 chloromethyl로 명명하고 이들을 괄호로 묶는다. 또, 2-(1-methyl propyl) pentanedioic acid에서는 (1-methylpropyl)이 혼돈될 수 있으므로 괄호로 묶어 분명하게 명명한다.

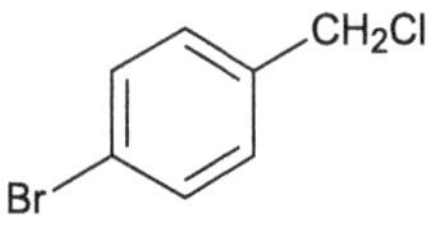

1-Bromo-4-(chloromethyl)benzene 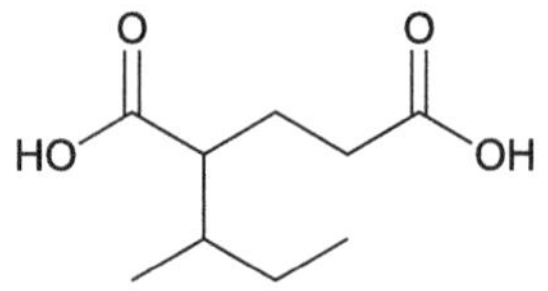 2-(1-Methylpropyl)pentanedioic acid

6. 치환기를 알파벳순으로 나열하고 모체 이름을 써서 전체를 명명한다.

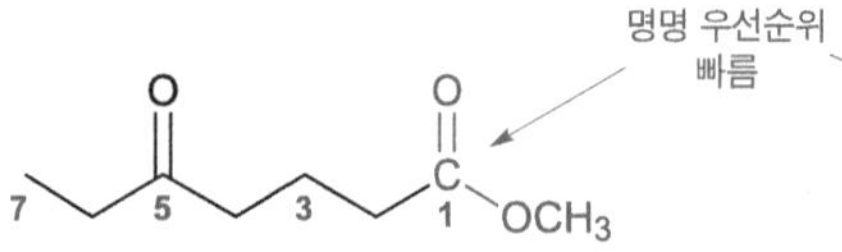

명명 우선순위 빠름

Methyl 5-oxoheptanoate 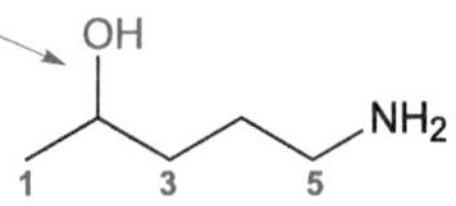 5-Aminopentan-2-ol

표 2.4 작용기 구분 및 명명 우선순위

작용기	접미사 이름	치환기 이름
주작용기 부류 Carboxylic acid; RCOOH	−oic acid −carboxylic acid	carboxy-
Acid anhydride; $(RCO)_2O$	−oic anhydride −carboxlic anhydride	—
Ester; RCOOR'	−oate −carboxylate	alkoxycarbonyl-
Acid halide; RCOX	−oyl halide −carbonyl halide	halocarbonyl-
Amide; $RCONH_2$	−amide −carboxamide	amido-
Nitrile; RC≡N	−nitrile −carbonitrile	cyano-
Aldehyde; RCHO	−al −carboaldehyde	oxo-
Ketone; RCOR	−one	oxo-
Alcohol; ROH	−ol	hydroxyl−
Phenol; PhOH	−ol	—
Thiol; RSH	−thiol	mercapto-
Amine; RNH_2	−amine	amino-
Imine; $R_2C{=}NH$	−imine	imino-
Alkene; RCH=CHR	−ene	alkenyl-
Alkyne; RC≡CR	−yne	alkynyl-
Alkane; RCH_2R	−ane	alkyl-

* 주작용기는 우선순위별로 나열된 것임. 위로 갈수록 우선순위가 높다.

부작용기 부류		
작용기	접미사 이름	치환기 이름
Azide; RN_3		azido−
Diazo; RN_2		diazo−
Ether; ROR		alkyloxy-
Halide; RX		halo-
Nitro; RNO_2		nitro-
Sulfide; RSR		alkylthio-

복습문제 2.29 다음 화학종들의 IUPAC 이름을 쓰시오.

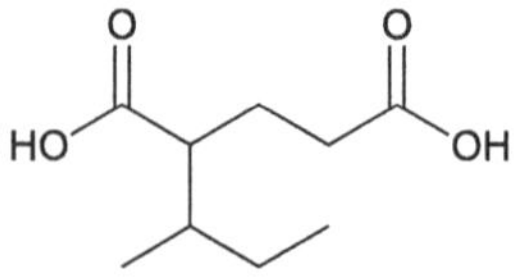

연습문제 2.30 다음 분자의 명명에서 선택할 수 있는 모체를 표시하고 모체 이름을 쓰시오.

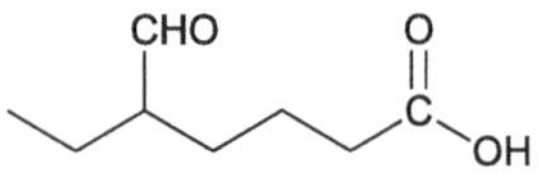

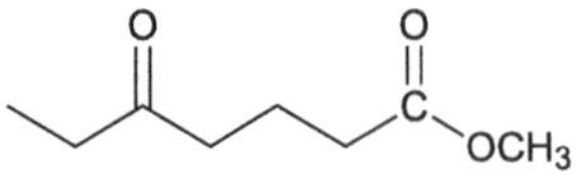

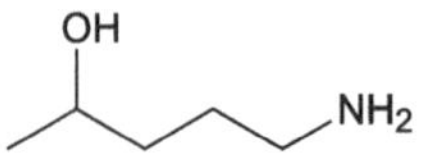

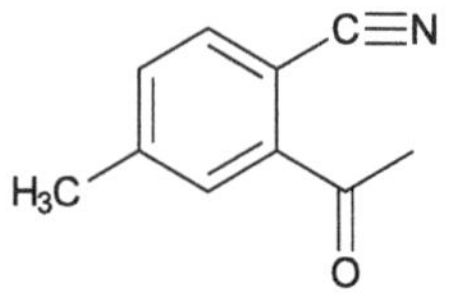

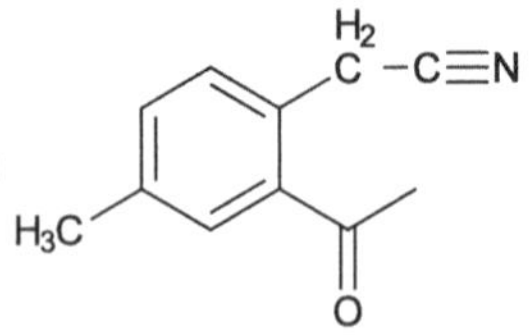

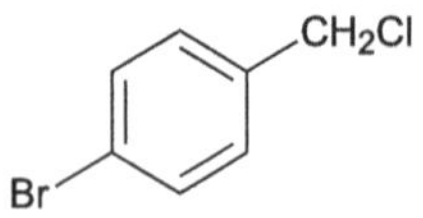

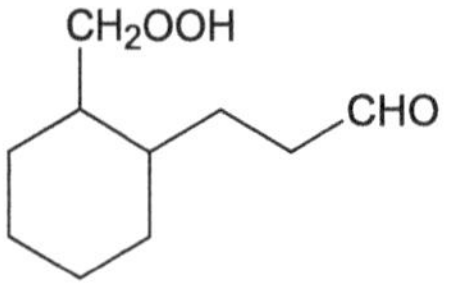

연습문제 2.31 다음 화합물들의 구조식을 그리시오.

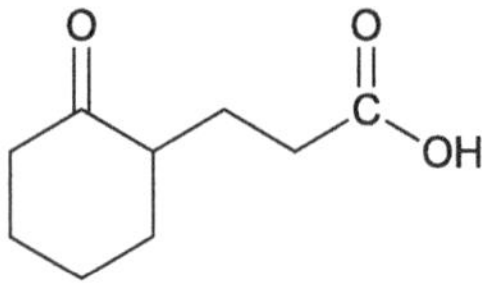

(a) 5-Oxohexanoic acid
(b) Methyl 5-chloro-5-oxopentanoate
(c) 5-Amino-2-methylpentanenitrile
(d) 1-(2-Ethynyl-5-methylphenyl)ethenone
(e) Methyl 5-mercapto-2-methylbenzoate
(f) 4-Bromo-*N*,*N*-dimethylaniline
(g) 5-Oxopentanoyl bromide

2.10 새로운 화학 식별자

최근에는 화학과 관련된 학문의 발달로 다양한 화학 구조를 온전히 설명할 수 있는 식별자가 필요하게 되었다. 나아가서 사람뿐만이 아니라 기계도 판독할 수 있는 화학구조 식별자(identifier)가 요구되고 있다. 이런 문제를 다루는 IUPAC 국제 화학 식별자 소위원회가 '화학 명명법과 구조 표현 부문(Division 8, Chemical Nomenclature and Structure Representation)'이란 이름으로 설치 운영되고 있다. 여기서 국제 화학식별자를 간단히 소개한다.

국제 화학 식별자(**In**ternational **Ch**emical **I**dentifier, InChI: inchee로 발음)가 표준 화학 식별자이다. InChI는 IUPAC과 미국의 국립표준기술 연구원(National Institute of Standards and Technology, NIST)이 2000~2005년에 걸쳐 개발하였다.

InChI는 사람이 읽을 수 있는 구조로의 변환도 용이하고, 바-코드를 이용하여 기계가 읽을 수 있는 형태로의 변환도 가능하다.

InChI에는 화학식, 탄소 사슬의 연결성 및 수소 원자에 대한 정보를 포함하는 수많은 층(layer)의 정보를 담고 있다. 뿐만 아니라 입체 화학, 동위 원소 또는 전하에 대한 정보도 담고 있다.

InChI = 1S/C6H12O6/c7-1-2-3(8)4(9)5(10)6(11)12-2/h2-11H,1H2/t2-,3-,4+,5-,6?/ml/s1
판 화학식 정보 탄소 사슬 정보 수소 정보 입체 화학 정보

예로 $C_6H_{12}O_6$의 식을 가지는 glucose 유도체들의 InChI를 표 2.5에 나타냈다. Glucose는 직선, 고리형 및 2가지 이성질체 등으로 존재할 수 있다.

표 2.5 Glucose 유도체들의 InChI 인식자

관용명, IUPAC 명	구조식	InChI 인식자
D-글루코스 (2*R*,3*S*,4*R*,5*R*)-2,3,4,5,6-pentahydroxyhexanal	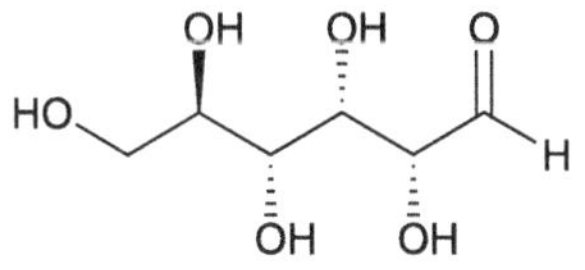	1S/C6H12O6/c7-1-3(9)5(11)6(12)4(10)2-8/h1,3-6,8-12H,2H2/t3-,4+,5+,6+/m0/s1
L-글루코스 (2*S*,3*R*,4*S*,5*S*)-2,3,4,5,6-pentahydroxyhexanal	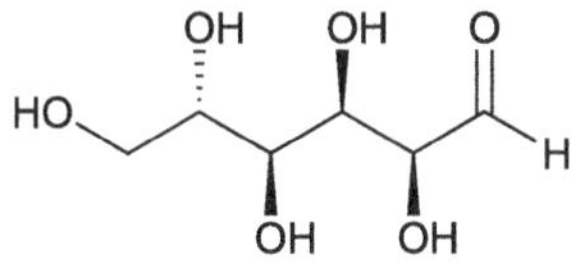	1S/C6H12O6/c7-1-3(9)5(11)6(12)4(10)2-8/h1,3-6,8-12H,2H2/t3+,4-,5-,6-/m0/s1
α-*D*-글루코스 (2*S*,3*R*,4*S*,5*S*,6*R*)-6-(hydroxymethyl)oxane-2,3,4,5-tetrol	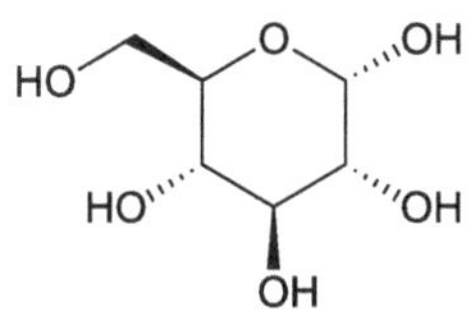	1S/C6H12O6/c7-1-2-3(8)4(9)5(10)6(11)12-2/h2-11H,1H2/t2-,3-,4+,5-,6+/m1/s1
β-*D*-글루코스 (2*R*,3*R*,4*S*,5*S*,6*R*)-6-(hydroxymethyl)oxane-2,3,4,5-tetrol	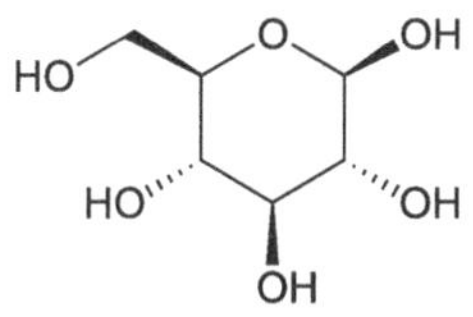	1S/C6H12O6/c7-1-2-3(8)4(9)5(10)6(11)12-2/h2-11H,1H2/t2-,3-,4+,5-,6-/m1/s1

3장 반응 메커니즘 그리기

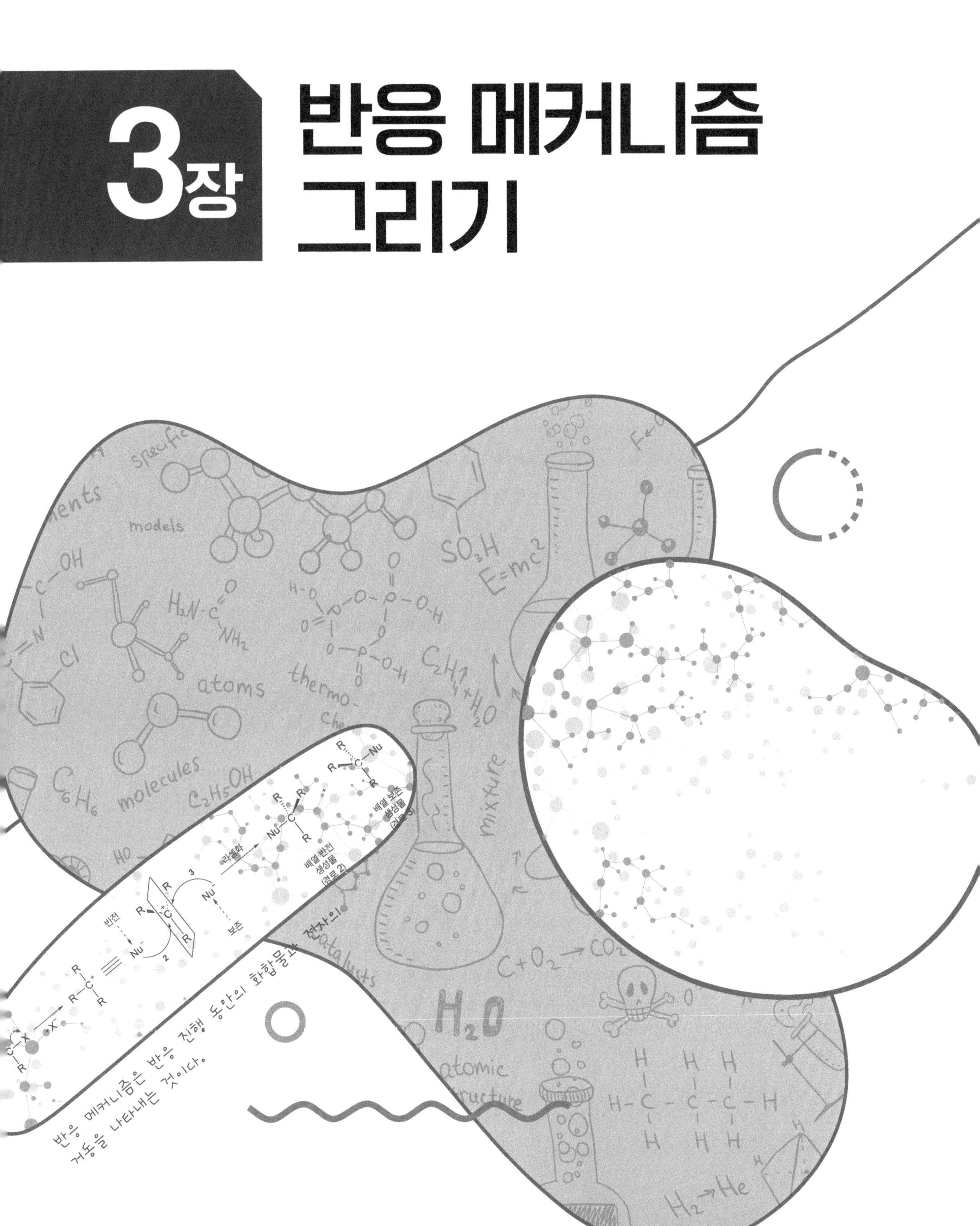

반응 메커니즘(reaction mechanism)은 눈으로 직접 확인할 수 없는 반응 과정에서 생성되는 화학종과 전자 거동을 나타낸 것이다.

유기화학 반응을 이해하고 표현하고 응용하는 데 가장 중요한 방법 중의 하나는 반응 메커니즘을 아는 것이다. 반응은 반응물의 반응자리에 있는 특정 결합이 분해되어 새로운 결합을 형성하는 것이다. 화학자들은 이런 일련의 전자 이동 과정을 화살표를 이용하여 표현한다.

3.1 전자 이동 그리기

공유 결합(covalent bond)은 두 원자 사이에 한 쌍(두 개)의 전자를 공유함으로써 만들어지는 결합이다.

작용기(functional group)는 분자의 물리적 화학적 성질에 기여하는 원자 또는 원자단이다.

Lewis 산(Lewis acid)은 전자를 받는 원자이고, **Lewis 염기**(Lewis base)는 전자를 주는 원자이다.

친핵체(nucleophile)는 Lewis 염기에 해당하며 전자가 풍부한 원자이다. **친전자체**(electrophile)는 Lewis 산에 해당하며 전자가 부족한 원자이다.

유기화학에서 다루는 주요 결합은 공유 결합이다. 반응은 주어진 조건에서 반응할 수 있는 분자 내의 반응자리(reaction site)에서 일어난다. 한 분자의 반응자리는 여러 개가 존재할 수도 있다. 반응자리는 주로 작용기들이다.

따라서 하나 이상의 작용기가 존재할 경우, 어떤 작용기가 반응자리가 될 것인지를 아는 것이 중요하다. 유기화학 반응은 일반적으로 Lewis 산-염기 반응이다. 전자가 더 부족한 산과 전자가 더 풍부한 염기가 반응에 참여한다. 유기 화학자들은 산/염기라는 용어보다는 친핵체와 친전자체라는 용어를 즐겨 사용한다.

공유 결합이 분해되려면 어떤 방식으로든 공유 결합한 두 개의 전자가 나뉘어야 한다. 이런 결합의 분해 및 생성 과정에서의 전자의 이동을 화살표로 표현한다. 전자 이동을 화살표로 나타내면 메커니즘의 표현이 편리하고 유용하다. 반응자리는 어떻게 알 수 있을까?

방법 3.1 반응자리 결정하기

1단계 분자 내에 존재하는 작용기들을 확인한다.

⇒ 작용기가 하나이면 그 작용기가 곧 반응자리이다.

⇒ 작용기가 하나 이상이면 다음 단계를 수행한다.

전기 음성도(electronegativity)는 원자나 원자단이 전자를 끌어당기려는 능력의 척도로 상대적인 값이다. 그래서 단위가 없다. 비활성 기체를 제외하고는 주기율표에서 왼편에서 오른편으로 갈수록 전기 음성도는 증가한다. 또 아래에서 위쪽으로 갈수록 값이 증가한다. 따라서 플루오린(F)의 전기 음성도 값이 가장 크다.

2단계 각 작용기에 존재하는 결합의 극성을 예측한다.

⇒ 결합을 이루는 두 원자 중 전기 음성도가 큰 원자는 부분적으로 음전하(δ^-)를 띤다. 이런 원자는 친핵성 원자이다.

⇒ 전기 음성도가 작은 원자는 부분적인 양전하(δ^+)를 띤다. 이런 원자는 친전자성 원자이다.

⇒ 반응자리 원소의 극성을 각 원자에 표기한다.

3단계 여러 작용기들 중에서 상대적으로 결합 원자 간의 극성의 차이가 가장 큰 작용기를 반응자리로 선택한다.

⇒ 파이(π) 결합은 전자가 풍부한 친핵성 반응자리이다.

⇒ 탄소보다 전기 음성도가 큰 질소(N), 산소(O), 할로젠(X)은 탄소를 친전자성(δ^+)이 되게 한다.

⇒ 비공유 전자쌍을 가지는 헤테로 원자(N, O, X 등)는 친핵성 자리이다.

⇒ 비어 있는 p 오비탈은 친전자성 자리이다.

방법 3.2 결합 분해 및 생성의 전자 이동 그리기

불균일 분해(heterogeneous cleavage)는 결합 전자 두 개 모두가 어느 한 원자로 이동하여 분해되는 결합 분해 방법이다.

균일 분해(homogeneous cleavage)는 결합 전자가 두 원자에 하나씩 동등하게 분배되는 결합 분해 방법이다.

1단계 결합의 분해는 불균일 분해와 균일 분해 두 가지 방식이 있다.

⇒ 불균일 분해에서는 양이온(cation)과 음이온(anion) 종이 생성된다.

⇒ 균일 분해에서는 홀전자 화학종인 라디칼(radical)이 생성된다.

두 원자 사이의 결합이 분해됨

$$A{-}B \equiv A:B \longrightarrow A^{+} + B^{-}$$ 불균일 분해 (양이온, 음이온)

두 원자 사이의 결합이 분해됨

$$A{-}B \equiv A:B \longrightarrow A\cdot + \cdot B$$ 균일 분해 (라디칼, 라디칼)

2단계 전자 이동을 화살표로 표시한다.

⇒ 두 개(한 쌍) 전자의 이동은 온전한 굽은 화살표(⌒)로 나타낸다.

⇒ 한 개 전자의 이동은 굽은 낚시 바늘 형태의 화살표(⌒)로 나타낸다.

3단계 화살표는 전자를 주는 쪽에서 받는 쪽을 향하도록 그린다.

⇒ 전자가 풍부한 원자에서 전자가 부족한 원자로 이동하도록 화살표를 그린다.

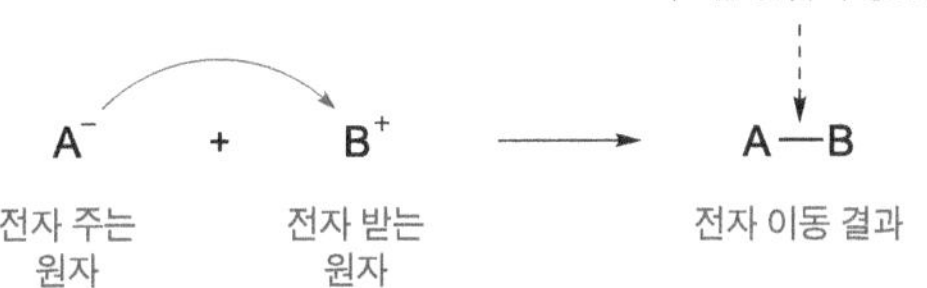

4단계 전자가 이동하면 결합이 형성되거나 분해된다.

⇒ 음이온의 전자가 양이온 원자로 이동하면, 새로운 공유 결합이 형성되며 중성 분자가 형성된다.

⇒ 비공유 전자쌍이 양이온 원자로 이동하면, 양이온과 중성 분자가 형성된다.

⇒ 결합 전자가 전기 음성도가 큰 원자로 이동하면, 음이온과 양이온이 형성된다.

⇒ 비극성 공유 결합의 결합 전자쌍이 불균일 분해되면, 양이온과 음이온이 형성된다.

⇒ 공유 결합의 결합 전자쌍이 균일 분해되면, 두 개의 라디칼이 형성된다.

$$Cl^{-} + H^{+} \xrightarrow{\text{결합 형성}} Cl{-}H$$ (음이온과 양이온 간의 전자쌍 이동)

음이온, 양이온 → 중성 결합

$$H\ddot{O}{-}CH_2^{+} \xrightarrow{\text{결합 형성}} H\overset{+}{O}{=}CH_2$$ (비공유 전자쌍과 양이온 간의 전자쌍 이동)

비공유 전자쌍, 양이온 → 양이온

$$^{\delta-}F{-}^{\delta+}CH_3 \xrightarrow{\text{불균일 결합 분해}} F^{-} + {}^{+}CH_3$$ (극성 결합에서의 전자쌍 이동)

극성 결합 → 음이온, 양이온

$$H_3C-CH_3 \xrightarrow[\text{}]{\text{불균일 결합 분해}} {}^{-}CH_3 + {}^{+}CH_3$$ (비극성 결합에서의 전자쌍 이동)

중성 결합 / 음이온 / 양이온

$$H_3C-CH_3 \xrightarrow{\text{균일 결합 분해}} \cdot CH_3 + \cdot CH_3$$ (비극성 결합에서 전자 한 개씩 이동)

중성 결합 / 라디칼 / 라디칼

5단계 최초 반응자리 원자는 반응 조건에 따라 다르다.

⇒ 산성 조건이면, 전자가 많은 염기성 원자가 최초 반응 원자이다. 이런 반응을 **산-촉매 반응**(acid-catalytic reaction)이라고 한다.

⇒ 염기성 조건이면, 전자가 부족한 산성 원자가 최초 반응 원자이다. 이런 반응을 **염기-촉매 반응**(base-catalytic reaction)이라고 한다.

⇒ 중성 조건이면, 한 반응물의 산성 원자(δ^+를 띠는 원자)와 다른 반응물(또는 동일 분자에 있는 부분적인 음전하를 띠는 다른 원자)의 전자가 많은 원자(δ^-를 띠는 원자) 사이에서 반응이 시작된다.

복습문제 3.1 다음 결합 분해에 적합한 전자 이동을 표시하시오.

$$Cl^- + H^+ \xrightarrow{\text{결합 형성}} Cl-H$$ (음이온과 양이온 간의 전자쌍 이동)

음이온 / 양이온 / 중성 결합

$$H\ddot{O}-CH_2^+ \xrightarrow{\text{결합 형성}} H\overset{+}{O}=CH_2$$ (비공유 전자쌍과 양이온 간의 전자쌍 이동)

비공유 전자쌍 / 양이온 / 양이온

$${}^{\delta-}F-{}^{\delta+}CH_3 \xrightarrow{\text{불균일 결합 분해}} F^- + {}^{+}CH_3$$ (극성 결합에서의 전자쌍 이동)

극성 결합 / 음이온 / 양이온

$$H_3C-CH_3 \xrightarrow{\text{불균일 결합 분해}} {}^{-}CH_3 + {}^{+}CH_3$$ (비극성 결합에서의 전자쌍 이동)

중성 결합 / 음이온 / 양이온

$$H_3C-CH_3 \xrightarrow{\text{균일 결합 분해}} \cdot CH_3 + \cdot CH_3$$ (비극성 결합에서 전자 한 개씩 이동)

중성 결합 / 라디칼 / 라디칼

연습문제 3.1 다음 전자 이동의 결과로 얻어지는 화학종을 채우시오.

(a) $H\overset{\delta^-}{O}-\overset{\delta^+}{H} \longrightarrow (\quad + \quad)$

(b) $H_2C=CH_2 \longrightarrow (\quad)$

(c) $:NH_3 + H^+ \longrightarrow (\quad)$

(d) $H_3C-C(=O)-O-O-C(=O)-CH_3 \longrightarrow 2(\quad)$

연습문제 3.2 다음 반응 결과에 합당한 전자 이동을 그리시오.

(a) $AlCl_3 + Et-\ddot{O}-Et \longrightarrow Cl_3\overset{-}{Al}-\overset{+}{O}(Et)_2$

(b) $H_3C-C(=O)-O-H \longrightarrow H_3C-C(=O)-O^- + H^+$

(c) $H_3CH_2C-O-H + \overset{-}{C}\equiv CH \longrightarrow H_3CH_2C-O^- + HC\equiv CH$

(d) $H_3C-C(=\ddot{O}:)-OH + H^+ \longrightarrow H_3C-C(={}^{+}OH)-OH$

3.2 반응 에너지 도표

반응을 이해하는 데는 결합의 세기, 반응열(heat of reaction) 또는 엔탈피 변화(enthalpy change, ΔH^o)와 더불어 Gibbs 자유 에너지(Gibbs free energy, ΔG^o) 같은 열역학적 인자들 외에도 반응 에너지 도표와 전자 이동을 살펴보는 것이 도움이 된다.

반응 에너지 도표(reaction energy diagram)는 반응이 진행되는 동안 반응에 참여하는 모든 화학종의 상대적인 에너지 준위와 변화를 나타낸 것이다.

방법 3.3 반응 에너지 도표 그리기

1단계 반응에 포함되는 모든 화학종을 확인한다.

⇒ 반응물로부터 유도되는 중간체(intermediate)와 생성물을 확인한다.

⇒ 중간체가 형성되는데 필요하고 타당한 전이 상태 구조를 예측한다.

2단계 반응에 참여하는 모든 화학 종의 상대적인 에너지 준위와 활성화 에너지 크기 등에 대한 정보를 확보한다.

3단계 가로축(x 축)에 반응 시간의 흐름을 나타내고, 세로축(y 축)에 에너지 증감을 표시한 도표를 그린다.

⇒ 실제적인 에너지 값이면 더 유용하지만, 상대적인 크기와 준위도 유용하다.

⇒ 에너지 값이나 시간을 정확히 나타낸다. 상대적인 크기와 준위를 나타낼 수 있으면 된다.

4단계 반응에 관련된 출발 물질, 전이 상태 화학종, 중간체 및 생성물의 상대적인 에너지 준위를 확인하여 해당하는 에너지 준위 위치에 표시한다. 도표의 왼편부터 출발물질, 전이 상태, 중간체 그리고 가장 오른편에 생성물을 표시한다. 다단계 반응에서는 전이 상태 구조나 중간체가 더 많아진다.

⇒ 반응물의 에너지 준위는 생성물 에너지 준위보다 낮은 반응이 일반적이다.

전이 상태 구조(structure of transition state)는 반응 중에 형성되는 화학종 중에서 에너지가 가장 높은 구조를 이룬다.

반응물과 전이 상태의 에너지 차이를 **활성화 에너지**(activation energy, ΔE_a) 라고 한다.

활성화 에너지는 반응물이 생성물로 되기 위해 넘어야 하는 **에너지 장벽**(energy barrier) 이다.

⇒ 전이 상태 구조는 항상 가장 높은 에너지 준위에 놓인다.

⇒ 중간체의 에너지 준위는 전이 상태보다는 낮고 생성물보다는 높다.

5단계 도표에 표시된 각 화학종의 준위를 곡선으로 연결하여 그래프를 만들고 해석한다.

⇒ 활성화 에너지가 크면, 반응이 진행되기 어렵다.

⇒ $\Delta G^o<0$이면 자발적인 반응이고, $\Delta G^o>0$이면 비자발적인 반응이다. 자유 에너지 변화량(ΔG^o)은 엔탈피 변화량(ΔH^o)과 엔트로피 변화량(ΔS^o)에 의존한다. $\Delta G^o = \Delta H^o - T\Delta S^o$ (T = Kelvin 온도)

⇒ 활성화 에너지가 작으면 반응물이 쉽게 전이 상태로 된다. 이런 반응은 속도론적 지배를 받는 반응이다. 이런 반응은 낮은 온도에서 유리하다.

⇒ 활성화 에너지가 크면 반응물이 전이 상태로 되기 어렵다. 이런 반응은 열역학적 지배를 받는 반응이다. 이런 반응은 높은 온도에서 유리하다.

⇒ 반응 에너지 도표에서 반응물과 생성물의 상대적인 위치는 엔탈피 변화량(ΔH^o)에 의해 결정되지만, 활성화 에너지(ΔE_a)와는 독립적이다.

⇒ 전이 상태가 하나이면, 반응 중간체가 없는 1단계 반응이다. 이런 반응을 **협동 반응**(concerted reaction)이라고 한다.

⇒ 반응 중간체가 있는 반응은 **단계 반응**(step reaction)이라고 한다. 전이 상태가 두 개이면, 하나의 중간체가 존재하며, 2단계 반응이라고 한다.

⇒ 반응물의 에너지 준위는 생성물 에너지 준위보다 낮은 반응이 일반적이다.

⇒ 전이 상태 구조는 항상 가장 높은 에너지 준위에 놓인다.

⇒ 중간체의 에너지 준위는 전이 상태보다는 낮고 생성물보다는 높다.

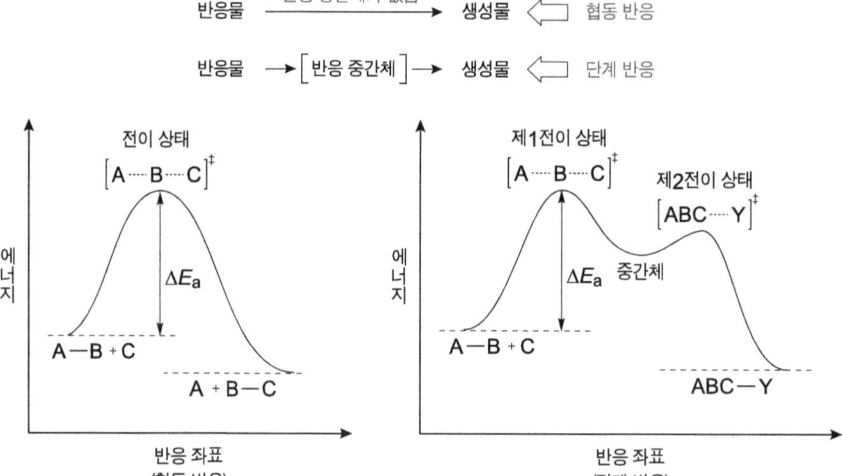

연습문제 3.3 다음 반응에 적합한 반응 에너지 도표를 그리시오. 전이 상태 구조는 [ ]‡식으로 표시한다.

$$CH_3CH_2Br + HO^- \longrightarrow \left[HO\cdots C(H)(H)(CH_2CH_3)\cdots Br \right]^{\ddagger} \longrightarrow CH_3CH_2OH + Br^-$$

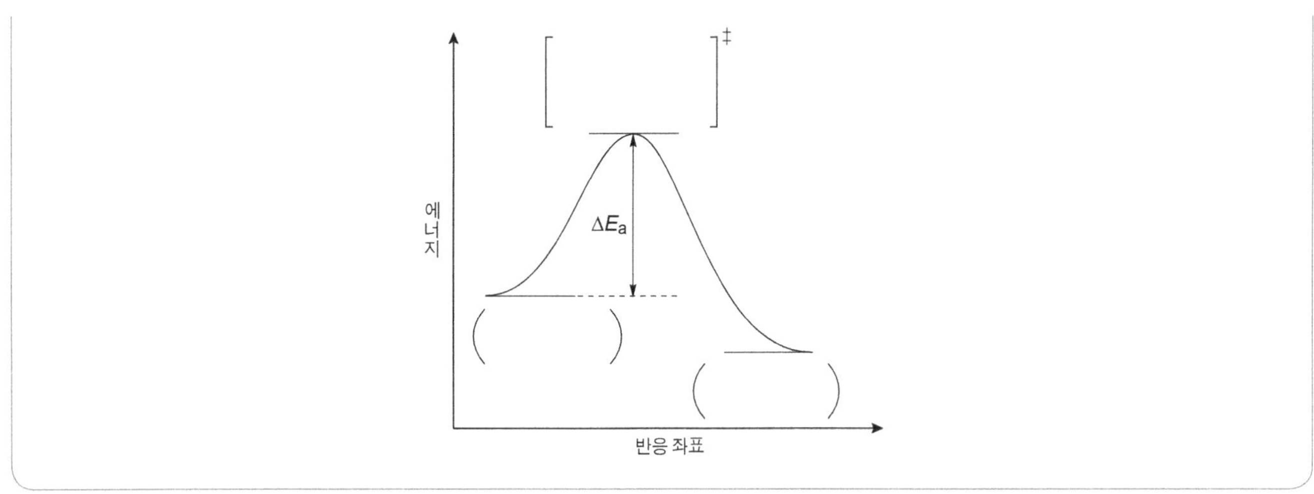

3.3 유기화학 반응 종류

유기반응은 메커니즘의 유형에 따라 일반적으로 **첨가 반응**(addition reaction), **제거 반응**(elimination reaction), **치환 반응**(substitution reaction), **축합 반응**(condensation), **중합 반응**(polymerization) 및 **자리 옮김 반응**(rearrangement)으로 구분된다. 보다 구체적으로는 반응 물질의 전하 상태나 분자들의 산화-환원 상태로 구분하여 **산/염기-촉매 반응**(acid/base catalytic reaction), **산화-환원 반응**(oxidation-reduction) 및 **라디칼 반응**(radical reaction) 등으로 구분하기도 한다.

첨가 반응 $H_2C{=}CH_2 + HBr \longrightarrow H_3C{-}CH_2Br$

제거 반응 $H{-}CH_2{-}CHBr{-}H \xrightarrow{\text{염기}} H_2C{=}CH_2 + HBr$

치환 반응 $C_6H_5{-}H \xrightarrow{NO_2^+} C_6H_5{-}NO_2$

축합 반응 $H_3C{-}CHO + H_3C{-}CHO \xrightarrow{HO^-,\ H_2O} H_3C{-}CH(OH){-}CH_2{-}CHO$

중합 반응 $n(H_2C{=}CH_2) \longrightarrow {-}\!\!(CH_2{-}CH_2)\!\!{-}_n$

자리 옮김 반응 $C_6H_5{-}OCH_2CH{=}CH_2 \longrightarrow$ (o-)$HO{-}C_6H_4{-}CH_2CH{=}CH_2$

3.4 불포화 화합물의 첨가 반응 메커니즘

첨가 반응을 일으키는 대표적인 분자들은 C=C, C=O, C=N, C≡C 및 C≡N 등의 파이 결합(π bond) 작용기를 가진 분자들이다. 이런 불포화 결합 화합물의 첨가 반응 형태는 몇 가지로 구분해 볼 수 있다.

1. **이온 메커니즘 반응**: 이온 메커니즘 반응에서는 파이 결합 원자와 HX의 $H^{\delta+}$가 먼저 반응한다. 예 불포화 화합물과 할로젠화 수소(HX)의 첨가 반응
2. **라디칼 메커니즘 반응**: 라디칼 메커니즘에서는 파이 결합 원자와 라디칼(X·)이 먼저 반응한다. 예 불포화 화합물과 라디칼 화학종의 첨가 반응
3. **협동 첨가 반응(concerted addition)**: 첨가되는 화학종이 불포화 결합에 동시에 첨가되는 반응이다. 예 수소화 붕소 첨가 반응

불포화 화합물의 반응 자리는 파이 결합이다. 파이 결합 전자는 시그마(sigma, σ) 결합 전자 외부로 노출되어 있고, 세기가 약하다. 따라서 파이 전자가 Lewis 염기로 작용하여 전자가 부족한 친전자성 화학종($Y^{\delta+}$)과 반응한다.
라디칼 메커니즘을 거치는 반응은 일반적으로 다음의 3단계로 일어난다.

1. **개시 단계(initial step)**: 개시제로부터 반응물의 라디칼 화학종이 생성되는 단계이다.
2. **전파 단계(propagation step)**: 생성된 라디칼 반응물이 파이 결합 분자와 반응하여 생성물과 또 다른 반응물 라디칼을 형성하는 단계이다.
3. **종결 단계(termination step)**: 반응물이 모두 소진되어 반응이 마무리되는 단계이다.

3.4.1 친전자성 HX 첨가 반응의 이온 메커니즘

불포화 결합에서 일어나는 친전자성 HX 첨가 반응의 이온 메커니즘을 살펴보자.

1. 파이 결합이 포함된 알켄이나 알카인을 한계 반응물(limiting reactant)로 선택한다.
2. 반응자리를 결정한다. 알켄과 알카인의 반응자리는 파이 결합이고, H−X 결합도 반응자리이다.

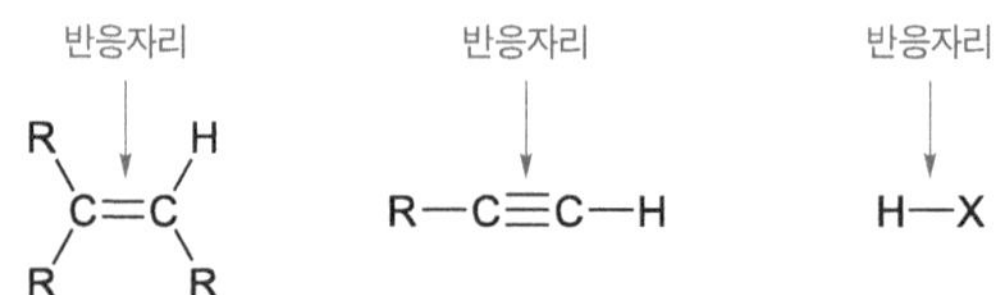

3. 반응 자리 원자의 극성과 전자적 상황을 고려하여 최초 반응 개시 원자를 선택한다.
   ⇒ 불포화 화합물의 이온성 첨가 반응 메커니즘에서는 친핵체로 작용하는 파이 전자와 친전자성 원자($H^{\delta+}$)가 반응 개시 원자이다.

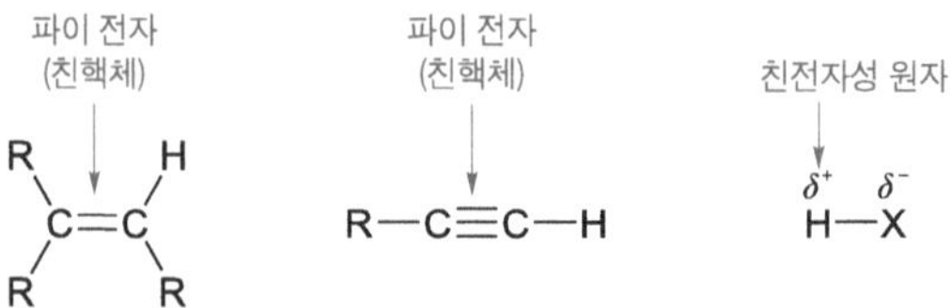

4. 생성된 양이온의 할로젠 음이온(X^-)의 첨가는 신−첨가와 안티−첨가가 가능하다.
5. 카이랄 탄소를 가진 첨가 생성물이 생성될 수도 있다. 그 결과로 라셈 혼합물이 생성된다.

신−첨가(syn-addition)는 2개 원자가 같은 방향으로 첨가되는 방법이다. 안티−첨가(anti-addition)는 2개 원자가 서로 다른 방향으로 첨가되는 방법이다.

라셈 혼합물(racemic mixture)은 (*R*)− 또는 (*S*)−거울상 이성질체가 절반씩 섞인 혼합물이다. 라셈 혼합물은 광학 활성이 나타나지 않는다.

3.4.2 HX의 라디칼 첨가 반응 메커니즘

1. 알켄이나 알카인을 한계 반응물로 선택한다.
2. 라디칼 첨가 반응은 개시, 전파 및 종결의 세 단계로 진행된다.

개시 단계: 개시제(예: ROOR) 결합이 균일 분해되어 RO· 라디칼이 형성되고, 이 라디칼이 HX와 반응하여 X· 라디칼을 형성한다.

개시제(initiator)는 주어진 반응 조건에서 반응물보다 더 쉽게 라디칼을 형성하는 화학종이다.

개시 단계

$$\text{RO—OR} \longrightarrow 2\ \text{RO}\cdot$$

$$\text{H—X} + \cdot\text{OR} \longrightarrow \text{HOR} + \text{X}\cdot$$

전파 단계: 생성된 할로젠 라디칼(X·)과 파이 결합 전자 한 개가 반응하여 새로운 C—X 결합을 형성한다. 불포화 화합물로부터 생성된 탄소 라디칼들이 또 다른 HX와 반응하여 H가 첨가된 생성물과 또 다른 할로젠 라디칼(X·)을 생성한다. 알켄은 알킬 라디칼로, 알카인은 바이닐(vinyl) 라디칼로 변환된다.

전파 단계

$$\text{R}_2\text{C=CHR} + \text{X}\cdot \longrightarrow \text{R—}\dot{\text{C}}\text{R—CXR—H} + \text{H—X} \longrightarrow \text{R—CHR—CXR—H} + \text{X}\cdot$$

알켄, 알킬 라디칼

$$\text{R—C≡C—H} + \text{X}\cdot \longrightarrow \text{R—}\dot{\text{C}}\text{=CXH} + \text{H—X} \longrightarrow \text{RHC=CXH} + \text{X}\cdot \longrightarrow \text{(알켄 반응 계속)}$$

알카인, Vinyl 라디칼

종결 단계: 한계 반응물이 모두 소모되면 반응이 종결된다.

⇒ 알켄으로부터 형성되는 생성물이 카이랄 탄소를 가지면, 라셈 혼합물(*R*/*S* 혼합물)이 생성된다.

⇒ 알켄과 알카인의 HX 라디칼 첨가 반응은 신-첨가 또는 안티-첨가가 가능하다.

⇒ 알카인이 1당량의 HX와 반응하여 반응이 종결되면 시스/트렌스(*cis*/*trans*)- 또는 *E*/*Z*- 이성질체 혼합물이 생성된다.

반응 종결 결과

$$\text{R}_2\text{C=CHR} + \text{H—X} \xrightarrow[n\text{-Hexane}]{\text{ROOR}} \text{R—CXR—CHR—H}$$

알켄 → (*R*/*S*-혼합물), 비대칭 탄소

$$\text{R—C≡C—H} + \text{H—X} \xrightarrow[n\text{-Hexane}]{\text{ROOR}} \text{XHC=CRH 또는 RXC=CH}_2$$

알카인 → 신-첨가 또는 안티-첨가

(*cis*/*trans*- 또는 *E*/*Z*-혼합물)

3.4.3 파이 결합 화합물의 할로젠(X_2) 첨가 반응 메커니즘

불포화 유기 분자들의 할로젠(X_2) 치환 반응도 이온 메커니즘과 라디칼 메커니즘으로 진행될 수 있다.

할로젠(X_2) 첨가 반응의 이온 메커니즘

1. 알켄이나 알카인을 한계 반응물로 선택한다.

$$R_2C{=}CHR + X_2 \xrightarrow[n\text{-Hexane}]{\text{친전자성 첨가 반응}} R\text{–}CRX\text{–}CRX\text{–}H$$

알켄 이할로알켄

$$R\text{–}C{\equiv}C\text{–}H + X_2 \xrightarrow[n\text{-Hexane}]{\text{친전자성 첨가 반응}} RXC{=}CXH + X_2 \xrightarrow[n\text{-Hexane}]{\text{친전자성 첨가 반응}} R\text{–}CX_2\text{–}CX_2\text{–}H$$

알카인 이할로알켄 사할로알케인

2. 불포화 화합물의 파이 결합과 X–X 결합이 반응자리이다.

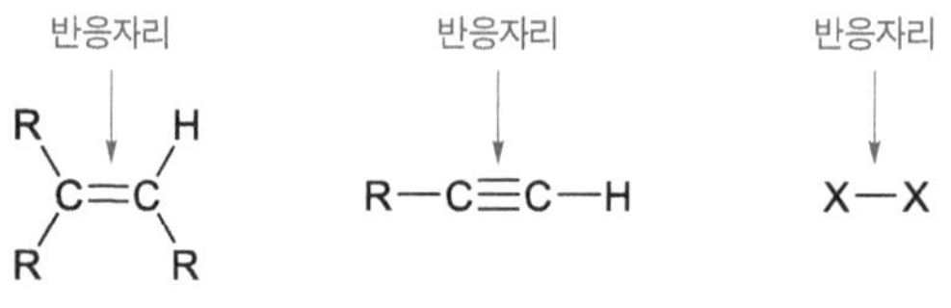

불포화 화합물 할로젠 화합물

3. 반응의 개시는 친핵체인 파이 결합 전자와 친전자성 할로젠 원자($X^{\delta+}$)에서 일어난다.
   ⇒ X–X는 비극성 결합이지만 순간적으로 하나의 X가 부분 양전하($X^{\delta+}$)를 띠고, 나머지 X는 부분 음전하($X^{\delta+}$)를 띤다고 생각하라.

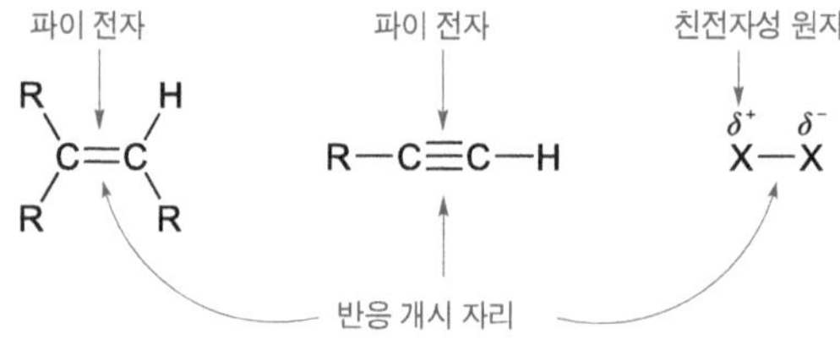

4. 이 반응은 다리 걸친 할로늄 이온(bridged halonium ion)을 거쳐 진행된다.
   ⇒ 다리 걸친 할로늄 이온의 형성으로 X^-가 고리 반대편으로 첨가되는 안티–첨가 생성물만이 만들어진다. 다리 걸친 할로늄 양이온 중간체가 첨가되는 원자의 첨가 방향을 결정한다.
   ⇒ 안티–첨가 생성물로 형성된다는 사실이, 곧 다리 걸친 할로늄 이온 형성에 대한 증거이다.

$$R_2C{=}CHR + X^{\delta+}\text{–}X^{\delta-} \xrightarrow{n\text{-Hexane}} \text{R}_2\text{C–CHR}(\text{bridged } {}^{+}X) + X^-$$

알켄 다리 걸친 할로늄 이온 할로젠 음이온

$$R\text{–}C{\equiv}C\text{–}H + X^{\delta+}\text{–}X^{\delta-} \xrightarrow{n\text{-Hexane}} R\text{–}C{=}C\text{–}H(\text{bridged } {}^{+}X) + X^-$$

알카인 다리 걸친 할로늄 이온 할로젠 음이온

5. 반응 생성물은 안티-첨가된 생성물만 얻어진다.

⇒ 다리 걸친 할로늄 이온 고리에서, 알킬 치환이 많이 된 탄소가 더 큰 양이온성을 띠는 것이 유리하다. 따라서 고리는 직각 삼각형 형태를 이루고, 뒷면에서 공격하는 할로젠 음이온은 부분적으로 양이온성이 더 큰 탄소로 우선 첨가된다.

⇒ 알카인이 1당량의 X_2와 반응하면 트랜스-이성질체만 생성된다.

다리 걸친 할로늄 이온

$R_2C=CR_2$ + $X^{\delta+}-X^{\delta-}$ —(n-Hexane)→ 다리 걸친 할로늄 이온 + X^- → $R-C(R)(X)-C(X)(R)-H$

알켄 / X^- 첨가 방향 / 안티-첨가

다리 걸친 할로늄 이온

$R-C\equiv C-H$ + $X^{\delta+}-X^{\delta-}$ —(n-Hexane)→ 다리 걸친 할로늄 이온 + X^- →

알카인 / X^- 첨가 방향

$R(X)C=C(X)H$ —(X−X)→ $R-CX_2-CX_2-H$

안티-첨가 트랜스-이성질체 / 안티-첨가

3.4.4 할로젠(X_2)의 라디칼 첨가 반응 메커니즘

할로젠의 라디칼 반응은 개시, 전파 및 종결의 세 단계로 이루어진다.

1. 알켄이나 알카인을 한계 반응물로 선택한다.
2. 라디칼 첨가 반응은 개시, 전파 및 종결 등의 세 단계로 진행된다.

개시 단계: X_2는 열이나 빛에 의해 균일 분해되어 쉽게 X· 라디칼을 형성한다. 별도의 개시제가 요구되지 않는다.

$$X-X \xrightarrow{\text{빛 또는 열}} 2X\cdot$$

전파 단계 1: 생성된 할로젠 라디칼(X·)이 파이 결합 전자 한 개와 반응하여 새로운 C-X 결합을 형성한다. 알켄의 반응에서는 알킬 라디칼을 생성하고, 알카인의 반응에서는 바이닐(vinyl) 라디칼을 생성한다.

$R_2C=CRH$ + X· → $R-\dot{C}(R)-C(X)(R)-H$

알켄 / 알킬 라디칼

$R-C\equiv C-H$ + X· → $R-\dot{C}=C(X)H$

알카인 / Vinyl 라디칼

전파 단계 2: 불포화 화합물로부터 생성된 라디칼들이 할로젠(X_2)과 반응하여 생성물과 또 다른 할로젠 라디칼(X·)을 생성한다.

알켄 알킬 라디칼 이할로젠화물

알카인 Vinyl 라디칼

(알켄 반응 계속)

종결 단계: 한계 반응물이 모두 소진되면, 반응이 종결되어 안정한 생성물이 생성된다. 종결 단계는 3가지 유형으로 진행될 수 있다.

X· + ·X ⟶ X—X (할로젠 생성)

(이할로젠화물 생성)

(더 큰 이할로젠화물 생성)

3. 알켄의 반응 생성물은 이할로젠화물(dihalide)이고, 알카인의 최종 반응 생성물은 사할로젠화물(tetrahalide)이다.

빛 또는 열

알켄 이할로알케인

빛 또는 열

알카인 이할로알케인 사할로알케인

3.5 제거 반응 메커니즘

제거 반응(elimination)은 첨가 반응의 역과정에 해당한다. 다르게 말하면 제거 반응은 시그마 결합을 파이 결합으로 변화시키는 반응이다. 모든 제거 반응에서는 새로운 파이 결합 형성을 위해 두 개의 원자를 잃는다. 제거 반응은 메커니즘에 따라 **일분자 제**

거 반응(E1, monomolecular elimination)과 **이분자 제거 반응**(E2, bimolecular elimination)으로 구분된다. 제거 반응은 친핵성 치환 반응과 경쟁적인 반응이며, 입체 선택성(stereoselective), 입체 특이성(stereospecific) 및 위치 선택성(regioselective) 반응이다. 할로젠 화합물에서 반응이 어떤 메커니즘으로 진행될 것인지를 예측하는 것은 반응의 이해에 많은 도움이 된다.

3.5.1 할로젠화 알킬의 반응 종류와 메커니즘 예측

1. 할로젠화 알킬(alkyl halide)은 할로젠(X)이 결합된 탄소 원자에 결합된 탄소 수에 따라 1차(1°), 2차(2°) 및 3차(3°)로 구분한다.

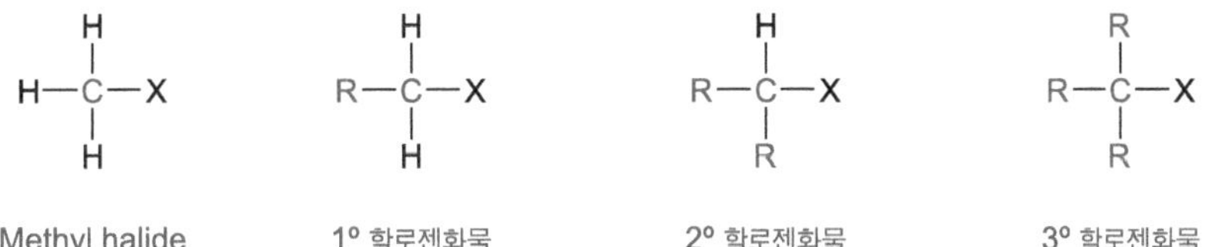

Methyl halide　　1° 할로젠화물　　2° 할로젠화물　　3° 할로젠화물

2. 할로젠화 알킬의 종류에 따라 치환 및 제거 반응의 종류와 반응성 크기가 다르다.
   ⇒ E1 반응과 S_N1 반응은 methyl < 1차 < 2차 < 3차 할로젠화물 순으로 유리하다.
   ⇒ E2 반응은 3차 < 2차 < 1차 < methyl 할로젠화물 순으로 유리하다.
   ⇒ S_N2 반응은 3차 < 2차 < 1차 < methyl 할로젠화물 순으로 유리하다.
3. 할로젠화 알킬의 제거 및 치환 반응은 염기(친핵체) 의존도가 크다.
   ⇒ 친핵성이 없고 부피가 큰 염기(예, KOC, DBU, DBN 등)는 제거 반응에 유리하다.
   예 KOC(CH_3)(potassium *tert*-butoxide), DBU(1,8-diazabicyclo[5,4,0]undec-7-ene), DBN(1,5-diazabicyclo[4,3,0]none-5-ene

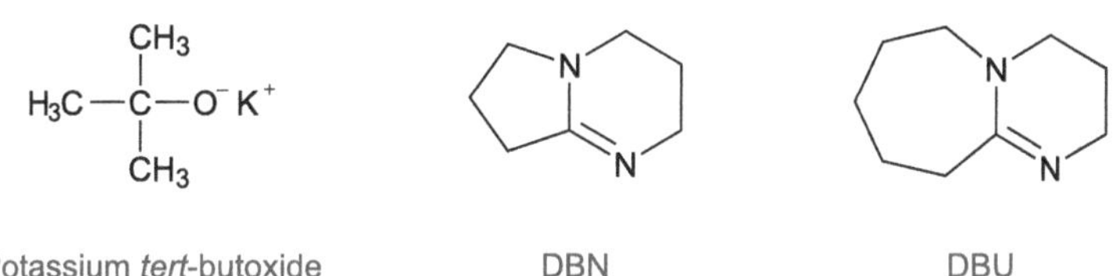

Potassium *tert*-butoxide　　DBN　　DBU

   ⇒ 약한 염기이면서 좋은 친핵체(I^-, Br^-, HS^-, NC^-, CH_3COO^- 등)는 치환 반응이 우세하다.
4. 할로젠화 알킬과 염기를 함께 고려하여 반응을 예측할 수 있다.
   ⇒ 3차 할로젠화 알킬은 S_N2 반응을 제외한 모든 반응이 진행될 수 있다.
   - 센 염기는 E2 반응을 일으키고, 약한 염기는 S_N1과 E1 반응에 의한 혼합 생성물이 얻어진다.

   ⇒ 2차 할로젠화 알킬은 모든 메커니즘으로 반응이 진행될 수 있다.
   - 센 염기이면서 강한 친핵체와의 반응에서는 S_N2 또는 E2 반응이 가능하다.
   - 센 염기이면서 입체 장애가 큰 염기와의 반응에서는 E2 반응을 한다.
   - 약한 친핵체 또는 약한 염기와 반응하면, S_N1 또는 E1 반응이 가능하다.

   ⇒ 1차 할로젠화 알킬은 S_N2와 E2 메커니즘으로 반응이 진행된다.
   - 센 친핵체와는 S_N2 반응을 한다.
   - 센 염기이면서 입체 장애가 큰 염기와의 반응에서는 E2 반응을 한다.

3.5.2 생성물로 할로젠화 알킬의 반응 메커니즘 예측

1. 자리 옮김 반응이 관찰되면, S_N1 또는 E1 메커니즘으로 진행된 반응이다.
2. 반응자리 카이랄 탄소 배열이 반전되었다면, S_N2 메커니즘으로 진행된 반응이다.
3. 카이랄성 반응물의 반응에서 라셈 혼합물이 생성되었다면, S_N1 메커니즘으로 진행된 반응이다.

3.5.3 E2 제거 반응 메커니즘

E2 반응은 S_N2 반응과 경쟁 반응이다. E2 반응은 1,2−제거 반응(1,2-elimination) 또는 **β−제거 반응**(β−elimination)이라고 한다. E2 반응은 1단계 동시성 협동 반응이다.

1. E2 반응은 중간체가 형성되지 않는 동시성 반응이고, 전이 상태 형성 단계가 속도 결정 단계이다.
2. 1° 및 2° 할로젠화 알킬의 반응은 **안티−준 평면 구조**(anti-periplanar structure)의 전이 상태로 진행되는 **입체 특이성 반응**(stereospecific reaction)이다.

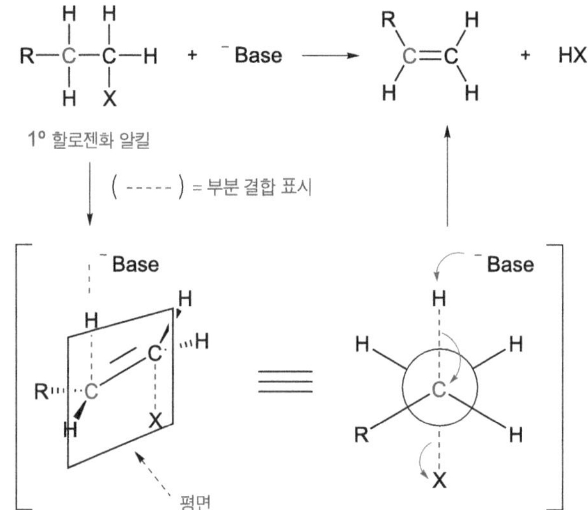

안티 준평면 구조의 전이 상태

3. E2 반응에서는 이중 결합 탄소에 알킬 치환기가 더 많은 알켄이 주로 생성된다. 이런 반응을 **위치 선택성**(regioselective) 반응이라고 한다. 이 규칙을 Zaitsev **규칙**(Zaitsev rule)이라고 한다.

2° 할로젠화 알킬의 E2 반응의 위치 선택성

⁻Base, -HX

이중 결합 탄소에 치환이 많이 된 알켄

주생성물

염기가 이 수소로 반응

이중 결합 탄소에 치환이 적게 된 알켄

소량 생성물

염기가 이 수소로 반응

3.5.4 E1 제거 반응 메커니즘

E1 반응은 2단계 반응이고, 양이온 중간체를 거치므로 S_N1 반응과 경쟁 반응이다.

1. 3° 할로젠화 알킬의 E1 제거 반응은 탄소 양이온 형성 단계가 속도 결정 단계이다.
   ⇒ 탄소 양이온은 가능한 한 더 안정한 화학종이 생성된다.

$$R{-}\underset{R}{\overset{H}{C}}{-}\underset{R}{\overset{R}{C}}{-}X \xrightarrow{\text{속도 결정 단계}} R{-}\underset{R}{\overset{H}{C}}{-}\underset{R}{\overset{R}{C^+}}$$

3° 할로젠화 알킬 → 3° 탄소 양이온

2. 생성물은 이중 결합 탄소에 치환이 더 많이 된 생성물이 얻어진다.

$$R{-}\underset{R}{\overset{H}{C}}{-}\underset{R}{\overset{R}{C}}{-}X \longrightarrow R{-}\underset{R}{\overset{H}{C}}{-}\underset{R}{\overset{R}{C^+}} + {}^{-}\text{Base} \longrightarrow R_2C{=}CR_2$$

3° 할로젠화 알킬 → 3° 탄소 양이온 → 알켄

3.6 할로젠화 알킬의 친핵성 치환 반응 메커니즘

치환 반응은 유기화학 반응에서 매우 일반적이다. 지방족 탄화수소(aliphatic hydrocarbon)와 방향족 탄화수소(aromatic hydrocarbon)의 치환 반응은 그 메커니즘이 다르다. 여기서는 가장 기초적인 반응으로 할로젠화 알킬(RX)의 친핵성 치환 반응 메커니즘 그리는 방법을 학습하기로 한다. 할로젠화 알킬의 친핵성 치환 반응은 속도 결정 단계에 관여하는 분자 수에 따라 구분한다.

속도 결정 단계에서 일분자만 관여하는 반응을 **일분자 친핵성 치환 반응**(S_N1: **Mono**molecular **N**ucleophilic **S**ubstitution)이라고 한다. 속도 결정 단계에서 이분자가 관여되는 반응을 **이분자 친핵성 치환 반응**(S_N2: **Bi**molecular **N**ucleophilic **S**ubstitution)이라고 한다.

3.6.1 S_N2 반응 메커니즘

1. S_N2 반응은 속도 결정 단계에서 2 분자가 관여하는 동시성 반응이다. 따라서 중간체가 없다.
2. E2 반응과 경쟁 반응이다.
3. 반응자리 탄소에서 배열의 반전(inversion of configuration)이 일어난다.
   ⇒ 반응자리 탄소 배열을 점선-쐐기 구조로 그리면 입체 화학의 이해에 편리하다.
4. 치환되는 친핵체가 이탈기의 반대편에서 도입되므로 친핵체는 넓은 공간으로 도입되는 것이 유리하다.
5. 생성되는 전이 상태 구조에서 친핵체(Nu)와 할로젠(X)이 반응자리 탄소와 반-결합(점선으로 표시함)을 이룬다.

전이 상태 구조

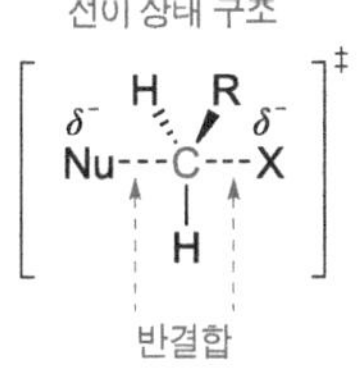

치환기나 친핵체들의 부피가 크면, 입체 장애 때문에 반응 물질의 접근이 불리하다.

입체 장애(steric hindrance)란? 반응물의 부피가 커서 반응에 장애를 받는 현상이다.

6. 부피가 큰 친핵체는 S_N2 반응에 불리하다.
7. (*S*)-배열 출발물질은 (*R*)-배열의 생성물을, (*R*)-배열 출발물질은 (*S*)-배열의 생성물을 생성한다.

3.6.1 S_N1 반응 메커니즘

1. 속도 결정 단계에서 하나의 분자만 관련되며 2단계 반응이다.
2. E1 반응과 경쟁 반응이다.
3. 탄소 양이온 중간체를 거쳐 진행된다.
4. 탄소 양이온 중간체를 거쳐 진행되므로, 자리 옮김 반응이 일어날 수 있다.
   ⇒ 반응자리 탄소 양이온은 평면($2sp^2$ 혼성) 구조이다.
   ⇒ 생성물은 배열이 보존되거나, 배열의 반전이 일어난다. 출발물질의 반응자리 탄소가 카이랄이면 라셈화(racemization)가 일어나 혼합물이 생성된다.

자리 옮김 반응은 더 안정한 양이온이 형성되도록 일어난다.

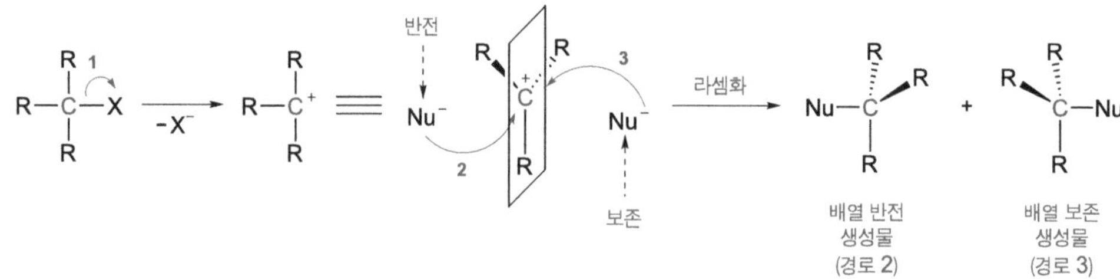

3.7 방향족 화합물의 치환 반응 메커니즘

방향족 화합물(aromatic compound)은 불포화 결합을 포함하고 있지만, 앞에서 다루었던 알켄이나 알카인에서 일어나는 첨가 반응이 쉽게 일어나지 않는다. 그러나 방향족 고리에 있는 풍부한 파이(π) 전자가 친핵체로 작용하여 **친전자성 치환 반응**(electrophilic substitution)을 일으킨다.

왜? 첨가 반응 대신 치환 반응이 일어나는가? 이유는 방향족 화합물들이 **방향족성**(aromaticity)을 가지기 때문이다. 방향족성은 어떤 것인가? 화합물이 몇 가지 조건을 만족하면 방향족성을 나타낸다. 방향족은 방향족성이 없는 화학종보다 열역학적으로 더 안정하다. 따라서 반응 첫 단계에서는 첨가 반응이 일어나지만, 생성된 중간체는 더 안정한 생성물을 형성하기 위해 다시 제거 반응을 일으킨다. 즉, 첨가 반응과 제거 반응이 연속적으로 일어나 방향족성을 유지하려고 하기 때문에 전체 반응 결과는 치환 반응으로 나타난다.

방향족성을 가지기 위한 조건은 무엇인가?

1. 이웃한 *p* 오비탈 전자들의 비편재화(delocalization)에 유리한 평면 고리 구조를 이루어야 한다.
2. 분자 내 다중 결합이 콘쥬게이션(conjugation)을 이루어야 한다. 단일 결합과 다중 결합이 번갈아 있는 형태를 콘쥬게이션되어 있다고 말한다.
3. 분자는 Hückel 규칙을 만족시키는 π-전자수($4n+2$, $n = 0, 1, 2, 3\cdots$)를 가져야 한다.

4. 위의 조건을 만족하면 안정화에 기여하는 공명 구조들을 가지게 된다. 공명 구조를 많이 그릴 수 있을수록 분자는 그만큼 더 안정하다.

연습문제 3.4 다음 중 방향족 화합물을 선택하시오.

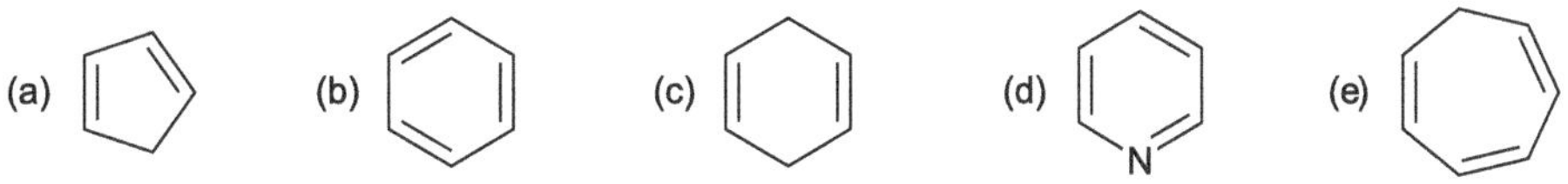

(a) (b) (c) (d) N (e)

3.7.1 친전자성 방향족 치환 반응 메커니즘

1. 친전자성 치환 반응은 2단계 반응이다.
   ⇒ 첫 단계는 첨가 반응이고, 두 번째 단계는 제거 반응이다. 반응의 최종 결과는 치환 반응이다.
2. 반응 중간체는 방향족성을 잃어버린 불안정한 다이엔(diene) 구조이다.

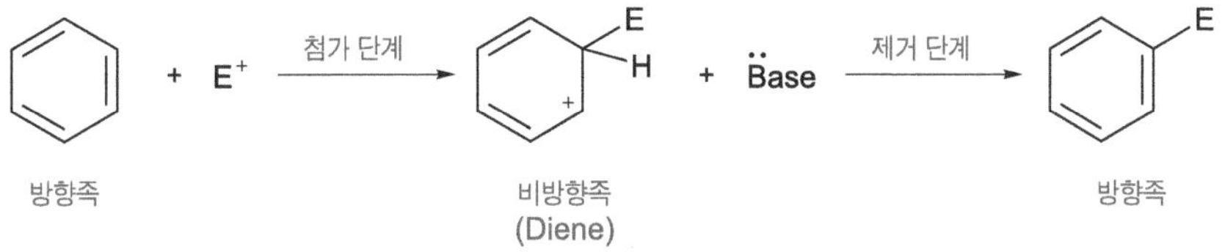

$$\text{benzene} + E^+ \xrightarrow{\text{첨가 단계}} [\text{C}_6\text{H}_6\text{E}]^+ + \ddot{\text{B}}\text{ase} \xrightarrow{\text{제거 단계}} \text{C}_6\text{H}_5\text{E}$$

방향족 　 비방향족 (Diene) 　 방향족

3.7.2 친전자성 방향족 치환 반응에서 치환기의 영향

친전자성 방향족 치환 반응에서 방향족 물질이 친핵체로 작용하므로, 방향족 고리상의 전자가 많을수록 반응은 유리하다. 따라서 하나 이상의 치환기가 존재하는 benzene 유도체에서 치환기에 따라 반응이 유리할 수도 있고, 불리할 수도 있다. 전자를 고리로 밀어주는 치환기가 존재하면 친전자성 방향족 치환 반응은 유리하다. 따라서 benzene 고리 치환기를 활성화기와 활성 감소기로 나눈다.

활성화기(activating group)는 benzene 고리로 전자를 밀어주어 방향족 치환 반응을 유리하게 해주는 치환기들이다.

활성 감소기(deactivating group)는 benzene 고리에서 전자를 끌어당겨 방향족 치환 반응을 불리하게 하는 치환기들이다.

활성화도 증가 →

활성화기	—R	—NHC(=O)R	—OR	—OH	—NH_2	—NHR	—NR_2		o-/p-지향기
활성 감소기	—F:	—Cl:	—Br:	—I:					o-/p-지향기
활성 감소기	—CHO	—COR	—COOR	—COOH	—CN	—SO_3H	—NO_2	—N^+R_3	m-지향기

활성 감소도 증가 →

한편 benzene 고리에 치환된 치환기는 반응성에 영향을 줄 뿐만 아니라, 그 다음에 치환되는 치환기의 도입 위치에도 영향을 준다. 이 효과를 **지향 효과**(orientation effect)라고 한다. 왜? 그럴까? 이유는 이미 도입된 치환기가 첨가 반응 단계에서 생성되는 중간체 양이온의 안정도에 영향을 주기 때문이다. 이 영향은 유발 효과와 공명 효과로 설명한다.

유발 효과(inductive effect)는 시그마 결합을 통해 결합하고 있는 원자들의 전자 밀도에 영향을 미치는 효과이며, 결합 원자들의 전기 음성도 차이에 기인한다.

공명 효과(resonance effect) 분자의 공명 현상에 의해 분자나 구성 원자의 안정도에 영향을 주는 효과이며, 공명 구조의 안정도 차이에 기인한다.

치환-benzene의 친전자성 치환 반응의 지향 효과

1. 활성화기가 치환되어 있으면, 다음에 도입되는 치환기는 *o*-/*p*-위치로 도입된다.
2. 활성 감소기가 치환되어 있으면, 다음에 도입되는 치환기는 *m*-위치로 도입된다.
3. 활성 감소기 중에서 할로젠 계열이 치환되어 있으면, 다음에 도입되는 치환기는 *o*-/*p*-위치로 도입된다.
4. 활성화기와 활성 감소기가 함께 있으면, 활성화기의 지향 효과가 우선한다.
5. 두 활성화 치환기가 존재하면 활성화 능력이 큰 치환기의 지향 효과가 우선한다.
6. 두 개의 활성 감소기가 존재하면 활성 감소 능력이 적은 치환기의 지향 효과가 우선한다.

치환-benzene의 반응에서 지향 효과를 화살표로 표시하면 편리하다. 예를 들어 몇 가지 benzene 유도체의 지향 효과를 살펴보자.

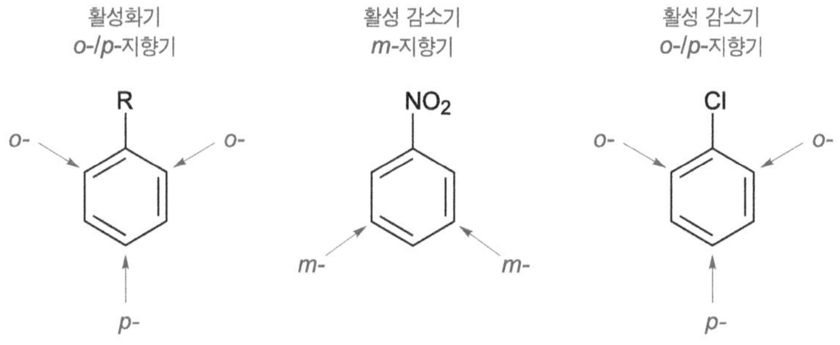

복습문제 3.2 다음 benzene 유도체들의 두 번째 치환기의 도입 위치를 화살표로 나타내시오.

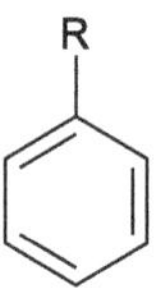

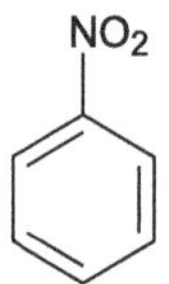

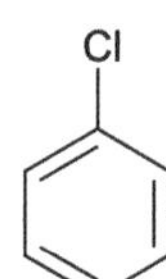

3.7.3 치환-benzene의 친전자성 방향족 치환 반응 메커니즘

1. 치환-benzene의 친전자성 치환 반응성은 치환기의 종류에 의존한다.
   ⇒ 활성화기(A)는 반응성을 증가시킨다.
   ⇒ 활성 감소기(DA)는 반응성을 감소시킨다.
2. 치환-benzene의 치환기 도입 위치는 출발물질에 있는 치환기의 종류에 의존한다.
   ⇒ 활성화기(A)는 새로 도입되는 치환기가 *o*-/*p*-위치로 치환되게 한다.
   ⇒ 활성 감소기(DA) 중에서 할로젠(X)기는 새로 도입되는 치환기가 *o*-/*p*-위치로 치환되게 한다.
   ⇒ 활성 감소기(DA)는 새로 도입되는 치환기가 *m*-위치로 치환되게 한다.

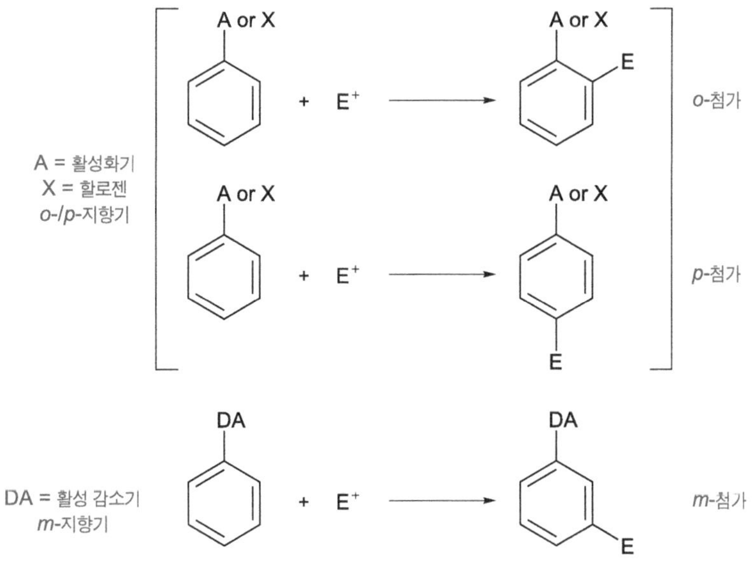

A or X

A or X

E

A = 활성화기
X = 할로젠
o-/p-지향기

+ E⁺ → o-첨가

+ E⁺ → p-첨가

DA = 활성 감소기
m-지향기

DA + E⁺ → m-첨가

3. 치환기의 지향 효과를 이해하려면 생성된 양이온 중간체의 공명 구조를 그려보면 도움이 된다.

⇒ 활성화기(A)와 할로젠(X) 치환기가 치환되어 있으면, $o-/p-$위치로 첨가될 때 가장 안정한 중간체가 형성된다.

⇒ 활성 감소기(DA)가 치환되어 있으면, $m-$위치로 첨가될 때 덜 불안정한 중간체가 형성된다.

A = 활성화기
X = 할로젠
o-/p-지향기

o-첨가

가장 안정함

p-첨가

가장 안정함

DA = 활성 감소기
m-지향기

m-첨가

o 첨가

가장 불안정함

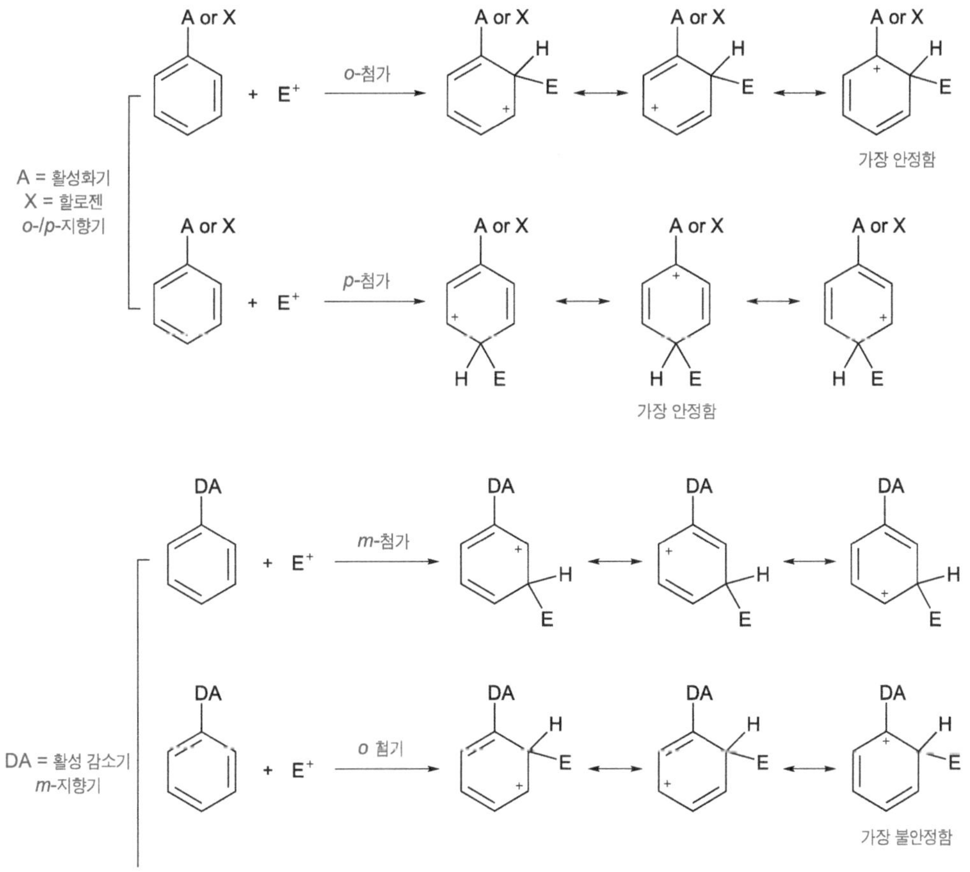

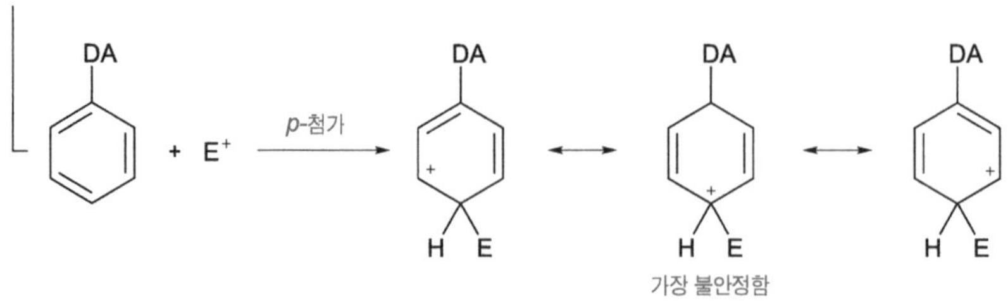

가장 불안정함

4. 치환-benzene의 친전자성 방향족 치환 반응도 2단계 반응이다.

⇒ 첫 단계는 첨가 반응 단계이고, 마지막 단계는 제거 반응 단계이다.

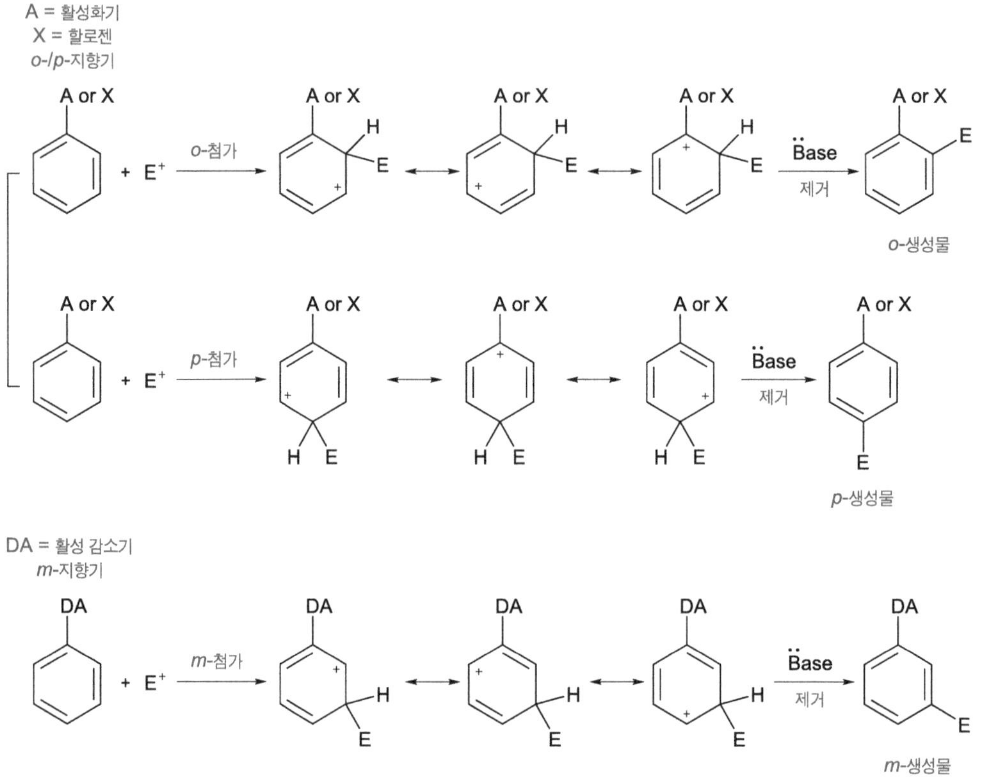

A = 활성화기
X = 할로젠
o-/p-지향기

o-생성물

p-생성물

DA = 활성 감소기
m-지향기

m-생성물

연습문제 3.5 다음 반응 생성물을 제시하시오.

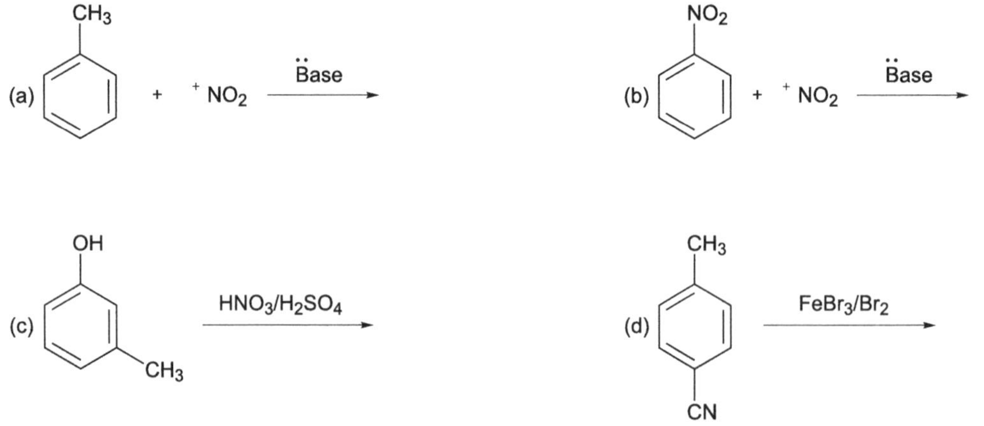

(a) CH_3-benzene + $^+NO_2$ $\xrightarrow{\ddot{B}ase}$

(b) NO_2-benzene + $^+NO_2$ $\xrightarrow{\ddot{B}ase}$

(c) OH, CH_3 (m-) benzene $\xrightarrow{HNO_3/H_2SO_4}$

(d) CH_3, CN (p-) benzene $\xrightarrow{FeBr_3/Br_2}$

3.8 중합 반응 메커니즘

중합 반응은 **첨가 중합 반응**(addition polymerization), **축합 중합 반응**(condensation polymerization)과 **Ziegler-Natta 촉매 중합 반응**이 있다. 여기서는 첨가 중합 반응과 축합 중합 반응 메커니즘 그리기만을 다룬다. 첨가 중합 반응은 양이온 중합 반응, 음이온 중합 반응과 라디칼 중합 반응으로 구분된다. 단위체 사슬의 치환기 성질에 따라 반응의 형태가 달라진다.

중합 반응(polymerization)은 동일한 단위체(monomer)가 반복적으로 공유 결합을 통해 중합체(polymer)라는 거대분자를 형성하는 반응이다.

단위체 치환기의 종류에 따른 중합 반응 반응성 구분

1. 단위체에 있는 치환기가 전자를 주는 기일 경우에는 양이온 중합 반응이 유리하다.
   ⇒ 전자를 주는 기는 중간체 양이온을 안정화시킨다.
   ⇒ 양이온 중합 반응은 적당한 친핵체를 첨가하면 종결된다.
2. 단위체에 있는 치환기가 전자를 당기는 기일 경우에는 음이온 중합 반응이 유리하다.
   ⇒ 전자를 당기는 기는 중간체 음이온을 안정화시킨다.
   ⇒ 음이온 중합 반응에서는 단위체가 모두 소멸되어도 사슬에는 탄소 음이온이 남아 있다. 이를 리빙 중합체라고 한다.

리빙 중합체(living polymer)란? 음이온 중합 반응에서 생성된 탄소 음이온 사슬에 소멸된 단위체를 더 추가하면 정지되었던 반응이 다시 진행되는 중합체를 말한다.

3.8.1 라디칼 중합 반응 메커니즘

1. 라디칼 중합 반응은 개시, 전파 및 중합 등의 세 단계 반응이다.
2. 중간체로 탄소 라디칼이 생성된다.
3. 전파 단계에서 중합 반응이 일어난다.

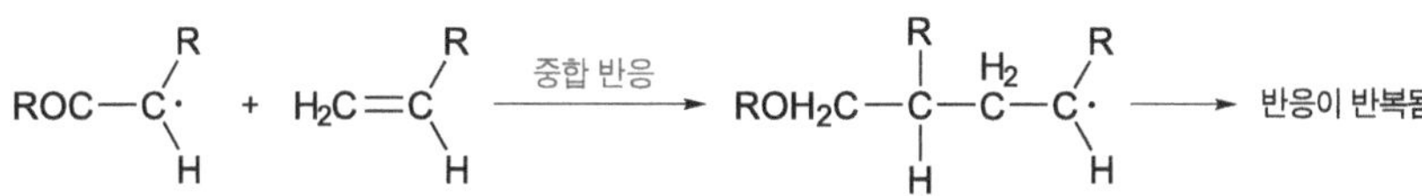

4. 라디칼 중합에서는 치환이 더 많이 된 탄소 라디칼이 단위체의 치환이 더 적게 된 탄소에 첨가된다. 이를 머리-꼬리 중합 반응(head-to-tail polymerization)이라고 한다.
5. 반응이 종결되면 중합체가 생성된다.

3.8.2 양이온 중합 반응 메커니즘

1. 단위체의 파이 전자와 산(H^+)이 반응하여 탄소 양이온 중간체를 생성한다.
   ⇒ 보다 더 안정한 양이온이 생성된다.
2. 생성된 양이온과 다른 단위체 분자의 파이 결합이 반응하여 새로운 C-C 결합이 생성되는 중합 반응이 진행된다.
   ⇒ 중간체로 더 큰 탄소 양이온이 생성된다.

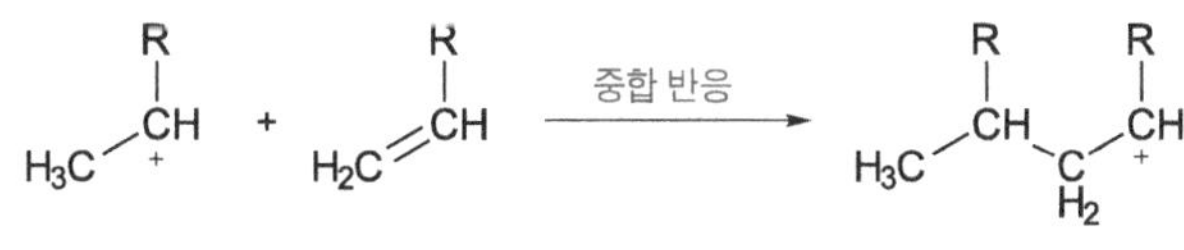

3. 반응물이 모두 소모되면 반응이 종결되어 해당되는 최종 중합체 생성물이 생성된다.
⇒ 최종 생성물 중합체는 하나의 이중 결합을 가진다.

반응 반복
H_3C + Base
$-H^+$Base
H_3C
최종 중합체

3.8.3 음이온 중합 반응 메커니즘

1. 단위체와 탄소 음이온과 반응하여 탄소 음이온을 생성한다. 이때 더 안정한 음이온이 생성된다.
⇒ 음이온 중합에서는 단위체에 전자 끄는 기(COOR, COR, CN 등)가 유리하다.

R' + $^-$R—Li^+ → R'
단위체 탄소 음이온

2. 생성된 탄소 음이온과 다른 단위체 분자가 반응하여 새로운 C–C 결합이 생성되는 중합 반응이 진행된다.
⇒ 생성물은 중합된 더 큰 탄소 음이온이다.

탄소 음이온 단위체 중합된 더 큰 탄소 음이온

3. 중합 과정이 반복되고, 반응물이 모두 소모되면 반응은 종결된다.
⇒ 반응은 대부분 물 분자에 의해 종결된다.

반응 반복 + H—OH
탄소 음이온 탄소 음이온 중합체

4장 알케인, 알켄, 알카인의 반응 메커니즘

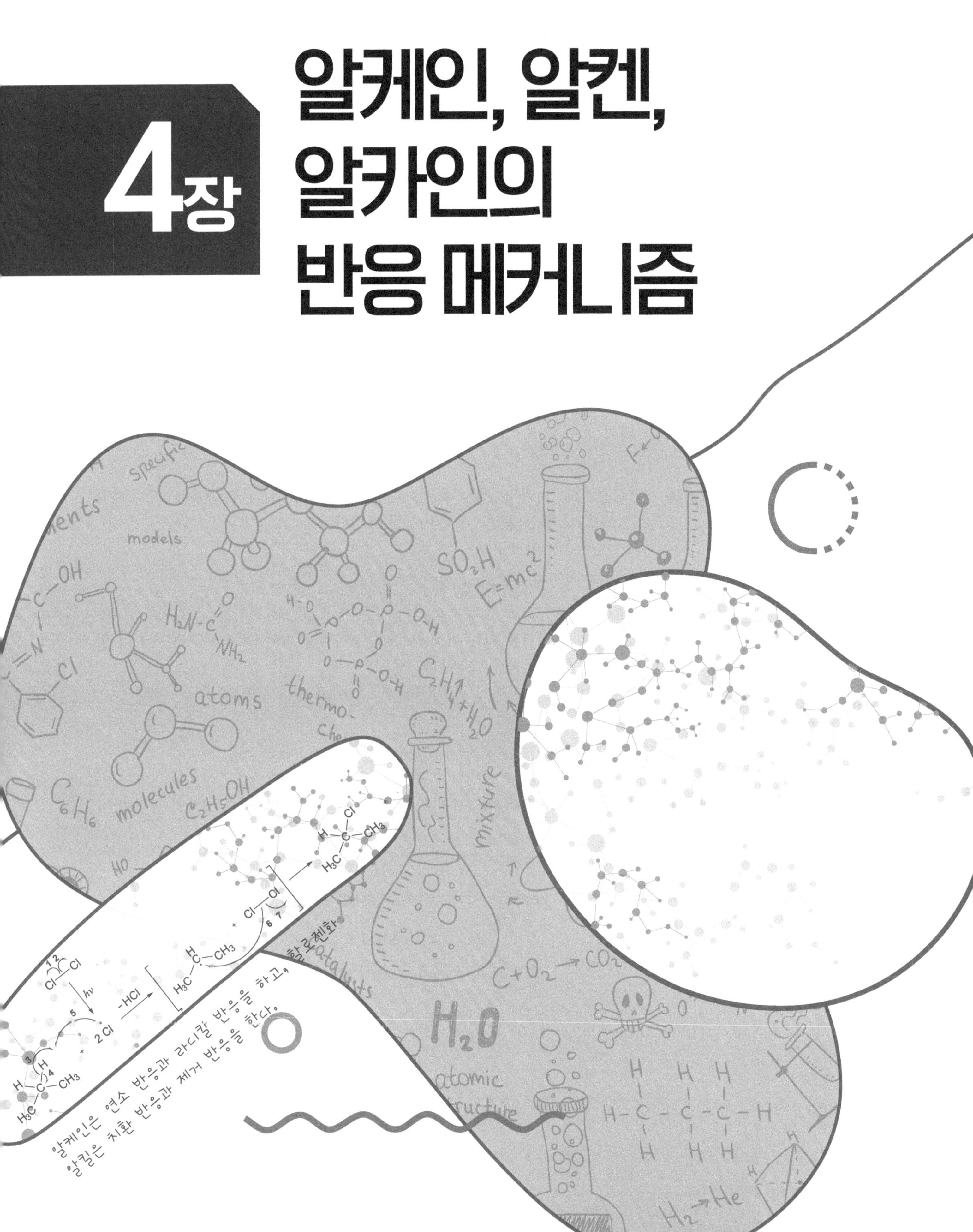

4.1 알케인과 할로젠화 알킬 반응의 메커니즘

포화 탄화수소인 알케인(alkane)은 작용기가 없어 반응성이 매우 낮다. 그러나 할로젠화 알킬(alkyl halide)은 C−X라는 극성 공유 결합을 하고 있는 작용기를 가지고 있다. 작용기가 없는 알케인이 일으키는 주요 반응은 연소 반응과 라디칼 반응이다. 여기서는 라디칼 반응 메커니즘 그리기를 연습한다.

방법 4.1 알케인의 라디칼 할로젠화 반응 메커니즘 그리기

1단계 할로젠 결합(X−X)이 균일 분해되어 할로젠 라디칼이 형성되도록 전자 이동을 그린다.

⇒ 이 반응은 빛이나 열에 의해 개시제의 반응이 먼저 진행된다. 특별히 다른 개시제가 필요하지 않다.

⇒ 할로젠 결합이 균일 분해되어 2개의 할로젠 라디칼(X·)을 생성한다.

개시 단계

$$X{-}X \xrightarrow{\text{균일 분해}} 2X\cdot$$

2단계 생성된 할로젠 라디칼(X·)과 알케인이 반응하여 알킬 라디칼(R·)과 할로젠화 수소(HX)가 형성되도록 전자 이동을 표시한다.

전파 단계

$$RH_2C{-}H + X\cdot \longrightarrow RH_2C\cdot + H{-}X$$

알킬 라디칼

3단계 생성된 알킬 라디칼($RH_2C\cdot$)과 할로젠(X_2)이 반응하여 새로운 C−X 결합이 형성되도록 전자 이동을 나타낸다.

⇒ 이 단계에서 할로젠화 알킬(RX)과 새로운 할로젠 라디칼(X·)이 생성된다.

전파 단계

$$RH_2C\cdot + X{-}X \longrightarrow RH_2C{-}X + \cdot X \longrightarrow \text{(반응 반복)}$$

할로젠화 알킬

4단계 한계 반응물이 모두 소모되면 반응은 종결된다. 종결 반응은 3가지 유형이 가능하다.

종결 단계

$$RH_2C\cdot + \cdot X \longrightarrow RH_2C{-}X$$

$$X\cdot + \cdot X \longrightarrow X{-}X$$

$$RH_2C\cdot + \cdot CH_2R \longrightarrow RH_2C{-}CH_2R$$

복습문제 4.1 다음 라디칼 반응 메커니즘에 적합한 전자 이동을 표시하시오.

개시 단계

$$X{-}X \longrightarrow 2X\cdot$$

전파 단계

$$RH_2C{-}H + X\cdot \longrightarrow RH_2C\cdot + HX$$

알킬 라디칼

$$RH_2C\cdot + X{-}X \longrightarrow RH_2C{-}X + \cdot X \longrightarrow \text{(반응 반복)}$$

할로젠화 알킬

종결 단계

$$RH_2C\cdot + \cdot X \longrightarrow RH_2C{-}X$$

$$X\cdot + \cdot X \longrightarrow X{-}X$$

$$RH_2C\cdot + \cdot CH_2R \longrightarrow RH_2C{-}CH_2R$$

연습문제 4.1 다음 라디칼 할로젠화 반응의 메커니즘을 완성하시오.

(a)

Br—Br, $h\nu$

[cyclohexane] + [ ] → (−HBr) [+ Br—Br] → [bromocyclohexane] + Br·

(b)

Cl—Cl, $h\nu$

H_3C–CH_2–CH_3 + 2 Cl· → (−HCl) [+ Cl—Cl] → H_3C–CH(Cl)–CH_3 + Cl·

연습문제 4.2 (R)-2-Bromobutane과 Cl_2의 가열 반응에서 생성될 수 있는 4가지 생성물을 제시하고 메커니즘도 그리시오.

4.2 할로젠화 알킬의 치환 반응 메커니즘

할로젠화 알킬(alkyl halide)은 $C^{\delta+}-X^{\delta-}$라는 극성 작용기를 가지고 있다. 탄소는 친전자성 자리이고, 또한 할로젠은 좋은 이탈기이다. 따라서 할로젠화 알킬은 친핵성 치환 반응과 제거 반응에 유리한 물질이다. 할로젠화 알킬의 구조에 따라 치환 반응 메커니즘도 다르다(3장 참고).

방법 4.2 할로젠화 알킬 치환 반응의 S_N2 메커니즘 그리기

1단계 친핵체가 할로젠(X)이 결합된 반응자리의 뒷면에서 공격하는 것으로 전자 이동을 표시한다.

⇒ 할로젠화 알킬의 반응자리 탄소 배열을 점선-쐐기 구조로 그리면 편리하다.

⇒ 이 단계에서 생성되는 전이 상태 구조([ ]‡로 표시)에서 친핵체(Nu)와 할로젠(X)은 반응자리 탄소와 반-결합(점선으로 표시함)을 이루는 것으로 생각한다.

⇒ 친핵체가 뒤편으로 접근해야 하므로, 반응자리 탄소나 친핵체의 입체 장애(steric hindrance)를 받는다.

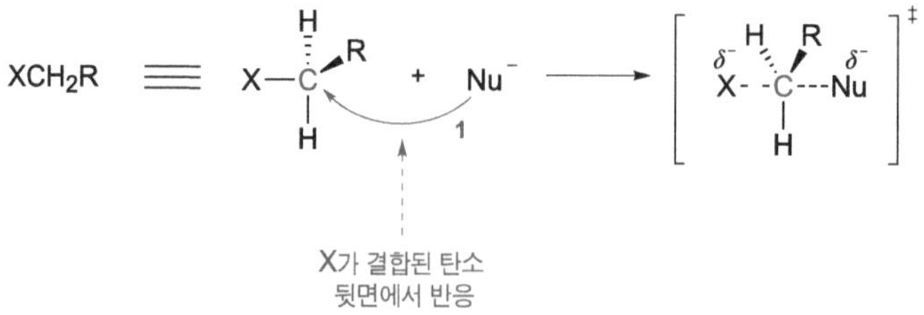

XCH_2R ≡ X–C(H)(H)(R) + Nu^- ⟶ [X$^{\delta-}$- -C(H)(R)(H)- - -Nu$^{\delta-}$]‡

X가 결합된 탄소
뒷면에서 반응

2단계 전이 상태의 C···X 결합에서 전자가 할로젠(X) 원자 쪽으로 이동하여 이탈되는 것으로 전자 이동을 표시한다.

⇒ 이 단계에서 반응자리 탄소 배열의 반전(inversion of configuration)이 일어난다.

⇒ 배열의 반전은 S_N2 반응의 특징 중 하나이다.

[X$^{\delta-}$- -C(H)(R)(H)- - -Nu$^{\delta-}$]‡ ⟶(배열 반전) R–C(H)(H)–Nu

3단계 반응 결과에 합당한 메커니즘인지를 확인한다.

⇒ 반응물의 반응자리 탄소가 카이랄 중심이면 반응 중에 배열이 반전되므로, 반응물이 (*S*)-이성질체이면 생성물은 (*R*)-이성질체로 된다.

⇒ 반응은 1단계로 일어나며 중간체는 없다.

⇒ S_N2 반응은 E2 반응과 경쟁 반응이다. 치환 반응 생성물인지 확인한다.

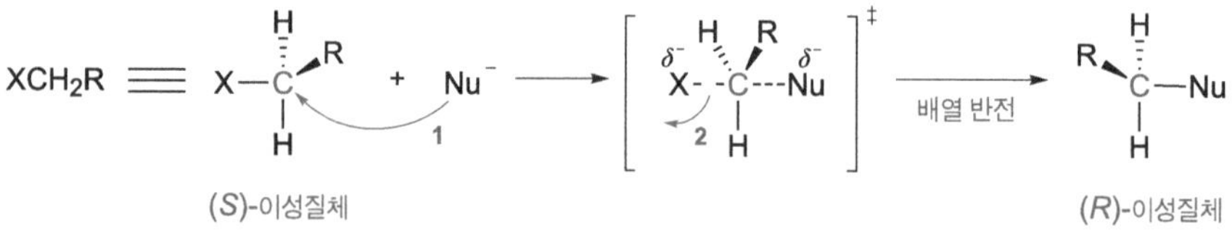

XCH_2R ≡ X–C(H)(H)(R) + Nu^- ⟶ [X$^{\delta-}$- -C(H)(R)(H)- - -Nu$^{\delta-}$]‡ ⟶(배열 반전) R–C(H)(H)–Nu

(*S*)-이성질체 (*R*)-이성질체

복습문제 4.2 다음 반응 메커니즘에 적합한 전자 이동을 그리시오.

XCH2R ≡ X—C(H)(H)—R + Nu⁻ ⟶ [X- -C---Nu]‡ ⟶(배열 반전) R—C(H)(H)—Nu

(S)-이성질체 (R)-이성질체

연습문제 4.3 다음 S_N2 반응 메커니즘을 완결하시오.

(a) CH_2CH_3, Cl—C—H, H + ^-OH ⟶ [ ]‡ ⟶(배열 반전) H_3CH_2C, H—C—OH, H

(b) ( ) + $^-OCH_3$ ⟶ [ ]‡ ⟶(배열 반전) ( ) + ^-Br

(S)-2-Bromobutane (R)-2-Methoxybutane

방법 4.3 할로젠화 알킬 치환 반응의 S_N1 메커니즘 그리기

1단계 반응자리 C−X 결합 전자가 할로젠(X)으로 이동하도록 전자 이동을 표시한다.

⇒ 이 단계에서 탄소 양이온 중간체와 할로젠 음이온(X^-)이 생성된다.

⇒ 탄소 양이온 중간체를 거쳐 진행되므로 보다 안정한 탄소 양이온으로 자리 옮김 반응이 일어날 수도 있다.

R_3C—X ⟶ R_3C^+ + X^-

2단계 양이온 중간체와 친핵체가 새로운 결합을 형성하도록 전자 이동을 그린다.

⇒ 반응자리 탄소 양이온이 평면($2sp^2$ 혼성) 구조를 이룬다. 따라서 반응자리 탄소 배열이 보존될 수도 있고, 반전될 수도 있다.

⇒ 출발물질의 반응자리가 카이랄 탄소이면 라셈화가 일어나 혼합물이 생성된다.

R_3C^+ ≡ Nu⁻ (배열 반전) / Nu⁻ (배열 보존) ⟶(라셈화) Nu—CR₃ (배열 반전 생성물) + R₃C—Nu (배열 보존 생성물)

3단계 반응 결과에 합당한 메커니즘인가를 확인한다.

⇒ S_N1 반응은 중간체가 하나인 2단계 반응이며, E1 반응과 경쟁적이다.

⇒ 자리 옮김 반응 생성물인가를 확인한다.

⇒ 라셈 화합물이 얻어지는지 확인한다.

복습문제 4.3 다음 반응에 적합한 전자 이동을 표시하시오.

R—C(R)(R)—X —(-X⁻)→ R—C⁺(R)(R) ≡ Nu⁻ [평면 탄소 양이온] Nu⁻ —(라셈화)→ Nu—C(R)(R)R + R—C(R)(R)—Nu

배열 반전 생성물 / 배열 보존 생성물

연습문제 4.4 다음 할로젠화 알킬의 S_N1 반응 메커니즘을 완결하시오. 합당한 전자 이동도 표시하시오.

H_3CH_2C—C(H_3C)($C(CH_3)_3$)—Cl → [ ] → 배열 보존: H_3CH_2C—C(H_3C)($C(CH_3)_3$)—OH ; 배열 반전: ( )

4.3 할로젠화 알킬의 제거 반응 메커니즘

할로젠화 알킬(RX)은 친전자성 탄소와 좋은 이탈기인 할로젠(X)을 가지고 있어 제거 반응도 쉽게 일어난다. 이 제거 반응은 할로젠의 구조에 따라 E1 또는 E2 메커니즘으로 일어난다. 할로젠화 알킬의 제거 반응도 치환 반응과 경쟁적이다.

방법 4.4 할로젠화 알킬의 E2 반응 메커니즘 그리기

1단계 할로젠(X)이 결합된 탄소의 이웃 탄소에 결합된 수소(H) 원자와 염기가 반응하도록 전자 이동을 표시한다.

⇒ 반응자리 이웃 탄소와 결합된 H는 작지만, 전자가 부족하므로 염기와 반응한다.

⇒ E2 반응은 S_N2 반응과 경쟁 반응이며, 동시성 반응이므로 중간체가 없다.

⇒ 전이 상태는 안티-준 평면 구조를 이루므로, 입체 특이성 반응으로 진행된다.

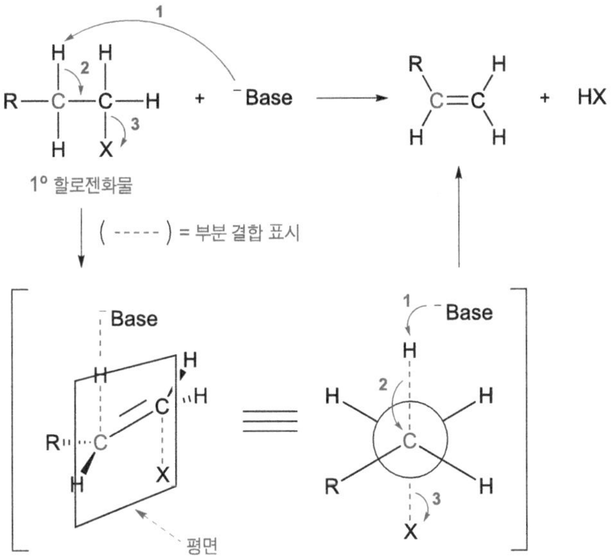

1

R—C—C—H + ⁻Base ⟶ C=C + HX

1° 할로젠화물

(-----) = 부분 결합 표시

Base

평면

안티-준평면 구조의 전이 상태

2단계 Zaitsev 규칙에 맞는 생성물인가를 확인한다.

⇒ 탄소–탄소 이중 결합에 알킬 치환기가 많을수록 열역학적으로 더 안정하다.

⇒ 이런 반응을 위치 선택성(regioselective) 반응이라고 한다.

Zaitsev 규칙(Zaitsev's rule): 제거 반응에서 이중 결합 탄소에 치환기가 더 많이 결합된 알켄이 생성된다는 규칙이다.

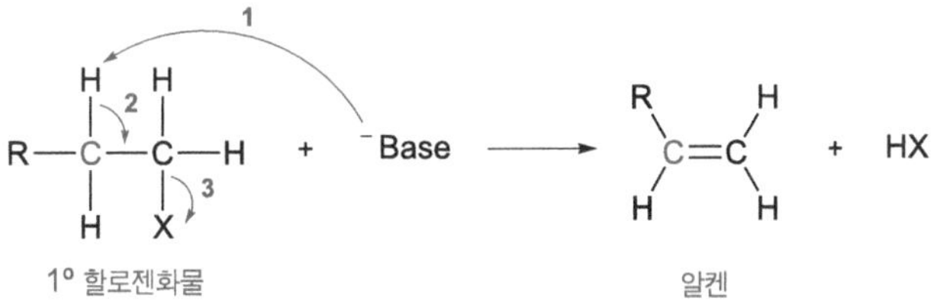

R—C—C—H + ⁻Base ⟶ C=C + HX

1° 할로젠화물 알켄

복습문제 4.4 다음 E2 반응 메커니즘에 적합한 전자 이동을 표시하시오.

R—C—C—H + ⁻Base ⟶ [...] ⟶ C=C + HX

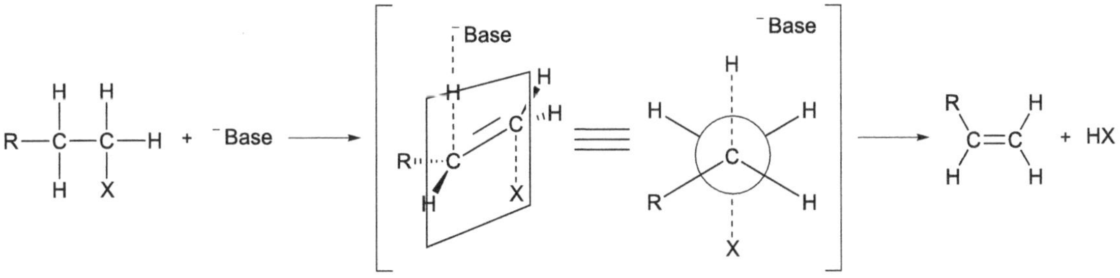

연습문제 4.5 다음 반응 결과에 합당한 전자 이동을 표시하시오.

$H_3C—C(CH_3)(H)—C(H)(Cl)—H$ + $[^-OC(CH_3)_3]K^+$ $\xrightarrow{-HCl}$ $(H_3C)_2C=CH_2$

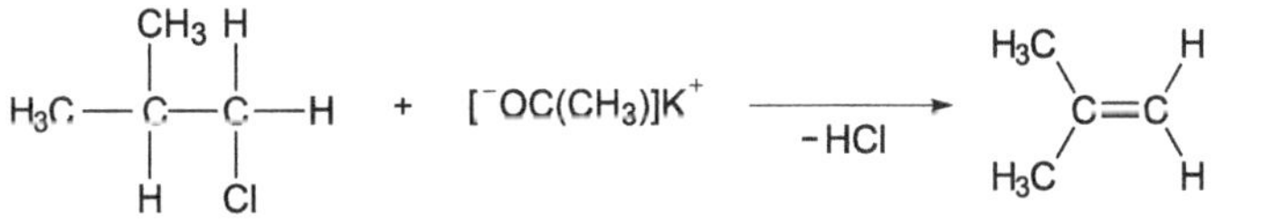

연습문제 4.6 다음 반응 결과에 적합한 메커니즘을 그리시오. 전자 이동도 표시하시오.

(a) $H_3C-CH_2-C(CH_3)(Br)-Ph + {}^{-}OH \xrightarrow{-HBr}$ (　　　　　) Ph=

2-Phenyl-2-butene

(b) $H_3C-CH(Ph)-C(CH_3)(Br)-CH_3 + {}^{-}OH \xrightarrow{-HBr}$ (　　　　　) Ph=

2-Methyl-3-phenyl-2-butene

방법 4.5 E1 제거 반응 메커니즘 그리기

1단계 E1 제거 반응은 3차 할로젠 화합물의 C−X 결합이 분해되어 3차 탄소 양이온이 형성되는 것으로부터 시작된다.

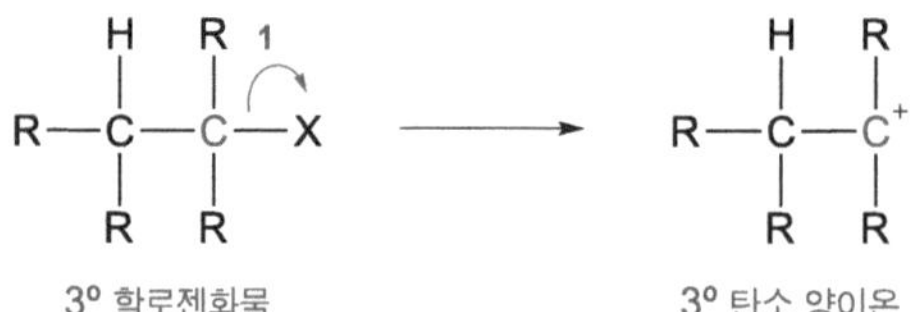

3° 할로젠화물　　3° 탄소 양이온

2단계 양이온의 이웃 탄소에 결합된 H와 염기가 반응하여, 생성물 알켄이 형성되도록 전자 이동을 표시한다.

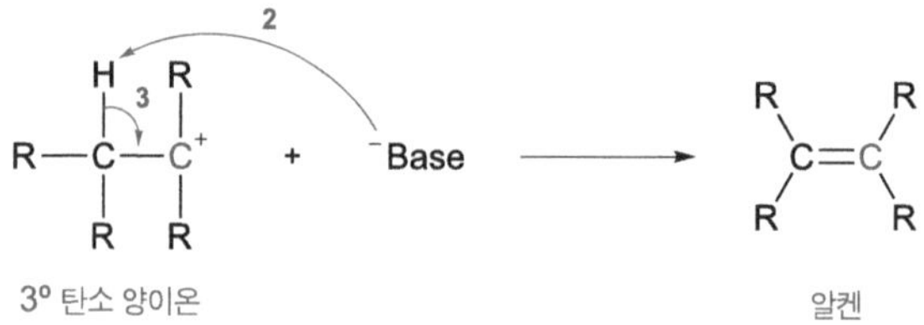

3° 탄소 양이온　　알켄

3단계 합당한 생성물인가를 확인한다. 안정한 알켄일수록 더 잘 생성된다.

⇒ E1 반응은 양이온 중간체를 거쳐 진행되고, S_N1 반응과 경쟁 반응이다.

복습문제 4.5 다음의 E1 반응 메커니즘에 적합한 전자 이동을 표시하시오.

$R-CH(R)-C(R)_2-X \longrightarrow R-CH(R)-C^{+}(R)_2 + {}^{-}Base \longrightarrow R_2C=CR_2$

연습문제 4.7 다음 E1 반응 메커니즘을 완성하시오. 전자 이동도 표시하시오.

$$H_3CH_2C-C(CH_3)_2-Br \longrightarrow [\quad + Br^-] \longrightarrow H_3CH_2C-C(=CH_2)-CH_3 + HBr$$

4.4 불포화 화합물의 첨가 반응 메커니즘

알켄과 알카인 같은 비방향족 불포화 탄소 화합물의 대표적인 반응은 첨가 반응이다. 알카인의 첨가 반응 메커니즘은 알켄의 경우와 유사하고, 두 번의 첨가 반응이 가능하다. 1차 첨가 반응은 알카인에서 일어나고, 2차 첨가 반응은 생성물인 알켄의 첨가 반응이다.

비방향족 불포화 결합 화합물의 첨가 반응 형태는 세 가지로 구분해 볼 수 있다.

1. 이온 메커니즘으로 진행되는 반응
   - 예 불포화 화합물과 할로젠화 수소(HX)의 첨가 반응
2. 라디칼 메커니즘으로 진행되는 반응
   - 예 불포화 화합물과 라디칼 화학종의 첨가 반응
3. 첨가되는 화학종이 동시에 첨가되는 협동 첨가 반응(concerted addition)
   - 예 수소화 붕소 첨가 반응

4.4.1 포화 화합물의 HX 첨가 반응 이온 메커니즘

불포화 화합물의 반응자리는 파이 결합이다. 파이 결합 전자는 시그마 결합 전자보다 외부로 노출되어 있고 결합이 약하다. 따라서 파이 전자가 친전자성(산성) 화학종과 반응한다. 보다 구체적으로 알켄의 HX 첨가 반응에 대한 이온성 메커니즘 그리는 방법을 학습해 보자.

방법 4.6 알켄의 HX 첨가 반응 이온성 메커니즘 그리기

1단계 한계 반응물의 파이 전자와 HX의 친전자성($H^{\delta+}$) 원자가 반응하도록 화살표를 그린다.

⇒ 파이 전자가 H−X 반응하여 H가 첨가되고, 할로젠 이온(X^-)과 한계 반응물의 양이온이 중간체로 생성된다.

$$R_2C=CHR + \overset{\delta+}{H}-\overset{\delta-}{X} \longrightarrow R-\overset{+}{C}(R)-C(H)(R)-H + X^-$$

Markovnikov 규칙(Markovnikov rule): 비대칭 알켄에 HX가 첨가될 때, H는 수소가 많은 탄소로 X는 H가 더 적은 탄소로 첨가된다는 규칙이다. 이유는 보다 더 안정한 탄소 양이온 중간체를 거쳐 반응이 진행되기 때문이다.

2단계 X^- 음이온은 치환기가 가장 많은 탄소 양이온으로 첨가된다. 이는 Markovnikov 규칙에 따른 것이다.

⇒ 분자 내에서 더 안정한 탄소 양이온을 형성하는 자리 옮김 반응도 가능하다.

⇒ 탄소 양이온은 $2sp^2$ 혼성을 하고 있어 평면 구조이므로, 신-첨가 또는 안티-첨가 생성물이 생성된다.

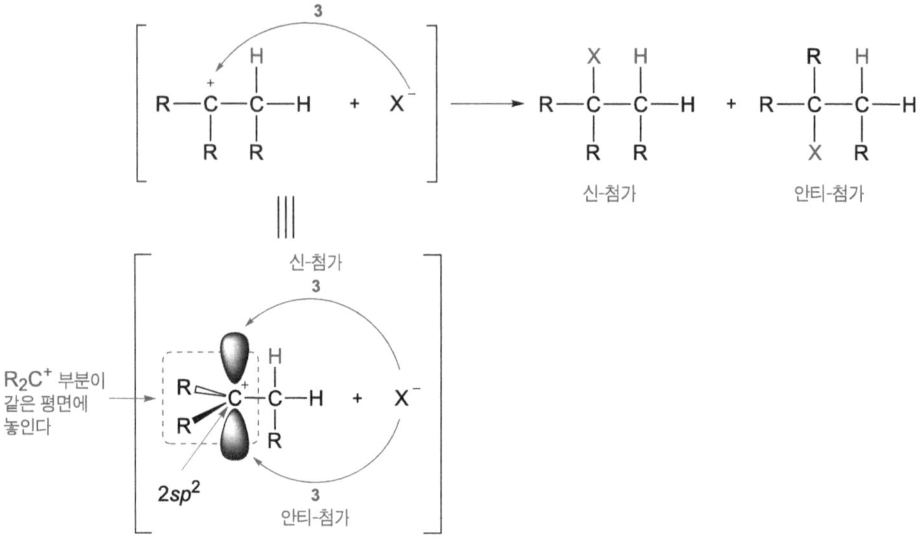

신-첨가

안티-첨가

R_2C^+ 부분이 같은 평면에 놓인다

$2sp^2$

복습문제 4.6 다음 이온성 첨가 반응 메커니즘에 적합한 전자 이동을 표시하시오.

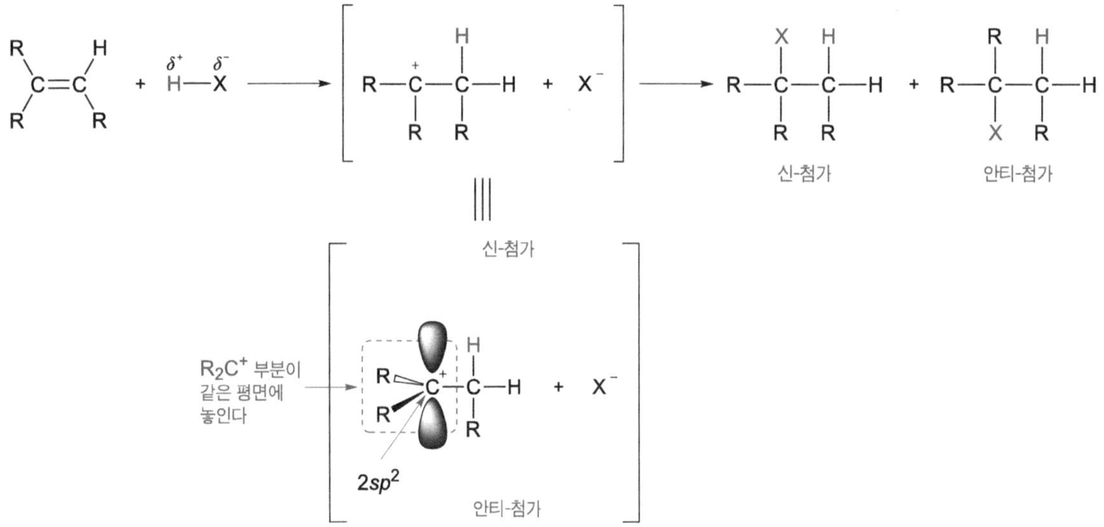

신-첨가

안티-첨가

R_2C^+ 부분이 같은 평면에 놓인다

$2sp^2$

연습문제 4.8 Carbon tetrachloride(CCl_4) 용매 속에서의 1몰의 $CH_2{=}CHCH_3$(propene)와 1.5몰의 HBr의 첨가 반응 메커니즘을 그리시오.

연습문제 4.9 다음 반응의 메커니즘에 적절한 전자 이동을 표시하여 완결하시오. 또 생성물에 카이랄 중심이 있으면 (*)로 표시하시오.

(a) $H_3C(H)C{=}C(H)CH_3$ + H—Br ⟶ [+ Br^-] ⟶ $H_3C—CH_2—CH(Br)—CH_3$

(b) $H_2C{=}C(CH)(CH_2CH_3)$ + H—Cl ⟶ [ ] ⟶ ( )

(c) Cyclohexene + H—Cl —(*n*-Hexane)⟶ [ ] ⟶ ( )

(d) 1-Methylcyclohexene + H—Cl —(*n*-Hexane)⟶ [ ] ⟶ ( )

방법 4.7 알카인의 HX 첨가 반응에 대한 이온 메커니즘 그리기

1단계 각 물질의 반응자리를 확인하고, 결합의 극성을 표시한다. 알카인의 파이 전자를 HX의 친전자성($H^{\delta+}$) 원자로 이동하도록 화살표를 그린다. 전자 이동은 안정한 화학종이 형성될 때까지 계속 이동한다.

⇒ 파이 전자가 $H^{\delta+}$로 이동하여 새로운 C−H 결합을 형성한다. H−X 결합의 전자는 X 쪽으로 이동하여 X^- 이온이 된다.

⇒ 첫 단계에서 바이닐($R_2C{=}C^+{-}R$) 유형의 탄소 양이온 중간체가 생성된다.

⇒ 이 단계에서도 더 안정한 탄소 양이온이 생성된다.

$$R{-}C{\equiv}C{-}R + \overset{\delta^+}{H}{-}\overset{\delta^-}{X} \longrightarrow \left[R{-}\overset{+}{C}{=}C(H)R + X^- \right]$$

(화살표 1: 파이 전자 → H, 화살표 2: H−X 결합 전자 → X)

Vinyl 양이온

2단계 X^- 음이온과 탄소 양이온이 반응하여 vinyl halide($R_2C{=}CX$)가 생성되도록 전자 이동을 표시한다.

⇒ 바이닐(vinyl) 탄소 양이온은 불안정하여 다음 반응이 빠르게 진행된다.

⇒ X^- 음이온은 치환기가 가장 많은 탄소 양이온으로 첨가된다. 이는 Markovnikov 규칙에 따른 것이다.

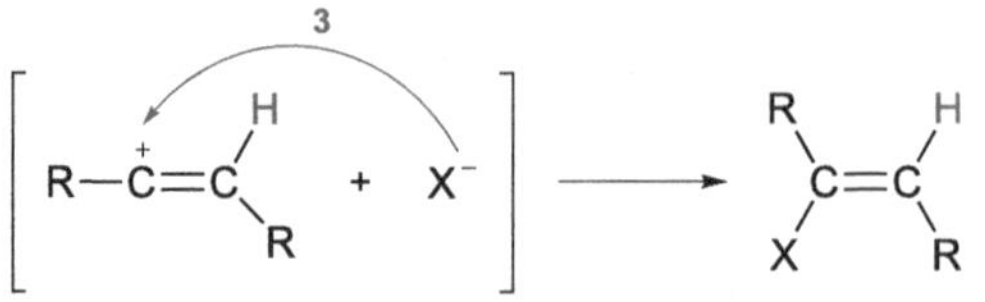

Vinyl 양이온 알켄

3단계 HX를 두 배 이상으로 사용하면 생성된 알켄의 첨가 반응이 더 진행된다. 이 경우 생성물은 이할로 알케인이다.

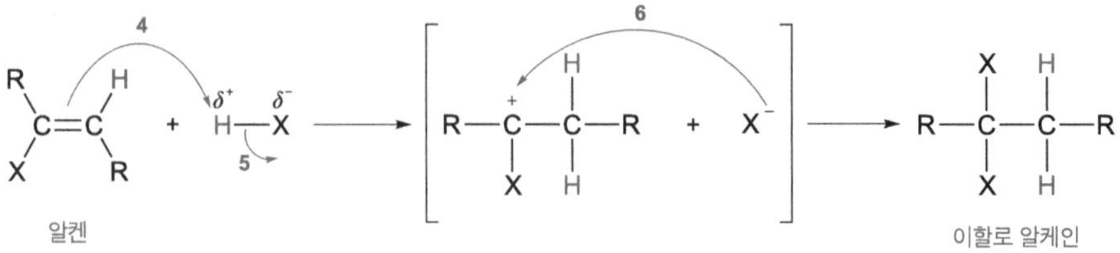

알켄 이할로 알케인

복습문제 4.7 다음 반응 메커니즘에 적합한 전자 이동을 표시하시오.

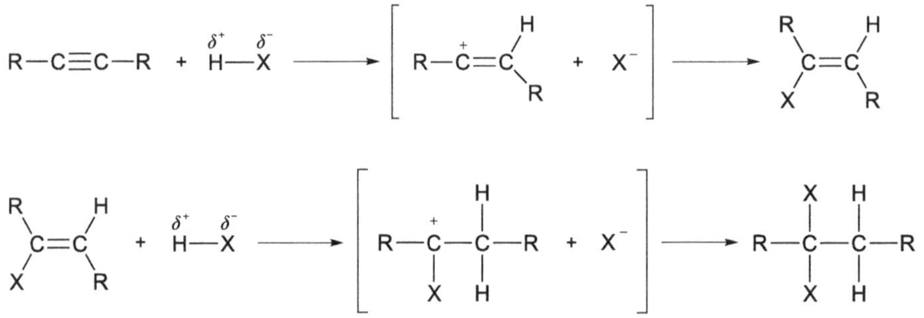

연습문제 4.10 다음 반응의 메커니즘을 완결하시오. 적합한 전자 이동도 표시하시오.

(a) $R-C\equiv C-CH_3$ + H—Br ⟶ [+ Br^-] ⟶ $H_2C=C(Br)CH_3$

$H_2C=C(Br)CH_3$ + H—Br ⟶ [+ Br^-] ⟶ $H-CH_2-CBr_2-CH_3$

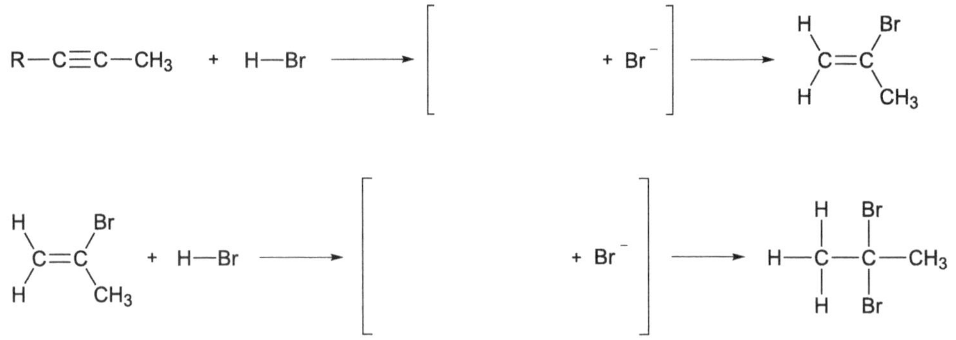

연습문제 4.10 다음 반응의 메커니즘을 완결하시오. 적합한 전자 이동도 표시하시오.

(b) + H—Cl →(n-Hexane) [+ Cl⁻] →

+ H—Cl →(n-Hexane) [+] → ( )

4.4.2 알켄과 알카인의 라디칼 첨가 반응 메커니즘

불포화 탄화수소인 알켄과 알카인은 라디칼 첨가 반응을 할 수 있다. 이 라디칼 반응도 개시, 전파 및 종결과 같은 세 단계를 거쳐 진행된다.

방법 4.8 알켄과 HX의 라디칼 첨가 반응 메커니즘 그리기

1단계 라디칼 개시제가 균일 분해되어 라디칼이 생성되도록 전자 이동을 그린다.

RO—OR →(열 또는 빛) 2 RO·

2단계 개시제로부터 형성된 라디칼과 HX가 먼저 반응하여 할로젠 라디칼(X·)이 형성되도록 전자 이동을 표시한다.

⇒ ROH(알코올)와 할로젠 라디칼(X·)이 생성된다.

RO· + H—X → ROH + X·

3단계 할로젠 라디칼(X·)이 알켄의 파이 전자와 첨가 반응하여 새로운 탄소 라디칼이 형성되도록 전자 이동을 표시한다.

⇒ 탄소 라디칼은 주어진 조건에서 더 안정한 라디칼이 형성된다.

+ X· → R—Ċ(H)—C(X)(H)—H

탄소 라디칼

4단계 생성된 탄소 라디칼과 다른 HX 분자가 반응하여, 한 분자의 할로젠화 알킬(RX)과 할로젠 라디칼(X·)을 생성한다. 이 과정은 한계 반응물과 HX가 존재하면 계속 진행된다.

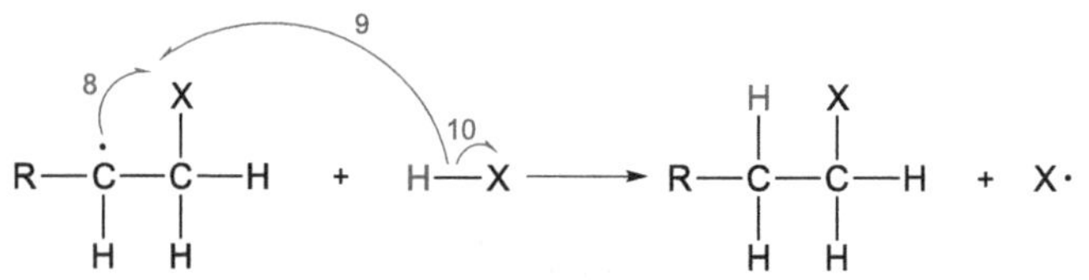

할로젠화 알킬

5단계 한계 반응물이 모두 소멸하면 반응이 종결된다. 종결 단계는 세 가지가 가능하다.

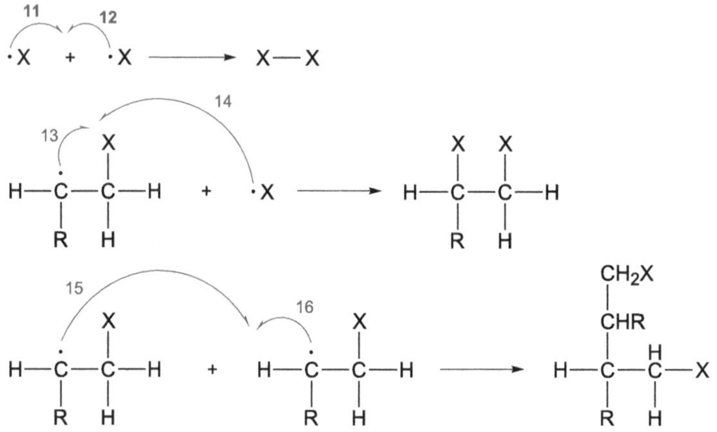

$$\cdot X + \cdot X \longrightarrow X{-}X$$

복습문제 4.8 다음 라디칼 첨가 반응에 적합한 전자 이동을 표시하시오.

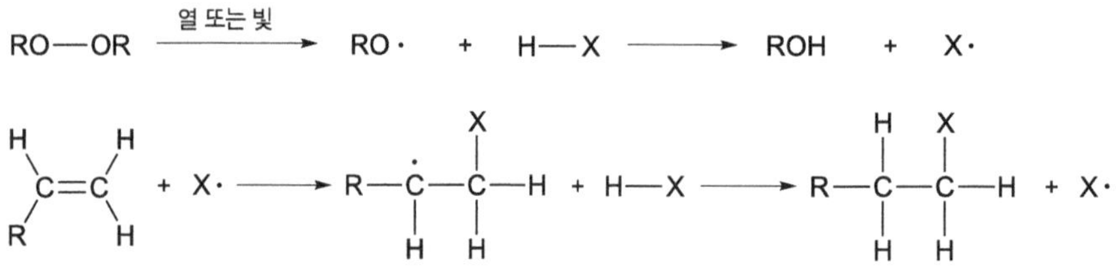

$$RO{-}OR \xrightarrow{\text{열 또는 빛}} RO\cdot + H{-}X \longrightarrow ROH + X\cdot$$

종결 반응

$$\cdot X + \cdot X \longrightarrow X{-}X$$

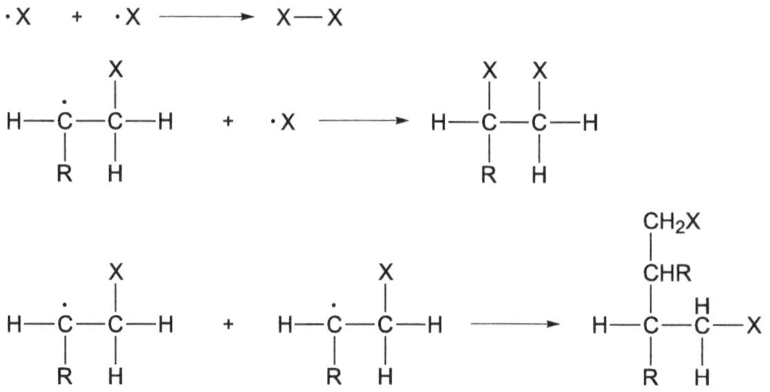

연습문제 4.11 다음 반응의 메커니즘을 전자 이동을 이용하여 나타내시오.

$CH_3CH{=}CH_2$ + H—Br $\xrightarrow{ROOR}$ $H_3C{-}CH_2{-}CH_2Br$

방법 4.9 알카인과 HX 첨가 반응의 라디칼 메커니즘 그리기

1단계 라디칼 개시제로부터 라디칼이 생성되는 전자 이동을 표시한다.

⇒ 결합 전자가 균일 분해되어 라디칼이 생성되도록 전자 이동을 표시한다.

RO—OR ⟶ 2 RO·

2단계 형성된 라디칼(RO·)과 HX가 먼저 반응하여 할로젠 라디칼(X·)이 형성되도록 전자 이동을 표시한다.

RO· + H—X ⟶ ROH + X·

3단계 X· 라디칼이 알카인의 파이 전자와 첨가 반응하여 새로운 탄소 이중 결합 라디칼인 vinyl 라디칼(C=C·)이 형성되도록 전자 이동을 표시한다.

R—C≡C—H + X· ⟶ R—Ċ=C(X)H

Vinyl 라디칼

4단계 생성된 vinyl 라디칼과 다른 HX 분자가 반응하여 한 분자의 할로젠화된 알켄과 할로젠 라디칼(X·)이 형성된다. 이 과정은 한계 반응물(알카인)과 HX가 존재하면 계속된다(전파 단계).

⇒ 생성물은 신–첨가(*trans*–형태) 또는 안티–첨가(*cis*–형태)가 생성될 수 있지만 보다 더 안정한 화학종이 먼저 생성된다.

Vinyl 라디칼 + H—X —경로 8→ (신-첨가) + X·

Vinyl 라디칼 + H—X —경로 8'→ (안티-첨가) + X·

5단계 앞 단계에서 생성된 할로젠화 알켄은 첨가 반응이 더 진행될 수 있다. 반응물이 모두 소멸하면 반응이 종결된다. 종결 단계는 세 가지가 가능하다.

복습문제 4.9 다음 라디칼 반응 메커니즘에 적합한 전자 이동을 표시하시오.

RO—OR ⟶ 2 RO·

RO· + H—X ⟶ ROH + X·

R—C≡C—H + X· ⟶ R—Ċ=C(X)(H) + H—X ⟶ (H)(R)C=C(X)(H) + X· (신-첨가) / (R)(H)C=C(X)(H) + X· (안티-첨가)

연습문제 4.12 다음 반응의 라디칼 메커니즘을 제시하시오. 또 전자 이동도 표시하시오.

$H—C≡C—CH_3$ + H—Br $\xrightarrow[\text{가열}]{\text{ROOR}}$ (H)(H_3C)C=C(Br)(H) + (H_3C)(H)C=C(Br)(H)

4.5 불포화 화합물과 할로젠(X_2)의 친전자성 첨가 반응 메커니즘

많은 종류의 할로젠화 알킬이 알켄으로부터 제조된다. 알켄과 알카인의 할로젠화는 친전자성 이온 메커니즘으로 진행된다. 알카인도 알켄 반응과 유사한 메커니즘으로 진행되지만, 1차 반응 과정에서 생성된 이할로젠화물(dihalide)은 과량의 X_2가 존재하면 유사 반응이 반복되어 사할로젠화물(tetrahalide)이 생성될 수 있다.

방법 4.10 알켄의 친전자성 할로젠 첨가 반응의 메커니즘 그리기

1단계 알켄의 파이 전자가 할로젠 원자로 이동하도록 화살표를 그린다.

⇒ 전자 이동 결과로 불안정한 **다리 걸친 할로늄 이온**(bridged halonium ion)과 X^- 이온이 생성된다.

⇒ 다리 걸친 할로늄 이온 메커니즘은 일반적으로 받아들여지고 있다. 이때 두 할로젠 원자가 순간적으로 δ^+와 δ^-로 편극된 것으로 간주하면 이해가 쉽다.

⇒ 안티-첨가 생성물을 형성하는 것이 다리 걸친 할로늄 이온 메커니즘의 증거이다.

(H)(R)C=C(H)(H) + $X^{\delta+}—X^{\delta-}$ ⟶ 다리 걸친 할로늄 이온 (X^+) + X^-

(화살표 1, 2)

2단계 생성된 X^- 이온이 고리를 형성하고 있는 반대편으로 친핵성 공격을 한다.

⇒ 할로젠 음이온은 알킬 치환기가 더 많은 탄소와 반응하도록 전자 이동을 표시한다. 치환기가 많은 탄소 쪽이 전자 부족 현상이 더 크기 때문이다.

⇒ 생성물은 **이웃자리 이할로젠화물**(vicinal dihalide)이다.

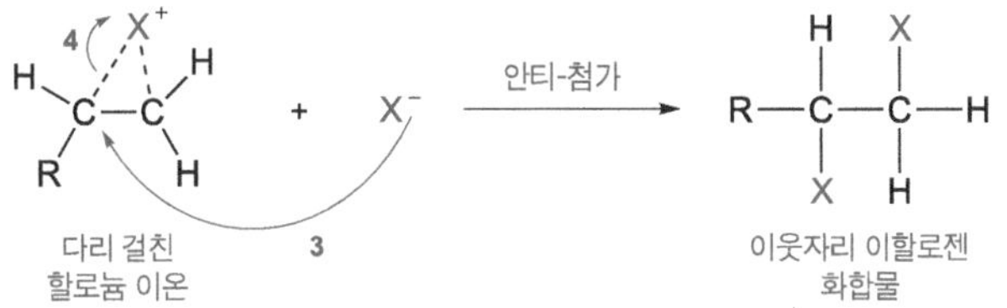

안티-첨가

다리 걸친 할로늄 이온

이웃자리 이할로젠 화합물

복습문제 4.10 다음 친전자성 할로젠화 반응 메커니즘에 적합한 전자 이동을 표시하시오.

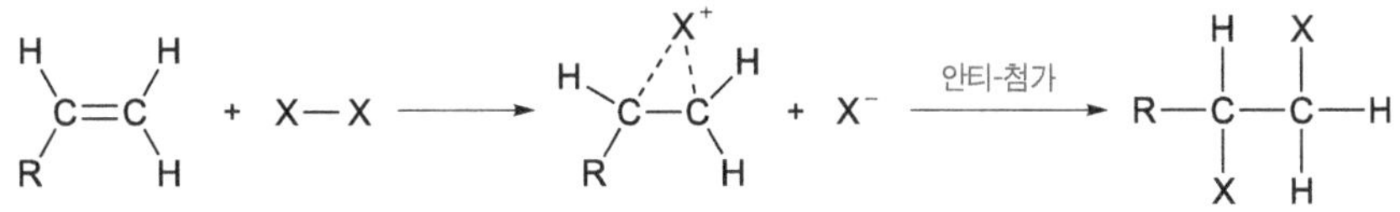

안티-첨가

연습문제 4.13 다음 알켄의 이할로젠화 메커니즘을 완결하시오. 최종 생성물의 IUPAC 이름을 쓰고, 전자 이동도 표시하시오.

(a) H_3C–CH=CH–CH_3 + Cl—Cl ⟶ [+] ⟶ H_3C—CHCl—CHCl—CH_3

(b) cyclohexene + Br—Br ⟶ [+] ⟶ ( )

방법 4.11 알카인의 할로젠 첨가 반응 이온 메커니즘 그리기

1단계 알카인의 파이 전자가 할로젠 원자로 이동하도록 화살표를 그린다. 첫단계 전자 이동 결과로 불안정한 다리 걸친 할로늄 이온과 X^- 이온이 생성된다.

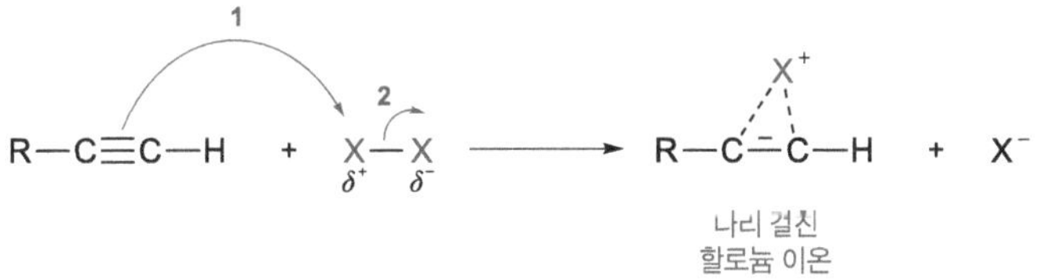

R—C≡C—H + $X^{\delta+}$—$X^{\delta-}$ ⟶ R—C=C—H (X⁺ bridged) + X^-

나리 걸친 할로늄 이온

2단계 다리 걸친 할로늄 이온의 고리 반대편으로 생성된 X^- 이온이 친핵성 공격을 한다. R기가 결합된 이중 결합 탄소의 전자가 더 부족하여 X^-와 우선 반응한다.

$$R-C\overset{X^+}{\frown}C-H + X^- \longrightarrow \text{(R)(X)C=C(X)(H)}$$

트랜스-알켄

3단계 트랜스-알켄에 추가로 할로젠화가 일어날 수 있다. 이 과정은 알켄의 할로젠화와 유사하다. 생성물은 사할로알케인(tetrahaloalkane)이다.

$$\text{(R)(X)C=C(X)(H)} + X^{\delta+}-X^{\delta-} \longrightarrow \text{할로늄 이온} + X^- \longrightarrow R-CX_2-CX_2-H$$

트랜스-이할로 알켄 … 사할로 알케인

복습문제 4.11 다음 알카인의 친전자성 첨가 반응 메커니즘에 합당한 전자 이동을 표시하시오.

$$R-C\equiv C-H + X-X \longrightarrow R-C\overset{X^+}{\frown}C-H + X^- \longrightarrow \text{(R)(X)C=C(X)(H)}$$

$$\text{(R)(X)C=C(X)(H)} + X^{\delta+}-X^{\delta-} \longrightarrow \text{할로늄 이온} + X^- \longrightarrow R-CX_2-CX_2-H$$

연습문제 4.14 다음 반응식의 메커니즘을 완결하시오. 생성물의 IUPAC 이름을 쓰고, 전자 이동을 표시하시오.

(a) $H_3CH_2C-C\equiv C-H + Br-Br \longrightarrow [\quad + Br^-] \longrightarrow \text{(Br)(}H_3CH_2C\text{)C=C(H)(Br)}$

$\text{(Br)(}H_3CH_2C\text{)C=C(H)(Br)} + Br-Br \longrightarrow [\quad + \quad] \longrightarrow (\quad)$

(b) $H_3CH_2C-C\equiv C-CH_3 + Br-Br \longrightarrow [\quad + Br^-] \longrightarrow (\quad)$

(A)

( ) + Cl—Cl → [+] → ( )

(A) (B)

4.6 알켄으로부터 할로하이드린의 생성 반응

알켄의 할로젠화 과정에서 할로늄 이온 중간체는 할로젠 음이온 이외에 다른 친핵체와 경쟁 반응이 일어날 수도 있다. 할로늄 이온 중간체가 물과 반응하면, 할로하이드린(halohydrin)이 생성될 수 있다. 할로하이드린은 할로 알코올이라고도 하며, 할로젠 화합물에 OH기가 함께 존재하는 화합물 부류이다. 특히 할로젠과 OH기가 이웃한 탄소에 존재하면 고리형 에터(cyclic ether) 등의 합성에 유용하다.

방법 4.12 할로하이드린 생성 반응 메커니즘 그리기

1단계 알켄과 할로젠(X_2)이 반응하여 다리 걸친 할로늄 이온 중간체가 형성되도록 전자 이동을 표시한다.

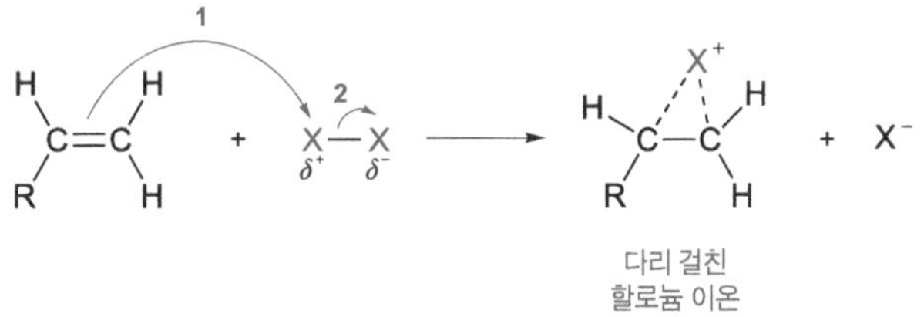

다리 걸친 할로늄 이온

2단계 생성된 할로늄 이온과 친핵체인 물(H_2O)이 첨가되는 메커니즘을 그린다.

⇒ 이 과정은 할로젠 음이온 첨가와 경쟁적이다.

⇒ H_2O는 Markovnikov 규칙에 따라 치환이 더 많이 된 탄소와 위치 선택적으로 반응한다.

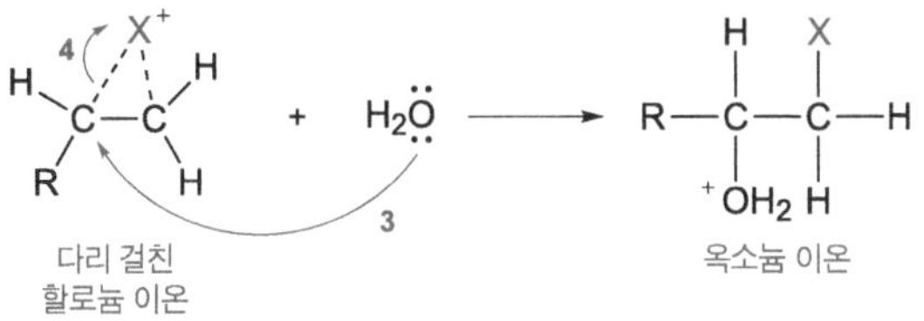

다리 걸친 할로늄 이온 옥소늄 이온

3단계 생성된 옥소늄 이온에서 수소 양이온(H^+)이 이탈되어 할로하이드린이 생성되도록 전자 이동을 그린다.

할로하이드린

할로하이드린에서 할로젠이 Cl이면 클로로하이드린(chlorohydrin), Br이면 브로모하이드린(bromohydrin)이라고 한다.

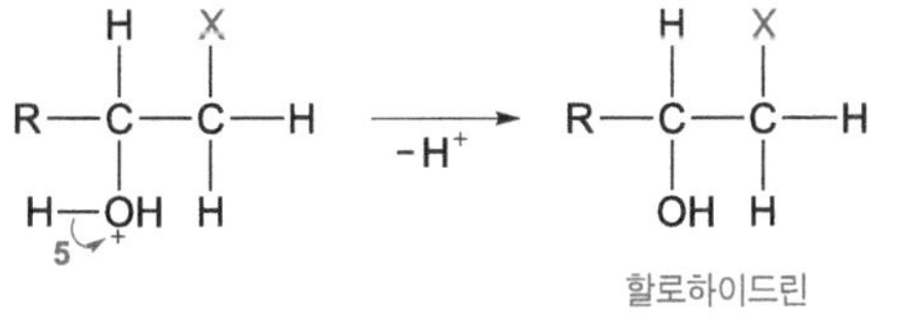

복습문제 4.12 다음 할로하이드린 반응 메커니즘에 적합한 전자 이동을 그리시오.

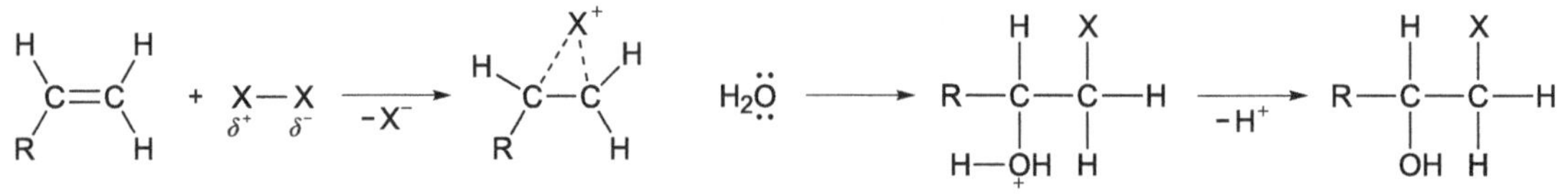

연습문제 4.15 다음 할로하이드린 생성 반응의 메커니즘을 완결하시오. 생성물의 IUPAC 이름을 쓰고, 전자 이동도 표시하시오.

(a)

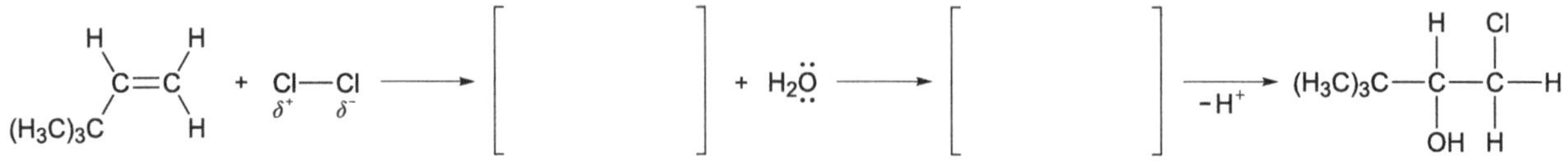

(b)

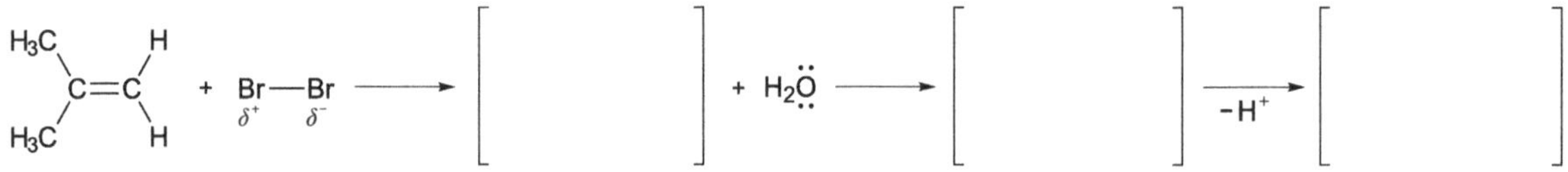

4.7 알켄과 알카인의 수소화 붕소 첨가-산화 반응

알켄과 알카인은 친전자체인 borane(BH_3)과 쉽게 반응하여 알킬 보레인(alkylborane, R_3B)을 형성한다. 생성된 알킬 보레인은 HOOH 같은 과산화물에 의해 쉽게 산화되어 알코올을 형성한다. 알카인의 수소화 붕소 첨가-산화 반응 메커니즘은 알켄의 경우와 거의 같지만 마지막 단계에서 형성된 엔올(enol)의 토토머화로 더 안정한 카보닐 생성물이 얻어진다는 점이 다르다. 이 전체 과정을 **수소화 붕소 첨가-산화 반응**(hydroboration-oxidation)이라고 한다. 이 반응은 연속적으로 진행한다.

방법 4.13 알켄의 수소화 붕소 첨가-산화 반응 메커니즘 그리기

1단계 알켄의 파이 전자가 borane의 B-H 결합과 협동 첨가 반응을 하여, 탄소와 반-결합 사-원자 전이 상태 고리가 이루어지도록 전자 이동을 표시한다.

⇒ 이 첨가 반응은 신-첨가로 진행된다.

⇒ 붕소(B) 원자가 치환이 적게 된 탄소 쪽으로 결합되도록 전자 이동을 표시한다. 따라서 이 반응은 위치 선택적이다.

2단계 사-원자 고리 전이 상태에서 반-결합 전자들이 이동하여 생성물이 형성되도록 전자 이동을 표시한다.

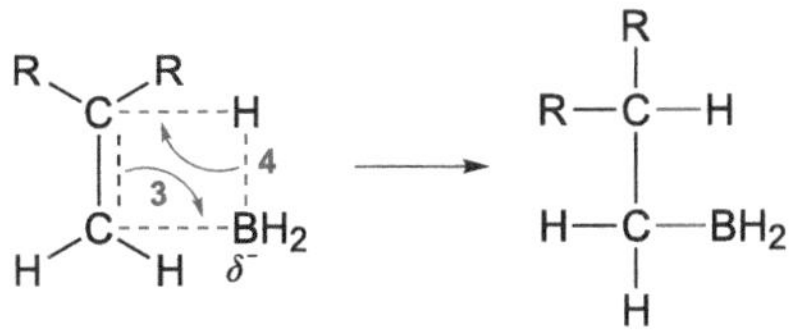

3단계 생성된 붕소 화합물에 2몰(mole)의 알켄이 같은 방식으로 두 번 더 반응하면 삼알킬 보레인(trialkylborane, R_3B)이 생성된다.

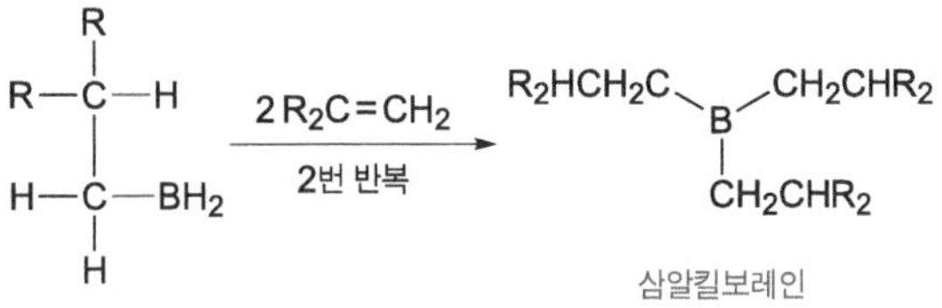

삼알킬보레인

4단계 과산화 수소와 염기가 반응하여 HOO^-가 생성되도록 전자 이동을 표시한다. 생성된 HOO^- 이온이 붕소(B)와 반응하여 새로운 B−OOH 결합이 형성되도록 전자 이동을 표시한다. 생성물은 hydroperoxytrialkylborate이다.

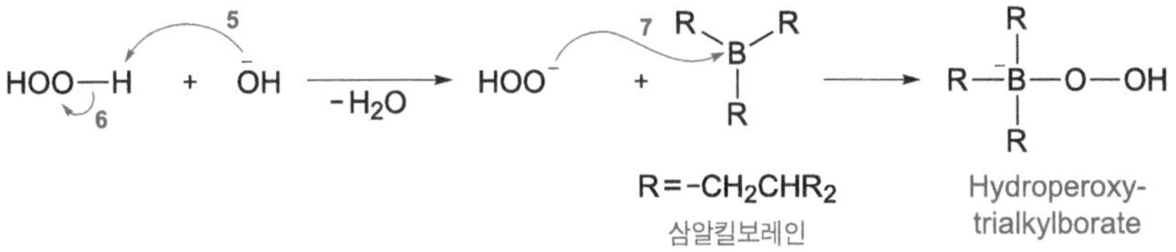

$R = -CH_2CHR_2$

삼알킬보레인

Hydroperoxy-trialkylborate

5단계 Hydroperoxytrialkylborate가 자리 옮김 반응을 일으켜 $B(OR)_3$가 형성되도록 전자 이동을 표시한다.

Hydroperoxy-trialkylborate

Trialkyl borate

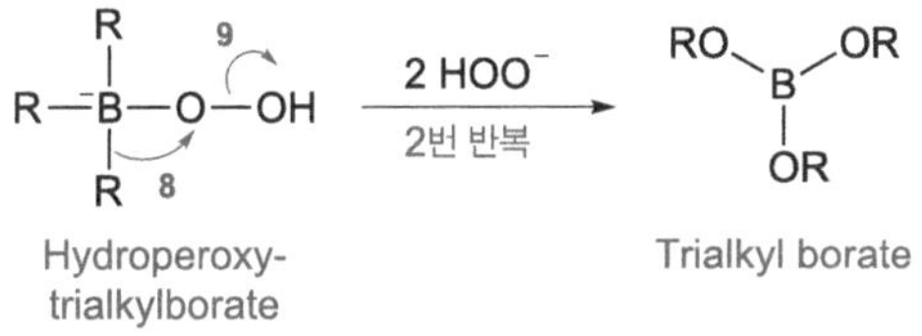

6단계 Trialkyl borate가 염기(HO^-)와 반응하여 알코올과 boric acid($B(OH)_3$)가 생성되도록 전자 이동을 표시한다.

$$\text{Trialkyl borate} + {}^-OH \xrightarrow{\text{2번 반복}} 3\,RO^-Na^+ + B(OH)_3 \longrightarrow 3\,ROH + Na_3BO_3$$

알코올

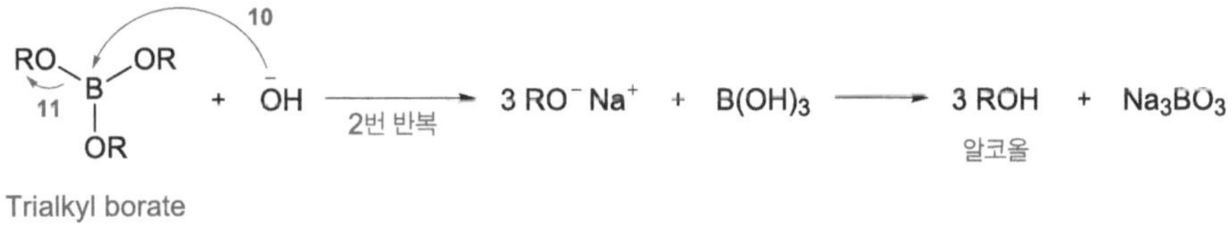

복습문제 4.13 다음 반응 메커니즘에 적합한 전자 이동을 표시하시오.

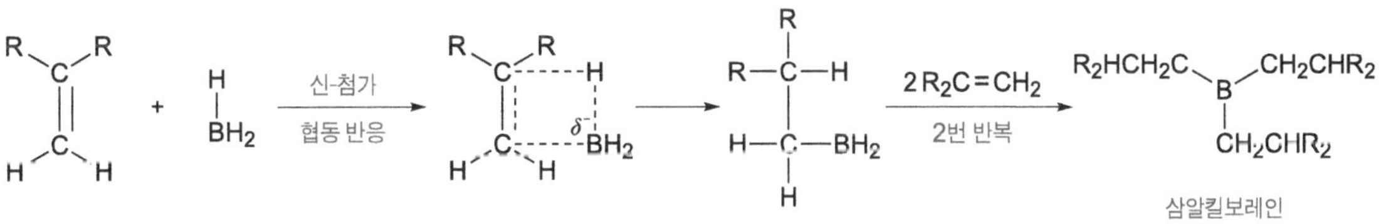

신-첨가

협동 반응

2번 반복

삼알킬보레인

$HOO{-}H + \bar{O}H \longrightarrow HOO^- + BR_3 \longrightarrow R_3\bar{B}{-}O{-}OH \xrightarrow[\text{2번 반복}]{2\ HOO^-} B(OR)_3 + \bar{O}H$

$R = -CH_2CHR_2$; Hydroperoxy-trialkylborate

$\xrightarrow[\text{2번 반복}]{} 3\ RO^-Na^+ + B(OH)_3 \longrightarrow 3\ ROH + Na_3BO_3$

알코올

연습문제 4.16 다음 반응 메커니즘을 완결하고, 전자 이동도 표시하시오.

$(H_3C)_2C{=}CH_2 + H{-}BH_2 \longrightarrow [\quad] \longrightarrow [\quad] \xrightarrow[\text{2번 반복}]{2\ CH_2C(CH_3)_2} BR_3$

$R = -CH_2CH(CH_3)_2$

$HOO{-}H + \bar{O}H \longrightarrow [\quad] + BR_3 \longrightarrow [\quad] \xrightarrow[\text{2번 반복}]{2\ HOO^-} B(OR)_3$

$B(OR)_3 + \bar{O}H \xrightarrow[\text{2번 반복}]{} (\quad) + B(OH)_3 \longrightarrow 3\ HOCH_2CH(CH_3)_2 + Na_3BO_3$

방법 4.14 알카인의 수소화 붕소 첨가-산화 반응 메커니즘 그리기

1단계 알카인의 파이 전자가 borane의 B−H 결합과 협동 첨가 반응을 하여 탄소와 반-결합 사-원자 고리 중간체가 이루어지도록 전자 이동을 표시한다.

⇒ 이 첨가 반응은 신-첨가로 진행된다.

⇒ 붕소(B) 원자가 치환이 적게 된 탄소 쪽으로 결합되도록 전자 이동을 표시한다. 따라서 이 반응은 위치 선택적이다.

$R{-}C{\equiv}C{-}H + H{-}BH_2 \xrightarrow[\text{협동 반응}]{\text{신-첨가}}$ (사-원자 고리: $C\cdots H$, $C\cdots \overset{\delta^-}{B}H_2$)

2단계 사-원자 고리 전이 상태에서 반-결합 전자들이 이동하여 생성물이 형성되도록 전자 이동을 표시한다.

사-원자 고리 전이 상태 $\longrightarrow$ $(R)(H)C{=}C(H)(BH_2)$

3단계 생성된 보레인 화합물에 2몰(mole)의 알켄이 같은 방식으로 두 번 더 반응하면 삼알킬 보레인(trialkylborane, R_3B)이 생성된다.

2 RCCH
2 BH_3
2번 반복
R=-CH=CHR

4단계 과산화 수소와 염기가 반응하여 HOO^-가 생성되도록 전자 이동을 표시한다. 생성된 HOO^- 이온이 붕소(B)와 반응하여 새로운 B−OOH 결합이 형성되도록 전자 이동을 표시한다. 생성물은 hydroperoxytrialkenylborate이다.

HOO—H + $\bar{O}H$ → ($-H_2O$) HOO^- + BR_3 → $R-\bar{B}(R)_2-O-OH$ R=-CH=CHR

Hydroperoxytrialkylborate

5단계 Hydroperoxytrialkenylborate가 자리 옮김 반응을 일으켜 $B(OR)_3$가 형성되도록 전자 이동을 표시한다.

2번 반복
R=-CH=CHR

6단계 Trialkylborate가 염기(HO^-)와 반응하여 알코올(엔올)과 Na_3BO_3가 생성되도록 전자 이동을 표시한다.

$B(OR)_3$ + $\bar{O}H$ → (2 HO^-, 2번 반복) 3 RCH=CHO$^-$Na$^+$ + $B(OH)_3$ → 3 RCH=CHOH + Na_3BO_3

엔올

7단계 생성된 엔올이 토토머화되어 카보닐 화합물이 생성되도록 전자 이동을 표시한다. 일반적으로 엔올보다 카보닐 화합물이 더 안정하다.

RCH=CHOH ≡ 엔올 ⇌ (토토머화) 알데하이드

복습문제 4.14 다음 반응 메커니즘에 적합한 전자 이동을 표시하시오.

R−C≡C−H + BH_2−H → (신-첨가, 협동 반응) → → (2 RCCH, 2번 반복) BR_3, R=-CH=CHR

HOO—H + $\bar{O}H$ → ($-H_2O$) HOO^- + BR_3 → $R-\bar{B}(R)_2-O-OH$ → $B(OR)_3$

$$(RO)_3B + \bar{O}H \xrightarrow[\text{2번 반복}]{2\ HO^-} 3\ RCH{=}CHO^-Na^+ + B(OH)_3 \longrightarrow 3\ RCH{=}CHOH + Na_3BO_3$$

$$RCH{=}CHOH \equiv \text{(R)(H)C=C(H)(}\ddot{O}H^{\delta+}) \underset{}{\overset{\text{토토머화}}{\rightleftharpoons}} R{-}CH_2{-}CHO$$

연습문제 4.17 다음 반응이 완결될 수 있는 메커니즘을 제시하시오. 전자 이동도 표시하시오.

$$CH_3C{\equiv}CH + H{-}BH_2 \xrightarrow[\text{협동 반응}]{\text{신-첨가}} [\quad\quad] \longrightarrow H_3C(H)C{=}C(H)BH_2 \xrightarrow[\text{2번 반복}]{2\ RCCH,\ 2\ BH_3} R_3B$$

R=-CH=CHCH₃

$$HOO{-}H + \bar{O}H \xrightarrow[-H_2O]{} HOO^- + R_3B \longrightarrow [\quad\quad] \xrightarrow{\text{2번 반복}} [\quad\quad] \longrightarrow$$

$R=-CH=CHCH_3$

$$(RO)_3B + \bar{O}H \xrightarrow[\text{2번 반복}]{2\ HO^-} [\quad\quad] + B(OH)_3 \longrightarrow 3\ CH_3CH{=}CHOH + Na_3BO_3$$

$$\text{(R)(H)C=C(H)(}\ddot{O}H^{\delta+}) \overset{\text{토토머화}}{\rightleftharpoons} [\quad\quad]$$

4.8 알켄과 알카인의 수화 반응 메커니즘

수화 반응(hydration)은 불포화 화합물에 한 분자의 물이 첨가되어 상응하는 알코올을 형성하는 반응이다. 파이 결합을 가진 알켄과 알카인이 친핵성 물질이므로 산-촉매 반응이 유리하다. 따라서 중간체로 탄소 양이온을 거쳐 진행되므로 Markovnikov 규칙에 따라 생성물이 형성된다.

방법 4.15 알켄의 산-촉매 수화 반응 메커니즘 그리기

1단계 파이 전자가 H^+와 반응하여 탄소 양이온이 형성되도록 전자 이동을 표시한다.

⇒ 탄소에 치환이 많이 된 탄소 양이온이 생성되며, 탄소 양이온 중간체를 거치므로 자리 옮김 반응이 일어날 수도 있다.

탄소 양이온

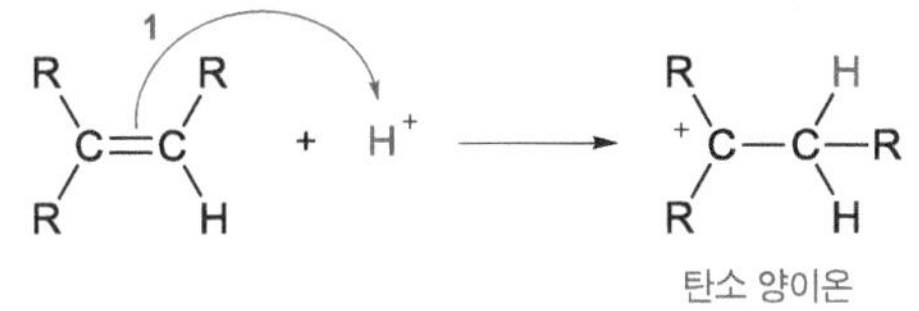

2단계 생성된 양이온과 물(H_2O) 분자가 친핵성 반응을 일으켜 옥소늄 이온을 형성한다.

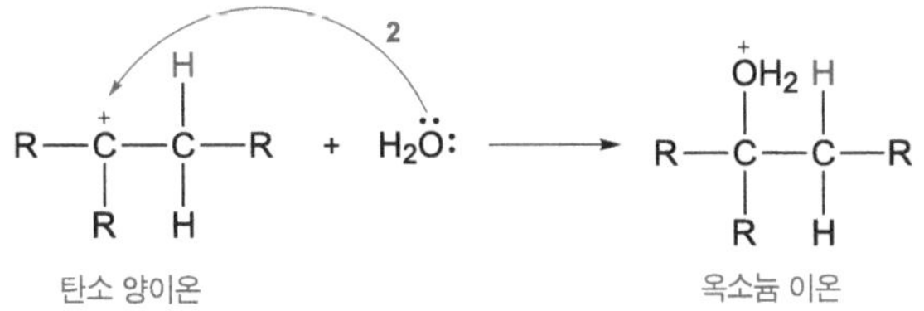

탄소 양이온 옥소늄 이온

3단계 마지막 단계에서 H^+ 이온이 이탈되면서 알코올이 생성된다.

⇒ 탄소 양이온 중간체를 거치는 반응에서는 반응자리 탄소의 배열이 보존되거나 반전될 수 있다.

⇒ 탄소 양이온 중간체를 거치므로 자리 옮김 반응이 일어날 수도 있다.

알코올

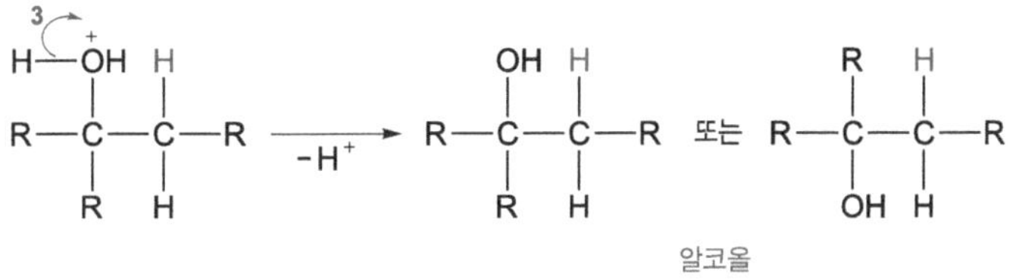

복습문제 4.15 다음 수화 반응 메커니즘에 적합한 전자 이동을 표시하시오.

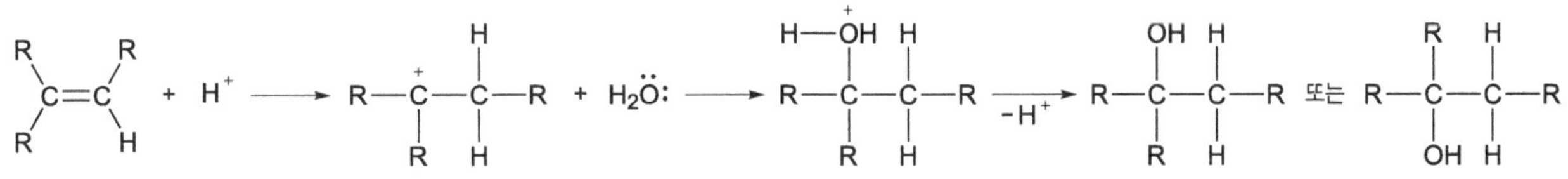

연습문제 4.18 다음 수화 반응의 메커니즘을 완결하시오. 전자 이동도 표시하시오.

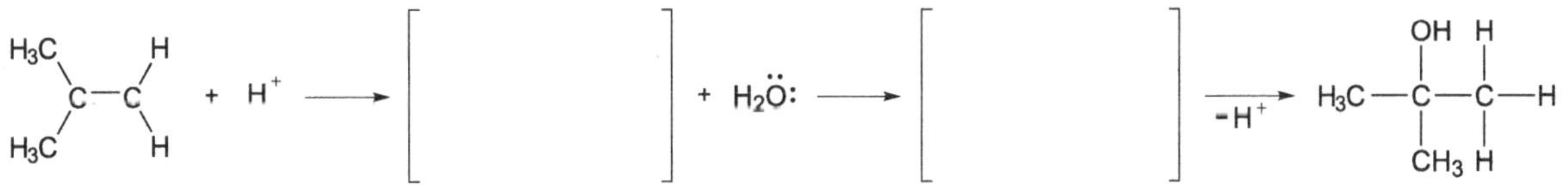

방법 4.16 알카인의 산-촉매 수화 반응 메커니즘 그리기

1단계 알켄의 파이 전자가 산-촉매의 H^+와 반응하도록 전자 이동을 표시한다.
⇒ 생성물은 탄소에 치환이 많이 된 탄소 양이온이다.

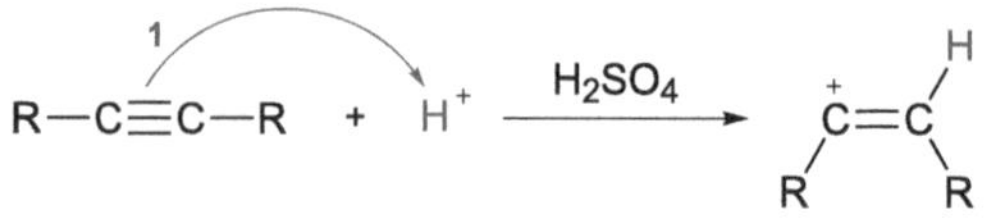

2단계 물 분자와 탄소 양이온이 반응하여 $C-OH_2^+$ 결합이 형성되도록 전자 이동을 표시한다.

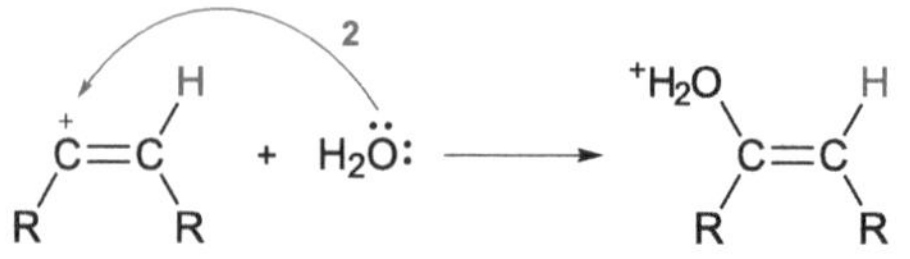

3단계 생성된 양이온에서 H^+가 이탈되어 중성 엔올이 생성되도록 전자 이동을 표시한다.

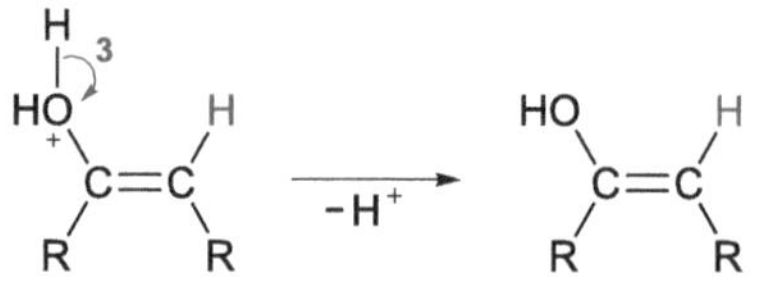

4단계 엔올이 토토머화를 일으켜 더 안정한 카보닐 화합물을 생성한다.

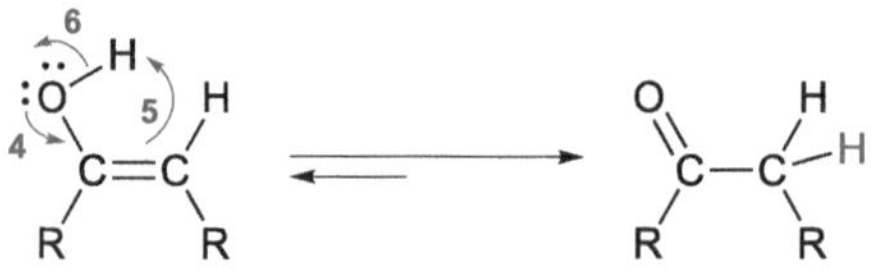

엔올 카보닐 화합물

복습문제 4.16 다음 알카인 수화 반응에 적합한 전자 이동을 표시하시오.

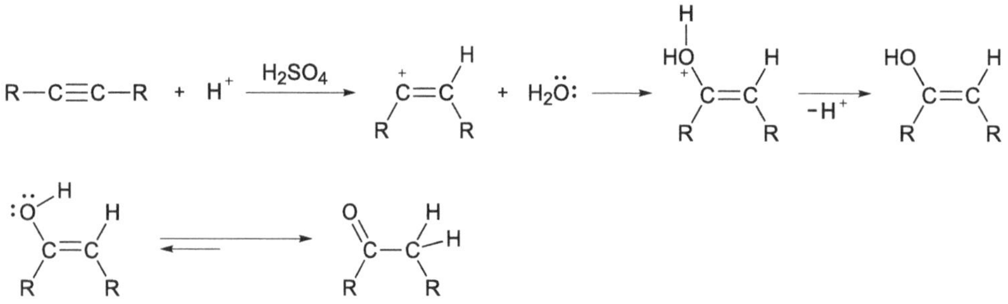

연습문제 4.19 다음 반응 메커니즘을 완결하시오.

$H_3C-C\equiv C-H$ + H^+ —(H_2SO_4)→ [ ] + $H_2\ddot{O}$: → [ ] —($-H^+$)→ HO(H₃C)C=CH₂

Prop-1-yne

:Ö–H (H₃C)C=CH₂ ⇌ [ ]

4.9 알켄과 카벤의 반응 메커니즘

알켄은 카벤(carbene, R_2C:)이라고 하는 화학종과 반응하여 삼-원자 탄소 고리를 생성한다. 따라서 카벤은 cyclopropane 고리 합성에 흔하게 이용된다. 카벤 공급물질은 diazomethane($CH_3N^+\equiv N$), trichloromethane($CHCl_3$) 및 Simmons-Smith 시약(ICH_2ZnI) 등이 이용된다.

방법 4.17 알켄과 카벤의 반응 메커니즘 그리기

1단계 카벤 공급물질이 분해되어 카벤을 생성하는 단계의 전자 이동을 표시한다.

⇒ 세 가지 카벤(Y_2C:) 생성 과정을 나타냈다.

(1) $H_2\ddot{C}^--\overset{+}{N}\equiv N$ —($-N_2$)→ :CH_2

Diazomethane　　Methylcarbene

(2) $(CH_3)_3CO^-$ + $H-CCl_3$ —($-(CH_3)_3COH$)→ $Cl-\ddot{C}^-Cl_2$ —($-Cl$)→ :CCl_2

Chloroform　　Dichlorocarbene

(3) CH_2I_2 + Zn-Cu —(Diethyl ether, - Metal iodide)→ ICH_2ZnI

Simmons-Smith 시약

2단계 알켄과 카벤이 동시성 신-첨가를 일으켜 삼-원자 고리가 형성되도록 전자 이동을 표시한다. 이 반응은 동시성 반응이어서 중간체가 없다.

RHC=CHR + :CY_2 → Cyclopropane　　Y = H, Cl

알켄　　Cyclopropane

복습문제 4.17 다음 고리화 반응 메커니즘에 적합한 전자 이동을 표시하시오.

(1) $H_2\ddot{C}-\overset{+}{N}\equiv N \xrightarrow{-N_2} :CH_2$

(2) $(CH_3)_3CO^- + H-CCl_3 \xrightarrow{-(CH_3)_3COH} Cl-\ddot{C}Cl_2 \xrightarrow{-Cl} :CCl_2$

(3) $CH_2I_2 + Zn\text{-}Cu \xrightarrow[\text{- Metal iodide}]{\text{Diethyl ether}} ICH_2ZnI$

$RCH=CHR + :CY_2 \longrightarrow$ (cyclopropane) Y = H, Cl

연습문제 4.20 다음 반응의 메커니즘을 완결하시오. 전자 이동도 표시하시오.

$H_3C-\overset{+}{N}\equiv N \xrightarrow{-N_2} [\quad] +$ (cyclohexene) $\longrightarrow$ (bicyclo product, H_2C)

4.10 알켄과 과산화카복실산의 반응 메커니즘

알켄과 과산화카복실산(peroxycarboxylic acid, RC(=O)OOH)이 반응하면, 산소 하나와 탄소 두 개 원자로 구성된 삼-원자 고리인 에폭사이드(epoxide)가 생성된다.

방법 4.18 알켄과 과산화카복실산의 반응 메커니즘 그리기

1단계 알켄과 과산화카복실산이 반응하여 에폭사이드가 생성되도록 전자 이동을 표시한다.

알켄 + Peroxybenzoic acid ⟶ 에폭사이드 + Benzoic acid

2단계 생성된 에폭사이드가 산-촉매 수화 반응을 하면 트랜스-다이올(*trans*-diol)이 생성된다.

⇒ 출발물질이 트랜스-알켄이면 메조(*meso*)- 생성물이 얻어진다.

⇒ 출발물질이 시스-알켄이면 라셈 혼합 생성물이 생성된다.

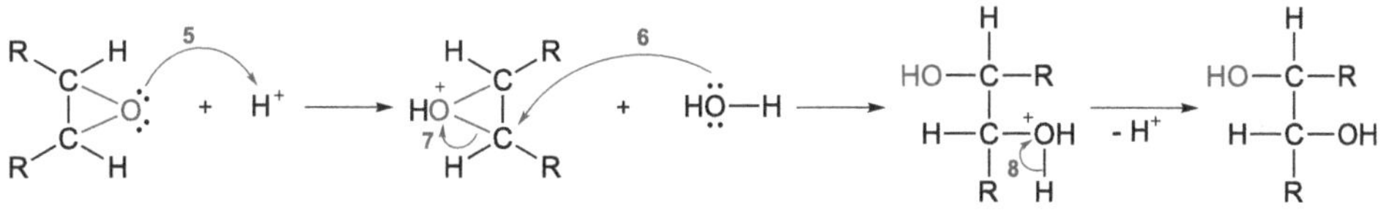

trans-1,2-Diol

복습문제 4.18 다음 반응 메커니즘에 적합한 전자 이동을 표시하시오.

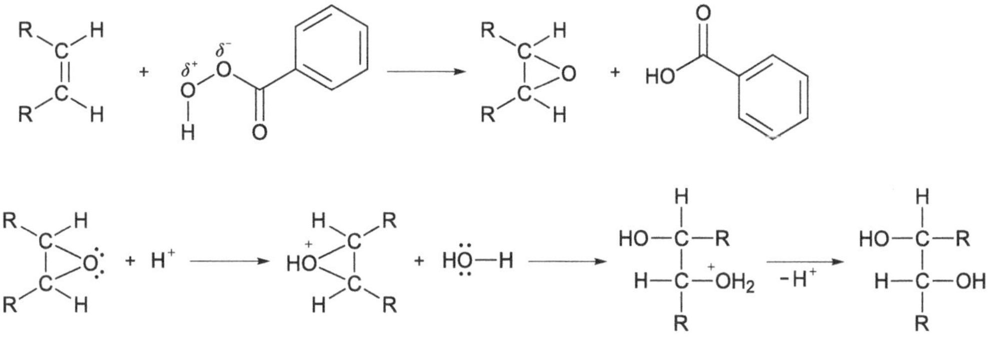

연습문제 4.21 다음 반응 메커니즘을 완결하시오. 또 적합한 전자 이동도 표시하시오.

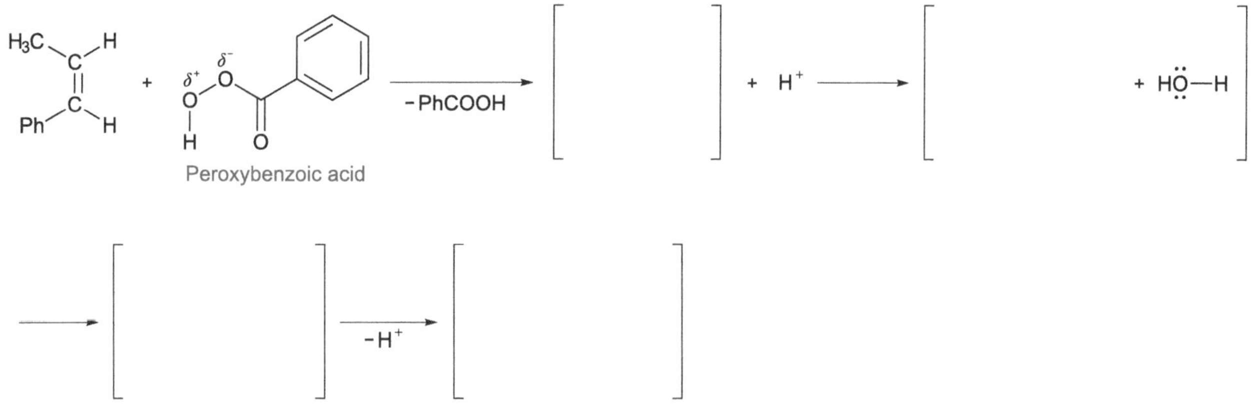

-PhCOOH

Peroxybenzoic acid

$-H^+$

(1*R*,2*S*)-1-Phenylpropane-1,2-diol

4.11 알켄과 $KMnO_4$ 또는 OsO_4를 이용한 다이올 합성 메커니즘

알켄과 산화제인 $KMnO_4$(또는 OsO_4)를 반응시켜 시스-1,2-다이올(*cis* 1,2 diol)을 만들 수 있다. 이 과정은 산화 반응이며, 신-첨가가 일어나므로 시스-1,2-다이올이 형성된다.

방법 4.19 알켄과 $KMnO_4$(또는 OsO_4)를 이용한 다이올 합성 메커니즘 그리기

1단계 알켄과 금속 산화물이 동일면에서 동시성 반응을 일으켜 오-원자 고리를 형성하도록 전자 이동을 표시한다.

신-첨가 (VIII) Os → Os (VI)

신-첨가 Mn

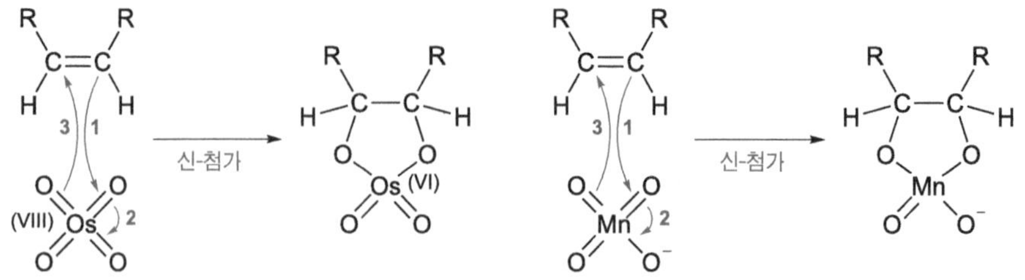

2단계 형성된 오-원자 고리가 분해되어 다이올이 되도록 전자 이동을 표시한다. 고리 분해 메커니즘은 정확히 알려진 바 없지만, 가장 타당하다고 여겨지는 메커니즘을 제시하였다.

(OsO_4 반응)

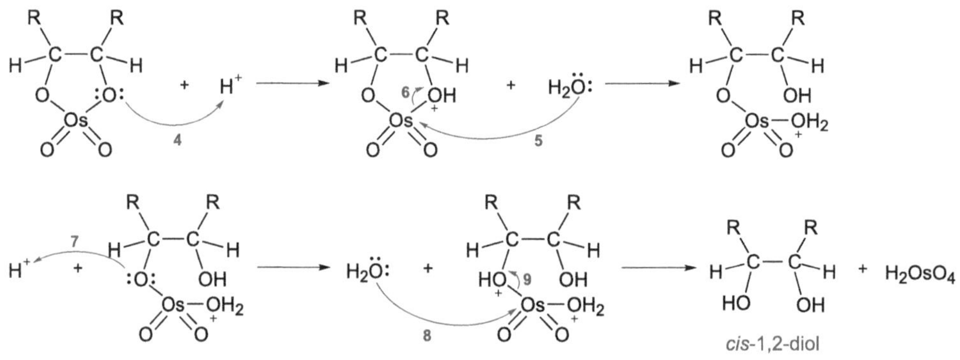

+ H^+ → + $H_2\ddot{O}$: →

H^+ + → $H_2\ddot{O}$: + → + H_2OsO_4

cis-1,2-diol

($KMnO_4$ 반응)

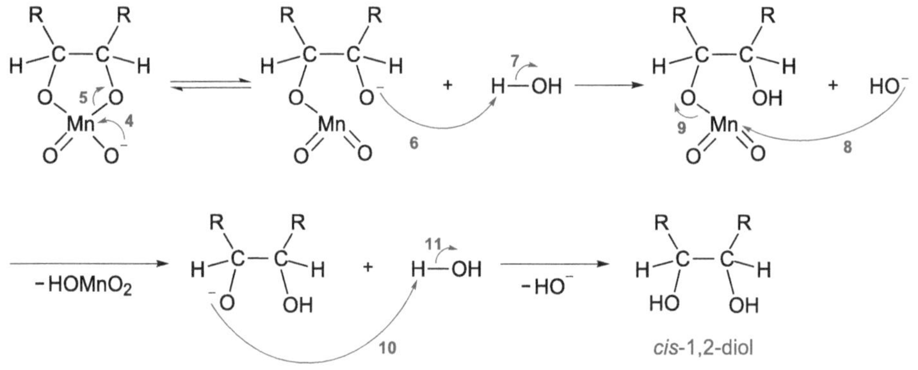

⇌ + H—OH → + HO^-

$-HOMnO_2$ → + H—OH $-HO^-$ →

cis-1,2-diol

복습문제 4.19 다음 반응 메커니즘에 적합한 전자 이동을 표시하시오.

(a) + → (신-첨가) + H^+ → + $H_2\ddot{O}$: →

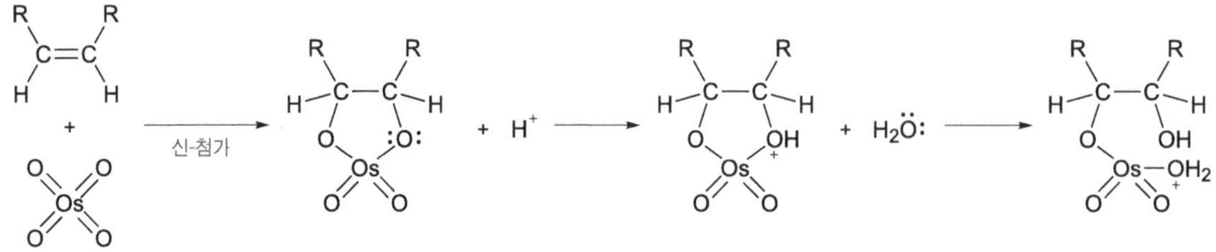

H^+ + (R)(H)C(:O:–$Os(=O)_2$–OH_2^+)–C(R)(H)(OH) ⟶ $H_2\ddot{O}$: + (R)(H)C(HO^+–$Os(=O)_2$–OH_2^+)–C(R)(H)(OH) ⟶ (R)(H)C(HO)–C(R)(H)(OH) + H_2OsO_4

cis-1,2-diol

(b) RCH=CHR + MnO_4^- —신-첨가→ (cyclic manganate ester, $Mn(=O)O^-$) ⇌ (R)(H)C(O–MnO_2)–C(R)(H)(O^-) + H—OH ⟶ (R)(H)C(O–MnO_2)–C(R)(H)(OH) + HO^-

—(- $HOMnO_2$)→ (R)(H)C(^-O)–C(R)(H)(OH) + H—OH —(- HO^-)→ (R)(H)C(HO)–C(R)(H)(OH)

cis-1,2-diol

연습문제 4.22 다음 반응 메커니즘을 완결하고, 전자 이동도 표시하시오.

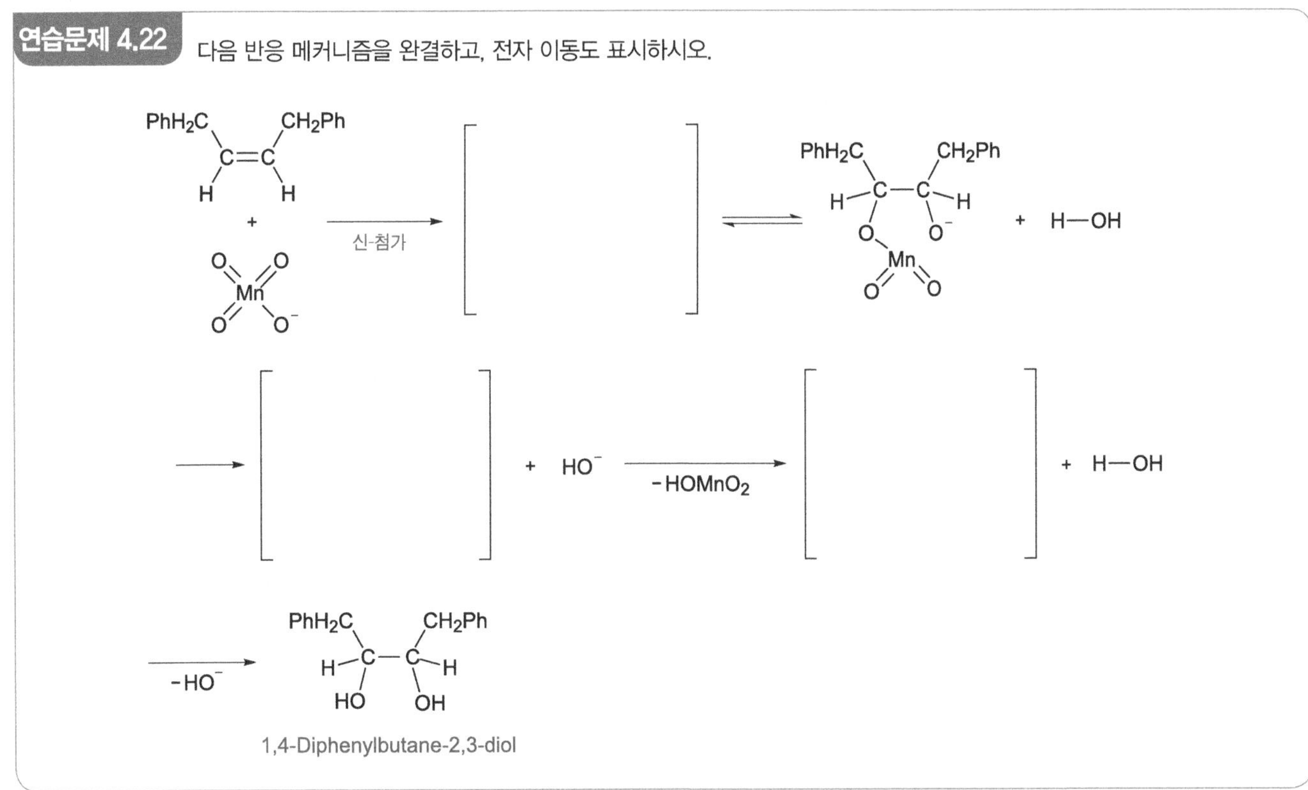

4.12 알켄의 가오존 분해 반응 메커니즘

알켄과 알카인은 ozone(O_3)과 반응하면 C=C 및 C≡C 결합이 분해되어 카보닐 화합물을 생성한다. 이 반응을 **가오존 분해 반응**(ozonolysis)이라고 한다. 이 반응은 C=C 결합 탄소에 결합된 알킬 치환기에 따라 알데하이드(RCHO) 또는 케톤(RCOR) 생성물이 얻어진다. 여기서는 알켄의 가오존 분해 반응만을 다룬다.

방법 4.20 알켄의 가오존 분해 반응 메커니즘 그리기

1단계 알켄과 오존이 반응하여 오-원자 고리 중간체가 형성되도록 전자 이동을 표시한다.

⇒ 오존(Ozone, O_3)은 두 개의 공명 구조를 가진다.

⇒ 이 단계에서 생성되는 고리 중간체를 **몰오존화물**(molozonode)이라고 한다.

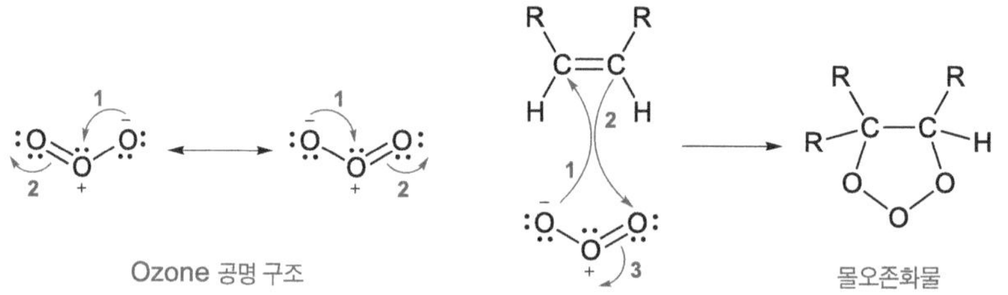

Ozone 공명 구조

몰오존화물

2단계 몰오존화물의 고리가 두 개의 카보닐 화학종으로 분해되도록 전자 이동을 표시한다.

몰오존화물

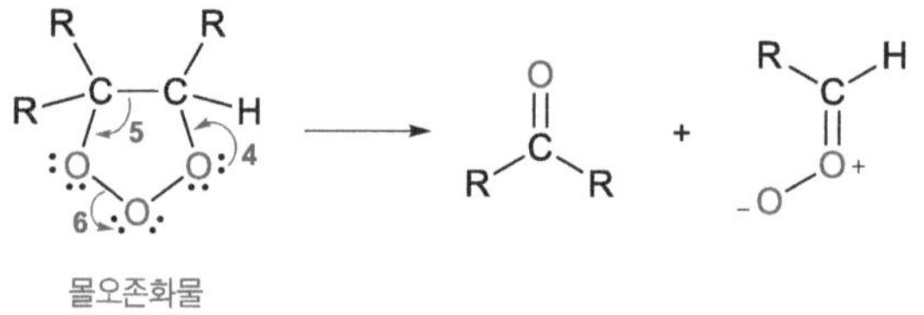

3단계 두 개의 카보닐 화학종이 다시 반응하여 또 다른 오-원자 고리인 오존화물(ozonide)이 생성되도록 전자 이동을 표시한다.

오존화물

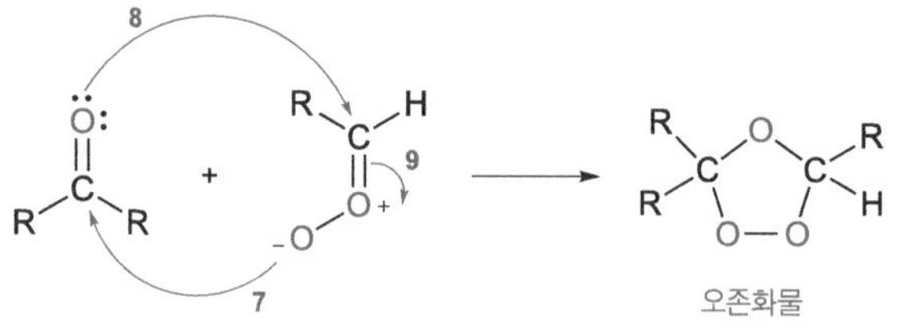

4단계 중간체인 오존화물이 분해되어 두 가지의 카보닐 화합물이 생성되도록 전자 이동을 그린다.

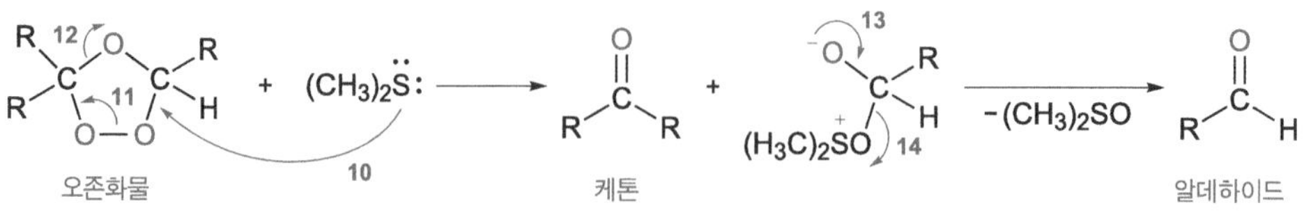

오존화물 + $(CH_3)_2S$: → 케톤 + ... $-(CH_3)_2SO$ → 알데하이드

복습문제 4.20 다음 가오존 분해 반응 메커니즘에 적합한 전자 이동을 표시하시오.

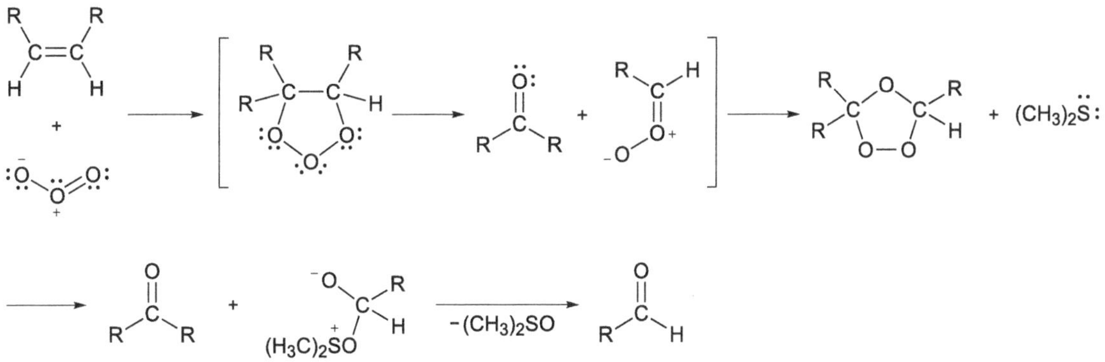

연습문제 4.23 다음 반응 메커니즘을 완결하시오. 전자 이동도 표시하시오.

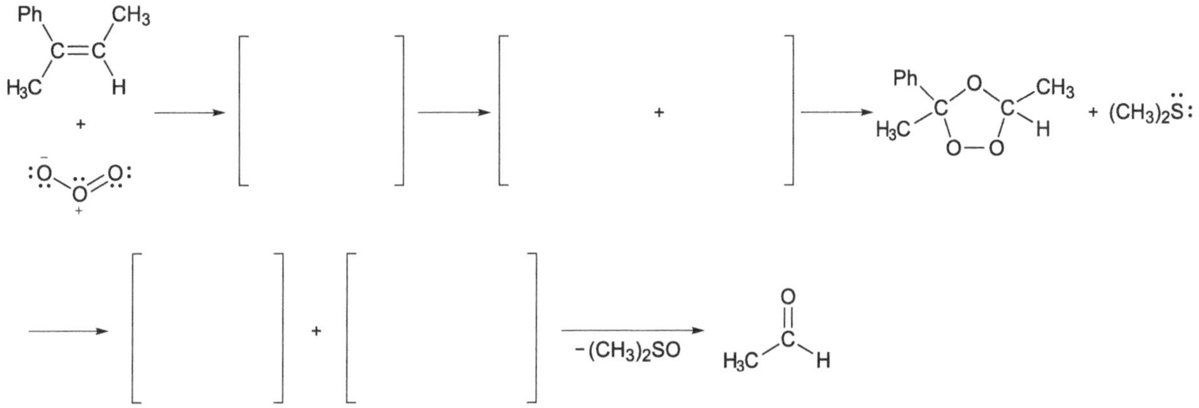

4.13 말단 알카인의 반응 메커니즘

말단 알카인을 NaH나 $NaNH_2$ 같은 강한 염기로 처리하면 알카인일(alkynyl 또는 acetylide, $RC{\equiv}C^-$) 음이온으로 변환된다. 이 알카인일 음이온은 좋은 친핵체이며, 할로젠화 알킬(RX)이나 에폭사이드 등과 반응한다. 특히 내부 알카인(internal alkyne)의 합성에 유용하다.

방법 4.21 말단 알카인과 할로젠화 알킬의 반응 메커니즘 그리기

1단계 말단 일카인을 염기로 처리하여 상응하는 아세틸라이드 이온이 생성되도록 전자 이동을 표시한다.

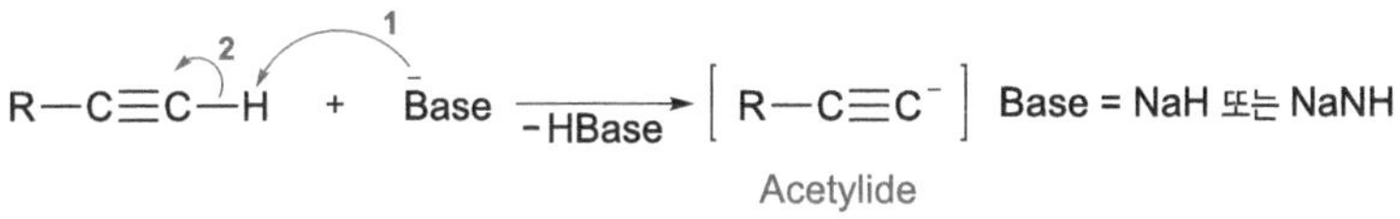

$R-C{\equiv}C-H + \overset{-}{Base} \xrightarrow[-HBase]{} [R-C{\equiv}C^-]$ Base = NaH 또는 NaNH

Acetylide

2단계 생성된 음이온과 할로젠화 알킬이 반응하여 새로운 C–C 결합이 형성되도록 전자 이동을 표시한다.

⇒ 생성물은 내부 알카인이다.

⇒ 이 반응은 C≡C 단위를 포함하는 사슬 합성에 유용하다.

$$R-C\equiv C^{-} + \overset{\delta^+}{R}-\overset{\delta^-}{X} \longrightarrow R-C\equiv C-R$$

내부 알카인

복습문제 4.21 다음 반응 메커니즘에 적합한 전자 이동을 표시하시오.

$$R-C\equiv C-H + \overset{-}{\text{Base}} \xrightarrow[-\text{HBase}]{} R-C\equiv C^{-} + \overset{\delta^+}{R}-\overset{\delta^-}{X} \longrightarrow R-C\equiv C-R$$

Base = NaH 또는 $NaNH_2$

내부 알카인

연습문제 4.24 다음 반응 메커니즘을 완결하시오. 또 적합한 전자 이동도 표시하시오.

$$H_3C-C\equiv C-H + \overset{-}{\text{Base}} \xrightarrow[-\text{HBase}]{} [\quad] + PhH_2C-Cl \xrightarrow[-Cl^{-}]{} [\quad]$$

Base = NaH 또는 $NaNH_2$

But-2-yn-1-ylbenzene

방법 4.22 말단 알카인과 에폭사이드의 반응 메커니즘 그리기

1단계 말단 알카인과 염기가 반응하여 상응하는 아세틸라이드 이온이 만들어지도록 전자 이동을 표시한다.

$$R-C\equiv C-H + \overset{-}{\text{Base}} \xrightarrow[-\text{HBase}]{} [R-C\equiv C^{-}]$$ Base = NaH 또는 $NaNH_2$

Acetylide

2단계 생성된 음이온과 에폭사이드가 반응하여 새로운 C–C 결합을 형성하며 에폭사이드 고리가 열려서 알코올이 되도록 전자 이동을 그린다.

⇒ 중간체는 알코올 음이온이다.

⇒ 이 반응은 C≡C 단위를 포함하는 알코올 합성에 유용하다.

$$R-C\equiv C^{-} + \text{epoxide} \longrightarrow R_2C(O^{-})-CH_2-C\equiv C-R + H-OH \xrightarrow[-HO^{-}]{} R_2C(OH)-CH_2-C\equiv C-R$$

알콕사이드 알킨올

복습문제 4.22 다음 반응 메커니즘에 적합한 전자 이동을 표시하시오.

$$R-C\equiv C-H + \bar{B}ase \xrightarrow{-HBase} R-C\equiv C^- + \text{epoxide} \longrightarrow \text{alkoxide} \xrightarrow{H_2O} \text{alcohol}$$

Base = NaH 또는 $NaNH_2$

연습문제 4.25 다음 반응 메커니즘을 완결하고, 적합한 전자 이동도 표시하시오.

$$Ph-C\equiv C-H + \bar{B}ase \xrightarrow{-HBase} [\quad] + \text{epoxide (Me, Et, H, H)} \longrightarrow [\quad] \xrightarrow{H-OH} [\quad]$$

Base = NaH 또는 $NaNH_2$

(*R*)-3-Methyl-6-phenylhex-5-yn-3-ol

4.14 알켄과 알카인의 환원 반응 메커니즘

알켄과 알카인 같은 불포화 화합물은 수소화를 통해 포화 탄화수소로 변환될 수 있다. 이 과정은 환원 반응이며, 활성화 에너지가 커서 촉매 없이는 진행되지 않는다. 여기서는 가장 일반적으로 받아들이는 수소화 반응 메커니즘을 제시하였다.

$$R_2C=CR_2 + H_2 \xrightarrow{\text{촉매}} R_2CH-CHR_2 \qquad R-C\equiv C-R + 2\,H_2 \xrightarrow{\text{촉매}} R-CH_2-CH_2-R$$

알켄   알케인   알카인   알케인

알카인은 액체 암모니아 속에서 소듐(Na)을 이용하여 상응하는 알켄으로 환원시킬 수 있다. 이 반응을 **용해 금속 환원 반응**(dissolving metal reduction)이라고 한다.

방법 4.23 알켄의 촉매 수소화 반응 메커니즘 그리기

1단계 수소 분자와 알켄 분자가 금속 표면에 흡착된 것으로 표시한다.

⇒ 분자가 금속 표면에 흡착되면 결합이 약해져서 반응에 유리해진다.

$$H_2 + \text{금속 촉매} \xrightarrow{\text{흡착}} H\text{---}H \text{ (금속 표면)}$$

$$R_2C=CR_2 + \text{금속 촉매} \xrightarrow{\text{흡착}} R_2C\text{=}CR_2 \text{ (금속 표면)}$$

2단계 금속 표면에 흡착되어 활성화된 두 화학종이 가까이에서 서로 신-첨가 반응이 진행되도록 전자 이동을 표시한다.

동시성 신-첨가

알케인

방법 4.24 알카인의 촉매 수소화 반응 메커니즘 그리기

1단계 수소 분자와 알카인 분자가 금속 표면에 흡착된 것으로 표시한다.

⇒ 분자가 금속 표면에 흡착되면 결합이 약해져서 반응에 유리해진다.

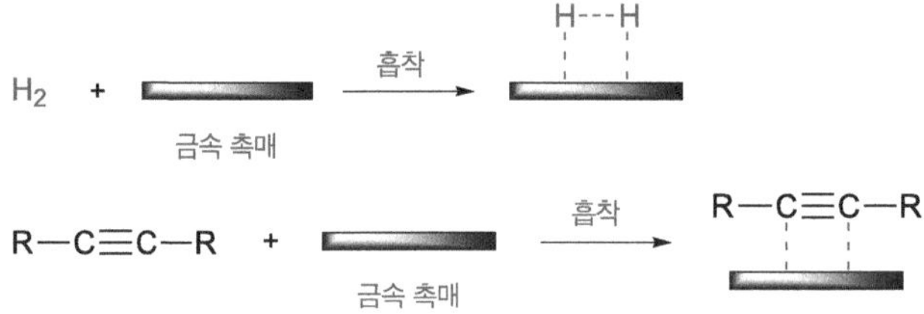

2단계 금속 표면에 흡착되어 활성화된 두 화학종이 가까이서 서로 신-첨가 반응을 하도록 전자 이동을 표시한다.

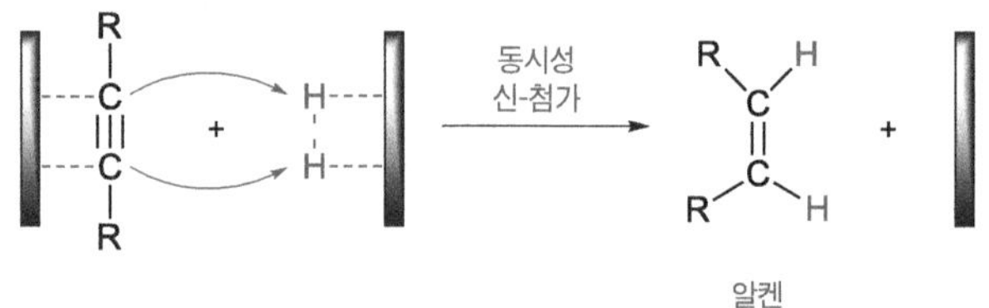

Lindlar 촉매는 $CaCO_3$에 $Pd(OAc)_2$와 quinoline을 첨가하고 Pd(5%)를 흡착시킨 촉매이다.

3단계 같은 메커니즘(알켄의 수소화 반응)으로 반응이 더 진행되어 상응하는 알케인이 최종 생성물로 생성된다.

⇒ 수소를 1몰만 사용하면 시스-알켄이 얻어진다. 이 경우는 주로 Lindlar 촉매가 이용된다.

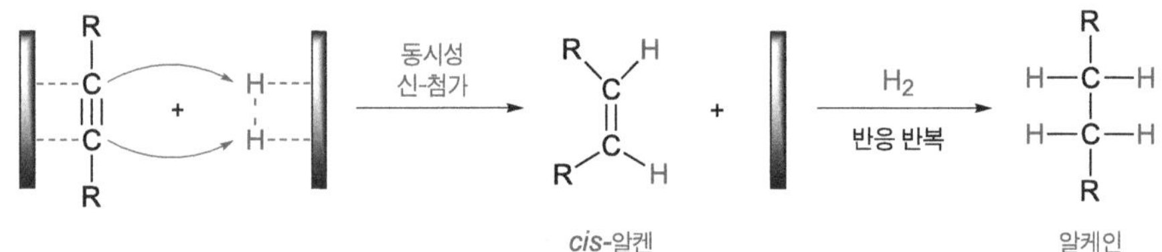

방법 4.25 알카인의 용해 금속 환원 반응 메커니즘 그리기

1단계 내부 알카인과 Na 금속이 반응하여 상응하는 라디칼 음이온이 생성되도록 전자 이동을 표시한다.

R—C≡C—R + Na $\xrightarrow{-Na^+}$

내부 알카인

음이온 라디칼

2단계 음이온 라디칼과 NH_3가 반응하여 탄소 음이온은 수소화되고 라디칼이 생성되도록 전자 이동을 표시한다.

음이온 라디칼

$-\bar{N}H_2$

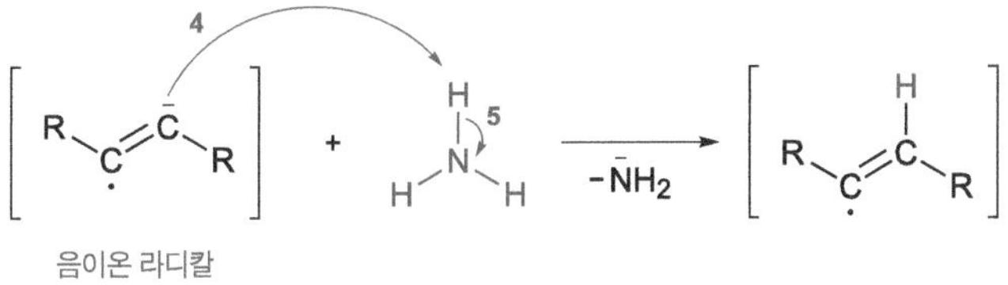

3단계 새롭게 생성된 라디칼과 소듐 금속이 반응하여 vinyl 음이온을 형성하도록 전자 이동을 표시한다.

$-Na^+$

Vinyl 음이온

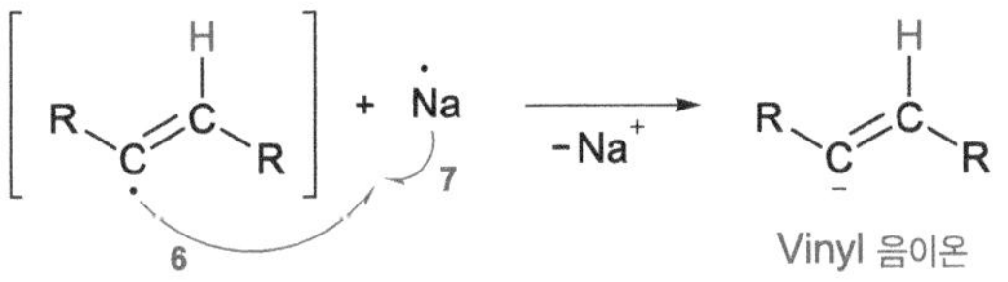

4단계 Vinyl 음이온과 암모니아의 수소가 반응하여 상응하는 트랜스-알켄을 생성한다.

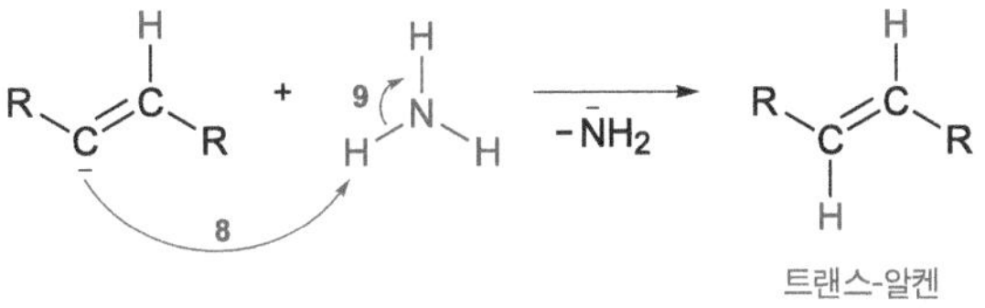

$-\bar{N}H_2$

트랜스-알켄

복습문제 4.23 다음 금속 환원 반응 메커니즘에 적합한 전자 이동을 표시하시오.

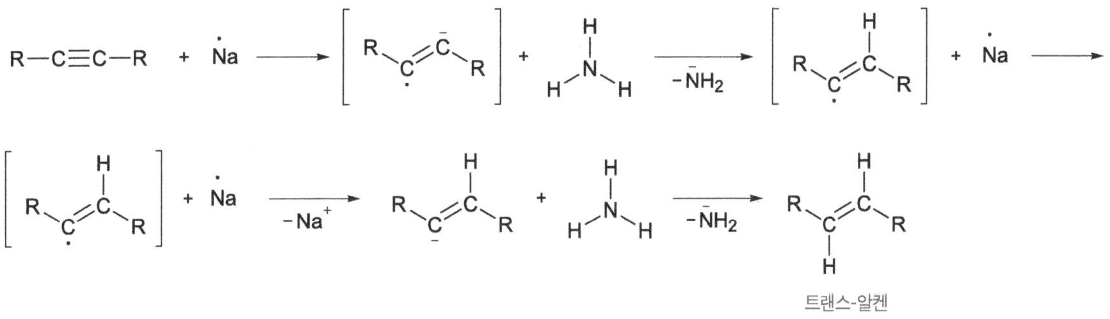

R—C≡C—R + Na → [ ] + NH_3 —($-\bar{N}H_2$)→ [ ] + Na →

[ ] + Na —($-Na^+$)→ + NH_3 —($-\bar{N}H_2$)→

트랜스-알켄

연습문제 4.26 다음 반응 메커니즘을 완결하고, 전자 이동도 표시하시오.

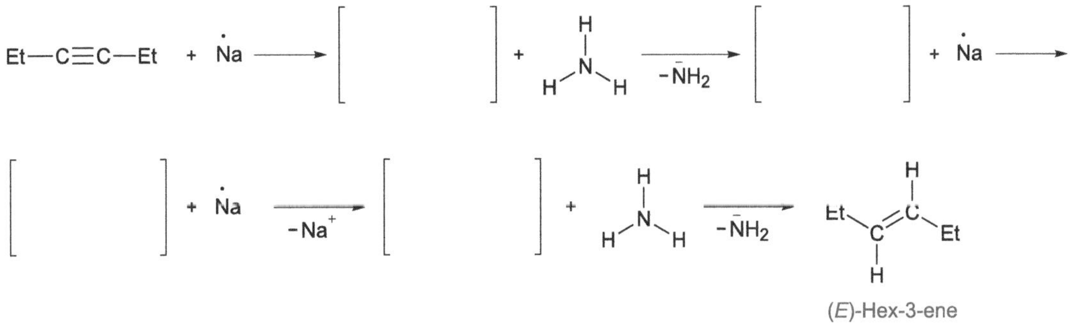

Et—C≡C—Et + Na → [ ] + NH_3 —($-\bar{N}H_2$)→ [ ] + Na →

[ ] + Na —($-Na^+$)→ [ ] + NH_3 —($-\bar{N}H_2$)→

(*E*)-Hex-3-ene

4.15 다이엔의 콘쥬게이션 첨가 반응 메커니즘

탄소 사슬에 이중 결합이 두 개인 다이엔(diene)은 다음과 같이 구분한다.

1. 이중 결합이 연이어 있는 부류는 **연이은 다이엔**(cumulated diene)이라고 한다.
2. 이중 결합이 하나의 단일 결합으로 연결된 다이엔은 **콘쥬게이션 다이엔**(conjugation diene)이라고 한다.
3. 이중 결합이 하나 이상의 단일 결합에 의해 분리된 다이엔은 **분리된 다이엔**(isolated diene)이라고 한다.

"*s*-시스"에서 "*s*"는 sigma 결합을 의미한다. *s*-시스는 단일 결합을 중심으로 두 이중 결합이 시스 배열을 하고 있음을 나타낸다.

이들 중에서 콘쥬게이션 다이엔은 반응 중 생성되는 양이온의 자리 옮김이 가능하다. 그렇게 되면 혼합 생성물이 생성되거나, 예상하지 않는 다른 화합물이 생성되기도 한다. 또 단일 결합에 대해 두 이중 결합이 시스-형태로 존재하면(이를 *s*-시스 형태) 이중 결합 화합물과 반응하여 고리를 만들기도 한다. Diels-Alder 반응이 대표적이다.

방법 4.26 콘쥬게이션 다이엔의 HX 첨가 반응 메커니즘 그리기

1단계 콘쥬게이션 다이엔과 HX가 반응하여 양이온과 X^-가 생성하도록 전자 이동을 표시한다.

$R_2C{=}CH{-}CH{=}CR_2 + H{-}X \longrightarrow R_2C{=}CH{-}\overset{+}{C}H{-}CHR_2 + X^-$

콘쥬게이션 다이엔　　　양이온

2단계 앞 단계에서 생성된 양이온의 공명 구조를 그린다.

$R_2C{=}CH{-}\overset{+}{C}H{-}CHR_2 \longleftrightarrow R_2\overset{+}{C}{-}CH{=}CH{-}CHR_2$

1,2-첨가는 이웃한 두 탄소에서 첨가 반응이 일어나며, 1,4-첨가는 처음 H가 첨가된 탄소로부터 4번째 탄소에 X가 첨가됨을 의미한다.

3단계 두 공명 구조와 X^- 이온이 각각 반응하여 첨가 생성물이 생성되도록 전자 이동을 표시한다.

⇒ 1,2-첨가 생성물과 1,4-첨가 생성물이 만들어진다. 이 반응에서는 더 안정한 양이온 중간체를 거치는 생성물이 주 생성물이 된다.

$R_2C{=}CH{-}CHX{-}CHR_2$ (1,2-첨가 생성물)　　$R_2CX{-}CH{=}CH{-}CHR_2$ (1,4-첨가 생성물)

복습문제 4.24 다음 콘쥬게이션 다이엔의 첨가 반응 메커니즘에 적합한 전자 이동을 표시하시오.

$$R_2C{=}CH{-}CH{=}CR_2 + H{-}X \longrightarrow R_2C{=}CH{-}\overset{+}{C}H{-}CHR_2 \longleftrightarrow R_2\overset{+}{C}{-}CH{=}CH{-}CHR_2$$

$$\downarrow X^- \qquad\qquad \downarrow X^-$$

$$R_2C{=}CH{-}CHX{-}CHR_2 \qquad R_2CX{-}CH{=}CH{-}CHR_2$$

연습문제 4.27 다음 반응 메커니즘을 완결하고, 전자 이동도 표시하시오.

$$H_2C{=}CH{-}CH{=}CH_2 + H{-}Br \longrightarrow [\quad\quad] \longleftrightarrow [\quad\quad]$$

$$\downarrow Br^- \qquad\qquad \downarrow Br^-$$

$$[\quad\quad] \qquad\qquad [\quad\quad]$$

3-Bromobut-1-ene　　1 -Bromobut-2-ene

방법 4.27 Diels–Alder 반응 메커니즘 그리기

1단계 Diels–Alder 반응에 이용될 수 있는 콘쥬게이션 다이엔은 *s*–시스형이어야 한다. 이를 확인한다.

⇒ 만일 출발물질이 *s*–트랜스형 콘쥬게이션 다이엔이면, 먼저 *s*–시스형으로 변형된 후에 반응이 가능하다.

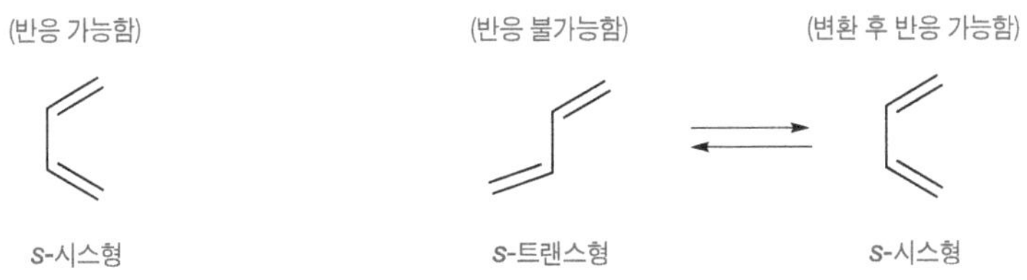

2단계 다이엔과 알켄이 동일면에서 반응하여 육–원자 고리를 생성하도록 전자 이동을 표시한다.

⇒ 이 반응은 협동 메커니즘으로 진행된다.

⇒ 4개 탄소 단위와 2개 탄소 단위가 반응하여 고리를 생성하므로 [4+2] 고리화 첨가 반응이라고도 한다.

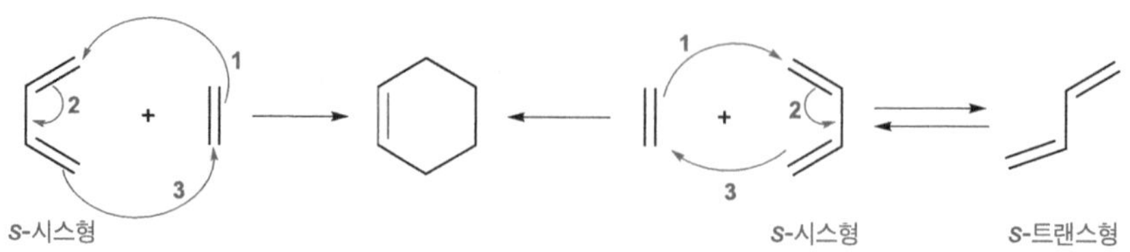

복습문제 4.25 다음 고리화 반응에 적합한 전자 이동을 표시하시오.

연습문제 4.28 다음 반응 메커니즘을 완결하시오. 생성물의 IUPAC 이름을 쓰고, 적합한 전자 이동도 표시하시오.

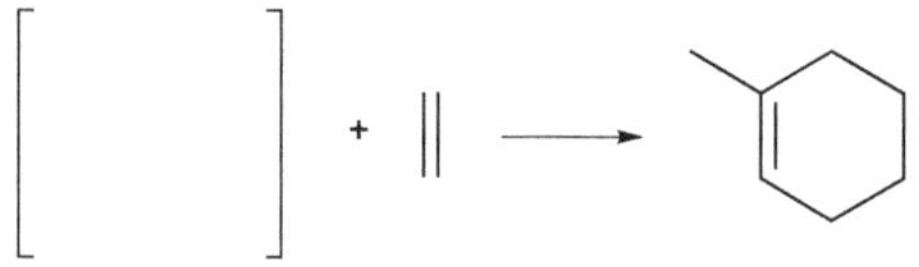

5장 알코올/아민/나이트로 작용기 반응 메커니즘

알코올(ROH)과 에터(ROR)는 산소 작용기를 가지며, 아민(NR_3), 나이트로(RNO_2)와 아자이드(RN_3)는 질소 작용기를 가지는 계열들이다.

유기화학의 유용한 작용기 중에는 산소와 질소 원자를 포함하는 중요한 작용기들이 있다. 따라서 이들 작용기의 반응을 이해하는 것도 중요하다. 산소(O)와 질소(N)는 2주기 원소이므로 반응에 관여하는 원자가 전자가 2*s*와 2*p* 오비탈을 점유하고 있고, 이 원소들의 작용기에서 산소(O)와 질소(N)는 $2sp^3$, $2sp^2$ 또는 $2sp$로 혼성화되어 있다.

5.1 알코올의 반응 메커니즘

알코올은 OH 작용기를 포함하고 있는 화합물 부류이다. OH기는 전기 음성도가 큰 산소가 두 개의 전자쌍을 가지고 있어 $O^{\delta+}-H^{\delta-}$로 편극된 극성 결합이다. 따라서 좋은 친핵체이면서 좋은 이탈기이다. 한편으로는 ROH는 강한 염기에 의해 수소 양이온(H^+)을 상실하고, 쉽게 알콕사이드(alkoxide, RO^-)를 생성한다. 알코올은 크게 지방족 알코올과 방향족 알코올로 분류된다. 지방족 알코올은 $2sp^3$ 혼성 탄소에 OH기를 가지고 있다. $2sp^2$ 혼성 탄소에 OH기를 가진 부류로 엔올(enol)과 phenol 같은 방향족 알코올이 있다. 따라서 이들은 반응성에서 차이가 있다.

지방족 알코올(aliphatic alcohol)은 지방족 탄화수소의 알코올이다.
방향족 알코올(aromatic alcohol)은 방향족 탄화수소의 알코올이다.

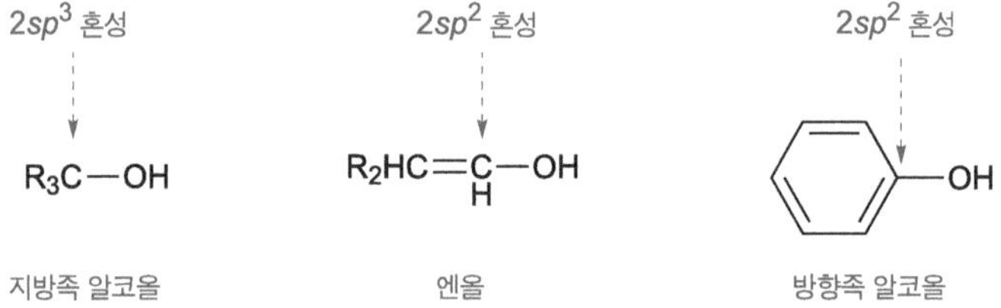

방향족 알코올(예, phenol)은 독특한 반응성을 나타내므로, 방향족 화합물 반응에서 다룬다. 알코올은 OH기가 결합된 탄소의 알킬기 치환 정도에 따라 반응성도 다르다. 따라서 알코올을 1차(1°), 2차(2°) 및 3차(3°) 알코올로 구분한다.

1° 알코올은 OH기와 결합된 탄소에 1개의 알킬기(R)를 가진다.
2° 알코올은 OH기와 결합된 탄소에 2개의 알킬기(R)를 가진다.
3° 알코올은 OH기와 결합된 탄소에 3개의 알킬기(R)를 가진다.

$R-CH_2-OH$ 1° 알코올　　R_2CH-OH 2° 알코올　　R_3C-OH 3° 알코올

알코올의 일반적인 반응은 1) 탈수소 반응(dehydrogenation), 2) 치환 반응, 3) 제거 반응(탈수 반응) 및 산화 반응 등이 있다.

$$R-CH(R)-CH(R)-O-H \xrightarrow{-H^+} R-CH(R)-CH(R)-O^- \quad \text{(1) 탈수소 반응}$$

알콕사이드

$$R-CH(R)-CH(R)-O-H \xrightarrow[-HO^-]{X^-} R-CH(R)-CH(R)-X \quad \text{(2) 치환 반응}$$

할로젠화알킬

$$R-\overset{H}{\underset{R}{C}}-\overset{H}{\underset{R}{C}}-O-H \xrightarrow[-H_2O]{} R_2C=CRH$$

알켄

(3) 제거 반응

$$R-\overset{H}{\underset{R}{C}}-\overset{H}{\underset{R}{C}}-O-H \longrightarrow R-\overset{H}{\underset{R}{C}}-C(=O)R$$

카보닐 화합물

(4) 산화 반응

5.1.1 알콕사이드를 거치는 알코올의 반응 메커니즘

앞서 언급한 것처럼 알코올은 강한 염기로 처리하면 알콕사이드 음이온(RO^-)을 생성한다. 알콕사이드 이온은 좋은 친핵체여서 할로젠화 알킬 등과 반응한다. Williamson 에터 합성법이나 할로하이드린을 이용한 에폭사이드 합성 반응이 그런 예이다.

방법 5.1 Williamson 에터 합성법 메커니즘 그리기

1단계 알코올과 염기가 반응하여 알콕사이드 이온이 생성되도록 전자 이동을 표시한다.

$$\overset{\delta^-}{RO}-\overset{\delta^+}{H} + Na^+H^- \xrightarrow[-H_2]{} RO^-$$

알콕사이드

2단계 생성된 알콕사이드와 할로젠화 알킬이 반응하여 상응하는 에터가 생성되도록 전자 이동을 표시한다.

$$RO^- + R'-X \xrightarrow[-X^-]{} R-O-R'$$

에터

복습문제 5.1 다음 Williamson 에터 합성 반응 메커니즘에 적합한 전자 이동을 그리시오.

$$\overset{\delta^-}{RO}-\overset{\delta^+}{H} + Na^+H^- \xrightarrow[-H_2]{} RO^- + R'-X \xrightarrow[-X^-]{} R-O-R'$$

에터

연습문제 5.1 Isopropyl methyl ether를 합성할 수 있는 2가지 반응의 메커니즘을 제시하시오. 전자 이동도 표시하시오. 두 경로 중 유리한 경로를 제시하시오.

연습문제 5.2 다음 연속적인 반응의 생성물과 메커니즘을 제시하고 IUPAC 이름을 쓰시오.

cyclohexyl–OH $\xrightarrow[\text{2. } CH_3CH_2Br]{\text{1. NaH}}$

방법 5.2 할로하이드린으로부터 에폭사이드 합성 반응 메커니즘 그리기

1단계 할로하이드린과 염기가 반응하여 상응하는 알콕사이드 이온이 생성되도록 전자 이동을 표시한다.

$O^{\delta-}$–$H^{\delta+}$ + ^{-}OH $\xrightarrow{-H_2O}$ [O^-, X]

알콕사이드

2단계 산소 음이온이 할로젠이 결합된 탄소 뒤편에서 공격하여 에폭사이드 고리가 생성되도록 전자 이동을 그린다. 이 단계는 분자 내 S_N2 반응이다.

[O^-, X] $\xrightarrow[-X^-]{S_N2}$ O

에폭사이드

복습문제 5.2 다음 반응 메커니즘에 적합한 전자 이동을 표시하시오.

$O^{\delta-}$–$H^{\delta+}$, X + ^{-}OH $\xrightarrow{-H_2O}$ [O^-, X] $\xrightarrow[-X^-]{S_N2}$ O

에폭사이드

연습문제 5.3 다음 반응의 메커니즘을 완성하시오.

(a) $O^{\delta-}$–$H^{\delta+}$, Br + ^{-}OH $\xrightarrow{-H_2O}$ [ ] $\xrightarrow[-Br^-]{S_N2}$ [ ]

(b) $O^{\delta-}$–$H^{\delta+}$, Cl + ^{-}OH $\xrightarrow{-H_2O}$ [ ] $\xrightarrow[-Cl^-]{S_N2}$ [ ]

연습문제 5.4 다음 반응 메커니즘을 완결하시오. 전자 이동도 표시하시오.

(a) [ ] + ^-OH $\xrightarrow{-H_2O}$ [ ] $\xrightarrow{-Br^-}$ (에폭사이드; O, H)

(b) [ ] + ^-OH $\xrightarrow{-H_2O}$ [ ] $\xrightarrow{-Cl^-}$ (에폭사이드; O, H)

5.1.2 1° 알코올과 HX의 S_N2 반응 메커니즘

1° 알코올과 HX는 S_N2 메커니즘으로 반응이 진행되어 상응하는 할로젠화물이 생성한다.

방법 5.3 1° 알코올과 HX의 S_N2 반응 메커니즘 그리기

1단계 알코올 산소의 비공유 전자쌍이 HX의 수소로 이동하여 옥소늄 이온(oxonium ion)이 생성되도록 전자 이동을 표시한다.

$$RH_2C-\ddot{O}H + \overset{\delta^+}{H}-\overset{\delta^-}{X} \longrightarrow RH_2C-\overset{+}{O}H_2 + X^-$$

1 (화살표), 2 (화살표)

1° 알코올 옥소늄 이온

2단계 옥소늄 이온과 할로젠 음이온이 S_N2 반응을 하도록 전자 이동을 표시한다.

⇒ S_N2 치환 반응은 E2 제거 반응과 경쟁 반응이다.

⇒ 카이랄 탄소에 OH가 존재하면 반응 후에는 탄소의 배열이 반전된다.

$$RH_2C-\overset{+}{O}H_2 + X^- \xrightarrow[-H_2O]{S_N2} RH_2C-X$$

3 (화살표), 4 (화살표)

할로젠화 알킬

복습문제 5.3 다음 메커니즘에 적합한 전자 이동을 표시하시오.

$$RH_2C-\ddot{O}H + \overset{\delta^+}{H}-\overset{\delta^-}{X} \longrightarrow RH_2C-\overset{+}{O}H_2 + X^- \xrightarrow[-H_2O]{S_N2} RH_2C-X$$

1° 알코올 옥소늄 이온 할로젠화 알킬

방법 5.4 2° 알코올과 HX의 S_N1 반응 메커니즘 그리기

1단계 2° 알코올이 HX와 반응하여 옥소늄 이온이 생성되도록 전자 이동을 표시한다. 이 반응은 S_N1 메커니즘으로 진행된다.

2° 알코올 옥소늄 이온

2단계 옥소늄 이온에서 H_2O 한 분자가 이탈되어 탄소 양이온이 형성되도록 전자 이동을 표시한다. 이 반응은 S_N1 메커니즘으로 진행된다. S_N1 반응은 E1 반응과 경쟁적이다.

옥소늄 이온 탄소 양이온

3단계 앞 단계에서 생성된 탄소 양이온은 더 안정한 양이온으로 자리 옮김할 수 있다.

자리 옮김

2° 탄소 양이온 3° 탄소 양이온 (더 안정함)

4단계 자리 옮김하여 생성된 더 안정한 탄소 양이온이 X^-와 반응하여 할로젠화물이 생성되도록 전자 이동을 표시한다.

⇒ 반응 조건에 따라 혼합 생성물이 생성될 수도 있다.

⇒ 주생성물은 더 안정한 탄소 양이온 중간체로부터 생성된다.

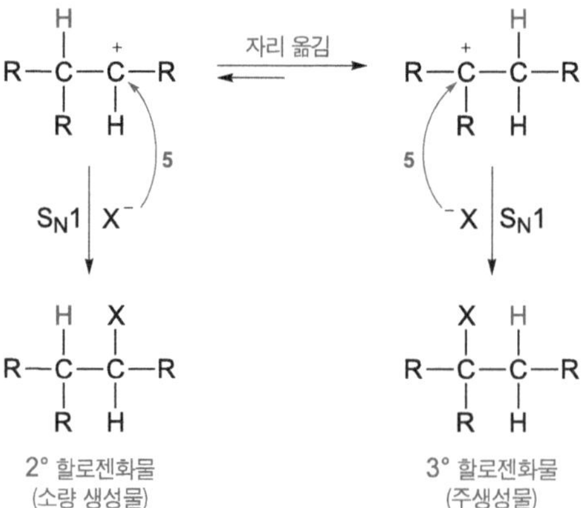

2° 할로젠화물 (소량 생성물) 3° 할로젠화물 (주생성물)

복습문제 5.4 다음 반응 메커니즘에 적합한 전자 이동을 표시하시오.

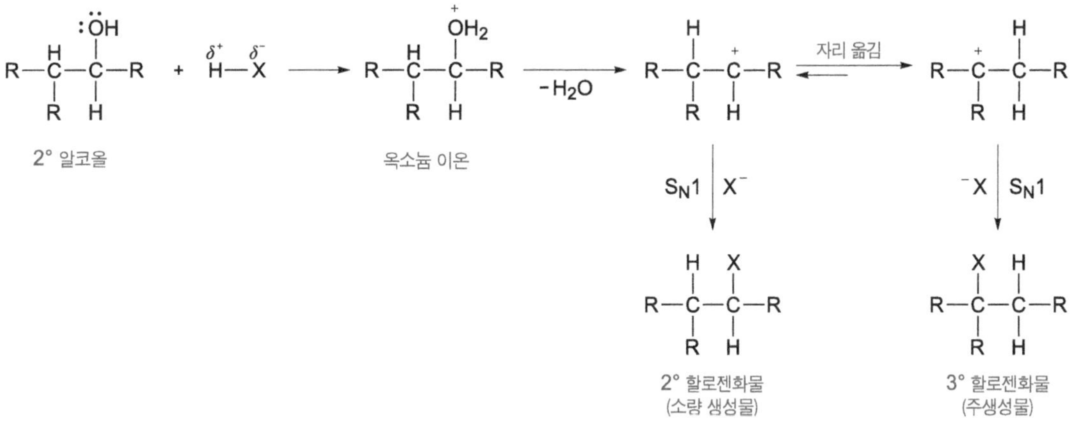

2° 알코올

옥소늄 이온

$-H_2O$

자리 옮김

S_N1 X^-

^-X S_N1

2° 할로젠화물
(소량 생성물)

3° 할로젠화물
(주생성물)

연습문제 5.5 다음 각 반응의 메커니즘을 완성하시오. 전자 이동도 표시하시오.

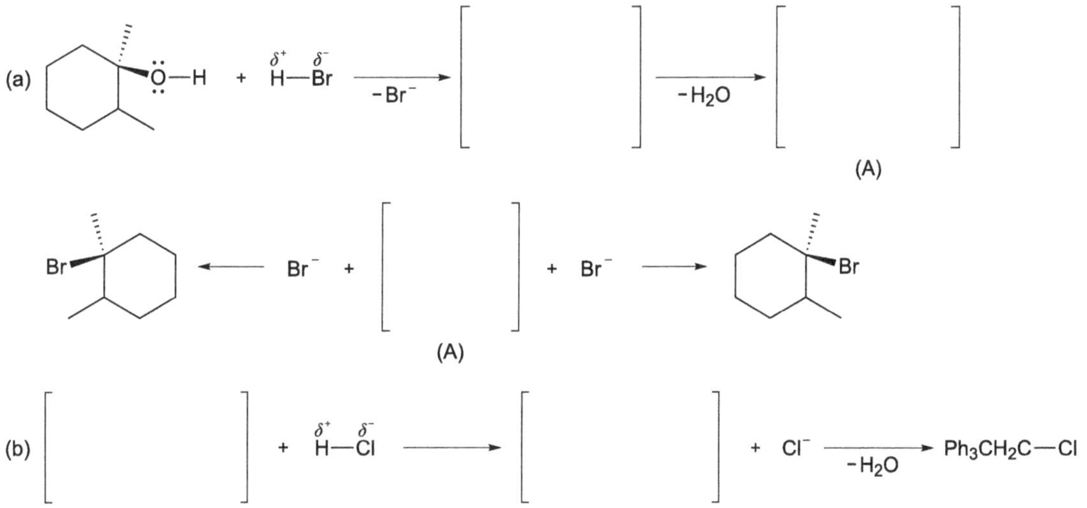

(a) $\overset{\delta^+}{H}-\overset{\delta^-}{Br}$ $-Br^-$ $-H_2O$ (A)

Br Br^- + (A) + Br^- Br

(b) + $\overset{\delta^+}{H}-\overset{\delta^-}{Cl}$ + Cl^- $-H_2O$ Ph_3CH_2C-Cl

연습문제 5.6 다음 각 반응의 메커니즘을 완성하시오.

(a) H_3C, H, D, C—OH + H—Br $-H_2O$

(b) H_3CH_2C, H_3C, C—OH + H—Cl $-H_2O$ +

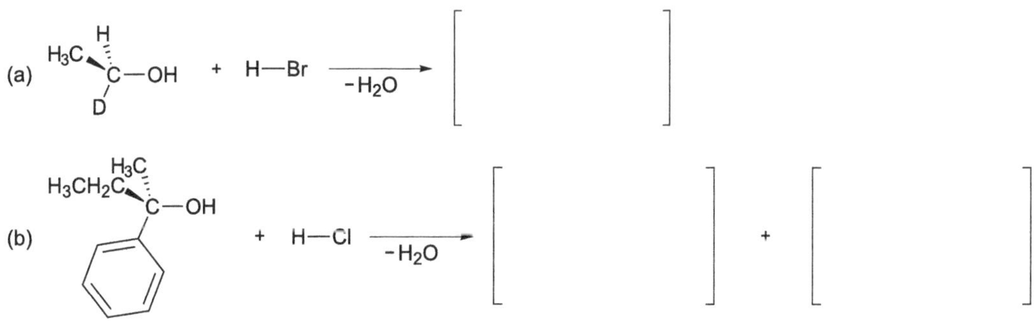

5.1.3 $SOCl_2$와 PX_3를 이용한 알코올의 할로젠화 반응 메커니즘

알코올은 할로젠 화합물을 합성하는 유용한 출발물질이다. 알코올을 $SOCl_2$나 PX_3 등과 반응시키면 상응하는 할로젠화물을 쉽게 얻을 수 있다. $SOCl_2$를 이용한 알코올의 염소화는 반응 후에 SO_2가 기체로 생성되므로 반응 후처리에도 장점이 있다. 한편 PX_3는 1몰의 시약으로 3몰의 알코올을 할로젠화시킬 수 있어 매우 유용하다.

방법 5.5 $SOCl_2$를 이용한 알코올의 염소화 반응 메커니즘 그리기

1단계 알코올의 OH기가 $SOCl_2$와 반응하여 두 분자가 결합하고 Cl^- 이온이 이탈되도록 전자 이동을 표시한다.

R—ÖH + Cl—S(=O)—Cl ⟶ Cl—S(=O)—$\overset{+}{O}$H—R + Cl^- (화살표 1, 2)

2단계 염기(흔히 pyridine을 사용)와 생성된 양이온이 반응하여 alkyl sulfochloridite가 생성되도록 전자 이동을 표시한다.

Cl—S(=O)—$\overset{+}{O}$(H)—R + Pyridine ⟶(- Pyridine salt) Alkyl sulfochloridite (화살표 3, 4)

3단계 Alkyl sulfochloridite와 Cl^-가 반응하여 새로운 R−Cl 결합이 생성되고 SO_2와 Cl^-가 생성되도록 전자 이동을 표시한다.

⇒ 이 반응은 S_N2 경로로 진행된다.

⇒ $SOCl_2$는 OH보다 더 좋은 이탈기 SO_2를 만든다.

Cl^- + Cl—S(=O)—O—R (δ^+ R, δ^- O) ⟶ R—Cl (할로젠화 알킬) + SO_2 + Cl^- (화살표 5, 6, 7)

복습문제 5.5 다음 반응 메커니즘에 적합한 전자 이동을 표시하시오.

R—ÖH + Cl—S(=O)—Cl ⟶(-Cl^-) Cl—S(=O)—$\overset{+}{O}$(H)—R + Pyridine ⟶(- Pyridine salt) Alkyl sulfochloridite

Cl^- + Cl—S(=O)—O—R ⟶ R—Cl (할로젠화 알킬) + SO_2 + Cl^-

방법 5.6 PX_3를 이용한 알코올의 할로젠화 메커니즘 그리기

1단계 HO기 산소의 비공유 전자쌍이 인(P)과 반응하여 옥소늄(oxonium) 이온이 생성되도록 전자 이동을 표시한다.

(Dihalophosphino)(alkyl)oxonium

2단계 옥소늄 이온과 할로젠 음이온이 반응하여 알킬 할라이드(RX)와 $HOPX_2$가 생성되도록 전자 이동을 표시한다. 이 단계는 S_N2 메커니즘으로 진행된다.

(Dihalophosphino)-(alkyl)oxonium Alkyl halide Dihalo(hydoxy)-phosphine

3단계 $HOPX_2$는 2단계와 같은 반응을 2번 더 반복하여 할로젠화 시약으로 반응할 수 있다.

⇒ PX_3 한 분자로 3분자의 알코올을 할로젠화할 수 있어 경제적인 방법이다.

$$3\,R{-}OH + PX_3 \longrightarrow 3\,R{-}X + P(OH)_3$$

복습문제 5.6 다음 반응 메커니즘에 적합한 전자 이동을 표시하시오.

$$R{-}OH + PX_3 \longrightarrow X_2P{-}\overset{+}{O}(H){-}R + X^- \longrightarrow X{-}R + X_2P{-}OH$$

연습문제 5.7 다음 반응의 메커니즘을 완성하시오. 전자 이동도 표시하시오.

(a) $PhH_2C{-}OH + SOCl_2 \xrightarrow{-Cl^-} [\quad] + $ Pyridine $\xrightarrow{\text{- Pyridine salt}}$

Pyridine

$Cl^- + PhH_2C{-}O{-}S(=O)Cl \longrightarrow [\quad] + SO_2 + Cl^-$

연습문제 5.7 다음 반응의 메커니즘을 완성하시오. 전자 이동도 표시하시오.

(b) [ ] + PCl_3 $\xrightarrow{-Cl^-}$ [ ] + Cl^- $\xrightarrow{-PCl_2OH}$ $Cl—CH_2CH(CH_3)_2$

알코올

연습문제 5.8 다음 각 반응의 결과를 얻을 수 있는 반응 메커니즘을 제시하시오. 전자 이동도 표시하시오.

(a) [ ] $\xrightarrow{?}$ (1-chloroethyl)cyclohexane (Cl)

(b) [ ] $\xrightarrow{?}$ 1-bromo-2-methylcyclopentane (Br)

5.1.4 토실기를 이용한 알코올의 변환 반응 메커니즘

알코올의 OH기를 더 좋은 이탈기로 변환하는데 tosyl(*p*-toluenesulfonyl, $CH_3C_6H_4SO_2-$)기를 이용한다. 이 반응은 두 단계로 진행된다. 첫 단계에서는 알코올에 *p*-toluenesulfonyl chloride를 반응시켜 상응하는 tosylate로 변환한다. 두 번째 단계에서 생성된 tosylate와 친핵체를 반응시켜 최종 생성물을 만든다. 이 두 번째 단계는 S_N2 메커니즘으로 진행된다.

방법 5.7 토실기를 이용한 알코올의 변환 반응 메커니즘 그리기

1단계 알코올과 *p*-toluenesulfonyl chloride가 반응하여 alkyl(tosyl)oxonium 이온이 생성되도록 전자 이동을 표시한다.

R—ÖH + Cl—SO_2—C_6H_4—CH_3 $\xrightarrow{-Cl^-}$ R—$\overset{+}{O}$(H)—SO_2—C_6H_4—CH_3

Alkyl(tosyl)oxonium

2단계 Alkyl(tosyl)oxonium 이온이 양성자를 잃고 ethyl tosylate가 생성되도록 전자 이동을 표시한다.

R—$\overset{+}{O}$(H)—SO_2—C_6H_4—CH_3 $\xrightarrow{-H^+}$ R—O—SO_2—C_6H_4—CH_3

Alkyl(tosyl)oxonium　　Alkyl tosylate

3단계 Alkyl tosylate와 친핵체(Nu^-)가 반응하여 생성물이 생성되고, 토실기가 이탈되도록 전자 이동을 표시한다.

$$H_3C-C_6H_4-S(O_2)-O-R + Nu^- \xrightarrow{S_N2} R-Nu + H_3C-C_6H_4-SO_3^-$$

생성물

복습문제 5.7 다음 반응 메커니즘에 적합한 전자 이동을 표시하시오.

$$R-\ddot{O}H + Cl-S(O_2)-C_6H_4-CH_3 \xrightarrow{-Cl^-} R-\overset{+}{O}(H)-S(O_2)-C_6H_4-CH_3 \xrightarrow{-H^+} R-O-S(O_2)-C_6H_4-CH_3$$

Alkyl(tosyl)oxonium

Alkyl tosylate

$$H_3C-C_6H_4-S(O_2)-O-R + Nu^- \xrightarrow{S_N2} R-Nu + H_3C-C_6H_4-SO_3^-$$

생성물

연습문제 5.9 다음 반응의 메커니즘을 완성하시오.

$$H_3CH_2C-\ddot{O}H + Cl-S(O_2)-Ph \xrightarrow{-Cl^-} [\quad\quad] \xrightarrow{-H^+} H_3CH_2C-O-S(O_2)-Ph$$

$$Ph-S(O_2)-O-CH_2CH_3 + Na^{+-}OCH_3 \xrightarrow{-Na^+} [\quad\quad] + Ph-SO_3^-$$

Ph= $-C_6H_4-CH_3$

Ethyl methyl ether

연습문제 5.10 다음 반응 메커니즘을 완결하시오. (힌트) S_N2 반응은 친핵체의 입체 장애를 받는다. 또한, E2 제거 반응과 경쟁적이다.

$$H_3CH_2C-\ddot{O}H + Cl-S(O_2)-Ph \xrightarrow{-Cl^-} [\quad\quad] \xrightarrow{-H^+} H_3CH_2C-O-S(O_2)-Ph$$

$$Ph-S(O_2)-O-CH_2CH_2(H) + {}^+K^-O-C(CH_3)_2-CH_3 \longrightarrow [\quad\quad] + Ph-SO_3^-K^+$$

Ph= $-C_6H_4-CH_3$

Alkene

5.1.5 알코올의 탈수 반응 메커니즘

탈수(dehydration) 반응은 어떤 분자에서 H_2O 한 분자가 떨어져 나오는 반응이다.

Zaitsev 규칙(Zaitsev rule)은 제거 반응에서 이중 결합 탄소에 치환기를 더 많이 가지고 있는 알켄을 만든다는 규칙이다.

알코올은 산성 조건에서 물(H_2O) 한 분자를 상실하고 알켄으로 전환된다. 이 반응을 탈수(dehydration)라고 한다. 이 탈수 반응은 알코올의 구조에 따라 E1 또는 E2 메커니즘으로 진행된다. 1차 알코올의 탈수 반응은 E2 메커니즘으로 진행되고, 2차와 3차 알코올 탈수 반응은 E1 메커니즘으로 진행된다. 이 탈수 반응의 주생성물은 이중 결합 탄소에 더 많은 치환기를 가지는 알켄이다. 이중 결합 탄소에 치환이 많이 되어 있으면 열역학적으로 더 안정하다. 이 결과는 Zaitsev 규칙에 따른 것이다.

방법 5.8 알코올의 산-촉매 탈수 반응 메커니즘 그리기

1단계 알코올과 산-촉매가 반응하여 옥소늄 이온이 생성되도록 전자 이동을 표시한다.

1° 알코올 → Alkyloxonium

2° 알코올 → Alkyloxonium

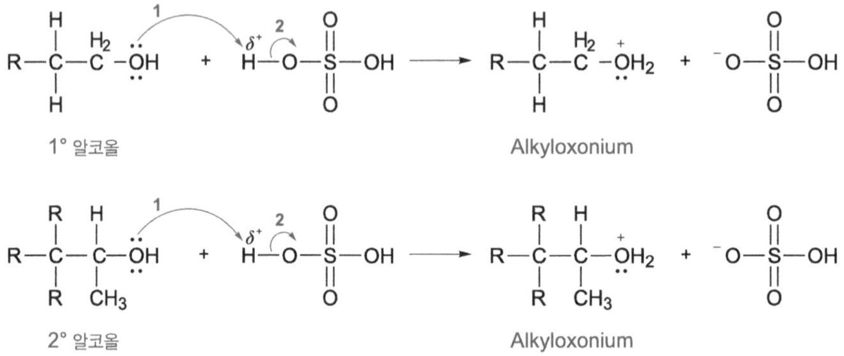

2단계 (1차 알코올) 산을 제공하고 남은 염기(여기서는 HSO_4^-)가 C-O 결합의 이웃 탄소의 H와 제거 반응을 하여 알켄이 생성되도록 전자 이동을 표시한다.
(2차 알코올) 생성된 옥소늄 이온에서 물(H_2O) 한 분자가 이탈하면서 탄소 양이온이 생성되도록 전자 이동을 표시한다.

Alkyloxonium (1° 알코올로부터) —E2, $-H_2SO_4$, $-H_2O$→ 알켄

Alkyloxonium (2° 알코올로부터) —$-H_2O$→ 탄소 양이온

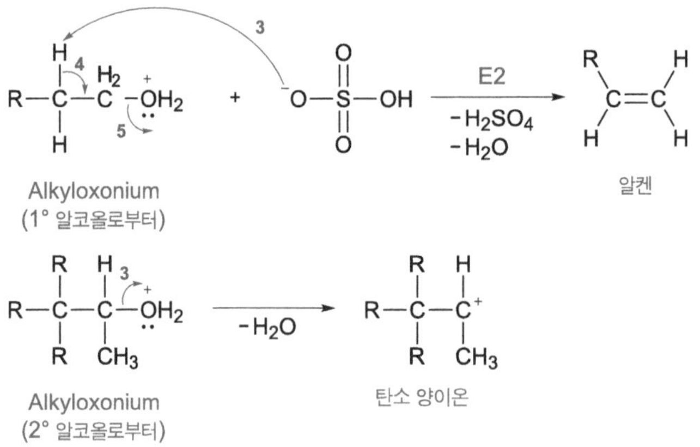

3단계 (2차 알코올) 생성된 2° 탄소 양이온은 더 안정한 3° 탄소 양이온으로 자리 옮김하도록 전자 이동을 표시한다(가능한 경우에만).
⇒ 1,2-이동을 할 수 있는 것은 H, CH_3, R(알킬) 및 phenyl기 등이다.

이웃 탄소 사이의 원자나 원자단의 자리 옮김을 **1,2-이동**(1,2-shift)이라고 한다.

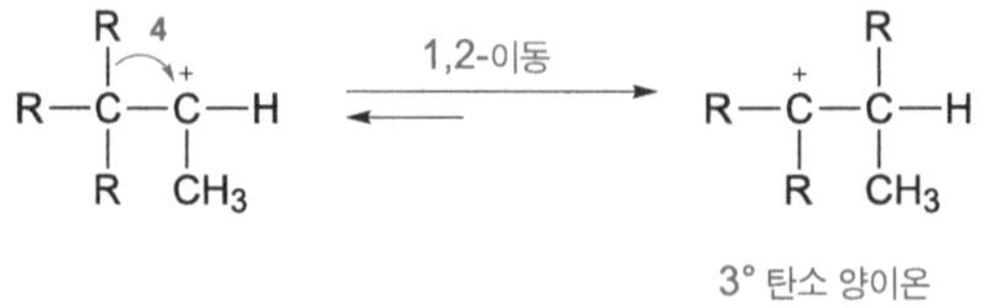

1,2-이동 → 3° 탄소 양이온

4단계 (2차 알코올) 각 탄소 양이온이 E1 제거 반응하여 알켄 생성물이 생성되도록 전자 이동을 표시한다.

⇒ 주생성물은 3° 양이온으로부터 생성된다.

⇒ 2° 양이온으로부터 소량 생성물이 생성될 수도 있다.

1,2-이동 (전자 이동 4)

5 6 E1 $-H_2SO_4$

2° 탄소 양이온 3° 탄소 양이온 주생성물

$R_3C-C-\overset{+}{C}-CH_2 + HSO_4^-$ E1 $-H_2SO_4$ $R_3C-C-CH=CH_2$

2° 탄소 양이온 소량 생성물

복습문제 5.8 다음 반응 메커니즘에 적합한 전자 이동을 표시하시오.

1° 알코올 Alkyloxonium

2° 알코올 Alkyloxonium

E2 $-H_2SO_4$ $-H_2O$

Alkyloxonium (1° 알코올로부터) 알켄

$-H_2O$ 1,2-이동 (전자 이동 4) E1 $-H_2SO_4$

Alkyloxonium (2° 알코올로부터) 2° 탄소 양이온 3° 탄소 양이온 주생성물

$R_3C-C-\overset{+}{C}-CH_2 + HSO_4^-$ E1 $-H_2SO_4$ $R_3C-C-CH=CH_2$

2° 탄소 양이온 소량 생성물

연습문제 5.11 다음 반응의 메커니즘을 완성하시오. 전자 이동도 표시하시오.

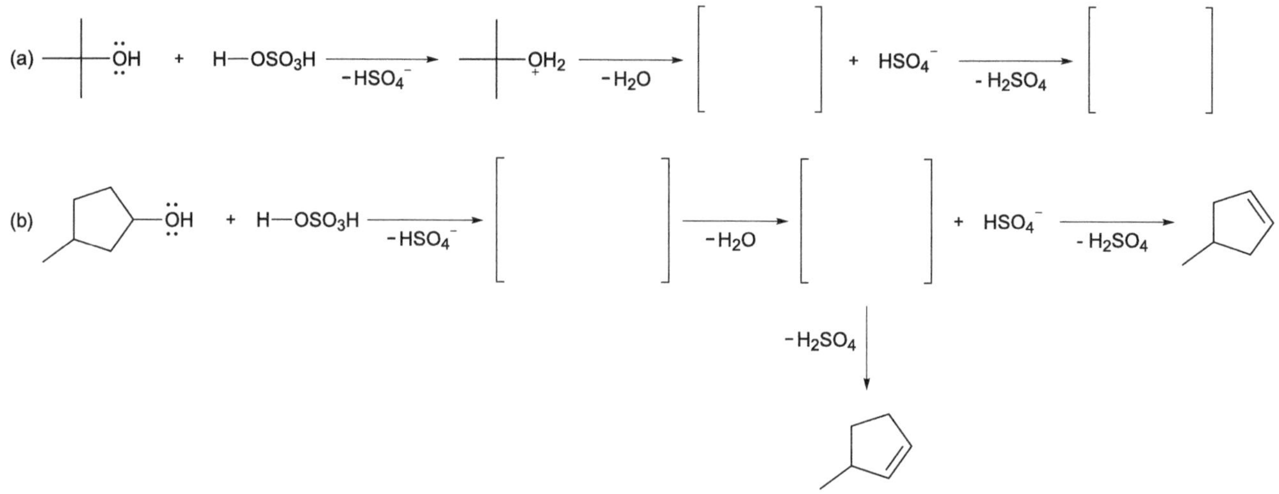

(a) + H—OSO$_3$H →($-HSO_4^-$) →($-H_2O$) [ ] + HSO_4^- →($-H_2SO_4$) [ ]

(b) + H—OSO$_3$H →($-HSO_4^-$) [ ] →($-H_2O$) [ ] + HSO_4^- →($-H_2SO_4$)

$-H_2SO_4$

연습문제 5.12 다음 반응의 메커니즘을 완성하시오. 전자 이동을 표시하고, 주생성물을 제시하시오.

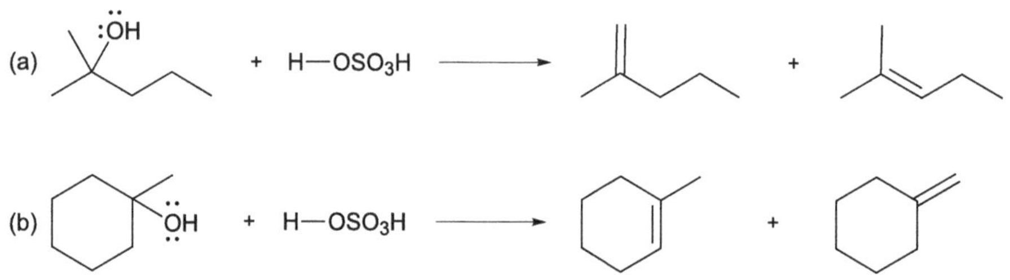

(a) + H—OSO$_3$H → +

(b) + H—OSO$_3$H → +

5.1.6 알코올의 산화 반응 메커니즘

알코올은 산성 조건에서 물(H_2O) 한 분자

알코올의 OH기를 가지는 탄소 원자의 C−H 결합은 산화되어 다양한 종류의 카보닐 화합물을 생성한다. 알코올의 산화제로는 CrO_3, $Na_2Cr_2O_7$ 및 $K_2Cr_2O_7$ 등이 있다. 이들 크로뮴 산화물은 황산 수용액($H_2SO_4 + H_2O$)으로 사용하며 선택성이 없다. 이런 단점을 보완하기 위해 개발된 산화제로 PCC(pyridinium chlorochromate)가 있다. PCC는 반응 조건이 온화하며 선택성도 우수하다. 알코올 유형에 따른 Cr(VI) 시약의 산화 생성물은 다음과 같다.

⇒ 1° 알코올은 알데하이드(RCHO)나 카복실산(RCOOH)으로 산화된다.

⇒ 2° 알코올은 케톤($R_2C=O$)으로 산화된다.

⇒ 3° 알코올은 OH기가 결합된 탄소에 C−H가 없어 Cr(VI) 시약으로는 산화되지 않는다.

방법 5.9 1° 알코올의 산화 반응 메커니즘 그리기

1단계 알코올과 Cr(VI) 화합물이 반응하여 크로뮴산 에스터(chromate ester)가 생성되도록 전자 이동을 표시한다.

Cr(VI)

Chromate ester

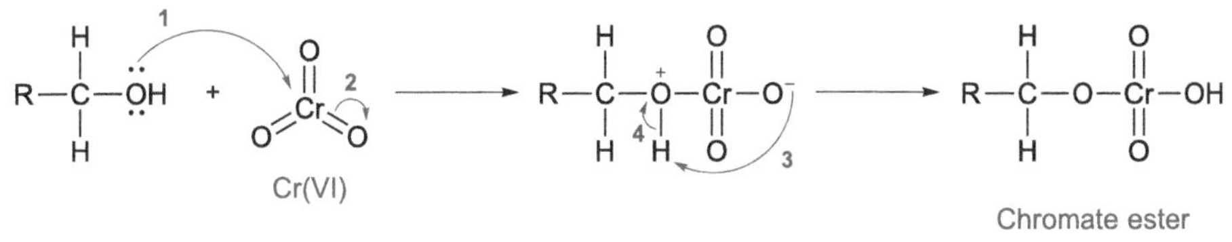

2단계 에스터와 물 분자가 반응하여 알데하이드가 생성되도록 전자 이동을 표시한다.

알데하이드

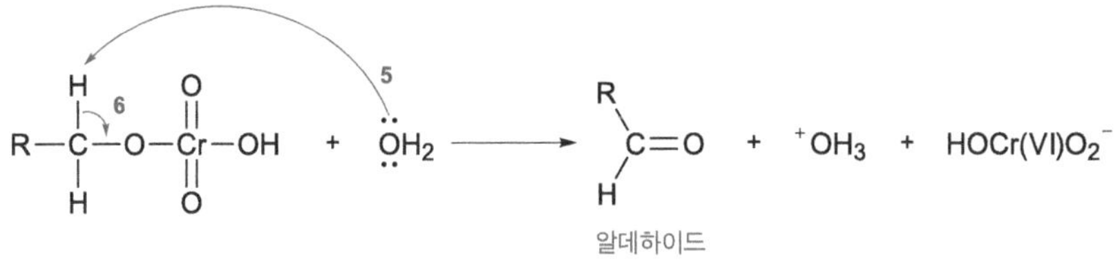

3단계 생성된 알데하이드가 수화되어 1,1−다이올(1,1−diol)이 되도록 전자 이동을 표시한다.

1,1-다이올

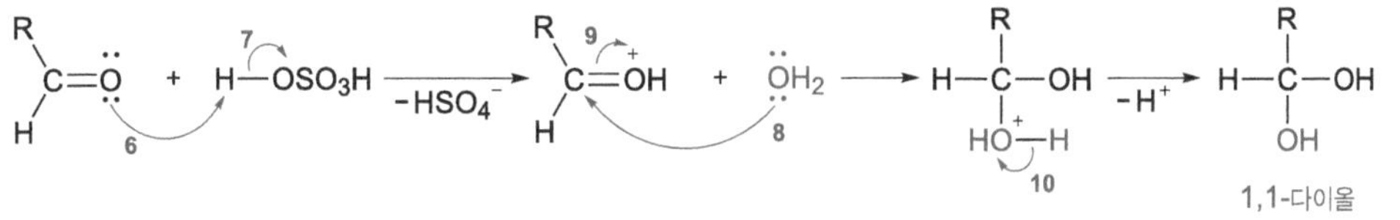

4단계 1,1−다이올의 OH기 하나가 CrO_3와 반응하여 chromate ester를 생성하도록 전자 이동을 그린다.

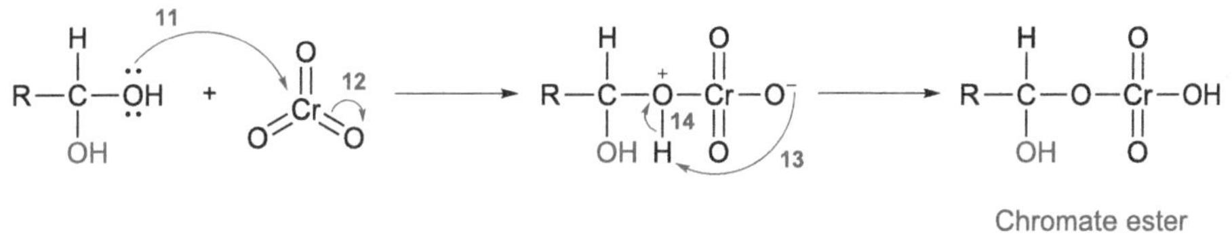

Chromate ester

5단계 앞 단계에서 생성된 chromate ester와 물 분자가 반응하여 카복실산이 생성되도록 전자 이동을 표시한다.

카복실산

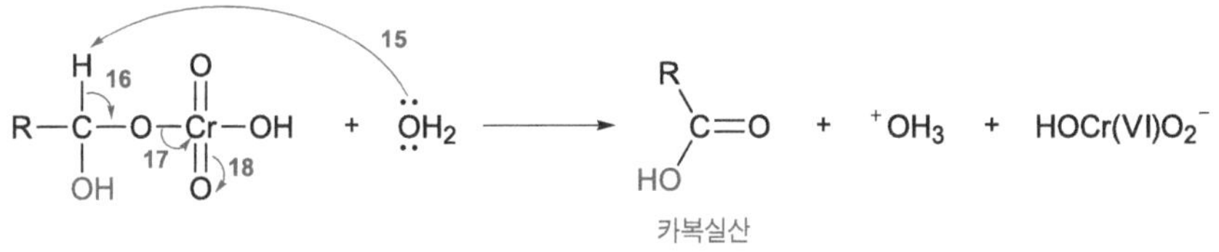

복습문제 5.9 다음 반응 메커니즘에 적합한 전자 이동을 그리시오.

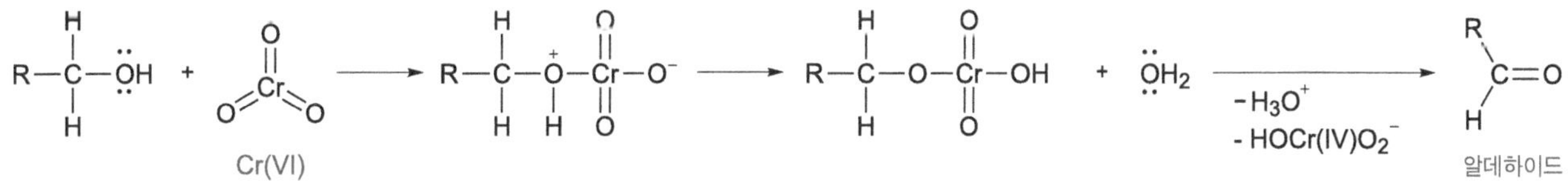

Cr(VI)

$-H_3O^+$

$-HOCr(IV)O_2^-$

알데하이드

R(H)C=O + H—OSO$_3$H —($-HSO_4^-$)→ R(H)C=$\overset{+}{O}$H + OH_2 → H—C(R)(OH)—$\overset{+}{O}$H—H —($-H^+$)→ R—C(H)(OH)—OH + CrO_3 →

1,1-다이올

R—C(H)(OH)—$\overset{+}{O}$(H)—Cr($=O$)$_2$—O^- → R—C(H)(OH)—O—Cr($=O$)$_2$—OH + OH_2 → R(HO)C=O + $^+OH_3$ + $HOCr(VI)O_2^-$

카복실산

Chromate ester

연습문제 5.13 다음 반응 메커니즘을 완결하시오. 또 메커니즘에 적합한 전자 이동을 표시하시오.

(a) (cyclohexyl)CH_2OH + [Cl—Cr($=O$)$_2$—O^-] (pyridinium, N—H) → [ ] (pyridinium) → [ ] (pyridinium)

→ ^-Cl + [(cyclohexyl)CH_2—O—Cr($=O$)$_2$—OH] (pyridinium) —(- Pyridine.HCl)→ (cyclohexyl)CH=O + HO—Cr($=O$)—OH

알데하이드

(b) H_3C—CH_2—OH + CrO_3 → [ ] → [ ] + OH_2 —($-H_3O^+$, $-HOCr(VI)O_2^-$)→ H_3C(H)C=O

Cr(VI)

Chromate ester

알데하이드

H_3C(H)C=O + H—OSO$_3$H —($-HSO_4^-$)→ [ ] + OH_2 → [ ] —($-H^+$)→ H—C(CH_3)(OH)—OH

1,1-다이올

H—C(CH_3)(OH)—OH + CrO_3 → [ ] → H_3C—C(H)(OH)—O—Cr($=O$)$_2$—OH + OH_2 →

Chromate ester

H_3C(HO)C=O + $^+OH_3$ + $HOCr(VI)O_2^-$

연습문제 5.14 다음 생성물을 얻을 수 있는 출발물질과 반응 시약을 제시하시오. 출발물질과 생성물의 IUPAC 이름도 쓰시오.

(a) [ ] + [ ] $\xrightarrow{H_2SO_4/H_2O}$ (3-fluorobutanoic acid 구조: F, O, OH)

(b) [ ] + [ ] $\xrightarrow{CH_2Cl_2}$ (4-methylbenzaldehyde 구조: O, H)

방법 5.10 2° 알코올의 산화 반응 메커니즘 그리기

1단계 알코올과 Cr(VI) 화합물이 반응하여 chromate ester 양이온이 생성되도록 전자 이동을 표시한다.

$$R_2CH-\ddot{O}H + CrO_3 \xrightarrow{1,\ 2} R_2CH-\overset{+}{O}(H)-CrO_2-O^-$$

2° 알코올　　Cr(VI)

2단계 양이온 산소의 H가 산소 음이온으로 이동하여 chromate ester가 생성되도록 전자 이동을 표시한다.

$$R_2CH-\overset{+}{O}(H)-CrO_2-O^- \xrightarrow{3,\ 4} R_2CH-O-CrO_2-OH$$

Chromate ester

3단계 에스터와 물 분자가 반응하여 케톤이 생성되도록 전자 이동을 표시한다.

$$R_2CH-O-CrO_2-OH + \ddot{O}H_2 \xrightarrow{5,\ 6,\ 7,\ 8} R_2C=O + {}^+OH_3 + HOCr(VI)O_2^-$$

케톤

복습문제 5.10 다음 메커니즘에 적합한 전자 이동을 표시하시오.

$$R_2CH-\ddot{O}H + CrO_3 \longrightarrow R_2CH-\overset{+}{O}(H)-CrO_2-O^- \longrightarrow R_2CH-O-CrO_2-OH + \ddot{O}H_2$$

Cr(VI)　　Chromate ester

$$\longrightarrow R_2C=O + {}^+OH_3 + HOCr(VI)O_2^-$$

케톤

연습문제 5.15 다음 반응의 메커니즘을 완성하시오.

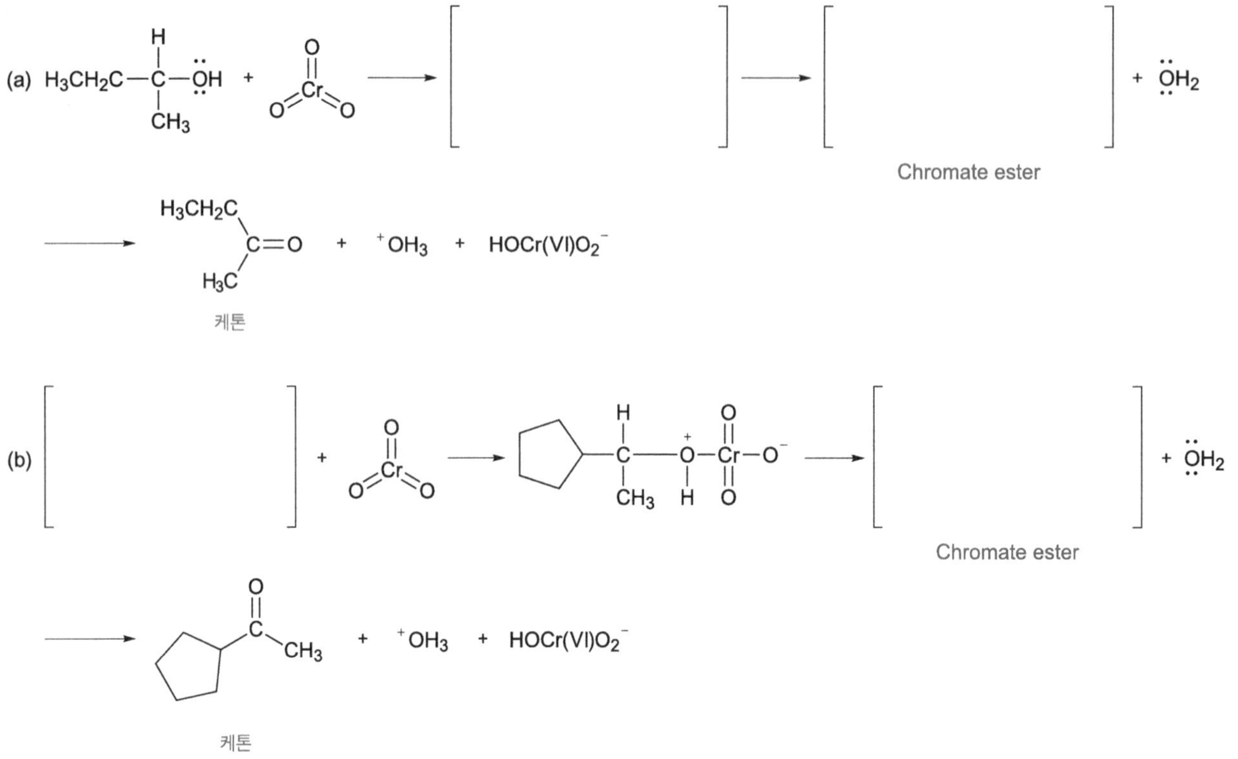

(a) $H_3CH_2C-C(H)(CH_3)-\ddot{O}H$ + CrO_3 ⟶ [ ] ⟶ [ ] + $\ddot{O}H_2$

Chromate ester

⟶ $(H_3CH_2C)(H_3C)C=O$ + $^+OH_3$ + $HOCr(VI)O_2^-$

케톤

(b) [ ] + CrO_3 ⟶ (cyclopentyl)$-C(H)(CH_3)-\overset{+}{O}(H)-Cr(=O)_2-O^-$ ⟶ [ ] + $\ddot{O}H_2$

Chromate ester

⟶ (cyclopentyl)$-C(=O)-CH_3$ + $^+OH_3$ + $HOCr(VI)O_2^-$

케톤

연습문제 5.16 다음 반응 결과에 적합한 출발물질과 시약을 제시하여 반응을 완결하시오. 출발물질과 생성물의 IUPAC 이름을 쓰시오.

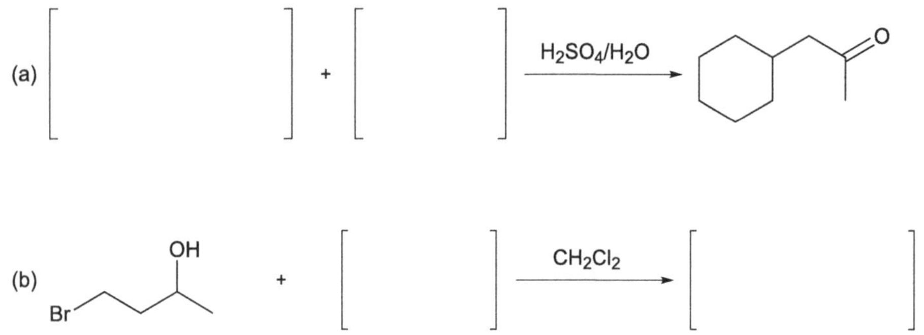

(a) [ ] + [ ] $\xrightarrow{H_2SO_4/H_2O}$ (1-cyclohexylpropan-2-one 구조)

(b) (4-bromobutan-2-ol 구조: Br, OH) + [ ] $\xrightarrow{CH_2Cl_2}$ [ ]

5.2 에터의 반응 메커니즘

에터(ether)는 R−O−R 결합을 이루고 있어 산에는 민감하지만 염기에는 강하다. 에터 자체는 친핵성 치환 반응이나 제거 반응이 일어나지 않는다. 그러나 HX 같은 강한 산들과는 쉽게 반응하여 할로젠화 알킬과 알코올로 분해된다. HX에 의한 에터의 분해반응은 에터의 구조에 따라 S_N1 또는 S_N2 메커니즘으로 진행될 수 있다.

한편 고리형 에터인 에폭사이드(epoxide)도 고리 열림 반응이 쉽게 일어난다. 고리 열림 반응에 주로 이용되는 친핵체는 ^{-}OH, ^{-}OR, ^{-}CN, ^{-}SR 및 NH_3 또는 HNu형 친핵체 등이다. 센 친핵체들은 S_N2 메커니즘으로 진행되고, HNu형 친핵체는 산-촉매 반응처럼 S_N1 또는 S_N2 메커니즘으로 진행된다.

5.2.1 에터와 HX의 반응 메커니즘

에터(ROR)는 HX와 반응하여 할로젠화 알킬(alkyl halide)을 생성한다.

방법 5.11 에터와 HX의 반응 메커니즘 그리기

1단계 에터와 HX가 반응하여 옥소늄 이온이 생성되도록 전자 이동을 표시한다.

R(or H)—CH_2—Ö—R + H—X ⟶ R(or H)—CH_2—O^+(H)—R + X^-

Methyl/1° 알킬기를 가지는 에터 / 옥소늄 이온

R(or H)—CR_2—Ö—R + H—X ⟶ R(or H)—CR_2—O^+(H)—R + X^-

2°/3° 알킬기를 가지는 에터 / 옥소늄 이온

2단계 **(Methyl/1° 알킬기를 가지는 에터)** 옥소늄 이온에 할로젠 음이온이 S_N2 메커니즘으로 반응하여 할라이드 화합물을 생성하도록 전자 이동을 표시한다.
(2°/3° 알킬기를 가지는 에터) 옥소늄 이온에서 알코올이 이탈되면서 안정한 탄소 양이온이 생성되도록 전자 이동을 표시한다.

R(or H)—CH_2—O^+(H)—R + X^- —S_N2⟶ R(or H)—CH_2—X + HÖ—R

Methyl/1° 알킬기를 가지는 옥소늄 이온 / 할로젠화물 / 알코올

R(or H)—CR_2—O^+(H)—R + X^- ⟶ R(or H)—CR_2^+ + HÖ—R

2°/3° 알킬기를 가지는 옥소늄 이온 / 탄소 양이온 / 알코올

3단계 **(2°/3° 알킬기를 가지는 에터)** 생성된 2° 또는 3° 탄소 양이온이 할로젠 음이온과 S_N1 메커니즘으로 반응하여 2° 또는 3° 할라이드 화합물을 생성하도록 전자 이동을 표시한다.

R(or H)—CR_2^+ + X^- ⟶ R(or H)—CR_2—X

2°/3° 할라이드

복습문제 5.11 다음 반응 메커니즘에 적합한 전자 이동을 표시하시오.

(a) $R(or\ H)-CH_2-\ddot{O}-R + H-X \longrightarrow R(or\ H)-CH_2-\overset{+}{O}(H)-R + X^-$

Methyl/1° 알킬기를 가지는 에터 / 옥소늄 이온

$\xrightarrow{S_N2} R(or\ H)-CH_2-X + H\ddot{O}-R$

할로젠화물 / 알코올

(b) $R(or\ H)-CR_2-\ddot{O}-R + H-X \longrightarrow R(or\ H)-CR_2-\overset{+}{O}(H)-R + X^-$

2°/3° 알킬기를 가지는 에터 / 옥소늄 이온

$\xrightarrow[-ROH]{} R(or\ H)-C^+R_2 + X^- \longrightarrow R(or\ H)-CR_2-X$

탄소 양이온 / 2°/3° 할라이드

연습문제 5.17 다음 반응 메커니즘을 완결하시오. 전자 이동도 표시하시오.

(a) $H_3C-CH_2-\ddot{O}-CH_3 + H-Br \longrightarrow [\quad] + Br^-$

$\longrightarrow [\quad] + H\ddot{O}-CH_3$

(b) $[\quad] + H-I \xrightarrow[-I^-]{} [\quad]$

$\xrightarrow[-CH_3OH]{} [\quad] + I^- \longrightarrow H_3C-C(CH_3)_2-I$

연습문제 5.18 다음 반응 메커니즘을 제시하시오. 전자 이동도 표시하고 생성물의 IUPAC 이름을 쓰시오. 문제 (a)와 (b)가 다르게 진행되는 이유도 설명하시오.

(a) $C_6H_5-\ddot{O}-CH_3$ + H—Br ⟶ C_6H_5-OH + CH_3Br

(b) $C_6H_{11}-\ddot{O}-CH_3$ + H—I ⟶ $C_6H_{11}-I$ + CH_3OH

5.2.2 에폭사이드의 고리 열림 반응 메커니즘

고리형 에터인 에폭사이드는 고리가 분해되면서 다이올(diol) 또는 할로하이드린(halohydrin) 및 사이아노하이드린(cyanohydrin) 등을 생성할 수 있어 유용하다.

방법 5.12 에폭사이드 고리 열림 반응 메커니즘 그리기

1단계 (센 친핵체 반응) 에폭사이드와 친핵체가 반응하여 알콕사이드 이온이 생성되도록 전자 이동을 표시한다.

(HNu형 친핵체 반응) 에폭사이드 산소와 HNu의 양성자가 반응하여 옥소늄 이온이 생성되도록 전자 이동을 표시한다.

센 친핵체 반응 : 에폭사이드 + Nu^- —S_N2→ 알콕사이드

HNu형 친핵체 반응 : 에폭사이드 + H—Nu ⟶ 옥소늄 이온

2단계 (센 친핵체 반응) 생성된 알콕사이드와 물 한 분자가 반응하여 알코올로 전환되도록 전자 이동을 표시한다. 이 반응은 주로 S_N2 메커니즘으로 진행된다.

(HNu형 친핵체 반응) 옥소늄 이온과 물이 반응하여 알코올로 전환되는 것으로 전자 이동을 표시한다. 이 반응은 S_N1 또는 S_N2 메커니즘으로 진행된다.

센 친핵체 반응 : 알콕사이드 + H^+ ⟶ 알코올

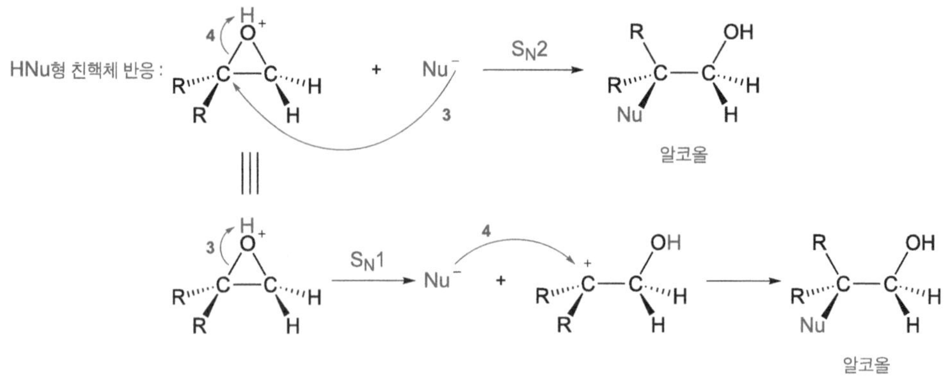
HNu형 친핵체 반응 :
S_N2
알코올
S_N1
알코올

복습문제 5.12 다음 반응 메커니즘에 적합한 전자 이동을 표시하시오.

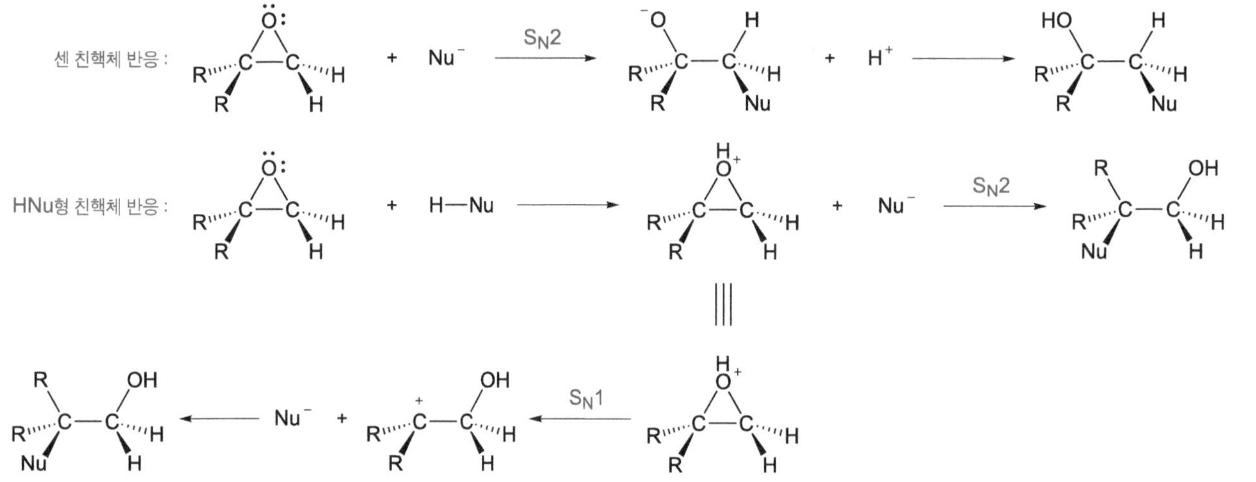
센 친핵체 반응 :
S_N2
HNu형 친핵체 반응 :
S_N2
S_N1

연습문제 5.19 다음 반응의 메커니즘을 완성하시오.

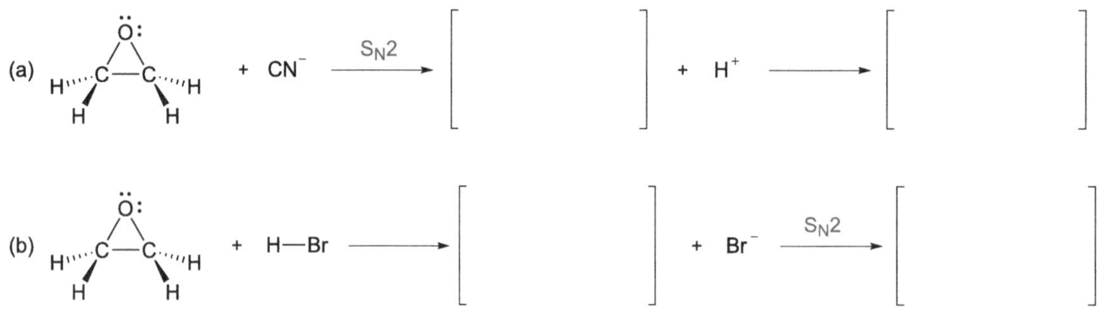
(a)
S_N2
(b)
S_N2

연습문제 5.20 2,2-Dimethyloxirane이 할 수 있는 다음 반응의 메커니즘을 완성하고, 생성물의 IUPAC 이름도 쓰시오.

(a) CH_3O^-와의 반응　　(b) HCl과의 반응

5.3 아민의 반응 메커니즘

아민(amine, NR_3)은 ammonia(NH_3)의 유도체이다. 아민의 질소는 $2sp^3$로 혼성화되어 있고, 결합하지 않은 전자쌍도 $2sp^3$ 오비탈을 점유하고 있다. 아민의 비공유 전자쌍이 아민을 친핵체로 작용하게 한다. 아민은 1) 알킬화 반응(alkylation), 2) 아실화 반응(acylation), 3) 다이아조늄(diazonium)을 이용한 치환 반응, 4) 아조 짝지음 반응(azo coupling reaction), 5) 이민(imine) 형성 반응, 6) 나이트로사민(nitrosamine) 형성 반응, 7) 제거 반응 및 8) Mannich 반응 등과 같은 다양한 반응을 한다.

Ammonia로부터 1° 아민을 합성하기는 쉽지 않다. 2° 또는 3° 아민이 함께 생성되기 때문이다. 1° 아민만을 높은 수율로 얻는 방법으로 Gabriel 합성법이 있다. Phthalimide에 RX를 반응시킨 후 고리를 분해하여 1° 아민을 합성하는 방법이다. Phthalimide는 2차 고리형 아민이며, 질소 공급으로 사용된다.

아민은 질소 원자에 결합된 알킬기의 수에 따라 구분한다.

1차(1°) 아민: 질소가 한 개의 R기를 가지며, 일반식 RNH_2로 표시되는 아민류이다.

2차(2°) 아민: 질소가 두 개의 R기를 가지며, 일반식 R_2NH로 표시되는 아민류이다.

3차(3°) 아민: 질소가 세 개의 R기를 가지며, 일반식 R_3N로 표시되는 아민류이다.

5.3.1 아민과 할로젠화 알킬의 반응 메커니즘

아민이 할로젠화 알킬과 반응하면 차수가 더 높은 아민이 생성된다. 즉, 1° 아민과 할로젠화 알킬을 반응시키면 2° 아민이, 2° 아민을 반응시키면 3° 아민이, 그리고 3° 아민을 반응시키면 상응하는 4° 암모늄염이 생성된다.

방법 5.13 아민과 할로젠화 알킬의 반응 메커니즘 그리기

1단계 할로젠화 알킬과 친핵체인 ammonia나 아민이 반응하여 암모늄 이온(ammonium ion)이 생성되도록 전자 이동을 표시한다. 이 단계는 모두 S_N2 메커니즘으로 진행된다.

$$NH_3 + R^{\delta+}\text{—}X^{\delta-} \longrightarrow H_3N^+\text{—}R + X^-$$

$$RNH_2 \ (1°\ \text{아민}) + R^{\delta+}\text{—}X^{\delta-} \longrightarrow R_2NH_2^+ + X^-$$

$$R_2NH \ (2°\ \text{아민}) + R^{\delta+}\text{—}X^{\delta-} \longrightarrow R_3NH^+ + X^-$$

$$R_3N \ (3°\ \text{아민}) + R^{\delta+}\text{—}X^{\delta-} \longrightarrow R_4N^+ \ (4°\ \text{아민염}) + X^-$$

2단계 암모늄염(4° 암모늄염은 제외)과 각기 다른 아민 분자가 반응하여 중성 아민 분자를 생성하도록 전자 이동을 표시한다.

$$H_3N^+\text{–}R + :NH_3 \xrightarrow{-NH_4^+} H\text{–}\ddot{N}H\text{–}R$$

1° 아민

$$H_2RN^+H + R\ddot{N}H_2 \xrightarrow{-RNH_3^+} H\text{–}\ddot{N}R\text{–}R$$

2° 아민

$$R_2N^+H\text{–}R + R_2\ddot{N}H \xrightarrow{-RNH_2^+} R\text{–}\ddot{N}R\text{–}R$$

3° 아민

복습문제 5.13 다음 반응 메커니즘에 적합한 전자 이동을 표시하시오.

(a) $\ddot{N}H_3 + \overset{\delta^+}{R}\text{—}\overset{\delta^-}{X} \xrightarrow{-X^-} H_3\overset{+}{N}\text{—}R + \ddot{N}H_3 \xrightarrow{-NH_4^+} H_2\ddot{N}\text{—}R$

1° 아민

(b) $R\ddot{N}H_2 + \overset{\delta^+}{R}\text{—}\overset{\delta^-}{X} \xrightarrow{-X^-} H_2R\overset{+}{N}\text{—}R + R\ddot{N}H_2 \xrightarrow{-RNH_3^+} HR\ddot{N}\text{—}R$

1° 아민 2° 아민

(c) $R_2\ddot{N}H + \overset{\delta^+}{R}\text{—}\overset{\delta^-}{X} \xrightarrow{-X^-} R_2H\overset{+}{N}\text{—}R + R_2\ddot{N}H \xrightarrow{-RNH_2^+} R_2\ddot{N}\text{—}R$

2° 아민 3° 아민

(d) $R_3\ddot{N} + \overset{\delta^+}{R}\text{—}\overset{\delta^-}{X} \xrightarrow{-X^-} R_3\overset{+}{N}\text{—}R + X^-$

3° 아민 4° 아민염

5.3.2 Gabriel의 1차 아민 합성 반응 메커니즘

아민과 할로젠화 알킬 반응으로는 1° 아민 한 가지만 만들기 어렵다. 그러나 Gabriel 합성 반응은 1° 아민만을 합성할 수 있는 유용한 방법이다.

방법 5.14 Gabriel의 1차 아민 합성 반응 메커니즘 그리기

1단계 Phthalimide와 염기(예, K_2CO_3)를 반응시켜 음이온이 생성되도록 전자 이동을 표시한다.

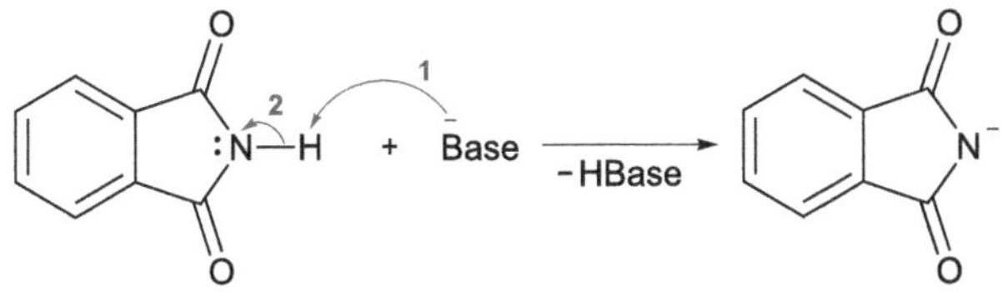

Phthalimide

2단계 생성된 phthalimide 음이온과 RX가 반응하여 새로운 *N*-alkylphthalimide가 생성되도록 전자 이동을 표시한다.

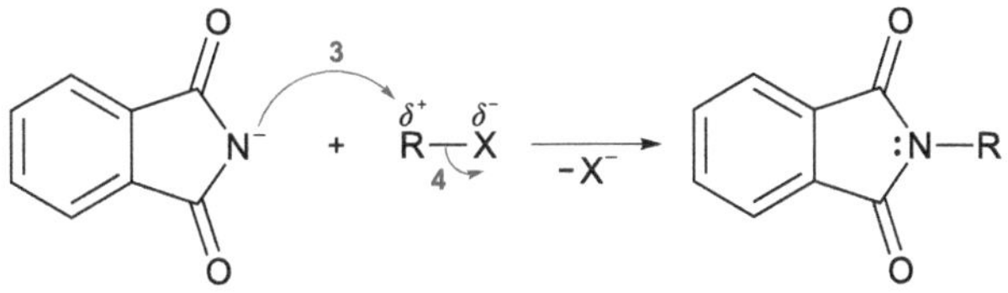

N-Alkylphthalimide

3단계 *N*-Alkylphthalimide와 hydrazine(NH_2NH_2)이 반응하여 오-원자 고리가 열리도록 전자 이동을 표시한다.

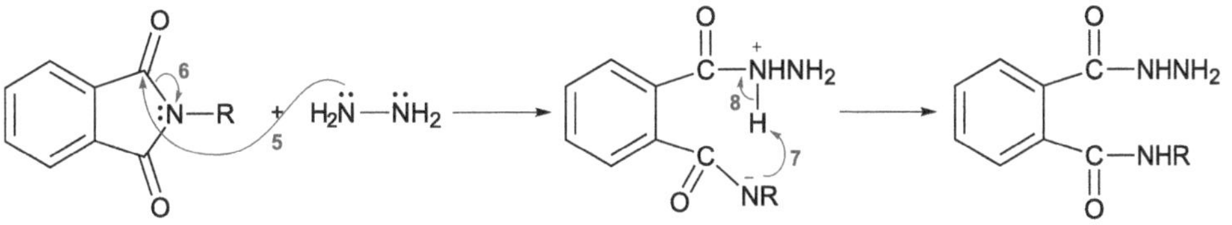

N-Alkylphthalimide

4단계 오-원자 고리가 열린 아마이드(amide)에서 양성자 이동이 일어나, 1° 아민과 phthalazine-1,4-dione이 생성되도록 전자 이동을 표시한다.

H_2NR

1° 아민

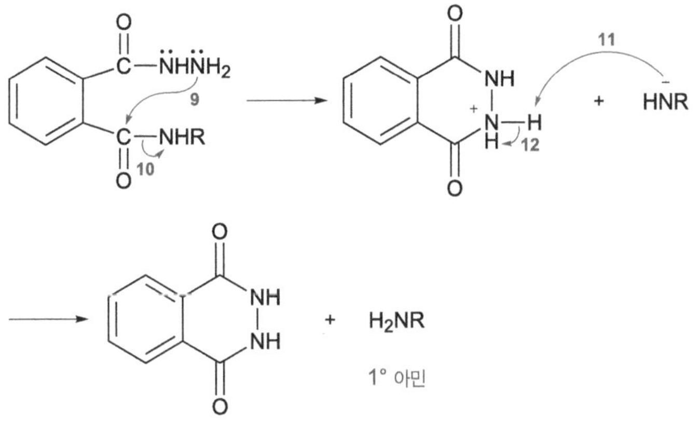

2,3-Dihydrophthalazine-1,4-dione

복습문제 5.14 다음 반응 메커니즘에 적합한 전자 이동을 표시하시오.

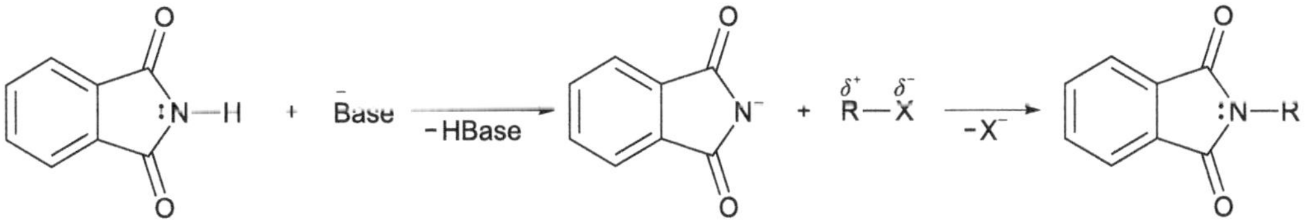

Phthalimide

N-Alkylphthalimide

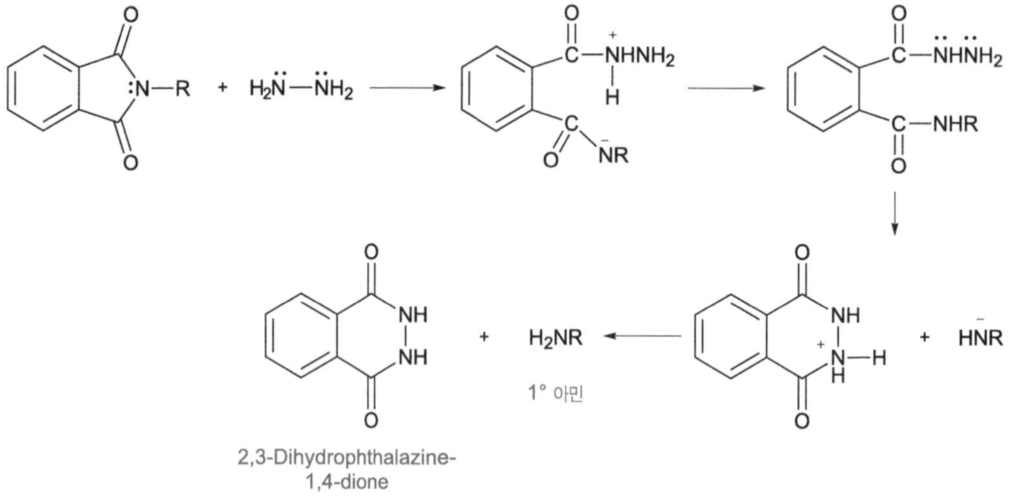

1° 아민

2,3-Dihydrophthalazine-1,4-dione

연습문제 5.21 다음 반응의 메커니즘을 완결하시오.

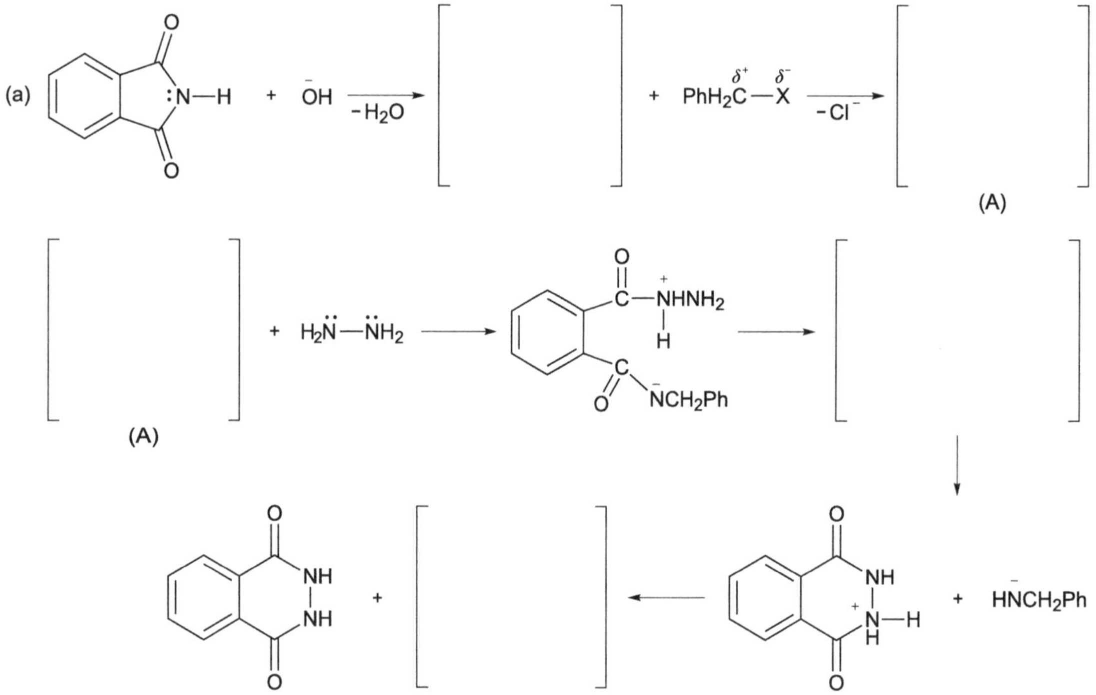

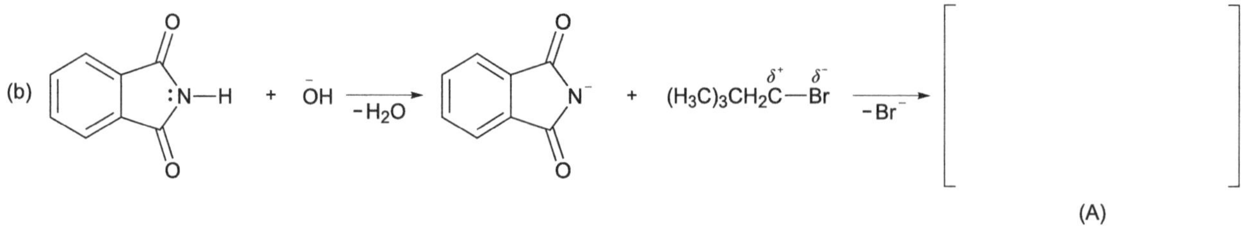

(a)

(A)

(A)

(b)

(A)

(A)

$+ H_2\ddot{N}-\ddot{N}H_2 \longrightarrow$

$+ NH_2CH_2C(CH_3)_3$ $+ \bar{H}NCH_2C(CH_3)_3$

연습문제 5.22 다음 중 Gabriel 합성법으로 만들 수 없는 아민은?

(a) (b) (c) (d)

5.3.3 1차 아민의 나이트로소화 및 다이아조화 반응 메커니즘

아민의 나이트로화 및 다이아조화 반응은 질소 화합물 합성에 유용하다.

방법 5.15 1차 아민의 나이트로소화 및 다이아조화 반응 메커니즘 그리기

1단계 먼저 sodium nitrate($NaNO_2$)와 HCl을 반응시켜 nitrous acid를 생성시키고, 물 한 분자가 이탈되어 나이트로소늄 이온(nitrosonium ion)이 생성되는 것으로 전자 이동을 표시한다.

$$Na^+(O{=}N{-}O^-) + H{-}Cl \xrightarrow{-NaCl} O{=}N{-}\ddot{O}H + H{-}Cl$$

$$\xrightarrow{-Cl} O{=}N{-}\overset{+}{O}H_2 \xrightarrow{-H_2O} \left[\overset{+}{N}{=}\ddot{O}: \longleftrightarrow N{\equiv}\overset{+}{O} \right]$$

Nitrosonium 이온

2단계 나이트로소늄 이온과 아민이 반응하여 *N*-nitrosoalkylammonium이온이 생성되도록 전자 이동을 표시한다.

$$R{-}\ddot{N}H_2 + \overset{+}{N}{=}\ddot{O}: \longrightarrow R{-}\overset{+}{N}H_2{-}N{=}O$$

N-Nitrosoalkyl-ammonium ion

3단계 암모늄 이온의 양성자(H^+)가 물 분자에 의해 제거되어 *N*-나이트로소아민(*N*-nitrosoamine)이 생성되도록 전자 이동을 표시한다.

$$R-\overset{+}{N}H_2-N{=}O + H_2\ddot{O}: \longrightarrow R-NH-N{=}\ddot{O} + H-\overset{+}{O}H_2$$

N-Nitrosoalkyl-ammonium ion　　*N*-Nitrosoamine

4단계 Nitrosoamine이 H_3O^+와 반응하여 이민 옥소늄(iminoxonium) 이온이 생성되도록 전자 이동을 표시한다.

$$R-NH-N{=}\ddot{O} + H-\overset{+}{O}H_2 \xrightarrow{-H_2O} R-NH-N{=}\overset{+}{O}H$$

N-Nitrosoamine　　*N*-Alkylamine-iminoxonium ion

5단계 이민옥소늄 이온과 물 분자가 반응하여 1-hydroxy-2-alkyldiazene이 생성되도록 전자 이동을 표시한다.

$$R-NH-N{=}\overset{+}{O}H + H_2\ddot{O}: \longrightarrow R-N{=}N-OH + H-\overset{+}{O}H_2$$

N-Alkylamine-iminoxonium ion　　1-Hydroxy-2-alkyldiazene

6단계 1-Hydroxy-2-alkyldiazene과 H_3O^+가 반응하여 알킬다이아젠일옥소늄(alkyldiazenyl oxonium) 이온이 생성되도록 전자 이동을 표시한다.

$$R-N{=}N-\ddot{O}H + H-\overset{+}{O}H_2 \xrightarrow{-H_2O} R-N{=}N-\overset{+}{O}H_2$$

1-Hydroxy-2-alkyldiazene　　(Alkyldiazenyl)-oxonium ion

7단계 알킬다이아젠일옥소늄 이온에서 물 한 분자가 이탈되어 다이아조늄(diazonium) 이온이 생성되도록 전자 이동을 표시한다.

$$R-\ddot{N}{=}N-\overset{+}{O}H_2 \xrightarrow{-H_2O} R-\overset{+}{N}{\equiv}N$$

(Alkyldiazenyl)oxonium ion　　Diazonium ion

복습문제 5.15 다음 반응 메커니즘에 적합한 전자 이동을 표시하시오.

$$Na^+(O{=}N-O^-) + H-Cl \xrightarrow{-NaCl} O{=}N-\ddot{O}H + H-Cl \xrightarrow{-Cl} O{=}N-\overset{+}{O}H_2 \xrightarrow{-H_2O} \left[\ddot{O}{=}\overset{+}{N} \longleftrightarrow \overset{+}{O}{\equiv}N\right]$$

Sodium nitrate　　Nitrous acid　　Nitrosonium 이온

$$R-\ddot{N}H_2 + \ddot{O}{=}\overset{+}{N}H_2 \longrightarrow R-\overset{+}{N}H_2-N{=}O + H_2\ddot{O}: \longrightarrow R-NH-N{=}\ddot{O} + H-\overset{+}{O}H_2 \xrightarrow{-H_2O} R-NH-N{=}\overset{+}{O}H$$

N-Nitrosoalkyl ammonium ion　　*N*-Nitrosoamine　　*N*-Alkylamine-iminoxonium ion

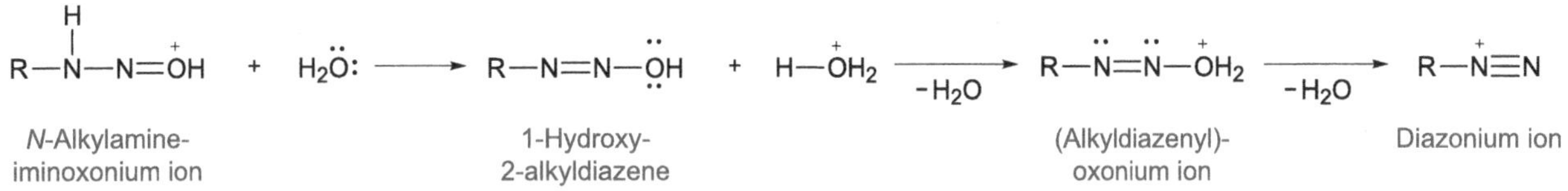

$R{-}N(H){-}N{=}\overset{+}{O}H$ + $H_2\ddot{O}$: ⟶ $R{-}N{=}N{-}\ddot{O}H$ + $H{-}\overset{+}{O}H_2$ $\xrightarrow{-H_2O}$ $R{-}N{=}N{-}\overset{+}{O}H_2$ $\xrightarrow{-H_2O}$ $R{-}\overset{+}{N}{\equiv}N$

N-Alkylamine-iminoxonium ion | 1-Hydroxy-2-alkyldiazene | (Alkyldiazenyl)-oxonium ion | Diazonium ion

방법 5.16 2차 아민의 나이트로소화 반응 메커니즘 그리기

1단계 먼저 sodium nitrate와 HCl을 반응시켜 nitrous acid를 생성시키고 물 한 분자가 이탈되어 나이트로소늄 이온(nitrosonium ion)을 생성하는 것으로 전자 이동을 표시한다.

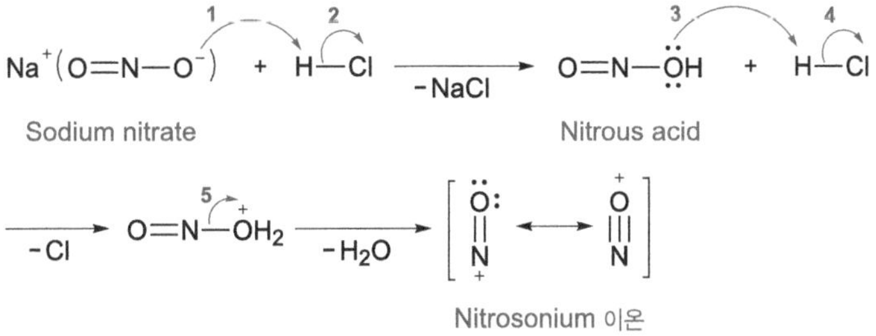

$Na^+(O{=}N{-}O^-)$ + $H{-}Cl$ $\xrightarrow{-NaCl}$ $O{=}N{-}\ddot{O}H$ + $H{-}Cl$ (arrows 1, 2, 3, 4)

Sodium nitrate | Nitrous acid

$\xrightarrow{-Cl}$ $O{=}N{-}\overset{+}{O}H_2$ (arrow 5) $\xrightarrow{-H_2O}$ $[\ddot{O}{=}\overset{+}{N} \longleftrightarrow \overset{+}{O}{\equiv}N]$

Nitrosonium 이온

2단계 Nitrosonium 이온과 아민이 반응하여 *N*-nitrosoalkylammonium 이온이 생성되도록 전자 이동을 표시한다.

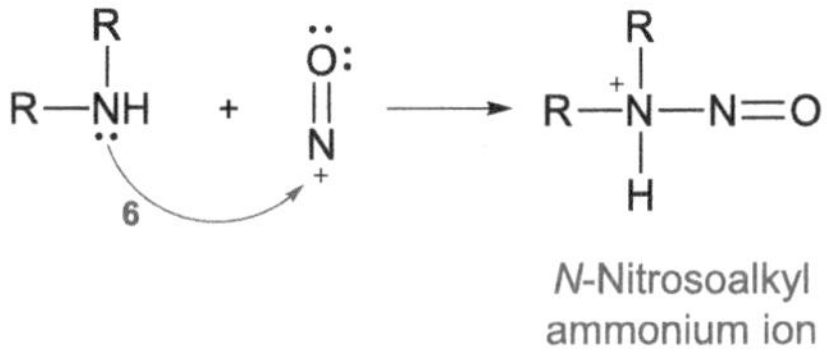

$R_2\ddot{N}H$ + $\ddot{O}{=}\overset{+}{N}$ (arrow 6) ⟶ $R{-}\overset{+}{N}(R)(H){-}N{=}O$

N-Nitrosoalkyl ammonium ion

3단계 암모늄 이온의 양성자(H^+)가 물 분자에 의해 제거되어 *N*-nitrosoamine이 생성되도록 전자 이동을 표시한다.

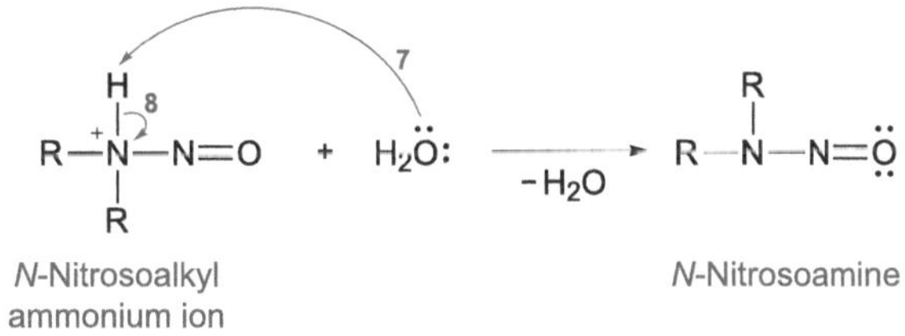

$R{-}\overset{+}{N}(H)(R){-}N{=}O$ + $H_2\ddot{O}$: (arrows 7, 8) $\xrightarrow{-H_2O}$ $R{-}N(R){-}N{=}\ddot{O}$

N-Nitrosoalkyl ammonium ion | *N*-Nitrosoamine

복습문제 5.16 다음 반응 메커니즘에 적합한 전자 이동을 표시하시오.

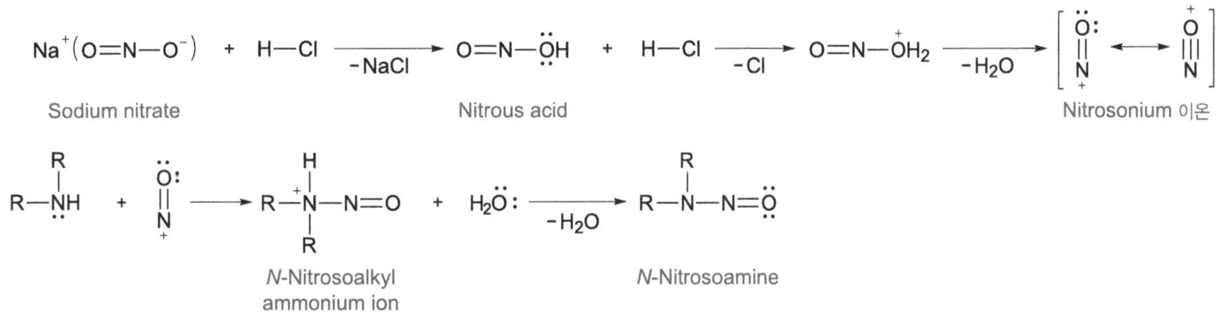

$Na^+(O{=}N{-}O^-)$ + $H{-}Cl$ $\xrightarrow{-NaCl}$ $O{=}N{-}\ddot{O}H$ + $H{-}Cl$ $\xrightarrow{-Cl}$ $O{=}N{-}\overset{+}{O}H_2$ $\xrightarrow{-H_2O}$ $[\ddot{O}{=}\overset{+}{N} \longleftrightarrow \overset{+}{O}{\equiv}N]$

Sodium nitrate | Nitrous acid | Nitrosonium 이온

$R_2\ddot{N}H$ + $\ddot{O}{=}\overset{+}{N}$ ⟶ $R{-}\overset{+}{N}(H)(R){-}N{=}O$ + $H_2\ddot{O}$: $\xrightarrow{-H_2O}$ $R{-}N(R){-}N{=}\ddot{O}$

N-Nitrosoalkyl ammonium ion | *N*-Nitrosoamine

5.3.4 다른 질소 작용기 반응 메커니즘

아민 이외의 다른 질소 작용기로 나이트로(nitro, $-NO_2$)기, 아자이드(azide, $-N_3$)기, 이민(imine, $-C=NH$), 아마이드(amide, $RCONH_2$) 및 나이트릴(nitrile, $C\equiv N$)기가 있다. 아마이드와 나이트릴은 카보닐 유도체이므로 6장에서 다룬다. 나이트로, 아자이드 및 이민 화합물을 환원하면 상응하는 아민을 얻을 수 있다. 나이트로기의 환원 방법은 다양하므로 여기서는 다루지 않는다. 한 가지 방법으로 Sn/HCl을 이용하는 나이트로기 환원 반응은 $-NO_2$기가 $-NH_3^+$로 환원된 후 염기에 의해 상응하는 $-NH_2$로 되는 것으로 인식하고 있다.

NO_2 Sn, HCl $\overset{+}{N}H_3$ HO^- NH_2

방법 5.17 아자이드의 환원 반응 메커니즘 그리기

1단계 아자이드와 환원제(예, $LiAlH_4$)가 반응하여 트라이아제나이드(triazenide)가 생성되도록 전자 이동을 표시한다.

$$R-N=\overset{+}{N}=\overset{-}{N} + H-\overset{-}{Al}H_3 \xrightarrow[-AlH_3]{} R-\underset{}{N}H-N=\overset{-}{N}$$

아자이드 1 2 3-Alkyltriaz-1-en-1-ide

2단계 질소 한 분자가 이탈되어 아민 음이온이 생성되도록 전자 이동을 표시한다.

$$R-NH-N=\overset{-}{N} \xrightarrow[-N_2]{} R-\overset{-}{N}H$$

3 4

3-Alkyltriaz-1-en-1-ide

3단계 마지막으로 물 분자와 반응하여 상응하는 아민이 생성되도록 전자 이동을 표시한다.

$$R-\overset{-}{N}H + H-OH \xrightarrow[-HO^-]{} R-NH_2$$

5 6 아민

복습문제 5.17 다음 반응 메커니즘에 적합한 전자 이동을 표시하시오.

$$R-N=\overset{+}{N}=\overset{-}{N} + H-\overset{-}{Al}H_3 \xrightarrow[-AlH_3]{} R-NH-N=\overset{-}{N} \xrightarrow[-N_2]{} R-\overset{-}{N}H + H-OH \xrightarrow[-HO^-]{} R-NH_2$$

아자이드 3-Alkyltriaz-1-en-1-ide 아민

연습문제 5.23 다음 반응 메커니즘을 완결하시오. 전자 이동도 표시하시오.

R—N=N⁺=N⁻ (아자이드) + $H-AlH_3^-$ —($-AlH_3$)→ [ ] —($-N_2$)→

[ ] + H—OH —($-HO^-$)→ [ ]

방법 5.18 이민의 환원 반응 메커니즘 그리기

1단계 이민과 환원제가 반응하여 아민 음이온이 생성되도록 전자 이동을 표시한다.

R—C(=NH)—R (이민) + $H-AlH_3^-$ —($-AlH_3$)→ R—CH(NH^-)—R

2단계 생성된 음이온과 물 분자가 반응하여 아민이 생성되도록 전자 이동을 표시한다.

R—CH(NH^-)—R + H—OH —($-HO^-$)→ R—NH_2 (아민)

복습문제 5.18 다음 반응 메커니즘에 적합한 전자 이동을 표시하시오.

R—C(=NH)—R (이민) + $H-AlH_3^-$ —($-AlH_3$)→ R—CH(NH^-)—R + H—OH —($-HO^-$)→ R—NH_2 (아민)

연습문제 5.24 다음 반응의 메커니즘을 완성하시오. 전자 이동을 표시하고 생성물의 IUPAC 이름도 쓰시오.

Ph—C(=NH)—CH_3 + $H-AlH_3^-$ —($-AlH_3$)→ [ ] + H—OH —($-HO^-$)→ [ ]

6장 방향족 화합물 반응 메커니즘

6.1 방향족 화합물

Benzene은 파이 결합이 3개나 되는 불포화 화합물이다. 그러나 반응성은 알켄이나 알카인과는 다르다. Benzene(C_6H_6)은 평면 구조를 이루고, 이중 결합이 콘쥬게이션되어 있다. 방향족의 대표적인 화합물인 benzene은 다음과 같은 친전자성 치환 반응, 친핵성 치환 반응 및 benzyne의 제거/첨가 반응 등이 일어난다.

콘쥬게이션(conjugation) 계는 불포화 결합과 단일 결합이 교대로 있는 구조를 말한다.

친전자성 치환 반응

benzene + E^+ ⟶ (E 치환 benzene)

E = X(할로젠화 반응)
NO_2(나이트로화 반응)
SO_3H(설폰화 반응)
R(Friedel-Craft 알킬화 반응)
COR(Friedel-Craft 아실화 반응)

친핵성 치환 반응

EWG–benzene + Nu^- ⟶ EWG–benzene–Nu

EWG = 전자 끄는기

Benzyne 제거-첨가 반응

(H, X 치환 benzene) + Base —제거, -HX⟶ [Benzyne] + HNu^- —첨가⟶ (Nu 치환 benzene)

"어떤 화합물이 방향족성을 가지는가?", "왜 이런 조건을 충족해야 하는가?"를 이해하는 것이 중요하다.

방향족성(aromaticity)은 benzene처럼 i) 평면 고리 구조이면서 ii) 불포화 결합이 콘쥬게이션되고 iii) 파이 전자 수가 4n+2(n = 0, 1, 2, ⋯)개를 가지는 화합물이 나타내는 성질이다. 이 규칙을 Hückel 규칙이라고 한다.

방향족성을 가지는 부류의 화합물을 **방향족 화합물**(aromatic compound)이라고 한다.

왜 평면 고리 구조여야 하는가? 평면 고리 구조일 때, 이중 결합에 참여하는 *p*-오비탈들이 같은 방향으로 배열되어 콘쥬게이션하기에 유리하기 때문이다. 이처럼 콘쥬게이션 계로 되면 이중 결합 파이 전자들이 비편재화될 수 있다. 파이 전자가 비편재화되면 분자가 열역학적으로 더 안정하게 된다.

비편재화(delocalization)란? 파이 전자가 특정 원자들에 제한되어 있지 않고 다른 원자들에도 분포되는 현상이다.

그렇다면 파이 전자 수가 4n+2(n=0, 1, 2,⋯)가 되어야 하는 이유는 무엇인가? 고리형 콘쥬게이션 분자의 분자 오비탈(molecular orbital, MO) 에너지 준위를 계산하면, 하나의 MO가 가장 낮은 에너지 준위에 있다. 이 최저 에너지 준위에 2개 전자가 점유된다. 이를 4n+2에서 "+2"로 표시한다. 그 다음으로 에너지가 높은 준위부터는 오비탈들이 2개씩이며, 오비탈에는 각각 2개씩 4개의 전자가 점유되어 있다. 전자들이 증가하면 이런 식으로 높은 MO 에너지 준위를 채워간다. 그렇게 되면 오비탈에 각각 4개의 전자가 점유된다. 이 방식을 4n+2에서 "4n"으로 표시한다. 방향족성의 관점에서 화합물을 세 가지로 구분할 수 있다.

방향족(aromatic)은 평면 고리 분자로 4n+2의 파이 전자를 가지고 있어 완전 콘쥬게이션을 이루어 방향족성을 나타내는 화학종이다.

반방향족(antiaromatic)은 평면 고리 분자로 4n개의 파이 전자를 가지고 있고, 완전한 콘쥬게이션을 이루는 화학종이다.

비방향족(nonaromatic)은 방향족 및 반방향족이 되기 위한 조건 중 어느 하나라도 결여되었으면 방향족성이 없는 화학종이다.

방법 6.1 방향족 구별하기

1단계 분자가 평면 고리 구조인지 확인한다.
2단계 파이 전자가 콘쥬게이션되어 있는지 확인한다.
3단계 파이 전자 수가 Hückel의 규칙에 맞는지 확인한다.
4단계 방향족, 반방향족 또는 비방향족인지 구분한다.

6.2 친전자성 방향족 치환 반응 메커니즘

Benzene 같은 방향족은 파이 전자가 풍부하여 친전자성 치환 반응에서 친핵체로 작용한다. Benzene이 친전자성 물질과 반응하면, 중간체로 비방향족 화학종이 생성된다. 이 첨가 생성물인 중간체는 방향족성을 상실했기 때문에 덜 안정하다. 따라서 보다 더 안정한 방향족 생성물로 변환된다. Benzene의 친핵성은 치환기에 따라 영향을 받는다. 전자를 방향족 고리로 밀어주는 치환기는 고리의 전자 밀도를 증가시켜 친전자성 치환 반응성을 더 높아지게 한다. 반대로 전자를 당기는 치환기는 방향족 고리의 전자밀도를 감소시키므로 반응성을 감소시킨다.

활성화기(activating group)는 치환기가 benzene 고리 전자 밀도를 증가시켜 친핵성을 증가시킨다. **활성 감소기**(deactivating group)는 치환기가 benzene 고리 전자 밀도를 감소시켜 친핵성을 감소시킨다.

이런 치환기 효과는 유발 효과(inductive effect) 내지는 공명 효과(resonance effect)로 설명한다. 뿐만 아니라, 이런 치환기 영향은 중간체의 안정도에도 영향을 미치므로 치환–benzene의 제2 및 제3의 치환 반응에서 치환기의 도입 위치에 영향을 미친다.

Benzene 고리의 치환기가 다음에 치환되는 위치를 결정하는 성질을 치환기의 지향성(orientation)이라고 한다.

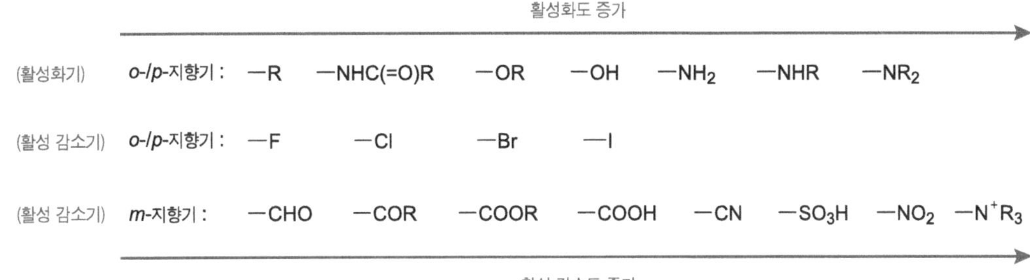

방법 6.2 친전자성 방향족 치환 반응의 일반적인 메커니즘 그리기

1단계 친핵체인 benzene의 파이 전자가 친전자성 물질과 반응하여 첨가 생성물 중간체인 다이엔(diene)이 생성되도록 전자 이동을 표시한다. 이 중간체는 세 개의 공명 구조가 가능하다.

1 + E^+ 첨가 → [2 H E ⟷ 3 H E ⟷ H E]

방향족 다이엔 (비방향족)

2단계 다이엔 중간체와 염기가 반응하여, H^+가 이탈되면서 방향족성이 회복되도록 전자 이동을 표시한다. 친전자성 방향족 치환 반응은 첨가-제거 2단계 반응이다.

H, E, 4, 5, +, Base, 제거, -HBase, E
비방향족 방향족

복습문제 6.1 다음 반응 메커니즘에 적합한 전자 이동을 표시하시오.

+ E^+ 첨가 → [H E + ↔ H E + ↔ + H E]
방향족 다이엔 (비방향족)

H E + + Base 제거 -HBase → E
비방향족 방향족

연습문제 6.1 다음 반응 메커니즘을 완결하시오. 전자 이동을 표시하고, 생성물의 IUPAC 이름을 쓰시오.

(a) Benzene + NO_2^+ 첨가 → [↔ ↔ H NO_2 +] + $\bar{O}H$ 제거 $-H_2O$ → NO_2
다이엔 (비방향족)

(b) Benzene + $\overset{+}{C}(CH)_3$ 첨가 → [↔ ↔ H $CH_2(CH_3)$ +] + $\bar{O}H$ 제거 $-H_2O$ → [ ]
다이엔 (비방향족)

6.2.1 Benzene의 친전자성 할로젠화 반응 메커니즘

Benzene의 친전자성 할로젠화 반응에서는 친핵성 할로젠(X^+)이 필요하다. 친핵성 할로젠(X^+)은 금속 할로젠화물과 할로젠(X_2)을 반응시켜 만든다.

방법 6.3 Benzene의 친전자성 할로젠화 반응 메커니즘 그리기

1단계 할로젠(X_2)과 금속 할로젠화물(MX_3)이 반응하여 친핵성 할로젠(X^+)이 생성되도록 전자 이동을 표시한다. 친핵성 할로젠의 생성 과정을 간단히 $X_2 + FeX_3 \rightarrow X^+ + FeX_4^-$로 표시한다.

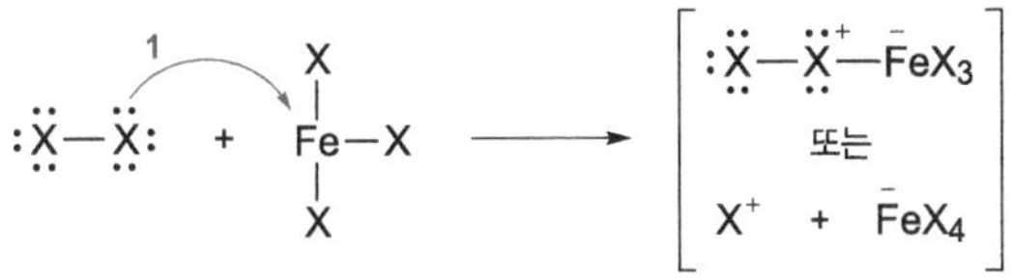

또는

2단계 친핵체인 benzene의 파이 전자가 활성화된 할로젠과 반응하여 첨가 생성물 중간체인 할로젠화 다이엔(halogenated diene)이 생성되도록 전자 이동을 표시한다. 이 중간체는 세 개의 공명 구조가 가능하다.

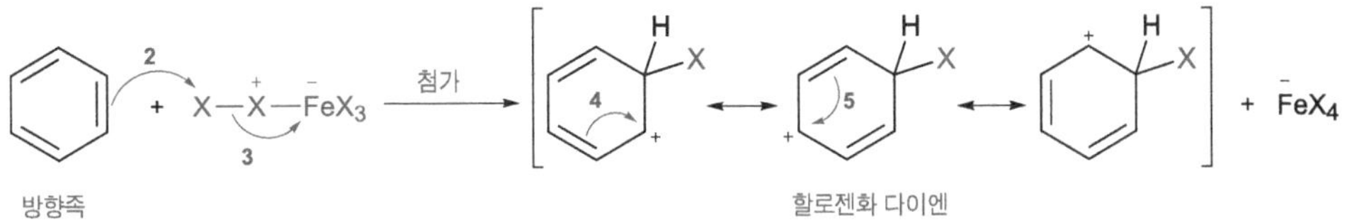

첨가

방향족

할로젠화 다이엔

3단계 다이엔 중간체에서 염기(FeX_4^-)에 의해 H^+가 이탈되면서 방향족성이 회복되고 halobenzene이 생성되도록 전자 이동을 표시한다. 친전자성 방향족 치환 반응은 첨가–제거 2단계 반응이다.

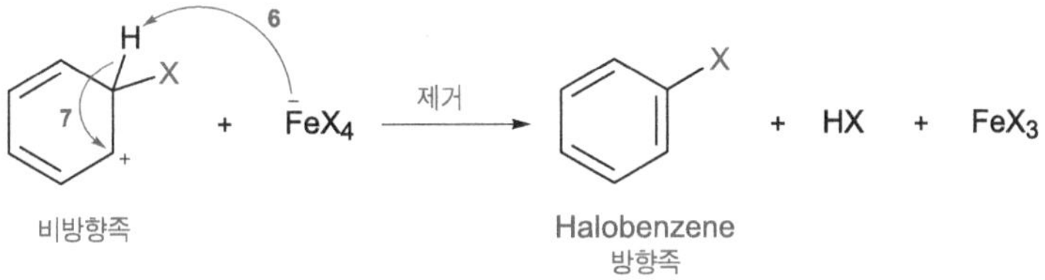

제거

비방향족

Halobenzene
방향족

복습문제 6.2 다음 반응 메커니즘에 적합한 전자 이동을 표시하시오.

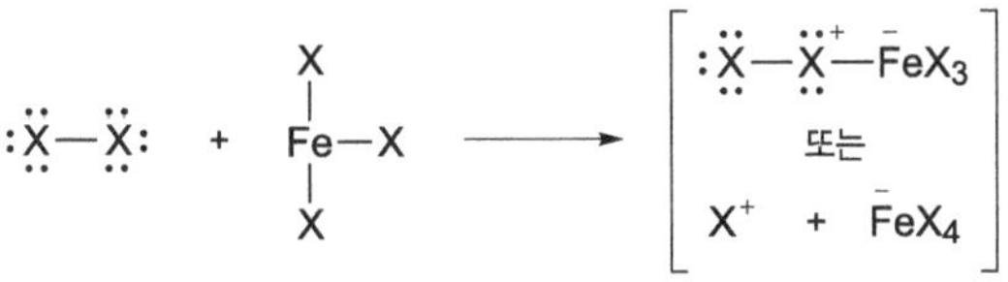

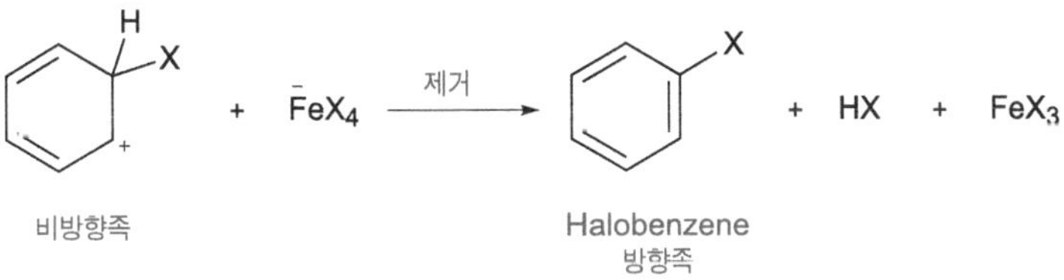

또는

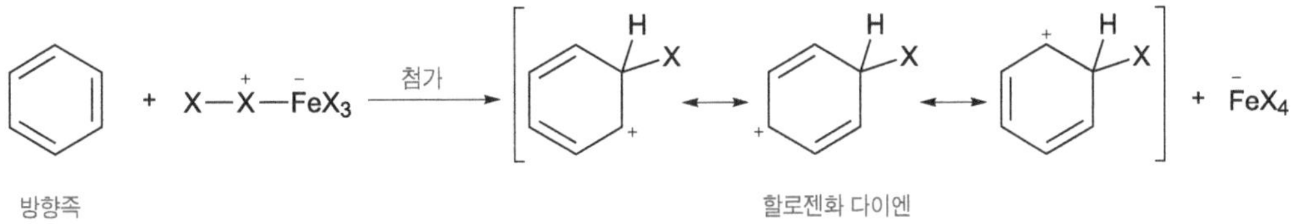

첨가

방향족

할로젠화 다이엔

제거

비방향족

Halobenzene
방향족

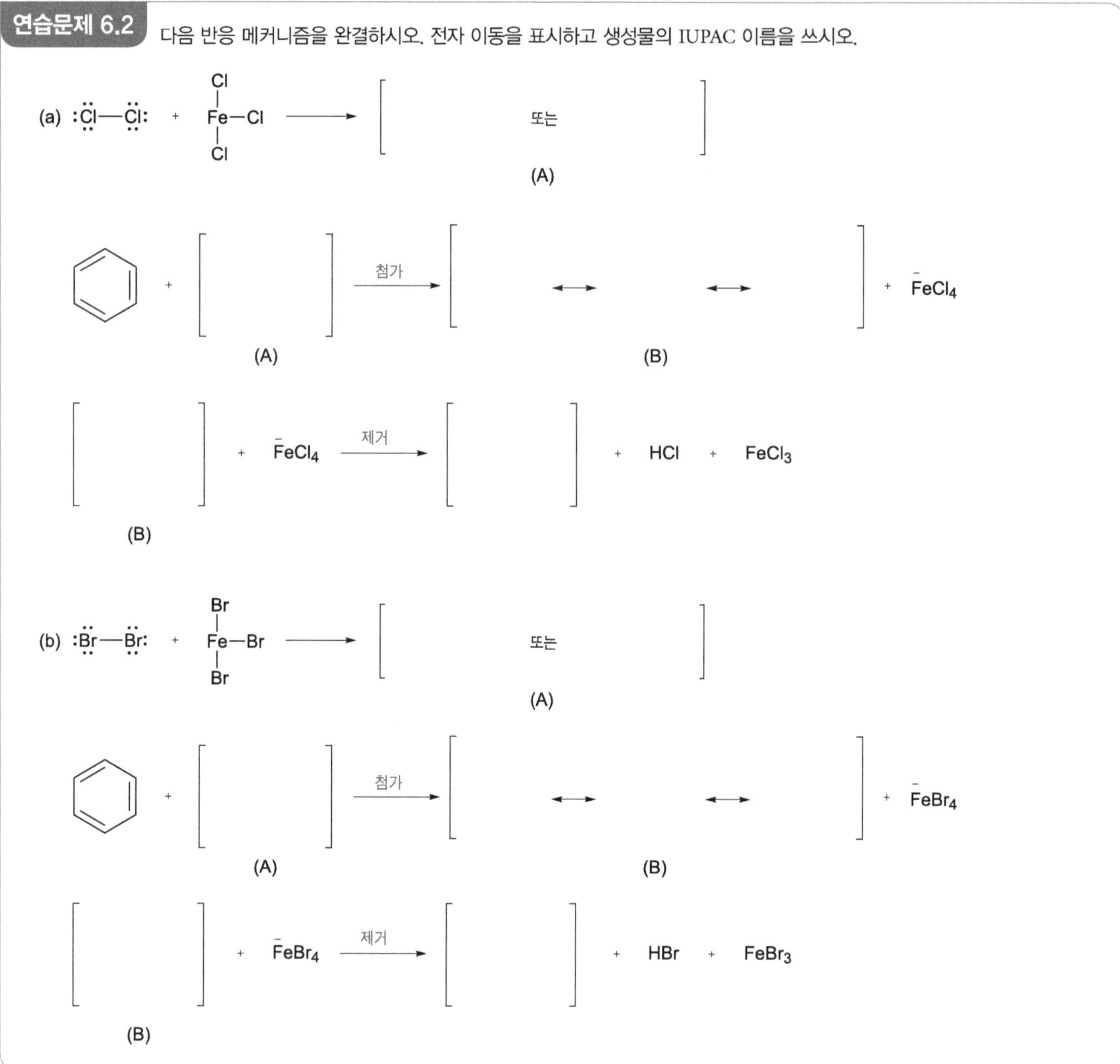

6.2.2 Benzene의 나이트로화 반응 메커니즘

Benzene의 나이트로화는 새로운 C–N 결합을 만드는 중요한 반응이다. 나이트로화에 필요한 나이트로늄(nitronium, $^+NO_2$) 이온은 반응 플라스크 내에서 nitric acid(HNO_3)와 sulfuric acid(H_2SO_4)를 사용해 용기 안에서 만든다. $^+NO_2$는 좋은 친전자체여서 benzene의 파이 전자와 쉽게 반응한다.

방법 6.4 Benzene의 나이트로화 반응 메커니즘 그리기

1단계 Nitric acid와 sulfuric acid가 반응하여 $^+NO_2$가 생성되도록 전자 이동을 표시한다. 첫 단계에서 나이트로옥소늄(nitrooxonium) 이온이 생성된 다음 물 분자가 이탈되면서 나이트로늄 이온이 생성된다.

$$O_2N-\ddot{O}-H + \overset{\delta^+}{H}-\overset{\delta^-}{O}SO_3H \xrightarrow[-HSO_4^-]{} O_2N-\overset{H}{\overset{|}{\ddot{O}^+}}-H \longrightarrow \overset{+}{N}O_2 + H_2O$$

Nitric acid　Sulfuric acid　Nitrooxonium 이온　Nitronium 이온

2단계 Benzene의 파이 전자가 나이트로늄 이온과 반응하여 비방향족인 다이엔 양이온이 형성되도록 전자 이동을 표시한다.

친핵체　친전자체　6-Nitrocyclohexa-2,4-dien-1-ylium 이온

3단계 황산 음이온에 의해 양성자(H^+)가 이탈되어 방향족성이 회복된 nitrobenzene이 생성되도록 전자 이동을 표시한다.

비방향족 + HSO_4^- →(제거) Nitrobenzene + H_2SO_4

복습문제 6.3 다음 반응 메커니즘에 적합한 전자 이동을 표시하시오.

$$O_2N-\ddot{O}-H + \overset{\delta^+}{H}-\overset{\delta^-}{O}SO_3H \xrightarrow[-HSO_4^-]{} O_2N-\overset{H}{\overset{|}{\ddot{O}^+}}-H \longrightarrow \overset{+}{N}O_2 + H_2O$$

Nitrooxonium 이온　Nitronium 이온

친핵체 + $\overset{+}{N}O_2$ (친전자체) → 6-Nitrocyclohexa-2,4-dien-1-ylium 이온 (비방향족) + HSO_4^- → Nitrobenzene + H_2SO_4

연습문제 6.3 다음 반응 메커니즘을 완결하시오. 전자 이동도 표시하고, 최종 생성물의 IUPAC 이름을 쓰시오.

(a) $HNO_3 + H_2SO_4 \xrightarrow[-H_2O]{} {}^{+}NO_2 + HSO_4^-$

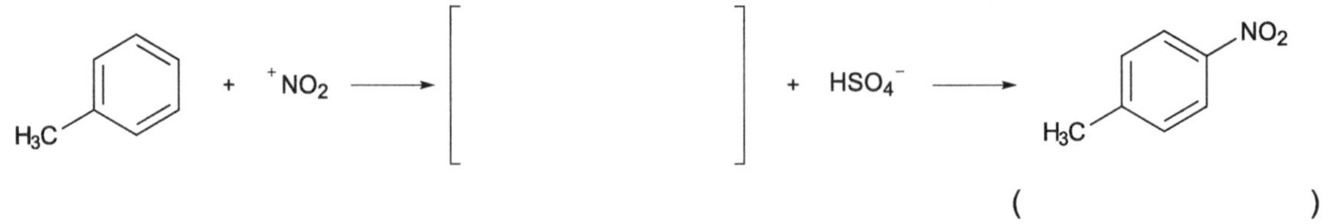

(b) $HNO_3 + H_2SO_4 \xrightarrow[-H_2O]{} {}^{+}NO_2 + HSO_4^-$

6.2.3 Benzene의 설폰화 반응 메커니즘

발연 황산(fuming sulfuric acid)은 진한 황산에 SO_3가 일정량(약 8% 정도) 섞여 있다.

Benzene의 설폰화 반응(sulfonation)은 새로운 C−S 결합을 만드는 반응이다. 이 반응은 가역적이며, 이 가역성을 이용하여 다른 유도체를 합성할 수 있어 유용하게 활용된다. 설폰화 반응 메커니즘은 SO_3가 직접 반응하는 방법과 발연 황산이 반응하는 방식 두 가지로 나타낸다.

방법 6.5 SO_3를 이용한 benzene의 설폰화 반응 메커니즘 그리기

1단계 Benzene과 SO_3가 반응하여 dienylium sulfonate가 생성되도록 전자 이동을 표시한다.

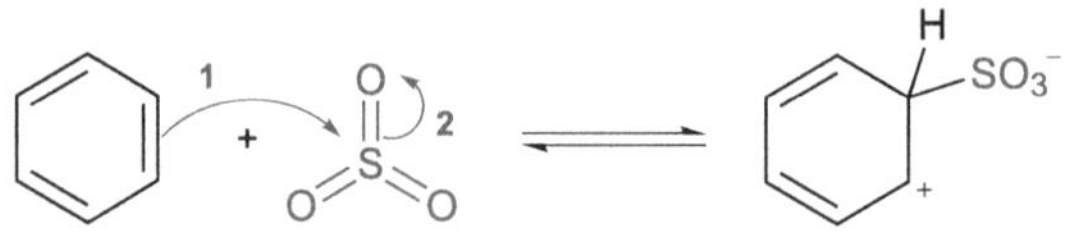

Cyclhexa-3,5-dien-1-ylium-2-sulfonate

2단계 Dienylium sulfonate와 황산이 반응하여 diene sulfonic acid 양이온이 생성되도록 전자 이동을 표시한다.

3단계 황산 음이온과 diene sulfonic acid가 반응하여 H^+가 제거되고 고리의 방향족성이 회복된 benzene sulfonic acid가 생성되도록 전자 이동을 표시한다.

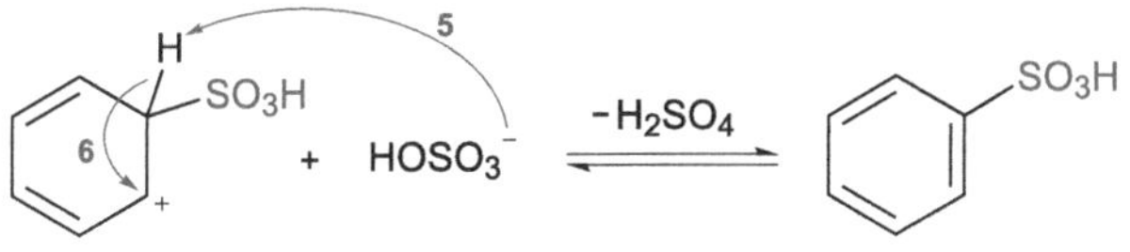

Benzene-sulfonic acid

복습문제 6.4 다음 반응 메커니즘에 적합한 전자 이동을 표시하시오.

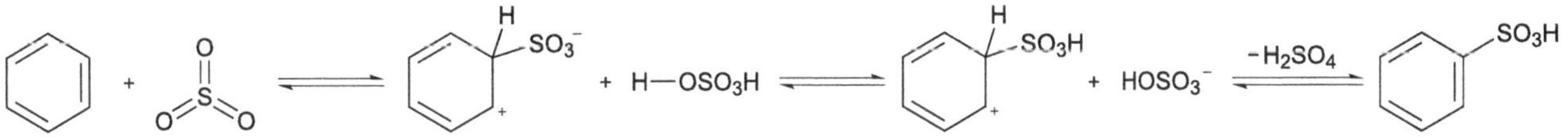

Cyclhexa-3,5-dien-1-ylium-2-sulfonate

Benzene-sulfonic acid

방법 6.6 발연 황산을 이용한 benzene의 설폰화 반응 메커니즘 그리기

1단계 Sulfur trioxide(SO_3)와 황산이 반응하여 $^+SO_3H$가 생성되도록 전자 이동을 표시한다.

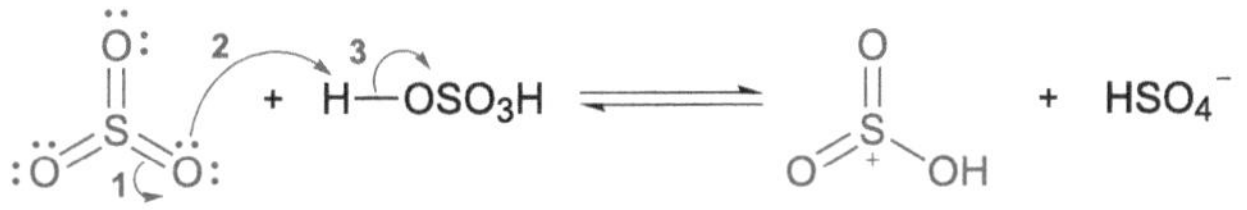

2단계 Benzene과 $^+SO_3H$가 반응하여 다이엔일륨(dienylium) 이온이 생성되도록 전자 이동을 표시한다.

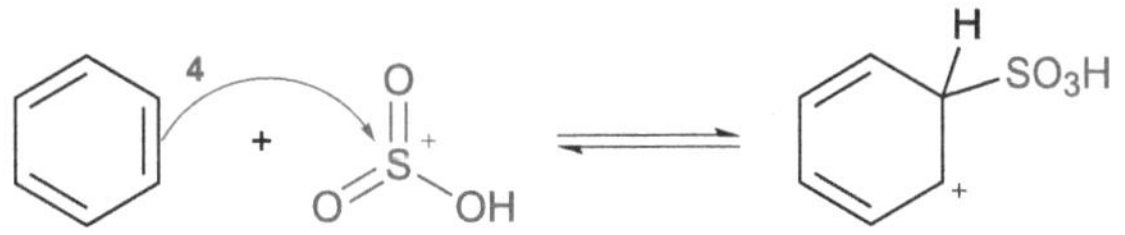

6-Sulfocyclohexa-2,4-dien-1-ylium 이온

3단계 다이엔일륨 이온과 황산 음이온이 반응하여 benzene sulfonic acid가 생성되도록 전자 이동을 표시한다.

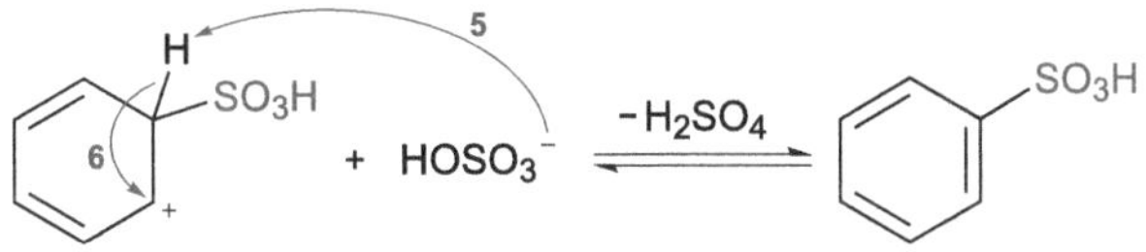

복습문제 6.5 다음 반응 메커니즘에 적합한 전자 이동을 표시하시오.

SO_3 + H—OSO_3H ⇌ $HOSO_2^+$ (O=S⁺(=O)–OH) + HSO_4^-

Benzene + $HOSO_2^+$ ⇌ 6-Sulfocyclohexa-2,4-dien-1-ylium 이온 + $HOSO_3^-$ $\xrightarrow{-H_2SO_4}$ $C_6H_5SO_3H$

6-Sulfocyclohexa-
2,4-dien-1-ylium 이온

연습문제 6.4 다음 반응 메커니즘을 완결하시오. 전자 이동도 표시하시오.

(a) Toluene + SO_3 ⇌ [ ] + H—OSO_3H ⇌ [ ] + $HOSO_3^-$

$-H_2SO_4$

[ ]

p-Methylbenzene-
sulfonic acid

(b) O_2N–benzene + SO_3 ⇌ [ ] + H—OSO_3H ⇌ [ ] + $HOSO_3^-$

$-H_2SO_4$

[ ]

m-Nitrobenzene-
sulfonic acid

연습문제 6.5 연습문제 6.4(a)와 (b)의 생성물에서 설폰화 위치가 다르다. 이유를 설명하시오.

6.2.4 Friedel-Crafts 알킬화 및 아실화 반응 메커니즘

Friedel–Crafts 알킬화 및 아실화 반응은 상응하는 탄소 양이온을 이용하여 새로운 C–C 결합을 형성하는 반응들이다. 알킬화 반응을 하면 C–C 결합을 만들 수 있고, 아실화 반응을 하면 C–C=O 결합을 만들 수 있다.

알킬화(alkylation)는 알킬(R–, alkyl)기를 도입하는 반응이다.

아실화(acylation)는 아실기(RCO–, acyl)기를 도입하는 반응이다.

Friedel–Crafts 알킬화 반응의 1차 생성물은 알킬(R–)기가 치환된 benzene이다. 알킬기는 활성화기이다. 알킬기가 치환된 benzene의 반응성은 benzene보다 더 크다. 따라서 2개 알킬기가 치환된 dialkylbenzene이 생성된다. 이런 결과는 합성 화학자에게는 번거롭고 비경제적이다. 그러나 Friedel–Crafts 아실화 반응은 아실(RCO–)기는 활성 감소기이기 때문에 acylbenzene 단일 생성물만 생성된다. 이를 환원시켜 1개 알킬기가 치환된 benzene 유도체를 만들 수 있다.

Friedel–Crafts 반응에서 필요한 탄소 양이온은 할로젠화 알킬(RX)이나 할로젠화 아실[acyl halide, RC(=O)X]을 AlX_3 같은 촉매와 반응시켜 만든다. 이들 반응 메커니즘은 탄소 양이온을 생성하는 단계에서 두 가지로 나타낸다.

방법 6.7 Friedel–Crafts 알킬화 반응 메커니즘 그리기

1단계 할로젠화 알킬(RX)이 촉매인 AlX_3와 반응하여 탄소 양이온 종이 생성되도록 전자 이동을 표시한다.

$$R-CH_2-\ddot{X}: + AlX_3 \longrightarrow \left[R-CH_2-\overset{+}{X}-\overset{-}{AlX_3} \quad \text{또는} \quad R-\overset{+}{C}H_2 + \overset{-}{AlX_4} \right]$$

2단계 생성된 아실 탄소 양이온이 benzene과 반응하여 고리형 다이엔 양이온이 생성되도록 전자 이동을 표시한다.

$$C_6H_6 + {}^{+}CH_2R \longrightarrow [C_6H_6(H)(CH_2R)]^{+} \longleftarrow RH_2C-\overset{+}{X}-\overset{-}{AlX_3} + C_6H_6$$

다이엔 양이온

3단계 다이엔 양이온과 AlX_4^-가 반응하여 방향족성이 회복된 alkylbenzene이 생성되도록 전자 이동을 표시한다.

⇒ Alkylbenzene은 benzene보다 이 조건에서의 반응성이 더 좋다. 만일 benzene과 alkylbenzene이 섞여 있으면 alkylbenzene이 우선 반응하여 dialkylbenzene이 생성된다.

$$[C_6H_6(H)(CH_2R)]^{+} + \overset{-}{AlX_4} \xrightarrow[-HX]{} C_6H_5CH_2R + AlX_3$$

Alkylbenzene

복습문제 6.6 다음 반응 메커니즘에 적합한 전자 이동을 표시하시오.

$$R-\overset{H_2}{C}-\ddot{\underset{..}{X}}: + AlX_3 \longrightarrow \left[R-\overset{H_2}{C}-\overset{+}{X}-\overset{-}{Al}X_3 \quad \text{또는} \quad R-\overset{+}{C}H_2 + \overset{-}{Al}X_4 \right]$$

복습문제 6.7 다음 반응 메커니즘에 적합한 전자 이동을 표시하시오.

Benzene + $^{+}CH_2R$ ⟶ 다이엔 양이온 ⟵ $RH_2C-\overset{+}{X}-\overset{-}{Al}X_3$ + Benzene

다이엔 양이온 + $\overset{-}{Al}X_4$ ⟶ (−HX) Alkylbenzene + AlX_3

방법 6.8 Friedel–Crafts 아실화 반응 메커니즘 그리기

1단계 할로젠화 아실(RCOX)이 촉매(AlX_3)와 반응하여 카보닐 탄소 양이온이 생성되도록 전자 이동을 표시한다.

$$R-\overset{O}{\overset{\|}{C}}-\ddot{\underset{..}{X}}: + AlX_3 \xrightarrow{1} \left[R-\overset{O}{\overset{\|}{C}}-\overset{+}{X}-\overset{-}{Al}X_3 \quad \text{또는} \quad R-\overset{O}{\overset{\|}{C}}{}^{+} + \overset{-}{Al}X_4 \right]$$

2단계 생성된 아실 탄소 양이온이 benzene과 반응하여 다이엔 양이온이 생성되도록 전자 이동을 표시한다.

Benzene + $R-\overset{+}{C}=O$ (2) ⟶ 다이엔 양이온 (H, C(=O)R) ⟵ $R-\overset{O}{\overset{\|}{C}}-\overset{+}{X}-\overset{-}{Al}X_3$ (2, 3) + Benzene

3단계 다이엔 양이온과 AlX_4^-가 반응하여 방향족성이 회복된 acylbenzene이 생성되도록 전자 이동을 표시한다. Acylbenzene은 이 반응 조건에서 benzene보다 반응성이 나쁘다.

$$\text{(arenium ion: H, C(=O)R)} + \overset{-}{AlX_4} \xrightarrow{-HX} C_6H_5COR + AlX_3$$

3(4)

4(5)

Acylbenzene

복습문제 6.8 다음 반응 메커니즘에 적합한 전자 이동을 표시하시오.

$$R-\overset{O}{\overset{\|}{C}}-\ddot{X}: + AlX_3 \longrightarrow \left[R-\overset{O}{\overset{\|}{C}}-\overset{+}{X}-\overset{-}{Al}X_3 \text{ 또는 } R-\overset{O}{\overset{\|}{C^+}} + \overset{-}{Al}X_4 \right]$$

$$C_6H_6 + R-\overset{+}{C}=O \longrightarrow \text{(arenium ion: H, C(=O)R)} \longleftarrow R-\overset{O}{\overset{\|}{C}}-\overset{+}{X}-\overset{-}{Al}X_3 + C_6H_6$$

$$\text{(arenium ion: H, C(=O)R)} + \overset{-}{AlX_4} \xrightarrow{-HX} C_6H_5COR + AlX_3$$

Acylbenzene

연습문제 6.6 다음 반응의 메커니즘을 완성하시오. 전자 이동도 표시하고, 생성물의 IUPAC 이름을 쓰시오.

(a) $H_3C-\overset{H_2}{C}-\ddot{Cl}: + AlCl_3 \longrightarrow \left[H_3C-\overset{H_2}{C}-\overset{+}{Cl}-\overset{-}{Al}Cl_3 \text{ 또는 } [\quad\quad] + \overset{-}{Al}Cl_4 \right]$ (A)

$C_6H_6 + [\quad\quad]$ (A) $\longrightarrow [\quad\quad]$ (B) $\longleftarrow H_3CH_2C-\overset{+}{Cl}-\overset{-}{Al}Cl_3 + C_6H_6$

$[\quad\quad]$ (B) $+ AlCl_4 \xrightarrow{-HCl} [\quad\quad] + AlCl_3$

(b) $H_3C-\overset{O}{\overset{||}{C}}-\ddot{Br}:$ + $AlBr_3$ ⟶ [[ ] (A) 또는 $H_3C-\overset{O}{\overset{||}{C^+}}$ + $\overset{-}{Al}Br_4$]

(benzene) + $H_3C-\overset{+}{C}=O$ ⟶ [ ] (B) ⟵ [ ] (A) + (benzene)

[ ] (B) + $\overset{-}{Al}Br_4$ $\xrightarrow{-HBr}$ $C_6H_5-\overset{O}{\overset{||}{C}}-CH_3$ + $AlBr_3$

6.2.5 치환-benzene의 친전자성 치환 반응 메커니즘

치환-benzene 유도체들의 반응성 및 치환기 도입 위치는 이미 치환된 치환기의 영향을 받는다. 따라서 다음과 같은 지침을 알고 있으면 메커니즘 그리기에 유용하다.

치환-benzene의 치환기 지향성

유기화학에서는 다중 치환 benzene의 지향성을 화살표로 표시하여 나타낸다.

1. 활성화기가 치환되어 있으면, 두 번째 치환기는 o/p(2/4-)-위치로 치환된다.
2. 할로젠(활성 감소기)이 치환되어 있으면, 두 번째 치환기는 o/p(2/4-)-위치로 치환된다.
3. 활성 감소기가 치환되어 있으면, 두 번째 치환기는 m(3-)-위치로 치환된다.
4. 두 개 이상의 활성화기가 치환되어 있으면, 활성화 능력이 가장 큰 치환기의 지향성에 따른다.

   예 R과 RO기가 있으면 RO기의 영향을 받는다.
5. 두 개 이상의 치환 생성물이 생성될 때는 치환기의 입체장애도 생성물의 종류에 영향을 미친다.

   예 1,2(o-)-이 치환과 1,4(p-)-이 치환 생성물이 가능한 경우에 1,4(p-)-이 치환 생성물이 주생성물이 된다.
6. 활성화기와 활성 감소기가 존재하면, 활성화기의 지향성에 따른다.

   예 R기와 NO_2기가 있으면, 활성화기인 R기의 영향을 받는다.
7. 두 개의 활성 감소기가 존재하면 활성화도가 더 큰 치환기의 영향을 받는다.

   예 할로젠(X)과 아실기(RC=O)가 존재하면 할로젠의 영양으로 o,p-위치로 치환된다.
8. 두 개 치환기가 1,3(m-)-위치로 존재하면, 두 치환기 사이로는 도입되지 않는다.

연습문제 6.7 다음 benzene 유도체들이 친전자성 치환 반응에서 치환기가 도입될 것으로 예상되는 위치를 화살표로 표시하시오.

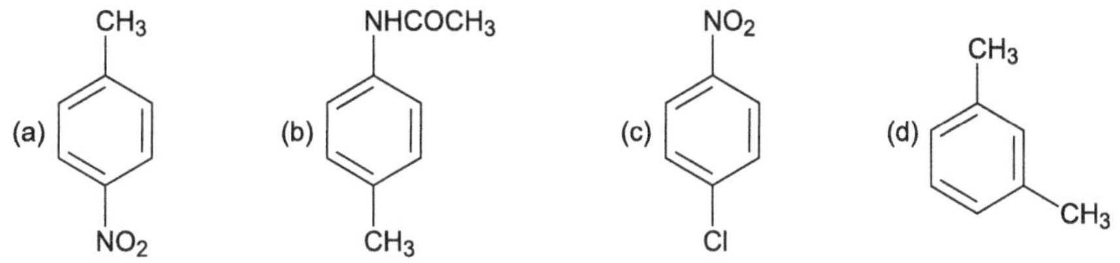

(a) CH_3 / NO_2 (b) $NHCOCH_3$ / CH_3 (c) NO_2 / Cl (d) CH_3 / CH_3

방법 6.9 다중 치환 benzene 유도체 합성 경로 정하기

1단계 합성 목표 물질의 치환기별로 활성화기 또는 활성 감소기 및 지향성을 확인한다.

2단계 각 치환기가 한 단계로 직접 도입할 수 있는가를 확인한다.

⇒ 직접 도입이 어려운 치환기는 간단한 반응을 통해 변환할 수 있는 치환기로 대체하고 지향성을 확인한다. 예, NH_2는 직접 도입이 안 되므로 NO_2를 도입하여 환원한다.

3단계 각 치환기의 위치를 고려하여 첫 번째 도입 치환기를 선택한다.

4단계 첫 번째 도입 치환기의 반응성과 지향성을 고려하여 다음 치환기들을 선택한다.

⇒ 치환기가 여러 개인 경우는 위의 단계를 반복하여 치환되는 순서를 정한다.

5단계 2단계에서 대체한 치환기가 있으면, 이 치환기를 필요한 치환기로 변환한다.

연습문제 6.8 다음 목표 화합물의 합당한 합성 과정을 제시하시오. 이 목표물질의 IUPAC 명도 쓰시오.

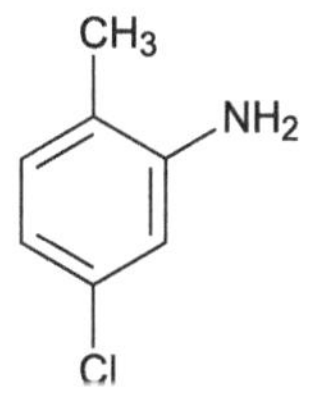

CH_3 NH_2 Cl

합성 목표물질

연습문제 6.9 다음 반응에 필요한 시약과 메커니즘을 제시하시오. 전자 이동도 표시하고, 생성물의 IUPAC 이름을 쓰시오.

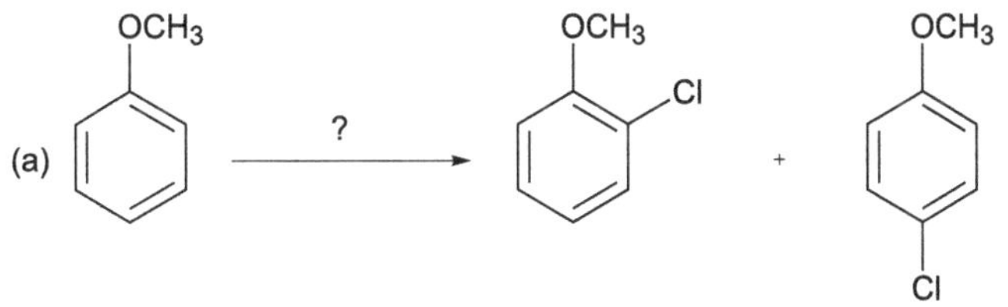

(a) OCH_3 → ? → OCH_3, Cl + OCH_3, Cl

(b) [benzene] → ? → [CH, Br, O_2N substituted benzene]

6.2.6 Alkylbenzene 유도체의 반응 메커니즘

벤질 자리는 benzene 고리 탄소에 직접 결합된 알킬기 탄소를 말한다.

Alkylbenzene은 반응 조건에 따라 할로젠화 위치가 다르다. X_2/FeX_3를 사용하면 benzene 고리에서 할로젠 치환 반응이 일어나지만, 라디칼 메커니즘으로 진행되면 벤질 자리(benzylic) 탄소에 할로젠이 치환된다. 할로젠(X_2)을 빛이나 열로 처리하면 할로젠 라디칼이 생성된다.

방법 6.10 Alkylbenzene의 벤질 자리 라디칼 할로젠화 메커니즘 그리기

1단계 할로젠(X_2) 라디칼이 생성되는 전자 이동을 표시한다.

:X—X: (1, 2) ⟶ 2X·

2단계 생성된 할로젠 라디칼과 alkylbenzene이 벤질 자리 탄소가 라디칼이 되도록 전자 이동을 표시한다.

(3, 4, 5) + X· ⟶ (−HX)

Benzyl 라디칼

3단계 벤질 라디칼과 할로젠이 반응하여 haloalkylbenzene이 생성되도록 전자 이동을 표시한다. 이 반응은 반응물이 소모될 때까지 반복된다.

(6, 7, 8) + :X—X: ⟶ + X· ⟶ (반응 반복)

Benzyl 라디칼 Haloalkylbenzene

4단계 반응이 종료되도록 전자 이동을 표시한다. 라디칼 반응은 세 가지 경로로 종결될 수 있다.

X· + ·X (9, 10) ⟶ X—X

(11, 12) + X· ⟶

1-Haloalkylbenzene

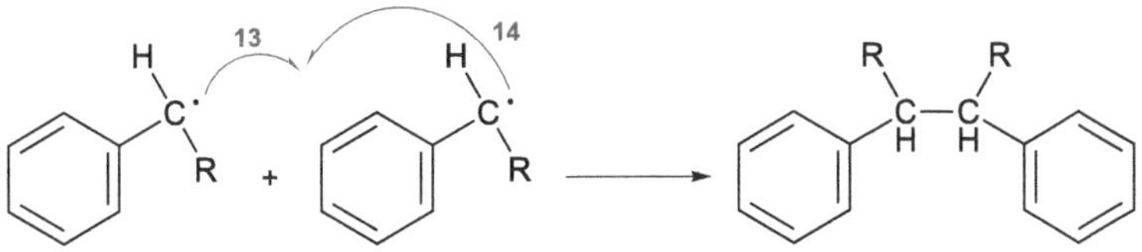

Diphenylalkane

복습문제 6.9 다음 반응 메커니즘에 적합한 전자 이동을 표시하시오.

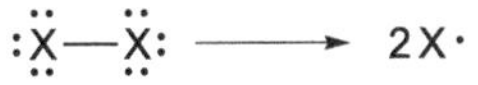

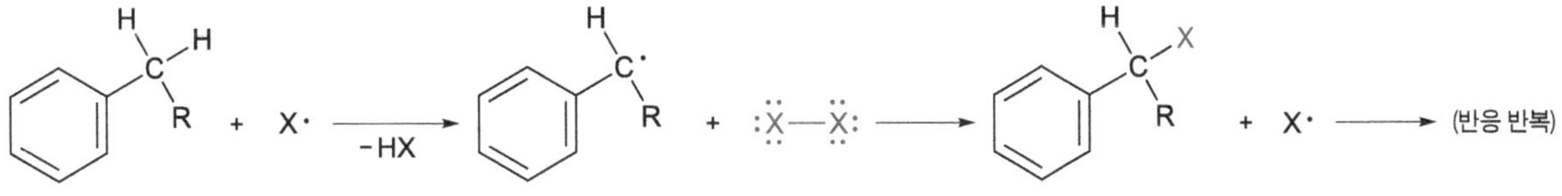

:X—X: ⟶ 2X·

Benzyl 라디칼

Haloalkylbenzene

(반응 반복)

반응 종결 단계

X· + ·X ⟶ X—X

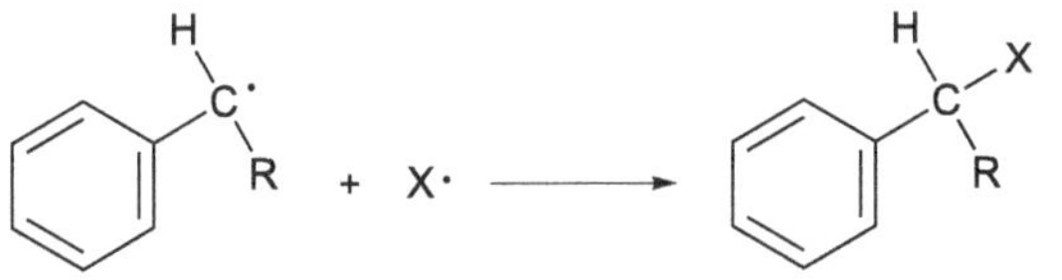

1-Haloalkylbenzene

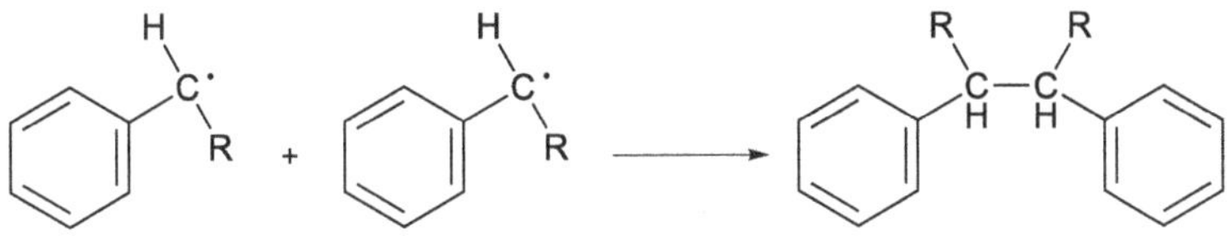

Diphenylalkane

방법 6.11 Alkylbenzene의 산화 반응 메커니즘 그리기

1단계 Toluene과 manganate 이온이 반응하여 cyclohexadienyl manganate가 생성되도록 전자 이동을 표시한다.

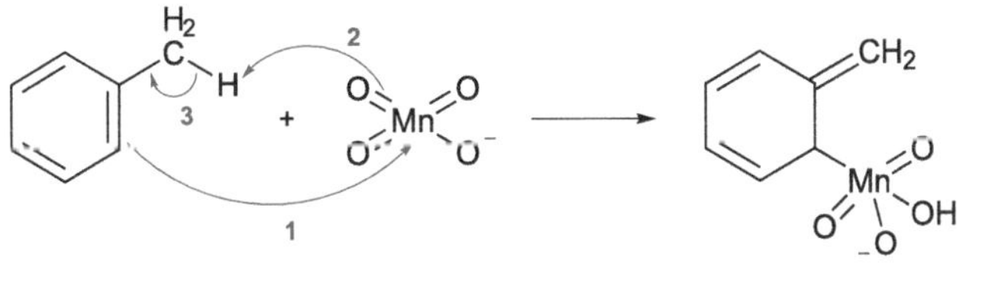

Hydrogen (6-methylenecyclohexa-2,4-dien-1-yl)manganate

2단계 분자 내 자리 옮김을 거쳐 benzyl hydrogen manganate가 생성되도록 전자 이동을 표시한다.

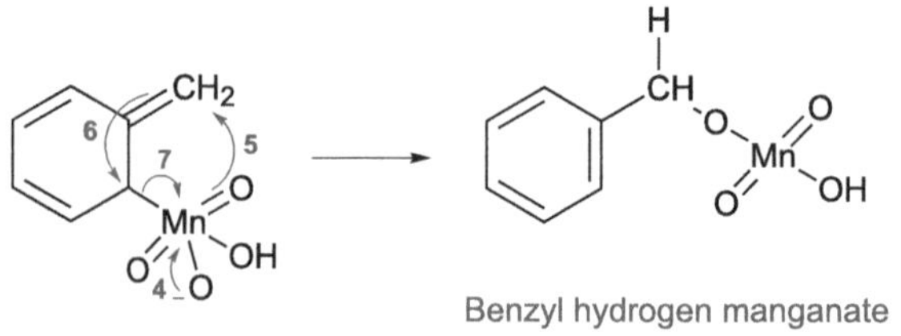

Benzyl hydrogen manganate

3단계 염기(HO^-)와 반응하여 알데하이드가 생성되도록 전자 이동을 표시한다.

$-HMnO_3^-$

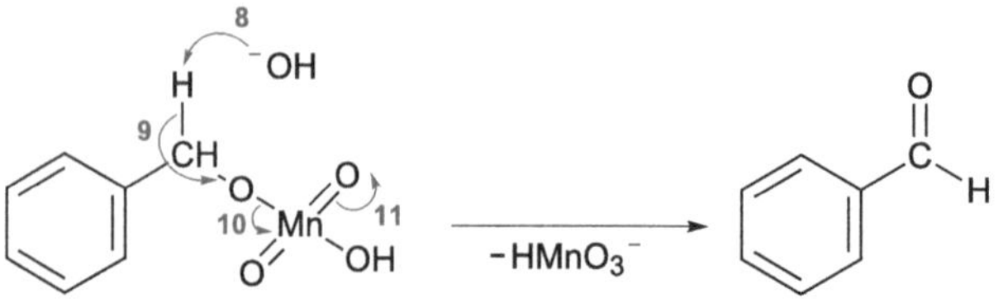

알데하이드

복습문제 6.10 다음 반응 메커니즘에 적합한 전자 이동을 표시하시오.

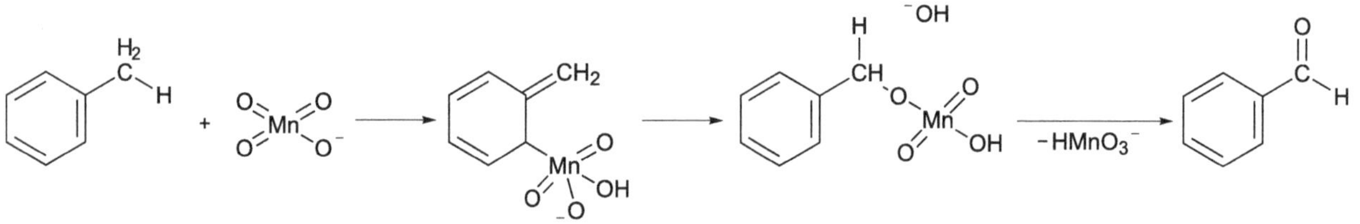

$-HMnO_3^-$

연습문제 6.10 다음 반응 메커니즘을 완성하시오. 전자 이동을 표시하고 생성물의 IUPAC 이름도 쓰시오.

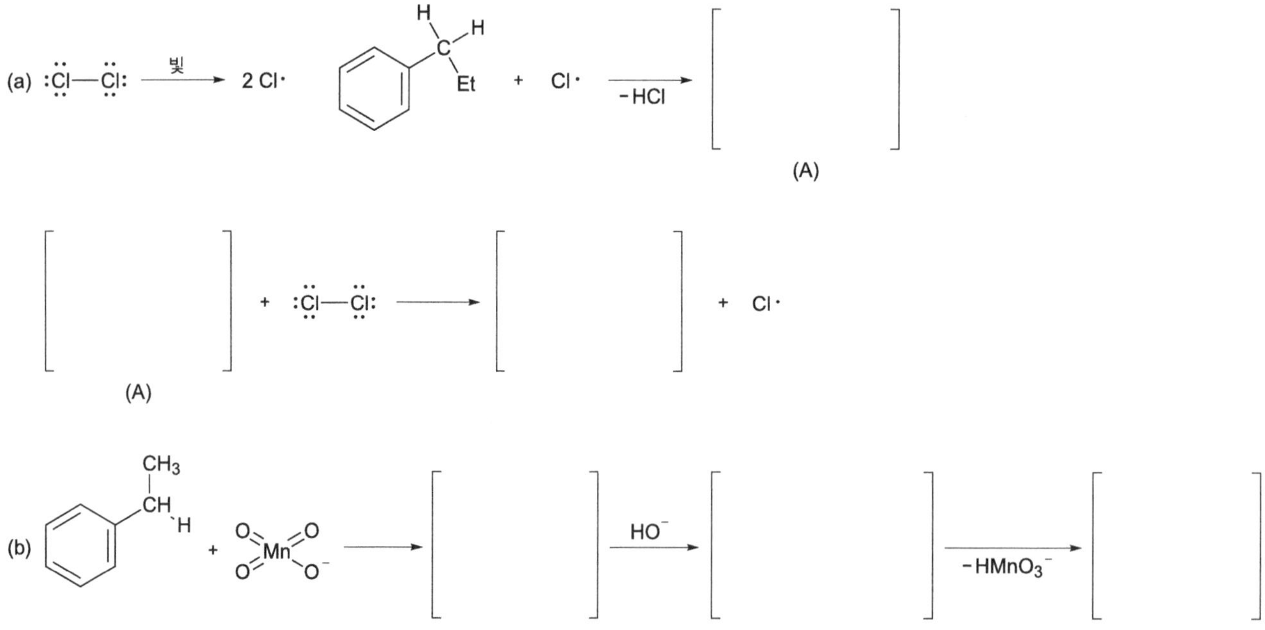

(a) :Cl—Cl: —빛→ 2 Cl·   + Cl· —(-HCl)→ [ ] (A)

[ ] (A) + :Cl—Cl: ⟶ [ ] + Cl·

(b) + MnO_4^- ⟶ [ ] —HO^-→ [ ] —($-HMnO_3^-$)→ [ ]

연습문제 6.11 다음 반응의 생성물을 제시하시오. 또 이 반응 결과를 얻게 되는 이유를 설명하시오.

(a) $\xrightarrow{Br_2/FeBr_3}$ [ ] + [ ]

$\xrightarrow[\text{가열}]{Br_2}$ [ ]

(b) $\xrightarrow{KMnO_4}$ [ ]

$\xrightarrow{KMnO_4}$ [ ]

6.2.7 다중 고리 방향족의 친전자성 치환 반응 메커니즘

Benzene 고리가 서로 접합된 다중 고리 방향족도 방향족성을 가지며, 친전자성 방향족 치환 반응을 한다. 예로 naphthalene이 있다. Naphthalene의 탄소 위치 번호는 정해져 있고, 친전자성 치환 반응은 C1 탄소에서 우선하여 일어난다. C1 반응이 유리한 것은 생성되는 중간체의 안정도 때문이다. 또 지향성에서도 한 개의 치환기를 가지면, 일-치환된 benzene의 지향성 지침에 따른다.

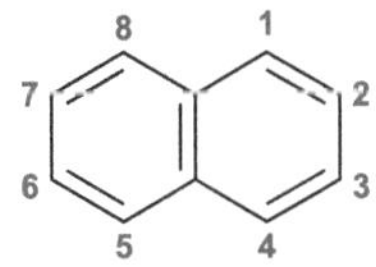

Naphthalene

방법 6.12 Naphthalene의 친전자성 치환 반응 메커니즘 그리기

1단계 Naphthalene과 친전자체(E^+)가 반응하여 고리 탄소 양이온이 생성되도록 전자 이동을 표시한다.

⇒ 중간체 양이온은 다섯 개의 공명 구조가 가능하고, 이 중에는 benzene 고리를 가지는 구조가 두 개 있어 안정하다.

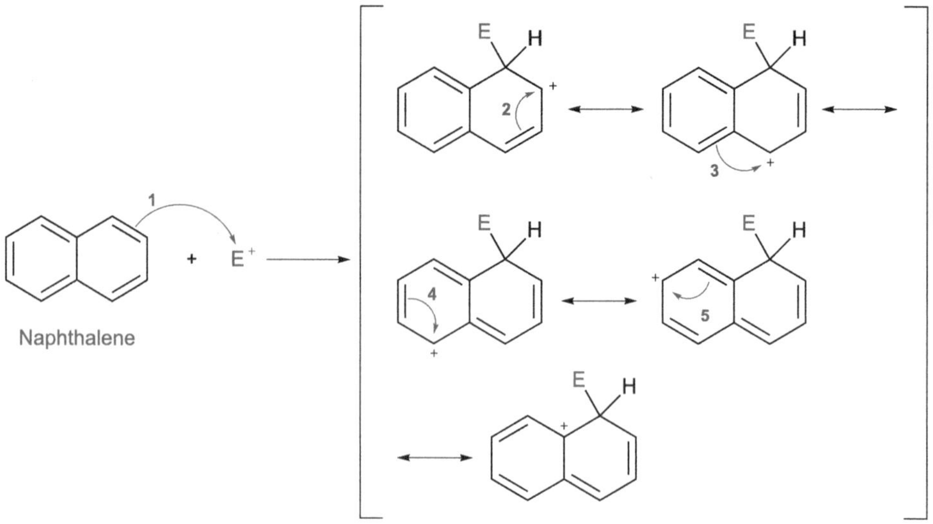

Naphthalene

E H 1 2 3 4 5 E^+

2단계 고리 양이온과 용액 중 염기가 반응하여 H^+가 이탈되고 방향족성이 회복된 생성물이 형성되도록 전자 이동을 표시한다.

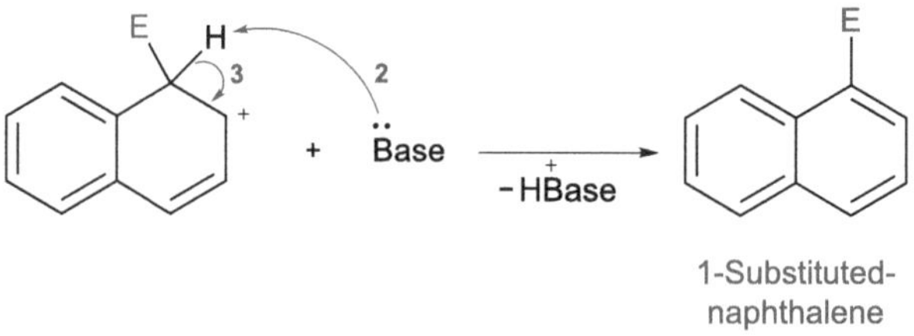

Base −HBase

1-Substituted-naphthalene

복습문제 6.11 다음 반응 메커니즘에 적합한 전자 이동을 그리시오.

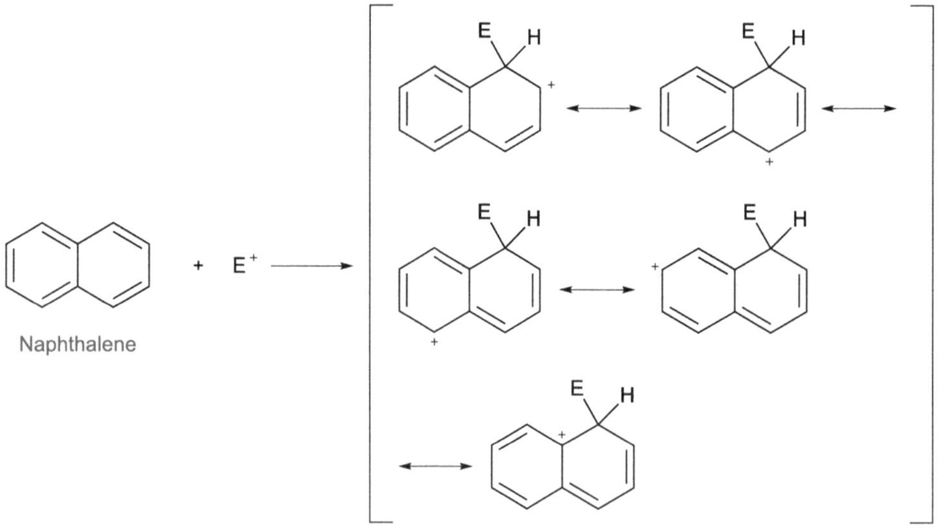

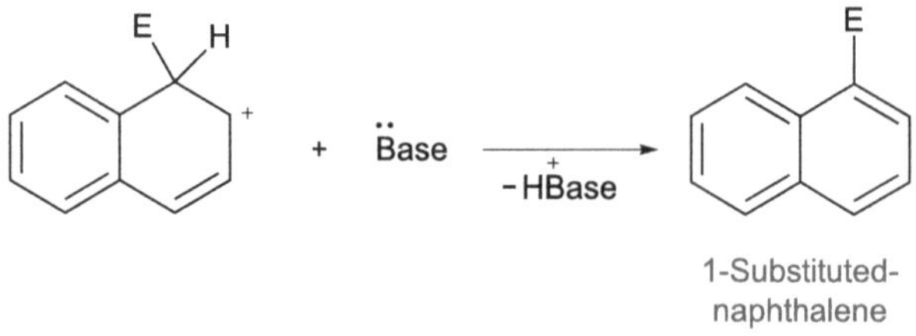

Naphthalene

E H E^+ Base −HBase

1-Substituted-naphthalene

연습문제 6.12 다음 반응의 메커니즘을 완결하고, 생성물의 IUPAC 이름을 쓰시오. 전자 이동도 표시하시오.

H_3C–C(=O)–Cl: + $AlCl_3$ ⟶ [ ] + Naphthalene ⟶ [ ] + Base ⟶ (−HBase) [ ]

Naphthalene

연습문제 6.13 연습문제 6.12의 반응에서 2-acetylnaphthalene은 생성되지 않는다. 이유를 반응 중간체로 생기는 탄소 양이온의 공명 구조로 설명하시오.

6.3 Benzene의 친핵성 치환 반응 메커니즘

Halobenzene 고리에 강한 전자 끌게 치환기가 존재하면 친핵성 치환 반응도 일어날 수 있다. 이 반응은 S_N1/S_N2 반응과는 달리 Meisenheimer 착물(Meisenheimer complex)이라는 음이온 중간체를 거쳐 진행된다. 이 반응을 친핵성 방향족 치환 반응(nucleophilic aromatic substitution, S_NAr)이라고 한다. 친핵성 방향족 치환 반응은 할로젠과 전자 끄는 기가 서로 *o*− 또는 *p*−위치로 있을 때만 가능하다. 예로 1-chloro-2-nitrobenzene이 있다.

Benzene의 다른 친핵성 치환 반응으로 벤자인이라는 중간체를 거쳐 진행되는 반응이 있다. 전자를 끄는 기가 없는 halobenzene을 매우 높은 온도와 압력 조건에서 NaOH 수용액이나 KNH_2의 ammonia 용액으로 처리하면 친핵성 치환 반응을 일으킨다. 반응의 전체 과정은 첨가와 제거로 진행된다.

벤자인(benzyne)은 benzene 고리에 삼중 결합을 이루고 있는 화학종이며 반응성이 크다.

방법 6.13 Halobenzene의 친핵성 치환 반응 메커니즘 그리기

1단계 Halobenzene 유도체가 친핵체와 반응하여 착물이 형성되도록 전자 이동을 표시한다.

X, NO_2 치환 benzene + ^-OH ⟶ Meisenheimer 착물 (X, OH, NO_2)

Meisenheimer 착물

2단계 다이엔 착물에서 안정한 방향족으로 되도록 전자 이동을 표시한다. 생성물은 phenol 유도체가 된다.

Meisenheimer 착물 (X, OH, NO_3) ⟶ ($-X^-$) *o*-Nitrophenol (OH, NO_3)

Meisenheimer 착물 *o*-Nitrophenol

복습문제 6.12 다음 반응 메커니즘에 적합한 전자 이동을 표시하시오.

X, NO_2 + $\bar{O}H$ → X, OH, NO_2 → ($-X^-$) OH, NO_2

Meisenheimer 착물　　*o*-Nitrophenol

방법 6.14 벤자인 중간체를 거치는 친핵성 치환 반응 메커니즘 그리기

1단계 Halobenzene과 강한 염기가 반응하여 벤자인이 형성되도록 전자 이동을 표시한다.

H, X + $\bar{O}H$ —제거, -HX→ Benzyne

2단계 벤자인과 ^-OH가 반응하여 고리 탄소가 음이온이 되도록 전자 이동을 표시한다. 벤자인의 첨가 반응은 두 개의 삼중 결합 탄소에 모두 첨가될 수 있다. 이것이 벤자인이 반응 중간체라는 것에 대한 증거이기도 하다.

Benzyne + $\bar{O}H$ —첨가→ OH 또는 OH

3단계 Benzene 고리 음이온과 물 분자가 반응하여 phenol이 생성되도록 전자 이동을 표시한다.

OH + H—OH → OH + $\bar{O}H$

Phenol

복습문제 6.13 다음 반응 메커니즘에 적합한 전자 이동을 표시하시오.

H, X + $\bar{O}H$ —제거, -HX→ Benzyne + $\bar{O}H$ —첨가→ OH + H—OH → OH + $\bar{O}H$

Benzyne　　Phenol

연습문제 6.14 다음 반응 메커니즘을 완성하시오. 전자 이동도 표시하시오.

(a) F, NO_2 치환 benzene + CH_3O^- ⟶ [ ] $\xrightarrow{-F^-}$ [ ]

p-Nitroanisole

(b) CH_3, Br, H 치환 benzene + $\bar{N}H_2$ $\xrightarrow{-NH_3}$ [ ] + $\bar{N}H_2$ ⟶ [ ] + H—NH_2

$\xrightarrow{-\bar{N}H_2}$ CH_3, NH_2 치환 benzene

m-Toluidine

연습문제 6.15 다음 문제에 답하시오.

(a) 연습문제 6.14(b)의 반응에서 *o*-methylaniline을 얻을 수 있나?

(b) *m*-Bromotoulene을 $NaNH_2/NH_3$와 반응시켜 얻을 수 있는 2개의 생성물을 제시하시오. 이 반응 중간체는 벤자인이다.

7장 카보닐 화합물 반응 메커니즘

7.1 카보닐기의 구조와 특성

카보닐기는 구조적으로는 평면이다. 따라서 첨가 반응은 서로 다른 두 방향으로 가능하다. 카보닐 탄소는 전자가 부족한 친전자성 자리로 작용하고, 산소는 친핵성 자리로 작용한다.

카보닐(carbonyl, C=O)기는 매우 중요한 작용기 중의 하나이다. 카보닐기를 가지는 대표적인 화합물 부류는 알데하이드(RCHO), 케톤($R_2C=O$), 카복실산(RCOOH) 및 카복실산 유도체(나이트릴은 제외)이다. 따라서 카보닐기의 반응성과 그 메커니즘을 이해하는 것은 중요하다.

카보닐기는 전자를 끄는 기이므로 이웃한 α−탄소에서도 반응이 일어난다. 또, α−탄소의 H 원자에도 부분적으로 전자가 부족하므로 반응이 일어난다. 카보닐기의 탄소와 산소 원자의 반응성은 공명 구조를 보면 더 쉽게 이해할 수 있다. C=O 작용기에는 산성 자리와 염기성 자리 둘 다를 가지고 있어 반응 조건에 따라 반응이 시작되는 초기 반응 원자가 다르다. 산성 조건에서는 산소가, 그리고 염기성 조건에서는 탄소가 먼저 반응한다.

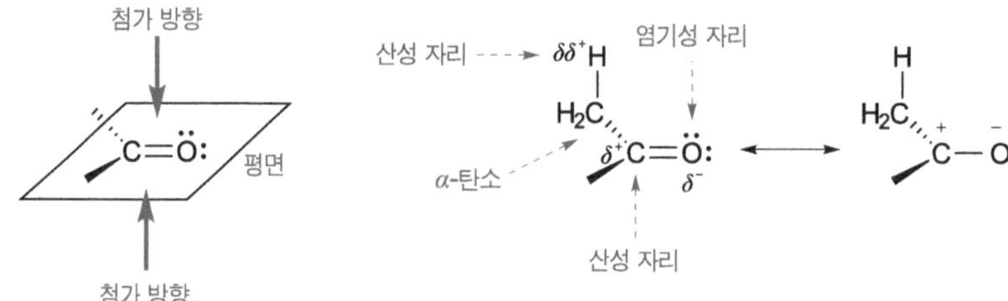

7.2 알데하이드 및 케톤의 반응 메커니즘

알데하이드와 케톤의 반응은 i) 양성자 첨가 반응, ii) α−탄소 치환 반응, iii) 친핵성 첨가 반응 등이다. 친핵성 치환 반응에는 i) 환원 반응, ii) 수화 반응, iii) 산화 반응, iv) 아세탈 형성 반응, v) 이민 형성 반응, vi) Wittig 반응, vii) Grignard 반응 및 사이아노하이드린(cyanohydrin) 형성 반응 등이 있다.

방법 7.1 알데하이드/케톤의 환원 반응 메커니즘 그리기

1단계 카보닐 화합물과 수소 음이온(H^-) 공급 시약($LiAlH_4$, $NaBH_4$ 등)이 반응하여 알콕사이드 이온이 생성되도록 전자 이동을 표시한다.

$$RC(=O)H(R) + (H{-}AlH_3)^- Li^+ \xrightarrow{-AlH_3} R{-}CH(R)(H){-}O^- Li^+$$

알데하이드/케톤 → 알콕사이드

2단계 알콕사이드 이온과 물 분자가 반응하여 상응하는 알코올이 생성되도록 전자 이동을 표시한다.

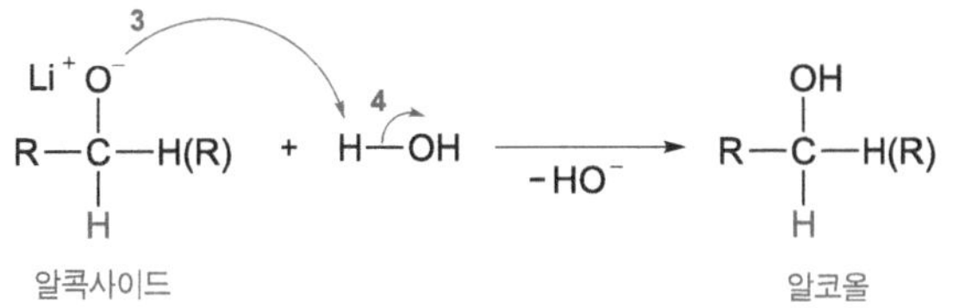

알콕사이드 + H—OH →(-HO⁻) 알코올

복습문제 7.1 다음 반응 메커니즘에 적합한 전자 이동을 그리시오.

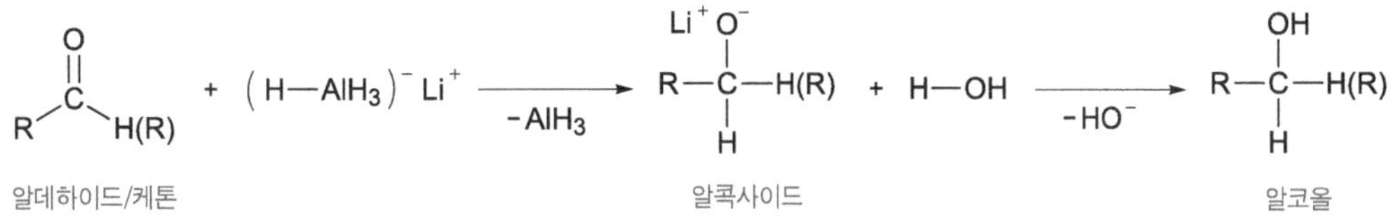

알데하이드/케톤 + $(H—AlH_3)^-\ Li^+$ →($-AlH_3$) 알콕사이드 + H—OH →($-HO^-$) 알코올

연습문제 7.1 다음 반응 메커니즘을 완결하시오. 전자 이동도 표시하시오.

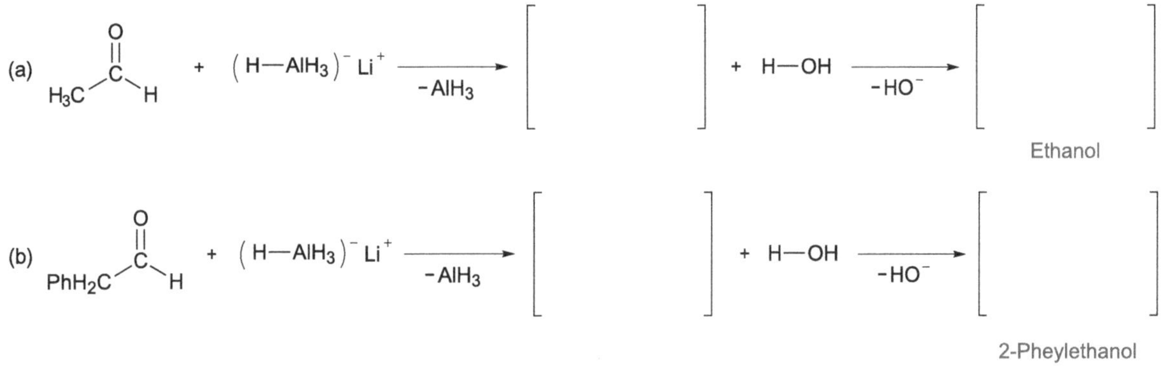

(a) H_3C—CHO + $(H—AlH_3)^-\ Li^+$ →($-AlH_3$) [ ] + H—OH →($-HO^-$) [ ]

Ethanol

(b) PhH_2C—CHO + $(H—AlH_3)^-\ Li^+$ →($-AlH_3$) [ ] + H—OH →($-HO^-$) [ ]

2-Pheylethanol

방법 7.2 알데하이드/케톤의 친핵성 첨가 반응 메커니즘 그리기

1단계 카보닐 화합물과 친핵체가 첨가 반응하여 상응하는 알콕사이드 이온을 생성하도록 전자 이동을 표시한다.

⇒ 평면 구조인 카보닐기에서 친핵체는 두 방향으로 첨가될 수 있다.

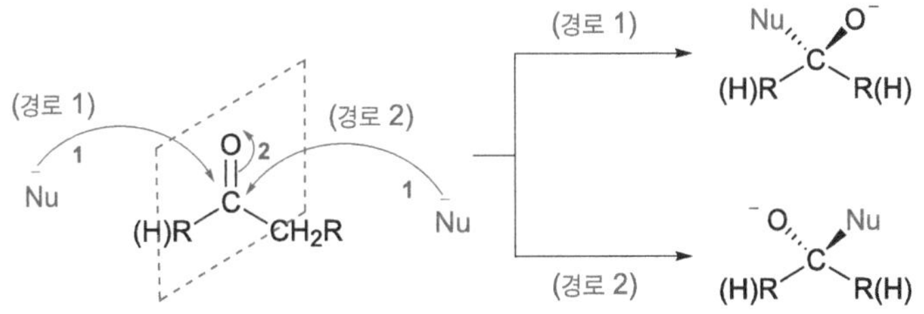

(경로 1) (경로 2)

2단계 알콕사이드 이온에 양성자가 첨가되어 알코올이 생성되도록 전자 이동을 나타낸다.

⇒ 생성물에 카이랄 탄소가 있으면, R/S-이성질체 혼합물이 생성된다.

(경로 1) (R)- 또는 (S)-이성질체

(경로 2) (R)- 또는 (S)-이성질체

복습문제 7.2 다음 반응 메커니즘에 적합한 전자 이동을 그리시오.

(경로 1) (경로 2) (R)- 또는 (S)-이성질체

(경로 1) (경로 2) (R)- 또는 (S)-이성질체

연습문제 7.2 다음 반응 메커니즘을 완결하시오. 전자 이동도 표시하고, 생성물의 IUPAC 이름도 제시하시오.

(a) ^{-}OH + $HCOCH_2CH_3$ → [ ] + H^+ → [ ]

(b) (경로 1) ^{-}CN + $H_3CCOCH_2CH_3$ (경로 2) ^{-}CN

(경로 1) → [ ] + H^+ → [ ]

(경로 2) → [ ] + H^+ → [ ]

방법 7.3 알데하이드/케톤의 염기성 조건에서의 친핵성 첨가 반응 메커니즘 그리기

1단계 카보닐 화합물과 염기 또는 친핵체가 첨가 반응하여 알콕사이드가 생성되도록 전자 이동을 표시한다. 염기 조건에서의 반응 개시 원자는 카보닐 탄소이다.

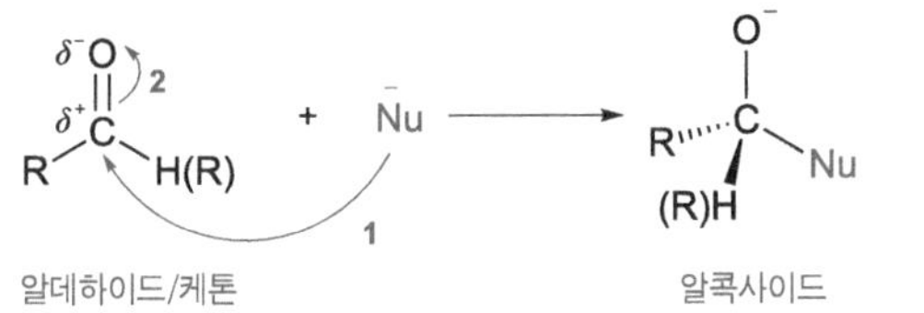

δ^-O, δ^+C, R, H(R), 2, +, $\bar{N}u$, 1, O^-, R, C, Nu, (R)H

알데하이드/케톤 알콕사이드

2단계 알콕사이드와 물 분자가 반응하여 상응하는 알코올이 생성되도록 전자 이동을 표시한다.

3, O^-, R, C, Nu, (R)H, +, H—OH, 4, $-HO^-$, OH, R, C, Nu, (R)H

알콕사이드 알코올

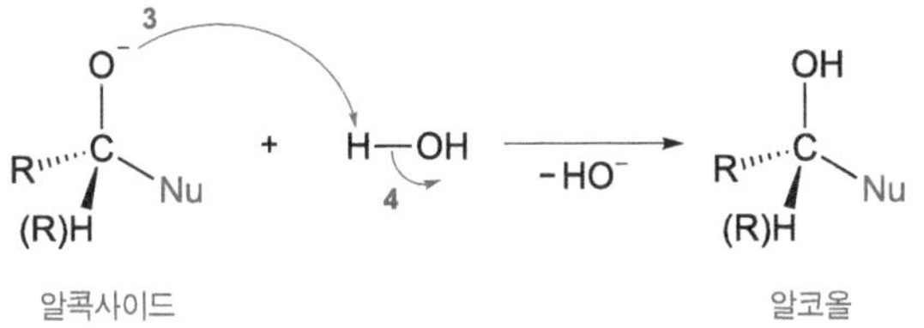

복습문제 7.3 다음 반응 메커니즘에 적합한 전자 이동을 그리시오.

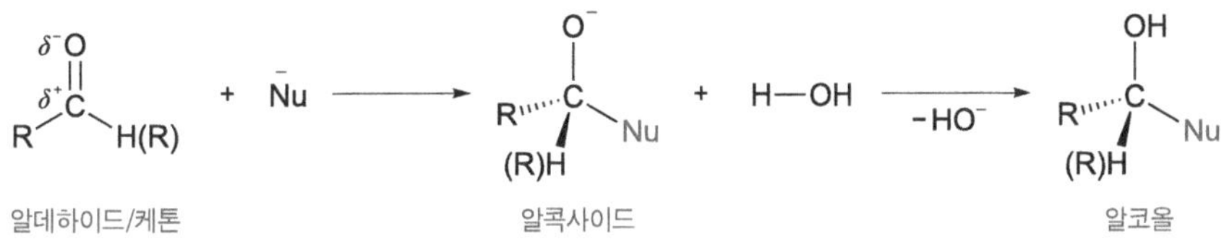

δ^-O, δ^+C, R, H(R), +, $\bar{N}u$, O^-, R, C, Nu, (R)H, +, H—OH, $-HO^-$, OH, R, C, Nu, (R)H

알데하이드/케톤 알콕사이드 알코올

방법 7.4 알데하이드/케톤의 산성 조건에서의 친핵성 첨가 반응 메커니즘 그리기

1단계 카보닐 화합물과 산(HA)이 반응하여, 옥소늄 이온이 생성되도록 전자 이동을 표시한다. 산성 조건에서 반응 개시 원자는 카보닐기의 산소이다.

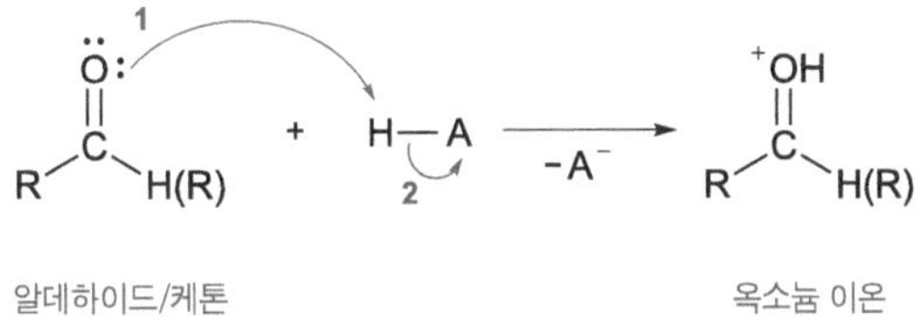

1, Ö:, C, R, H(R), +, H—A, 2, $-A^-$, $^+$OH, C, R, H(R)

알데하이드/케톤 옥소늄 이온

2단계 옥소늄 이온과 친핵체가 반응하여 알코올이 생성되도록 전자 이동을 표시한다.

4, $^+$OH, C, R, H(R), +, $\bar{N}u$, 3, OH, R, C, Nu, (R)H

옥소늄 이온 알코올

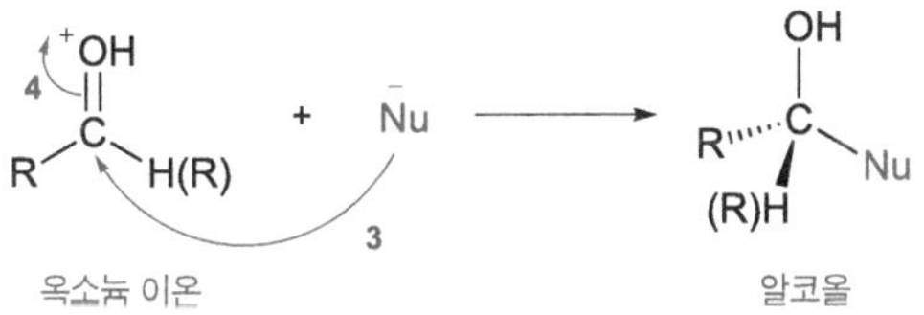

복습문제 7.4 위의 알코올 첨가 반응 메커니즘의 전자 이동을 순서대로 그리시오.

알데하이드/케톤 + H—A →(−A⁻) 옥소늄 이온 + Nu⁻ → 알코올

연습문제 7.3 다음 반응 메커니즘을 완결하시오. 전자 이동을 표시하고, 생성물의 IUPAC 이름도 쓰시오.

(a) PhH_2C–CHO + $^{-}OCH_3$ → [ ] + H—OH →(−HO⁻) [ ]

2-Phenylacetaldehyde

$^{-}OCH_3$ + PhH_2C–CHO → [ ] + H—OH →(−HO⁻) [ ]

(b) $(H_3C)_2HC$–CO–CH_3 + H—Cl →(−Cl⁻) [ ] + ^{-}CN → [ ]

3-Methylbutan-2-one

^{-}CN + $(H_3C)_2HC$–C(=^{+}OH)–CH_3 → [ ] + H—OH →(−HO⁻) [ ]

7.2.1 알데하이드/케톤과 산소(O) 친핵체의 반응 메커니즘

알데하이드와 케톤은 물이나 알코올과 같은 산소 친핵체와 반응한다. 물과 반응하여 물 한 분자가 첨가되는 반응을 수화(hydration)라고 한다. 이 반응의 생성물은 다이올(diol)이다. 또 한 분자의 알코올과 반응하면 **헤미아세탈**(hemiacetal, 'hemi'는 절반을 뜻함)이 생성되고, 두 분자 알코올과 반응하면 **아세탈**(acetal)이 생성된다. 이 반응은 가역 반응(reversible reaction)이며, 탄수화물에서는 매우 중요한 반응들이다. 싸이올(thiol, RSH)도 알코올과 유사한 메커니즘으로 **싸이오아세탈**(thioacetal)을 생성한다.

방법 7.5 알데하이드/케톤의 염기-촉매 수화 반응 메커니즘 그리기

1단계 카보닐 화합물과 HO^-가 반응하여 알콕사이드가 생성되도록 전자 이동을 표시한다.

알콕사이드

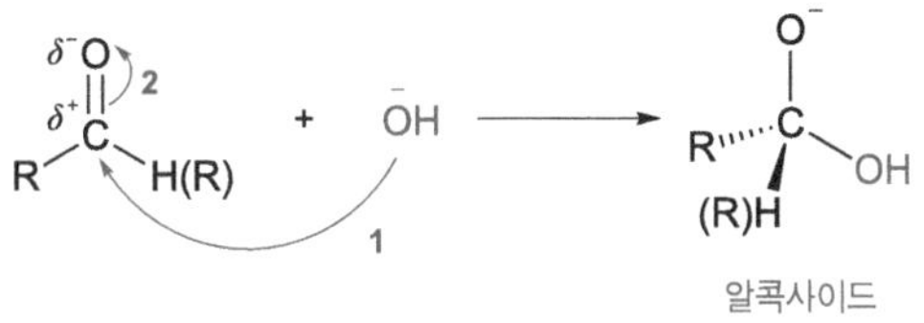

2단계 알콕사이드와 물 분자가 반응하여 다이올(diol) 수화물이 생성되도록 전자 이동을 표시한다.

알콕사이드 다이올 (수화물)

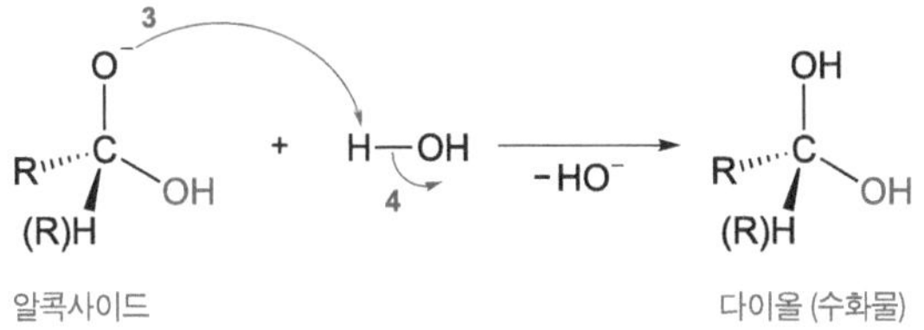

복습문제 7.5 다음 산-촉매 수화 반응 메커니즘에 적합한 전자 이동을 그리시오.

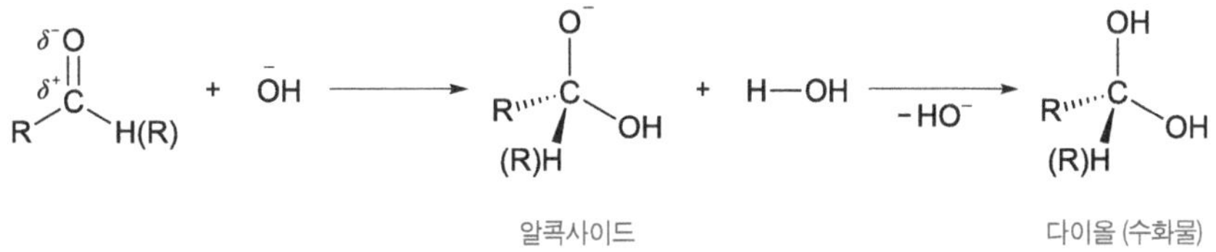

알콕사이드 다이올 (수화물)

방법 7.6 알데하이드/케톤의 산-촉매 수화 반응 메커니즘 그리기

1단계 카보닐 화합물과 산(HA)이 반응하여 옥소늄 이온이 생성되도록 전자 이동을 표시한다.

알데하이드/케톤 옥소늄 이온

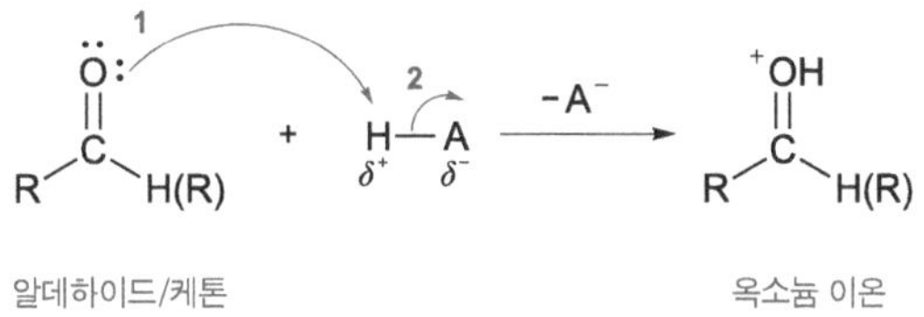

2단계 옥소늄 이온과 물 분자가 반응하여 하이드록시 옥소늄 이온이 생성되도록 전자 이동을 표시한다.

옥소늄 이온 하이드록시 옥소늄 이온

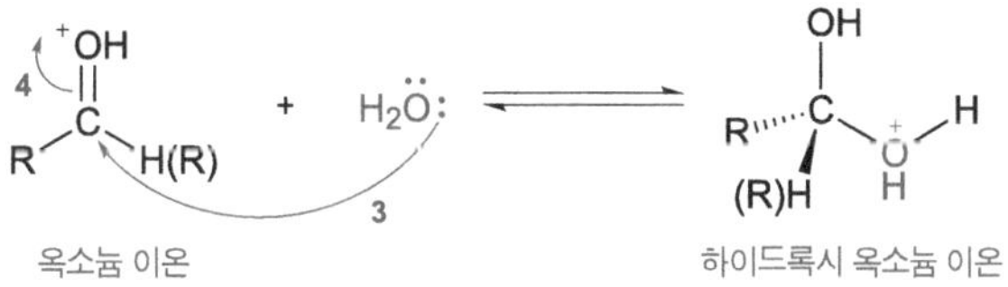

3단계 하이드록시 옥소늄 이온과 물 분자가 반응하여 수화물인 디이올이 생성되도록 전자 이동을 표시한다.

하이드록시 옥소늄 이온 + $H_2\ddot{O}$: ⇌ ($-H_3O^+$) 다이올

복습문제 7.6 다음 산-촉매 수화 반응 메커니즘에 적합한 전자 이동을 그리시오.

알데하이드/케톤 + H—A → ($-A^-$) 옥소늄 이온 + $H_2\ddot{O}$: ⇌ 하이드록시 옥소늄 이온 + $H_2\ddot{O}$: ⇌ ($-H_3O^+$) 다이올

연습문제 7.4 다음 반응의 메커니즘을 완성하고, 전자 이동을 표시하시오. 생성물의 IUPAC 이름도 쓰시오.

(a) $(H_3C)_2HCH_2C$–C(=O)–H(R) + $^-$OH → [ ] + H—OH → ($-HO^-$) [ ]

3-Methylbutanal

(b) 1-Cyclohexylbutan-2-one + H—A (δ^+, δ^-) → ($-A^-$) [ ] + $H_2\ddot{O}$: ⇌ [ ] (A)

[ ] (A) + $H_2\ddot{O}$: ⇌ ($-H_3O^+$) [ ]

방법 7.7 알데하이드/케톤의 산-촉매 아세탈 형성 반응 메커니즘 그리기

1단계 카보닐 화합물과 산이 반응하여 옥소늄 이온이 생성되도록 전자 이동을 표시한다.

알데하이드/케톤 + H—A (δ^+, δ^-) → ($-A^-$) 옥소늄 이온

2단계 옥소늄 이온과 알코올이 반응하여 하이드록시 옥소늄 이온이 생성되도록 전자 이동을 표시한다.

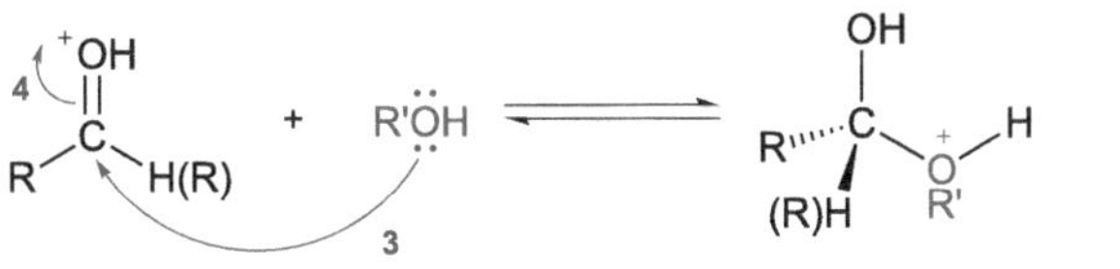

옥소늄 이온 하이드록시 옥소늄 이온

3단계 하이드록시 옥소늄 이온에서 양성자가 이탈되어 헤미아세탈(hemiacetal)이 생성되도록 전자 이동을 표시한다.

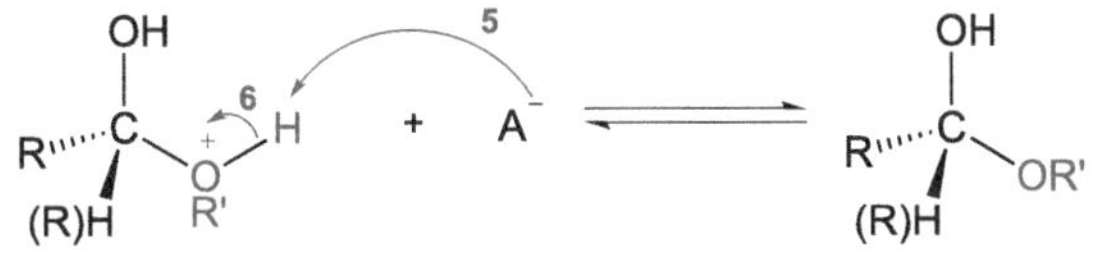

하이드록시 옥소늄 이온 헤미아세탈

4단계 헤미아세탈과 산(HA)이 반응하여 옥소늄 이온이 생성되도록 전자 이동을 표시한다.

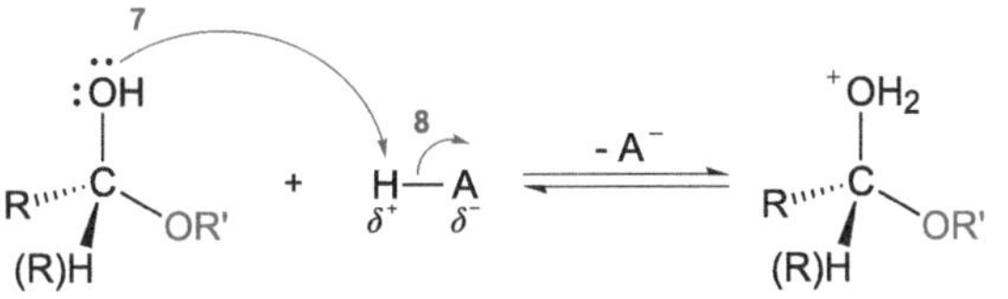

헤미아세탈 옥소늄 이온

5단계 헤미아세탈로부터 생성된 옥소늄 이온에서 물 분자가 하나 이탈되면서 알킬 옥소늄 이온이 생성되도록 전자 이동을 표시한다.

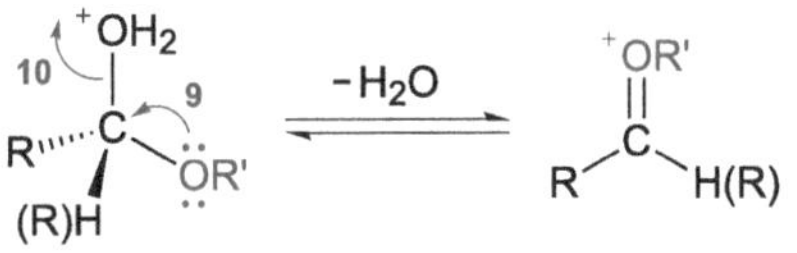

옥소늄 이온 알킬 옥소늄 이온

6단계 알킬 옥소늄 이온과 알코올 한 분자가 반응하여 알킬옥시 옥소늄 이온이 생성되도록 전자 이동을 표시한다.

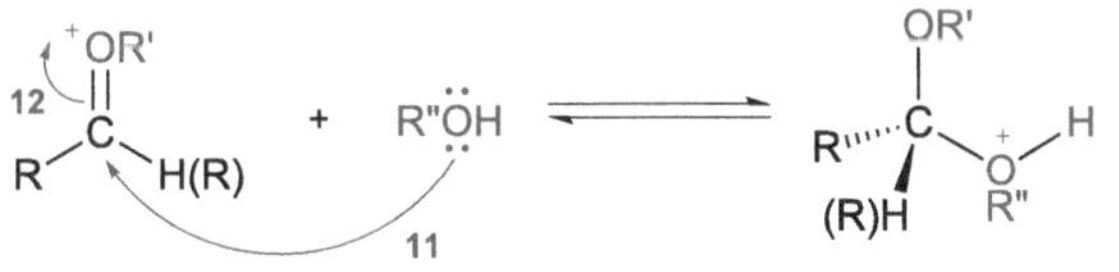

알킬옥시 옥소늄 이온

7단계 알킬 옥시 옥소늄 이온과 염기가 반응하여 아세탈이 생성되도록 전자 이동을 표시한다.

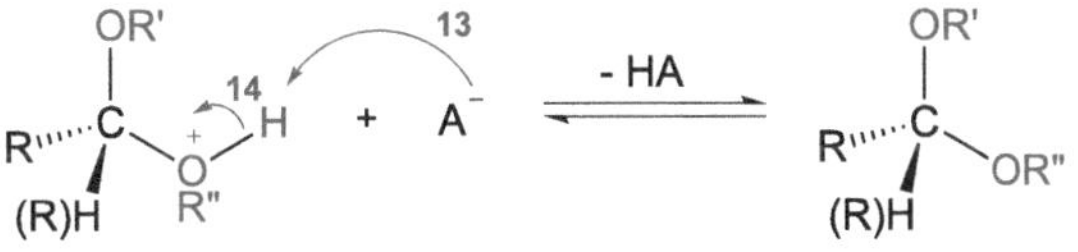

아세탈

복습문제 7.7 다음의 산-촉매 아세탈 형성 반응의 메커니즘에 적합한 전자 이동을 그리시오.

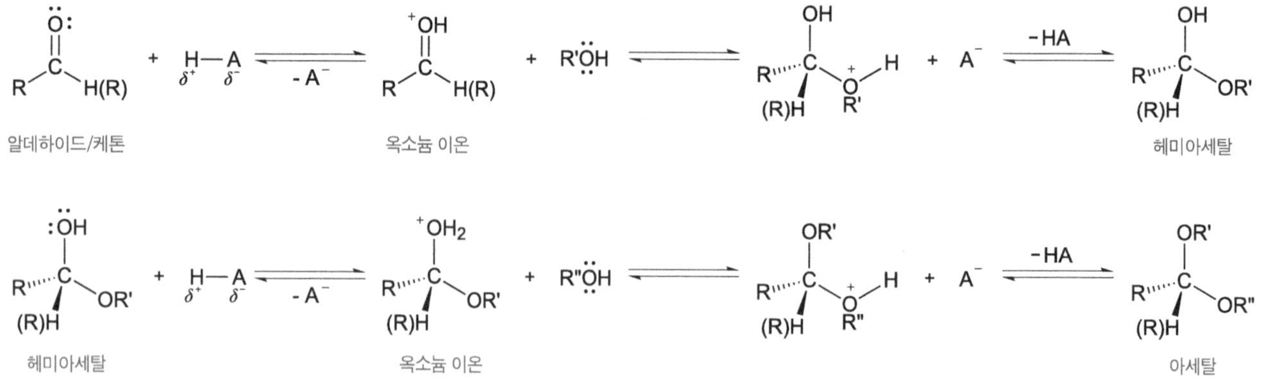

알데하이드/케톤 + $\overset{\delta^+}{H}$—$\overset{\delta^-}{A}$ ⇌ (−A^-) 옥소늄 이온 + R'ÖH ⇌ + A^- ⇌ (−HA) 헤미아세탈

헤미아세탈 + $\overset{\delta^+}{H}$—$\overset{\delta^-}{A}$ ⇌ (−A^-) 옥소늄 이온 + R"ÖH ⇌ + A^- ⇌ (−HA) 아세탈

연습문제 7.5 다음 반응 메커니즘을 완결하시오. 전자 이동을 표시하고, 생성물의 IUPAC 이름을 쓰시오.

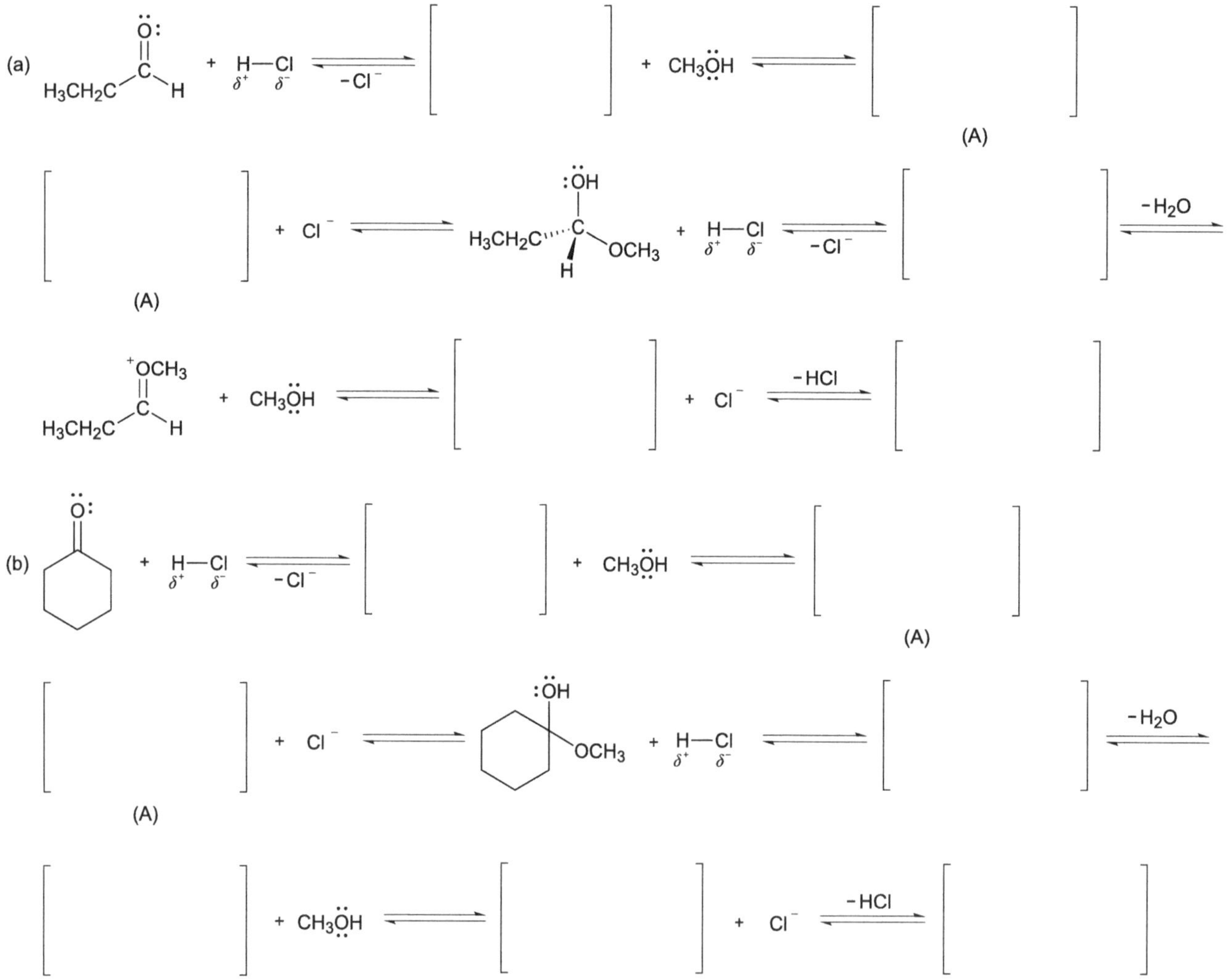

(a) H_3CH_2C–CHO + $\overset{\delta^+}{H}$—$\overset{\delta^-}{Cl}$ ⇌ (−Cl^-) [ ] + $CH_3\ddot{O}H$ ⇌ [ ] (A)

[ ] (A) + Cl^- ⇌ :ÖH, H_3CH_2C, H, OCH_3 + $\overset{\delta^+}{H}$—$\overset{\delta^-}{Cl}$ ⇌ (−Cl^-) [ ] ⇌ (−H_2O)

$^+OCH_3$, H_3CH_2C, H + $CH_3\ddot{O}H$ ⇌ [ ] + Cl^- ⇌ (−HCl) [ ]

(b) cyclohexanone + $\overset{\delta^+}{H}$—$\overset{\delta^-}{Cl}$ ⇌ (−Cl^-) [ ] + $CH_3\ddot{O}H$ ⇌ [ ] (A)

[ ] (A) + Cl^- ⇌ :ÖH, OCH_3 + $\overset{\delta^+}{H}$—$\overset{\delta^-}{Cl}$ ⇌ [ ] ⇌ (−H_2O)

[ ] + $CH_3\ddot{O}H$ ⇌ [ ] + Cl^- ⇌ (−HCl) [ ]

방법 7.8 과산화산에 의한 케톤의 산화 반응(Baeyer–Villiger 반응) 메커니즘 그리기

1단계 케톤과 과산화산(RCO_3H)이 반응하여 과산화물이 첨가된 화학종이 생성되도록 전자 이동을 표시한다.

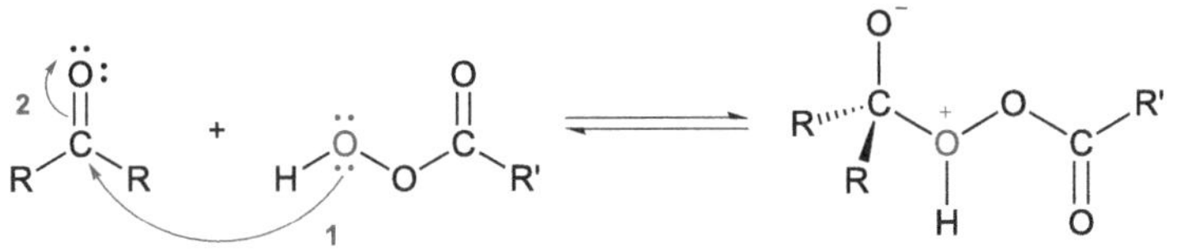

2단계 옥소늄 이온에서 H^+가 이중 결합 산소로 이동하도록 전자 이동을 표시한다.

양성자 이동

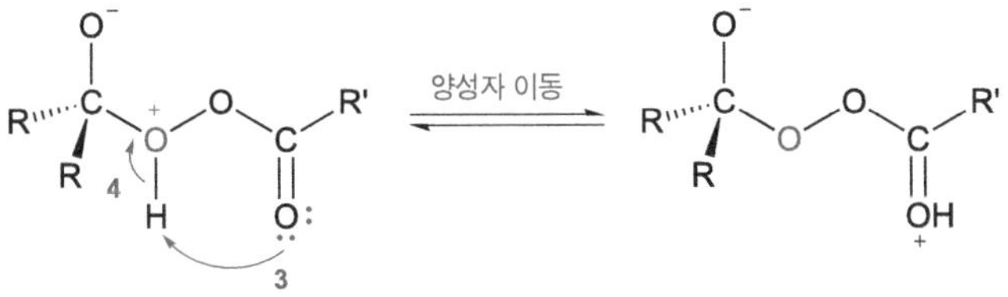

3단계 산소 음이온 전자가 이동하여 산소–산소 결합이 분해되는 자리 옮김을 통해 에스터와 카복실산이 생성되도록 전자 이동을 표시한다.

⇒ 비대칭 케톤의 Baeyer–Villiger 산화 반응은 위치 선택적이다.

⇒ 자리 옮김 반응은 알킬기의 이동 용이도에 의존한다.

⇒ 몇 가지 치환기의 이동 용이도(migratory aptitude)는 다음과 같다.

H > 3° 알킬 > 2° 알킬, Phenyl > 1° 알킬 > Methyl

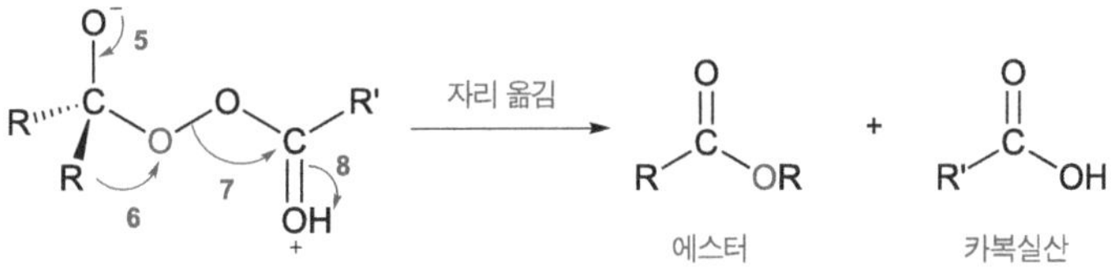

자리 옮김

에스터 카복실산

복습문제 7.8 다음의 Baeyer-Villiger 산화 반응 메커니즘에 합당한 전자 이동을 그리시오.

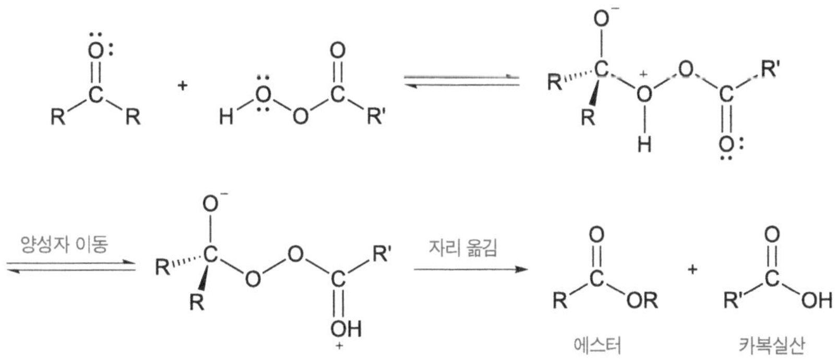

양성자 이동 자리 옮김

에스터 카복실산

연습문제 7.6 다음 반응 메커니즘을 완결하시오. 전자 이동도 표시하시오.

(a) 2-Butanone + peroxyacetic acid ⇌ [ ] ⇌ (양성자 이동) [ ] → (자리 옮김) [ ] + Acetic acid

(b) Cyclopentanone + peroxyacetic acid ⇌ [ ] ⇌ [ ] → [ ] + Acetic acid

7.2.2 알데하이드/케톤과 황(S) 친핵체와의 반응 메커니즘

알데하이드이나 케톤을 싸이올(thiol, RSH)과 산성 조건에서 반응시키면, 싸이오아세탈(thioacetal)을 생성한다. 반응 메커니즘은 알코올의 반응과 유사하다. 싸이오아세탈은 Raney 니켈로 처리하면 탈황 반응을 일으켜 상응하는 알케인으로 변환되므로 유용한 반응이다.

Cyclohexanone → ($HSCH_2CH_2SH$) → 싸이오 아세탈 → (Raney Ni) → 알케인

방법 7.9 케톤과 싸이올의 산-촉매 반응 메커니즘 그리기

1단계 케톤과 산 촉매(HA)가 반응하여 옥소늄 이온이 생성되도록 전자 이동을 표시한다.

케톤 + H—A (δ^+, δ^-) ⇌ ($-A^-$) 옥소늄 이온

2단계 옥소늄 이온에 싸이올이 반응하여 hydroxysulfonium 이온이 생성되도록 전자 이동을 표시한다.

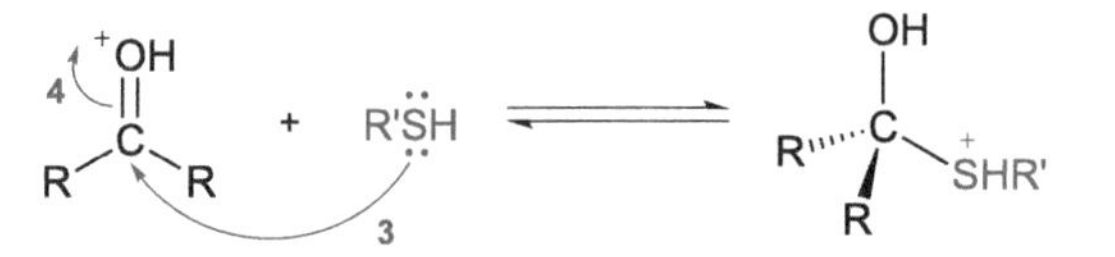

옥소늄 이온 Hydroxysulfonium 이온

3단계 Hydroxysulfonium 이온에서 H^+가 이탈되어 헤미싸이오아세탈(hemithioacetal)이 생성되도록 전자 이동을 표시한다.

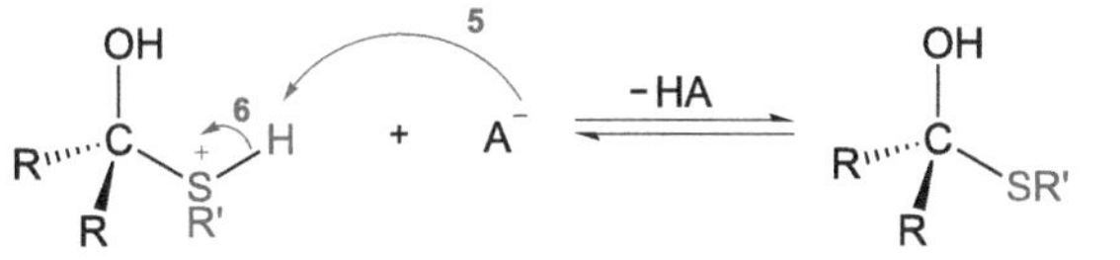

Hemithioacetal

4단계 헤미싸이오아세탈과 산-촉매가 반응하여 옥소늄 이온이 생성되도록 전자 이동을 표시한다.

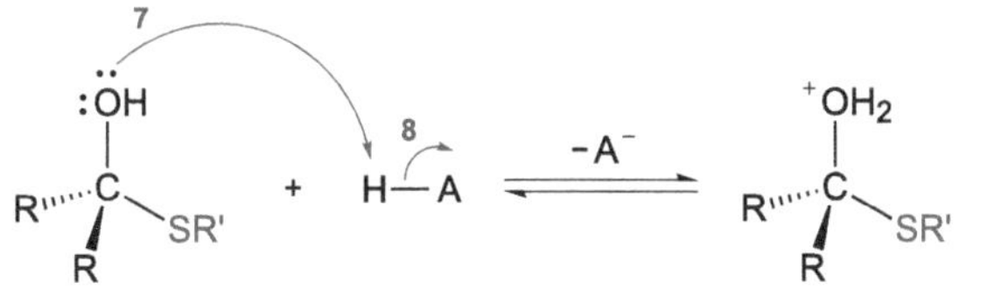

Alkylthiooxonium 이온

5단계 Alkylthiooxonium 이온에서 한 분자의 물이 이탈되어 alkylsulfonium 이온이 생성되도록 전자 이동을 표시한다.

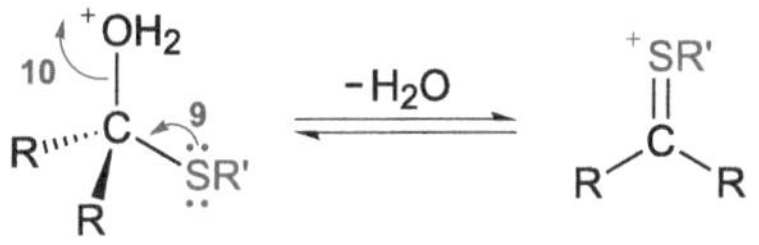

Alkylsulfonium 이온

6단계 Alkylthiooxonium 이온과 싸이올이 반응하여 alkyl(alkylthio)sulfonium 이온이 생성되도록 전자 이동을 표시한다.

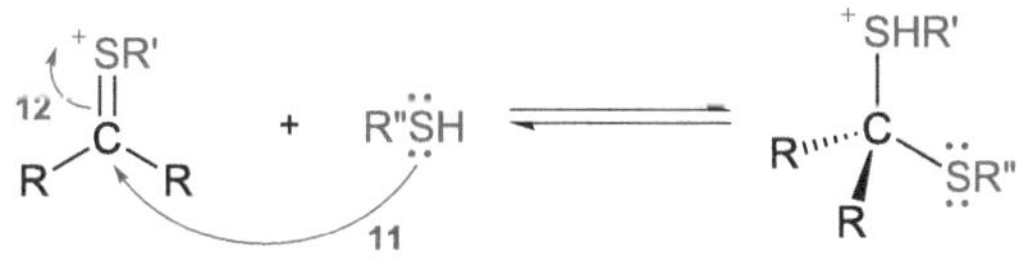

Alkylsulfonium 이온 Alkyl(alkylthio)-sulfonium 이온

7단계 Alkyl(alkylthio)sulfonium 이온에서 양성자가 이탈되면서 싸이오아세탈이 생성되도록 전자 이동을 표시한다.

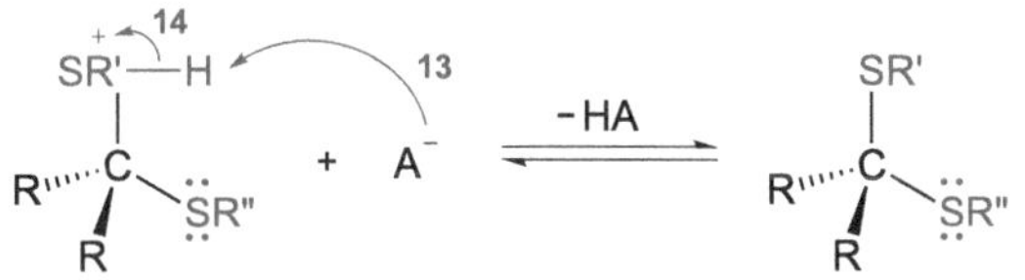

Thioacetal

복습문제 7.9 다음 싸이오아세탈 형성 반응의 메커니즘에 적합한 전자 이동을 그리시오.

$-A^-$ $-HA$

알데하이드/케톤 옥소늄 이온 헤미싸이오아세탈

$-A^-$ $-HA$

옥소늄 이온 싸이오아세탈

연습문제 7.7 다음 반응 메커니즘을 완결하시오.

(a)

$-Cl^-$ $-HCl$

Butan-2-one Hemithioacetal

$-Cl^-$

(A)

(A) $-HCl$ Butane-2,2-diylbis(ethylsulfane)

(b)

$-Cl^-$ $-HCl$

(A) Hemithioacetal

(A) $-Cl^-$

$-HCl$

Cyclohexane-1,1-diylbis(ethylsulfane)

7.3 알데하이드/케톤과 아민의 반응 메커니즘

알데하이드나 케톤을 1° 아민(RNH_2)과 반응시키면, 상응하는 이민(imine, $R_2C{=}NR'$)이 생성된다. 반응은 카비놀아민(carbinolamine)과 이미늄 이온(iminium ion) 중간체를 거쳐 진행된다.

알데하이드나 케톤을 2° 아민(R_2NH)과 반응시키면, 엔아민(enamine, $R_2C{=}CR(NR_2)$)이 생성된다. 메커니즘은 1° 아민처럼 카비놀아민 중간체를 거쳐 진행된다.

Hydrazone(H_2NNH_2)은 1° 아민과 유사한 메커니즘으로 반응하여 하이드라존(hydrazone, $R_2C{=}NNH_2$)을 생성한다. 하이드라존은 KOH 수용액으로 반응시키면, 질소 한 분자가 이탈되고 알케인으로 환원된다. 이 환원 반응을 Wolf–Kishner 환원 반응이라고 하며, 카보닐기를 알케인으로 환원하는 데 유용하다.

방법 7.10 알데하이드/케톤과 1° 아민의 산–촉매 반응(이민 형성 반응) 메커니즘 그리기

1단계 카보닐기와 산이 반응하여 옥소늄 이온을 생성하도록 전자 이동을 표시한다.

1, 2
R–C(=Ö:)–H(R) + H–A (δ^+, δ^-) ⇌ (–A⁻) R–C(=$^+$OH)–H(R)

알데하이드/케톤 옥소늄 이온

2단계 옥소늄 이온과 1° 아민이 반응하여 hydroxyammonium 이온이 생성되도록 전자 이동을 표시한다.

4, 3
R–C(=$^+$OH)–H(R) + $H_2\ddot{N}R$ ⇌ R–C(OH)(H(R))–$\overset{+}{N}H_2R$

옥소늄 이온 Hydroxyammonium 이온

3단계 Hydroxyammonium 이온에서 양성자가 이탈되어 카비놀아민이 생성되도록 전자 이동을 표시한다.

5, 6
R–C(OH)(H(R))–$\overset{+}{N}$HR–H + A⁻ ⇌ (–HA) R–C(OH)(H(R))–NHR

카비놀아민

4단계 카비놀아민이 산과 반응하여 옥소늄 이온이 생성되도록 전자 이동을 표시한다.

7, 8
R–C(:ÖH)(H(R))–NHR + H–A ⇌ (–A⁻) R–C($^+OH_2$)(H(R))–NHR

카비놀아민 옥소늄 이온

5단계 옥소늄 이온에서 물 분자가 이탈되어 이미늄 이온이 생성되도록 전자 이동을 표시한다.

옥소늄 이온 $\xrightleftharpoons{-H_2O}$ 이미늄 이온

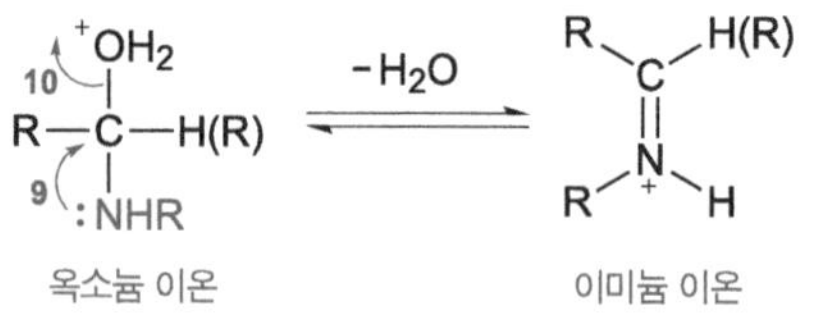

6단계 염기에 의해 양성자(H^+)가 이탈되어 이민이 생성되도록 전자 이동을 표시한다.

$\xrightleftharpoons{-HA}$ 이민

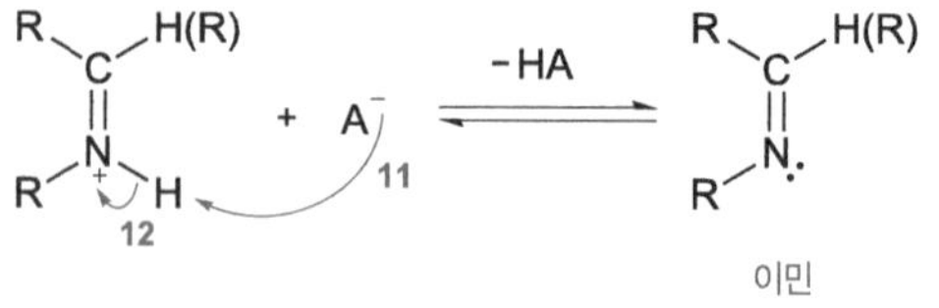

복습문제 7.10 알데하이드/케톤으로부터 이민이 형성되는 반응 메커니즘에 적합한 전자 이동을 그리시오.

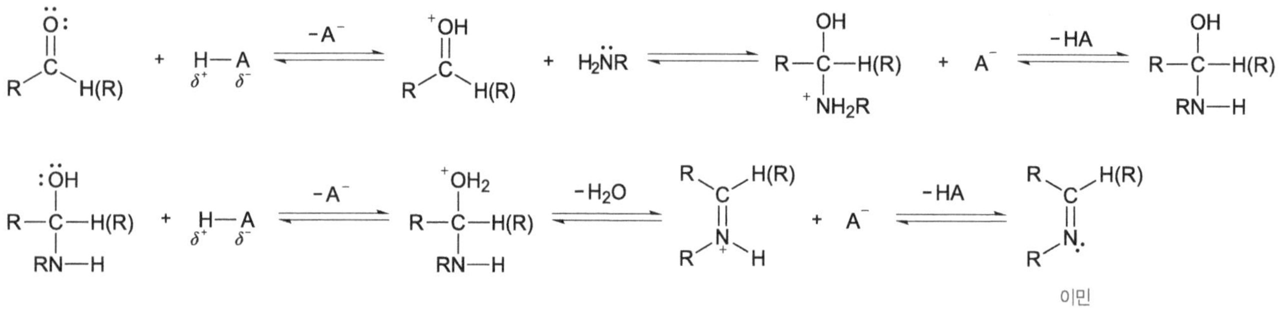

이민

방법 7.11 알데하이드/케톤과 2° 아민의 산-촉매 반응(엔아민 형성 반응) 메커니즘 그리기

1단계 카보닐기와 산이 반응하여 옥소늄 이온을 생성하도록 전자 이동을 표시한다.

알데하이드/케톤   옥소늄 이온

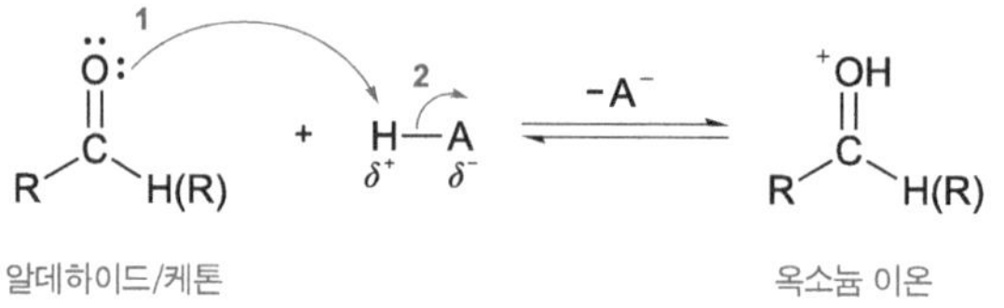

2단계 옥소늄 이온과 2° 아민이 반응하여 hydroxyammonium 이온이 생성되도록 전자 이동을 표시한다.

옥소늄 이온   Hydroxyammonium 이온

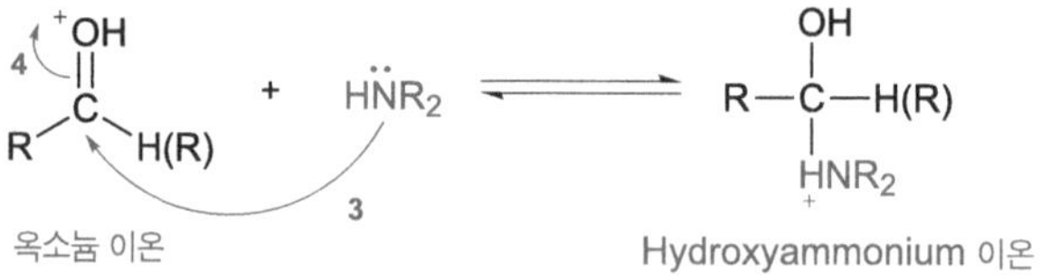

3단계 Hydroxyammonium 이온에서 양성자가 이탈되어 카비놀아민이 생성되도록 전자 이동을 표시한다.

카비놀아민

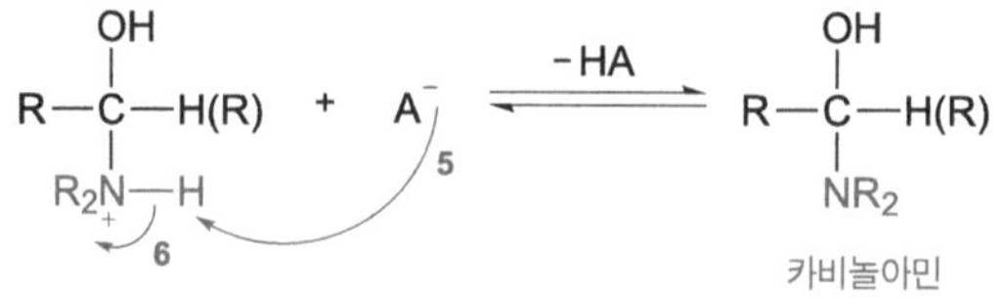

4단계 카비놀아민이 산(HA)과 반응하여 옥소늄 이온이 생성되도록 전자 이동을 표시한다.

카비놀아민 옥소늄 이온

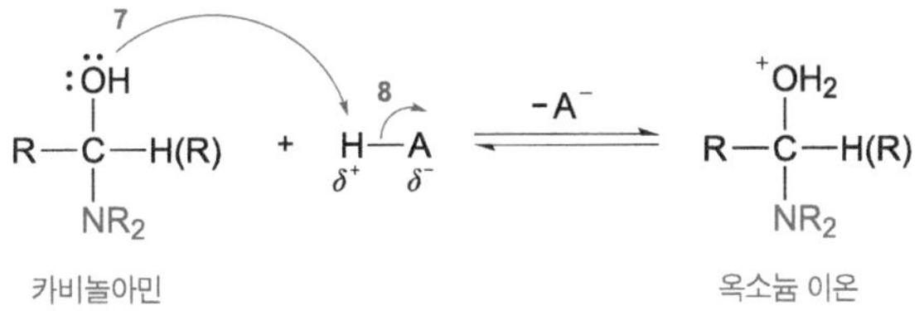

5단계 옥소늄 이온에서 물 분자가 이탈되어 이미늄 이온이 생성되도록 전자 이동을 표시한다.

옥소늄 이온 이미늄 이온

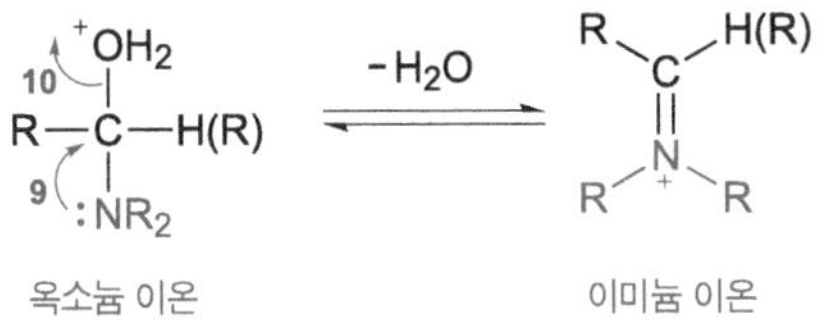

6단계 이미늄 이온의 이웃 탄소에서 양성자가 이탈되면서 엔아민(enamine)이 생성되도록 전자 이동을 표시한다.

이미늄 이온 엔아민

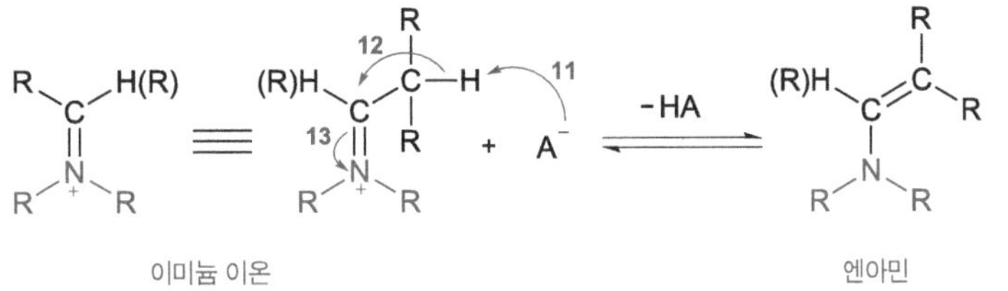

복습문제 7.11 알데하이드/케톤과 2° 아민으로부터 엔아민이 생성되는 반응 메커니즘에 적합한 전자 이동을 그리시오.

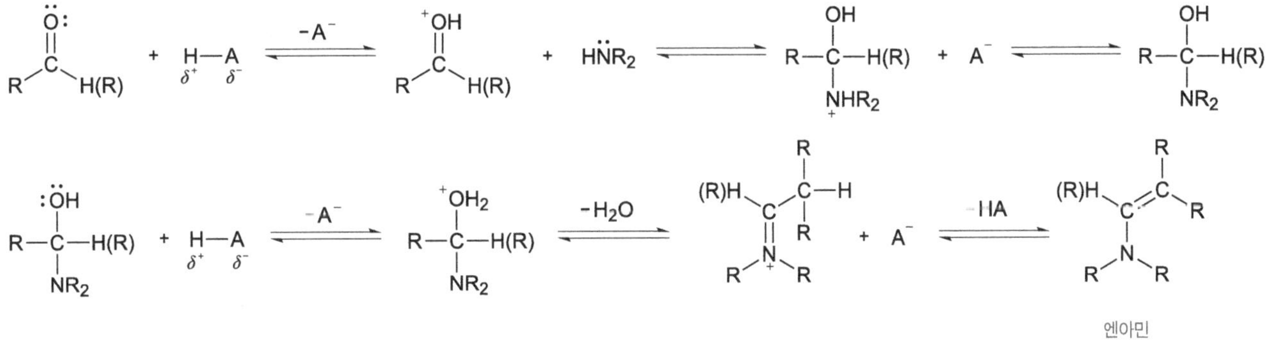

엔아민

연습문제 7.8 다음 반응 메커니즘을 완결하시오.

(a) H_3CH_2C–CHO + H–Cl (δ^+ δ^-) $\xrightarrow{-Cl^-}$ [ ] + $H_2\ddot{N}CH_3$ ⇌ [ ] + Cl^-

Propionaldehyde

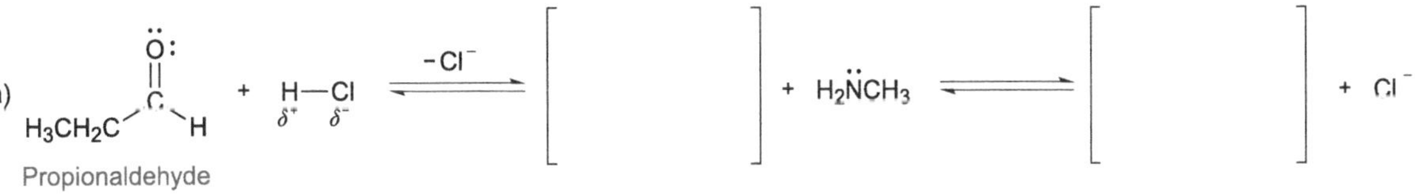

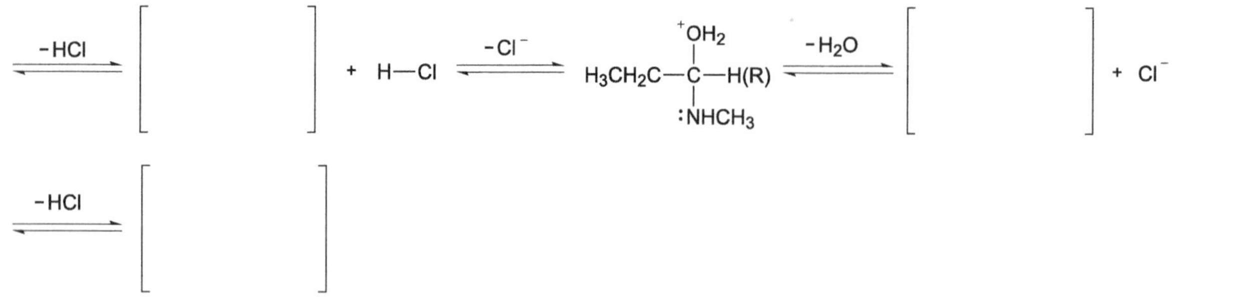

(Z)-N-Propylidenemethanamine

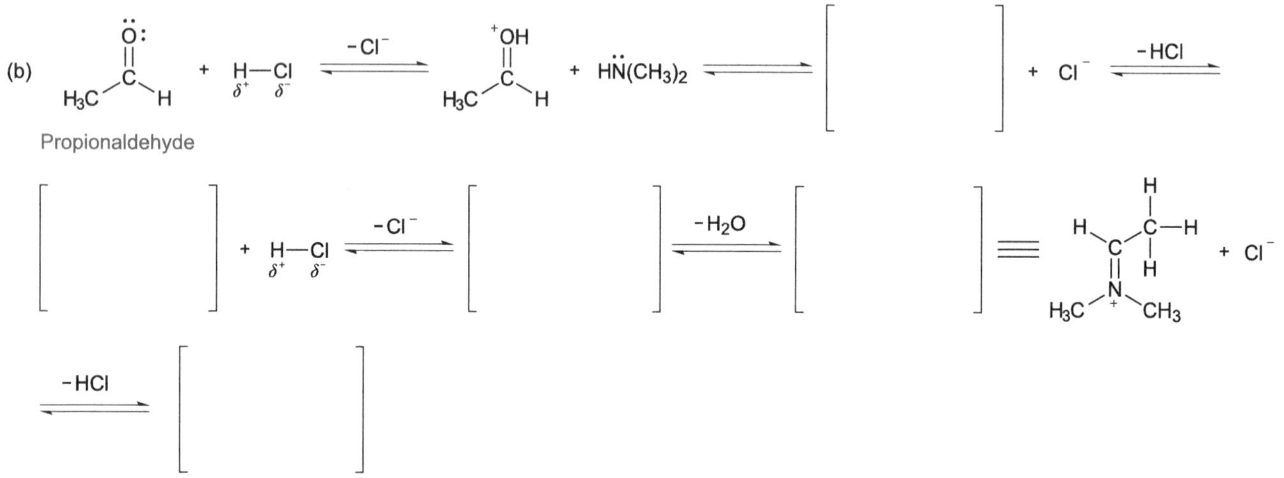

(b) Propionaldehyde

N,N-Dimethylethenamine

방법 7.12 케톤과 하이드라진(hydrazine, NH_2NH_2)의 산-촉매 반응 메커니즘 그리기

1단계 카보닐기와 산이 반응하여 옥소늄 이온을 생성하도록 전자 이동을 표시한다.

케톤 옥소늄 이온

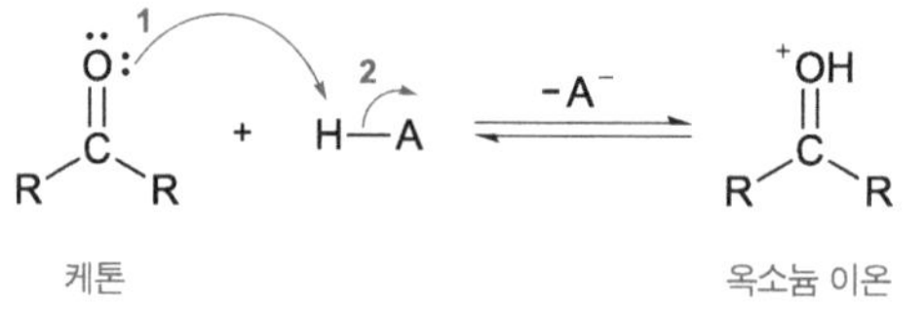

2단계 옥소늄 이온과 hydrazine(NH_2NH_2)이 반응하여 hydroxyhydrazinium 이온이 생성되도록 전자 이동을 표시한다.

옥소늄 이온 Hydroxyhydrazinium 이온

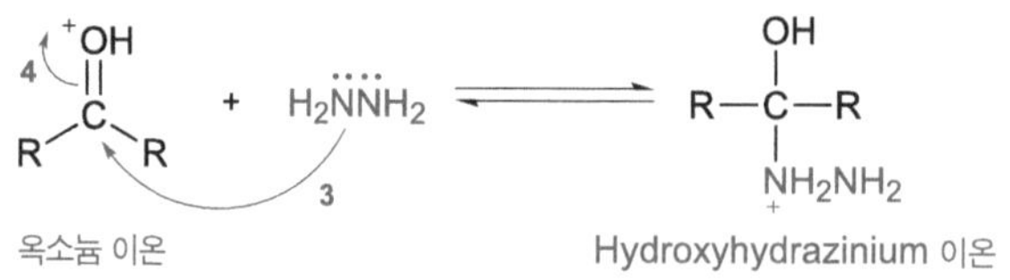

3단계 Hydroxyhydrazinium 이온에서 양성자가 이탈되어 hydrazinol이 생성되도록 전자 이동을 표시한다.

Hydrazinol

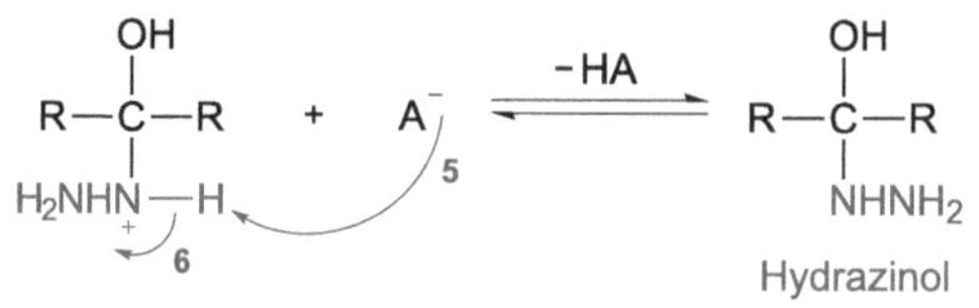

4단계 Hydrazinol이 산(HA)과 반응하여 옥소늄 이온이 생성되도록 전자 이동을 표시한다.

$$R_2C(\ddot{O}H)(NHNH_2) + H{-}A \underset{}{\overset{-A^-}{\rightleftharpoons}} R_2C(\overset{+}{O}H_2)(NHNH_2)$$

Hydrazinol　　　Hydrazinyloxonium 이온

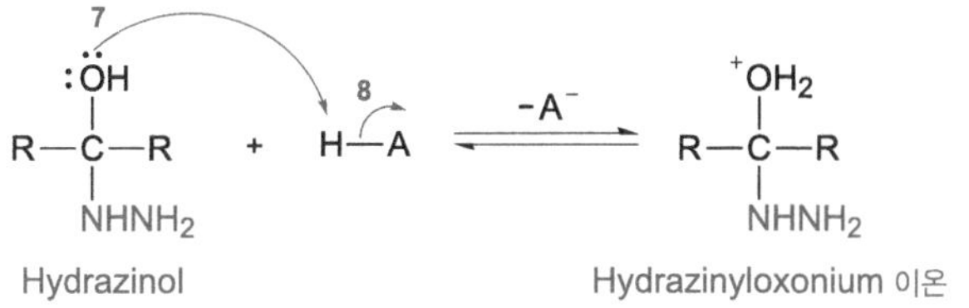

5단계 옥소늄 이온에서 물 분자가 이탈되어 하이드라지늄(hydrazinium) 이온이 생성되도록 전자 이동을 표시한다.

$$R_2C(\overset{+}{O}H_2)(\ddot{N}HNH_2) \overset{-H_2O}{\rightleftharpoons} R_2C{=}\overset{+}{N}(H)NH_2$$

Hydrazinium 이온

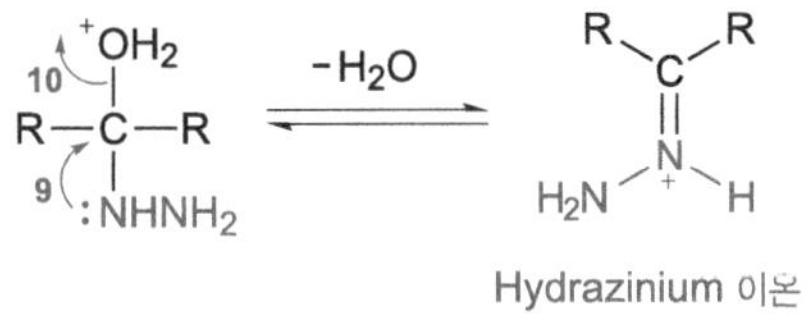

6단계 염기에 의해 양성자(H^+)가 이탈되어 하이드라존(hydrazone)이 생성되도록 전자 이동을 표시한다.

$$R_2C{=}\overset{+}{N}(H)NH_2 + A^- \overset{-HA}{\rightleftharpoons} R_2C{=}NNH_2$$

Hydrazone

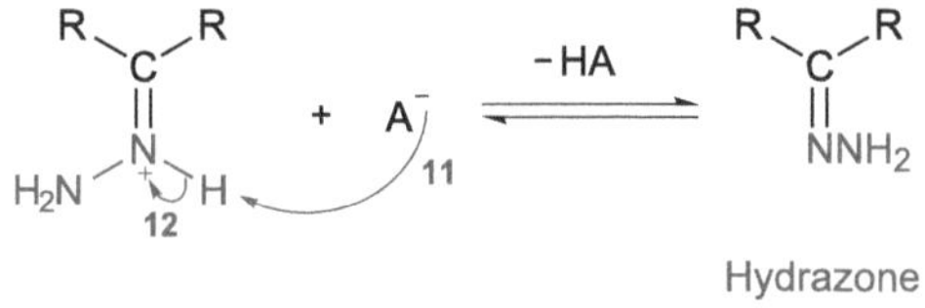

복습문제 7.12 알데하이드/케톤과 hydrazine의 반응 메커니즘에 적합한 전자 이동을 그리시오.

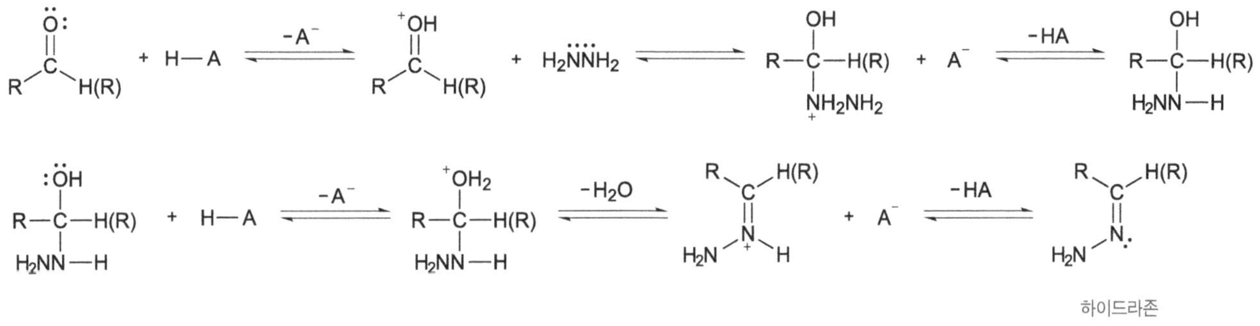

$$RC(\ddot{O}{:})H(R) + H{-}A \overset{-A^-}{\rightleftharpoons} RC(\overset{+}{O}H)H(R) + H_2\ddot{N}\ddot{N}H_2 \rightleftharpoons R{-}C(OH)(H(R))(\overset{+}{N}H_2NH_2) + A^- \overset{-HA}{\rightleftharpoons} R{-}C(OH)(H(R))(H_2NN{-}H)$$

$$R{-}C(\ddot{O}H)(H(R))(H_2NN{-}H) + H{-}A \overset{-A^-}{\rightleftharpoons} R{-}C(\overset{+}{O}H_2)(H(R))(H_2NN{-}H) \overset{-H_2O}{\rightleftharpoons} RC(H(R)){=}\overset{+}{N}(H)NH_2 + A^- \overset{-HA}{\rightleftharpoons} RC(H(R)){=}\ddot{N}NH_2$$

하이드라존

방법 7.13 하이드라존의 환원 반응(Wolf-Kishner 환원 반응) 메커니즘 그리기

1단계 하이드라존과 HO^-가 반응하여 질소 음이온 종(hydrazide)이 생성되도록 전자 이동을 표시한다.

$$R_2C{=}\ddot{N}{-}NH_2 + {}^-OH \overset{-H_2O}{\rightleftharpoons} R_2C{=}\ddot{N}{-}\bar{N}H$$

Hydrazone　　　Hydrazide 음이온

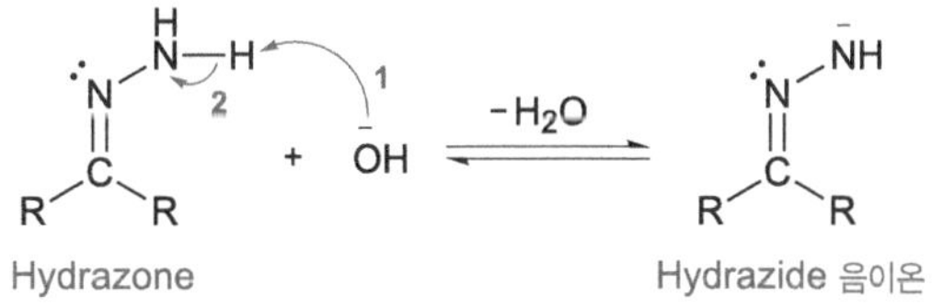

2단계 Hydrazide 음이온에서 질소 음이온 전자가 이동하여 탄소 음이온이 생성되도록 전자 이동을 표시한다.

Hydrazide 음이온 탄소 음이온

3단계 탄소 음이온과 물 분자가 반응하여 알킬 하이드라진이 생성되도록 전자 이동을 표시한다.

Hydrazide 음이온 탄소 음이온 하이드라진

4단계 하이드라진과 HO^-가 반응하여 질소 음이온 종(diazenide)이 생성되도록 전자 이동을 표시한다.

하이드라진 Diazenide 음이온

5단계 Diazenide 음이온에서 질소 분자 하나가 이탈되어 탄소 음이온이 생성되도록 전자 이동을 표시한다.

Diazenide 음이온 탄소 음이온

6단계 탄소 음이온과 물이 반응하여 알케인이 생성되도록 전자 이동을 표시한다.

탄소 음이온 알케인

복습문제 7.13 Wolf–Kishner 환원 반응 메커니즘에 적합한 전자 이동을 그리시오.

Hydrazone

알케인

연습문제 7.9 다음 반응 메커니즘을 완결하시오. 전자 이동도 표시하시오.

(a)

Acetone

Propan-2-ylidenehydrazine

(b)

(*E*)-(1-Cyclohexylethylidene)hydrazine

7.4 알데하이드/케톤과 탄소(C) 친핵체의 첨가 반응 메커니즘

알데하이드와 케톤이 가지고 있는 카보닐기(C=O)의 탄소는 부분적으로 양전자를 띤다. 따라서 탄소 음이온과 첨가 반응하여 새로운 C−C 및 C=C 결합을 생성할 수 있나. 탄소 음이온 공급 시약으로 Grignard 시약(RMgX), 유기 리튬 시약(RLi), Wittig 시약($Ph_3P^+CH_2^-$) 및 사이안화 이온(^-CN) 등이 주로 사용된다. 이 시약들은 알데하이드/케톤과 반응하여 대부분은 상응하는 알코올을 생성한다.

Wittig 시약은 C=O 결합을 C=C 결합으로 직접 변환하므로 알켄 합성에 매우 유용하다.

방법 7.14 알데하이드/케톤의 Grignard 반응 메커니즘 그리기

1단계 카보닐 화합물과 Grignard 시약(R'MgX)이 반응하여 알콕사이드가 생성되도록 전자 이동을 표시한다. Grignard 시약은 RX와 Mg 금속을 반응시켜 제조한다.

$$\text{R(H)C=O} + \overset{\delta^-}{\text{R}}-\overset{\delta^+}{\text{MgX}} \longrightarrow \text{R}-\text{C}(\text{O}^-\ \overset{+}{\text{MgX}})(\text{R})-\text{H(R)}$$

알데하이드/케톤 알콕사이드

2단계 알콕사이드와 물 분자가 반응하여 알코올이 생성되도록 전자 이동을 표시한다.

⇒ Formaldehyde($H_2C=O$)가 반응하면 1° 알코올이 생성된다.

⇒ 알데하이드가 반응하면 2° 알코올이 생성된다.

⇒ 케톤이 반응하면 3° 알코올이 생성된다.

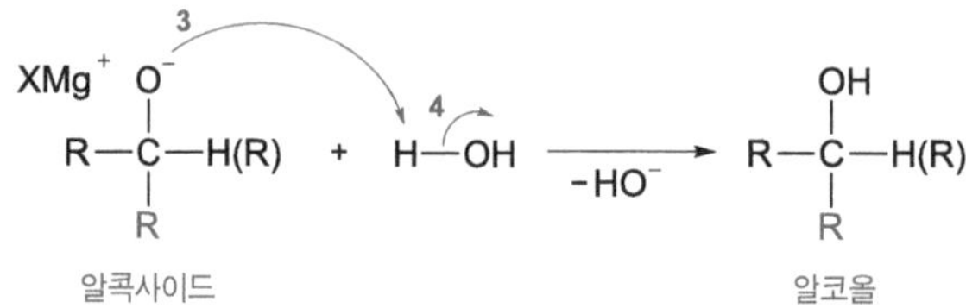

복습문제 7.14 알데하이드/케톤과 Grignard 시약의 반응 메커니즘에 적합한 전자 이동을 그리시오.

$$\text{R(H)C=O} + \overset{\delta^-}{\text{R}}-\overset{\delta^+}{\text{MgX}} \longrightarrow \text{R}-\text{C}(\text{O}^-\ \text{XMg}^+)(\text{R})-\text{H(R)} + \text{H}-\text{OH} \xrightarrow{-\text{HO}^-} \text{R}-\text{C}(\text{OH})(\text{R})-\text{H(R)}$$

알데하이드/케톤 알콕사이드 알코올

방법 7.15 알데하이드/케톤과 CN⁻ 이온의 첨가 반응 메커니즘 그리기

1단계 (HCN 경로) 카보닐 화합물에 양성자 첨가가 일어나 옥소늄 이온이 생성되도록 전자 이동을 표시한다.

(MCN 경로) 카보닐 화합물과 CN^-가 반응하여 알콕사이드가 생성되도록 전자 이동을 표시한다.

⇒ CN^- 공급 물질은 HCN 또는 금속 사이아나이드(M^+CN^-) 등이다.

$$\text{R(H)C=O} + \overset{\delta^+}{\text{H}}-\overset{\delta^-}{\text{CN}} \longrightarrow \text{R(H)C=}\overset{+}{\text{O}}\text{H} + \overset{-}{\text{C}}\text{N}$$

알데하이드/케톤

$$\text{R(H)C=O} + \overset{+}{\text{M}}\overset{-}{\text{CN}} \xrightarrow[\text{(M = 금속)}]{-\text{M}^+} \text{R}-\text{C}(\text{O}^-)(\text{CN})-\text{H(R)}$$

알데하이드/케톤

2단계 (HCN 경로) 옥소늄 이온에 ^{-}CN이 첨가 반응하여 사이아노하이드린이 생성되도록 전자 이동을 표시한다.
(MCN 경로) 알콕사이드에 양성자가 첨가되어 알코올이 생성되도록 전자 이동을 표시한다.

$$R-C(=\overset{+}{O}H)-H(R) + \overset{-}{C}N \longrightarrow R-C(OH)(CN)-H(R)$$

사이아노하이드린

$$R-C(O^{-})(CN)-H(R) + H^{+} \longrightarrow R-C(OH)(CN)-H(R)$$

사이아노하이드린

복습문제 7.15 알데하이드/케톤의 사이아노화 반응 메커니즘에 적합한 전자 이동을 그리시오.

$$R-C(=\ddot{O}:)-H(R) + H-CN \longrightarrow R-C(=\overset{+}{O}H)-H(R) + \overset{-}{C}N \longrightarrow R-C(OH)(CN)-H(R)$$

알데하이드/케톤 사이아노하이드린

$$R-C(=\ddot{O}:)-H(R) + \overset{+}{M}\overset{-}{C}N \xrightarrow[(M = 금속)]{-M^{+}} R-C(O^{-})(CN)-H(R) + H^{+} \longrightarrow R-C(OH)(CN)-H(R)$$

알데하이드/케톤 사이아노하이드린

방법 7.16 알데하이드/케톤의 Wittig 반응 메커니즘 그리기

1단계 카보닐 화합물과 Wittig 시약이 반응하여 베타인(betaine)이라는 중간체가 생성되도록 전자 이동을 표시한다. Wittig 시약($R_2C{=}PPh_3$)은 $P(Ph_3)$(triphenylphosphine)에 RI와 BuLi(butyl lithium)를 처리하여 만든다.

$$R-C(=O)-H(R) + \overset{-}{C}R'_2-\overset{+}{P}Ph_3 \rightleftharpoons R-C(O^{-})(H(R))-CR'_2-\overset{+}{P}Ph_3$$

알데하이드/케톤 일라이드 베타인

2단계 베타인이 옥사포스포테인(oxaphosphotane)으로 변환되도록 전자 이동을 표시한다.

R—C(—O⁻)(—H(R))—CR'_2—$\overset{+}{P}Ph_3$ ⇌ (R)(R)H-C(O—PPh_3—CR'_2)

베타인 옥사포스포테인

3단계 옥사포스포테인이 알켄으로 변환되도록 전자 이동을 표시한다.

옥사포스포테인 (화살표 4, 5) ⟶ $R(H(R))C=CR'_2$ + $O{=}PPh_3$

옥사포스포테인 알켄

복습문제 7.16 알데하이드/케톤의 Wittig 반응 메커니즘에 적합한 전자 이동을 그리시오.

R—C(=O)—H(R) + $\overset{-}{C}R'_2$—$\overset{+}{P}Ph_3$ ⇌ R—C(—O⁻)(—H(R))—CR'_2—$\overset{+}{P}Ph_3$ ⇌ 옥사포스포테인

알데하이드/케톤

옥사포스포테인 ⟶ $R(H(R))C=CR'_2$ + $O{=}PPh_3$

알켄

연습문제 7.10 다음 반응 메커니즘을 완성하시오. 전자 이동을 표시하고, 생성물의 IUPAC 이름을 쓰시오.

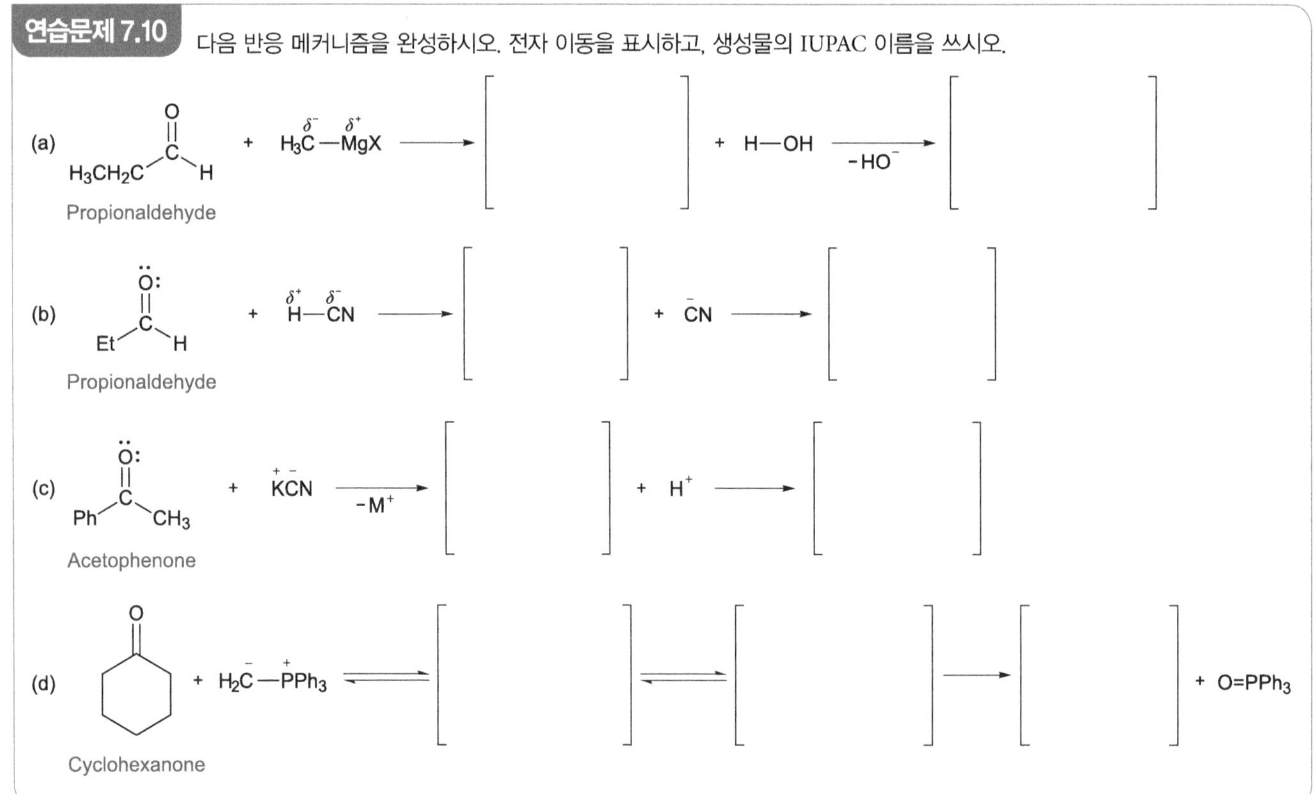

8장 카복실산과 카복실산 유도체들의 반응 메커니즘

카복실산과 그 유도체는 카보닐기와 OH, OR, NR_2, OC(=O)R기 등을 가지고 있다.

카복실산
에스터
산무수물
산 할로젠화물
아마이드

8.1 카복실산의 반응 메커니즘

카복실산(carboxylic acid)은 카보닐(C=O)기와 OH기가 조합된 −COOH 작용기를 가지고 있다. 따라서 −COOH기는 카보닐기와 알코올의 반응성을 함께 나타낸다. 뿐만 아니라, 카복실산 음이온(COO^-)은 두 개의 공명 구조를 가지며 안정하다.

카복실산은 지방족 산(aliphatic acid)과 방향족 산(aromatic acid)으로 구분된다. 지방족 산의 산도는 치환기에 의한 유발 효과로 설명되고, 방향족 산의 산도는 유발 효과와 공명 효과로 설명한다. 카복실산은 환원 반응 및 Grignard 반응 같은 친핵성 첨가 반응과 친핵성 아실 치환 반응 등이 가능하다.

지방족 카복실산의 산도 평가 지침

1. 카보닐기 이웃 탄소에 전자를 당기는 치환기가 존재하면, 짝염기를 안정시켜 더 센 카복실산이 된다.
2. 카보닐기 이웃 탄소에 전자를 밀어주는 치환기가 존재하면, 짝염기가 불안정해져 더 약한 카복실산이 된다.
3. 치환기의 전기 음성도가 클수록 더 센산이 된다.
4. 전자를 당기는 기가 많을수록 그만큼 더 센산이 된다(치환기 수의 영향).
5. 치환기가 카보닐기에서 가까울수록 더 크게 영향을 미친다(거리의 영향).

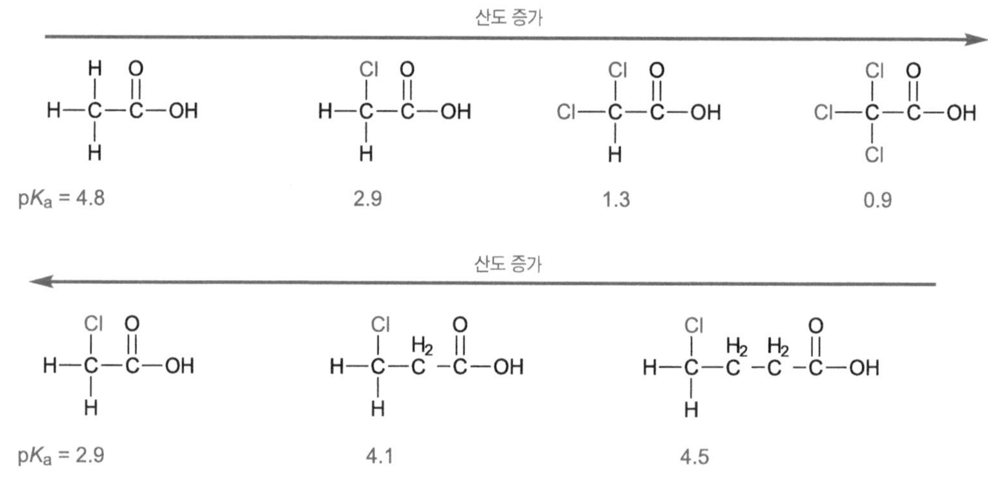

그림 8.1 치환기 수와 위치에 따른 카복실산의 산도 경향성

방향족 카복실산의 산도 평가 지침

1. 짝염기의 공명 안정화 영향으로 방향족 카복실산은 지방족 카복실산보다 더 센 산이다(공명 효과).
2. Benzene 고리에 전자를 당기는 치환기가 존재하면, 짝염기가 더 안정화되어 더 센산이 된다(유발 효과).
3. Benzene 고리에 전자를 밀어주는 치환기가 존재하면, 짝염기가 더 불안정해져서 더 약한 산이 된다(유발 효과).

치환기의 전자 밀어주는 능력 증가 순서

R < NHC(=O)R < OR < OH < NH_2, NHR, NR_2

치환기의 전자 당기는 능력 증가 순서

X < CHO < COR < COOR < COOH < CN < SO_3H < NO_2 < N^+R_4

방법 8.1 카복실산의 상대적인 산도 결정하기

1단계 지방족 산인가? 방향족 산인가? 를 확인한다.
⇒ 일반적으로 방향족 산이 더 센산이다.

2단계 지방족 산이면, 치환기가 전자 주는 기인가? 끄는 기인가?를 결정한다.
⇒ 전자 끄는 기를 가지는 산이 더 강산이다.

3단계 치환기의 위치와 수를 결정한다.
⇒ 전자 끄는 치환기 수가 증가하면 산도는 증가한다.
⇒ 전자 주는 치환기 수가 증가하면 산도는 감소한다.
⇒ 치환기가 카보닐기로부터 멀어질수록 치환기의 영향력(유발 효과)은 감소한다. 이 유발 효과는 탄소 수가 3개를 넘어가면 무시한다.

4단계 위의 결과를 종합하여 해당 산들의 산도를 결정한다.

8.1.1 카복실산의 환원 반응 메커니즘 그리기

카복실산의 카보닐(C=O)기는 수소 음이온(H^-) 공급 시약과 반응하면 알데하이드 중간체를 거쳐 알코올로 환원된다. 수소 음이온 공급 시약은 주로 $LiAlH_4$, $NaBH_4$ 등이 이용된다.

방법 8.2 카복실산의 환원 반응 메커니즘 그리기

1단계 카복실산과 $Li(AlH_4)$가 반응하여 lithium carboxylate와 AlH_3/H_2가 생성하도록 전지 이동을 그린다.

$$RCOOH + Li^+ (AlH_4)^- \longrightarrow RCOO^-Li^+ + AlH_3 + H_2$$

Lithium carboxylate

2단계 Lithium carboxylate와 AlH_3가 반응하여 oxoalkoxyaluminumlithium hydride가 생성되도록 전자 이동을 그린다.

Oxoalkoxyaluminum lithium hydride

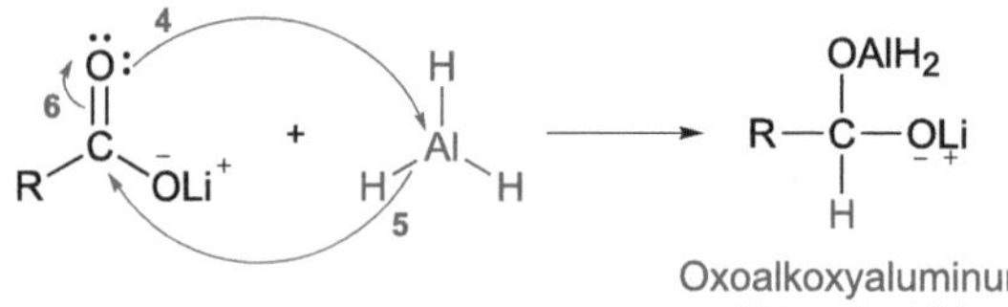

3단계 Aluminum lithium hydride에서 H_2AlO^- 종이 이탈되어 알데하이드가 생성되도록 전자 이동을 표시한다.

$-H_2AlOLi$

알데하이드

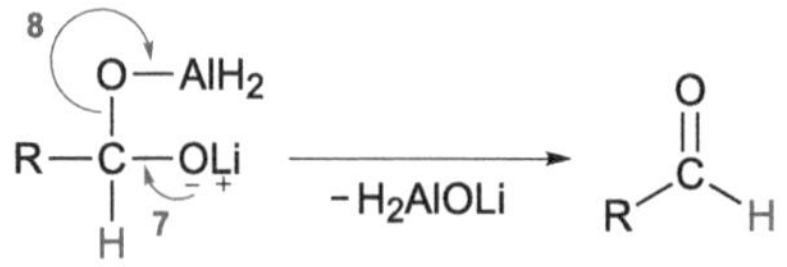

4단계 알데하이드가 aluminum hydride와 반응하여 알콕사이드가 생성되도록 전자 이동을 표시한다.

$-AlH_3$

알콕사이드

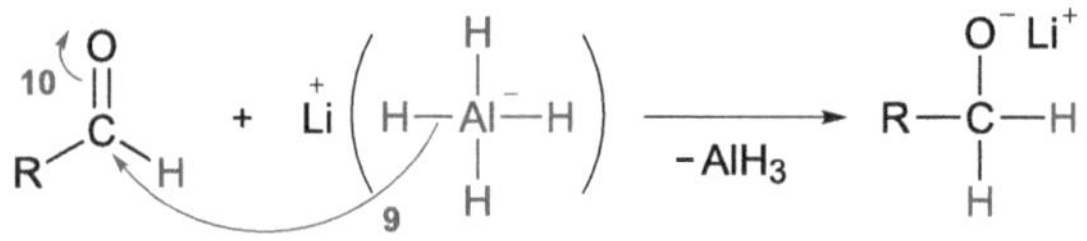

5단계 알콕사이드에 양성자가 첨가되어 상응하는 알코올이 생성되도록 전자 이동을 그린다.

$-Li^+$, $-H_2O$

알코올

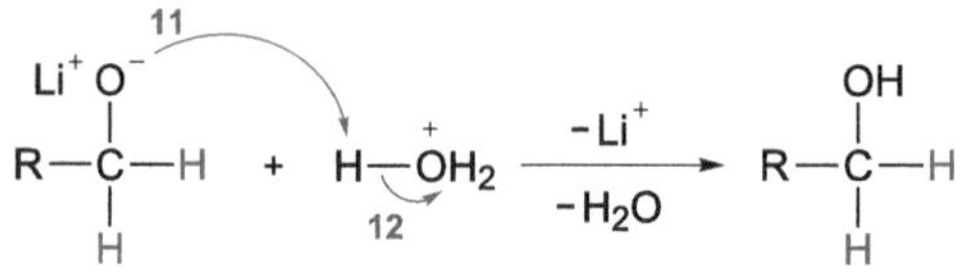

복습문제 8.1 카복실산의 환원 반응 메커니즘에 적합한 전자 이동을 그리시오.

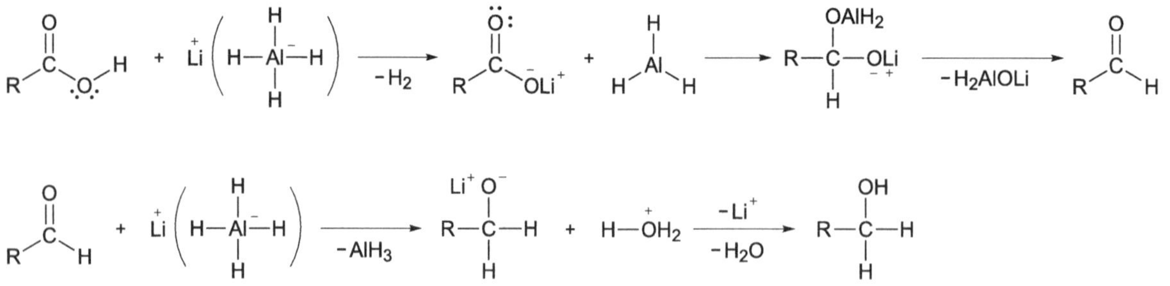

$-H_2$ $-H_2AlOLi$

$-AlH_3$ $-Li^+$ $-H_2O$

연습문제 8.1 다음 반응 메커니즘을 완결하시오. 전자 이동을 표시하고, 생성물의 IUPAC 이름도 쓰시오.

(a) $H_3C-C(=O)-OH$ + $Li^+ (AlH_4)^-$ $\xrightarrow[-AlH_3]{-H_2}$ [ ] + AlH_3

$\longrightarrow$ [ ] $\xrightarrow{-H_2AlOLi}$ H_3C-CHO

H_3C-CHO + $Li^+ (AlH_4)^-$ $\xrightarrow{-AlH_3}$ [ ] + $H-OH_2^+$ $\xrightarrow{-H_2O}$ [ ]

(b) cyclopentyl$-C(=O)-OH$ + $Li^+ (AlH_4)^-$ $\xrightarrow[-AlH_3]{-H_2}$ [ ] + AlH_3

$\longrightarrow$ [ ] $\xrightarrow{-H_2AlOLi}$ [ ]

[ ] + $Li^+ (AlH_4)^-$ $\xrightarrow{-AlH_3}$ [ ] + $H-OH_2^+$ $\xrightarrow{-H_2O}$ [ ]

8.1.2 카복실산의 아실 치환 반응 메커니즘

카복실산(RCOOH)은 OH기라는 이탈기를 가지고 있어, 여러 가지 카복실산 유도체를 합성하는 데 이용된다. 카복실산과 $SOCl_2$가 반응하면 산염화물(acid chloride, RCOCl)이 생성된다. 알코올과 반응하면 에스터(ester, RCOOR), 그리고 아민과 반응하면 아마이드(amide, $RCONR_2$) 등이 생성된다. 또 카복실산 두 분자가 반응하여 물 한 분자가 제거되면, 상응하는 산 무수물[acid anhydride, $(RCO)_2O$]이 생성된다.

카복실산의 아실 치환 반응은 친핵체의 첨가와 이탈기의 제거 두 단계로 이루어진다.

단일 결합 산소와 이중 결합 산소를 포함하는 카복실산의 아실 치환 반응 메커니즘을 그리려면, 두 산소 중에서 어떤 산소가 반응 개시 원자인가를 결정해야 한다. 카복실산 또는 카복실산 유도체들이 친전자체(E^+)와 반응하는 경우 반응 개시 원자는 카보닐 산소(C=O)이다. 이유는 이 경로로 생성된 생성 물질이 공명 안정화되어 더 안정하기 때문이다.

"반응은 항상 더 안정한 생성물이 생성되는 방향으로 진행된다."

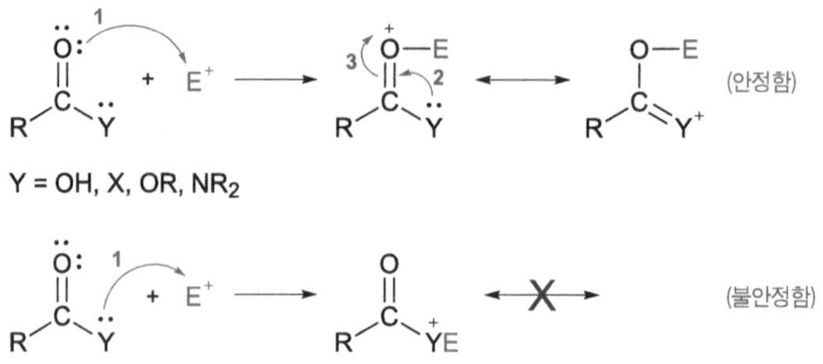

Y = OH, X, OR, NR_2

(안정함)

(불안정함)

방법 8.3 카복실산으로부터 산 무수물이 생성되는 산-촉매 반응 메커니즘 그리기

1단계 카복실산과 양성자가 반응하여 옥소늄 이온이 생성되도록 전자 이동을 표시한다.

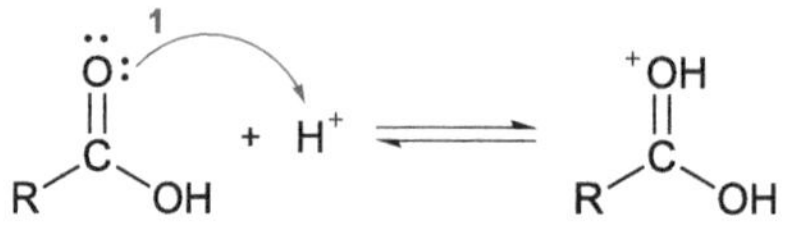

2단계 옥소늄 이온과 다른 카복실산이 첨가 반응을 하도록 전자 이동을 표시한다.

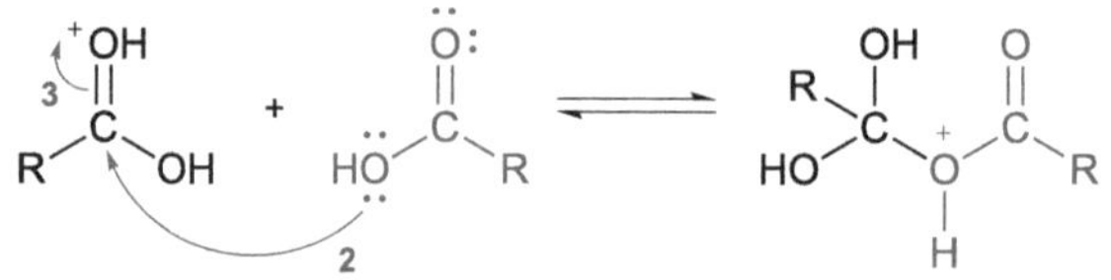

3단계 옥소늄 이온의 양성자가 이웃 OH 산소로 이동하도록 전자 이동을 표시한다.

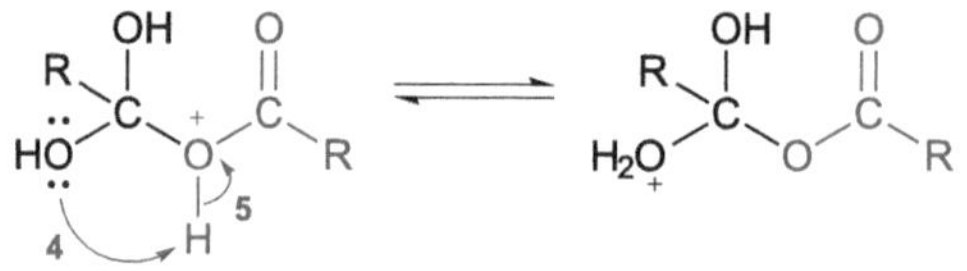

4단계 OH기의 산소 전자가 이동하여 이중 결합을 형성하면서 물 한 분자가 이탈되도록 전자 이동을 그린다.

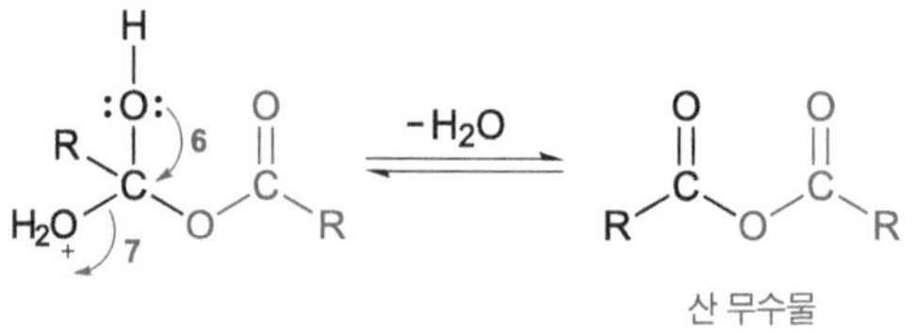

$-H_2O$

산 무수물

복습문제 8.2 카복실산 무수물 형성 반응 메커니즘에 적합한 전자 이동을 그리시오.

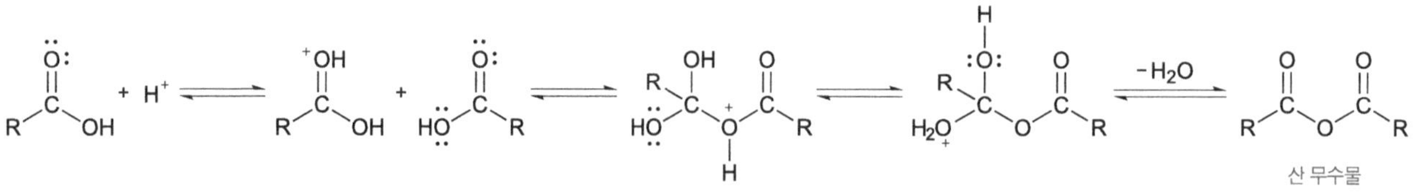

$-H_2O$

산 무수물

방법 8.4 염기-촉매 산 무수물 합성 반응 메커니즘 그리기

1단계 카복실산과 염기가 반응하여 카복실산 음이온이 생성되도록 전자 이동을 표시한다.

$$RCOOH + {}^{-}Base \xrightleftharpoons{-HBase} RCOO^{-}$$

2단계 카복실산 음이온과 다른 카복실산 분자가 첨가 반응하도록 전자 이동을 그린다.

$$RCOO^{-} + RCOOH \rightleftharpoons RC(=O)\text{–}O\text{–}C(O^{-})(OH)R$$

3단계 산소 음이온 전자가 탄소 쪽으로 이동하여 C=O 결합이 형성되고, HO^{-} 이온이 이탈되어 산 무수물이 생성되도록 전자 이동을 표시한다.

$$RC(=O)\text{–}O\text{–}C(O^{-})(OH)R \xrightleftharpoons{-HO^{-}} RC(=O)\text{–}O\text{–}C(=O)R$$

산 무수물

복습문제 8.3 염기-촉매 산 무수물 합성 반응 메커니즘에 적합한 전자 이동을 그리시오.

$$RCOOH + {}^{-}Base \xrightleftharpoons{-HBase} RCOO^{-} + RCOOH \rightleftharpoons RC(=O)\text{–}O\text{–}C(O^{-})(OH)R \xrightleftharpoons{-HO^{-}} RC(=O)\text{–}O\text{–}C(=O)R$$

산 무수물

연습문제 8.2 다음 반응 메커니즘을 완결하시오. 전자 이동을 표시하고, 생성물의 IUPAC 이름도 쓰시오.

(a) $PhH_2C\text{–}COOH + H^{+} \rightleftharpoons$ [ ] $+ HO\text{–}C(=O)\text{–}CH_2Ph \rightleftharpoons$ [ ] $\rightleftharpoons$

2-Phenylacetic acid

[ ] $\xrightleftharpoons{-H_2O}$ [ ]

(b) Cyclopentane-carboxylic acid + $\bar{\text{Base}}$ ⇌ (−HBase) [ ] + cyclopentanecarboxylic acid ⇌ [ ] → (−HO^-) [ ]

방법 8.5 카복실산과 $SOCl_2$의 반응 메커니즘 그리기

1단계 카복실산과 $SOCl_2$가 반응하여 첨가된 중간체가 생성되도록 전자 이동을 그린다. 이 중간체는 공명 안정화된다.

2단계 중간체의 OH기 산소의 비공유 전자쌍이 탄소 쪽으로 이동하여 옥소늄 이온이 생성되도록 전자 이동을 그린다.

3단계 S−O 결합의 산소 음이온 전자가 이동하여 S=O 결합을 형성하고, Cl^- 이온이 이탈되어 옥소늄 이온이 생성되도록 전자 이동을 그린다.

4단계 옥소늄 이온과 Cl^- 이온이 반응하여 SO_2가 이탈되고, Cl 음이온이 첨가된 옥소늄 이온이 생성되도록 전자 이동을 그린다.

5단계 마지막 옥소늄 이온에서 양성자가 제거되어 HCl이 이탈되고, 산염화물이 생성되도록 전자 이동을 표시한다.

11 10
$^{+}$O—H
R—C—Cl + Cl^- → (- HCl) R—C(=O)—Cl

산 염화물

복습문제 8.4 카복실산과 $SOCl_2$의 반응 메커니즘에 적합한 전자 이동을 그리시오.

R—C(=O)—OH + Cl_2S=O → [R—C(=O^+—S(O^-)(Cl)Cl)—OH ↔ R—C^+(—O—S(O^-)(Cl)Cl)—OH] → R—C(—O—S(=O)Cl)=OH^+ + Cl^-

→ (- SO_2) R—C(=O^+H)—Cl + Cl^- → (- HCl) R—C(=O)—Cl

산 염화물

연습문제 8.3 다음 반응 메커니즘을 완결하시오. 전자 이동을 표시하고, 생성물의 IUPAC 이름도 쓰시오.

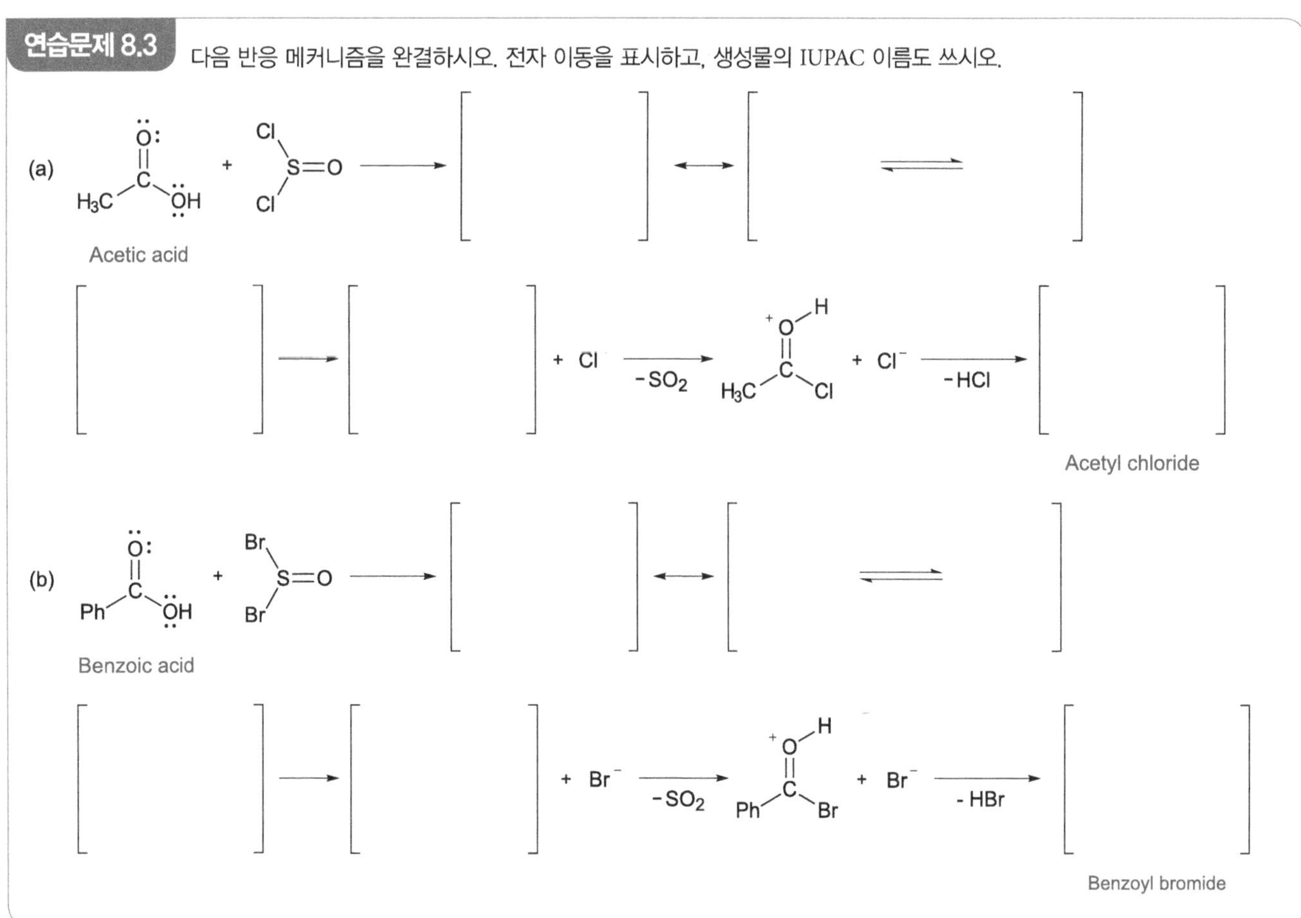

방법 8.6 카복실산의 산-촉매 에스터화 반응 메커니즘 그리기

산-촉매 에스터화 반응을 **Fischer 에스터화**(Fischer esterification)라고 한다. 염기 촉매 존재하에서는 카복실산을 에스터화할 수 없다.

1단계 카복실산의 카보닐 산소와 양성자(H^+)가 반응하여 하이드록시 옥소늄 이온이 생성되도록 전자 이동을 그린다.

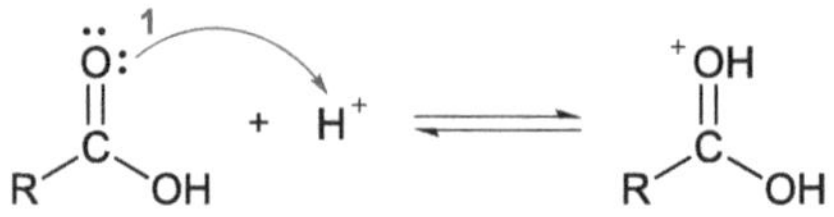

2단계 생성된 양이온과 알코올이 첨가 반응하여 dihydroxyoxonium 이온이 생성되도록 전자 이동을 표시한다.

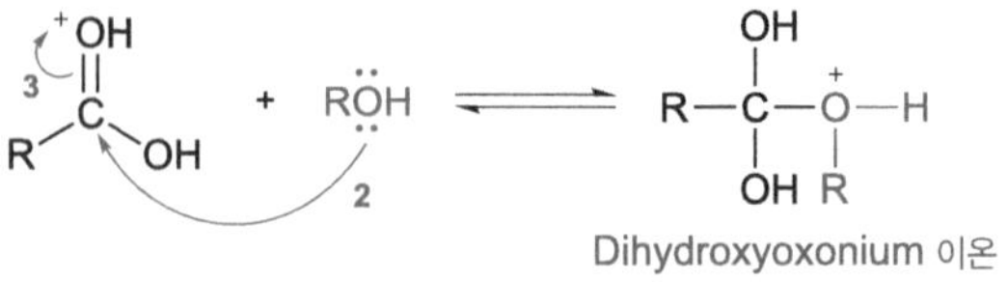

Dihydroxyoxonium 이온

3단계 생성된 옥소늄 이온에서 양성자가 다른 OH의 산소로 이동하는 전자 이동을 그린다.

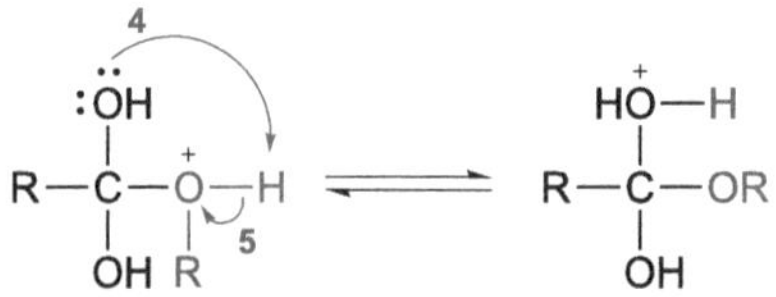

4단계 물 한 분자가 이탈되어 에스터(ester)가 생성되도록 전자 이동을 그린다. 이 반응은 가역 반응이다.

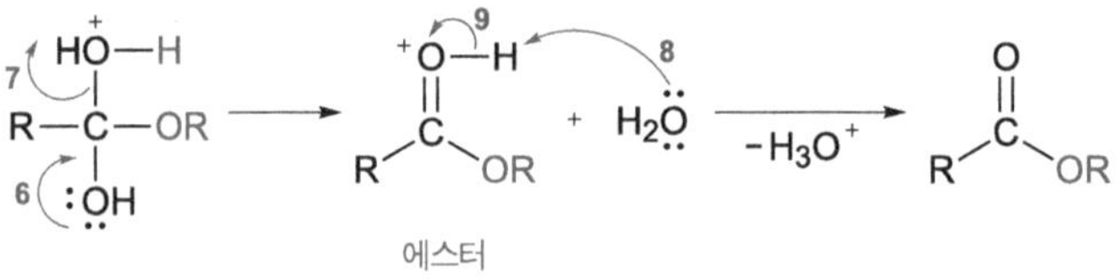

에스터

복습문제 8.5 Fischer 에스터화 반응의 전체 메커니즘에 적합한 전자 이동을 그리시오.

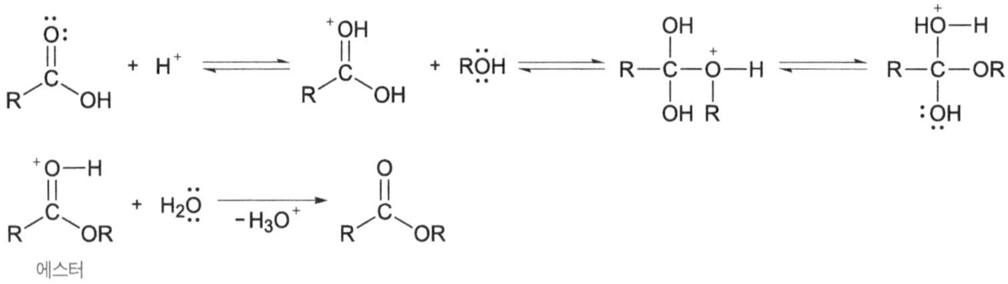

에스터

연습문제 8.4 다음 반응 메커니즘을 완결하시오. 전자 이동을 표시하고, 생성물의 IUPAC 이름도 쓰시오.

(a) $H_3CH_2C-C(=O)OH$ + H^+ ⇌ [ ] + PhOH ⇌ [ ] ⇌ [ ] → [ ] + H_2O $\xrightarrow{-H_3O^+}$ [ ]

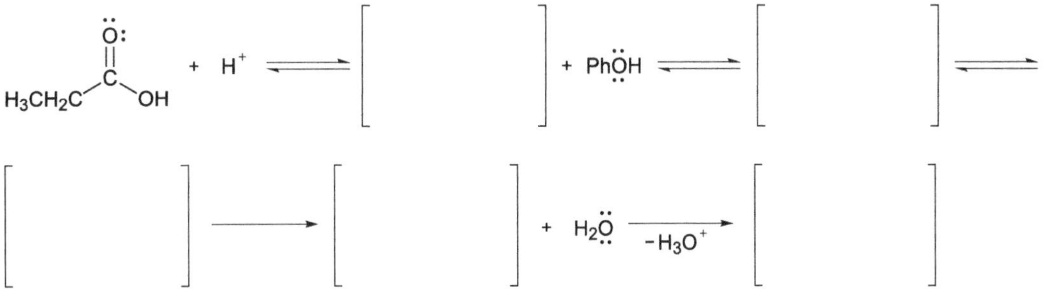

(b) (cyclopentyl)$C(=O)OH$ + H^+ ⇌ [ ] + PhOH ⇌ [ ] ⇌

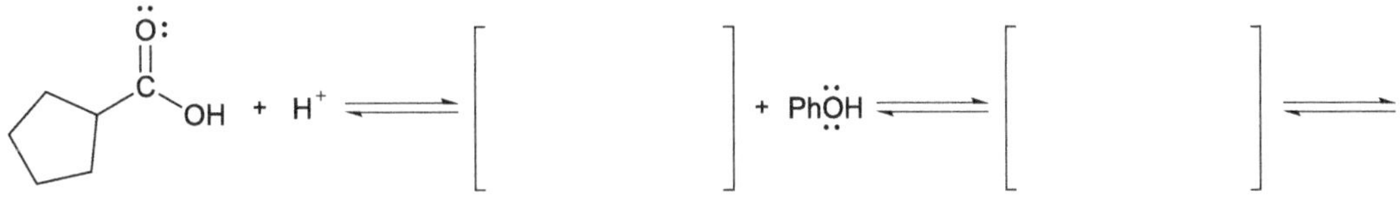

Phenyl cyclopentane-carboxylic acid

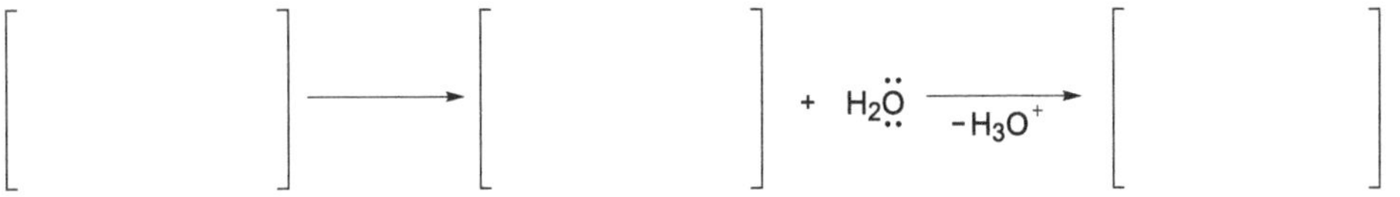

[ ] → [ ] + H_2O $\xrightarrow{-H_3O^+}$ [ ]

Phenyl cyclopentane carboxylate

방법 8.7 DCC를 이용한 카복실산의 아마이드로의 변환 반응 메커니즘 그리기

1단계 카복실산과 DCC가 첨가 반응하여 이온 종이 생성되도록 전자 이동을 표시한다.

DCC

DCC: Dicyclohexylcarbodiimide

카복실산과 아민이 반응하여 직접 아마이드로 변환할 수 없다. 산–염기 반응으로 암모늄염이 형성된다. 다만 NH_3의 경우는 형성된 염을 고온으로 가열하면 탈수가 일어나 1° 아민이 형성된다.

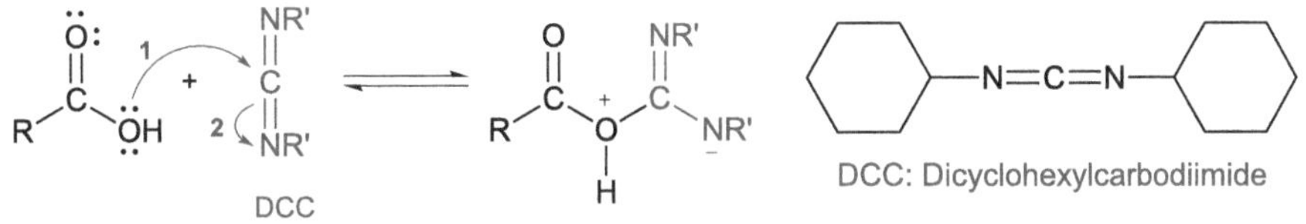

2단계 산소에 있는 H^+가 질소로 이동하고, 아민이 C=O와 반응하도록 전자 이동을 그린다.

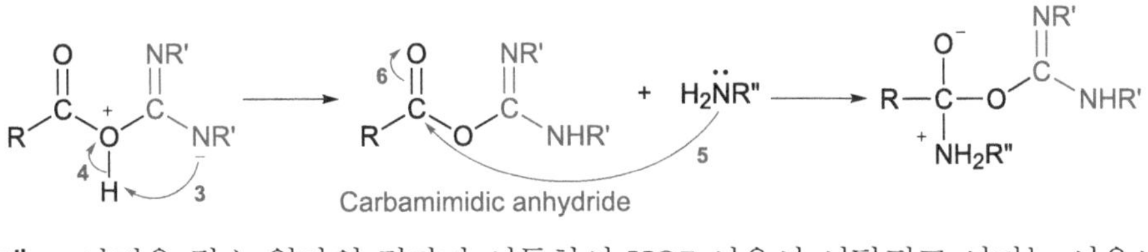

Carbamimidic anhydride

3단계 아민을 질소 원자의 전자가 이동하여 HO^- 이온이 이탈되고 이미늄 이온이 생성되도록 전자 이동을 표시한다.

아마이드

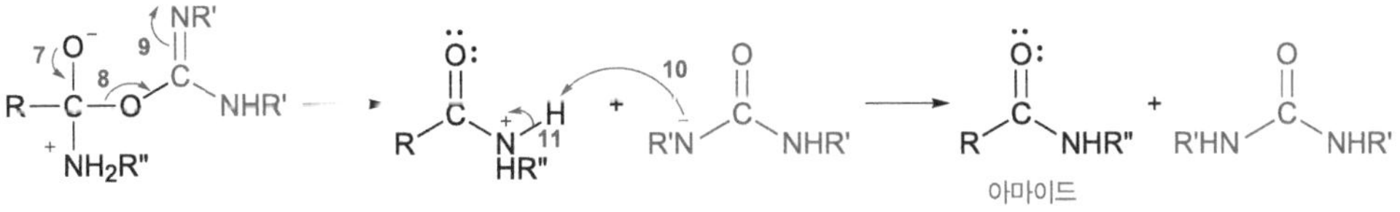

복습문제 8.6 카복실산과 아민의 반응 메커니즘에 적합한 전자 이동을 그리시오.

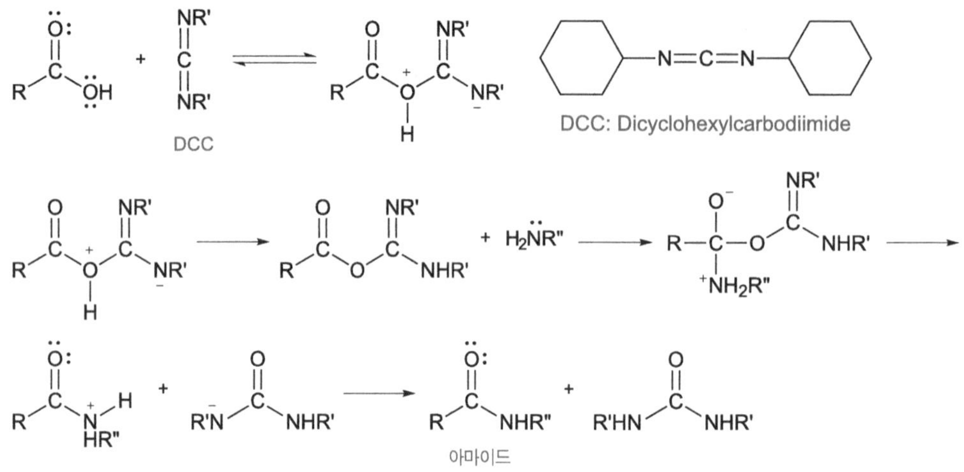

DCC

DCC: Dicyclohexylcarbodiimide

아마이드

연습문제 8.5 다음 반응의 메커니즘을 완결하시오. 전자 이동을 표시하고, 생성물의 IUPAC 이름도 쓰시오.

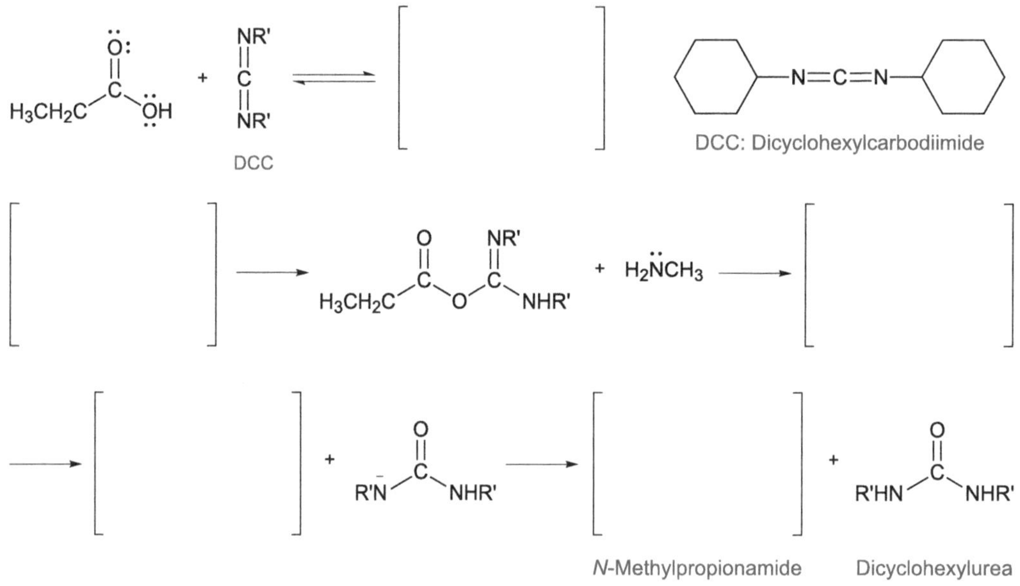

DCC

DCC: Dicyclohexylcarbodiimide

N-Methylpropionamide Dicyclohexylurea

8.2 카복실산 유도체들의 반응 메커니즘

카복실산 유도체로 산 무수물[acid anhydride, $(RCO)_2O)$], 산 할로젠화물(acid halide, RCOX), 에스터(ester, RCOOR), 아마이드(amide, $RCONR_2$) 및 나이트릴(nitrile, RCN) 등이 있다.

카복실산 유도체의 친핵성 아실 치환 반응의 반응성은 카보닐기에 결합된 이탈기의 종류에 의존한다. 즉, 이탈기의 이탈 능력이 클수록 반응성이 더 좋다. 이탈 능력은 해당 원자나 원자단의 전기 음성도에 의존하며, 이탈된 후에 생성된 음이온의 안정도에 비례한다.

전기 음성도 증가 순서: NR_2 < SR < OR~OH < RCOO < X

이탈 능력 증가 순서: NR_2 < SR < OR~OH < RCOO < X

반응성 증가 순서: $RCONH_2$ < RCOSR < RCOOH~RCOOR < $R(CO_2)O$ < RCOX

카복실산 유도체는 반응성 차이 때문에 반응성이 큰 유도체를 반응성이 낮은 유도체로 변환하는 것이 가능하다.

일반적으로 반응성이 낮은 카복실산 유도체로 반응성이 더 좋은 카복실산 유도체를 합성할 수는 없다.

카복실산 유도체들은 가수분해(hydrolysis), 가알코올 분해 반응(alcoholysis), 가아민 분해 반응(aminolysis), 환원 반응 및 Grignard 반응 등을 일으킬 수 있다. 이들 반응은 반응 조건에 따라 다르지만 메커니즘이 매우 유사하다.

방법 8.8 카복실산 유도체의 산-촉매 아실 치환 반응 일반적인 메커니즘 그리기

1단계 카복실산 유도체와 양성자(H^+)가 반응하여 옥소늄 이온이 생성되도록 전자 이동을 표시한다.

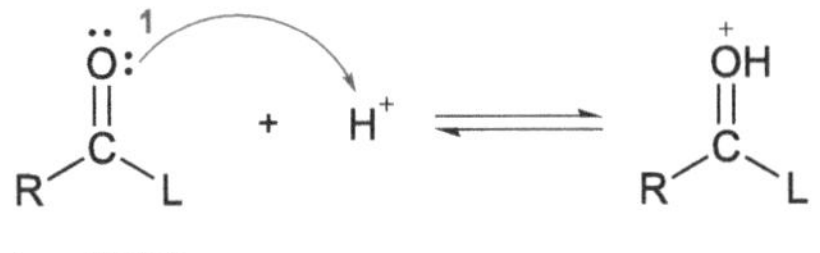

L = 이탈기

2단계 친핵체(Nu^-)가 옥소늄 이온과 첨가 반응하여 사면체 중간체를 생성하도록 전자 이동을 그린다.

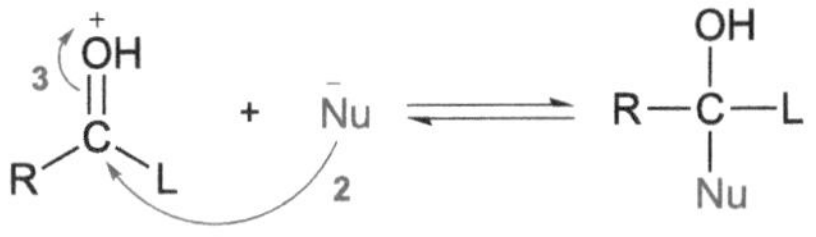

사면체 중간체

3단계 사면체 중간체 산소의 비공유 전자쌍이 이동하여 이탈기(L)가 떨어지고 옥소늄 이온이 생성되도록 전자 이동을 표시한다.

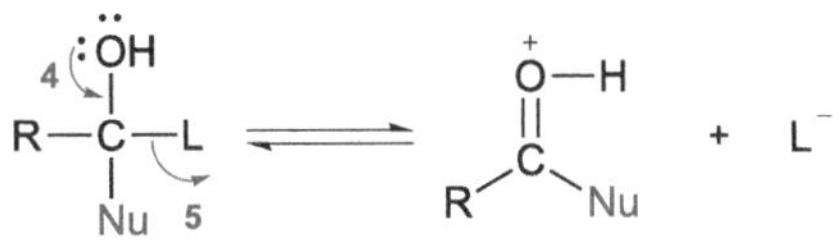

사면체 중간체

4단계 마지막 단계는 옥소늄 이온의 양성자가 제거되어 생성물이 생성되도록 전자 이동을 표시한다.

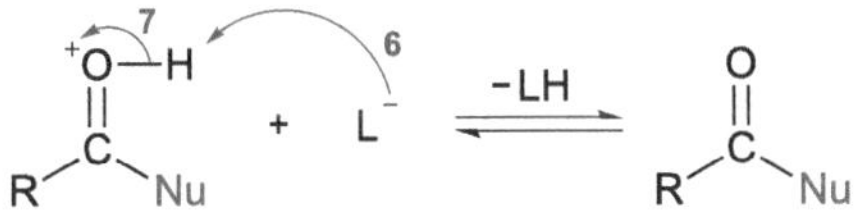

복습문제 8.7 카복실산 유도체의 산-촉매 친핵성 치환 반응의 메커니즘에 적합한 전자 이동을 그리시오.

L = 이탈기

사면체 중간체

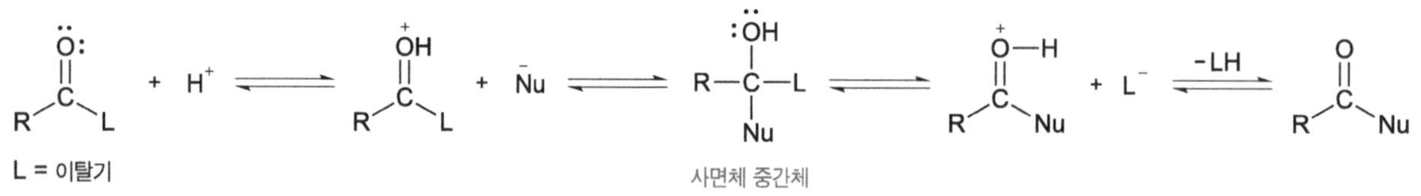

방법 8.9 카복실산 유도체의 염기-촉매 아실 치환 반응 일반적인 메커니즘 그리기

1단계 카복실산 유도체와 친핵체가 반응하여 사면체 중간체가 생성되도록 전자 이동을 그리시오.

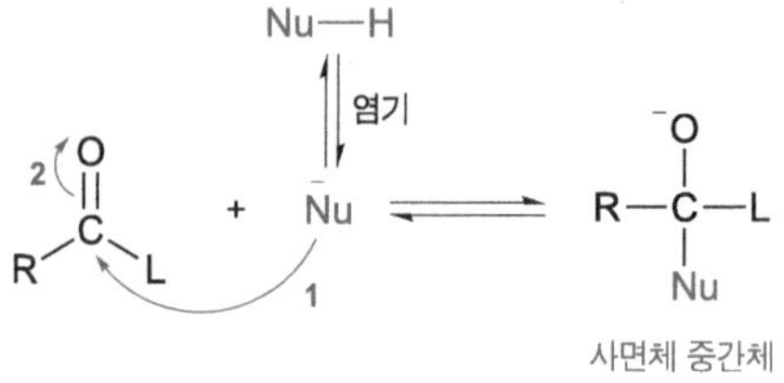

Nu—H

염기

사면체 중간체

2단계 산소 음이온 전자가 이동하여 이중 결합을 형성하면서 이탈기가 떨어지도록 전자 이동을 표시한다.

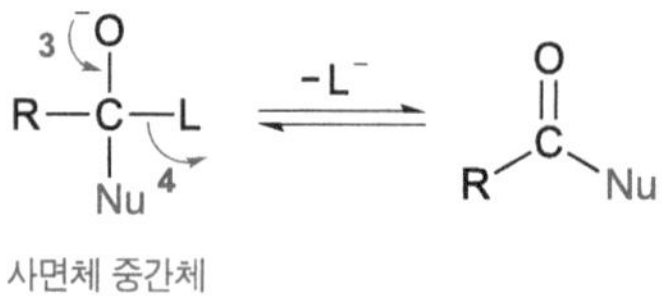

$-L^-$

사면체 중간체

복습문제 8.8 카복실산 유도체의 염기-촉매 아실 치환 반응의 메커니즘에 적합한 전자 이동을 그리시오.

Nu—H

염기

$-L^-$

사면체 중간체

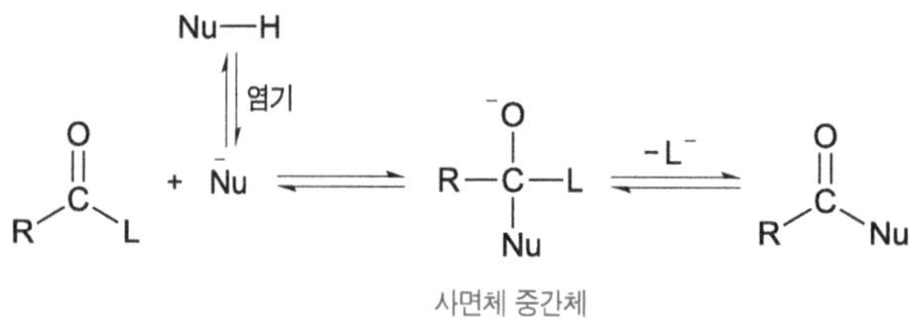

8.2.1 산 할로젠화물의 반응 메커니즘

산 할로젠화물(RCOX)은 반응성이 큰 물질이어서 합성에서 유용하다. 산 할로젠화물질로부터 케톤, 알코올, 산 무수물, 카복실산, 에스터 및 아마이드 등의 다양한 물질들을 합성할 수 있다. 산 할로젠화물 중에서도 비교적 다루기 쉬운 염화물(RCOCl) 및 브로민화물(RCOBr)이 자주 사용된다.

방법 8.10 산 할로젠화물의 가수분해 반응 메커니즘 그리기

1단계 산 할로젠화물과 물 분자가 반응하여 사면체형 중간체를 형성하도록 전자 이동을 그린다.

2단계 중간체 산소 음이온의 전자가 수소로 이동하면서 다이올이 생성되도록 전자 이동을 그린다.

3단계 다이올의 산소에 있는 비공유 전자쌍이 탄소로 이동하여 이중 결합이 생성되도록 전자 이동을 그린다.

$$\xrightarrow{-X^-}$$

4단계 할로젠 음이온에 의해 양성자가 제거되어 카복실산이 되도록 전자 이동을 그린다.

$$\xrightarrow{-HX}$$

카복실산

복습문제 8.9 산 무수물의 가수분해 반응 메커니즘에 적합한 전자 이동을 그리시오.

$$\xrightarrow{-HX}$$

카복실산

방법 8.11 산 할로젠화물과 알코올의 치환 반응 메커니즘 그리기

1단계 할로젠화물과 알코올이 첨가 반응하여 사면체형 중간체가 생성되도록 전자 이동을 표시한다.

2단계 중간체의 산소 음이온 전자가 옥소늄 이온 산소와 반응하여 alkoxyalcohol이 생성되도록 전자 이동을 표시한다.

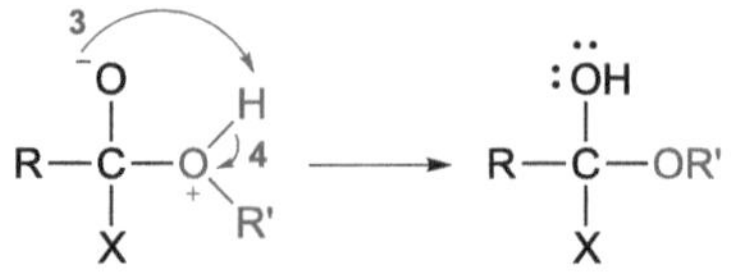

3단계 Alkoxyalcohol의 OH기의 산소에 있는 비공유 전자쌍이 탄소로 이동하여 이중결합을 형성하면서 할로젠 이온이 이탈되도록 전자 이동을 그린다.

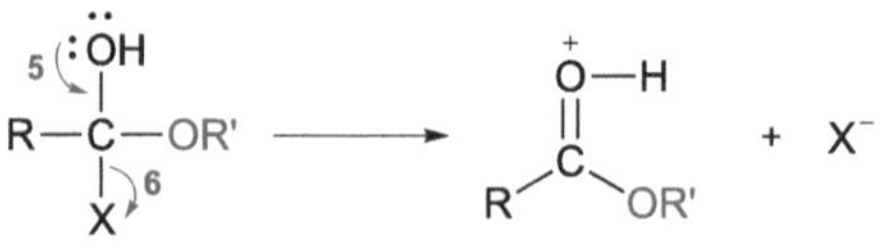

4단계 옥소늄 이온의 양성자를 할로젠 음이온이 제거하여 에스터가 생성되도록 전자 이동을 그린다.

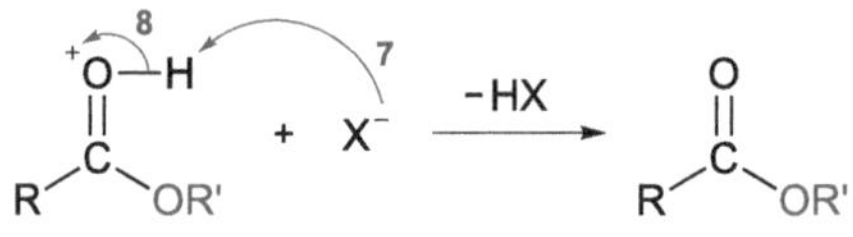

에스터

복습문제 8.10 산 할로젠화물과 알코올의 반응 메커니즘에 적합한 전자 이동을 그리시오.

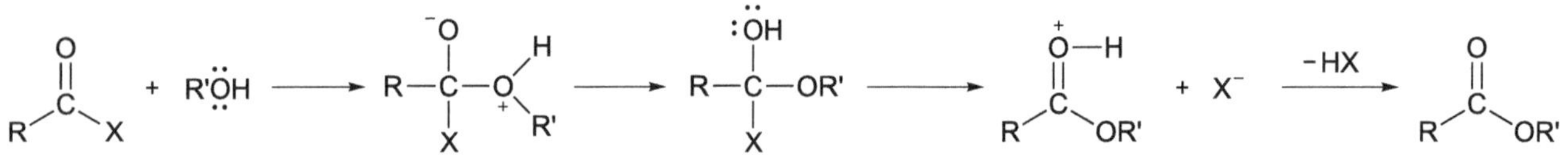

에스터

연습문제 8.6 다음 반응의 메커니즘을 완결하시오. 전자 이동을 표시하고, 생성물의 IUPAC 이름도 쓰시오.

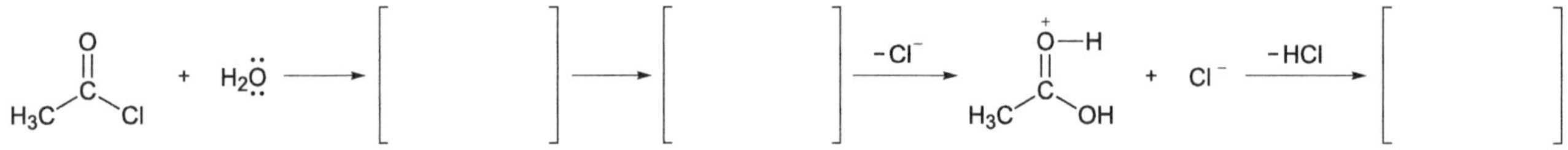

방법 8.12 산 할로젠화물과 아민의 반응 메커니즘 그리기

1단계 산 할로젠화물과 아민이 첨가 반응하여 사면체형 중간체가 생성되도록 전자 이동을 표시한다.

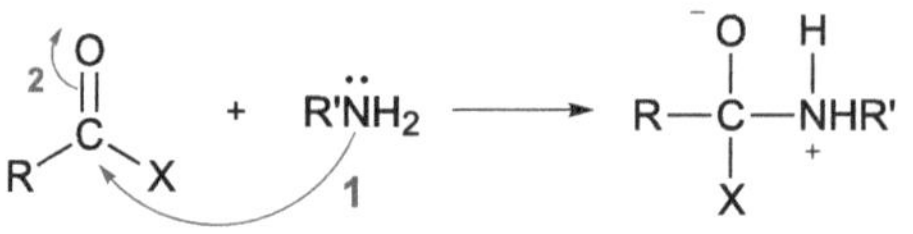

2단계 사면체형 중간체의 산소 음이온이 질소에 있는 수소와 반응하여 아미노알코올(aminoalcohol)이 생성되도록 전자 이동을 그린다.

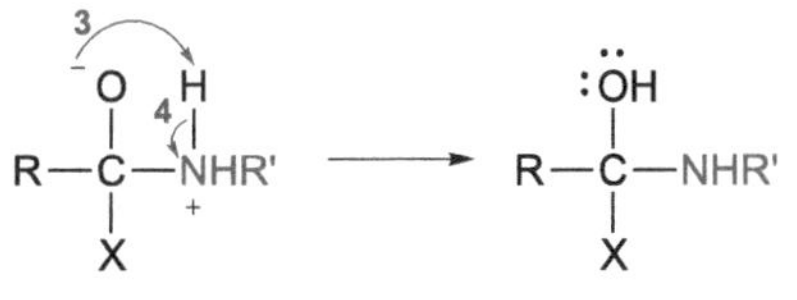

아미노알코올

3단계 아미노알코올의 산소에 있는 비공유 전자쌍이 탄소로 이동하여 이중 결합이 형성되면서 할로젠 이온이 이탈되도록 전자 이동을 표시한다.

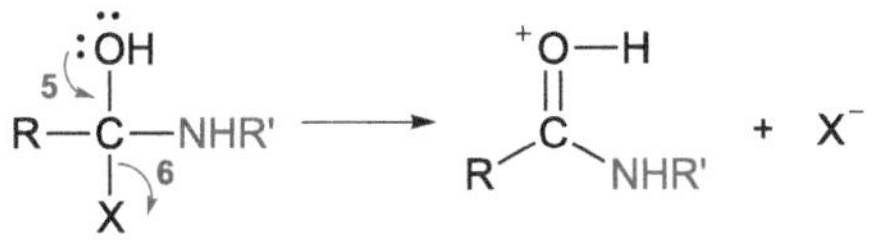

아미노알코올

4단계 할로젠 이온이 산소의 수소 원자를 제거하여 아마이드가 생성되도록 전자 이동을 그린다.

⇒ 이 단계에서 생성된 HX는 다른 아민 분자와 반응하여 $R'N^{+}H_3X^{-}$형 염으로 침전된다. 따라서 아민이 2당량 필요하다.

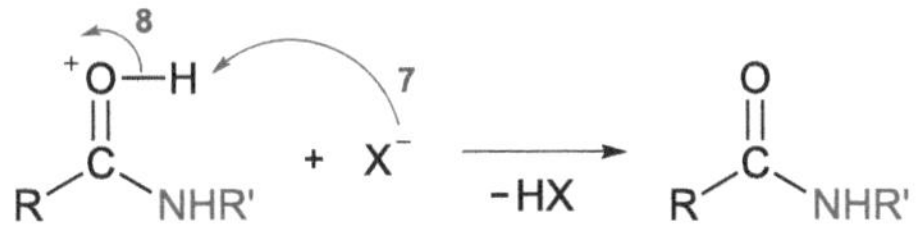

아마이드

복습문제 8.11 산 할로젠화물과 아민의 반응 메커니즘에 적합한 전자 이동을 그리시오.

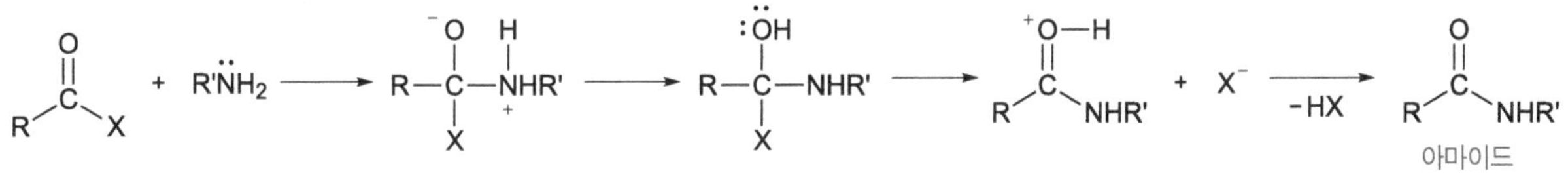

아마이드

연습문제 8.7 다음 반응의 메커니즘을 완결하시오. 전자 이동을 표시하고, 생성물의 IUPAC 이름도 쓰시오.

Propionyl chloride

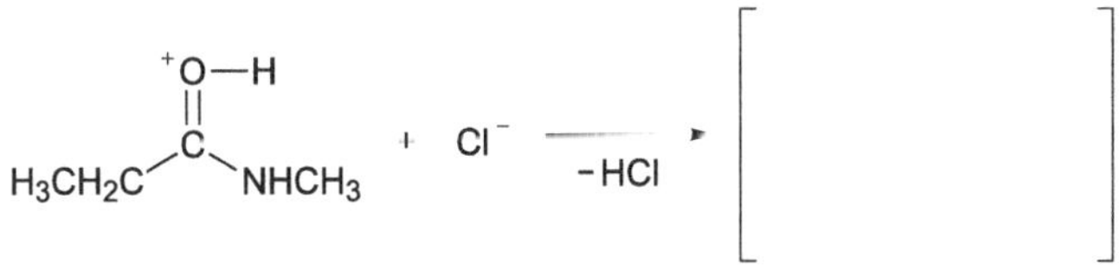

방법 8.13 산 할로젠화물과 카복실산 음이온과의 반응 메커니즘 그리기

1단계 산 할로젠화물과 카복실산 음이온이 첨가 반응하여 사면체형 중간체가 생성되도록 전자 이동을 그린다.

2단계 중간체 산소의 음이온 전자가 탄소로 이동하여 C=O 이중 결합을 형성하고, 할로젠 음이온이 이탈되어 산 무수물(anhydride)이 생성되도록 전자 이동을 표시한다.

-HX

산 무수물

복습문제 8.12 산 할로젠화물과 카복실산 음이온의 반응 메커니즘에 적합한 전자 이동을 그리시오.

-HX

산 무수물

연습문제 8.8 다음 반응의 메커니즘을 완결하시오. 전자 이동을 표시하고, 생성물의 IUPAC 이름도 쓰시오.

H_3CH_2C–C(=O)–Br + $^-$O–C(=O)–CH_3 → [ ] –HBr→ [ ]

방법 8.14 산 할로젠화물의 환원 반응 메커니즘 그리기

1단계 산 할로젠화물과 환원제가 첨가 반응하여 알콕사이드가 생성되도록 전자 이동을 표시한다.

$-Li^+/AlH_3$

2단계 알콕사이드의 산소 음이온 전자가 탄소로 이동하여 이중 결합을 형성하고, 할로젠 음이온이 이탈되어 알데하이드가 생성되도록 전자 이동을 그린다.

$$R-CH(O^-)-X \xrightarrow{-X^-} RCHO$$

알데하이드

3단계 생성된 알데하이드와 환원제가 반응하여 다시 알콕사이드가 형성되도록 전자 이동을 그린다.

$$RCHO + Li^+ (AlH_4^-) \xrightarrow{-Li^+/AlH_3} R-CH_2-O^-$$

4단계 알콕사이드와 물이 반응하여 알코올이 생성되도록 전자 이동을 그린다.

$$R-CH_2-O^- + H-OH \xrightarrow{-HO^-} R-CH_2-OH$$

알코올

복습문제 8.13 산 할로젠화물의 환원 반응에 적합한 전자 이동을 그리시오.

$$RCOX + Li^+ (AlH_4^-) \xrightarrow{-Li^+/AlH_3} R-CH(O^-)-X \xrightarrow{-X^-} RCHO + Li^+ (AlH_4^-) \xrightarrow{-Li^+/AlH_3} R-CH_2-O^-$$

$$R-CH_2-O^- + H-OH \xrightarrow{-HO^-} R-CH_2-OH$$

알코올

연습문제 8.9 다음 반응의 메커니즘을 완결하시오. 전자 이동을 표시하고, 생성물의 IUPAC 이름도 쓰시오.

$$PhH_2C-COCl + Li^+ (AlH_4^-) \xrightarrow{-Li^+/AlH_3} [\quad] \xrightarrow{-Cl^-} [\quad] + Li^+ (AlH_4^-)$$

2-Phenylacetyl chloride

$$\xrightarrow{-Li^+/AlH_3} [\quad] + H-OH \xrightarrow{-HO^-} [\quad]$$

방법 8.15 산 할로젠화물과 Grignard 시약의 반응 메커니즘 그리기

1단계 산 할로젠화물과 Grignard 시약이 첨가 반응하여 알콕사이드가 형성되도록 전자 이동을 그린다.

$$RC(=O)X + \overset{\delta^-\ \delta^+}{R'MgX} \xrightarrow{-\,MgX} R{-}C(O^-)(R'){-}X$$

2단계 산소 음이온 전자가 탄소로 이동하여 C=O 결합을 형성하고 X^- 이온이 이탈되도록 전자 이동을 그린다.

$$R{-}C(O^-)(R'){-}X \xrightarrow{-\,X^-} RC(=O)R'$$

케톤

3단계 생성된 케톤과 다른 Grignard 시약이 첨가 반응하여 3° 알코올의 알콕사이드가 형성되도록 전자 이동을 그린다.

$$RC(=O)R' + \overset{\delta^-\ \delta^+}{R'MgX} \xrightarrow{-\,MgX} R{-}C(O^-)(R'){-}R'$$

4단계 알콕사이드에 산(H^+) 처리하여 3° 알코올이 생성되도록 전자 이동을 표시한다.

$$R{-}C(O^-)(R'){-}R' + H^+ \longrightarrow R{-}C(OH)(R'){-}R'$$

3° 알코올

복습문제 8.14 산 할로젠화물과 Grignard 시약의 반응 메커니즘에 적합한 전자 이동을 그리시오.

$$RC(=O)X + \overset{\delta^-\ \delta^+}{R'MgX} \xrightarrow{-\,MgX} R{-}C(O^-)(R'){-}X \xrightarrow{-\,X^-} RC(=O)R' + \overset{\delta^-\ \delta^+}{R'MgX} \xrightarrow{-\,MgX} R{-}C(O^-)(R'){-}R' + H^+ \longrightarrow R{-}C(OH)(R'){-}R'$$

케톤　　3° 알코올

연습문제 8.10 다음 반응의 메커니즘을 완결하시오. 전자 이동을 표시하고, 생성물의 IUPAC 이름도 쓰시오.

$$H_3C{-}C(=O){-}Cl + \overset{\delta^-\ \delta^+}{CH_3MgCl} \xrightarrow{-\,MgCl} [\quad] \xrightarrow{-\,Cl^-} [\quad] + \overset{\delta^-\ \delta^+}{CH_3MgCl}$$

Acetyl chloride

$$\xrightarrow{-\,MgCl} [\quad] + H^+ \longrightarrow [\quad]$$

8.2.2 산 무수물의 반응 메커니즘

산 무수물은 두 개의 아실기(RCO−)가 산소와 결합된 화합물이다. 하나의 아실기에서 치환 반응이 일어나고 나머지 하나는 이탈기로 떨어져 나간다.

RCOO⁻는 Cl⁻보다 약간 더 센 염기여서 더 나쁜 이탈기이다. 따라서 산 무수물로 산 할로젠화물을 만들 수 없다.

방법 8.16 산 무수물의 가수분해 반응 메커니즘 그리기

1단계 산 무수물과 물 분자가 반응하여 사면체형 중간체를 형성하도록 전자 이동을 그린다.

$$RC(=O)-O-C(=O)R + H_2\ddot{O} \longrightarrow R-C(=O)-O-C(O^-)(R)-\overset{+}{O}H_2$$

2단계 중간체 산소 음이온의 전자가 수소로 이동하면서 다이올이 생성되도록 전자 이동을 그린다.

$$R-C(=O)-O-C(O^-)(R)-\overset{+}{O}H_2 \rightleftharpoons R-C(=O)-O-C(\ddot{O}H)(R)-OH$$

1,1-Dihydroxyalkyl carboxylate
다이올

3단계 다이올의 산소에 있는 비공유 전자쌍이 탄소로 이동하여 이중 결합이 생성되고, 카복실산 음이온이 이탈되도록 전자 이동을 그린다.

$$R-C(=O)-O-C(\ddot{O}H)(R)-OH \longrightarrow RC(=O)O^- + RC(=\overset{+}{O}H)OH$$

4단계 카복실산 음이온과 옥소늄 이온 양성자가 반응하여 두 개의 카복실산이 생성되도록 전자 이동을 그린다.

$$RC(=O)O^- + RC(=\overset{+}{O}-H)OH \longrightarrow RC(=O)OH + RC(=O)OH$$

복습문제 8.15 산 무수물의 가수분해 반응 메커니즘에 적합한 전자 이동을 그리시오.

$$RC(=O)OC(=O)R + H_2\ddot{O} \longrightarrow R-C(=O)-O-C(O^-)(R)-\overset{+}{O}H_2 \rightleftharpoons R-C(=O)-O-C(\ddot{O}H)(R)-OH \longrightarrow RC(=O)O^- + RC(=\overset{+}{O}H)OH$$

$$RC(=O)O^- + RC(=\overset{+}{O}-H)OH \longrightarrow RC(=O)OH + RC(=O)OH$$

연습문제 8.11 다음 반응의 메커니즘을 완결하시오. 전자 이동도 표시하시오.

$H_3C-C(=O)-O-C(=O)-CH_3 + H_2\ddot{O} \longrightarrow [\quad] \rightleftharpoons [\quad] \longrightarrow$

$[\quad] + H_3C-C(=O^+-H)-OH \longrightarrow [\quad + \quad]$

방법 8.17 산 무수물과 알코올의 치환 반응 메커니즘 그리기

1단계 산 무수물과 알코올이 첨가 반응하여 사면체형 중간체가 생성되도록 전자 이동을 표시한다.

$R-C(=O)-O-C(=O)-R + R'\ddot{O}H \longrightarrow R-C(=O)-O-C(O^-)(R)-O^+(H)R'$

2단계 중간체의 산소 음이온 전자가 옥소늄 이온 양성자와 반응하여 에스터가 생성되도록 전자 이동을 표시한다.

$R-C(=O)-O-C(O^-)(R)-O^+(H)R' \rightleftharpoons R-C(=O)-O-C(\ddot{O}H)(R)-OR'$

1-Hydroxy-1-alkoxyalkyl carboxylate

3단계 에스터의 OH기의 산소에 있는 비공유 전자쌍이 탄소로 이동하여 이중 결합을 형성하면서 카복실산 음이온이 이탈되도록 전자 이동을 그린다.

$R-C(=O)-O-C(\ddot{O}H)(R)-OR' \longrightarrow R-C(=O)-O^- + R-C(=O^+H)-OR'$

카복실산 음이온 　 에스터

4단계 옥소늄 이온의 양성자가 카복실산 음이온과 반응하여 에스터와 카복실산이 생성되도록 전자 이동을 그린다.

$R-C(=O)-O^- + R-C(=O^+-H)-OR' \longrightarrow R-C(=O)-OH + R-C(=O)-OR'$

카복실산 　 에스터

복습문제 8.16 산 무수물과 알코올의 반응 메커니즘에 적합한 전자 이동을 그리시오.

$$RC(=O)OC(=O)R + R'\ddot{O}H \longrightarrow R{-}C(=O){-}O{-}C(O^-)(R){-}\overset{+}{O}HR' \rightleftharpoons R{-}C(=O){-}O{-}C(\ddot{O}H)(R){-}OR' \longrightarrow RCO_2^- + RC(={}^+OH)OR'$$

$$RCO_2^- + RC(=\overset{+}{O}{-}H)OR' \longrightarrow RC(=O)OH + RC(=O)OR'$$

연습문제 8.12 다음 반응의 메커니즘을 완결하시오. 전자 이동도 표시하시오.

$$(C_6H_{11}CO)_2O + H\ddot{O}CH_3 \longrightarrow [\quad\quad] \rightleftharpoons C_6H_{11}C(=O){-}O{-}C(\ddot{O}H)(C_6H_{11}){-}OCH_3$$

$$\longrightarrow [\quad + \quad] \longrightarrow C_6H_{11}C(=O)OH + C_6H_{11}C(=O)OCH_3$$

방법 8.18 산 무수물과 아민의 반응 메커니즘 그리기

1단계 산 무수물과 아민이 첨가 반응하여 사면체형 중간체가 생성되도록 전자 이동을 표시한다.

$$RC(=O)OC(=O)R + R'\ddot{N}H_2 \longrightarrow R{-}C(=O){-}O{-}C(O^-)(R){-}\overset{+}{N}HR'(H)$$

(1, 2: 전자 이동 화살표)

2단계 사면체형 중간체의 산소 음이온이 질소에 있는 수소와 반응하여 아미노알코올(aminoalcohol)이 생성되도록 전자 이동을 그린다.

$$R{-}C(=O){-}O{-}C(O^-)(R){-}\overset{+}{N}HR'(H) \rightleftharpoons R{-}C(=O){-}O{-}C(\ddot{O}H)(R){-}NHR'$$

(3, 4: 전자 이동 화살표)

아미노알코올

3단계 아미노알코올의 산소에 있는 비공유 전자쌍이 탄소로 이동하여 이중 결합이 형성되면서 카복실산 음이온이 이탈되도록 전자 이동을 표시한다.

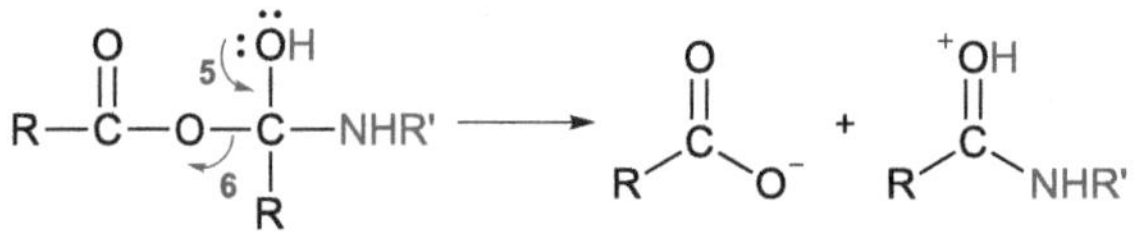

4단계 카복실산 음이온이 옥소늄 이온의 수소 원자를 제거하여 아마이드와 카복실산이 생성되도록 전자 이동을 그린다. 이 단계에서 생성된 카복실산은 다른 아민 분자와 반응하여 염(salt)으로 침전된다. 따라서 아민이 2당량 필요하다.

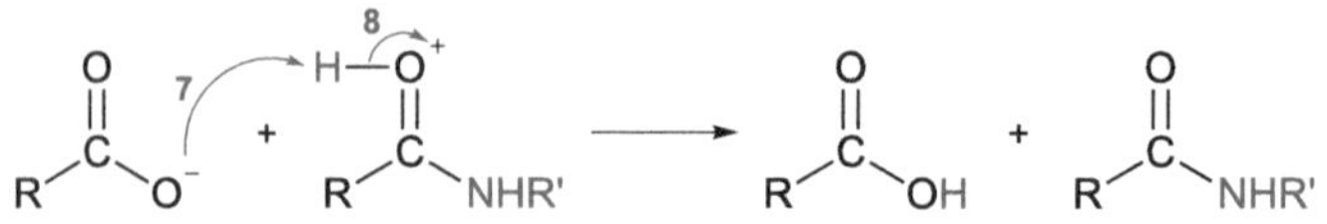

카복실산 아마이드

복습문제 8.17 산 무수물과 아민의 반응 메커니즘에 적합한 전자 이동을 그리시오.

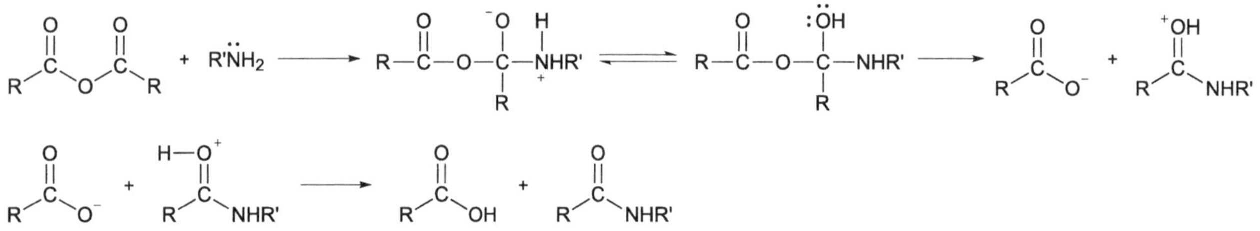

연습문제 8.13 다음 반응 메커니즘을 완결하시오. 전자 이동을 표시하고, 생성물의 IUPAC 이름도 쓰시오.

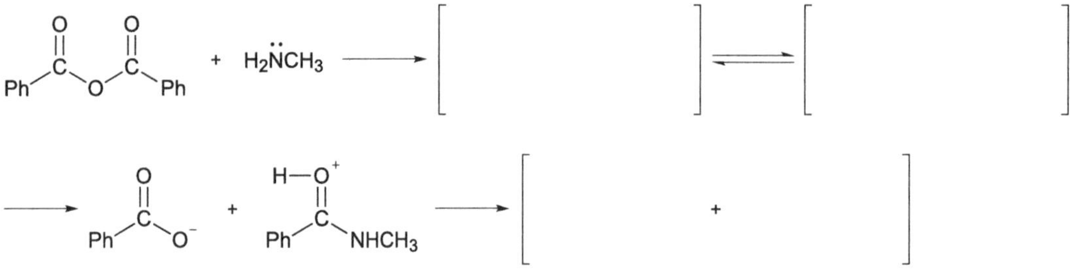

방법 8.19 산 무수물의 환원 반응 메커니즘 그리기

1단계 산 무수물과 환원제가 첨가 반응하여 알콕사이드가 생성되도록 전자 이동을 표시한다.

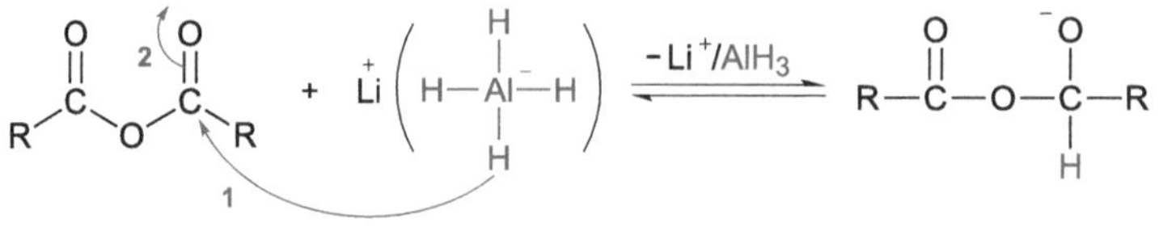

2단계 알콕사이드의 산소 음이온 전자가 탄소로 이동하여 이중 결합을 형성하고, 카복실산 음이온이 이탈되어 알데하이드와 카복실산 음이온이 생성되도록 전자 이동을 그린다.

알데하이드

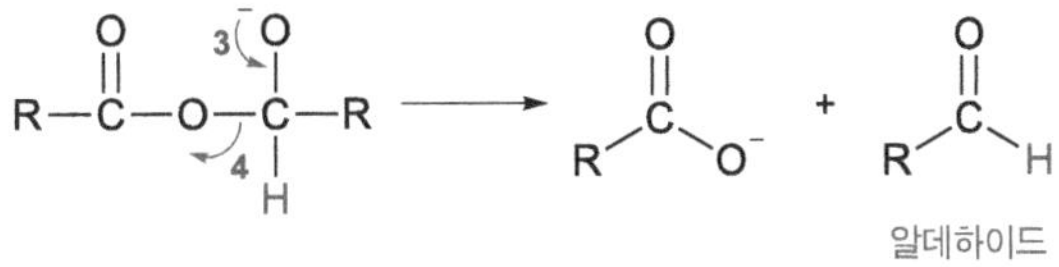

3단계 생성된 카복실산 음이온은 카복실산으로 전환된다.

⇒ 생성된 카복실산과 알데하이드는 각각 더 환원되어 상응하는 알코올로 환원된다.

⇒ 환원제로 $LiAl(OR)_3H$ 같이 수소가 하나뿐인 시약을 사용하면 알데하이드를 얻을 수 있다.

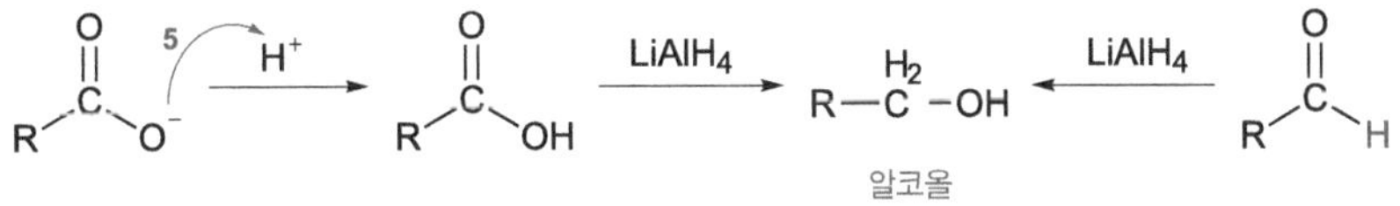

알코올

복습문제 8.18 제시된 산 무수물의 환원 반응에 적합한 전자 이동을 그리시오.

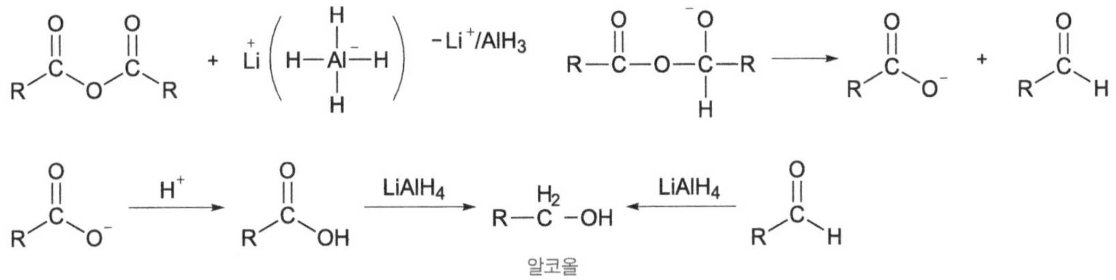

알코올

방법 8.20 산 무수물과 Grignard 시약(RMgX)의 반응 메커니즘 그리기

1단계 산 무수물과 Grignard 시약이 반응하여 알콕사이드를 생성하도록 전자 이동을 그린다.

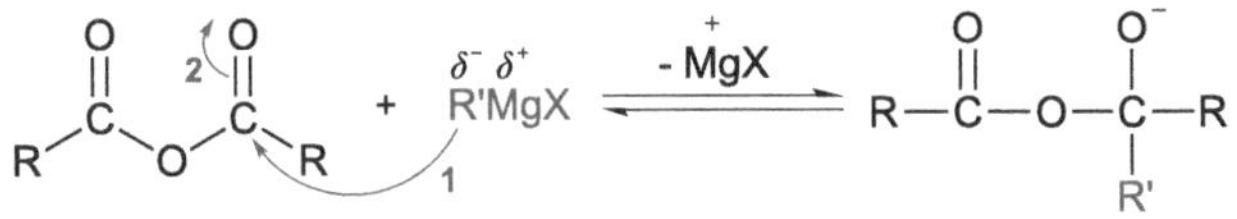

2단계 산소 음이온 전자가 탄소로 이동하여 C=O 결합을 형성하면서 카복실산 음이온이 이탈되도록 전자 이동을 그린다. 카복실산 음이온은 산 처리하면 산으로 변환된다. 생성된 케톤은 Grignard 시약과 더 반응하여 3° 알코올로 변환된다.

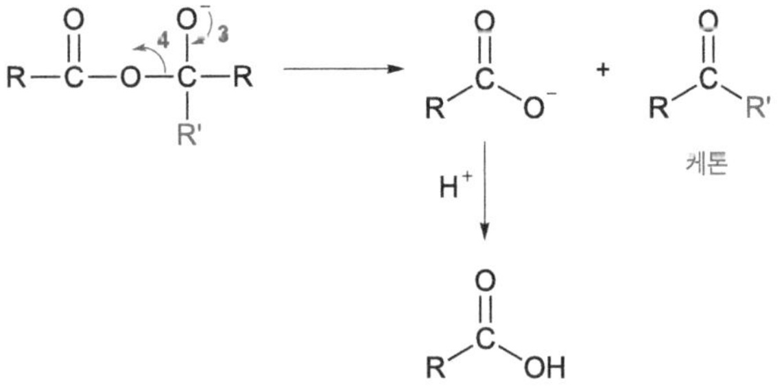

케톤

복습문제 8.19 제시된 산 무수물과 Grignard 시약 반응 메커니즘에 적합한 전자 이동을 그리시오.

케톤

연습문제 8.14 다음 반응 메커니즘을 완결하시오. 전자 이동을 표시하고, 생성물의 IUPAC 이름도 쓰시오.

8.2.3 에스터 반응 메커니즘

에스터는 비교적 안정하여 자연에 흔하지만, 휘발성이 있다. 에스터로부터 카복실산, 아마이드, 알코올 및 알데하이드 등을 합성할 수 있다. 에스터의 아실 치환 반응은 산– 및 염기–촉매에 의해 촉진된다. 또한, 에스터는 알코올 교환 반응으로 또 다른 에스터로 변환시킬 수 있다. 이 반응을 에스터 교환 반응(transesterification)이라고 한다.

방법 8.21 에스터의 산–촉매 가수분해 반응 메커니즘 그리기

1단계 에스터와 산–촉매가 양성자 첨가 반응을 일으켜 옥소늄 이온이 생성되도록 전자 이동을 표시한다.

2단계 옥소늄 이온과 물 분자가 첨가 반응을 하도록 전자 이동을 그린다.

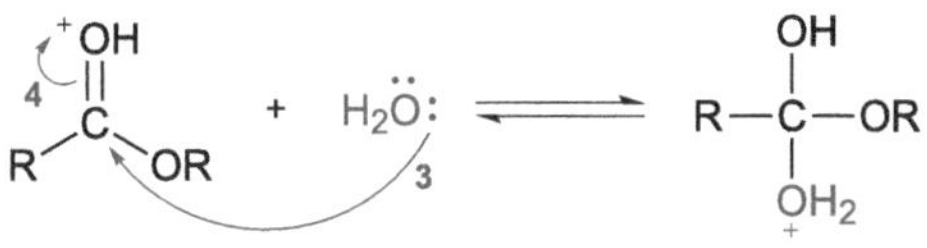

3단계 첨가 생성물의 산소 양이온에 있는 H가 RO−의 산소로 이동하도록 전자 이동을 표시한다.

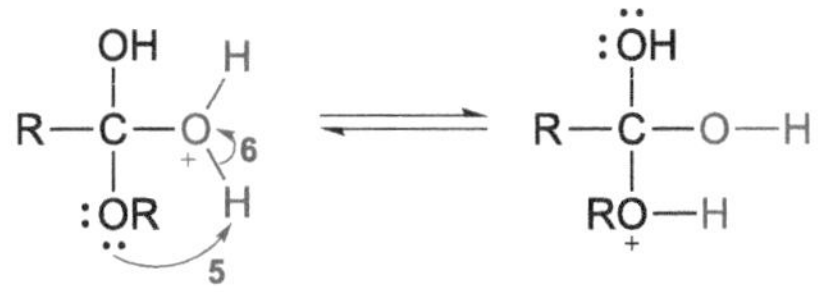

4단계 OH기의 비공유 전자쌍이 탄소 쪽으로 이동하여 이중 결합을 형성하고, 알코올이 이탈되도록 전자 이동을 표시한다.

−ROH

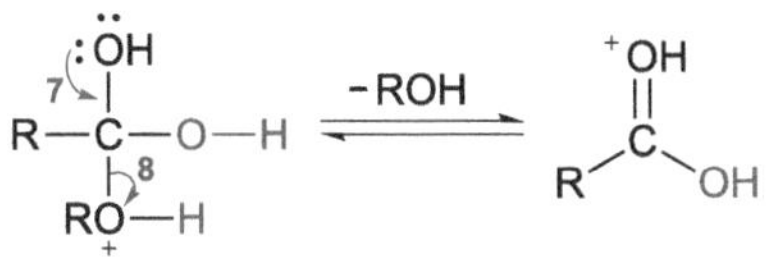

5단계 옥소늄 이온에 염기를 처리하여 카복실산이 생성되도록 전자 이동을 표시한다.

−HA

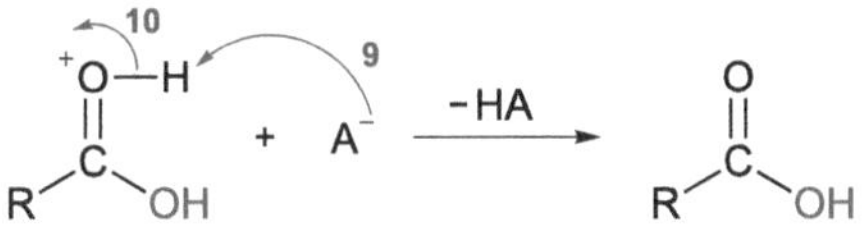

카복실산

복습문제 8.20 에스터의 산−촉매 가수분해 반응 메커니즘에 적합한 전자 이동을 그리시오.

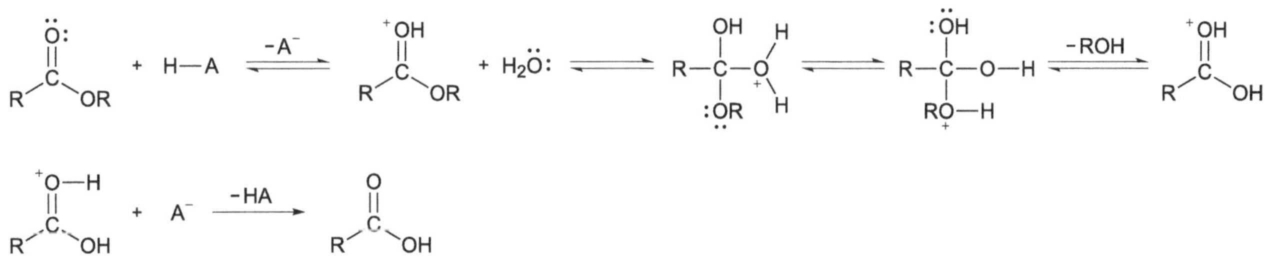

−A⁻ −ROH −HA

방법 8.22 에스터의 염기−촉매 가수분해 반응 메커니즘 그리기

1단계 에스터와 HO^- 이온이 첨가 반응하여 사면체형 알콕사이드가 생성되도록 전자 이동을 표시한다.

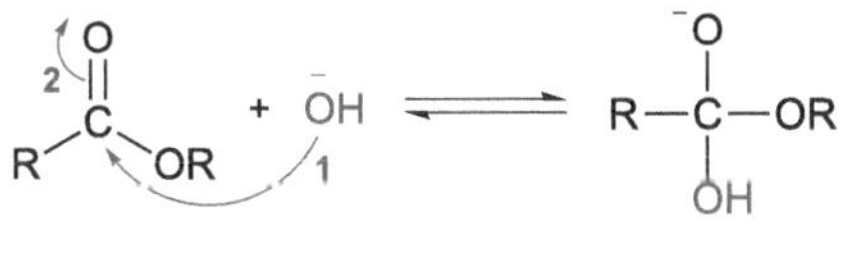

2단계 알콕사이드 산소 음이온 전자가 탄소로 이동하여 이중 결합을 형성하고 RO^-가 이탈되도록 전자 이동을 표시한다. 생성된 카복실산과 알콕사이드가 알코올과 카복실산 음이온으로 전환된다.

$$R-C(O^-)(OH)-OR \rightleftharpoons RC(=O)OH + {}^-OR \rightleftharpoons RC(=O)O^- + HOR$$

복습문제 8.21 에스터의 염기-촉매 가수분해 반응 메커니즘에 적합한 전자 이동을 그리시오.

$$RC(=O)OR + {}^-OH \rightleftharpoons R-C(O^-)(OH)-OR \rightleftharpoons RC(=O)OH + {}^-OR \rightleftharpoons RC(=O)O^- + HOR$$

연습문제 8.15 다음 반응 메커니즘을 완결하시오. 전자 이동을 표시하고, 생성물의 IUPAC 이름도 쓰시오.

(a) $PhH_2C-C(=O)OEt$ + H—Cl $\xrightarrow{-Cl^-}$ [ ] + $H_2\ddot{O}$: ⇌ [ ] ⇌

Ethyl 2-phenylacetate

[ ] $\xrightarrow{-EtOH}$ $PhH_2C-C(=O^+H)OH$ + Cl^- $\xrightarrow{-HCl}$ [ ]

(b) Methyl 2-Cyclohexylacetate + ^-OH ⇌ [ ] ⇌ [ ] + ^-OMe ⇌

Methyl 2-Cyclohexylacetate

[ ] + HOMe

방법 8.23 에스터와 아민의 반응 메커니즘 그리기

1단계 에스터와 아민이 첨가 반응을 하여 사면체형 중간체가 만들어지도록 전자 이동을 그린다.

$$RC(=O)OR + R'\ddot{N}H_2 \rightleftharpoons R-C(O^-)(OR)-N^+R'H-H$$

2단계 질소에 있는 양성자가 이동하여 alkoxyaminoalcohol이 생성되도록 전자 이동을 표시한다.

Alkoxyaminoalcohol

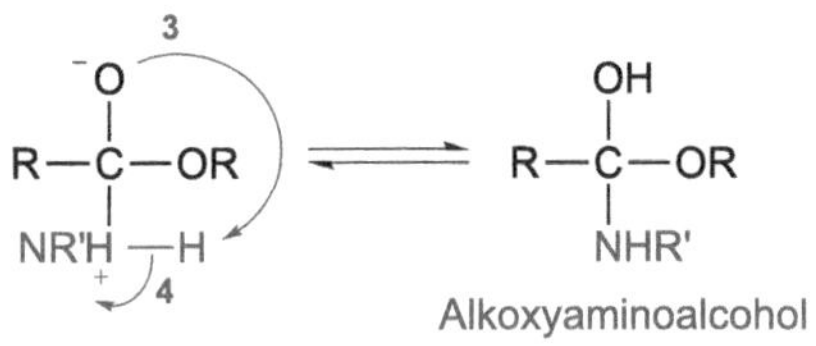

3단계 OH기 산소의 비공유 전자쌍이 탄소 쪽으로 이동하여 이중 결합을 형성하고 알콕사이드 이온이 이탈되도록 전자 이동을 표시한다.

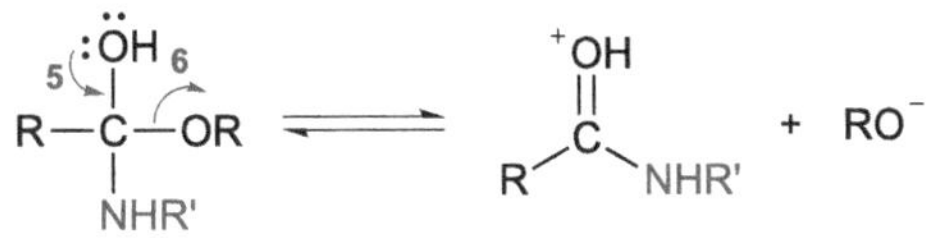

4단계 옥소늄 이온의 수소가 RO^-로 이동하여 아마이드와 알코올이 생성되도록 전자 이동을 표시한다.

복습문제 8.22 에스터와 아민의 반응 메커니즘에 적합한 전자 이동을 그리시오.

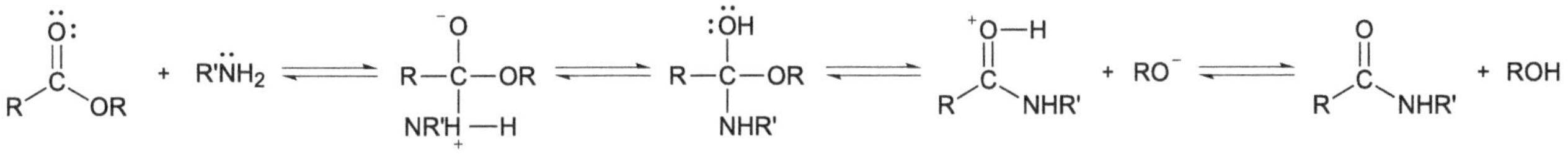

연습문제 8.16 다음 반응 메커니즘을 완결하시오. 전자 이동을 표시하고, 생성물의 IUPAC 이름도 쓰시오.

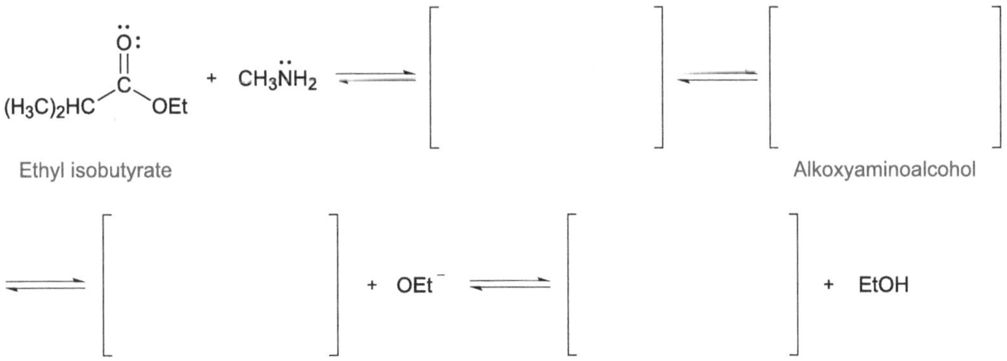

Ethyl isobutyrate

Alkoxyaminoalcohol

방법 8.24 에스터와 Grignard 시약의 반응 메커니즘 그리기

1단계 에스터와 Grignard 시약이 반응하여 알콕사이드가 생성되도록 전자 이동을 표시한다.

$$R-C(=\ddot{O}:)-OR + \overset{\delta^-}{R'}-\overset{\delta^+}{Mg}-X \xrightarrow{-\overset{+}{Mg}X} R-C(O^-)(R')-OR$$

2단계 알콕사이드 산소 음이온 전자가 탄소로 이동하여 이중 결합을 형성하면서 RO^-가 이탈되어 케톤이 생성되도록 전자 이동을 그린다.

$$R-C(O^-)(R')-OR \xrightarrow{-RO^-} R-C(=O)-R'$$

케톤

3단계 생성된 케톤과 다른 Grignard 시약이 첨가 반응하여 알콕사이드가 생성되도록 전자 이동을 그린다.

$$R-C(=O)-R' + \overset{\delta^-}{R'}-\overset{\delta^+}{Mg}-X \xrightarrow{-\overset{+}{Mg}X} R-C(O^-)(R')-R'$$

4단계 알콕사이드에 산을 처리하여 3° 알코올이 생성되도록 전자 이동을 표시한다.

$$R-C(O^-)(R')-R' + H^+ \longrightarrow R-C(OH)(R')-R'$$

3° 알코올

복습문제 8.23 에스터와 Grignard 시약의 반응 메커니즘에 적합한 전자 이동을 그리시오.

$$R-C(=\ddot{O}:)-OR + \overset{\delta^-}{R'}-\overset{\delta^+}{Mg}-X \xrightarrow{-\overset{+}{Mg}X} R-C(O^-)(R')-OR \xrightarrow{-RO^-} R-C(=O)-R' + \overset{\delta^-}{R'}-\overset{\delta^+}{Mg}-X$$

$$\xrightarrow{-\overset{+}{Mg}X} R-C(O^-)(R')-R' + H^+ \longrightarrow R-C(OH)(R')-R'$$

연습문제 8.17 다음 반응 메커니즘을 완결하시오. 전자 이동을 표시하고, 생성물의 IUPAC 이름도 쓰시오.

$$C_6H_5-C(=\ddot{O}:)-OEt + \overset{\delta^-}{CH_3}-\overset{\delta^+}{Mg}-X \xrightarrow{-\overset{+}{Mg}X} [\quad\quad] \xrightarrow{-EtO^-} [\quad\quad] + \overset{\delta^-}{CH_3}-\overset{\delta^+}{Mg}-X$$

$$\xrightarrow{-\overset{+}{Mg}X} C_6H_5-C(O^-)(CH_3)-CH_3 + H^+ \longrightarrow [\quad\quad]$$

방법 8.25 에스터의 환원 반응 메커니즘 그리기

1단계 에스터와 환원제가 첨가 반응하여 알콕사이드가 생성되도록 전자 이동을 표시한다.

$$RC(=O)OR + Li^+ [AlH_4]^- \xrightarrow[-Li^+/AlH_3]{} R-CH(O^-)-OR$$

2단계 알콕사이드의 산소 음이온 전자가 탄소로 이동하여 이중 결합을 형성하고, RO^- 음이온이 이탈되어 알데하이드가 생성되도록 전자 이동을 그린다.

⇒ $LiAlH_4$ 대신 수소가 하나뿐인 환원제(예, DIBAL−H)를 사용하면 알데하이드 생성 단계에서 멈출 수 있다.

$$R-CH(O^-)-OR \xrightarrow{-RO^-} RC(=O)H$$

알데하이드

3단계 생성된 알데하이드와 환원제가 더 반응하여 다시 알콕사이드가 형성되도록 전자 이동을 그린다.

$$RC(=O)H + Li^+ [AlH_4]^- \xrightarrow[-Li^+/AlH_3]{} R-CH_2-O^-$$

4단계 알콕사이드와 물이 반응하여 알코올이 생성되도록 전자 이동을 그린다.

$$R-CH_2-O^- + H-OH \xrightarrow{-HO^-} R-CH_2-OH$$

알코올

복습문제 8.24 에스터의 환원 반응에 적합한 전자 이동을 그리시오.

$$RC(=O)OR + Li^+ [AlH_4]^- \xrightarrow[-Li^+/AlH_3]{} R-CH(O^-)-OR \xrightarrow{-RO^-} RC(=O)H + Li^+ [AlH_4]^- \xrightarrow[-Li^+/AlH_3]{} R-CH_2-O^-$$

$$R-CH_2-O^- + H-OH \xrightarrow{-HO^-} R-CH_2-OH$$

연습문제 8.18 다음 반응 메커니즘을 완결하시오. 전자 이동을 표시하고, 생성물의 IUPAC 이름도 쓰시오.

$H_3CH_2C(=O)OCH_3$ + $Li^+ (H-AlH_3^-)$ $\xrightarrow{-Li^+/AlH_3}$ [ ] $\xrightarrow{-CH_3O^-}$ [ ] + $Li^+ (H-AlH_3^-)$

$\xrightarrow{-Li^+/AlH_3}$ [ ] + H—OH $\xrightarrow{-HO^-}$ [ ]

방법 8.26 산-촉매 에스터 교환 반응 메커니즘 그리기

1단계 에스터와 산-촉매가 양성자 첨가 반응을 일으켜 옥소늄 이온이 생성되도록 전자 이동을 표시한다.

$RC(=O)OR$ + H—A $\underset{}{\overset{-A^-}{\rightleftharpoons}}$ $RC(=O^+H)OR$

2단계 옥소늄 이온과 알코올 분자가 첨가 반응을 하도록 전자 이동을 그린다.

$RC(=O^+H)OR$ + R'ÖH $\rightleftharpoons$ $R-C(OH)(OR)-O^+HR'$

3단계 첨가 생성물의 양이온 산소에 있는 H가 RO^-기의 산소로 이동하도록 전자 이동을 표시한다.

$R-C(OH)(OR)-O^+HR'$ $\rightleftharpoons$ $R-C(OH)(OR')-O^+HR$

4단계 OH기의 비공유 전자쌍이 탄소 쪽으로 이동하여 이중 결합을 형성하고, 알코올이 이탈되도록 전자 이동을 표시한다.

$R-C(OH)(OR')-O^+HR$ $\overset{-ROH}{\rightleftharpoons}$ $RC(=O^+H)OR'$

5단계 염기 처리하여 다른 에스터가 생성되도록 전자 이동을 표시한다.

$RC(=O^+H)OR'$ + A^- $\xrightarrow{-HA}$ $RC(=O)OR'$

에스터

복습문제 8.25 산–촉매 에스터 교환 반응에 적합한 전자 이동을 그리시오.

R–C(=O:)–OR + H—A ⇌(−A⁻) R–C(=O^+H)–OR + R'ÖH ⇌ R—C(OH)(R'O^+—H)—ÖR ⇌ R—C(:ÖH)(OR')—$\overset{+}{O}$HR ⇌(−ROH) R–C(=O^+H)–OR'

R–C(=O^+—H)–OR' + A^- →(−HA) R–C(=O)–OR'

방법 8.27 염기–촉매 에스터 교환 반응 메커니즘 그리기

1단계 에스터와 알콕사이드(−OR') 이온이 첨가 반응하여 사면체형 알콕사이드가 생성되도록 전자 이동을 표시한다. 알콕사이드 시약은 시판되는 시약을 사용하거나, 반응 용기에서 직접 제조하여 사용한다.

R–C(=O)–OR + $^-$OR' ⇌ R—C(O^-)(OR')—OR (화살표 1, 2)

2단계 알콕사이드 산소 음이온 전자가 탄소로 이동하여 이중 결합을 형성하고 다른 에스터가 생성되도록 전자 이동을 표시한다. 이 과정에서 알콕사이드의 교환이 일어난다.

R—C(O^-)(OR')—OR ⇌(−RO^-) R–C(=O)–OR' (화살표 3, 4)

에스터

복습문제 8.26 염기–촉매 에스터 교환 반응 메커니즘에 적합한 전자 이동을 그리시오.

R–C(=O)–OR + $^-$OR' ⇌ R—C(O^-)(OR')—OR ⇌(−RO) R–C(=O)–OR'

연습문제 8.19 다음 반응 메커니즘을 완결하시오. 전자 이동을 표시하고, 생성물의 IUPAC 이름도 쓰시오.

(a) $(Ph)_2HC$–C(=Ö:)–OEt + H—Cl ⇌(−Cl^-) [ ] + $CH_3\ddot{O}H$ ⇌ [ ]

Ethyl 2,2-diphenylacetate

⇌ [ ] ⇌(−EtOH) [ ] + Cl^- →(−HCl) $(Ph)_2HC$–C(=O)–OCH_3

(b) $H_3CH_2C(=O)OEt$ + ^-OPh ⇌ [ ] $\xrightarrow{-EtO^-}$ [ ]

Ethyl propionate

8.2.4 아마이드의 반응 메커니즘

아마이드(amide, $RCONR_2$)는 카복실산 유도체 중에서 가장 반응성이 낮은 화학종이다. 반응성이 낮기 때문에 격렬한 반응 조건하에서 산이나 염기에 의해 가수분해되어 카복실산이나 카복실산염을 형성한다. 아울러 아마이드는 환원에 의해 상응하는 아민을 생성한다. Hofmann 자리 옮김 반응으로는 반응물의 탄소 수보다 하나 더 적은 탄소 수의 아민을 만들 수 있다. 아마이드를 $SOCl_2$로 처리하면 나이트릴(nitrile, RC≡N)을 만들 수 있다.

방법 8.28 아마이드의 산-촉매 가수분해 반응 메커니즘 그리기

1단계 아마이드와 산-촉매가 반응하여 옥소늄 이온을 생성하도록 전자 이동을 그린다.

$RC(=O)NR_2 + H{-}A \xrightleftharpoons{-A^-} RC(={}^+OH)NR_2$

2단계 옥소늄 이온과 물이 첨가 반응하여 사면체형 중간체가 만들어지도록 전자 이동을 표시한다.

$RC(={}^+OH)NR_2 + H_2\ddot{O}: \rightleftharpoons R{-}C(OH)(OH_2^+){-}NR_2$

3단계 옥소늄 이온의 양성자가 염기(A^-)에 의해 제거되어 다이올이 생성되도록 전자 이동을 그린다.

$R{-}C(OH)(HO^+{-}H){-}NR_2 + A^- \xrightleftharpoons{-HA^-} R{-}C(OH)(OH){-}NR_2$

다이올

4단계 다이올 산소의 비공유 전자쌍이 탄소로 이동하여 이중 결합을 형성하고, R_2N^- 음이온이 이탈되도록 전자 이동을 표시한다.

$R{-}C(OH)(OH){-}NR_2 \rightleftharpoons RC(={}^+OH)OH + R_2N^-$

5단계: 옥소늄 이온의 양성자가 질소 음이온에 의해 제거되어 카복실산과 아민이 생성되도록 전자 이동을 그린다.

$RC(={}^+O{-}H)OH + R_2N^- \rightleftharpoons RC(=O)OH + R_2NH$

카복실산

복습문제 8.27 아마이드의 산–촉매 가수분해 반응 메커니즘에 적합한 전자 이동을 그리시오.

$$\text{RC(=O)NR}_2 + \text{H–A} \underset{-A^-}{\rightleftharpoons} \text{RC(=}\overset{+}{\text{O}}\text{H)NR}_2 + H_2\ddot{O}: \rightleftharpoons \text{R–C(OH)(NR}_2\text{)–}\overset{+}{\text{O}}\text{H}_2 + A^- \underset{-HA^-}{\rightleftharpoons} \text{R–C(OH)(OH)–NHR}_2$$

$$\rightleftharpoons \text{RC(=}\overset{+}{\text{O}}\text{–H)OH} + R_2N^- \rightleftharpoons \text{RC(=O)OH} + R_2NH$$

방법 8.29 아마이드의 염기–촉매 가수분해 메커니즘 그리기

1단계 아마이드와 염기가 첨가 반응하여 사면체형 중간체 이온이 생성되도록 전자 이동을 표시한다.

$$\text{RC(=O)NR}_2 + {}^-\text{OH} \rightleftharpoons \text{R–C(}{}^-\text{O)(OH)–NR}_2$$

2단계 알콕사이드 산소 음이온 전자가 탄소로 이동하여 이중 결합을 형성하고 R_2N^-가 이탈되도록 전자 이동을 표시한다. 생성된 카복실산과 알콕사이드가 알코올과 카복실산 음이온으로 전환된다.

$$\text{R–C(}{}^-\text{O)(OH)–NR}_2 \rightleftharpoons \text{RC(=O)O–H} + {}^-\text{NR}_2 \rightleftharpoons \text{RC(=O)O}^- + \text{HNR}_2$$

복습문제 8.28 아마이드의 염기–촉매 가수분해 반응 메커니즘에 적합한 전자 이동을 그리시오.

$$\text{RC(=O)NR}_2 + {}^-\text{OH} \rightleftharpoons \text{R–C(}{}^-\text{O)(OH)–NR}_2 \rightleftharpoons \text{RC(=O)O–H} + {}^-\text{NR}_2 \rightleftharpoons \text{RC(=O)O}^- + \text{HNR}_2$$

연습문제 8.20 다음 반응 메커니즘을 완결하시오. 전자 이동을 표시하고, 생성물의 IUPAC 이름도 쓰시오.

$$\text{PhH}_2\text{C–C(=O)NH}_2 + {}^-\text{OH} \rightleftharpoons [\quad] \rightleftharpoons [\quad] + {}^-\text{NH}_2 \rightleftharpoons [\quad] + \text{NH}_3$$

2-Phenylacetamide

방법 8.30 아마이드의 환원 반응 메커니즘 그리기

1단계 아마이드와 환원제가 첨가 반응하여 사면체형 중간체가 생성되도록 전자 이동을 표시한다.

$$RC(=O)NR_2 + Li^+ (AlH_4^-) \xrightarrow{-Li^+} R-CH(O^--AlH_3)-NR_2$$

2단계 중간체의 질소 비공유 전자쌍이 탄소로 이동하여 이중 결합을 형성하고, AlH_3O^- 이온이 이탈되어 이미늄 이온이 생성되도록 전자 이동을 그린다.

$$R-CH(O^--AlH_3)-NR_2 \xrightarrow{-AlH_3O^-} RCH=N^+R_2$$

이미늄 이온

3단계 생성된 이미늄 이온과 환원제가 더 반응하여, 다시 아민이 형성되도록 전자 이동을 그린다.

$$RCH=N^+R_2 + Li^+ (AlH_4^-) \xrightarrow{-Li^+/AlH_3} R-CH_2-NR_2$$

아민

복습문제 8.29 아마이드의 환원 반응에 적합한 전자 이동을 그리시오.

$$RC(=O)NR_2 + Li^+(AlH_4^-) \xrightarrow{-Li^+} R-CH(O^-AlH_3)-\ddot{N}R_2 \xrightarrow{-AlH_3O^-} RCH=N^+R_2 + Li^+(AlH_4^-) \xrightarrow{-Li^+/AlH_3} R-CH_2-NR_2$$

방법 8.31 아마이드의 Hofmann 자리 옮김에 의한 아민 합성 반응 메커니즘 그리기

1단계 아마이드와 HO^-가 반응하여 amidate 이온이 생성되도록 전자 이동을 표시한다.

$$RC(=O)NH_2 + {}^-OH \underset{}{\overset{-H_2O}{\rightleftharpoons}} RC(=O)N^-H$$

Amidate

2단계 Amidate 이온과 할로젠(X_2)이 반응하여 *N*-할로젠 치환 물질이 생성되도록 전자 이동을 그린다.

$$RC(=O)N^-H + :\ddot{X}-\ddot{X}: \xrightarrow{-X^-} RC(=O)N(H)X$$

3단계 N–할로젠 중간체가 염기와 반응하여 N–haloamidate가 형성되도록 전자 이동을 그린다.

N-Haloamidate

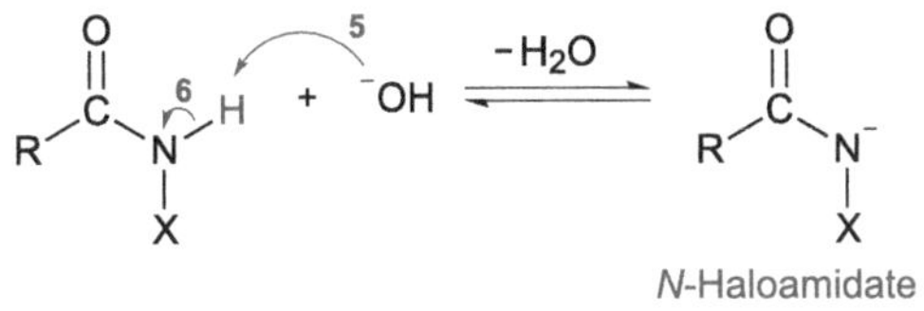

4단계 N–Haloamidate가 자리 옮김 반응을 하여 아이소사이아네이트(isocyanate)가 생성되도록 전자 이동을 표시한다.

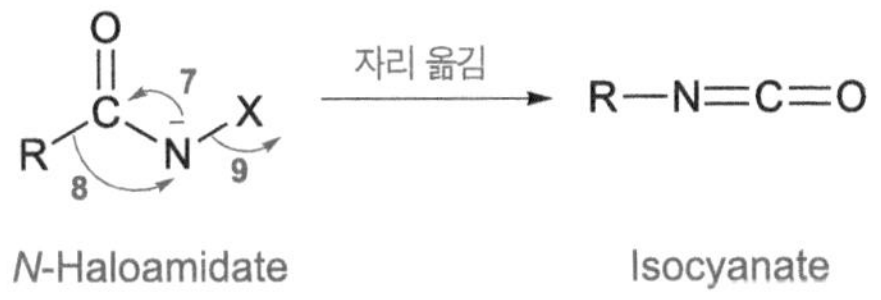

자리 옮김

N-Haloamidate Isocyanate

5단계 아이소사이아네이트에 물 분자가 첨가 반응하여 carbamic acid가 생성되도록 전자 이동을 그린다.

Carbamic acid

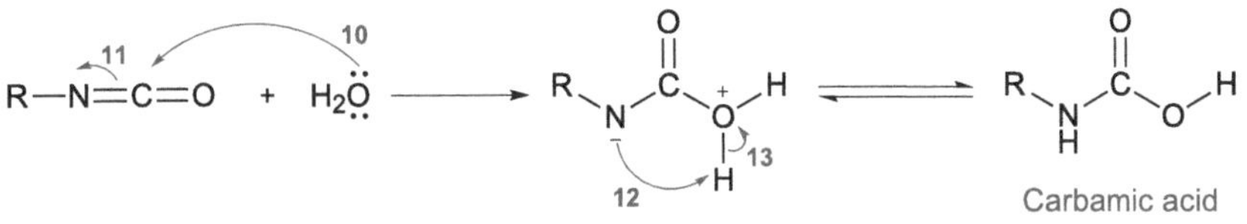

6단계 아이소사이아네이트에 물 분자가 첨가 반응하여 carbamic acid가 생성되도록 전자 이동을 그린다.

RNH_2 + CO_2

아민

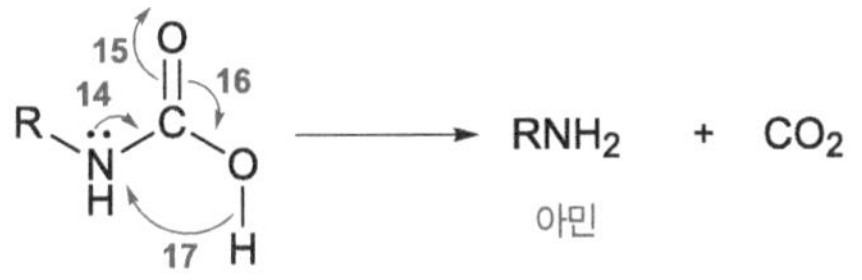

복습문제 8.30 아마이드의 Hofmann 자리 옮김 반응 메커니즘에 적합한 전자 이동을 그리시오.

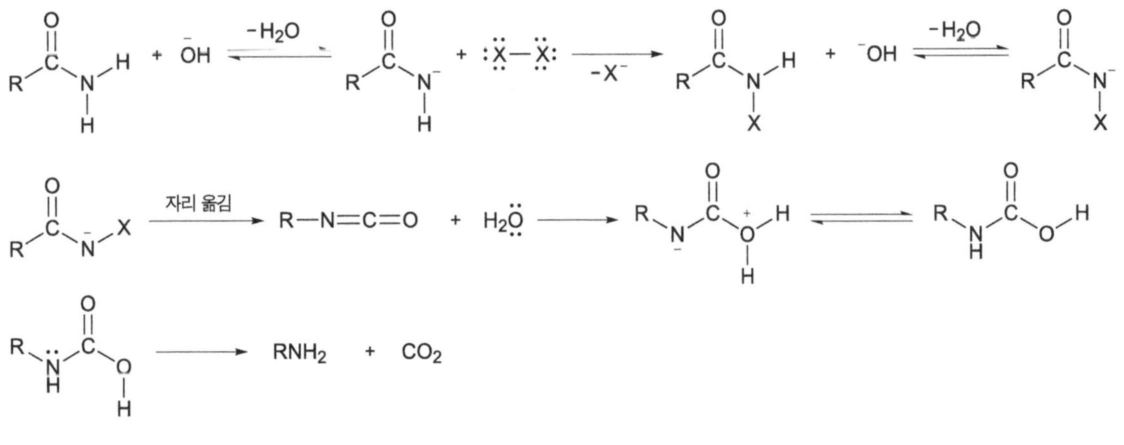

자리 옮김

RNH_2 + CO_2

연습문제 8.21 다음 반응 메커니즘을 완결하시오. 전자 이동을 표시하고, 생성물의 IUPAC 이름도 쓰시오.

(a) Acetamide + $Li^+ (AlH_4^-)$ $\xrightarrow{-Li^+}$ [ ] $\xrightarrow{-AlH_3O^-}$ [ ] + $Li^+ (AlH_4^-)$ $\xrightarrow{-Li^+/AlH_3}$ [ ]

(b) 2-Phenylacetamide + ^-OH $\underset{}{\overset{-H_2O}{\rightleftharpoons}}$ [ ] + :Cl—Cl: $\xrightarrow{-Cl^-}$ [ ] + ^-OH $\overset{-H_2O}{\rightleftharpoons}$

$PhH_2C-C(=O)-N^--Cl$ $\xrightarrow{\text{자리 옮김}}$ [ ] + $H_2\ddot{O}$ ⟶ [ ] ⟶

[ ] $\xrightarrow{-CO_2}$ [ ]

방법 8.31 $SOCl_2$를 이용한 아마이드의 탈수 반응 메커니즘 그리기

1단계 아마이드와 $SOCl_2$가 반응하여 이미늄형 중간체가 형성되도록 전자 이동을 표시한다.

2단계 중간체의 산소 음이온 전자가 황 쪽으로 이동해서 이중 결합을 형성하고, 염소 음이온이 이탈되도록 전자 이동을 그린다.

3단계 염기가 양전하를 띤 질소의 수소와 반응하여 이민이 형성되도록 전자 이동을 표시한다.

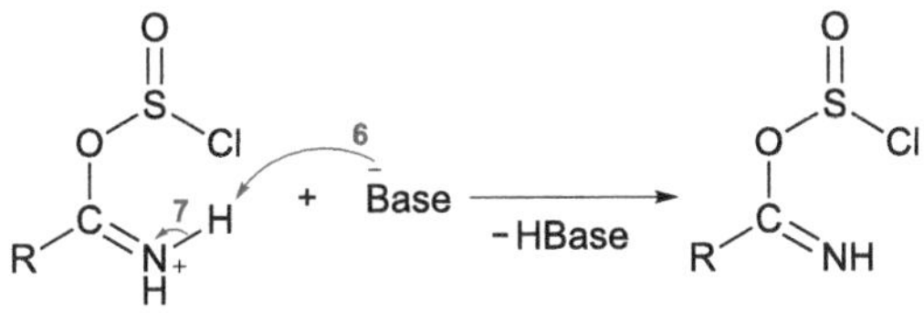

4단계 생성된 이민 중간체와 염기가 한 번 더 반응하여 SO_2와 Cl^-가 이탈되고 나이트릴 생성물이 생성되도록 전자 이동을 그린다.

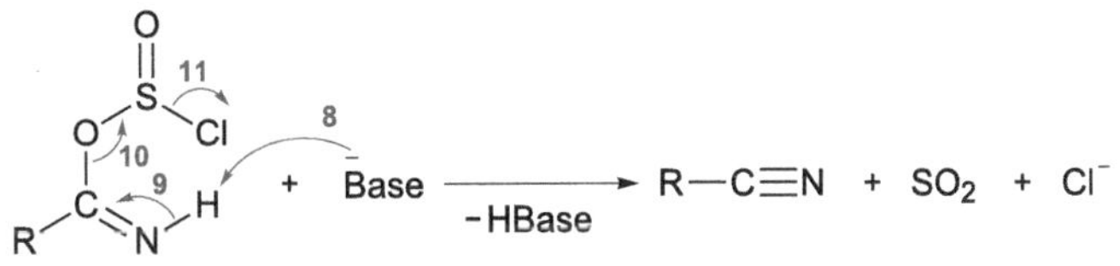

R—C≡N + SO_2 + Cl^-

복습문제 8.31 $SOCl_2$를 이용한 아마이드의 탈수 반응 메커니즘에 적합한 전자 이동을 그리시오.

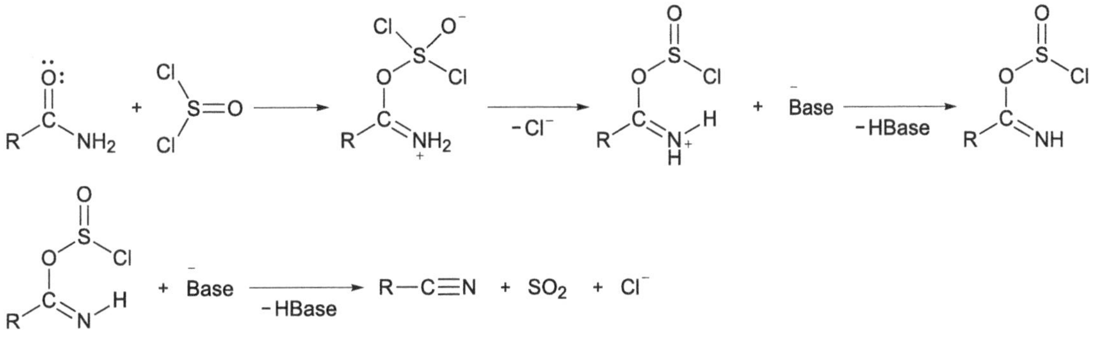

연습문제 8.22 다음 반응 메커니즘을 완결하시오. 전자 이동을 표시하고, 생성물의 IUPAC 이름도 쓰시오.

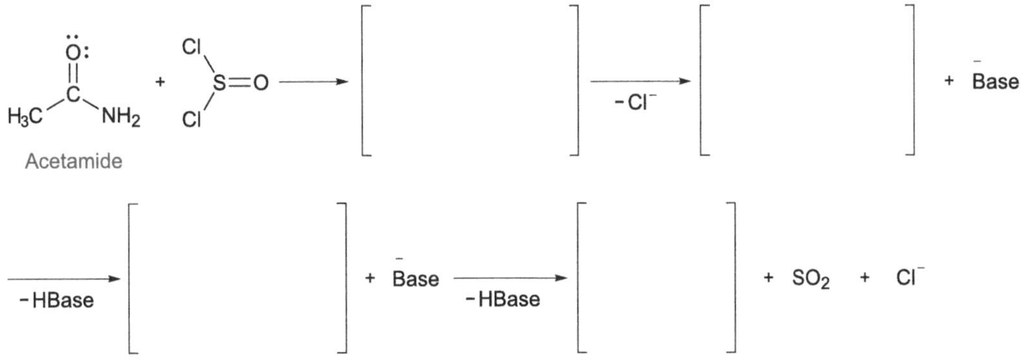

Acetamide

8.2.5 나이트릴의 반응 메커니즘

나이트릴(nitrile, RC≡N)은 카보닐기를 가지지 않은 카복실산 유도체이다. 나이트릴은 이탈기가 없는 유도체여서 친핵성 아실 치환 반응을 하지 않는다. 그러나 사이아노기(C≡N)의 탄소 원자가 친전자성이므로 친핵체와 친핵성 첨가 반응을 한다. 나이트릴은 물, 수소화물, 유기금속 시약 등의 친핵체와 반응하여 카복실산, 아민, 알데하이드 또는 케톤을 형성한다.

방법 8.33 나이트릴의 산-촉매 가수분해 반응 메커니즘 그리기

1단계 나이트릴과 산이 반응하여 alkylidyneammonium 이온이 형성되도록 전자 이동을 그린다. Alkylidyneammonium 이온은 두 개의 공명 구조가 가능하다.

$$R-C\equiv N + H-A \xrightarrow{-A^-} \left[R-C\equiv \overset{+}{N}H \longleftrightarrow R-\overset{+}{C}=NH\right]$$

Alkylidyneammonium 이온

2단계 암모늄 이온의 탄소 원자에 물 분자가 첨가 반응하도록 전자 이동을 그린다.

$$\left[R-C\equiv \overset{+}{N}H \longleftrightarrow R-\overset{+}{C}=NH\right] + H_2O \rightleftharpoons R-C(\overset{+}{O}H_2)=NH$$

3단계 옥소늄 이온의 수소가 질소 원자로 이동하여 이미늄 이온이 생성되도록 전자 이동을 그린다.

⇒ 이미늄 이온은 두 개의 공명 구조가 가능하다.

⇒ 적당한 염기를 처리하여 이 단계에서 아마이드를 얻을 수도 있다.

$$R-C(\overset{+}{O}H_2)=NH \rightleftharpoons \left[R-C(OH)=\overset{+}{N}H_2 \longleftrightarrow R-C(=\overset{+}{O}H)-NH_2\right]$$

4단계 이미늄 이온에 물 분자가 첨가 반응하도록 전자 이동을 그린다.

$$\left[R-C(OH)=\overset{+}{N}H_2 \longleftrightarrow R-C(=\overset{+}{O}H)-NH_2\right] + H_2O \rightleftharpoons R-C(OH)(\overset{+}{O}H_2)-NH_2$$

5단계 산소의 양성자 한 개가 질소 원자의 비공유 전자쌍과 결합하여 다이하이드록시아미늄(dihydroxyaminium) 이온이 생성되도록 전자 이동을 그린다.

$$R-C(OH)(\overset{+}{O}H_2)-NH_2 \rightleftharpoons R-C(OH)_2-\overset{+}{N}H_3$$

Dihydroxyalkan-aminium 이온

6단계 이미늄 이온의 산소에 있는 비공유 전자쌍이 탄소로 이동하여 이중 결합을 생성하고, ammonia가 이탈되도록 전자 이동을 그린다.

$$R-C(OH)_2-\overset{+}{N}H_3 \rightleftharpoons R-C(=\overset{+}{O}H)-OH + NH_3$$

7단계 Ammonia 질소의 비공유 전자쌍이 옥소늄 이온의 수소와 결합하여 암모늄(ammonium) 이온과 카복실산이 생성되도록 전자 이동을 그린다.

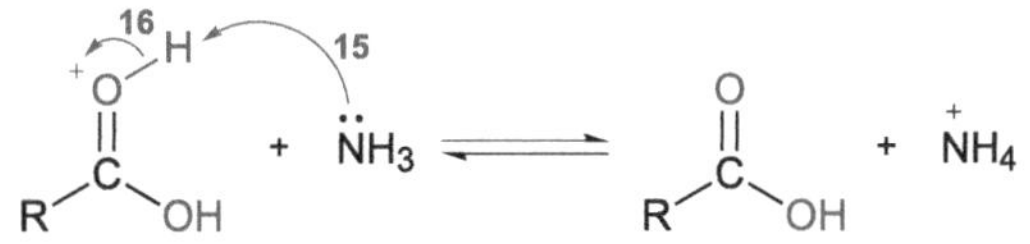

복습문제 8.32 나이트릴의 산-촉매 가수분해 반응 메커니즘에 적합한 전자 이동을 그리시오.

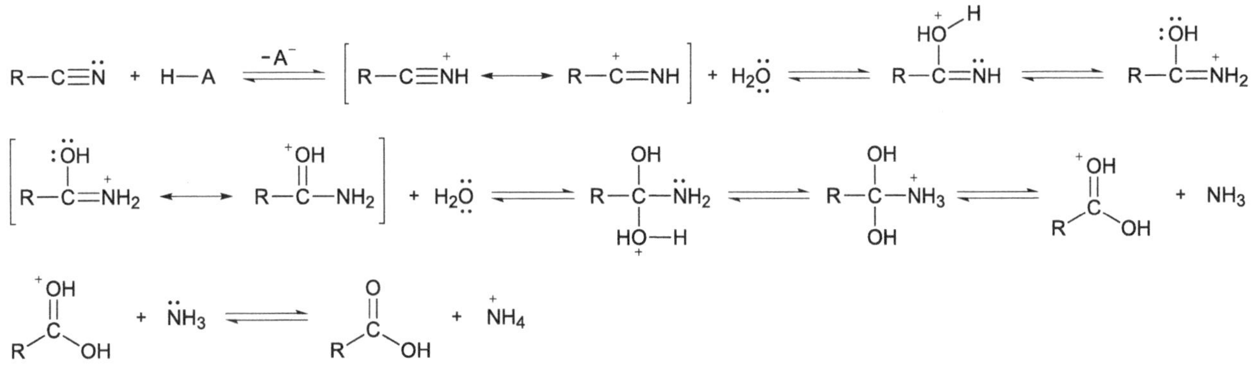

방법 8.34 나이트릴의 염기-촉매 가수분해 반응 메커니즘 그리기

1단계 나이트릴과 HO^-가 첨가 반응하여 hydroxyalkylideneamide가 생성되도록 전자 이동을 표시한다.

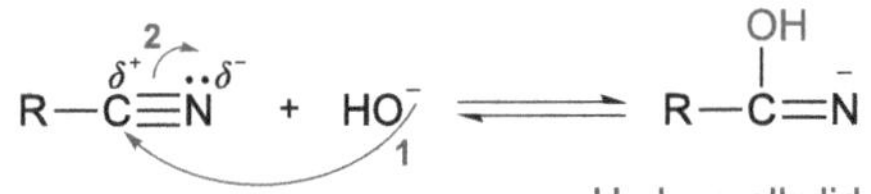

Hydroxyalkylidene amide

2단계 생성된 음이온종과 물이 반응하여 imidic acid가 형성되도록 전자 이동을 표시한다.

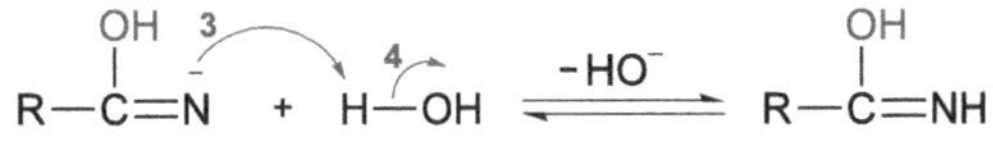

Imidic acid

3단계 Imidic acid의 산소 비공유 전자쌍이 탄소로 이동하여 이중 결합이 형성되고, 질소 원자가 음이온을 가지도록 전자 이동을 그린다. 이어서 이 이온 종의 질소에 있는 음이온 전자가 산소에 있는 H와 결합하여 아마이드가 생성되도록 전자 이동을 그린다.

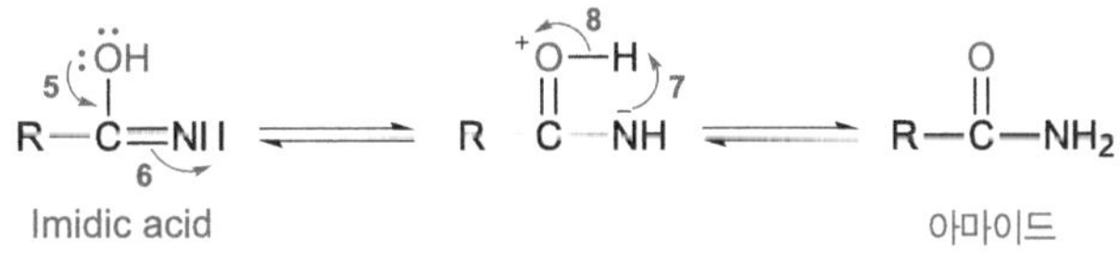

Imidic acid

아마이드

4단계 생성된 아마이드와 염기가 첨가 반응하여 사면체형 중간체 이온이 생성되도록 전자 이동을 표시한다.

$$RC(=O)NH_2 + {}^{-}OH \rightleftharpoons R-C(O^{-})(OH)-NH_2$$

(화살표 9, 10)

5단계 알콕사이드 산소 음이온 전자가 탄소로 이동하여 이중 결합을 형성하고 H_2N^-가 이탈되도록 전자 이동을 표시한다. 생성물은 카복실산 음이온과 ammonia이다.

$$R-C(O^{-})(OH)-NH_2 \rightleftharpoons RC(=O)O-H + {}^{-}NH_2 \rightleftharpoons RC(=O)O^{-} + HNH_2$$

(화살표 11, 12, 13, 14)

복습문제 8.33 나이트릴의 염기-촉매 가수분해 반응에 적합한 전자 이동을 그리시오.

$$R-C\equiv \ddot{N} + HO^{-} \rightleftharpoons R-C(OH)=\ddot{N}^{-} + H-OH \xrightleftharpoons{-HO^{-}} R-C(OH)=NH \rightleftharpoons R-C(=\overset{+}{O}-H)-\overset{-}{N}H \rightleftharpoons RC(=O)NH_2$$

$$RC(=O)NH_2 + {}^{-}OH \rightleftharpoons R-C(O^{-})(OH)-NH_2 \rightleftharpoons RC(=O)O-H + {}^{-}NH_2 \rightleftharpoons RC(=O)O^{-} + HNH_2$$

연습문제 8.23 다음 반응 메커니즘을 완결하시오. 전자 이동을 표시하고, 생성물의 IUPAC 이름도 쓰시오.

(a) $Ph-C\equiv\ddot{N} + H-Cl \xrightleftharpoons{-Cl^{-}}$ [$\longleftrightarrow$] $+ H_2\ddot{O} \rightleftharpoons Ph-C(\overset{+}{O}H_2)=\ddot{N}H$

Benzonitrile

$\rightleftharpoons$ [$\longleftrightarrow$] $+ H_2\ddot{O} \rightleftharpoons$ [ ] $\rightleftharpoons$

[ ] $\rightleftharpoons PhC(=\overset{+}{O}H)OH + \ddot{N}H_3 \rightleftharpoons$ [ ] $+ \overset{+}{N}H_4$

(b) $PhH_2C-\overset{\delta^+}{C}\equiv\ddot{N}^{\delta^-} + HO^{-} \rightleftharpoons$ [ ] $+ H-OH \xrightleftharpoons{-HO^{-}}$ [$\longleftrightarrow$]

2-Phenylacetonitrile

$\rightleftharpoons$ [ ] $+ {}^{-}OH \rightleftharpoons$ [ ] $\rightleftharpoons PhH_2CC(=O)O-H + {}^{-}NH_2 \rightleftharpoons$

[ ] $+ HNH_2$

방법 8.35 나이트릴의 환원 반응 메커니즘 그리기

1단계 나이트릴과 환원제가 첨가 반응하여 alkylideneamide가 생성되도록 전자 이동을 표시한다. 생성된 alkylideneamide는 AlH_3와 착물(RHC=N.$Al^{-}H_3$ 형)을 형성하여 안정화된다.

$$R-C\equiv\ddot{N} + \overset{+}{Li}\left(H-\overset{H}{\underset{H}{\overset{|}{\underset{|}{Al^-}}}}-H\right) \xrightarrow[-Li^+]{} \underset{R}{\overset{H}{C}}=\bar{N} + AlH_3$$

2단계 Alkylideneamide와 AlH_3가 반응하여 (alkylideneamino)aluminium(III) trihydride가 생성되도록 전자 이동을 표시한다.

$$\underset{R}{\overset{H}{C}}=\bar{N} + AlH_3 \longrightarrow \underset{R}{\overset{H}{C}}=N-\bar{A}lH_3$$

(alkylideneamino)aluminum(III)) trihydride

3단계 이민과 환원제의 두 번째 첨가 반응이 일어나 질소가 음이온이 되도록 전자 이동을 그린다.

$$\underset{R}{\overset{H}{C}}=N-\bar{A}lH_3 + H-\bar{A}lH_3 \longrightarrow R-\overset{H}{\underset{H}{C}}-\bar{N}-\bar{A}lH_3$$

4단계 생성된 질소 음이온 종이 물과 반응하여 아민을 생성하도록 전자 이동을 표시한다. 이 환원 반응으로 얻는 아민의 탄소 수는 출발물질 나이트릴의 탄소 수와 같다.

$$R-\overset{H}{\underset{H}{C}}-\bar{N}-\bar{A}lH_3 + AlH_3 \longrightarrow R-\overset{H}{\underset{H}{C}}-\underset{\bar{A}lH_3}{\ddot{N}}-\bar{A}lH_3$$

5단계 물로 반응 후처리하면 상응하는 아민이 생성된다.

$$R-\overset{H}{\underset{H}{C}}-\underset{\bar{A}lH_3}{\ddot{N}}-\bar{A}lH_3 + 2H_2O \xrightarrow[-2\,H_3\bar{A}lOH]{} R-\overset{H}{\underset{H}{C}}-NH_2$$

복습문제 8.34 나이트릴 환원 반응 메커니즘에 적합한 전자 이동을 그리시오.

$$R-C\equiv\ddot{N} + \overset{+}{Li}\left(H-\overset{H}{\underset{H}{\overset{|}{\underset{|}{Al^-}}}}-H\right) \xrightarrow[-Li^+]{} \underset{R}{\overset{H}{C}}=\bar{N} + AlH_3 \longrightarrow \underset{R}{\overset{H}{C}}=N-\bar{A}lH_3 + H-\bar{A}lH_3 \longrightarrow$$

(alkylideneamino)aluminum(III)) trihydride

$$R-\overset{H}{\underset{H}{C}}-\bar{N}-\bar{A}lH_3 + AlH_3 \longrightarrow R-\overset{H}{\underset{H}{C}}-\underset{\bar{A}lH_3}{\ddot{N}}-\bar{A}lH_3 + 2H_2O \xrightarrow[-2\,H_3\bar{A}lOH]{} R-\overset{H}{\underset{H}{C}}-NH_2$$

연습문제 8.24 다음 반응 메커니즘을 완결하시오. 전자 이동을 표시하고, 생성물의 IUPAC 이름도 쓰시오.

$$\text{Ph—C}\equiv\ddot{\text{N}} + \overset{+}{\text{Li}}\,(\text{H—}\overset{-}{\text{Al}}\text{H}_2\text{—H}) \xrightarrow[-\text{Li}^+]{} [\quad] + \text{AlH}_3 \longrightarrow [\quad] + \text{H—}\overset{-}{\text{Al}}\text{H}_3$$

Benzonitrile

$$\longrightarrow [\quad] + \text{AlH}_3 \longrightarrow [\quad] + 2\,\text{H}_2\text{O} \xrightarrow[-2\,\text{H}_3\overset{-}{\text{Al}}\text{OH}]{} \text{Ph—CH}_2\text{—NH}_2$$

방법 8.36 나이트릴과 Grignard 반응 메커니즘 그리기

1단계 나이트릴과 Grignard 시약이 반응하여 상응하는 alkylideneamde가 생성되도록 전자 이동을 그린다.

$$\text{R—C}\equiv\ddot{\text{N}} + \text{R'—MgX} \xrightarrow[-\text{MgX}]{} \text{RR'C}=\overset{-}{\text{N}}$$

Alkylideneamide

2단계 Alkylideneamide가 물과 반응하여 이민을 형성하도록 전자 이동을 표시한다.

$$\text{RR'C}=\overset{-}{\text{N}} + \text{H—OH} \xrightarrow[-\text{HO}^-]{} \text{RR'C}=\text{NH}$$

이민

3단계 이민과 산의 양성자가 반응하여 이미늄(iminum) 이온이 생성되도록 전자 이동을 그린다.

$$\text{RR'C}=\ddot{\text{N}}\text{H} + \text{H}^+ \longrightarrow \text{RR'C}=\overset{+}{\text{N}}\text{H}_2$$

이미늄 이온

4단계 이미늄 이온에 물이 첨가 반응을 하여 사면체형 중간체가 생성되도록 전자 이동을 표시한다.

$$\text{RR'C}=\overset{+}{\text{N}}\text{H}_2 + \text{H}_2\ddot{\text{O}}: \longrightarrow \text{R—C(NH}_2\text{)(R')—}\overset{+}{\text{O}}\text{H}_2$$

5단계 아미노기 질소 원자의 비공유 전자쌍이 산소의 H와 반응하도록 전자 이동을 그린다.

$$\text{R—C(}\ddot{\text{N}}\text{H}_2\text{)(R')—}\overset{+}{\text{O}}\text{H}_2 \rightleftharpoons \text{R—C(}\overset{+}{\text{N}}\text{H}_3\text{)(R')—OH}$$

6단계 OH기 산소의 비공유 전자쌍이 탄소 쪽으로 이동하여 이중 결합을 생성하고, ammonia가 이탈되도록 전자 이동을 그린다.

$$R-C(OH)(R')-\overset{+}{N}H_3 \rightleftharpoons R-C(=\overset{+}{O}H)-R' + \ddot{N}H_3$$

7단계 Ammonia가 산소와 결합하고 있는 H와 반응하여 ammonium 이온과 케톤이 형성되도록 전자 이동을 표시한다.

$$R-C(=\overset{+}{O}-H)-R' + \ddot{N}H_3 \longrightarrow R-C(=O)-R' + \overset{+}{N}H_4$$

케톤

복습문제 8.35 나이트릴과 Grignard 시약의 반응 메커니즘에 적합한 전자 이동을 그리시오.

$$R-C\equiv\ddot{N} + R'-MgX \xrightarrow[-MgX]{} RR'C=\ddot{N}^- + H-OH \xrightarrow[-HO^-]{} RR'C=\ddot{N}H + H^+ \longrightarrow RR'C=\overset{+}{N}H_2 + H_2\ddot{O}:$$

$$\longrightarrow R-C(\ddot{N}H_2)(R')-\overset{+}{O}H_2 \rightleftharpoons R-C(\overset{+}{N}H_3)(R')-OH \equiv R-C(\ddot{O}H)(R')-\overset{+}{N}H_3 \rightleftharpoons RR'C=\overset{+}{O}H + \ddot{N}H_3 \longrightarrow RR'C=O + \overset{+}{N}H_4$$

연습문제 8.25 다음 반응 메커니즘을 완결하시오. 전자 이동을 표시하고, 생성물의 IUPAC 이름도 쓰시오.

$$H_3CH_2C-C\equiv\ddot{N} + H_3C-MgX \xrightarrow[-MgX]{} [\quad] + H-OH \xrightarrow[-HO^-]{} [\quad] + H^+$$

Propiononitrile

$$\longrightarrow [\quad] + H_2\ddot{O}: \longrightarrow [\quad] \rightleftharpoons H_3CH_2C-C(\ddot{O}H)(CH_3)-\overset{+}{N}H_3 \rightleftharpoons$$

$$[\quad] + \ddot{N}H_3 \longrightarrow [\quad] + \overset{+}{N}H_4$$

9장 카보닐 화합물의 α-탄소 반응 메커니즘

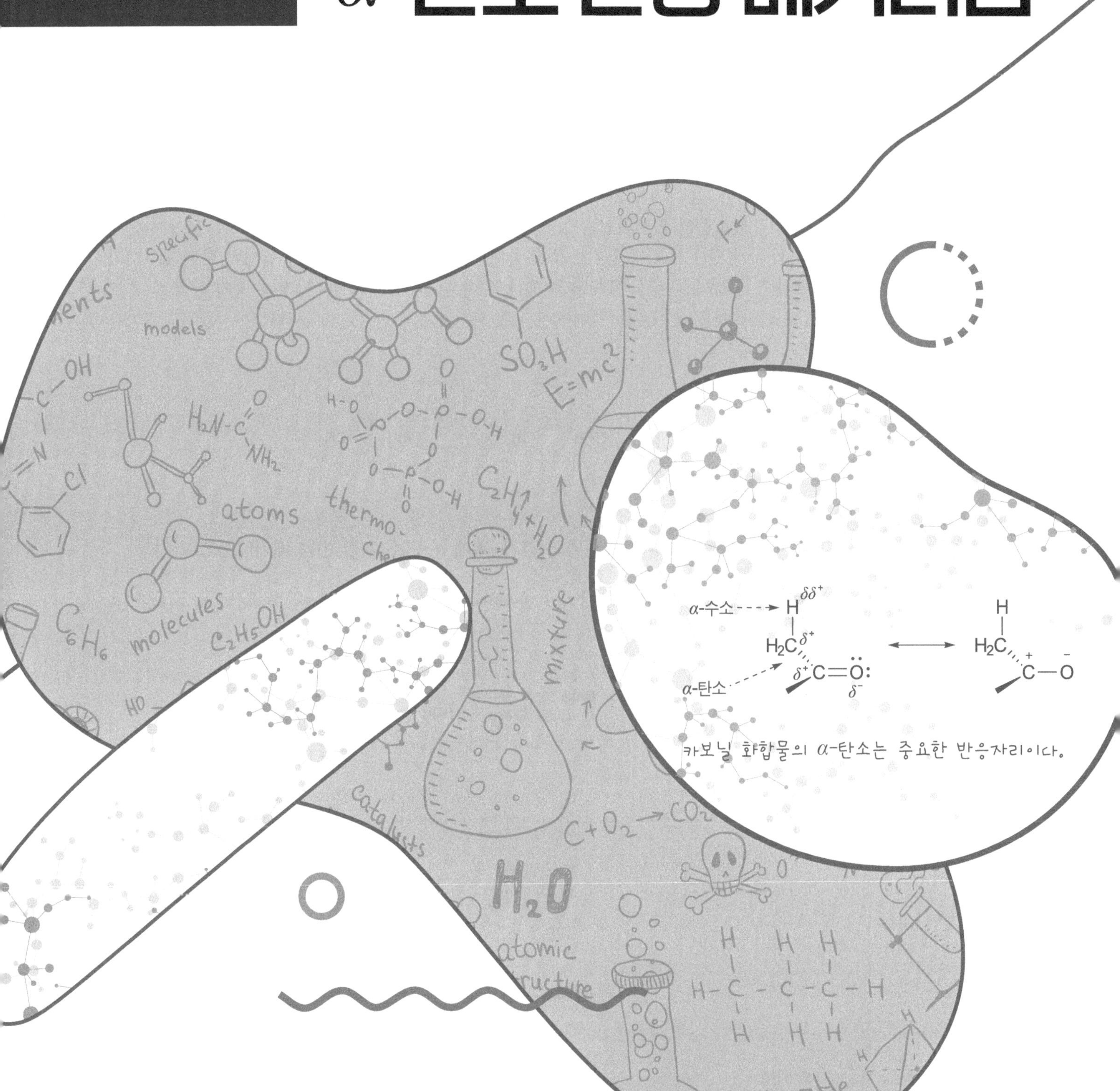

9.1 카보닐기 α-탄소의 구조와 특성

카보닐기는 전자를 당기는 기이다. 따라서 카보닐기에 이웃한 α-탄소(이 탄소를 α-탄소라고 함)는 전자가 부족하게 된다. 아울러서 α-탄소의 H도 부분적으로 전자가 부족하게 되고, 염기와 반응할 수 있다. α-탄소의 전자 부족 현상은 카보닐기의 공명 구조를 보면 알 수 있다.

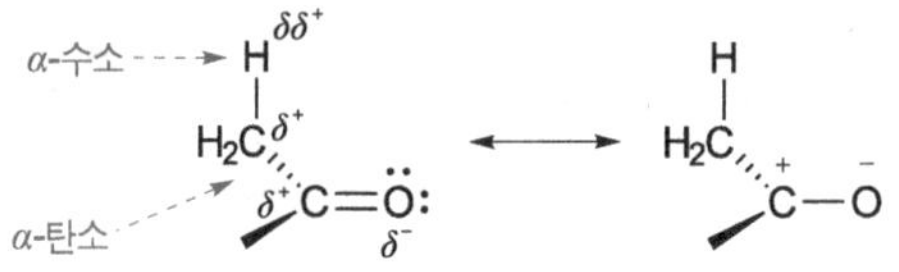

α-수소
α-탄소

9.2 카보닐 화합물의 α-탄소 치환 반응 메커니즘

카보닐 화합들의 특징적인 반응 중 하나가 α-탄소의 치환 반응이다. 카보닐 화합물의 α-탄소에 있는 수소는 염기로 처리하면 탄소 음이온을 형성하며 쉽게 이탈된다. 이 과정에서 생성되는 탄소 음이온은 엔올 음이온(enloate)이라는 안정한 공명 구조를 가질 수 있다. 엔올 음이온은 친핵체이므로 친전자체와 반응하여 α-탄소에 새로운 결합을 형성할 수 있다.

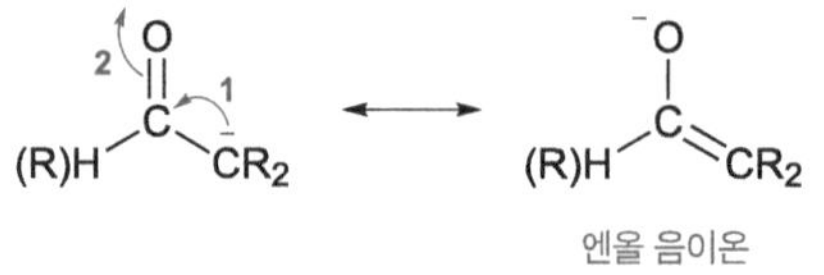

엔올 음이온

방법 9.1 알데하이드/케톤의 염기-촉매 α-탄소 치환 반응 메커니즘 그리기

1단계 카보닐 화합물과 염기가 반응하여 α-탄소가 음이온이 되도록 전자 이동을 표시한다.

엔올 음이온

α-탄소

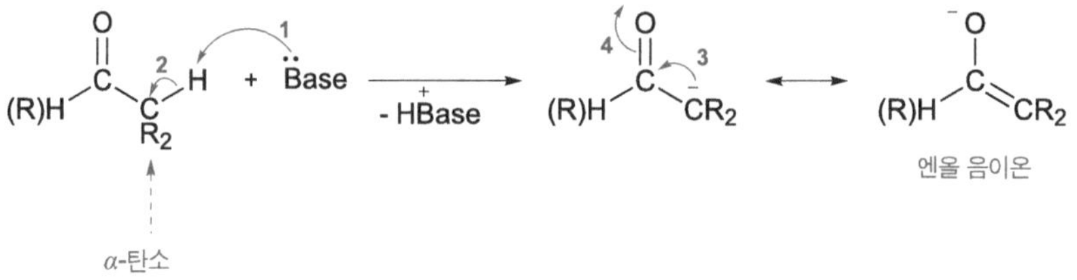

2단계 생성된 음이온이 친전자체와 반응하여 새로운 결합이 형성되도록 전자 이동을 표시한다.

(R)H–C(=O)–$\bar{C}R_2$ + E^+ →(5) (R)H–C(=O)–CR_2–E

α-치환 생성물

↕

(R)H–C($^-$O)=CR_2 (6) + E^+ →(7) (R)H–C(=O)–CR_2–E

엔올 음이온

복습문제 9.1 알데하이드/케톤의 염기-촉매 α-탄소 치환 반응 메커니즘에 적합한 전자 이동을 그리시오.

(R)H–C(=O)–CR_2–H + :Base → (−$\overset{+}{H}$Base) (R)H–C(=O)–$\bar{C}R_2$ ⟷ (R)H–C($^-$O)=CR_2

엔올 음이온

(R)H–C(=O)–$\bar{C}R_2$ + E^+ → (R)H–C(=O)–CR_2–E

↕

(R)H–C($^-$O)=CR_2 + E^+ → (R)H–C(=O)–CR_2–E

엔올 음이온 α-치환 생성물

방법 9.2 알데하이드/케톤의 산-촉매 α-탄소 치환 반응 메커니즘 그리기

1단계 카보닐 화합물과 산의 양성자가 반응하여 옥소늄 이온이 생성되도록 전자 이동을 표시한다.

(R)H–C(=Ö:)–CR_2–H + H–A (1, 2) ⇌ (R)H–C(=$\overset{+}{O}$H)–CR_2–H + A^-

2단계 생성된 옥소늄 이온의 α-탄소에 있는 수소와 짝염기가 반응하여 엔올이 생성되도록 전자 이동을 표시한다.

(R)H–C(=$\overset{+}{O}$H)–CR_2–H + A^- (3, 4, 5) →(−HA) (R)H–C(:ÖH)=CR_2

엔올

3단계 엔올의 산소 비공유 전자쌍이 탄소로 이동하고, 탄소–탄소 이중 결합 파이 전자가 친전자체를 공격하도록 전자 이동을 그린다.

엔올

4단계 생성된 옥소늄 이온과 염기가 반응하여 α–치환 카보닐 화합물이 생성되도록 전자 이동을 그린다.

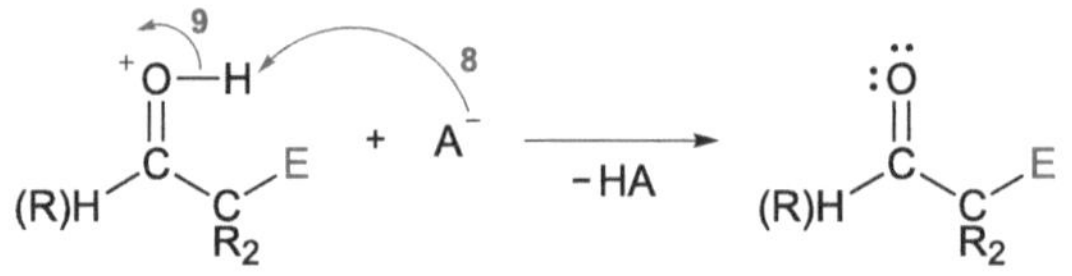

α-치환 카보닐

복습문제 9.2 알데하이드/케톤의 산–촉매 α–탄소 치환 반응 메커니즘에 적합한 전자 이동을 그리시오.

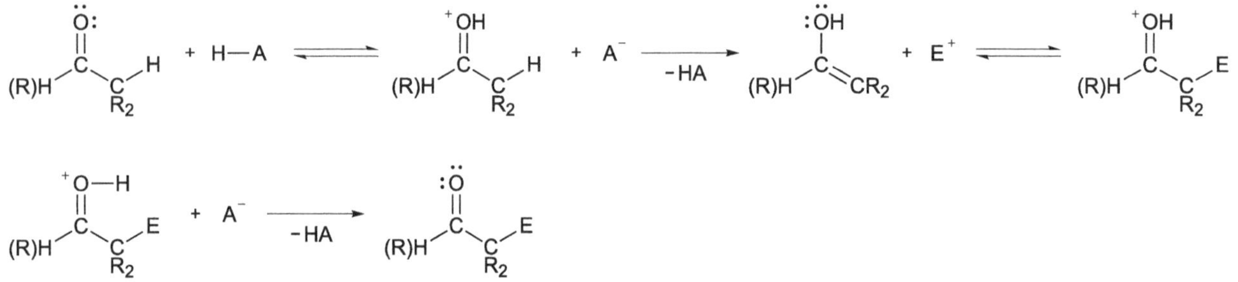

9.3 카보닐 화합물의 α–할로젠화 반응 메커니즘

α–탄소에 할로젠을 가진 카보닐 화합물은 유기화학에서 매우 유용하다. α–탄소 할로젠화는 산– 및 염기– 촉매 반응이 가능하다.

카복실산의 α–할로젠화는 **Hell-Volhard-Zenlinski** 반응을 통해 이루어진다.

방법 9.3 카보닐 화합물의 산–촉매 α–할로젠화 반응 메커니즘 그리기

1단계 카보닐 화합물과 산의 양성자가 반응하여 옥소늄 이온이 생성되도록 전자 이동을 표시한다.

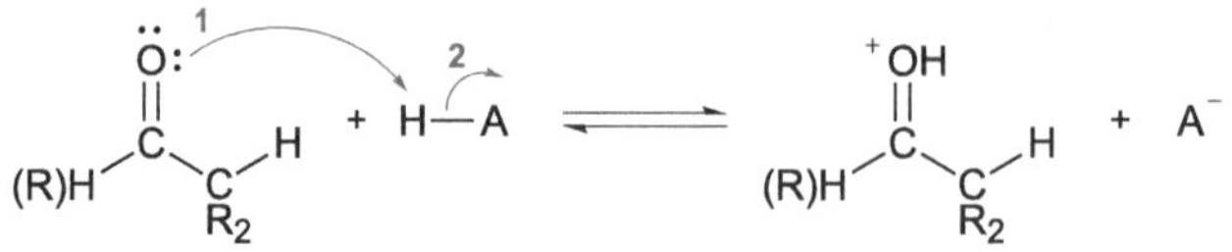

2단계 생성된 옥소늄 이온의 α-탄소에 있는 수소와 짝염기가 반응하여 엔올이 생성되도록 전자 이동을 표시한다.

엔올

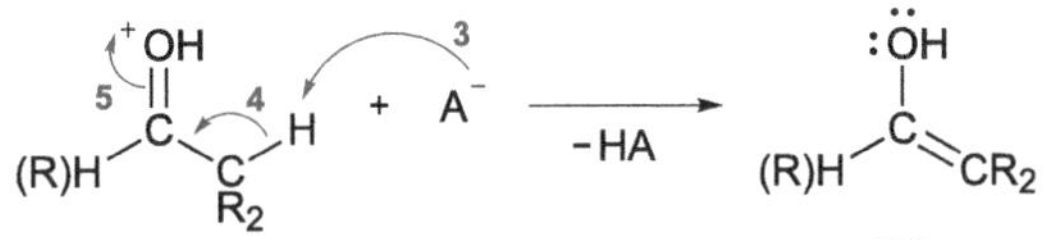

3단계 엔올의 산소 비공유 전자쌍이 탄소로 이동하고 탄소-탄소 이중 결합 파이 전자가 할로젠을 공격하도록 전자 이동을 그린다.

엔올

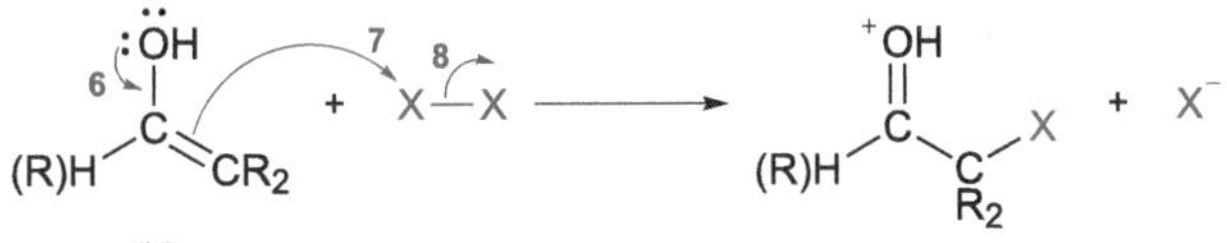

4단계 생성된 옥소늄 이온과 할로젠 음이온이 반응하여 α-할로 카보닐 화합물이 생성되도록 전자 이동을 그린다.

α-할로 카보닐

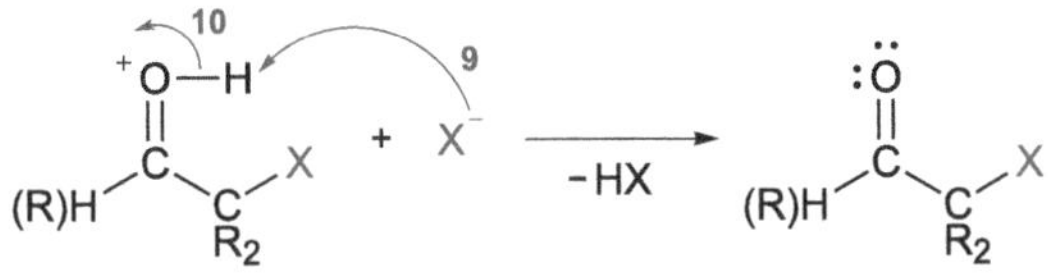

복습문제 9.3 알데하이드/케톤의 산-촉매 α-탄소 치환 반응 메커니즘에 적합한 전자 이동을 그리시오.

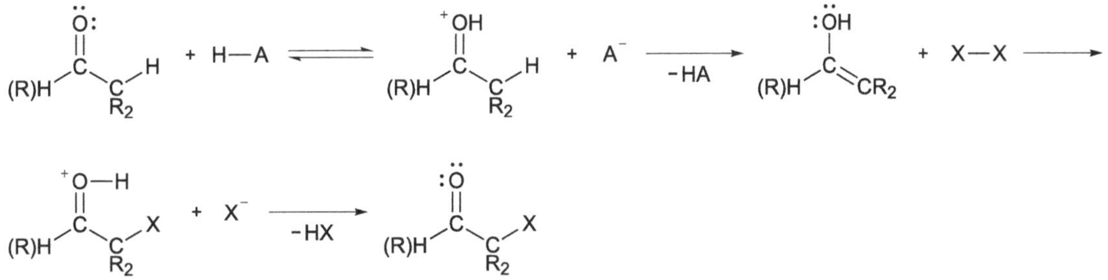

방법 9.4 카보닐 화합물의 염기-촉매 α-할로젠화 반응 메커니즘 그리기

1단계 카보닐 화합물과 염기가 반응하여 α-탄소가 음이온이 되도록 전자 이동을 표시한다.

엔올 음이온

α-탄소

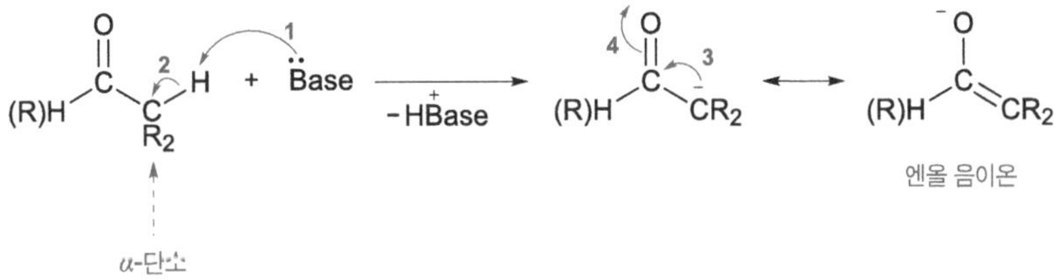

2단계 생성된 음이온이 할로젠과 반응하여 새로운 결합이 형성되도록 전자 이동을 표시한다.

(R)H–C(=O)–$\bar{C}R_2$ + X–X →(−X^-) (R)H–C(=O)–CR_2–X

α-할로 생성물

↕

엔올 음이온 (R)H–C(O^-)=CR_2 + X–X →(−X^-) (R)H–C(=O)–CR_2–X

복습문제 9.4 알데하이드/케톤의 염기-촉매 α-할로젠화 반응 메커니즘에 적합한 전자 이동을 그리시오.

(R)H–C(=O)–CR_2–H + :Base →(−$\overset{+}{H}$Base) (R)H–C(=O)–$\bar{C}R_2$ ⟷ (R)H–C(O^-)=CR_2

(R)H–C(=O)–$\bar{C}R_2$ + X–X →(−X^-) (R)H–C(=O)–CR_2–X

↕

(R)H–C(O^-)=CR_2 + X–X →(−X^-) (R)H–C(=O)–CR_2–X

연습문제 9.1 다음 반응의 메커니즘을 완결하시오. 전자 이동을 표시하고, 생성물의 IUPAC 이름도 쓰시오.

(a) H_3C–C(=Ö:)–CH_3 (Acetone) + H–O_2CH_3 ⇌ [ ] + $\bar{O}_2CH_3$ →(−HO_2CH_3)

[ ] + Cl–Cl → [ ] + Cl^- →(−HCl) [ ]

(b) Propanal + $\bar{O}H$ → $-H_2O$ → [ ] + Br—Br → $-Br^-$ → [ ]

↕

$-H_2O$ → [ ] + Br—Br → $-Br^-$ → [ ]

방법 9.5 카복실산의 Hell-Volhard-Zelinski 반응 메커니즘 그리기

1단계 카복실산이 PBr_3와 반응하여 인(P) 착물이 형성되도록 전자 이동을 그린다.

$$RCH_2COOH + X_2P-X \xrightleftharpoons{-X^-} RCH_2C(=O^+-PX_2)OH$$

2단계 할로젠 음이온이 착물의 카보닐 탄소와 첨가 반응하여 사면체 중간체가 만들어지도록 전자 이동을 표시한다.

$$RCH_2C(=O^+-PX_2)OH + X^- \longrightarrow R-CH_2-C(O-PHX_2)(X)-OH$$

3단계 중간체의 OH 산소의 비공유 전자쌍이 탄소와 이중 결합을 형성하고, X_2PO^-가 이탈되도록 전자 이동을 표시한다.

$$R-CH_2-C(O-PX_2)(X)-\ddot{O}H \xrightleftharpoons{-X_2PO^-} RCH_2C(=O^+H)X$$

4단계 이탈된 인 화합물 음이온과 옥소늄 OH기의 수소가 반응하여 산 할로젠화물이 생성되도록 전자 이동을 표시한다.

$$RCH_2C(=O^+-H)X + {}^-O-PX_2 \xrightarrow{-X_2POH} RCH_2C(=O)X$$

산 할로젠화물

5단계 산 할로젠화물의 엔올 토토머와 할로젠이 반응하여 α-할로 산 할로젠화물을 형성하도록 전자 이동을 표시한다.

$$[RCH_2C(=O)X \rightleftharpoons RCH=C(OH)X] + X-X \xrightarrow{-X^-} RCH(X)C(=O^+H)X$$

산 할로젠화물 엔올 토토머

6단계 생성물과 물이 첨가 반응하여 α-위치에 할로젠이 치환된 사면체형 중간체가 생성되도록 전자 이동을 그린다.

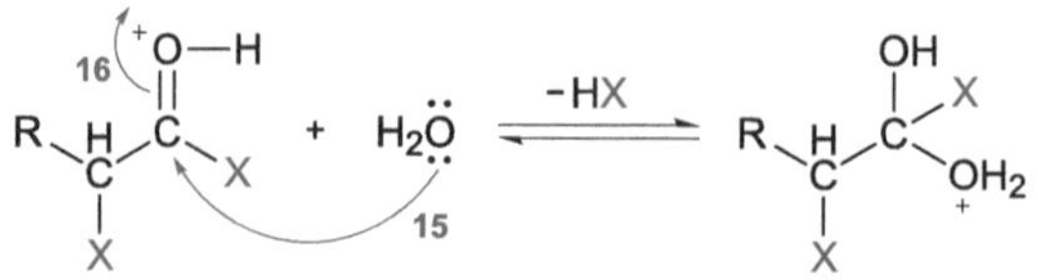

7단계 할로젠 음이온이 양이온 산소의 수소와 반응하여 다이할로다이올 중간체가 생성되도록 전자 이동을 표시한다.

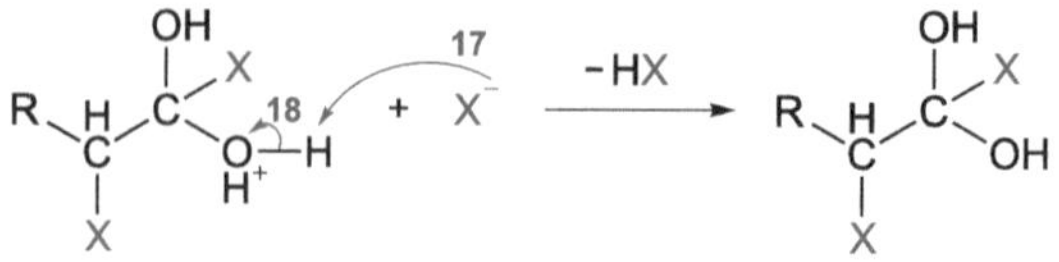

다이할로다이올

8단계 산소의 비공유 전자쌍이 탄소로 이동하여 이중 결합을 형성하면서 할로젠 음이온이 이탈되도록 전자 이동을 그린다.

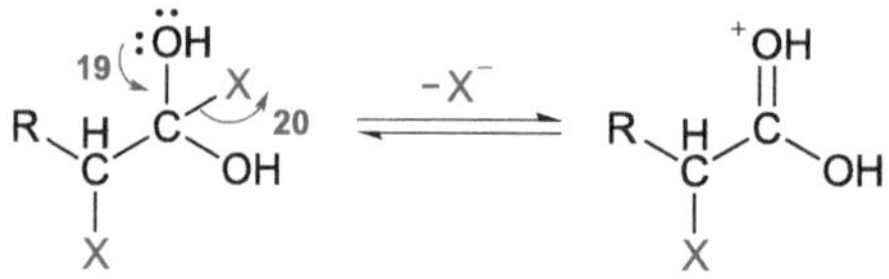

다이할로다이올

9단계 이탈된 할로젠 음이온과 옥소늄 이온이 반응하여 α-할로 카복실산이 생성되도록 전자 이동을 그린다.

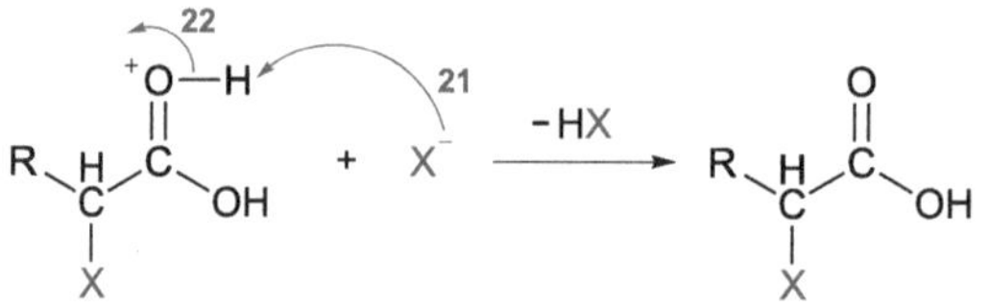

α-할로 카복실산

복습문제 9.5 Hell-Volhard-Zelinski α-할로젠화 반응 메커니즘에 적합한 전자 이동을 그리시오.

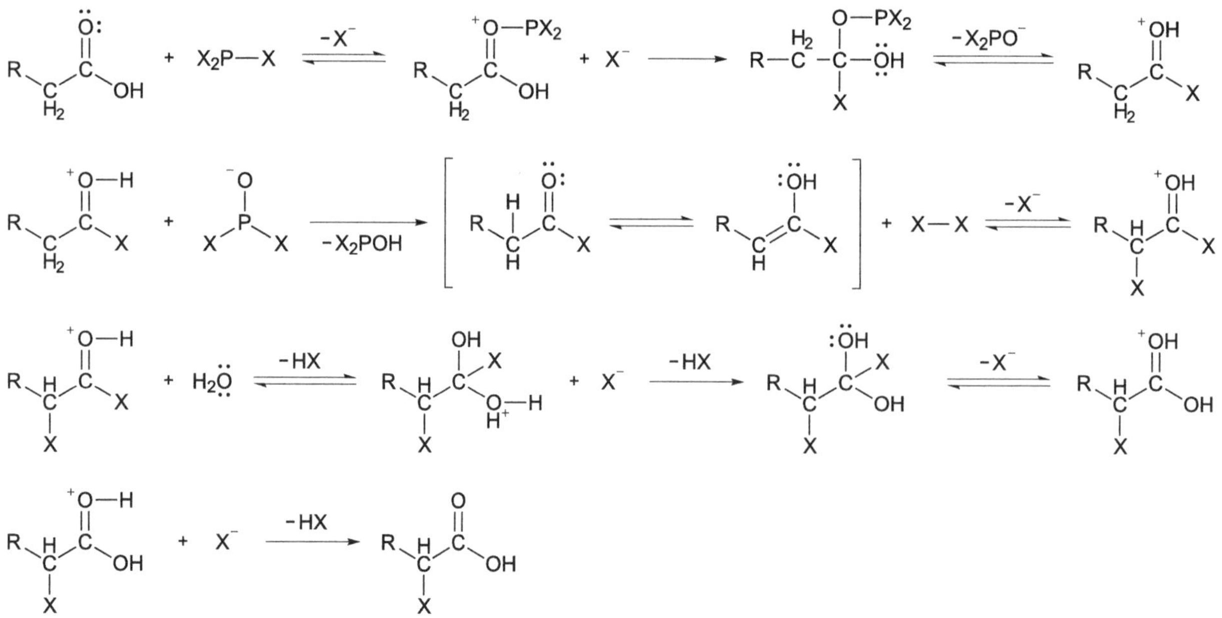

연습문제 9.2 다음 반응 메커니즘을 완결하시오. 전자 이동을 표시하고, 생성물의 IUPAC 이름도 쓰시오.

Propanoic acid + Cl_2P-Cl ⇌ ($-Cl^-$) [ ] + Cl^- ⟶ [ ] ⇌ ($-Cl_2PO^-$)

+ $Cl-Cl$ ⇌ ($-Cl^-$)

[ ] + $H_2\ddot{O}$ ⇌ ($-HCl$) [ ] + Cl^- ⟶ ($-HCl$) ⇌ ($-Cl^-$)

[ ] + Cl^- ⟶ ($-HCl$) [ ]

9.4 카보닐 화합물의 α-알킬화 반응 메커니즘

카보닐 화합물의 α-탄소의 수소는 알킬기로 치환될 수 있다. 이 반응의 첫 단계는 염기 처리에 의해 상응하는 엔올 음이온이 생성되는 단계이다. 두 번째 단계는 생성된 엔올 음이온과 RX가 S_N2 반응하여 상응하는 α-알킬 화합물을 생성한다. 카보닐 화합물의 알킬화 반응 중 특별히 $-CH_2COOH$이 도입되는 반응을 **말론산 에스터 합성법**(malonic ester synthesis)이라고 한다. 또, $-CH_2C(=O)CH_3$ 단위를 도입할 수 있는 반응은 **아세토아세트산 에스터 합성법**(acetoacetic ester synthesis)이라고 한다.

방법 9.6 카보닐 화합물의 염기-촉매 알킬화 반응 메커니즘 그리기

1단계 카보닐 화합물과 염기가 반응하여 탄소 음이온이 형성되도록 전자 이동을 표시한다. 염기는 강염기인 LDA(lithium diisopropylamine) 또는 NaH를 주로 사용한다.

$-HN(i\text{-}Pr)_2/Li^+$

알데하이드/케톤/에스터 탄소 음이온 엔올 음이온

2단계 탄소 음이온과 할로젠화 알킬(RX)이 반응하여 알킬화가 일어나도록 전자 이동을 표시한다.

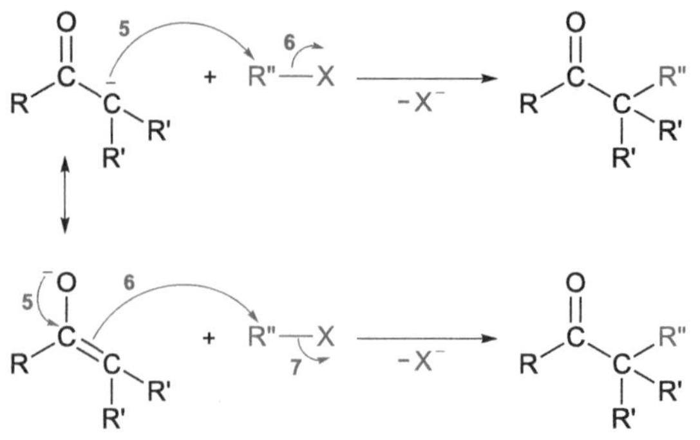

R"—X, $-X^-$

복습문제 9.6 카보닐 화합물의 염기–촉매 알킬화 반응 메커니즘에 적합한 전자 이동을 그리시오.

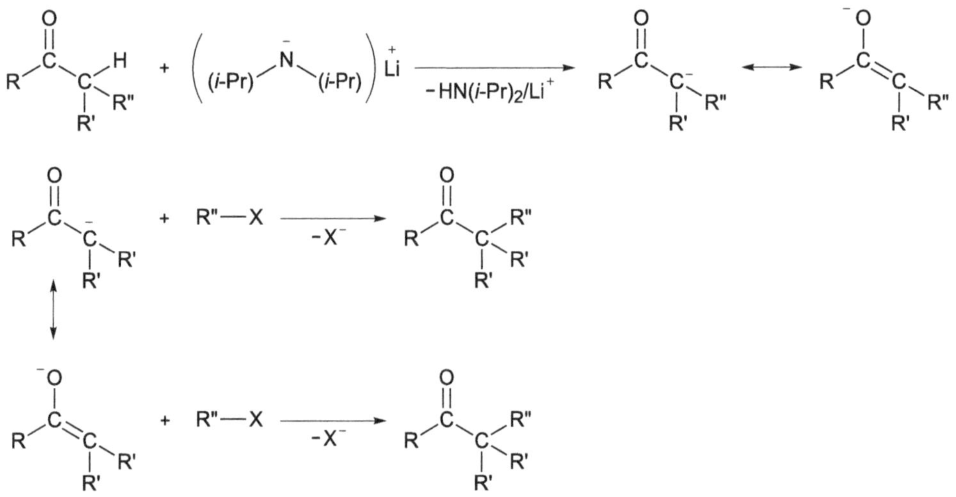

(i-Pr)–N⁻–(i-Pr) Li⁺, $-HN(i\text{-}Pr)_2/Li^+$

+ R"—X, $-X^-$

연습문제 9.3 다음 반응 메커니즘을 완결하시오. 전자 이동을 표시하고, 생성물의 IUPAC 이름도 쓰시오.

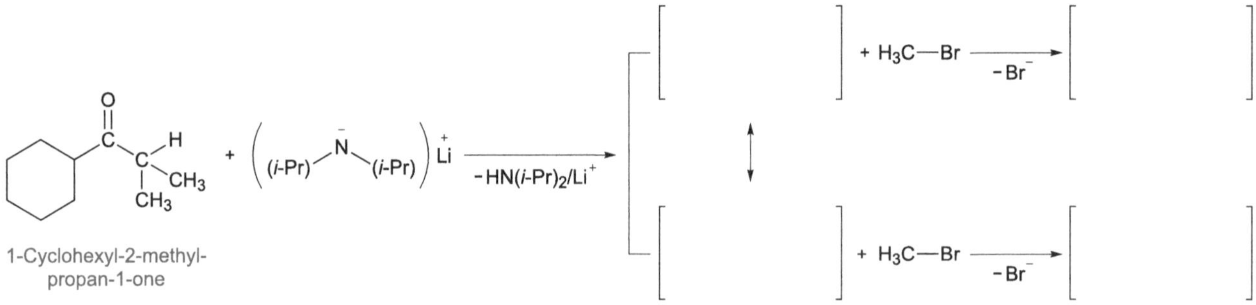

1-Cyclohexyl-2-methyl-propan-1-one

+ (i-Pr)–N⁻–(i-Pr) Li⁺, $-HN(i\text{-}Pr)_2/Li^+$

+ H_3C—Br, $-Br^-$

방법 9.7 말론산 에스터 합성 반응의 메커니즘 그리기

1단계 Diethyl malonate와 에톡사이드($^{-}$OEt)가 반응하여 α−탄소가 음이온이 되도록 전자 이동을 표시한다.

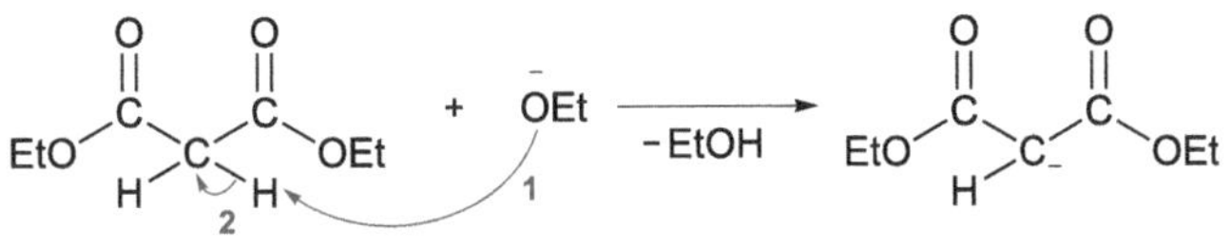

Diethyl maolonate

2단계 탄소 음이온과 RX가 반응하여 α−탄소 위치로 R기가 도입되도록 전자 이동을 그린다.

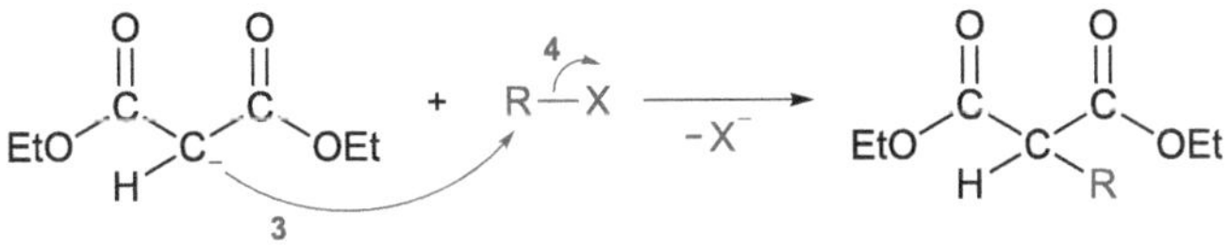

3단계 산−촉매와 반응하여 옥소늄 이온이 생성되도록 전자 이동을 그린다.

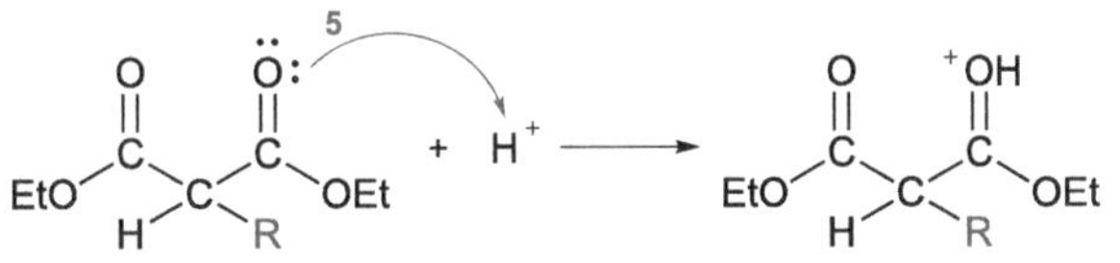

4단계 옥소늄 이온과 물 분자가 첨가 반응을 하도록 전자 이동을 그린다.

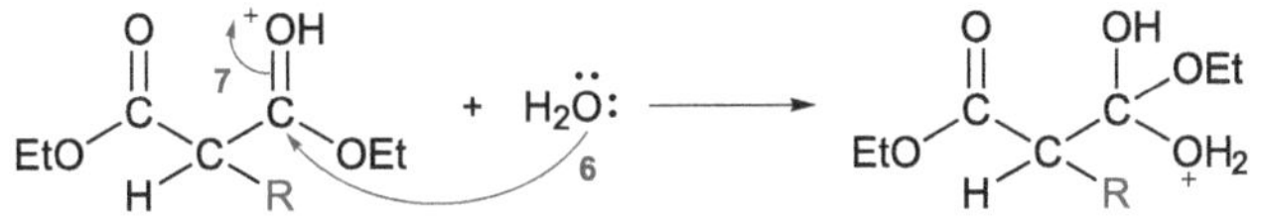

5단계 양이온 산소에 있는 수소가 이탈되어 다이올이 되도록 전자 이동을 그린다.

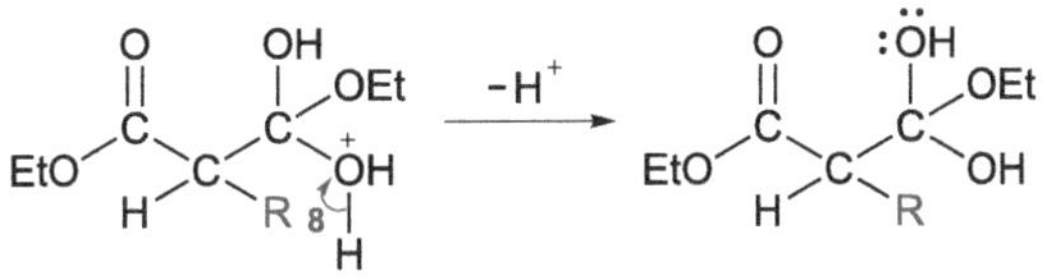

6단계 OH의 산소에 있는 비공유 전자쌍이 탄소로 이동하면서 이중 결합을 생성하고 EtO^{-}가 이탈되도록 전자 이동을 그린다.

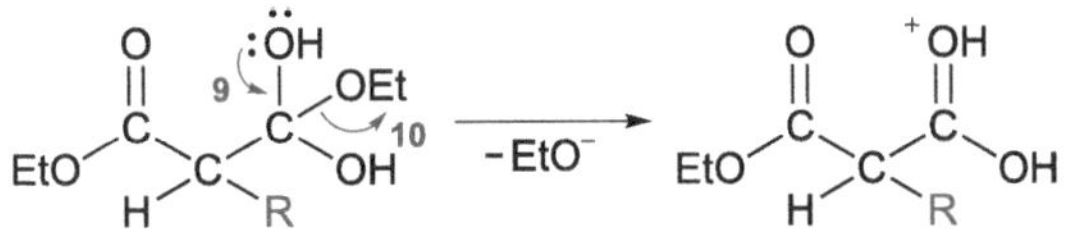

7단계 옥소늄 이온과 EtO^{-}가 반응하여 3-oxopropanoic acid가 생성되도록 전자 이동을 그린다.

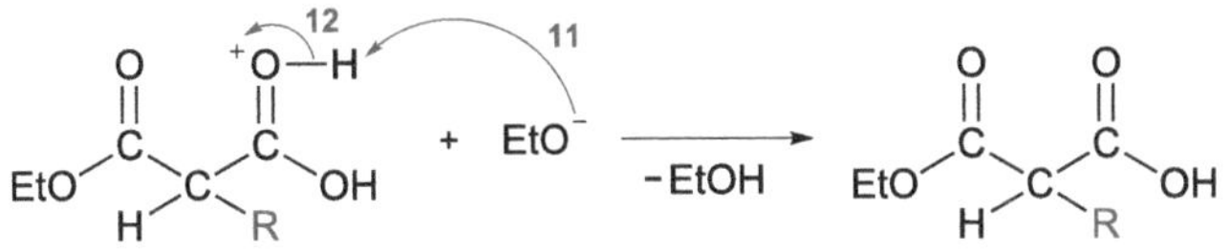

3-Oxopropanoic acid

8단계 3-Oxopropanoic acid가 자리 옮김하여 CO_2를 상실하고 엔올이 생성되도록 전자 이동을 그린다.

⇒ 엔올이 토토머화하면 카복실산이 생성된다.

⇒ 3단계부터 8단계까지 두 개의 에스터기가 가수분해된다.

(동일한 가수분해 반복)

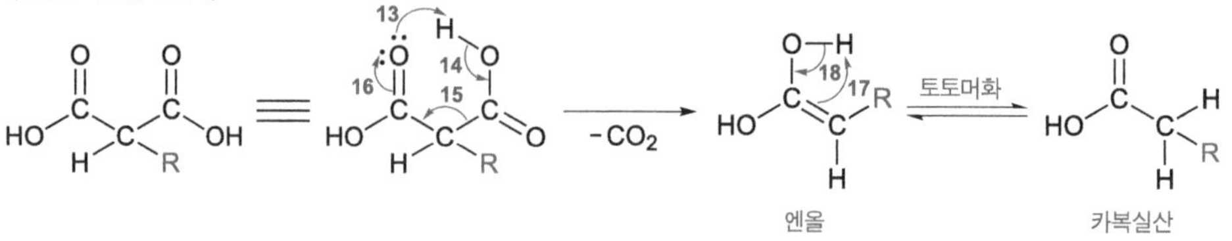

$- CO_2$ 토토머화

엔올 카복실산

복습문제 9.7 말론산 에스터 합성 반응의 메커니즘에 적합한 전자 이동을 그리시오.

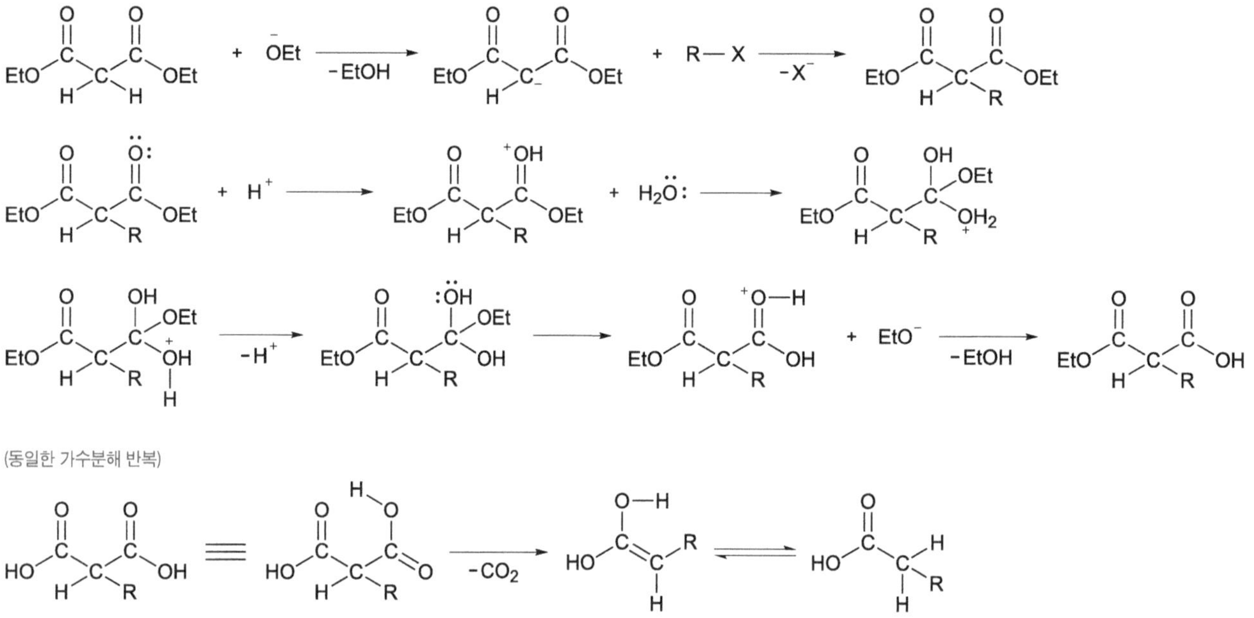

$- EtOH$ $-X^-$ $-H^+$ $- EtOH$

(동일한 가수분해 반복)

$- CO_2$

방법 9.8 아세토아세트산 합성 반응 메커니즘 그리기

1단계 Ethyl acetoacetate와 에톡사이드($^-$OEt)가 반응하여 α–탄소가 음이온이 되도록 전자 이동을 표시한다.

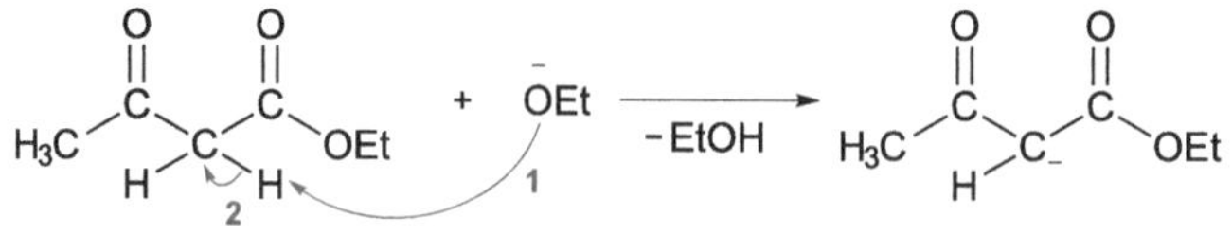

$- EtOH$

Ethyl acetoacetate

2단계 탄소 음이온과 RX가 반응하여 α–탄소 위치로 R기가 도입되도록 전자 이동을 그린다.

$-X^-$

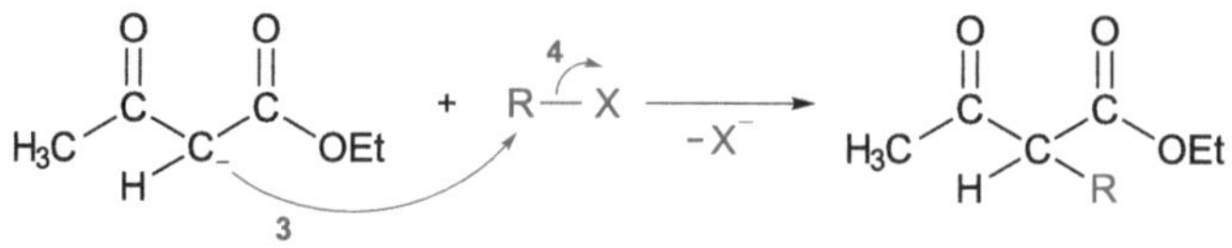

3단계 산-촉매가 반응하여 옥소늄 이온이 생성되도록 전자 이동을 그린다.

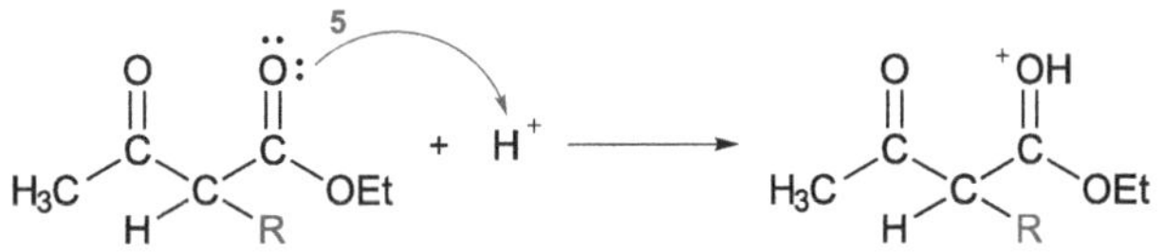

4단계 옥소늄 이온과 물 분자가 첨가 반응을 하도록 전자 이동을 그린다.

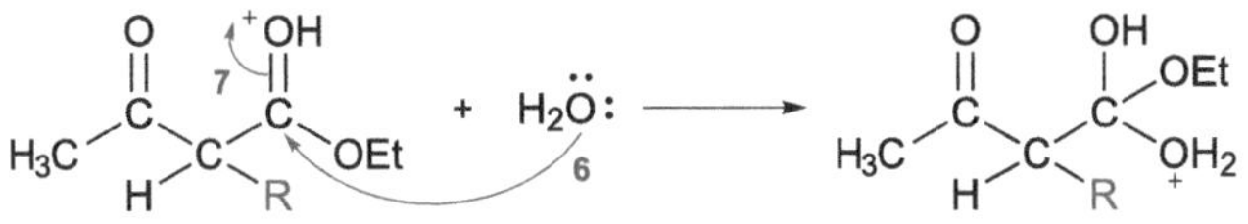

5단계 양이온 산소에 있는 수소가 이탈되어 다이올이 되도록 전자 이동을 그린다.

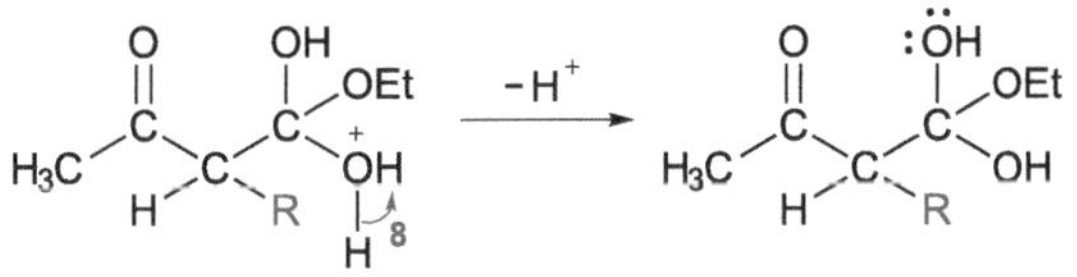

6단계 OH의 산소에 있는 비공유 전자쌍이 탄소로 이동하면서 이중 결합을 생성하고 EtO^-가 이탈되도록 전자 이동을 그린다.

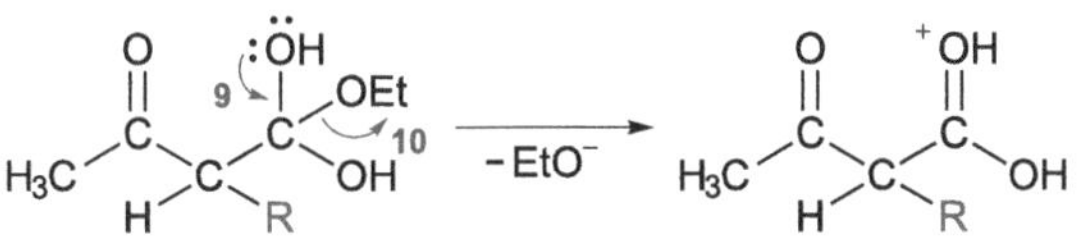

7단계 옥소늄 이온과 EtO^-가 반응하여 3-oxobutanoic acid가 생성되도록 전자 이동을 그린다.

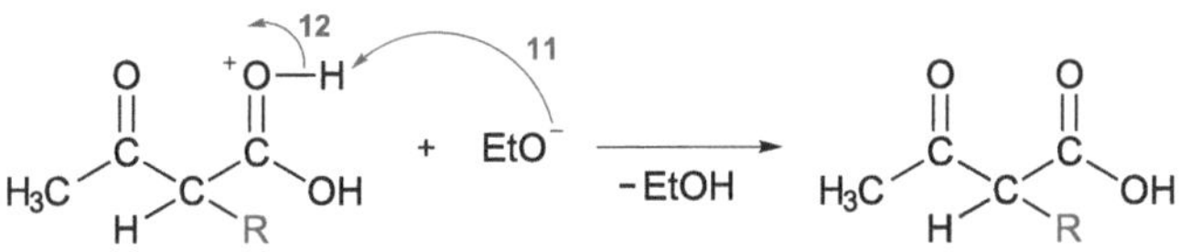

3-Oxoprobutanoic acid

8단계 3-Oxobutanoic acid가 자리 옮김하여 CO_2를 상실하고 엔올이 생성되도록 전자 이동을 그린다. 엔올이 토토머화하면 케톤이 생성된다.

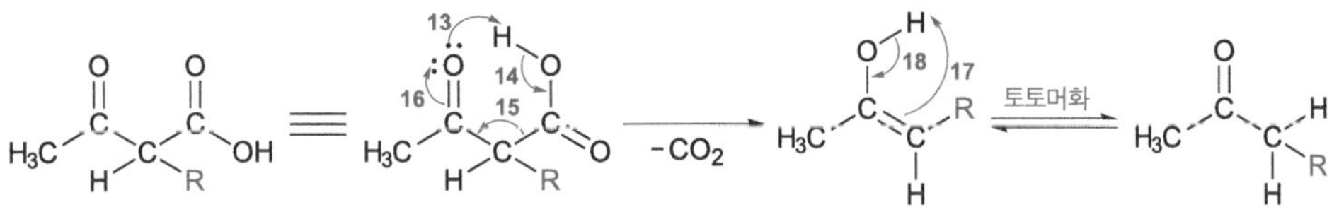

토토머화

엔올

케톤

복습문제 9.8 아세토아세트산 합성 반응의 메커니즘에 적합한 전자 이동을 그리시오.

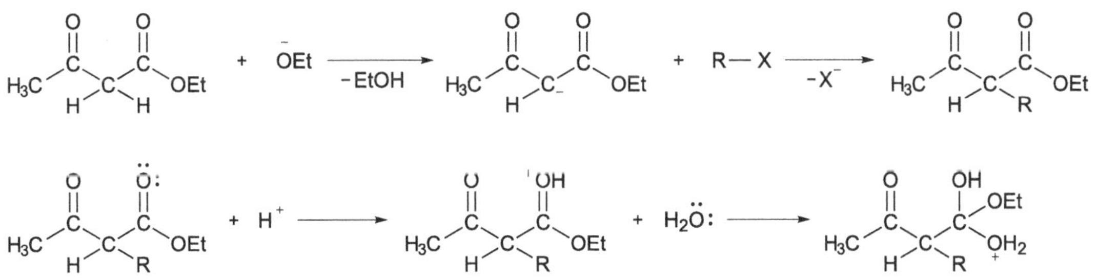

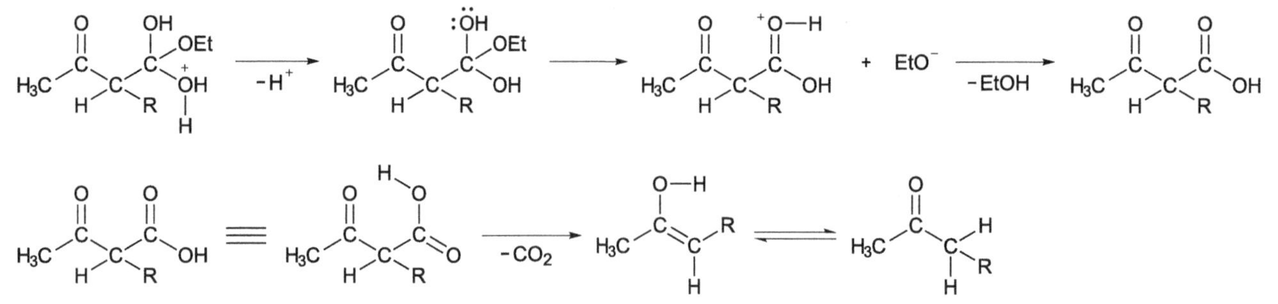

연습문제 9.4 다음 반응의 메커니즘을 완결하시오. 전자 이동을 표시하고, 생성물의 IUPAC 이름도 쓰시오.

(a) Diethyl maolonate + $^{-}$OEt —(- EtOH)→ [ ] + H_3C—Br —(- Br^-)→ [ ] + H^+

→ [ ] + $H_2\ddot{O}$: → [ ] —(- H^+)→ [ ]

—(- EtO^-)→ [ ] + EtO^- —(- EtOH)→ [ ]

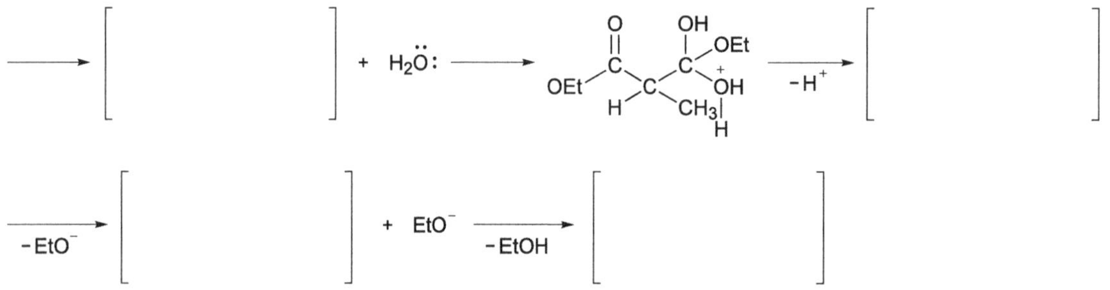

(b) Ethyl acetoacetate + $^{-}$OEt —(- EtOH)→ [ ] + H_3C—Cl —(- Cl^-)→ [ ] + H^+

→ + $H_2\ddot{O}$: → [ ] —(- H^+)→ [ ]

—(- EtO^-)→ [ ] + EtO^- —(- EtOH)→

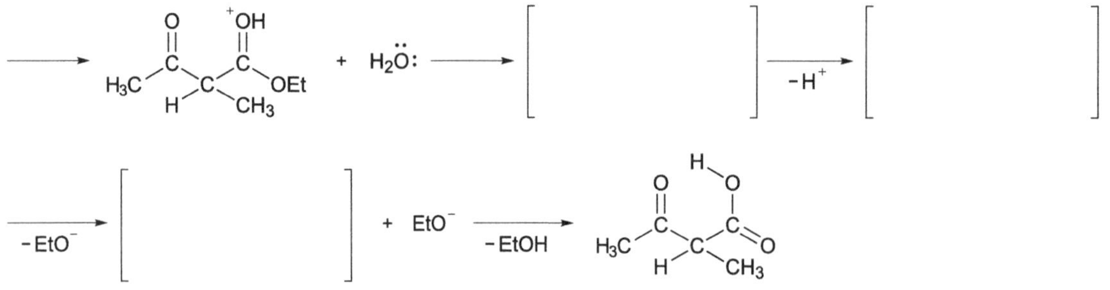

3-Oxoprobutanoic acid

—(- CO_2)→ [ ] ⇌ [ ]

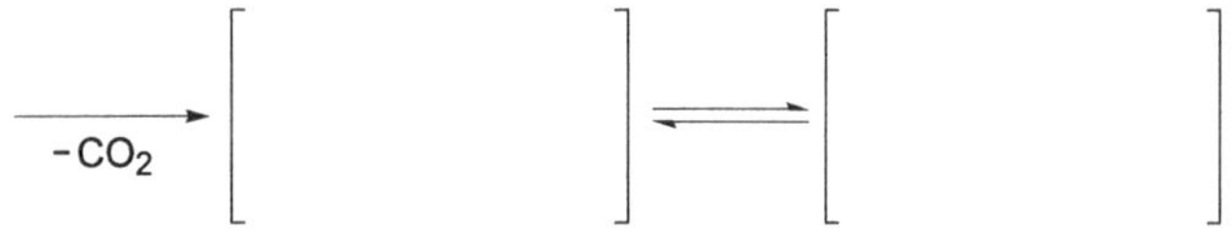

9.5 카보닐 화합물의 축합 반응 메커니즘

α-탄소에 수소를 가지고 있는 카보닐 화합물은 두 분자가 축합 반응을 일으킬 수 있다. 알데하이드 축합 반응에서 둘 중 하나는 카보닐이 유지되지만, 다른 알데하이드는 알코올로 변화된 알돌(aldol: **ald**ehyde + alcoh**ol**) 생성물을 형성한다.

알데하이드 두 분자가 축합되는 반응을 **알돌 축합 반응**(aldol condensation)이라고 한다.

알돌 화합물은 알코올보다 더 쉽게 탈수가 일어나 α,β-불포화 알데하이드(α,β-unsaturated aldehyde)를 생성한다. 이 탈수 반응은 탄소 음이온 중간체를 거쳐 일어나는 E1 메커니즘이다. 따라서 이 메커니즘을 E1cB(**E**limination **Uni**molecular conjugation **B**ase)라고 한다.

두 개의 다른 알데하이드 사이에서 일어나는 알돌 반응을 **교차 알돌 반응**(cross aldol reaction)이라고 한다.

알돌 축합 반응은 동일한 두 알데하이드 분자뿐만 아니라, 서로 다른 두 알데하이드 간에도 가능하다.

더 나아가서 하나의 분자 내에서도 알돌 반응은 가능하며, 이 반응의 생성물은 고리 형태로 된다. 이 반응을 **분자 내 알돌 반응**(intramolecular aldol reaction)이라고 한다.

케톤은 생성물 알돌보다 케톤 쪽이 더 우세하므로, 알돌 생성물 수득률이 낮다. 즉 케톤의 경우는 생성물 알돌이 **역-알돌 반응**(retro-aldol reaction)을 일으켜 쉽게 케톤으로 되돌아간다.

α-수소를 가지고 있는 에스터 화합물도 축합 반응이 가능하다. 이 반응을 **Claisen 축합 반응**(Claisen condensation)이라고 한다. 에스터도 교차 Claisen 축합 반응(cross Claisen condensation)과 분자 내 Claisen 축합 반응(intramolecular condensation)을 할 수 있다.

방법 9.9 알돌 축합 반응 메커니즘 그리기

1단계 α-수소가 있는 알데하이드와 염기가 반응하여 엔올 음이온을 생성하도록 전자 이동을 그린다.

$$\mathrm{H{-}C(=O){-}CH_2R} + \mathrm{HO^-} \xrightarrow{-H_2O} \mathrm{H{-}C(=O){-}\overset{-}{C}HR} \longleftrightarrow \mathrm{H{-}C(O^-){=}CHR}$$

엔올 음이온

2단계 생성된 엔올 음이온과 다른 알데하이드 분자가 축합 반응하여, 새로운 C-C 결합이 생성되도록 전자 이동을 그린다.

$$\mathrm{H{-}C(=O){-}\overset{-}{C}HR} + \mathrm{H{-}C(=O){-}CH_2R} \rightleftharpoons \mathrm{H{-}C(=O){-}CHR{-}CH(O^-){-}CH_2R}$$

3단계 축합 생성물과 물 분자가 반응하여 β-하이드록시알데하이드(β-hydroxyaldehyde)가 생성되도록 전자 이동을 그린다.

10
-HO⁻
11

β-하이드록시알데하이드
(알돌)

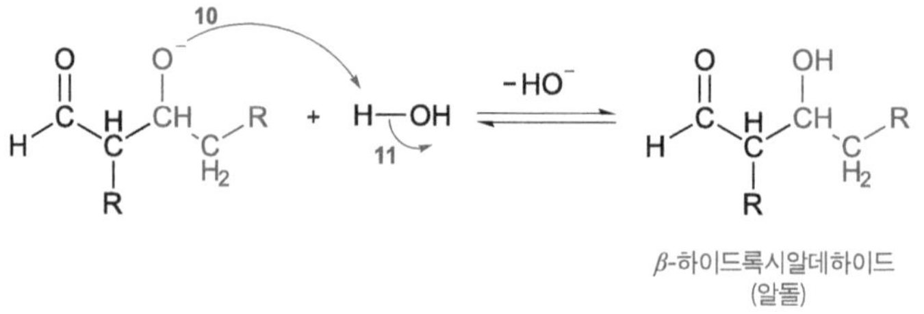

4단계 β-하이드록시알데하이드와 염기가 반응하여 알돌의 α-탄소에 음이온이 생성되도록 전자 이동을 표시한다.

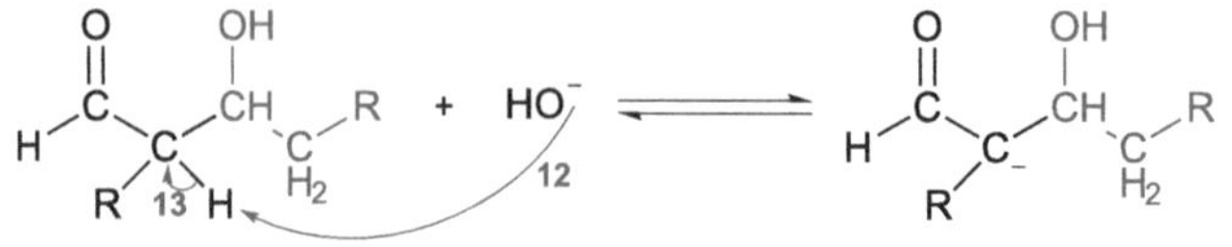

13
12

5단계 음이온 전자가 이웃 탄소로 이동하여 이중 결합을 형성하면서 HO^-가 이탈되도록 전자 이동을 그린다.

15
-HO⁻
14

α,β-불포화 알데하이드

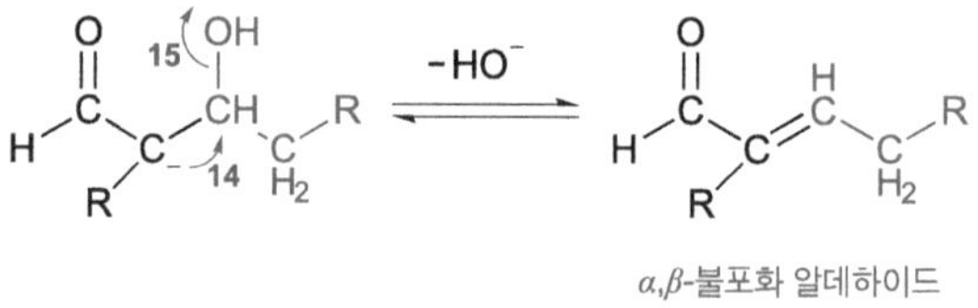

복습문제 9.9 알돌 축합 반응 메커니즘에 적합한 전자 이동을 그리시오.

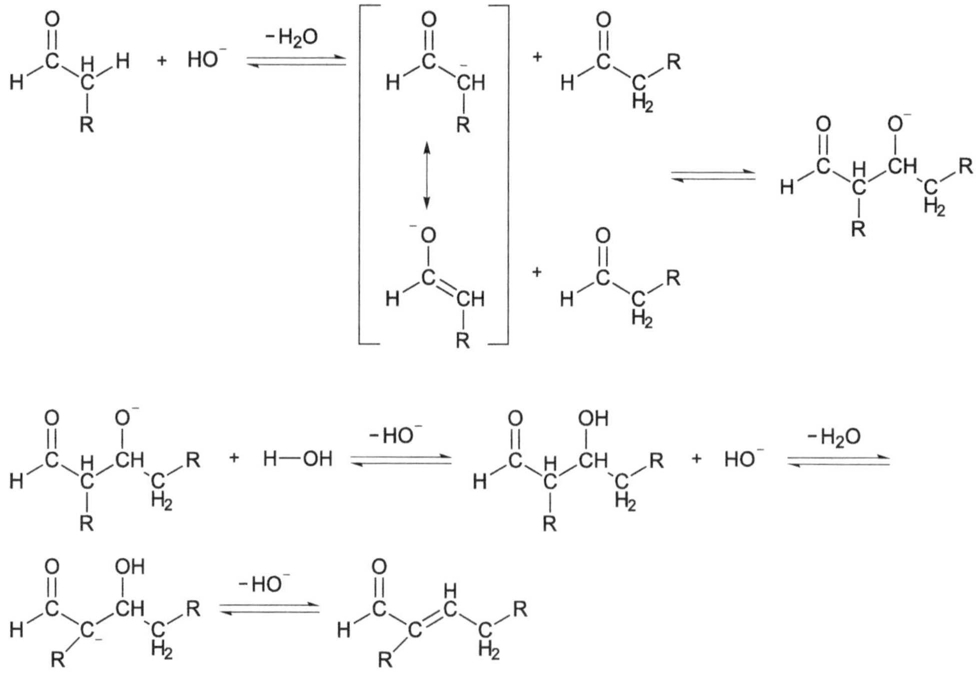

$-H_2O$

-HO⁻

$-H_2O$

-HO⁻

방법 9.10 역-알돌 반응 메커니즘 그리기

1단계 알돌의 OH기와 염기가 반응하여 산소 음이온 종을 생성하도록 전자 이동을 표시한다.

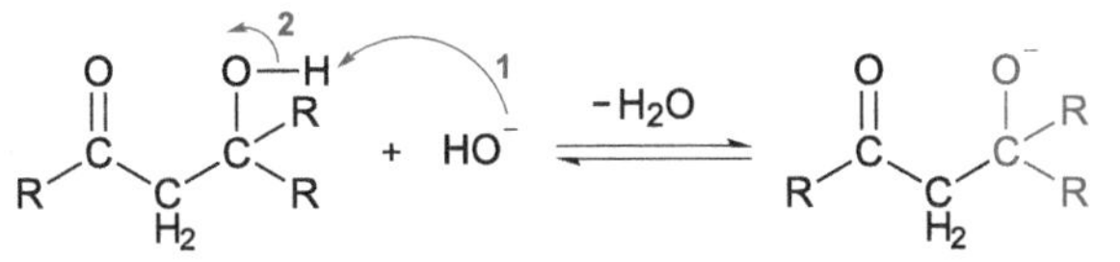

2단계 산소 음이온 전자가 탄소로 이동하여 이중 결합을 형성하면서 C–C 결합이 분해되도록 전자 이동을 그린다. 생성물은 출발물질 케톤이다.

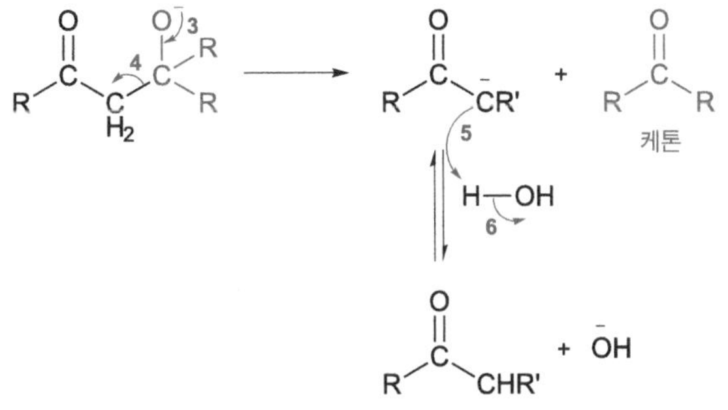

복습문제 9.10 역-알돌 반응 메커니즘에 적합한 전자 이동을 그리시오.

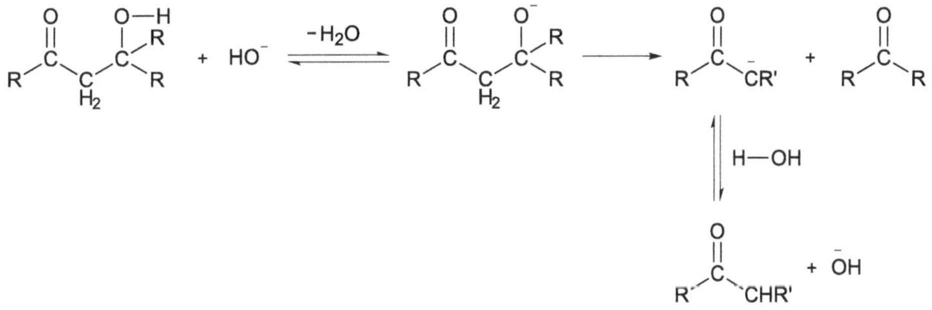

연습문제 9.5 다음 반응의 메커니즘을 완결하시오. 전자 이동을 표시하고, 생성물의 IUPAC 이름도 쓰시오.

(a) Propionaldehyde + HO^- ⇌ ($-H_2O$) [...] ⇌ [ ] + H—OH

($-HO^-$) ⇌ ... + HO^- ⇌ ($-H_2O$) [ ] ⇌ ($-HO^-$) [ ]

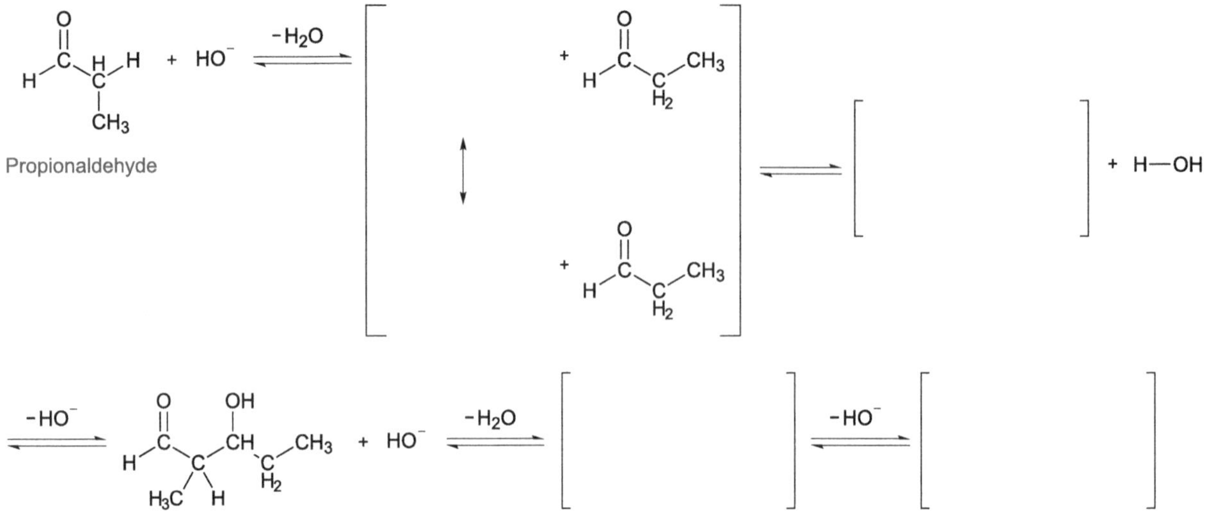

(b) 4-Hydroxy-4-methylpentan-2-one + HO^- ⇌ ($-H_2O$) [ ] ⟶ [ ] + ... ; H—OH ; [ ] + $\bar{O}H$

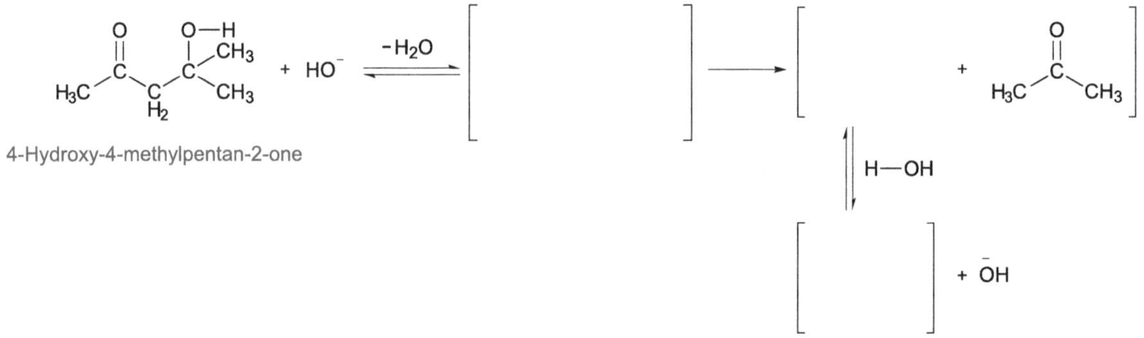

방법 9.11 에스터의 Claisen 축합 반응 메커니즘 그리기

1단계 에스터와 염기가 반응하여 엔올 음이온을 형성하도록 전자 이동을 그린다.

에스터 + $\bar{O}Et$ ⇌ ($-EtOH$) 엔올 음이온

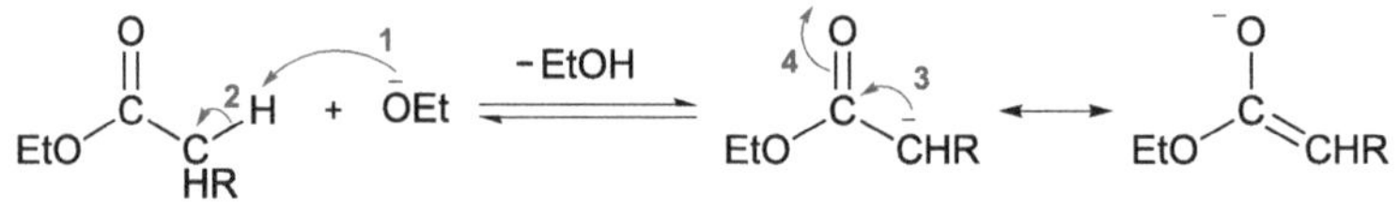

2단계 생성된 엔올 음이온과 다른 에스터 분자가 첨가 반응하여 새로운 C–C 결합을 형성하도록 전자 이동을 그린다.

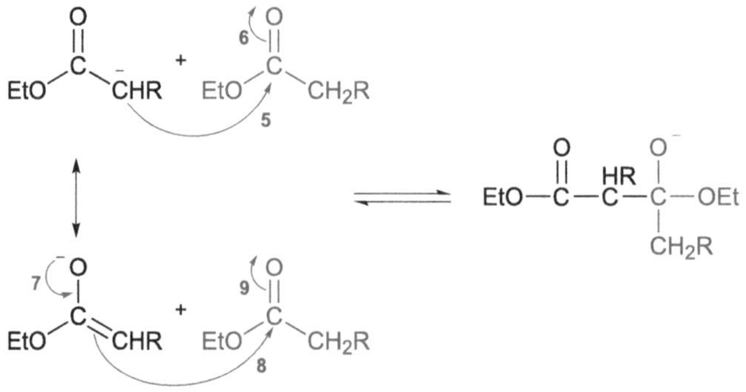

3단계 산소 음이온 전자가 탄소로 이동하여 이중 결합을 형성하고 EtO^-가 이탈되도록 전자 이동을 그린다. 생성물은 β−케토에스터(β−ketoester)이다.

β-케토에스터

복습문제 9.11 에스터의 Claisen 축합 반응 메커니즘에 적합한 전자 이동을 표시한다.

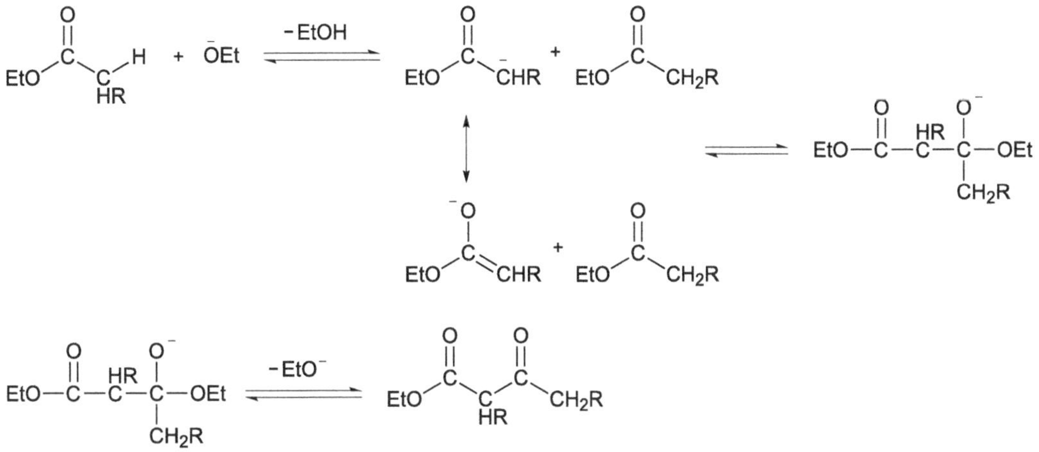

연습문제 9.6 다음 에스터 축합 반응 메커니즘을 완결하시오. 전자 이동을 표시하고, 생성물의 IUPAC 이름도 쓰시오.

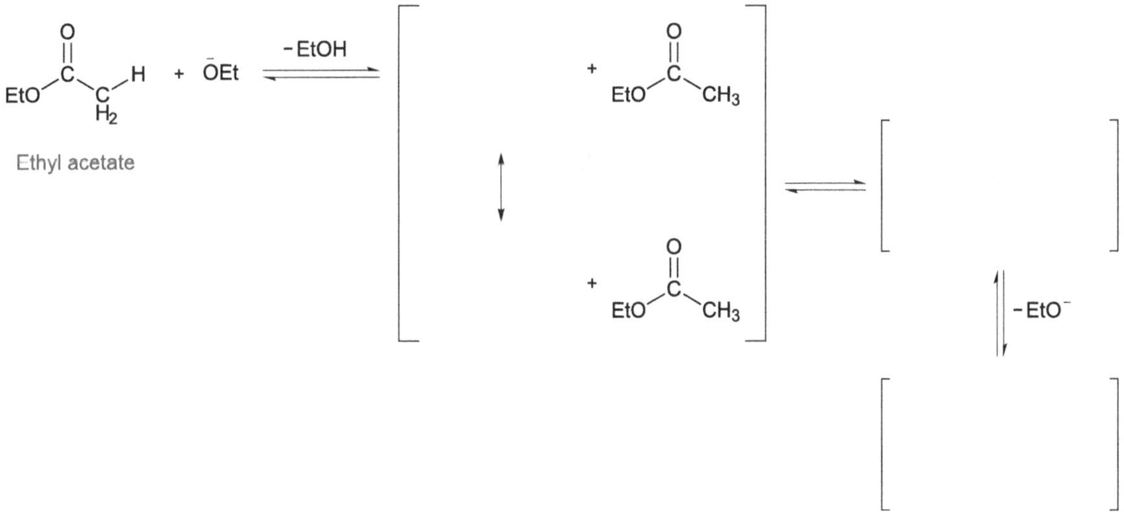

Ethyl acetate

9.6 콘쥬게이션 첨가 반응 메커니즘

α,β–불포화 카보닐 화합물과 친핵체의 첨가 반응을 **콘쥬게이션 첨가 반응**(conjugation addition), **Michael 반응**(Michael reaction) 또는 **1,4–첨가 반응**(1,4–addition)이라고 한다.

α,β–불포화 카보닐 화합물은 두 개의 친전자성 자리를 가지므로 두 자리 모두 친핵체와 첨가 반응할 수 있다.

Michael 반응과 분자 내 알돌 축합 반응을 이용하여 고리를 만들 수 있다. 이 반응은 **Robinson 고리화 반응**(Robinson cyclization)이라고 한다.

α,β–불포화 카보닐 화합물은 **Michael 받개**(Michael acceptor)라고 하며, 반응하는 친핵체는 **Michael 주개**(Michael donor)라고 한다. Michael 반응에서 새로운 C–C 결합은 항상 Michael 받개의 β–탄소에서 형성된다.

방법 9.12 Michael 반응 메커니즘 그리기

1단계 Michael 받개와 주개가 반응하여 새로운 C–C 결합이 생성되도록 전자 이동을 그린다.

2단계 생성물의 탄소 음이온 전자가 EtOH와 반응하여 이온이 중화되도록 전자 이동을 표시한다.

복습문제 9.12 Michael 반응 메커니즘에 적합한 전자 이동을 그리시오.

방법 9.13 Robinson 고리화 반응 메커니즘 그리기

1단계 1,3-다이케톤(diketone)과 염기가 반응하여 탄소 음이온 종이 생성되도록 전자 이동을 그린다. 생성된 탄소 음이온은 Michael 주개로 작용한다.

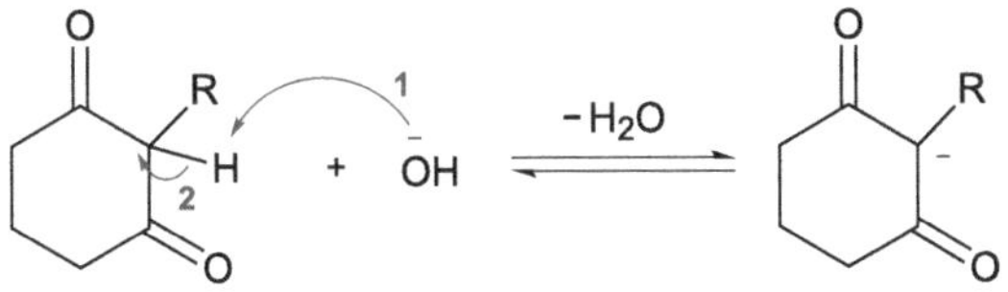

2단계 Michael 주개와 받개가 서로 Michael 첨가 반응을 일으켜 α-탄소에 새로운 C–C 결합이 생성되도록 전자 이동을 그린다.

Michael 주개 Michael 받개

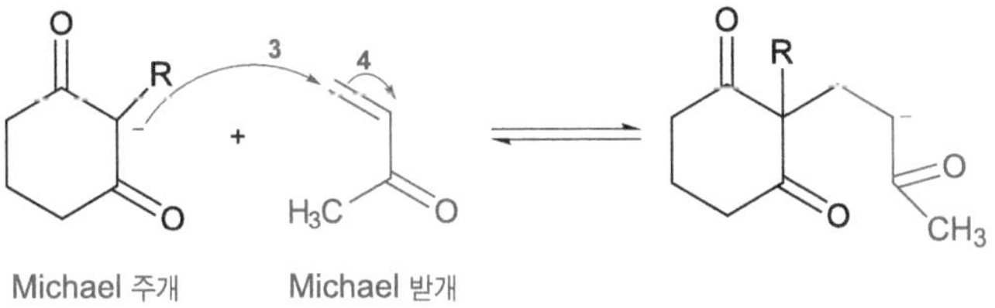

3단계 첨가 반응 후에 생성된 탄소 음이온 종이 물 분자와 반응하여 중화되도록 전자 이동을 그린다.

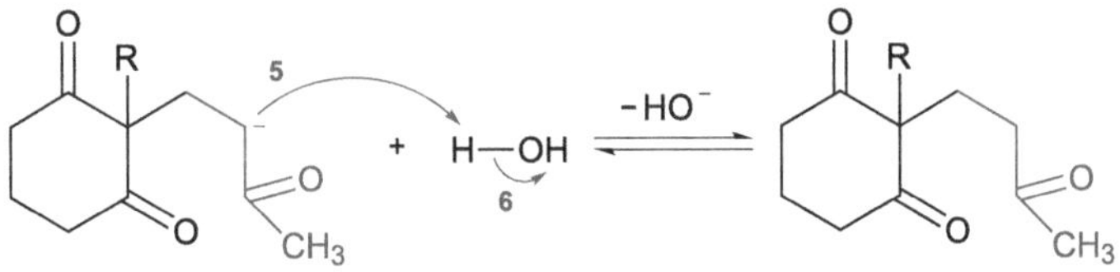

4단계 3단계에서 생성된 생성물과 염기가 반응하여 사슬 탄소에 음이온이 생성되도록 전자 이동을 표시한다.

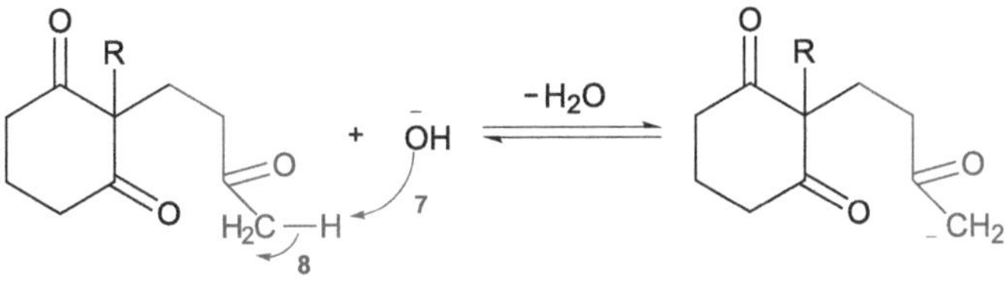

5단계 생성된 사슬 탄소 음이온이 cyclohexane의 3-번 탄소(C=O)와 반응하여 새로운 C–C 결합이 형성되도록 전자 이동을 그린다. 이 단계는 알돌 반응 단계이다.

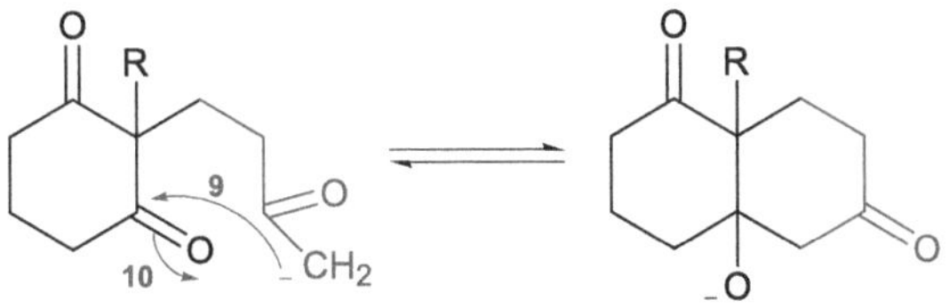

6단계 5단계의 생성물이 물과 반응하여 중화되도록 전자 이동을 그린다.

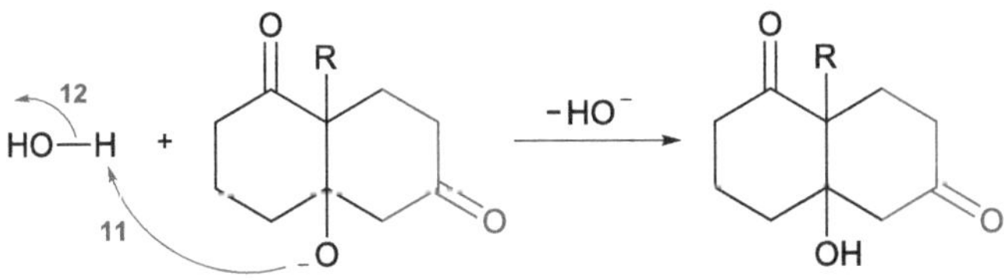

7단계 7단계의 생성물과 염기가 반응하여 이중 결합이 생성되고 OH가 이탈되도록 전자 이동을 표시한다.

$-H_2O$, $-HO^-$

13 14 15

복습문제 9.13 Robinson 고리화 반응에 적합한 전자 이동을 그리시오.

$-H_2O$ $-H_2O$ $-HO^-$ $-H_2O$ $-HO^-$

연습문제 9.7 다음 반응의 메커니즘을 완결하시오. 전자 이동을 표시하고, 생성물의 IUPAC 이름도 쓰시오.

(a) But-3-en-2-one + $\bar{C}H(CO_2Et)_2$ ⟶ [ ] + H—OEt ⟶ [ ]

(b) 2-Methylcyclohexane-1,3-dione + $\bar{O}H$ $\xrightarrow{-H_2O}$ [ ] + H_3C-CO-CH=CH$_2$ ⇌ [ ] + H—OH ⇌

+ $\bar{O}H$ $\xrightarrow{-H_2O}$ [ ] ⇌ HO—H + [ ] $\xrightarrow{-HO^-}$

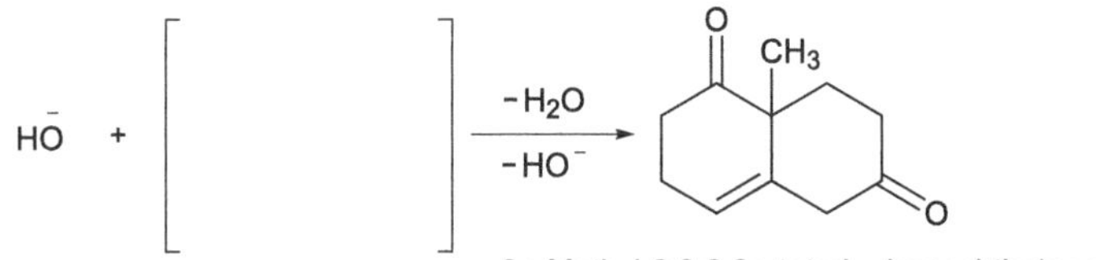

HO⁻ + [ ] $\xrightarrow[-HO^-]{-H_2O}$

8a-Methyl-2,3,8,8a-tetrahydronaphthalene-1,6(5*H*,7*H*)-dione

9.7 카보닐 축합 반응 및 알킬화 반응의 생성물 예측

카보닐 축합 반응은 두 분자가 하나로 축합되어 새로운 C–C 결합을 형성하는 반응이다. 따라서 주어진 출발물질로부터 생성물을 예측할 수 있다. 이러한 예측은 유기합성에서 매우 유용하다.

방법 9.14 알돌 반응 생성물 예측하기

다음 반응을 예로 들자.

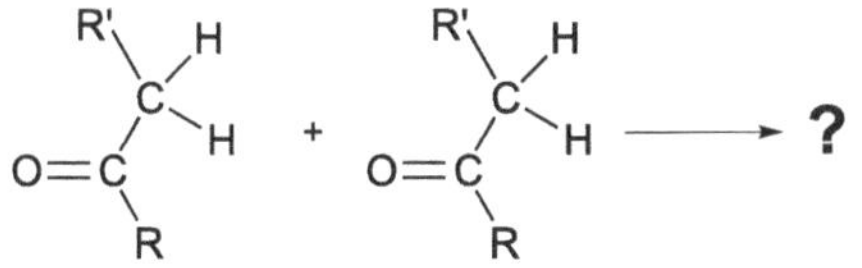

1단계 α–탄소 위치를 확인한다.

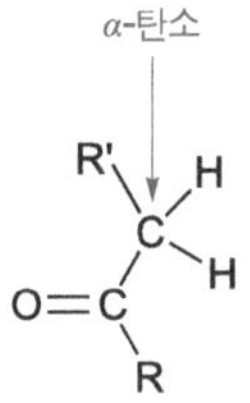

α-탄소

2단계 두 반응 물질 중 한 분자의 α–탄소와 다른 분자의 카보닐기(C=O)를 서로 마주 보도록 그린다.

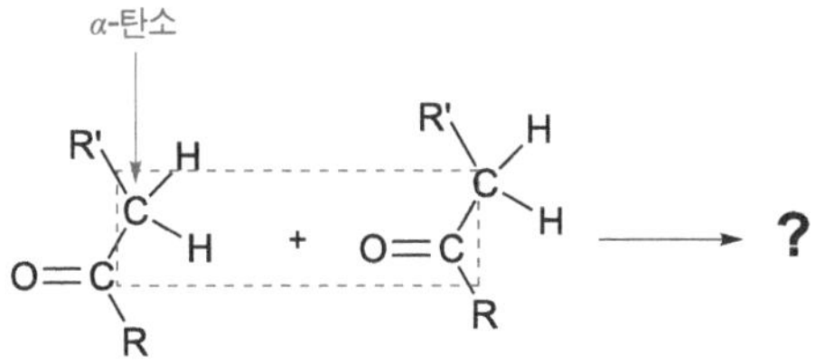

α-탄소

3단계 α–H와 C=O를 하나의 C=C 이중 결합으로 연결하여 생성물을 그린다.

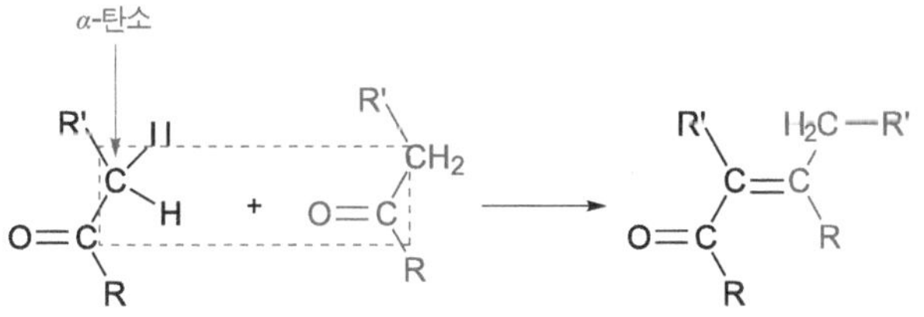

α-탄소

α,β-불포화 카보닐

복습문제 9.14 다음 두 분자의 알돌 축합 반응 생성물을 예측하시오.

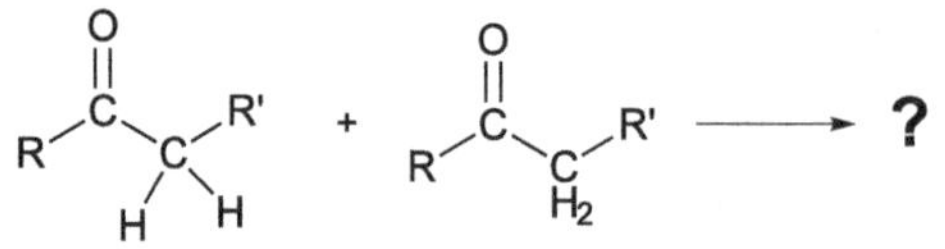

방법 9.15 알돌 반응 생성물로부터 출발물질 도출하기

생성물로부터 출발물질을 도출하는 과정을 **역합성**(retrosynthesis)이라고 한다.

다음 반응의 생성물을 예로 들어 보자.

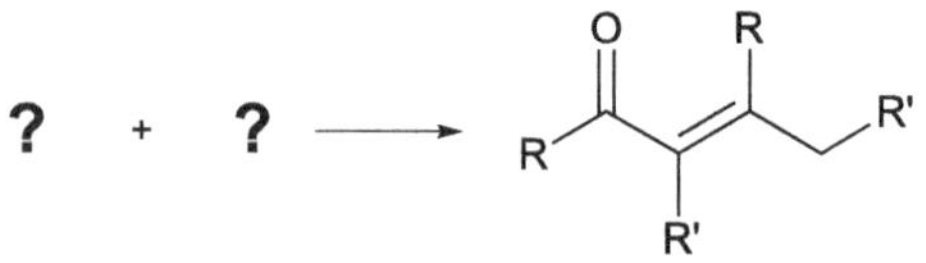

1단계 생성물 α,β-불포화 카보닐 생성물에서 α-와 β-탄소 위치를 확인한다.

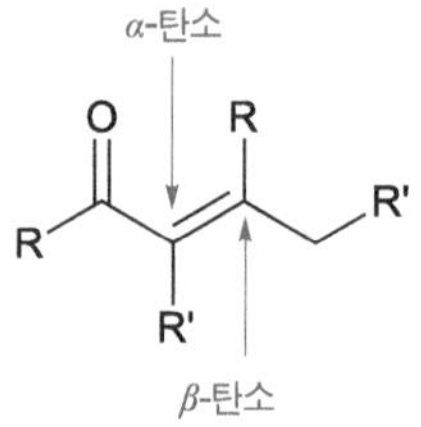

α-탄소

β-탄소

2단계 α-탄소와 β-탄소 사이의 결합을 임의로 분해하여 카보닐 화합물과 알켄이 생성되도록 한다. 생성물의 결합을 임의로 분해하여 출발물질을 도출할 때는 굽은 결합선(〰)을 사용한다.

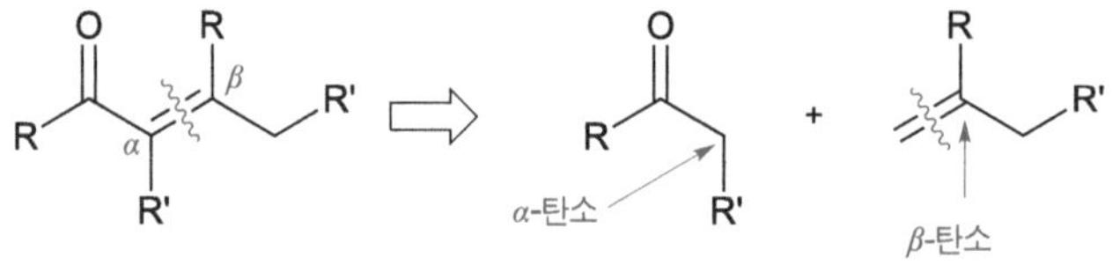

α-탄소

β-탄소

3단계 α-탄소에 적합한 수의 수소를 표시하고, β-탄소의 C=C 결합을 C=O 결합으로 변환한다. 생성물은 두 개의 카보닐 화합물이다.

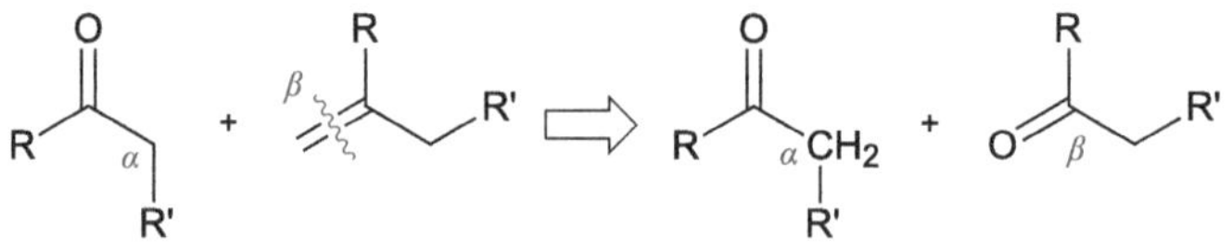

복습문제 9.15 다음 화합물을 만들 수 있는 출발물질을 도출하시오.

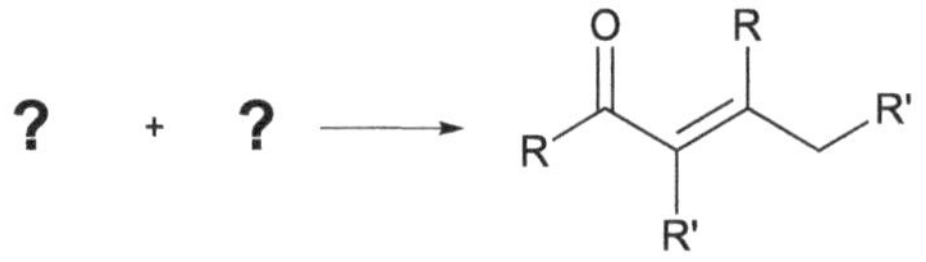

연습문제 9.8 다음 문제에 답하시오.

(a) $H_3C-CH_2-C(=O)-CH_3$ + $H_3C-CH_2-C(=O)-CH_3$ ⟶ ?

(b) ? + ? ⟶ $H_3CH_2C-C(=O)-C(CH_3)=C(CH_2CH_3)-CH_2CH_3$

10장 생체 분자의 반응 메커니즘

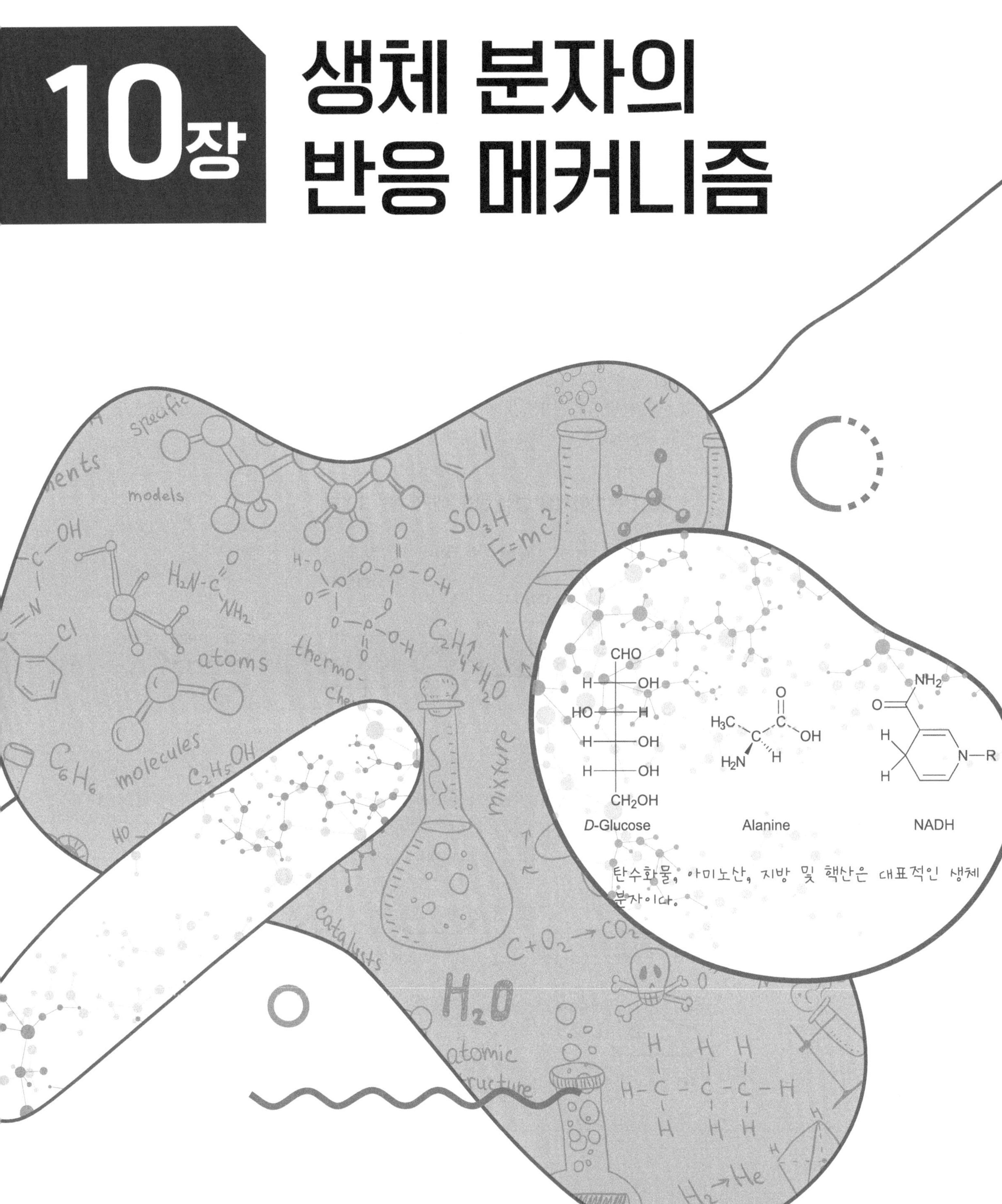

대표적인 생체 분자는 탄수화물(carbohydrate), 아미노산(amino acid), 지방(lipid) 및 핵산(nucleic acid) 등이다. 이들 생체 분자의 반응을 이해하는 것은 매우 중요하다.

10.1 탄수화물의 반응 메커니즘

탄수화물은 카보닐(C=O)기와 하이드록시(OH)기를 함께 가지는 다작용기 분자이다. 뿐만 아니라 여러 개의 카이랄 중심이 있다. 따라서 다양한 화학적 성질을 나타낸다. 반응에 관여하는 특정 부분에 대해 효율적으로 살펴볼 수 있는 분자 그리기 방법도 알려져 있다. 한 가지 방법은 1장에서 다룬 Fischer 투영도이고, 다른 하나는 육-원자 고리(pyran)와 오-원자 고리(furan) 등의 고리 구조로 표현하는 것이다.

탄수화물은 고리화 반응, 가수분해 반응, 에스터화 반응, 에터 형성 반응, 산화-환원 반응 및 에피머화 반응(epimerization) 등을 한다.

탄수화물의 헤미아세탈 아노머 탄소에서 일어나는 에터 형성 반응을 글리코사이드(glycoside) 형성 반응이라고 한다. 이 반응 중간체 탄소 양이온은 평면 구조를 이루고 있어 α- 및 β-글리코사이드가 함께 생성된다. 혼합 생성물 대신 β-글리코사이드만 생성하려면 Koenigs-Knorr 반응을 이용하면 된다.

방법 10.1 헤미아세탈 형성 반응 메커니즘 그리기

1단계 당의 Fischer 투영도를 열린 Haworth 투영도 형태로 변환한다.

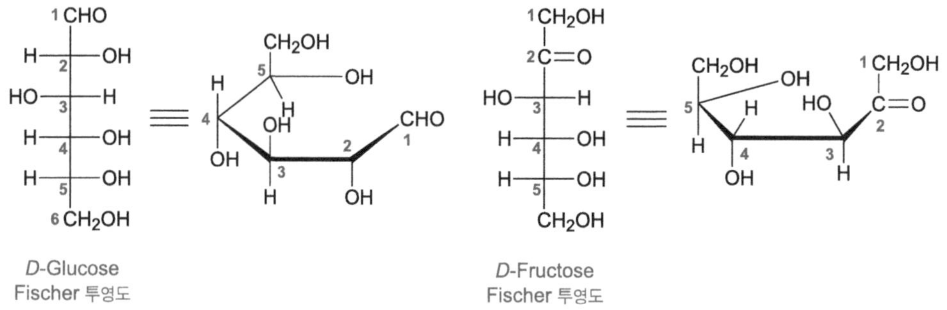

D-Glucose
Fischer 투영도

D-Fructose
Fischer 투영도

2단계 각 열린 Haworth 구조에서 5번 탄소의 OH가 카보닐 탄소와 반응하도록 전자 이동을 표시한다. C=O의 평면 구조로 인해 두 가지 에피머가 생성된다.

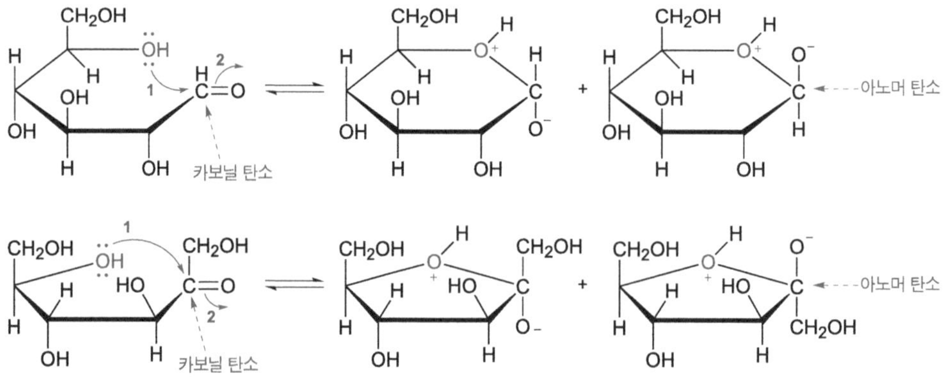

카보닐 탄소

아노머 탄소

카보닐 탄소

아노머 탄소

3단계 생성된 Haworth 구조에서 양성자 이동이 일어나 해당하는 육- 또는 오-원자 고리 탄수화물이 형성되도록 전자 이동을 표시한다.

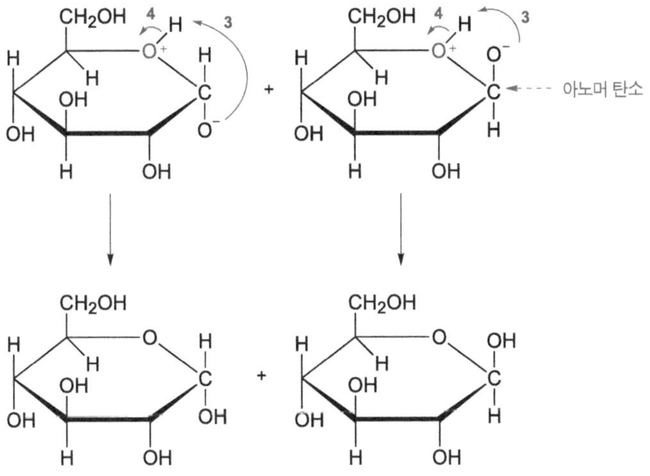

아노머 탄소

α-D-Glucopyranose β-D-Glucopyranose

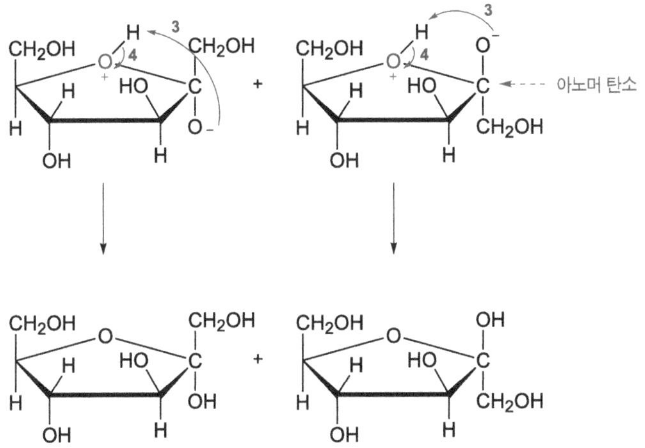

아노머 탄소

α-D-Fructofuranose β-D-Fructofuranose

복습문제 10.1 다음 헤미아세탈화 반응 메커니즘에 적합한 전자 이동을 표시하시오.

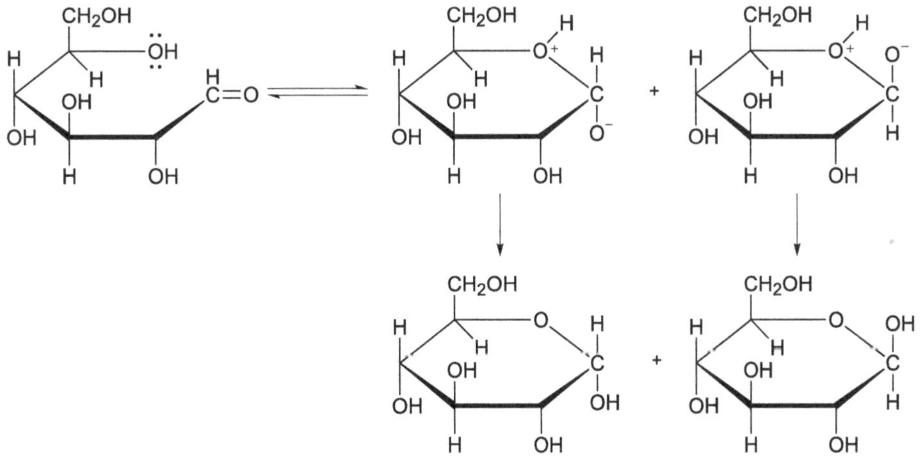

α-D-Glucopyranose β-D-Glucopyranose

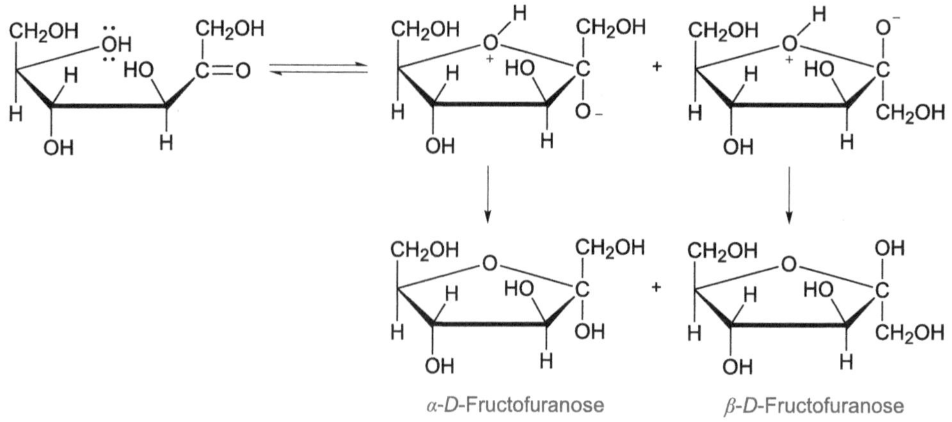

α-D-Fructofuranose β-D-Fructofuranose

방법 10.2 글리코사이드 형성 반응 메커니즘 그리기

글리코사이드 형성 반응은 아노머 탄소의 OH기에서 일어나는 에터 형성 반응이다.

1단계 β−D−Glucopyranose의 아노머 탄소 OH기가 산과 반응하여 옥소늄 이온이 생성되도록 전자 이동을 그린다.

β-D-Glucopyranose 옥소늄 이온

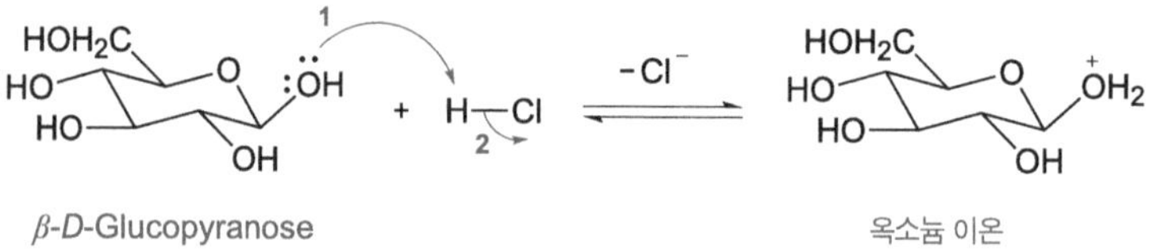

2단계 옥소늄 이온에서 물 분자가 이탈되도록 전자 이동을 표시한다.

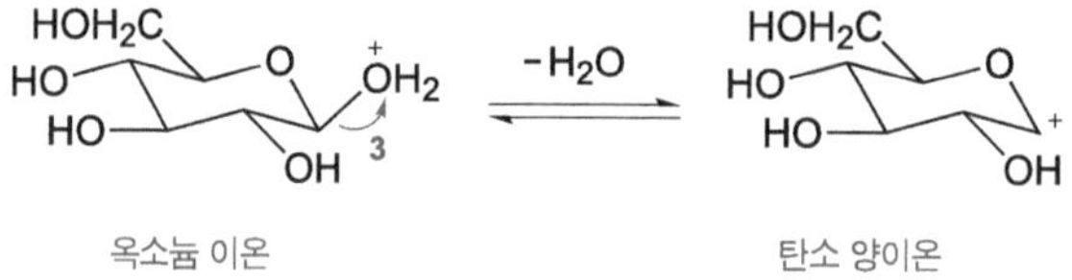

옥소늄 이온 탄소 양이온

3단계 탄소 양이온의 공명 구조와 알코올이 반응하여 글리코사이드 결합이 형성되도록 전자 이동을 그린다. 평면 구조를 이루는 C=O 이중 결합 탄소에서 반응하므로 평면의 위와 아래 두 방향 반응이 가능하다.

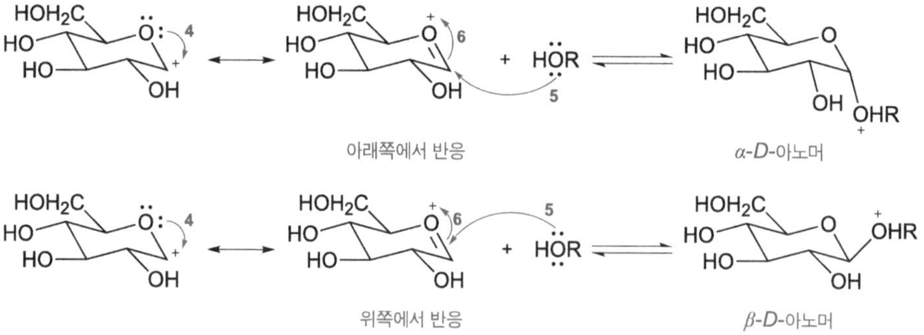

아래쪽에서 반응 α-D-아노머

위쪽에서 반응 β-D-아노머

4단계 옥소늄 이온의 양성자와 물 분자가 반응하여 alkyl *β*− 및 *α*−*D*−glucopyranoside가 생성되도록 전자 이동을 표시한다.

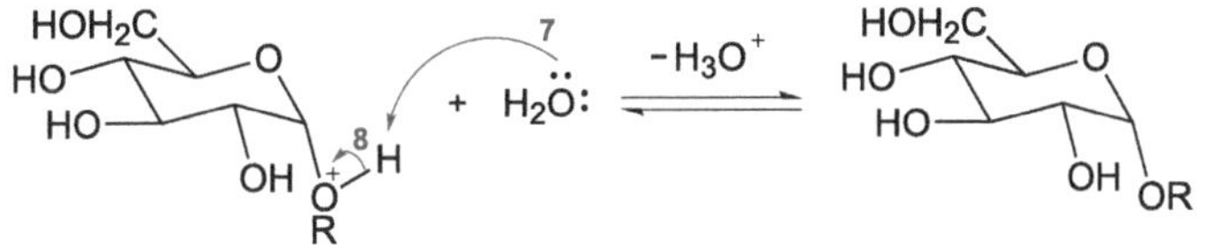

α-D-아노머   *α-D*-글리코사이드

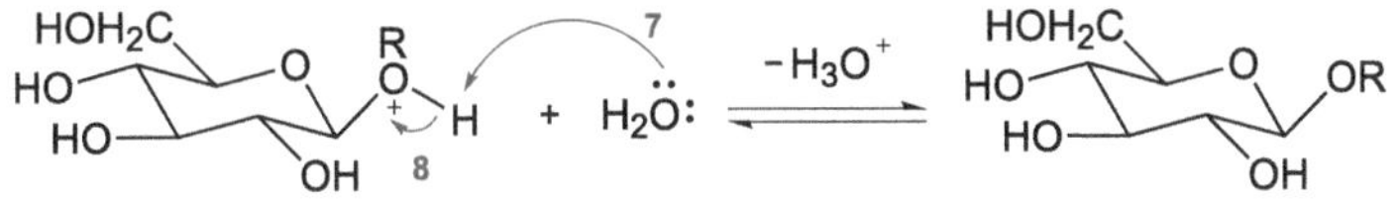

β-D-아노머   *β-D*-글리코사이드

복습문제 10.2 탄수화물의 글리코사이드 형성 반응 메커니즘에 적합한 전자 이동을 그리시오.

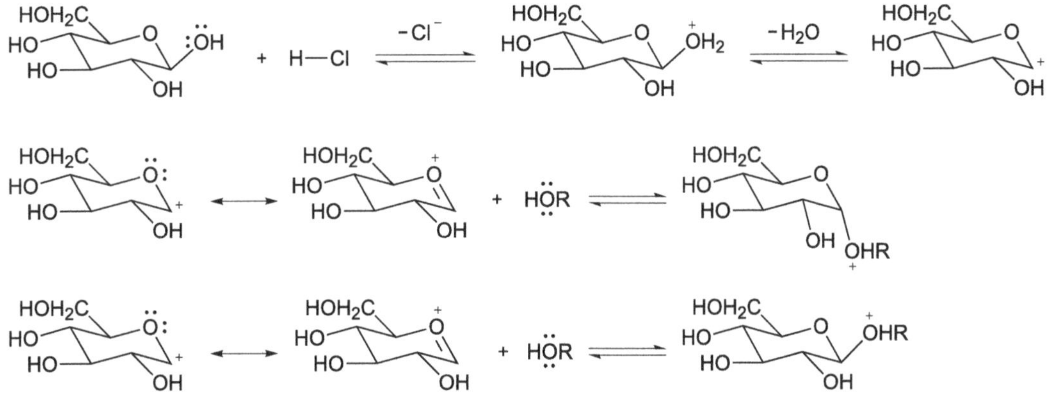

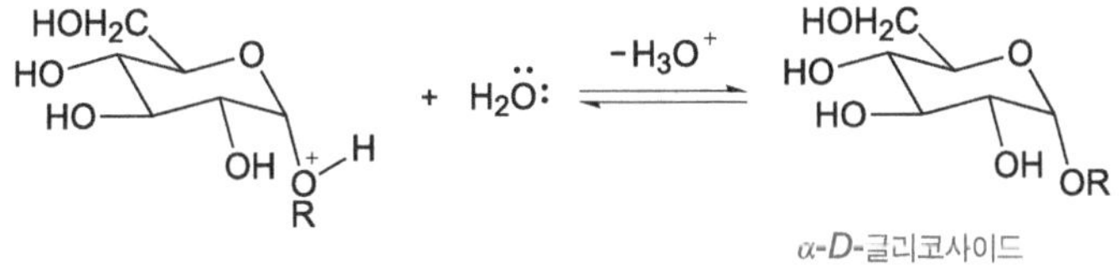

α-D-글리코사이드

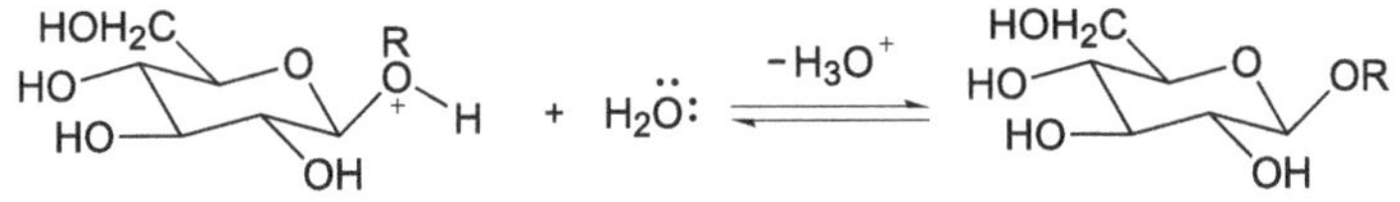

β-D-글리코사이드

연습문제 10.1 다음 반응의 메커니즘을 완결하시오. 전자 이동도 표시하시오.

HOH$_2$C, HO, HO, O, :ÖH, OH + H—Cl ⇌ (−Cl$^-$) [ ] ⇌ (−H$_2$O) [ ] ⟷

β-D-Glucopyranose

[ ] + HÖEt ⇌ (아래쪽에서 반응) [ ] + H$_2$Ö: ⇌ (−H$_3$O$^+$) HOH$_2$C, HO, HO, O, OH, OEt

(2S,3R,4S,5S,6R)-2-Ethoxy-6-(hydroxymethyl) tetrahydro-2H-pyran-3,4,5-triol

\+

[ ] + HÖEt ⇌ (위쪽에서 반응) [ ] + H$_2$Ö: ⇌ (−H$_3$O$^+$) HOH$_2$C, HO, HO, O, OEt, OH

(2R,3R,4S,5S,6R)-2-Ethoxy-6-(hydroxymethyl) tetrahydro-2H-pyran-3,4,5-triol

방법 10.3 Koenigs–Knorr 반응 메커니즘 그리기

1단계 탄수화물이 HBr과 반응하여 옥소늄 이온을 생성하도록 전자 이동을 표시한다.

AcOH$_2$C, AcO, HO, O, :ÖAc, OAc + H—Br (1, 2) ⇌ (−Br$^-$) AcOH$_2$C, AcO, AcO, O, $\overset{+}{O}$HAc, OAc

2단계 브로민 음이온 전자가 아노머 탄소로 이동하여 AcOH가 이탈되어 브로민화물이 생성되도록 전자 이동을 그린다.

AcOH$_2$C, AcO, AcO, O, $\overset{+}{O}$HAc, OAc + Br$^-$ (3, 4) → (−HOAc) AcOH$_2$C, AcO, AcO, O, Br, OAc

3단계 브로민 음이온이 이탈되어 양이온이 형성되도록 전자 이동을 그린다.

AcOH$_2$C, AcO, AcO, Ö:, Br, OAc (5, 6) → (−Br$^-$) AcOH$_2$C, AcO, AcO, $\overset{+}{O}$, OAc

4단계 AcO기의 산소 비공유 전자쌍이 아노머 탄소로 이동하면서 오-원자 고리가 생성되도록 전자 이동을 그린다.

AcOH$_2$C, AcO, AcO, $\overset{+}{O}$, H$_3$C—C=Ö: (7, 8) → AcOH$_2$C, AcO, AcO, O, H$_3$C—C=O$^+$

5단계 알콕사이드(RO^-)가 오- 원자 고리 위쪽에서 아노머 탄소와 반응하여 글리코사이드 결합이 생성되도록 전자 이동을 표시한다.

⇒ 아노머 탄소가 고리를 형성하고 있어, 알콕사이드는 위쪽에서만 반응할 수 있다. 따라서 β-글리코사이드만 생성된다.

β-D-글리코사이드

복습문제 10.3 Koenigs–Knorr 반응 메커니즘에 적합한 전자 이동을 그리시오.

β-D-글리코사이드

연습문제 10.2 다음 반응의 메커니즘을 완결하시오. 전자 이동도 표시하시오.

(2R,3R,4S,5R,6R)-2-(Acetoxymethyl)-6-ethoxytetrahydro-2H-pyran-3,4,5-triyl triacetate

방법 10.4 글리코사이드의 가수분해 반응 메커니즘 그리기

1단계 아노머 탄소에 결합된 산소와 H^+가 반응하여, 옥소늄 이온이 생성되도록 전자 이동을 그린다.

2단계 고리를 구성하고 있는 산소의 비공유 전자쌍이 아노머 탄소로 이동하여, 알코올이 이탈되도록 전자 이동을 그린다.

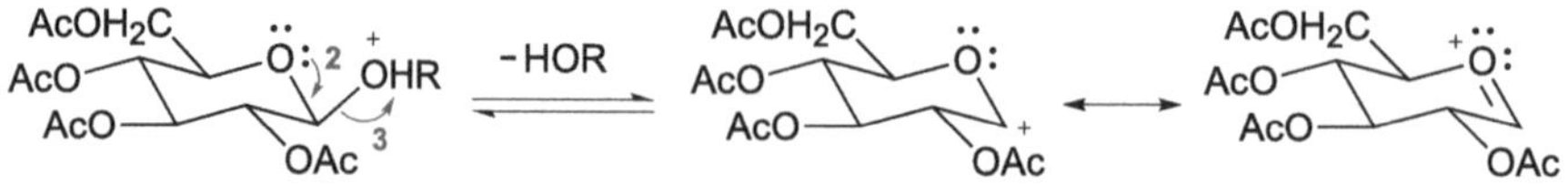

3단계 물 분자가 아노머 탄소와 반응하여 옥소늄 이온이 형성되도록 전자 이동을 나타낸다.

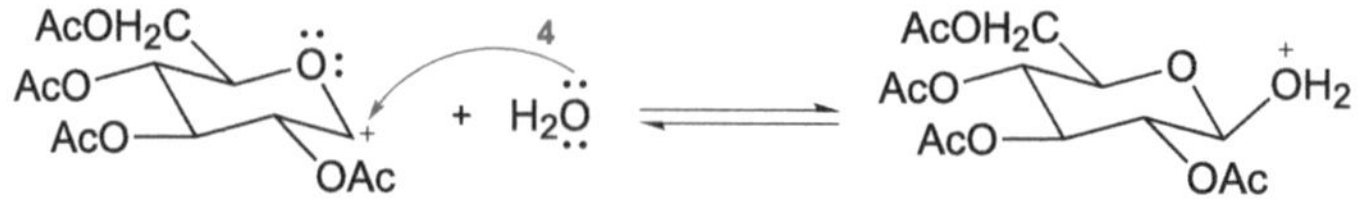

위쪽에서 반응

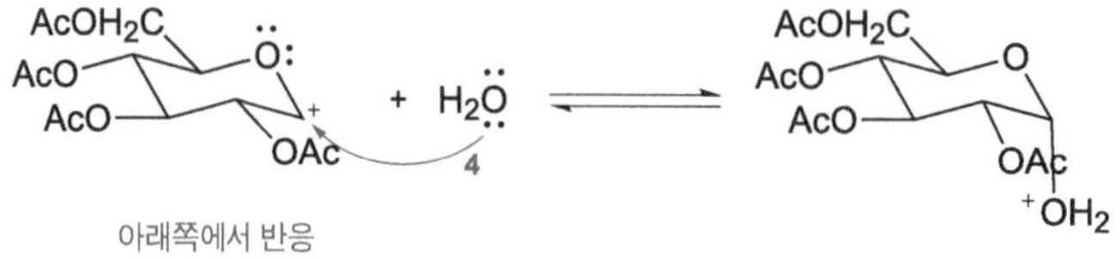

아래쪽에서 반응

4단계 물 분자나 염기에 의해 H^+가 제거되도록 전자 이동을 표시한다.

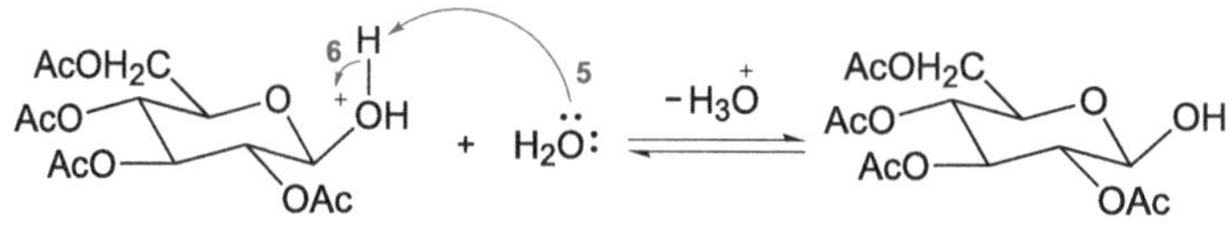

β-글루코스

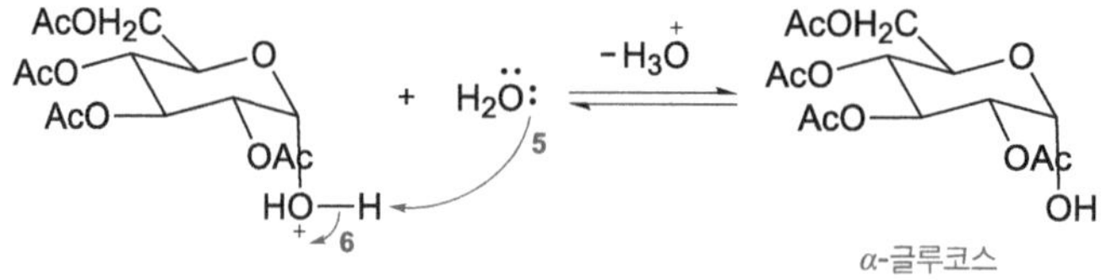

α-글루코스

복습문제 10.4 글리코사이드 가수분해 반응 메커니즘에 적합한 전자 이동을 그리시오.

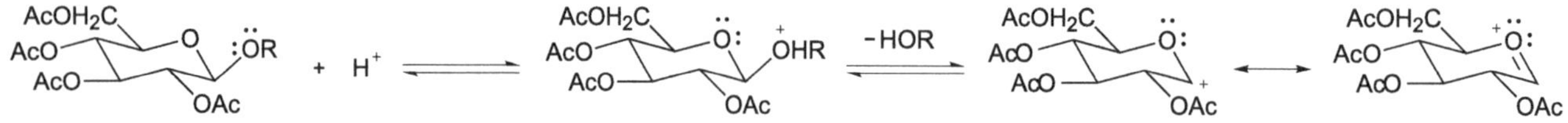

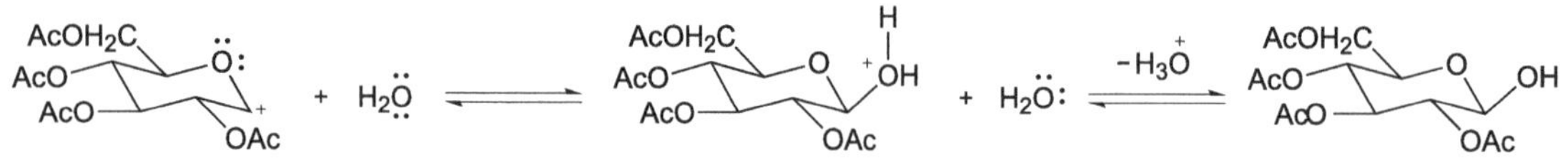

위쪽에서 반응

β-글루코스

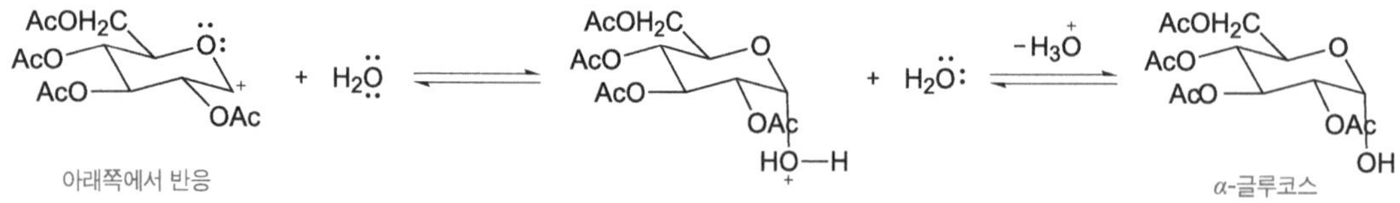

아래쪽에서 반응

α-글루코스

연습문제 10.3 다음 반응의 메커니즘을 완결하시오. 전자 이동도 표시하시오.

AcOH$_2$C, AcO, AcO, O, :ÖCH$_3$, OAc + H$^+$ ⇌ [ ] —(-HOCH$_3$)⇌ [↔]

[ ] + $H_2\ddot{O}$ —위쪽에서 반응⇌ AcOH$_2$C, AcO, AcO, O, H, $^+$OH, OAc + $H_2\ddot{O}$: —(-$H_3\overset{+}{O}$)⇌ [ ]

[ ] + $H_2\ddot{O}$ —아래쪽에서 반응⇌ AcOH$_2$C, AcO, AcO, O, OAc, HO$^+$—H + $H_2\ddot{O}$: —(-$H_3\overset{+}{O}$)⇌ [ ]

방법 10.5 산–촉매 에피머화 반응 메커니즘 그리기

1단계 탄수화물의 카보닐 산소와 산(HA)이 반응하여 옥소늄 이온이 생성되도록 전자 이동을 표시한다.

D-Glucose + H—A —(-A$^-$)⇌ (H–C=$\overset{+}{O}$H, H–OH, HO–H, H–OH, H–OH, CH_2OH)

2단계 탄수화물 α–수소와 염기가 반응하여 C=C 이중 결합이 생성되면서 엔다이올(endiol)이 되도록 전자 이동을 표시한다.

A$^-$ + (H–C=$\overset{+}{O}$H, H–OH, HO–H, H–OH, H–OH, CH_2OH) —(-HA$^-$, 토토머화)⇌ 엔다이올 (OH, H–C=C–OH, HO–H, H–OH, H–OH, CH_2OH)

3단계 C−1 탄소의 OH기 비공유 전자쌍이 이중 결합 탄소로 이동하여, 탄소 음이온이 생성되도록 전자 이동을 표시한다.

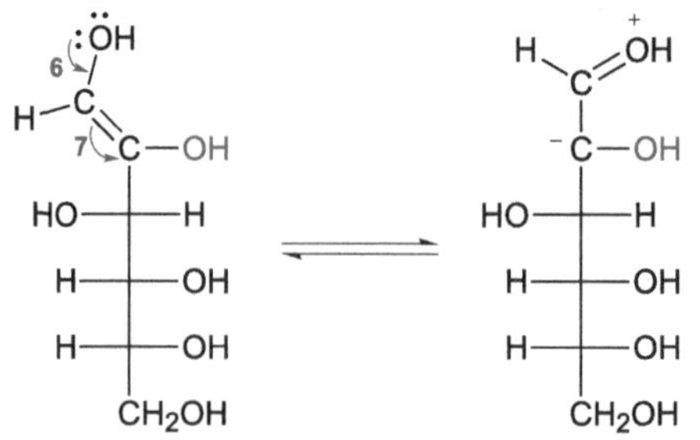

4단계 탄소 음이온과 물 분자가 반응하여 α−수소가 도입되도록 전자 이동을 그린다. 이 과정에서 에피머화가 일어나 두 에피머 생성물이 얻어지도록 전자 이동을 그린다.

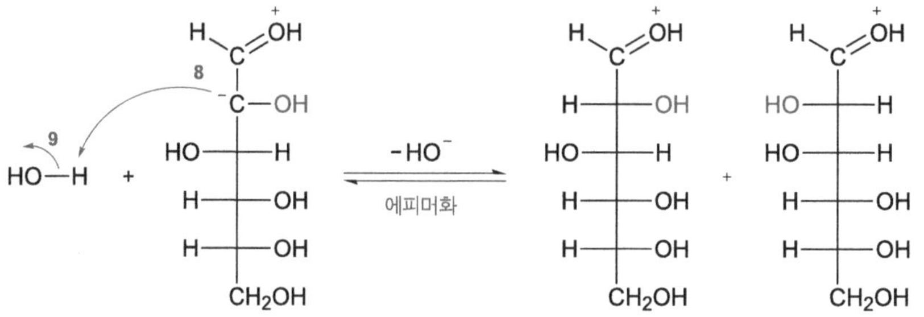

5단계 옥소늄 이온과 염기가 반응하여 중성 분자가 되도록 전자 이동을 표시한다.

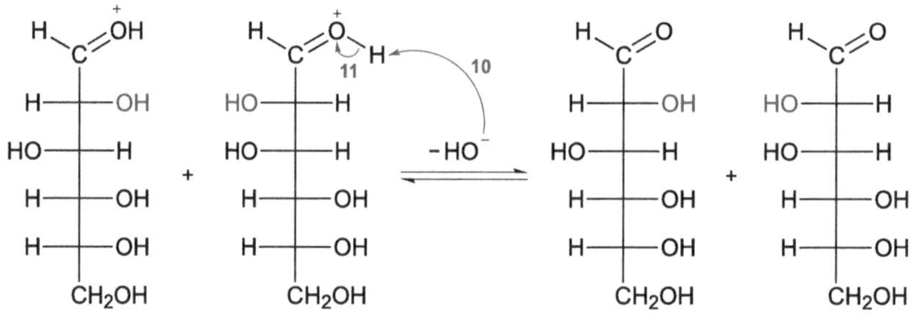

D-Glucose *D*-Mannose

복습문제 10.5 Glucose의 산−촉매 에피머화 반응 메커니즘에 적합한 전자 이동을 그리시오.

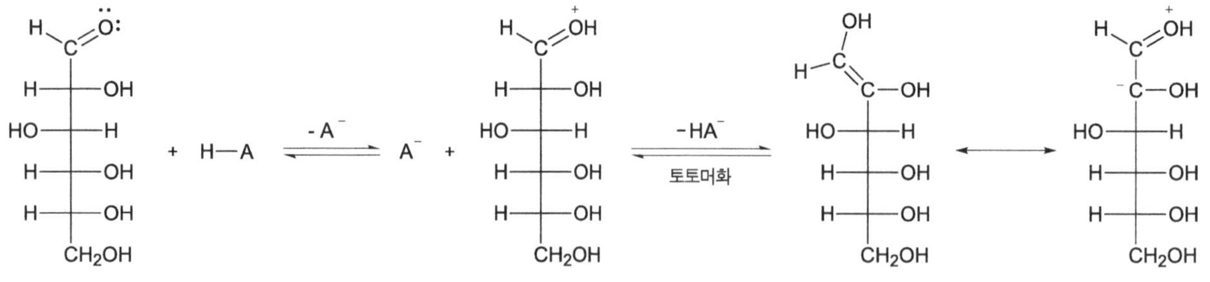

D-Glucose

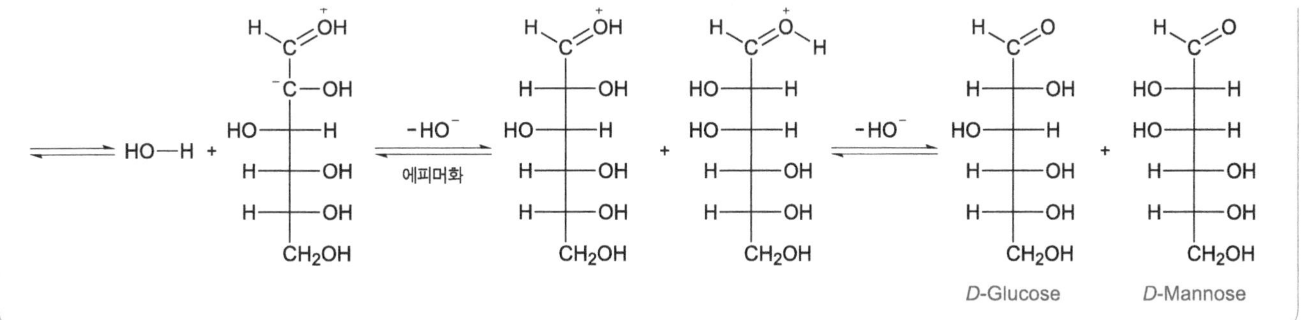
-HO⁻
에피머화
-HO⁻
D-Glucose
D-Mannose

방법 10.6 염기-촉매 에피머화 반응 메커니즘 그리기

1단계 탄수화물의 카보닐 α-수소와 염기가 반응하여, 산소 음이온이 생성되도록 전자 이동을 표시한다.

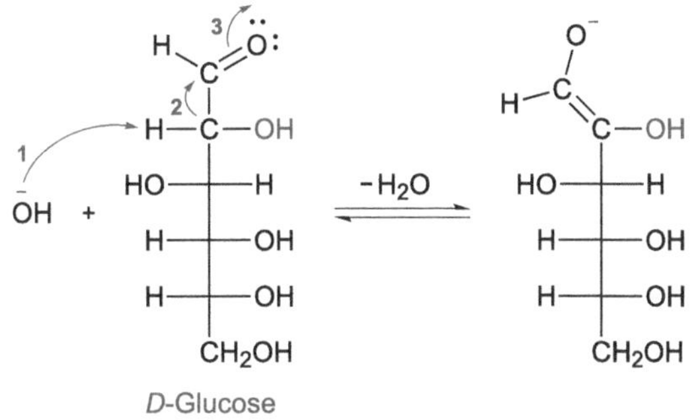
-H₂O
D-Glucose

2단계 산소 음이온 전자가 탄소 이중 결합 쪽으로 이동하여 물 분자와 반응하도록 전자 이동을 표시한다. 이 단계에서 에피머화가 일어난다. 반응자리 탄소가 평면 구조이므로 에피머화가 가능하다.

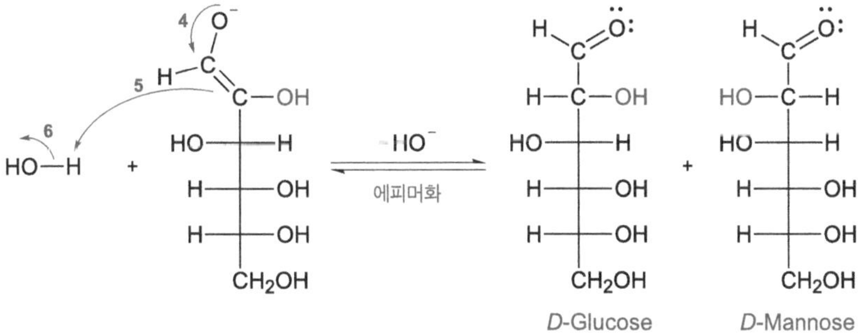
-HO⁻
에피머화
D-Glucose
D-Mannose

복습문제 10.6 Glucose의 염기–촉매 에피머화 반응 메커니즘에 적합한 전자 이동을 그리시오.

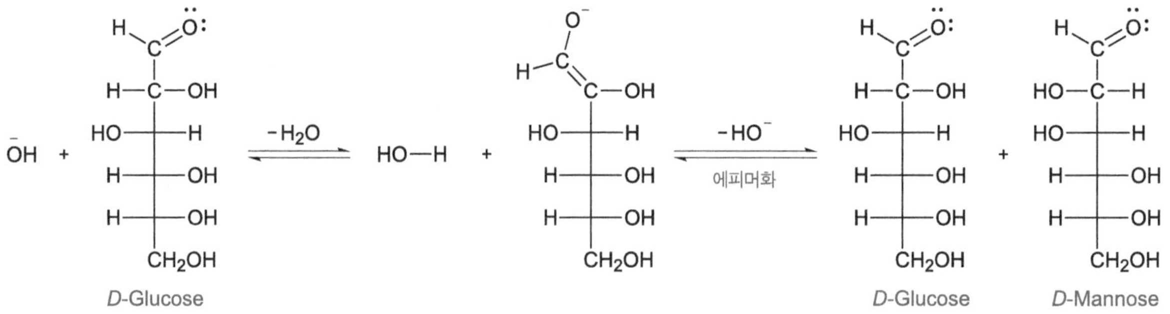

D-Glucose

$-H_2O$

$-HO^-$

에피머화

D-Glucose D-Mannose

10.2 탄수화물 사슬 확장/축소 반응 및 산화성 분해 반응 메커니즘

사슬 확장은 CN기를 도입하여 늘이는 Kiliani–Fischer 합성법이 있다. 사슬을 축소하는 반응으로 Wohl 분해 반응이 있다.

탄수화물의 사슬을 늘이거나 축소하는 반응들도 자주 이용된다.

Wohl 분해 반응(Wohl degradation)은 메커니즘적으로는 거의 **Kiliani–Fischer 합성법**의 역과정에 가깝다. Kiliani–Fischer 합성법과 Wohl 분해 반응의 중요 중간체는 사이아노하이드린(cyanohydrin)이다. 또 다른 사슬 축소 반응으로 **Ruff 반응**(Ruff degradation)이 있다. 이 반응은 두 단계 반응이며 중간체는 카복실산이다.

알도스를 HIO_4(periodic acid)로 처리하면 골격의 탄소–탄소 결합이 분해되어 formic acid와 formaldehyde를 생성한다. 또 케토스로 이 반응을 수행하면 formic acid, formaldehyde 및 CO_2로 분해된다.

방법 10.7 Kiliani–Fischer 합성 반응 메커니즘 그리기

1단계 탄수화물의 카보닐 산소와 HCN이 반응하여 CN기가 첨가되어 사이아노하이드린이 생성되도록 전자 이동을 그린다. 이 단계에서 새로운 카이랄 중심의 OH 배열이 다른 두 개 사이아노하이드린이 생성된다.

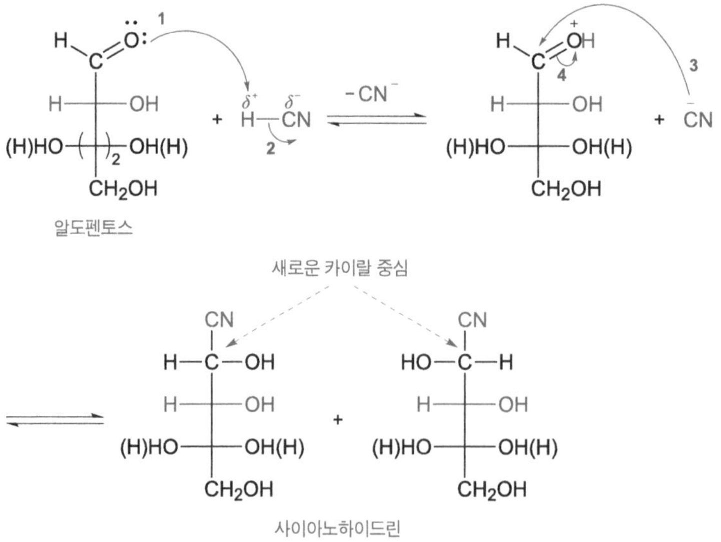

$-CN^-$

알도펜토스

새로운 카이랄 중심

사이아노하이드린

2단계 사이아노하이드린의 CN기가 H_2/Pd와 반응하여 이민이 생성되도록 전자 이동을 표시한다. 수소 기체가 Pd 촉매 표면에 흡착되어 결합이 약해져서 쉽게 반응한다.

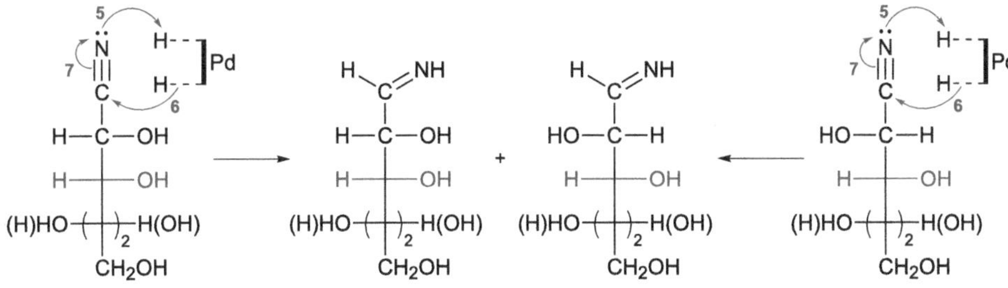

사이아노하이드린 (S)-이민 (R)-이민 사이아노하이드린

3단계 이민과 물 분자가 첨가 반응하여 아미노 알코올이 생성되도록 전자 이동을 표시한다.

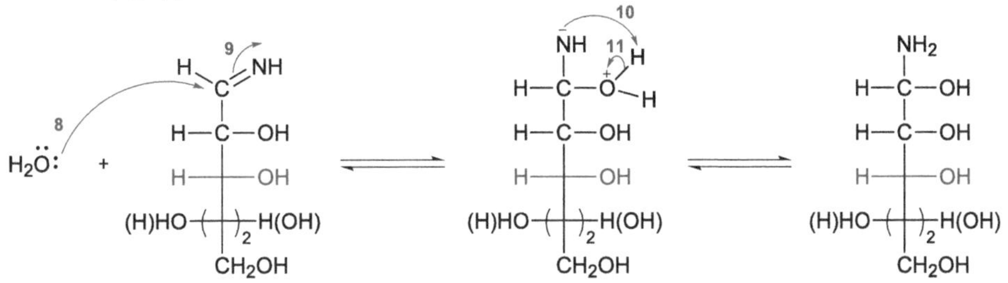

(S)-이민 아미노 알코올

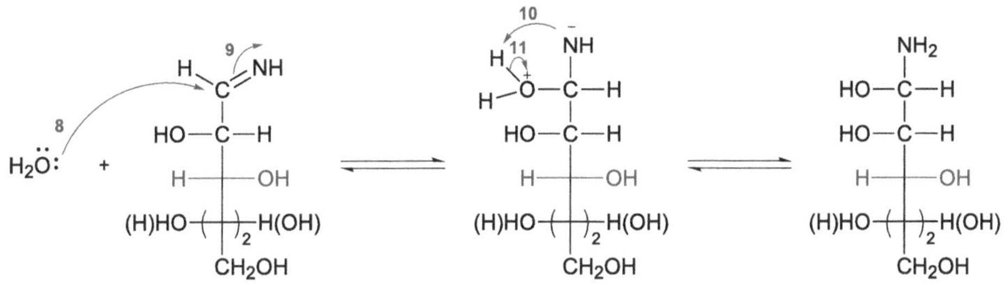

(R)-이민 아미노 알코올

4단계 아미노 알코올에서 NH_2기가 결합된 탄소의 OH기 산소 비공유 전자쌍이 탄소로 이동하여 C=O 결합을 형성하면서 H_2N^- 음이온이 이탈되도록 전자 이동을 그린다. 최종 생성물은 탄소 사슬이 하나 증가한 알도헥소스(aldohexose)가 된다.

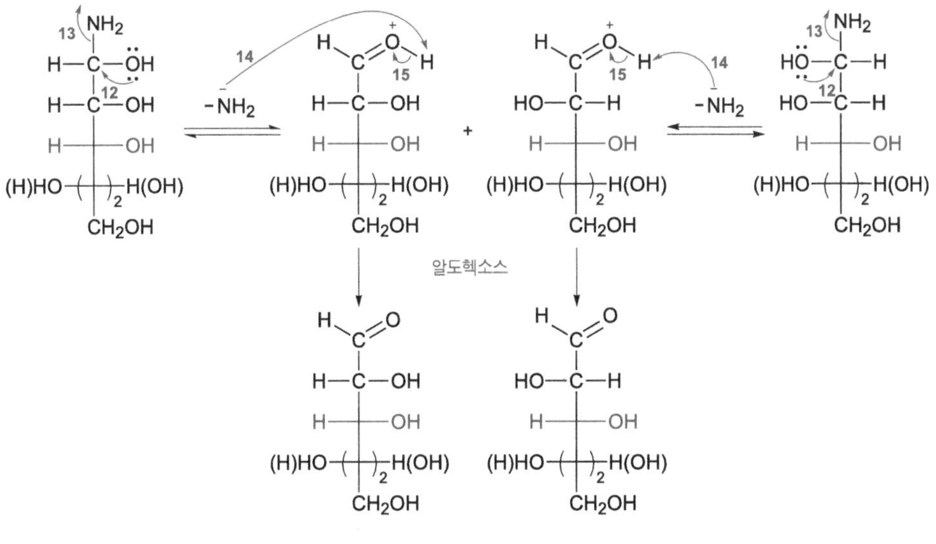

알도헥소스

복습문제 10.7 Kiliani–Fischer 합성법에 적합한 전자 이동을 그리시오.

알도펜토스

사이아노하이드린

사이아노하이드린

(*S*)-이민

(*R*)-이민

사이아노하이드린

(*S*)-이민

아미노 알코올

(*R*)-이민

아미노 알코올

알도헥소스

방법 10.8 탄수화물의 Wohl 분해 메커니즘 그리기

1단계 탄수화물의 카보닐기와 NH_2OH(hydroxylamine)가 첨가 반응하여 산소 음이온이 생성되도록 전자 이동을 그린다.

알도펜토스

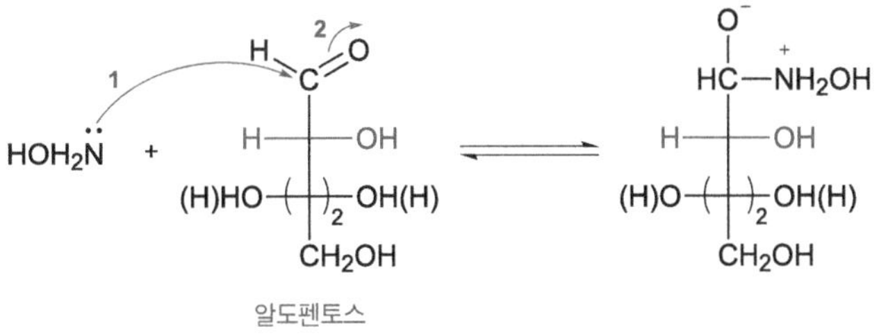

2단계 산소 음이온의 전자가 질소에 결합된 H로 이동하여 하이드록시아미노알코올(hydroxyaminoalcohol)이 생성되도록 전자 이동을 그린다.

Hydroxyaminoalcohol

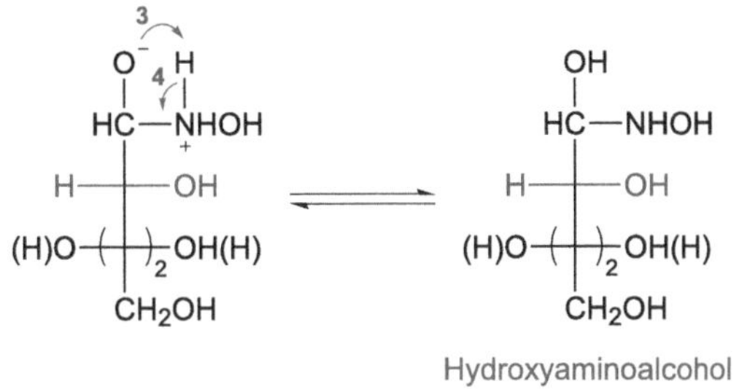

3단계 질소의 비공유 전자쌍이 탄소로 이동하여 이중 결합을 형성하고 HO^-가 이탈되도록 전자 이동을 그린다. 이어서 이탈된 HO^- 이온이 질소에 있는 수소와 반응하여 옥심(oxime)과 물이 생성되도록 전자 이동을 그린다.

Hydroxyaminoalcohol

옥심

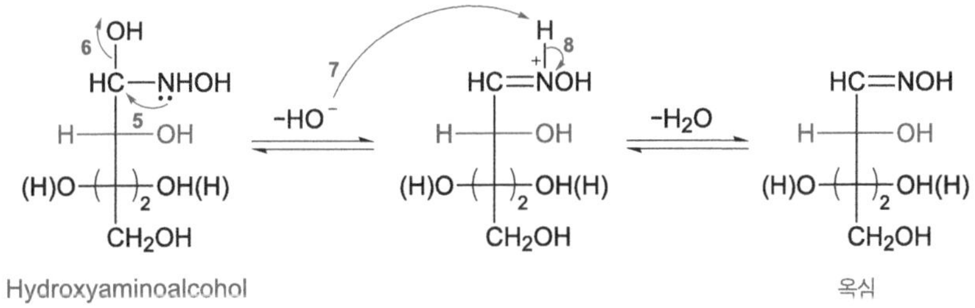

4단계 옥심과 acetic anhydride가 반응하여 *N*-아세틸 옥심이 되도록 전자 이동을 표시한다.

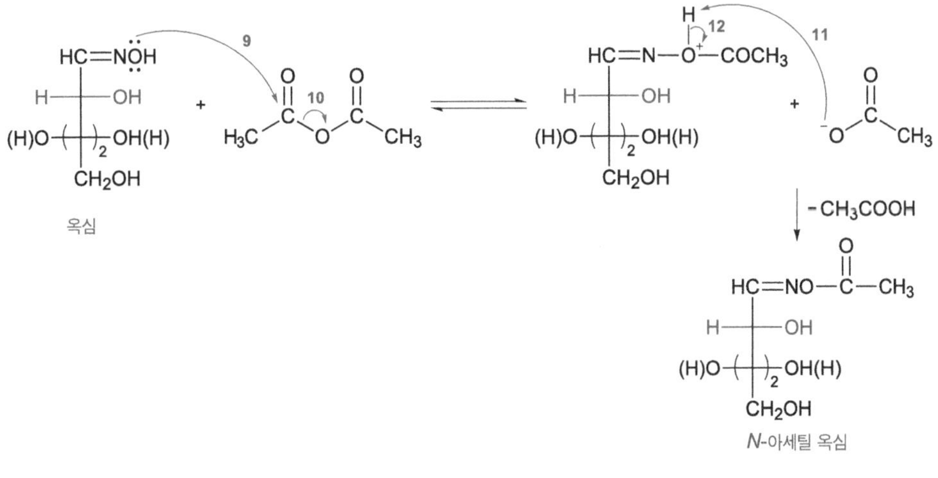

옥심

N-아세틸 옥심

5단계 다른 CH_3COO^-(acetate) 이온이 옥심 탄소의 수소와 반응하여 음이온이 되도록 전자 이동을 그린다.

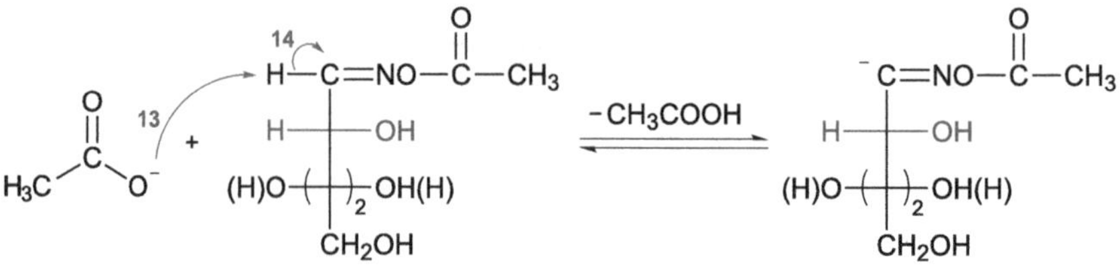

6단계 탄소 음이온 전자가 질소 쪽으로 이동하여 삼중 결합을 생성하고 CH_3COO^-가 이탈되어 사이아노하이드린이 생성되도록 전자 이동을 표시한다.

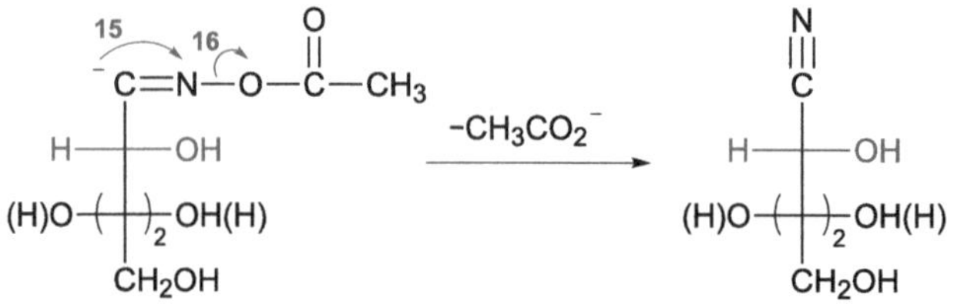

사이아노하이드린

7단계 염기(CH_3O^-)가 사이아노하이드린의 OH와 반응하여 C=O 이중 결합을 형성하고 CN^- 이온이 이탈되도록 전자 이동을 그린다. 생성물은 출발물질보다 탄소 수가 하나 적은 탄수화물(알도테트로스)이다.

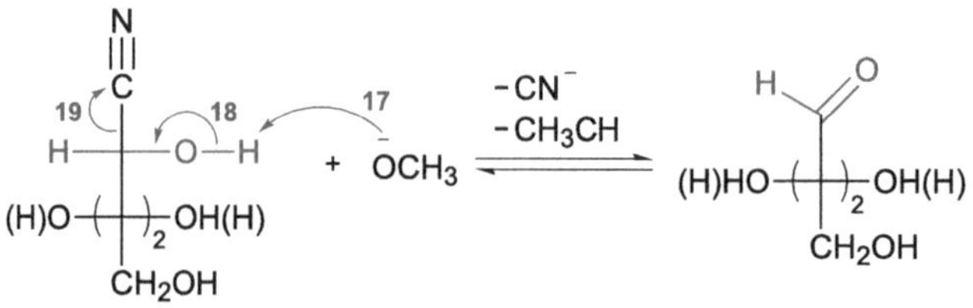

사이아노하이드린

알도테트로스

복습문제 10.8 탄수화물의 Wohl 분해 반응에 적합한 전자 이동을 그리시오.

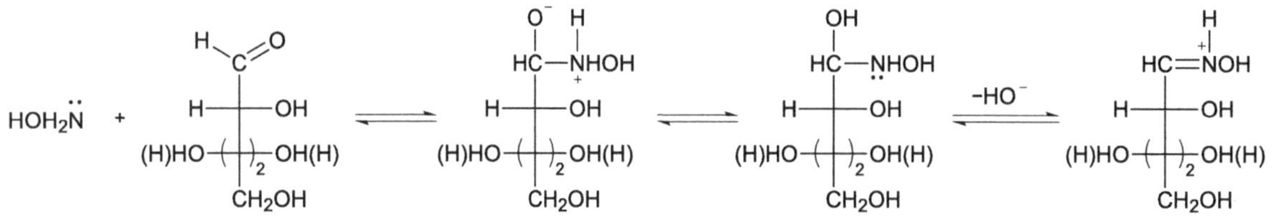

알도펜토스

Hydroxyaminoalcohol

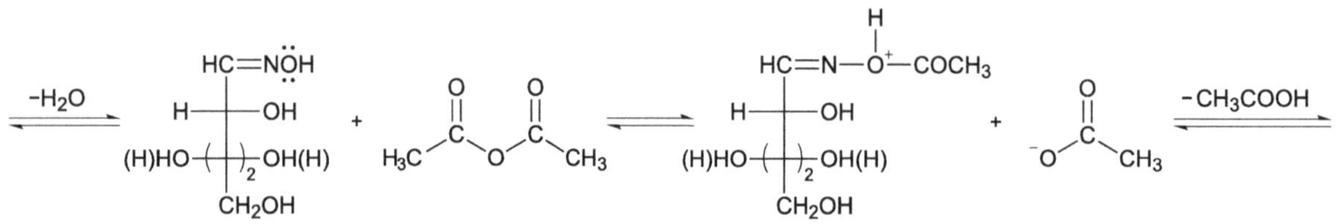

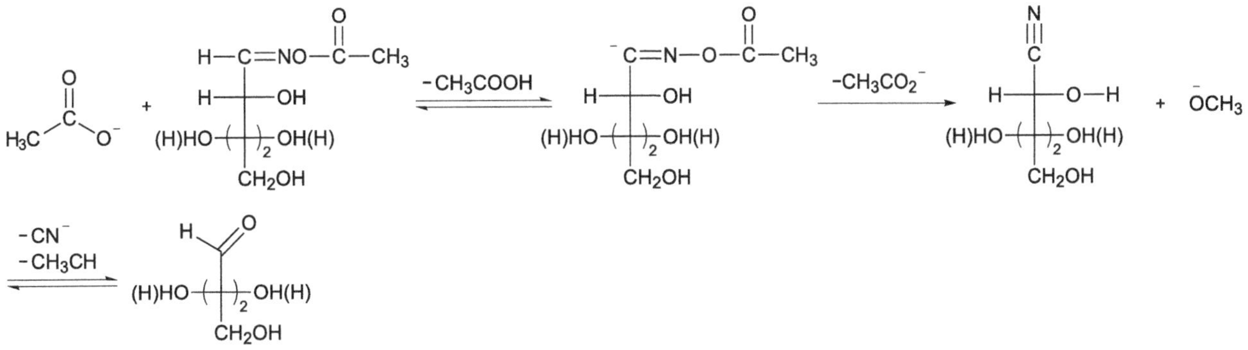

$-CH_3COOH$

$-CH_3CO_2^-$

$-CN^-$
$-CH_3CH$

알도테트로스

방법 10.9 탄수화물의 Ruff 분해 메커니즘 그리기

1단계 탄수화물과 물 분자가 첨가 반응하여 C=O 결합이 C−O 단일 결합으로 되도록 전자 이동을 그린다.

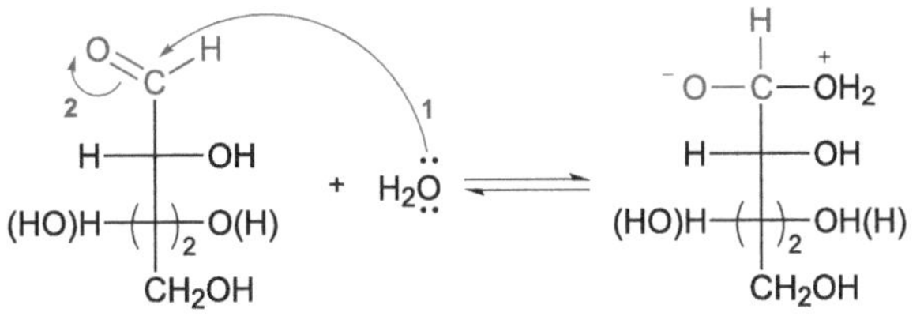

알도펜토스

2단계 산소 음이온과 Br_2 반응하여 O−Br 결합이 생성되도록 전자 이동을 표시한다.

$-Br^-$

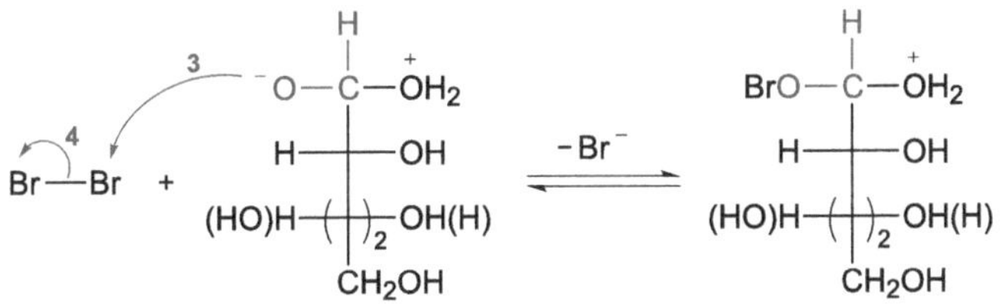

3단계 이탈된 Br^- 이온이 옥소늄 이온의 수소와 반응하도록 전자 이동을 표시한다.

$-HBr$

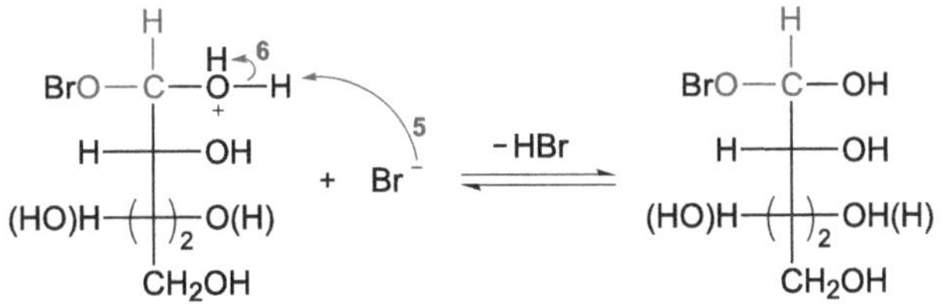

4단계 물 분자가 수소와 반응하여 수소와 브로민이 제거되면서 C=O 이중 결합이 생성되도록 전자 이동을 표시한다.

$-H_3O^+$
$-Br^-$

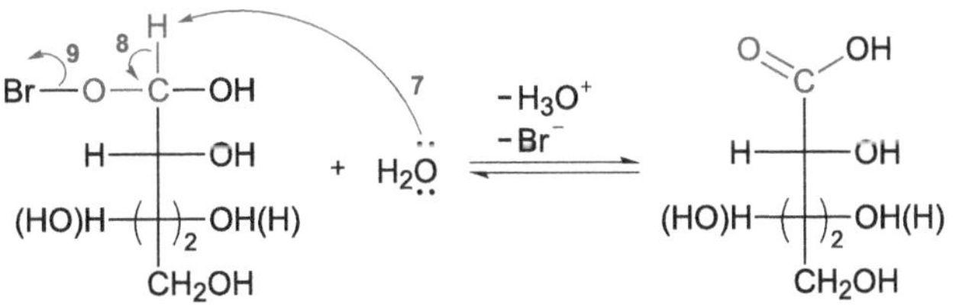

카복실산

5단계 철(II) 양이온과 H_2O_2가 반응하여 생성된 HO^- 이온이 카복실기와 반응하여 카복실산 음이온이 되도록 전자 이동을 그린다.

$$Fe^{2+} + HO{-}OH \longrightarrow Fe^{3+} + HO\cdot + HO^-$$

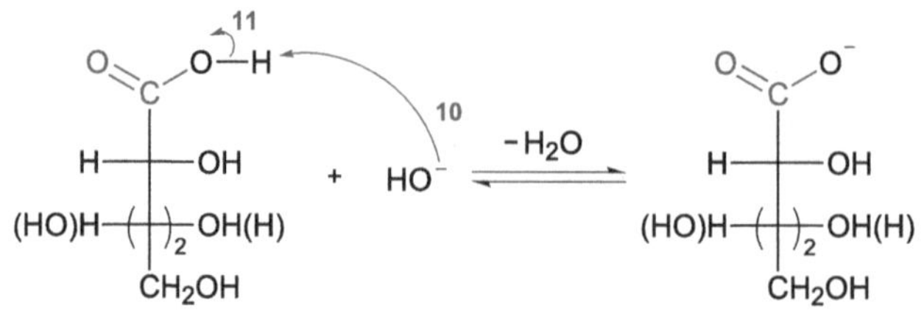

카복실산

6단계 카복실산 음이온과 HO· 라디칼이 반응하여, α−탄소의 OH기가 산소 라디칼이 되도록 전자 이동을 그린다.

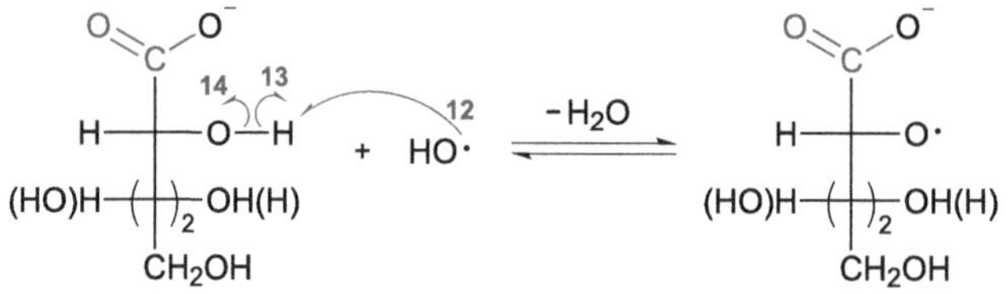

7단계 음이온 라디칼 종에서 산소 음이온 전자가 탄소로 이동하여, 이중 결합을 형성하여 CO_2가 이탈된다. 이어서 라디칼 산소는 이중 결합을 형성하여 알데하이드로 된다. 생성물은 출발물질보다 탄소가 하나 부족한 알도테트로스이다.

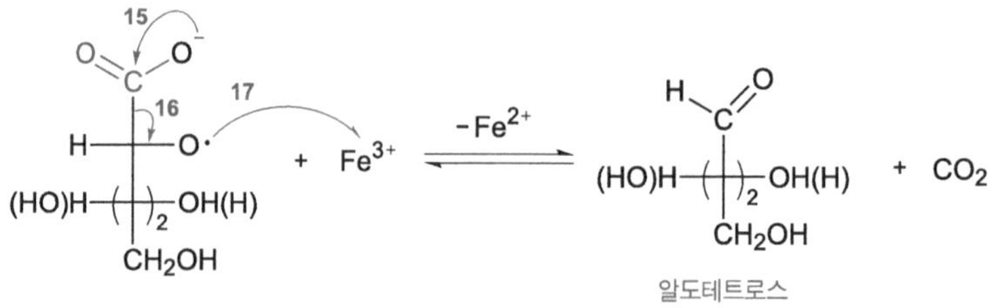

알도테트로스

복습문제 10.9 탄수화물의 Ruff 분해 반응에 적합한 메커니즘을 그리시오.

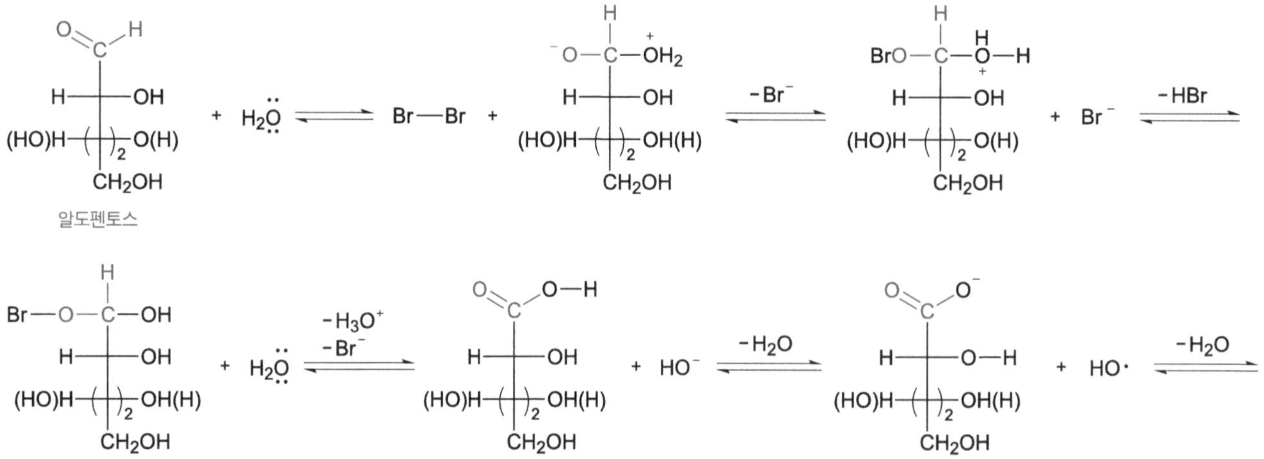

알도펜토스

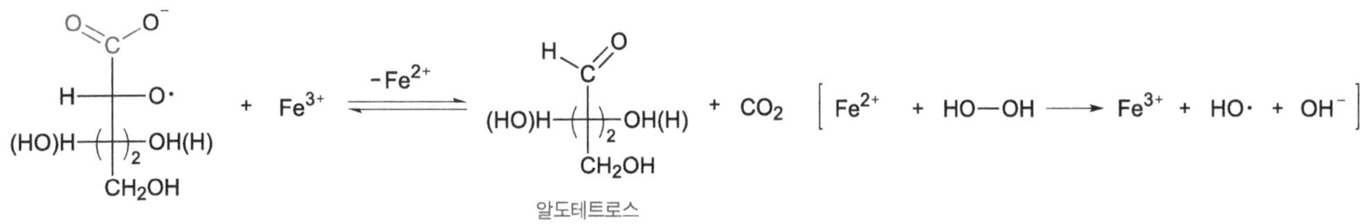

알도테트로스

방법 10.10 탄수화물의 산화성 분해 반응 메커니즘 그리기

1단계 탄수화물의 C−2에 있는 OH와 HIO_4가 반응하여 옥소늄 이온이 생성되도록 전자 이동을 표시한다.

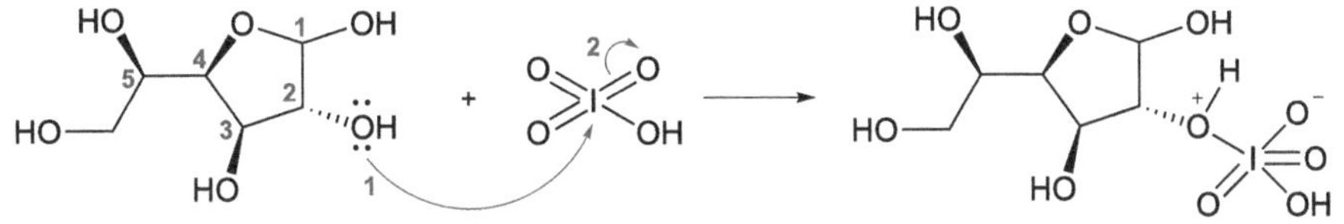

D-Glucose

2단계 생성된 이온에서 H가 산소 음이온으로 이동하여 이온이 중화되도록 전자 이동을 그린다.

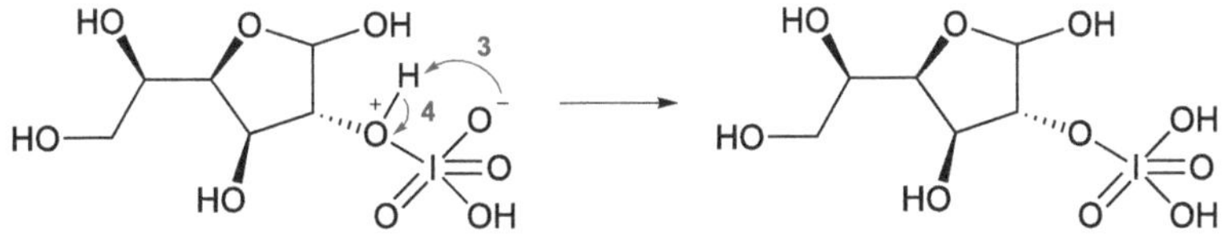

3단계 C−3 탄소에 있는 OH기가 I 원자와 반응하여 오−원자 고리를 생성하도록 전자 이동을 표시한다.

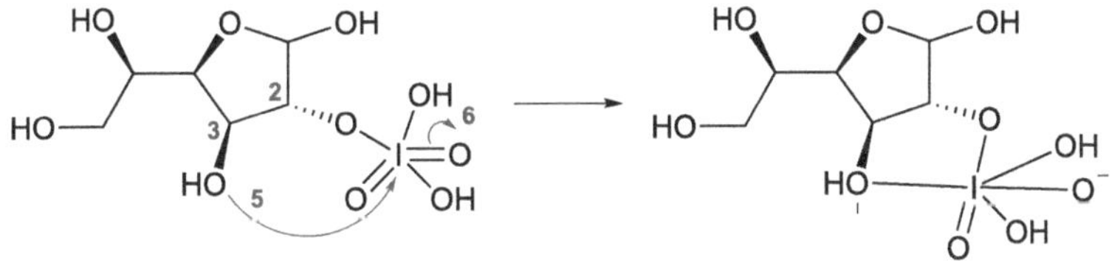

4단계 고리 산소의 H와 산소 음이온 전자가 반응하여 중성 화학종이 되도록 전자 이동을 표시한다.

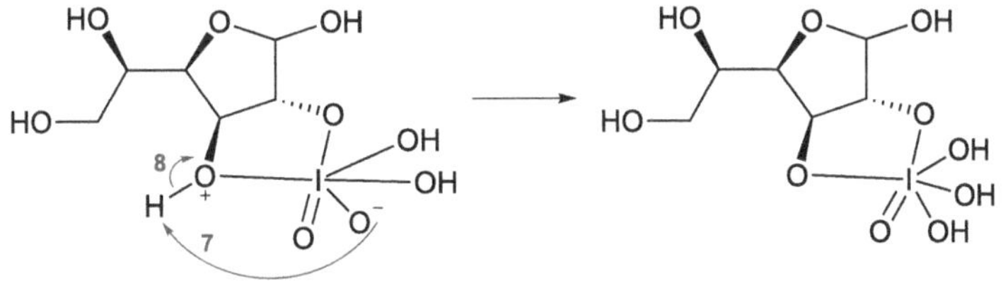

5단계 오-원자 고리에서 전자가 이동하여 C–C 결합이 분해되고 두 개의 C=O가 생성되도록 전자 이동을 그린다.

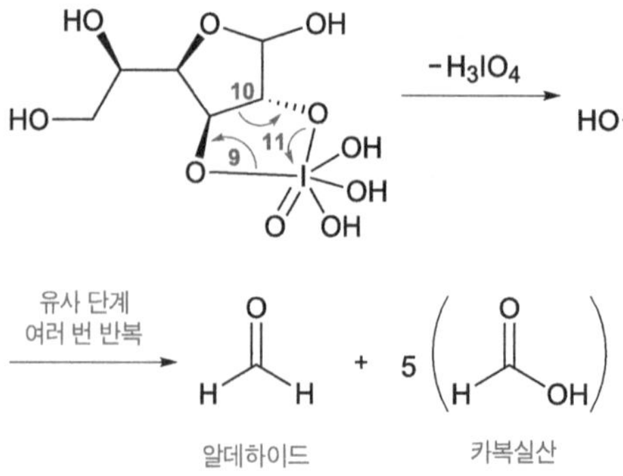

$-H_3IO_4$

유사 단계 여러 번 반복

알데하이드 카복실산

복습문제 10.10 *D*–Glucose의 산화성 분해 반응 메커니즘에 적합한 전자 이동을 그리시오.

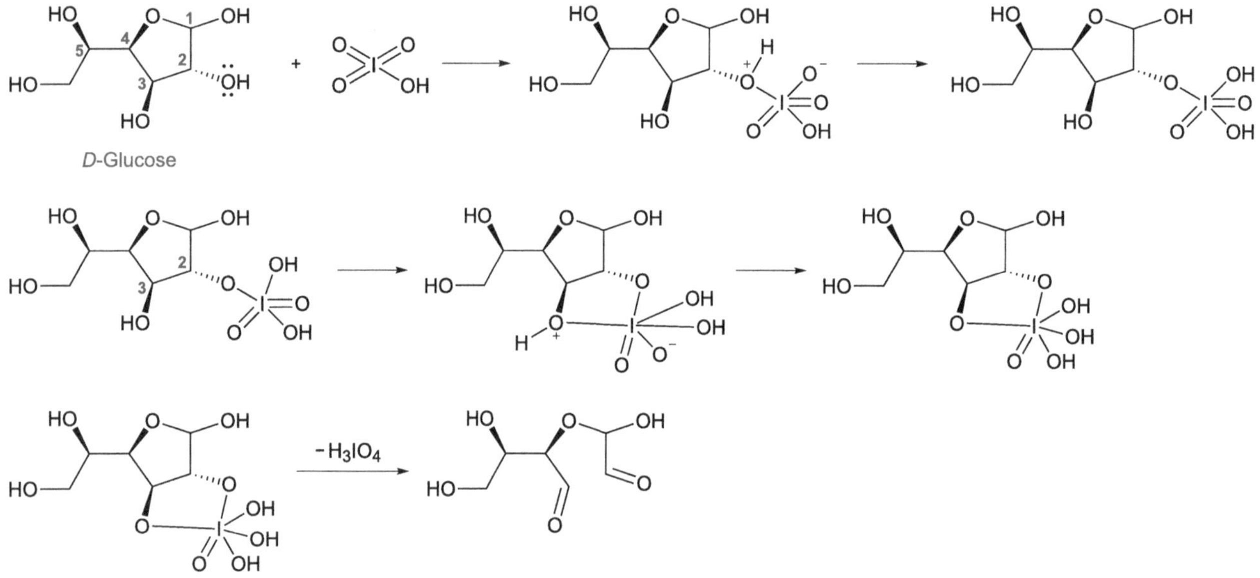

D-Glucose

$-H_3IO_4$

10.3 아미노산의 반응 메커니즘

아미노산에는 산(–COOH)과 염기(–NH_2) 작용기가 하나의 분자에 존재한다. 따라서 적당한 수소 이온 농도 조건에서는 이들 작용기가 $-N^+H_3$와 $-COO^-$ 형태로 존재하는 **쯔비터 이온**(zwitter ion)이 된다. 각 아미노산의 쯔비터 이온 농도가 최대가 되는 pH를 **등전점**(isoelectric point: pI)이라고 한다. 특정 아미노산의 등전점을 알면, 다른 pH 용액에서의 아미노산의 구조를 예측할 수 있다. 이 원리를 이용하면 단백질을 전기장에서 서로 분리시킬 수 있다. 이 아미노산 분리 방법을 **전기 이동법**(electrophoresis)이라고 한다.

중성 아미노산의 pI는 아미노산의 두 pK_a 값의 평균에 해당한다.

$$pI = \frac{COOH의\ pK_a + NH_3의\ pK_a}{2}$$

산성 또는 염기성 곁사슬을 가지는 아미노산의 pI는 유사한 기(염기성은 NH_3^+, 산성은 COOH)들의 pK_a 값의 평균값이다.

아미노산 합성 반응은 여러 가지가 알려져 있다. Amidomalonate 합성법, Gabriel 합성법, Strecker 합성법, α-할로카복실산 이용법, α-케토산 환원성 아미노화 반응 등이다. 또한 아미노산의 α-탄소는 카이랄성 탄소이므로 특정 거울상 이성질체를 합성할 수 있는 거울상 선택적 합성법들이 알려져 있다.

방법 10.11 아미노산의 pI 계산하기

1단계 아미노산의 α-위치의 COOH기와 $-^{+}NH_3$기의 pK_a 값을 찾는다.
예로 alanine의 pI를 계산해 보자.

$$COOH의\ pK_a = 2.35,\ -^{+}NH_3기의\ pK_a = 9.87$$

2단계 위에 제시된 식으로 계산한다.
예로 alanine의 pI를 계산해 보자.

$$Alanine의\ pI = \frac{2.35 + 9.87}{2} = 6.11$$

연습문제 10.4 다음 아미노산의 pI 값을 계산하시오.

(a) Glycine (b) Lysine (c) Glutamic acid (d) Histidine

방법 10.12 특정 pH에서 아미노산의 구조 예측하기

1단계: 문제로 제시되는 아미노산의 pI를 계산한다. 필수 아미노산의 pI는 알려져 있다.
2단계: 주어진 pH 범위가 pI보다 산성인지 염기성인지를 구분한다.
3단계: 주어진 pH 범위에서 구조를 예측하여 그린다.

⇒ pI보다 산성 용액(pI보다 작은수)이면 카복실기는 $-COOH$로 존재하고, 아미노기는 $-^{+}NH_3$로 존재한다.

⇒ pI보다 염기성 용액(pI보다 큰 수)이면 카복실기는 $-COO^-$로 존재하고, 아미노기는 $-NH_2$로 존재한다.

연습문제 10.5 pH = 10인 수용액에서 알라닌(alanine)의 구조를 예측하시오.

10.3.1 아미노산 합성 반응 메커니즘

아미노산 합성법으로 α-할로 카복실산 이용법, amidomalonate 합성법, 케토산의 환원성 아민화 반응, Gabriel 합성법, Strecker 합성법 등이 있다.

방법 10.13 α-할로 카복실산을 이용한 아미노산 합성 반응 메커니즘 그리기

1단계 α-할로 카복실산과 암모니아가 반응하여 암모늄 이온이 생성되도록 전자 이동을 그린다. α-할로 카복실산은 Hell-Volhard-Zelinski 반응 메커니즘으로 제조한다(9장 참고).

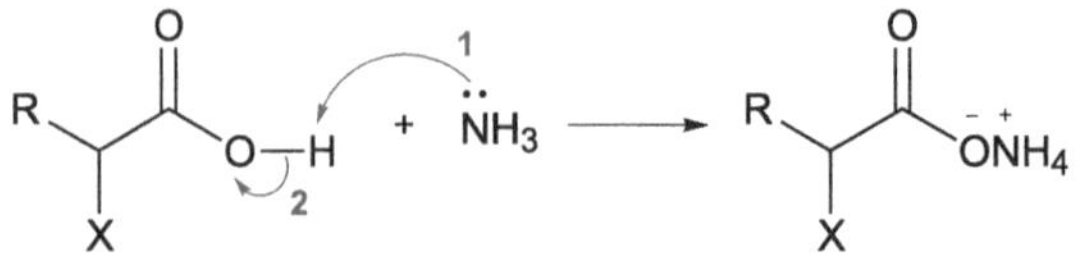

α-할로 카복실산

2단계 암모늄 염의 α-탄소와 다른 암모니아가 치환 반응하도록 전자 이동을 표시한다. 이 단계는 S_N2 메커니즘으로 진행되므로 (*R*)-과 (*S*)-거울상 이성질체가 생성된다.

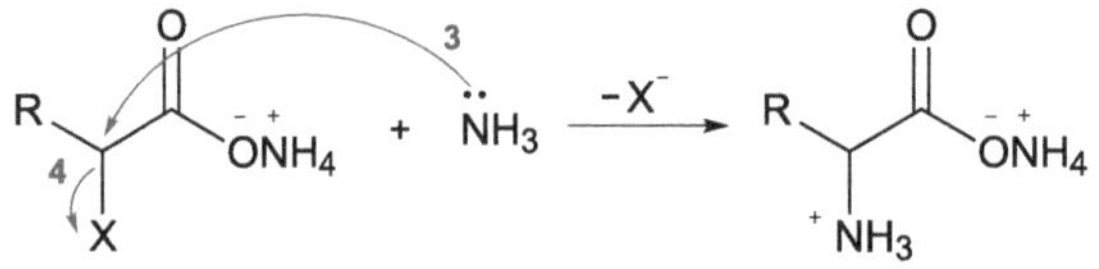

(*R*/*S*)-거울상 이성질체

3단계 생성물 분자와 할로젠 음이온이 반응하여 HX가 이탈되도록 전자 이동을 표시한다.

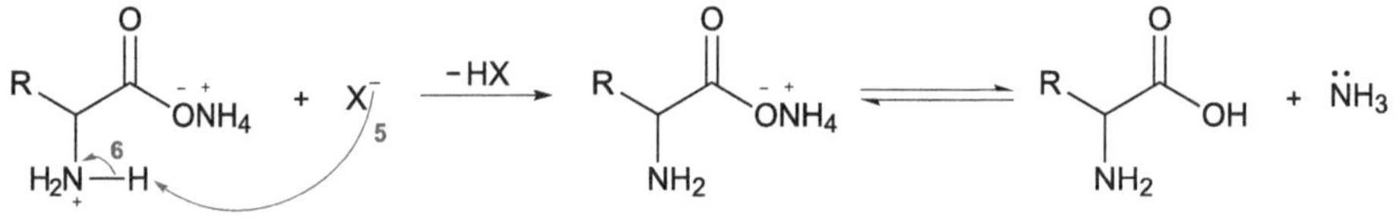

(*R*/*S*)-거울상 이성질체 α-아미노산

복습문제 10.11 α-할로 카복실산을 이용한 아미노산 합성 반응 메커니즘에 적합한 전자 이동을 표시하시오.

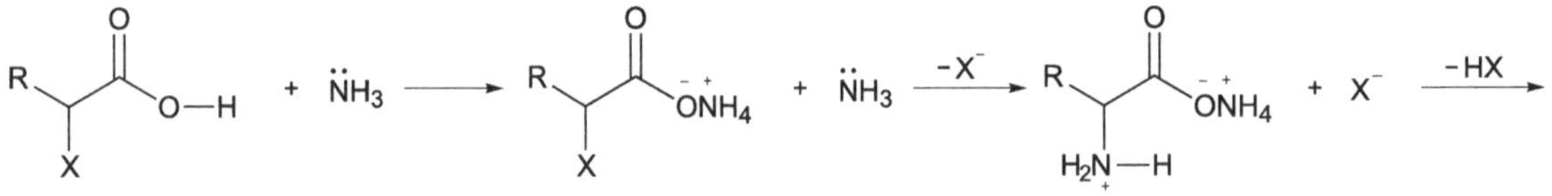

α-할로 카복실산 (*R*/*S*)-거울상 이성질체

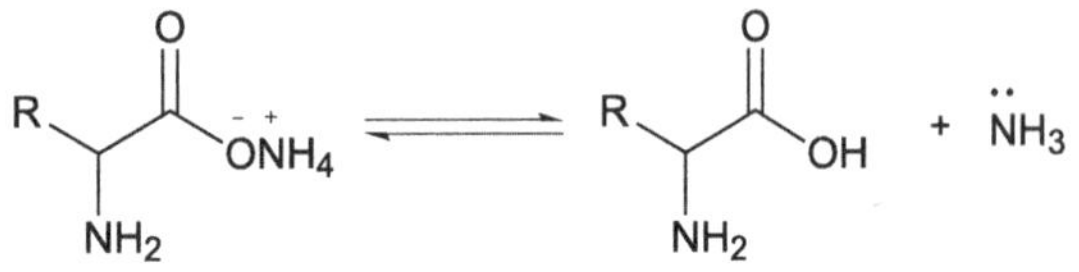

방법 10.14 Acetamidomalonate를 이용한 아미노산 합성 반응 메커니즘 그리기

1단계 Acetamidomalonate의 α-수소와 염기가 반응하여, 탄소 음이온을 생성하도록 전자 이동을 표시한다.

EtO—C(=O)—CH(NHCOCH$_3$)—C(=O)—OEt + $^-$OEt —(-EtOH)→ EtO—C(=O)—C$^-$(NHCOCH$_3$)—C(=O)—OEt

Diethyl acetamidomalonate

2단계 탄소 음이온과 할로젠화 알킬이 반응하도록 전자 이동을 표시한다. 이 단계는 S_N2 메커니즘으로 진행된다.

EtO—C(=O)—C$^-$(NHCOCH$_3$)—C(=O)—OEt + R—X —($-X^-$)→ EtO—C(=O)—C(R)(NHCOCH$_3$)—C(=O)—OEt

3단계 산 수용액으로 가수분해시켜 α-아미노산을 생성하도록 한다. 가수분해 과정은 에스터 및 아마이드 산-촉매 가수분해 과정과 같다.

EtO—C(=O)—C(R)(NHCOCH$_3$)—C(=O)—OEt + H_2O ⇌(H^+) R—CH(NH$_2$)—C(=O)—OH + EtOH + CH_3COOH

(*R*/*S*)-α-아미노산

복습문제 10.12 Acetamidomalonate를 이용한 아미노산 합성 반응 메커니즘에 적합한 전자 이동을 표시하시오.

EtO—C(=O)—CH(NHCOCH$_3$)—C(=O)—OEt + $^-$OEt —(-EtOH)→ EtO—C(=O)—C$^-$(NHCOCH$_3$)—C(=O)—OEt + R—X —($-X^-$)→ EtO—C(=O)—C(R)(NHCOCH$_3$)—C(=O)—OEt + H_2O ⇌(H^+) R—CH(NH$_2$)—C(=O)—OH + EtOH + CH_3COOH

Diethyl acetamidomalonate

(*R*/*S*)-α-아미노산

방법 10.15 케토산의 환원성 아미노화 반응 메커니즘 그리기

1단계 카보닐기에 암모니아가 첨가 반응을 하도록 전자 이동을 표시한다.

HO—C(=O)—C(=O)—R + :NH$_3$ ⇌ HO—C(=O)—C(O$^-$)(R)—$^+$NH$_3$

케토산

2단계 생성물에서 양이온으로 표시된 질소의 수소가 산소 음이온 전자와 반응하여, 상응하는 아민올(aminol)이 생성되도록 전자 이동을 표시한다.

아민올

3단계 아민올의 질소에 있는 비공유 전자쌍이 탄소로 이동하면서 이중 결합이 생성되고 ^{-}OH가 이탈되어 이미늄(iminium) 이온이 생성되도록 전자 이동을 표시한다.

4단계 이미늄 이온이 ^{-}OH 이온과 반응하여 이민이 생성되도록 전자 이동을 표시한다.

이민

5단계 이민과 보레인 환원제($^{-}BH_4$)가 첨가 반응하여 보레인(borane) 화합물이 생성되도록 전자 이동을 그린다.

6단계 Borane 화학종의 질소 원자와 알코올이 반응하도록 전자 이동을 표시한다.

7단계 이탈된 EtO^{-}와 BH_3의 B가 반응하도록 전자 이동을 표시한다. 생성물은 $(R,S)-\alpha-$아미노산이다.

(R/S)-α-아미노산

복습문제 10.13 케톤산의 환원성 아민화 반응 메커니즘에 적합한 전자 이동을 그리시오.

케토산

$$HO-C(=O)-C(R)(H)-NH-BH_3^- + H-OEt \xrightleftharpoons{-\,^-OEt} HO-C(=O)-C(R)(H)-H_2N^+-BH_3^- + {}^-OEt \xrightleftharpoons{-EtOBH_3} HO-C(=O)-C(R)(H)-NH_2$$

α-아미노산

연습문제 10.6 다음 반응의 메커니즘을 완결하시오. 또 타당한 전자 이동도 표시하시오.

(a) 2-Bromopropanoic acid $+ :NH_3 \longrightarrow [\quad] + :NH_3 \xrightarrow{-Br^-} [\quad] + Br^- \xrightarrow{-HBr}$

$[\quad] \xrightleftharpoons{-:NH_3} [\quad]$

2-Bromopropanoic acid

(b) $EtO-C(=O)-C(H)(NHCOCH_3)-C(=O)-OEt + {}^-OEt \xrightarrow{-EtOH} [\quad] + PhH_2C-Cl \xrightarrow{-Cl^-}$

Diethyl acetamidomalonate

$[\quad] + H_2O \xrightleftharpoons{H^+} [\quad] + EtOH + CH_3COOH$

(*R*/*S*)-Phenylalanine

(c) $EtO-C(=O)-C(=O)-CH_3 + :NH_3 \rightleftharpoons [\quad] \rightleftharpoons [\quad] \xrightleftharpoons{-\,^-OH}$

케토산

$HO-C(=O)-C(=N^+H-H)-CH_3 + {}^-OH \xrightleftharpoons{-H_2O} [\quad] + H-BH_3^- \rightleftharpoons [\quad] \rightleftharpoons HO-C(=O)-C(CH_3)(H)-HN-BH_3^-$

$HO-C(=O)-C(CH_3)(H)-H\ddot{N}-BH_3^- + H-OEt \xrightleftharpoons{-\,^-OEt} [\quad] + {}^-OEt \xrightleftharpoons{-EtOBH_3} [\quad]$

(*R*/*S*)-Alanine

방법 10.16 Gabriel 합성법을 이용한 아미노산 합성 반응 메커니즘 그리기

1단계 Potassium phthalimide가 α-halomalonate의 α-탄소와 반응하도록 전자 이동을 그린다.

Potassium phthalimide　Diethyl α-Halomalonate

2단계 생성물과 EtO^-가 반응하여, 탄소 음이온이 생성되도록 전자 이동을 표시한다.

3단계 탄소 음이온과 RX가 반응하여 새로운 C−R 결합이 생성되도록 전자 이동을 그린다.

4단계 알킬 치환 생성물과 산 촉매가 반응하여 이중 옥소늄 이온이 생성되도록 전자 이동을 표시한다.

5단계 옥소늄 이온과 물 두 분자가 첨가 반응을 하고 각각 양성자가 이탈되도록 전자 이동을 그린다.

6단계 앞 단계 생성물의 에스터 카보닐 산소의 비공유 전자쌍이 탄소로 이동하여 이중 결합을 형성하고 EtO^-가 이탈되도록 전자 이동을 표시한다. 이어서 양성자가 이탈되어 카복실산이 되도록 전자 이동을 표시한다.

-2EtO⁻

-2H⁺

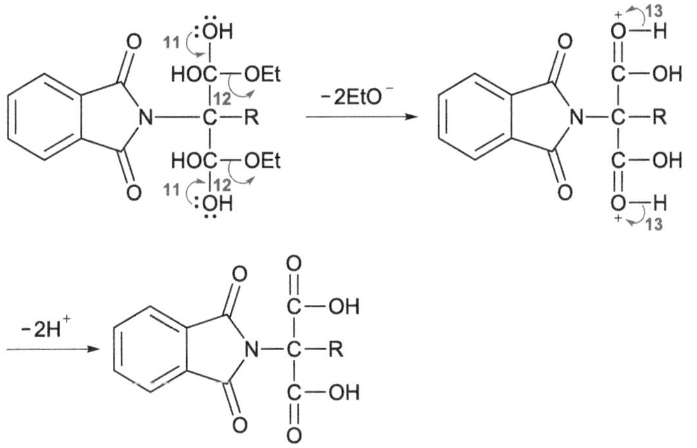

7단계 가열하면 CO_2가 이탈되어 카복실산이 생성되도록 전자 이동을 표시한다.

$-CO_2$

가열

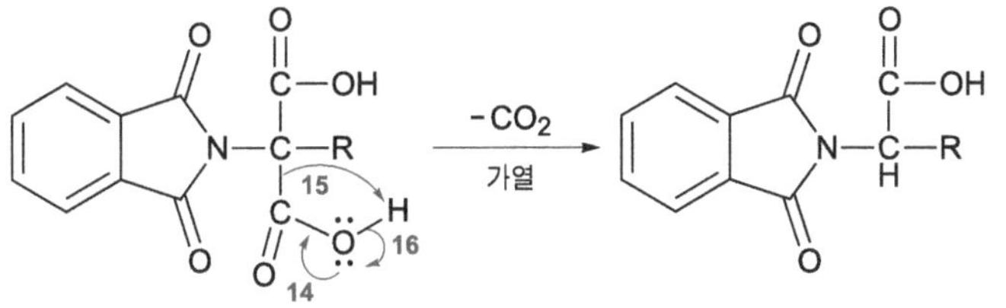

8단계 Phthalimide 고리의 C=O 탄소에 HO^-가 첨가 반응하도록 전자 이동을 표시한다.

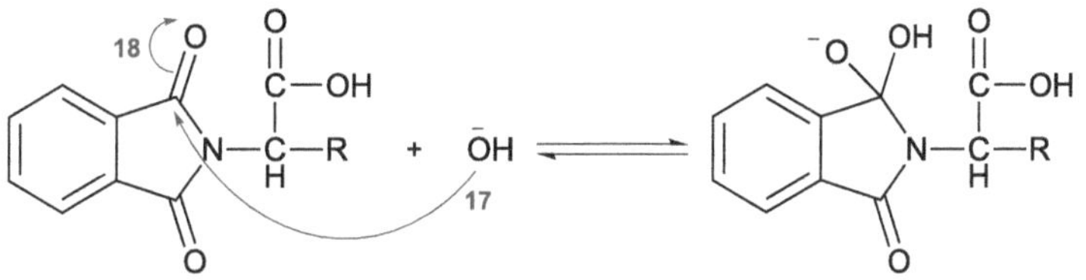

9단계 산소 음이온 전자가 탄소로 이동하여 이중 결합을 형성하며 고리의 C−N 결합이 분해된다. 이어서 질소의 음이온 전자가 COOH기의 H와 반응하여 카복실산 음이온이 생성되도록 전자 이동을 표시한다.

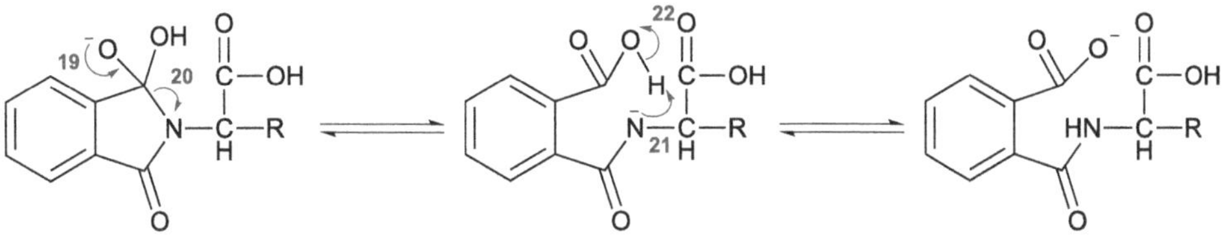

10단계 HO^-가 아마이드 카보닐 탄소에 첨가 반응하도록 전자 이동을 표시한다.

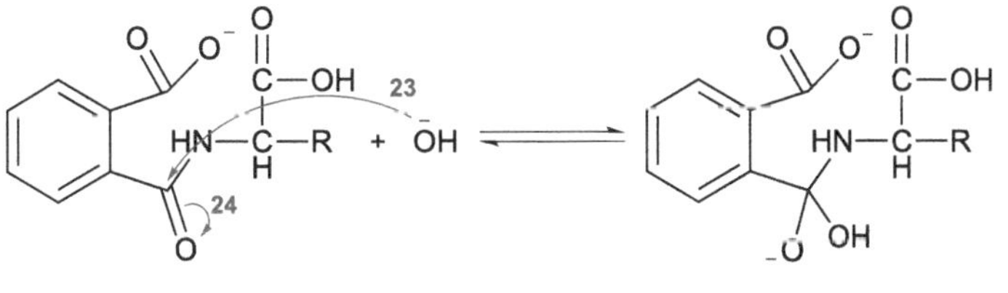

11단계 산소 음이온 전자가 탄소로 이동하여 이중 결합을 생성하고, C–N 결합이 끊어지도록 전자 이동을 표시한다. 이어서 질소 음이온이 카복실산 H와 반응하도록 전자 이동을 그린다. 생성물은 (*R*/*S*)–α–아미노산과 phthalate이다.

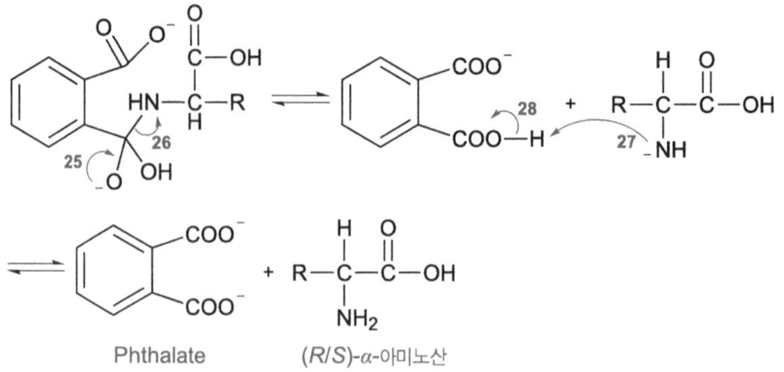

Phthalate (*R*/*S*)-α-아미노산

복습문제 10.14 Gabriel 합성법을 이용한 아미노산 합성 반응 메커니즘에 적합한 전자 이동을 그리시오.

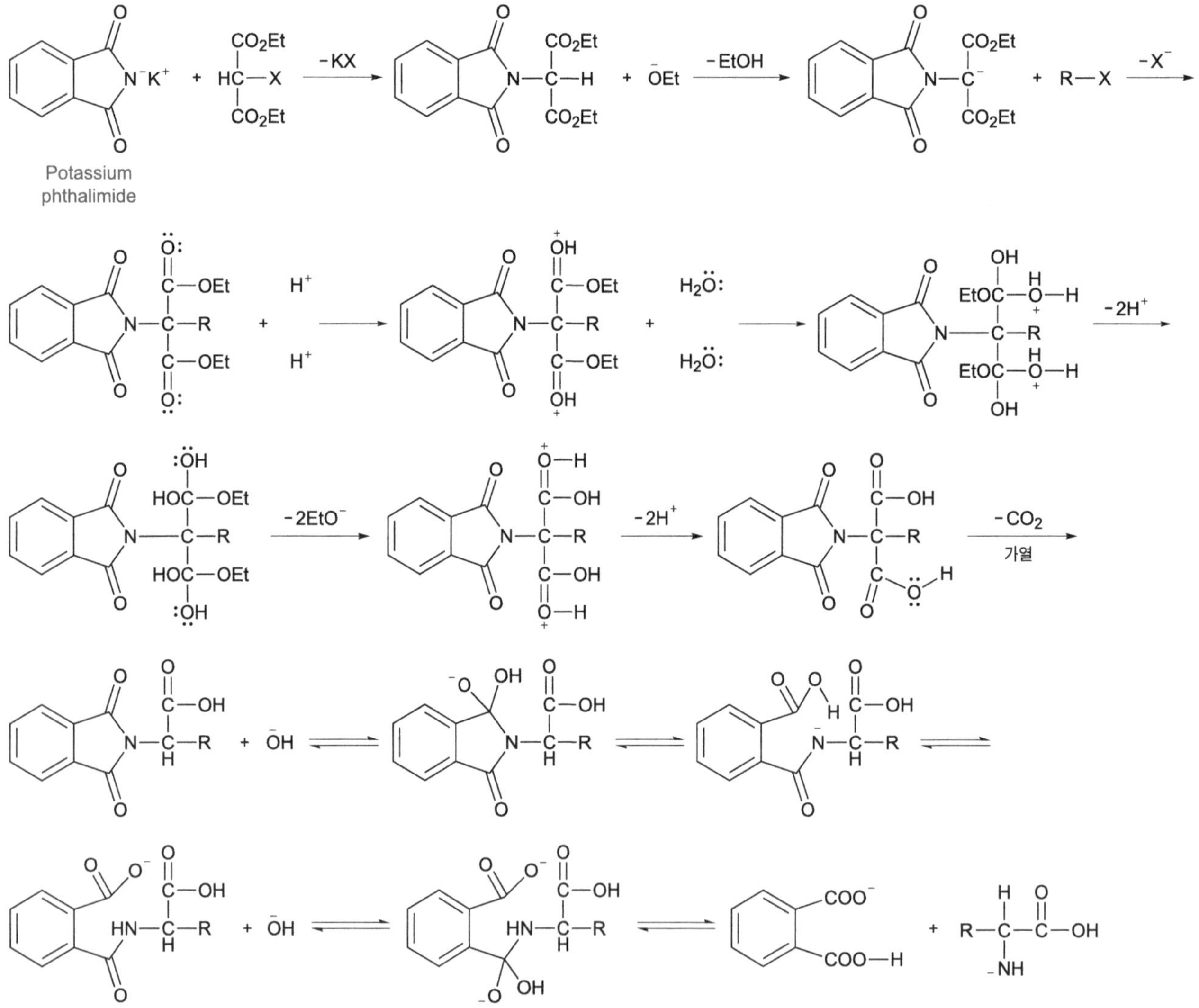

Potassium phthalimide

가열

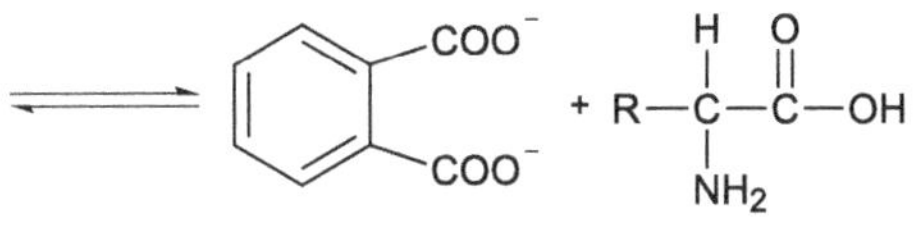

Phthalate (R/S)-α-아미노산

방법 10.17 Gabriel 합성 반응에서 hydrazine을 이용한 phthalimide 고리 분해 반응 메커니즘 그리기

1단계 ~ 7단계까지는 방법 10.16을 참고한다.

8단계 α−Phthalimidocarboxylic acid와 hydrazine이 첨가 반응하고 양성자가 이동하도록 전자 이동을 표시한다.

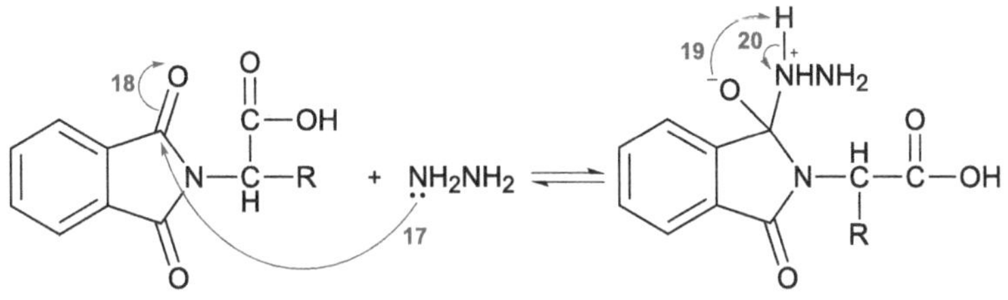

α-Phthalimidocarboxylic acid

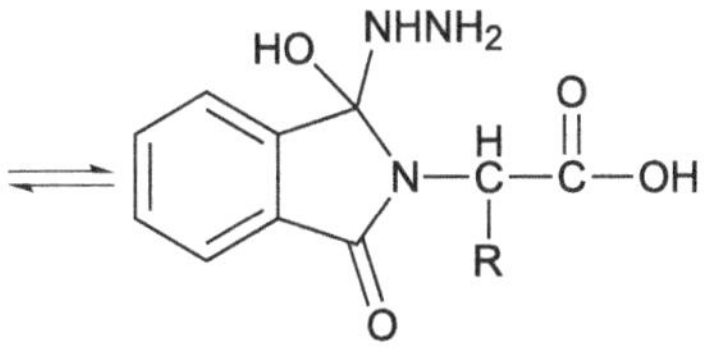

Hydrazinylhydroxycarboxylic acid

9단계 Hydrazinylhydroxycarboxylic acid의 HO기 산소의 비공유 전자가 탄소로 이동하여 이중 결합을 형성하고, 고리가 열리도록 전자 이동을 표시한다. 이어서 양성자가 이동하여 중성분자로 되도록 전자 이동을 표시한다.

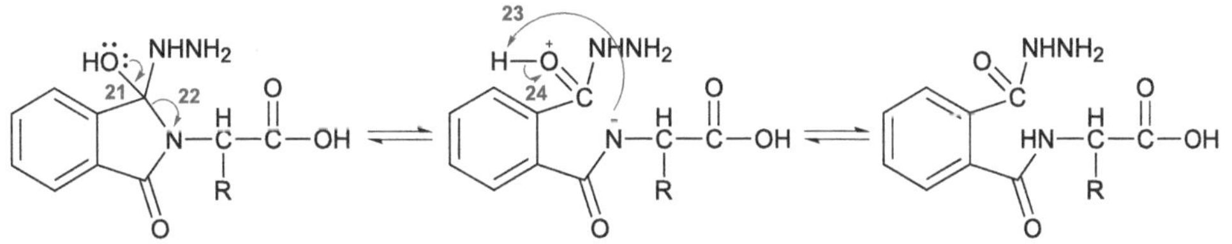

10단계 생성물의 hydrazino기의 NH_2 비공유 전자가 이웃한 아마이드 카보닐 탄소와 반응하여 육−원자 고리가 형성되도록 전자 이동을 표시한다.

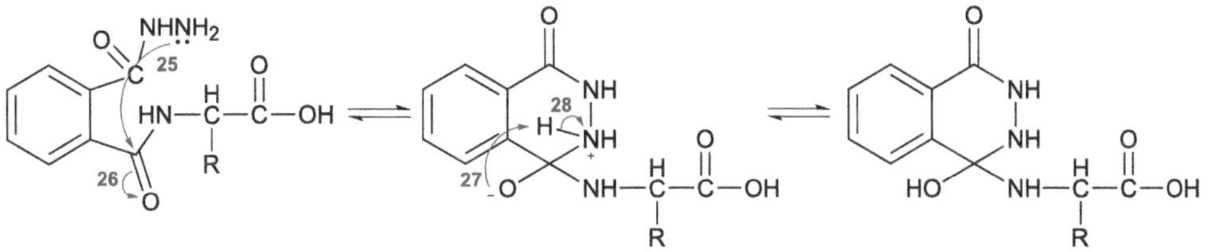

Tetrahydrophthalazinyl carboxylic acid

11단계 형성된 육-원자 고리의 OH기 산소 전자가 탄소로 이동하여 이중 결합이 형성되면서 C-N 결합이 분해되도록 전자 이동을 표시한다. 이어서 질소 음이온 전자가 옥소늄 이온의 수소로 이동하도록 전자 이동을 표시한다. 생성물은 α-아미노산과 phthalazinone 고리이다.

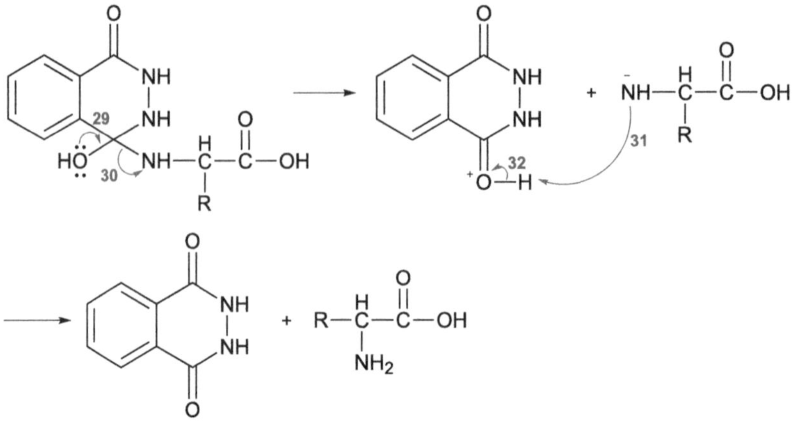

Phthalazin-1,4-dione　　α-아미노산

복습문제 10.15 Hydrazine을 이용한 α-phthalimidocarboxylic acid의 분해 반응 메커니즘에 적합한 전자 이동을 그리시오.

α-Phthalimidocarboxylic acid

Phthalazin-1,4-dione　　α-아미노산

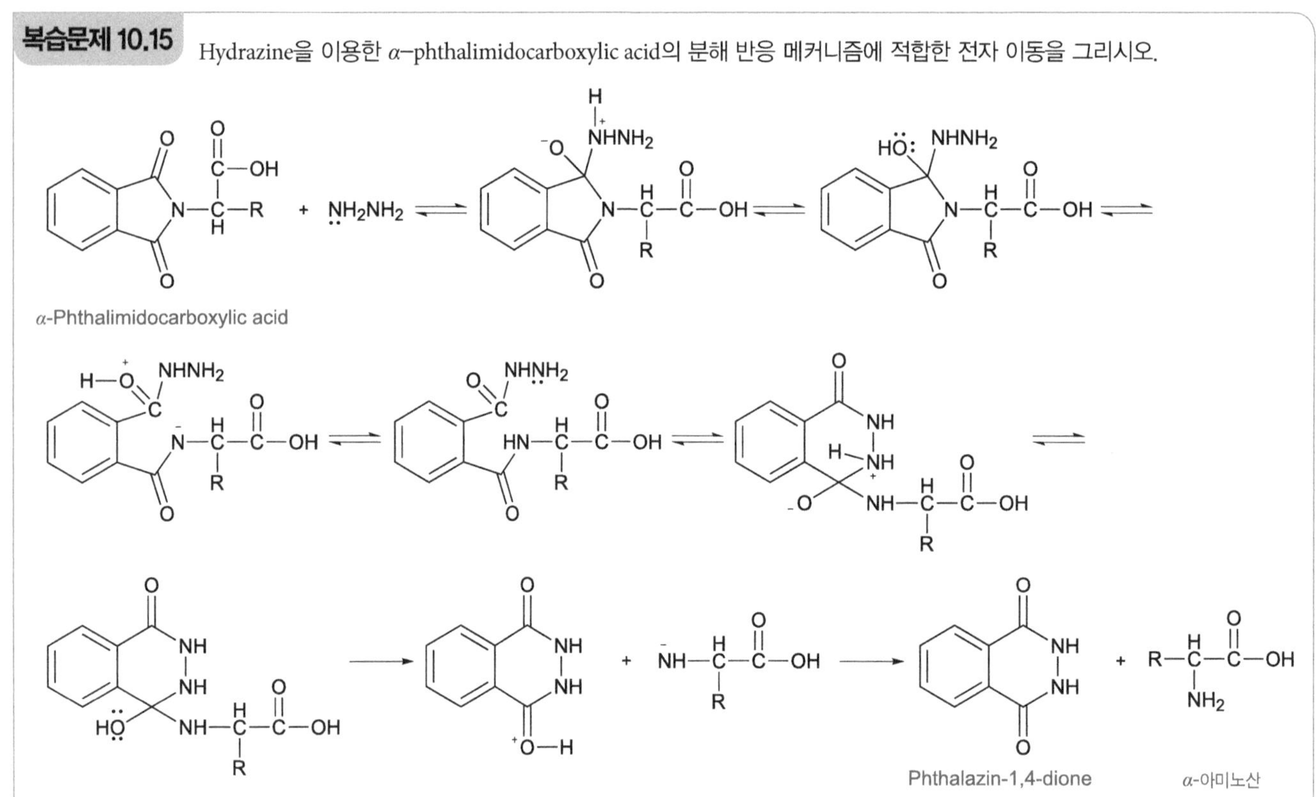

연습문제 10.7 다음 반응의 메커니즘을 완결하시오. 타당한 전자 이동을 표시하시오.

(a) Potassium phthalimide + Diethyl α-Halomalonate $\xrightarrow{-KCl}$ [ ] + ^{-}OEt $\xrightarrow{-EtOH}$ [ ] + Me—Cl $\xrightarrow{-Cl^-}$ [ ] + H^+ + H^+ ⟶ + $H_2\ddot{O}$: + $H_2\ddot{O}$: ⟶ [ ] $\xrightarrow{-2H^+}$ $\xrightarrow{-2EtO^-}$ [ ] $\xrightarrow{-2H^+}$ [ ] $\xrightarrow[\text{가열}]{-CO_2}$

(b) + $\ddot{N}H_2NH_2$ ⇌ [ ] ⇌ [ ] ⇌ ⇌ [ ] ⇌ ⇌ [ ] ⟶ + [ ] ⟶ + [ ]

방법 10.18 Strecker 아미노산의 합성 반응 메커니즘 그리기

1단계 알데하이드와 산 촉매가 반응하여 옥소늄 이온이 형성되고 암모니아가 첨가되는 반응의 전자 이동을 표시한다.

$$RCHO + H^+ \rightleftharpoons RCH{=}\overset{+}{O}H + \ddot{N}H_3 \rightleftharpoons R{-}CH(OH){-}\overset{+}{N}H_3$$

2단계 질소의 양성자가 산소로 이동하고, 아미노기 질소의 비공유 전자가 탄소로 이동하여 물이 이탈되고 이미늄 이온이 생성되도록 전자 이동을 표시한다.

이미늄 이온

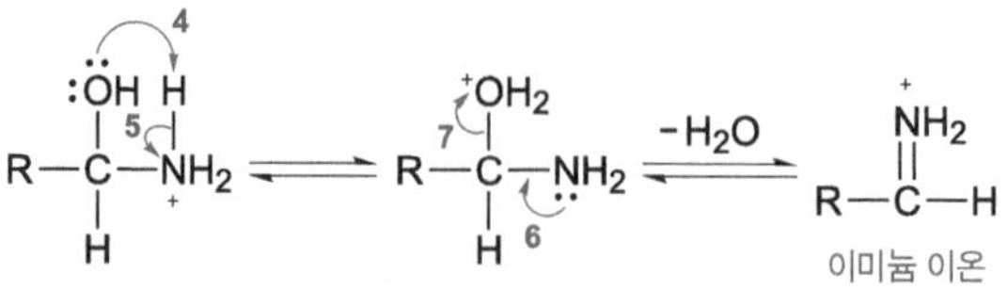

3단계 이미늄 이온에 ^{-}CN 이온이 첨가 반응하도록 전자 이동을 그린다.

아미노사이아나이드

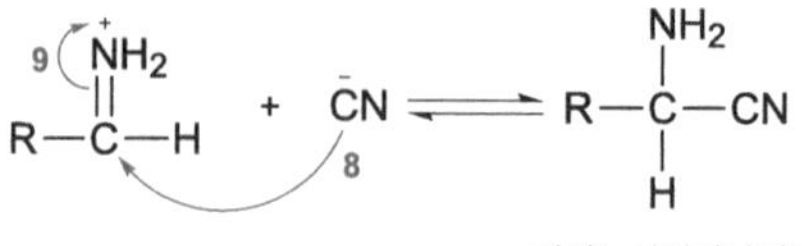

4단계 사이아나이드와 양성자가 반응하고, 물이 첨가되어 이민이 형성되도록 전자 이동을 그린다.

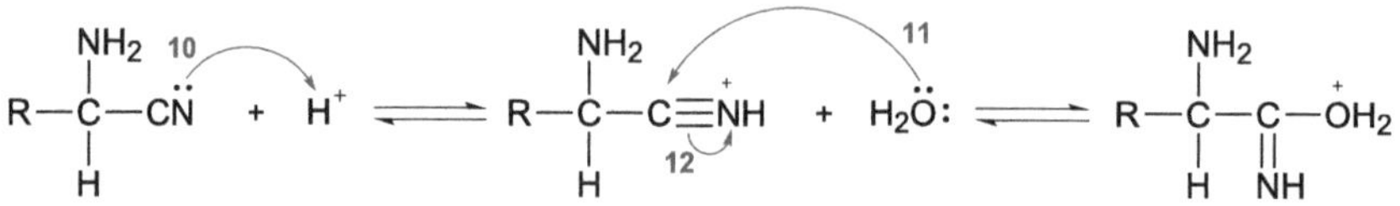

5단계 옥소늄 이온에서 이미늄 이온이 되도록 전자 이동을 표시하고, 물이 첨가되어 다이아미노다이하이드록시 옥소늄(diaminodihydroxyoxonium) 이온이 생성되도록 전자 이동을 표시한다.

Diaminodihydroxyoxonium

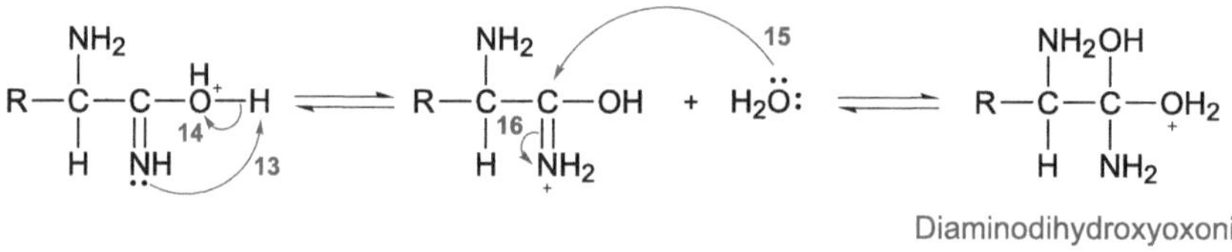

6단계 옥소늄 이온의 양성자가 질소로 이동하여 암모늄 이온으로 되고, NH_3가 이탈되어 아미노산이 생성되도록 전자 이동을 표시한다.

α-아미노산

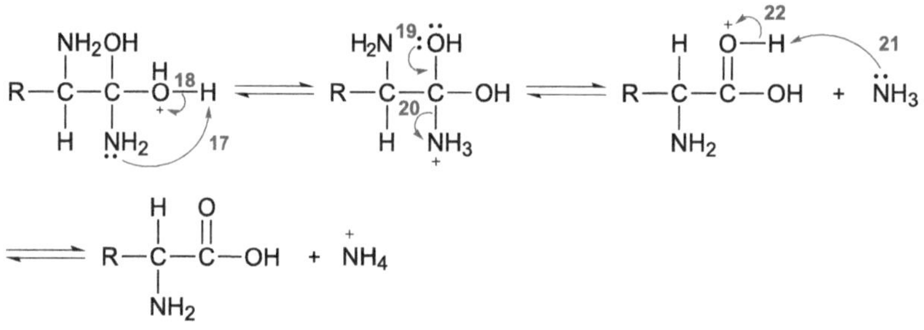

복습문제 10.16 Strecker 아미노산 합성 반응 메커니즘에 적합한 전자 이동을 그리시오.

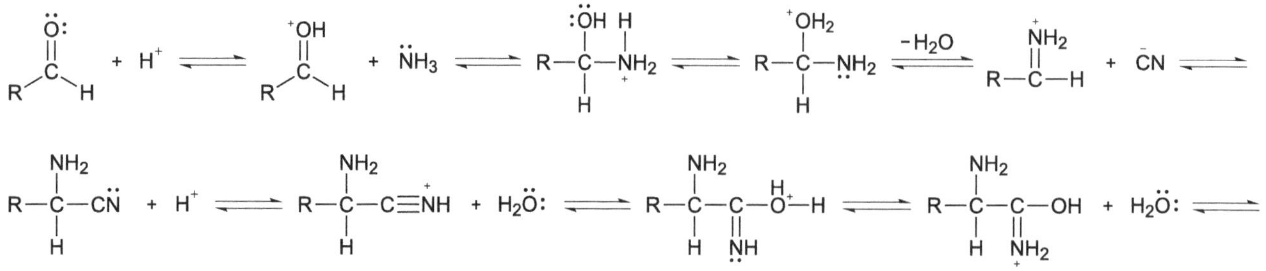

α-아미노산

연습문제 10.8 다음 반응의 메커니즘을 완결하시오. 타당한 전자 이동을 표시하시오.

Valine

10.3.2 펩타이드의 합성 및 분해 반응 메커니즘

펩타이드(peptide)는 두 개 아미노산이 결합하여 물 분자 하나를 상실함으로써 만들어진다. 두 아미노산이 연결된 결합을 **아마이드 결합**(amide bond) 또는 **펩타이드 결합**(peptide bond)이라고 한다. 아마이드 결합을 만들 때 주로 DCC(dicyclohexylcarbodiimide)를 이용한다. 또 아미노산들의 자체 결합을 방지하기 위해 하나의 아미노산은 COOH를 보호기로 보호하고, 다른 아미노산은 NH_2기를 보호기로 보호한다.

아미노기의 보호에는 Boc(*tert*-butoxycarbonyl)과 Fmoc(9-fluorenylmethoxycarbonyl)기 등을 이용한다. 한편 카복실기 보호에는 methyl 에스터나 benzyl 에스터를 이용한다.

펩타이드의 아미노산 서열 결정을 위해서는 *N*-말단 아미노산을 하나씩 분해하는 방법을 이용한다. 이때 사용하는 분해 반응을 **Edman 분해 반응**이라고 한다.

방법 10.19 Boc으로 아미노기를 보호하는 반응 메커니즘 그리기

1단계 아미노산의 아미노기 질소와 $(Boc)_2O$가 반응하여 카바메이트(carbamate)가 생성되도록 전자 이동을 표시한다.

$(Boc)_2O$

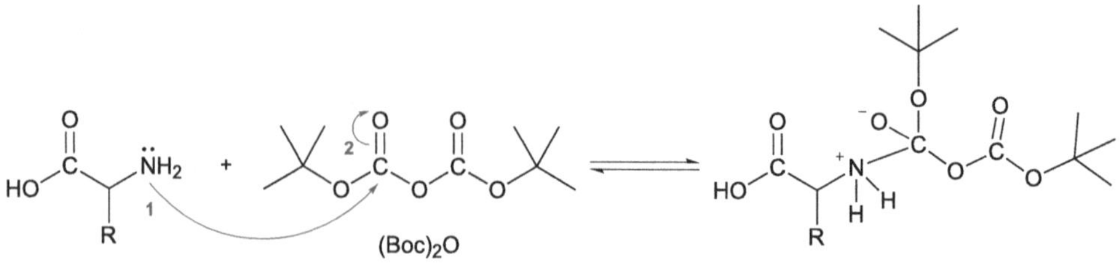

2단계 산소 음이온 전자가 탄소로 이동하면서 이탈기가 이탈되도록 전자 이동을 표시한다.

$-HO_2CO(t\text{-}Bu)$

Carbamate
Boc로 보호된 아미노산

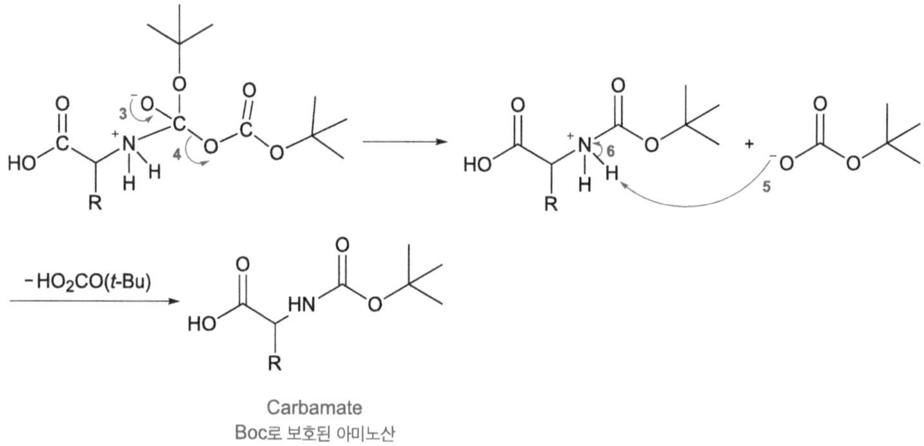

복습문제 10.17 Boc로 아미노기를 보호하는 반응 메커니즘에 적합한 전자 이동을 그리시오.

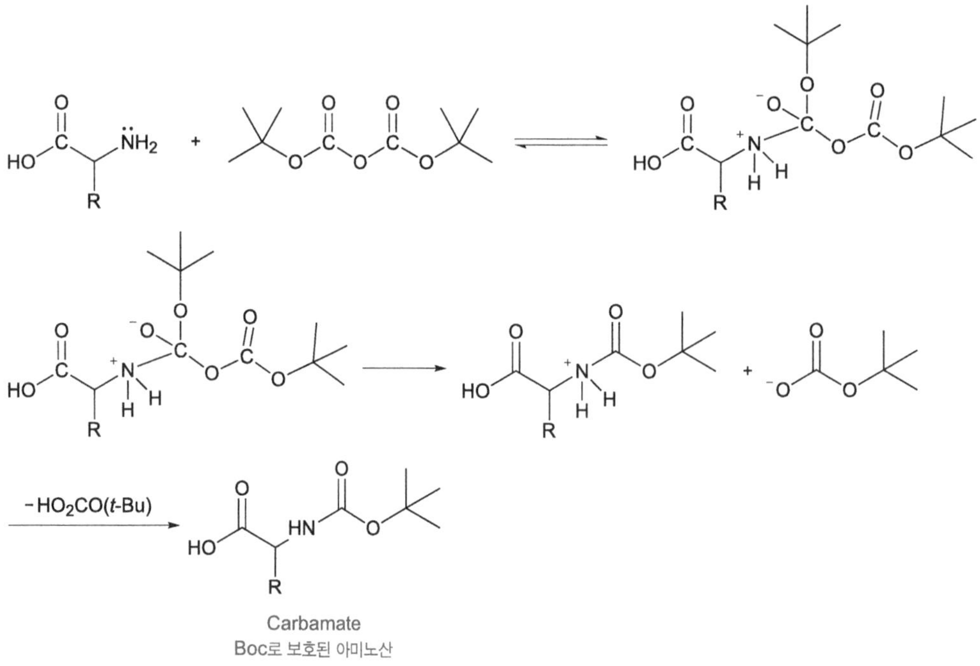

$-HO_2CO(t\text{-}Bu)$

Carbamate
Boc로 보호된 아미노산

방법 10.20 Boc 보호기 제거 반응 메커니즘 그리기

1단계 보호된 아미노산과 산(CF_3COOH)을 반응시켜 옥소늄 이온이 생성되도록 전자 이동을 표시한다.

HO / O / R / N / H / Ö: / O / 1 / + H—O—C—CF_3 / 2 / O / $-CF_3COO^-$ / HO / O / R / N / H / $\overset{+}{O}H$ / O

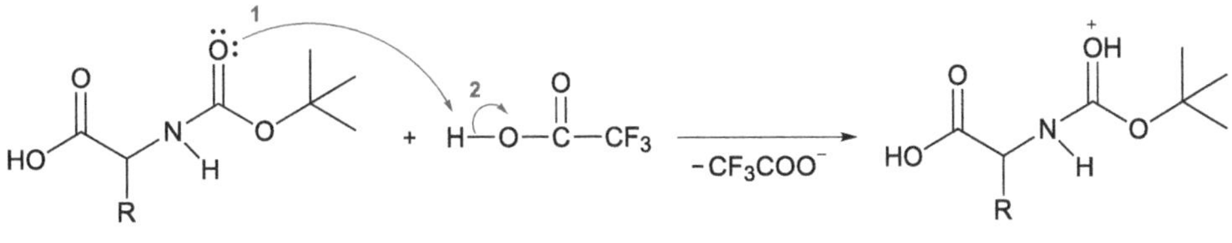

Carbamate

2단계 *tert*–Butyl기가 이탈되도록 전자 이동을 표시한다.

HO / O / R / N / H / $\overset{+}{O}H$ / 3 / 4 / O / $-\overset{+}{C}(CH_3)_3$ / HO / O / R / N / H / O—H / O

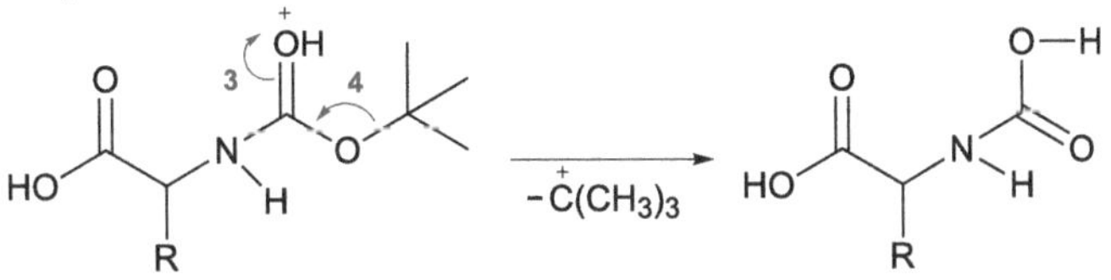

3단계 CF_3COO^- 이온과 OH가 반응하여 산소 음이온이 되고, 이어서 CO_2가 제거되도록 전자 이동을 표시한다.

HO / O / R / N / H / O—H / 6 / O / 5 / + $^-$O—C—CF_3 / O / $-CF_3CO_2H$ / HO / O / R / N / H / $^-$O / 7 / 8 / O

$-CO_2$ / HO / O / R / $\bar{N}H$

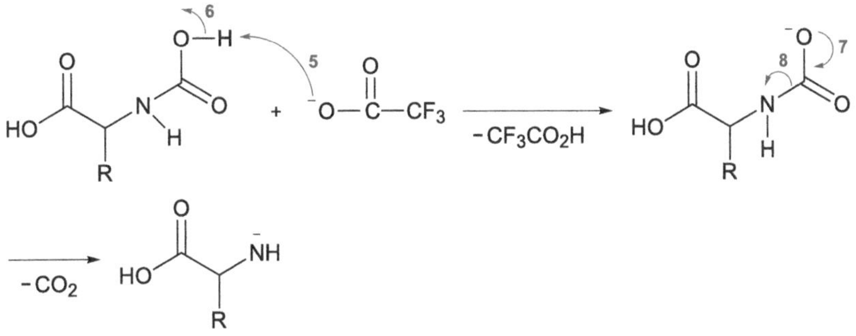

4단계 생성된 질소 음이온 종과 산(CF_3COOH)이 반응하여 중화되도록 전자 이동을 표시한다.

HO / O / R / $\bar{N}H$ / 9 / + H—O—C—CF_3 / 10 / O / $-CF_3COO^-$ / HO / O / R / NH_2

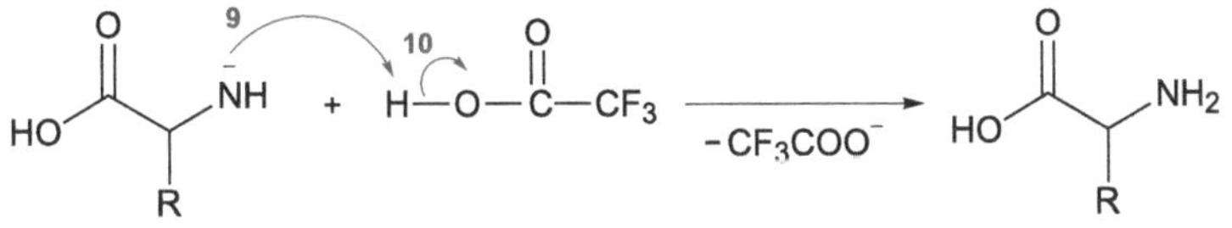

자유 아미노산

복습문제 10.18 아미노산의 Boc 보호기 제거 반응에 적합한 전자 이동을 그리시오.

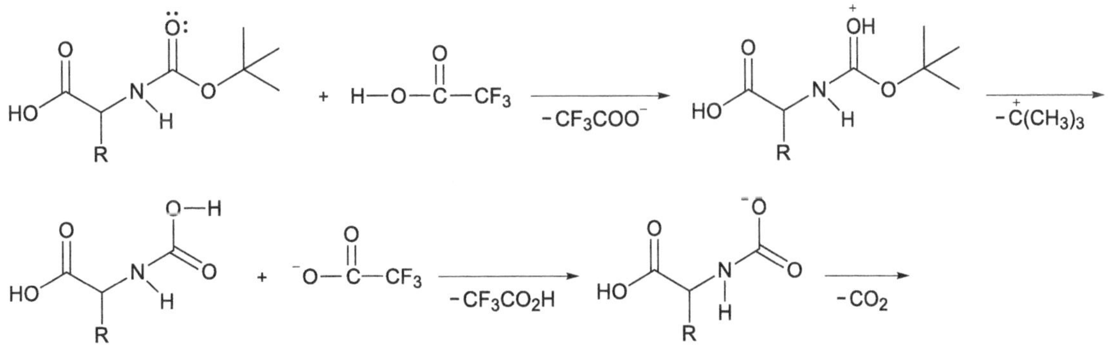

HO / O / R / N / H / Ö: / O / + H—O—C—CF_3 / O / $-CF_3COO^-$ / HO / O / R / N / H / $\overset{+}{O}H$ / O / $-\overset{+}{C}(CH_3)_3$

HO / O / R / N / H / O—H / O / + $^-$O—C—CF_3 / O / $-CF_3CO_2H$ / HO / O / R / N / H / $^-$O / O / $-CO_2$

자유 아미노산

연습문제 10.9 9-Fluorenylmethyl chloroformate(Fmoc)도 아미노산의 NH_2기를 보호하는 데 유용하다. 다음 반응 메커니즘을 완결하시오. 또 Fmoc 보호기 제거 반응 메커니즘도 완결하시오. 각각 전자 이동을 표시하시오.

(a)

Fmoc

$-Cl^-$

Fmoc로 보호된 아미노산

R' =

(b)

Fmoc로 보호된 아미노산

$-CO_2$

방법 10.21 아미노산의 카복실기 보호기 도입 및 제거 반응 메커니즘 그리기

1단계 아미노산의 COOH기와 산(H^+) 촉매가 반응하여 옥소늄 이온을 생성하고, 알코올 분자가 첨가 반응하도록 전자 이동을 표시한다. 산 용액이므로 아미노산의 NH_2기는 $^+NH_3$로 될 것이다.

α-아미노산

2단계 생성물에서 양성자 이동이 일어나고, 물 한 분자가 이탈되도록 전자 이동을 표시한다.

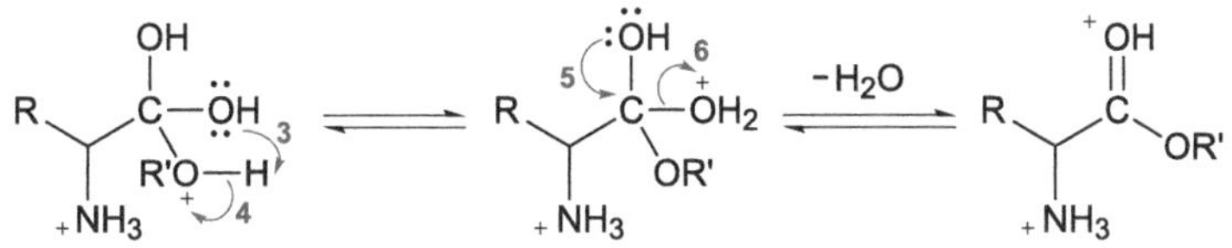

3단계 이탈된 물 분자가 옥소늄의 양성자를 제거하도록 전자 이동을 표시한다. 이 단계까지가 보호기 도입 단계이다.

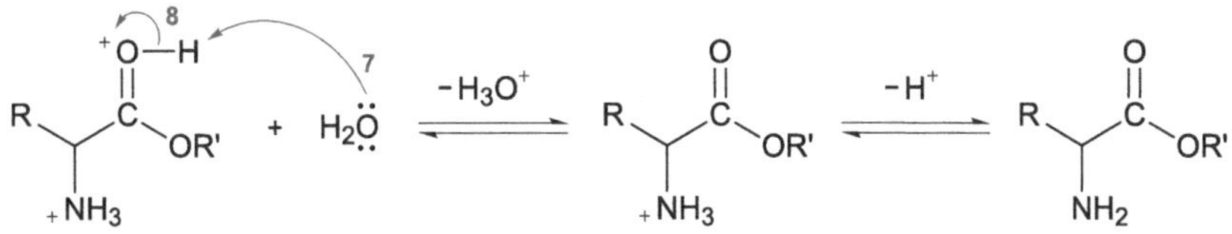

보호기 제거 단계

4단계 에스터기로 보호된 아미노산과 ^{-}OH가 첨가 반응하도록 전자 이동을 표시한다. 이 단계부터는 보호기 제거 반응 단계이다.

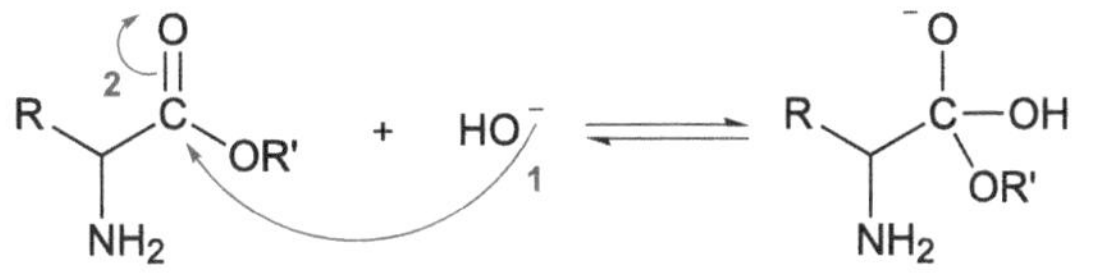

5단계 산소 음이온 전자가 탄소로 이동하여 이중 결합을 형성하고 $R'O^{-}$가 이탈되도록 전자 이동을 표시한다.

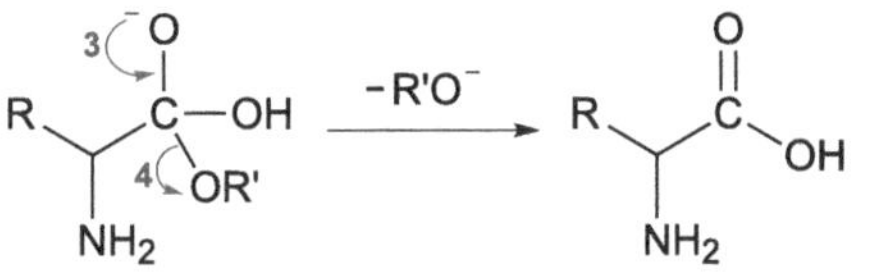

복습문제 10.19 아미노산의 카복실기 보호 및 제거 반응의 메커니즘에 적합한 전자 이동을 그리시오.

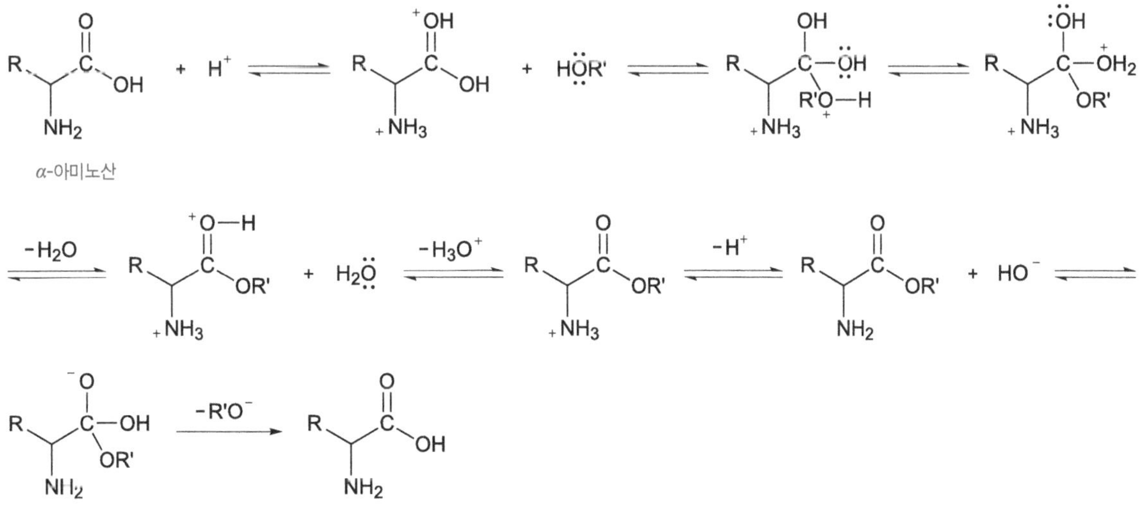

α-아미노산

연습문제 10.10 다음 반응 메커니즘을 완결하시오. 전자 이동을 표시하시오.

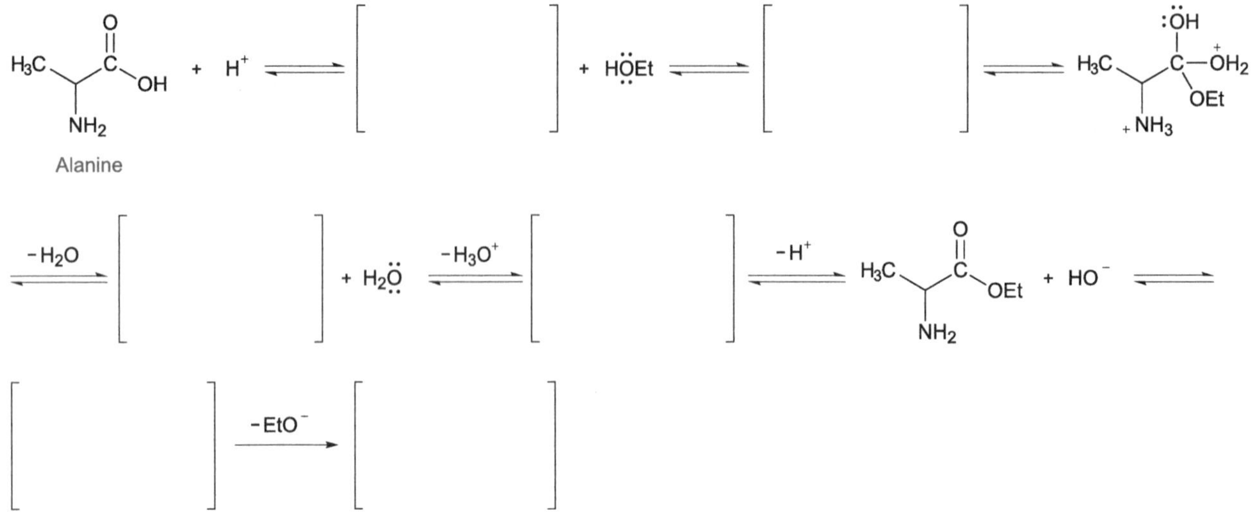

Alanine

H_3C ... + H^+ ⇌ [ ] + HÖEt ⇌ [ ] ⇌ ...

$-H_2O$ ⇌ [ ] + $H_2\ddot{O}$ $-H_3O^+$ ⇌ [ ] $-H^+$ ⇌ ... OEt + HO^- ⇌

[ ] $-EtO^-$ → [ ]

방법 10.22 DCC를 이용한 펩타이드 합성 반응 메커니즘 그리기

1단계 *N*-말단이 보호된 아미노산과 DCC의 질소 원자의 비공유 전자쌍이 반응하여 카복실산 음이온이 생성되도록 전자 이동을 표시한다.

DCC　　이미늄 이온

R^1 = Cycloxhexyl
PG = 보호기

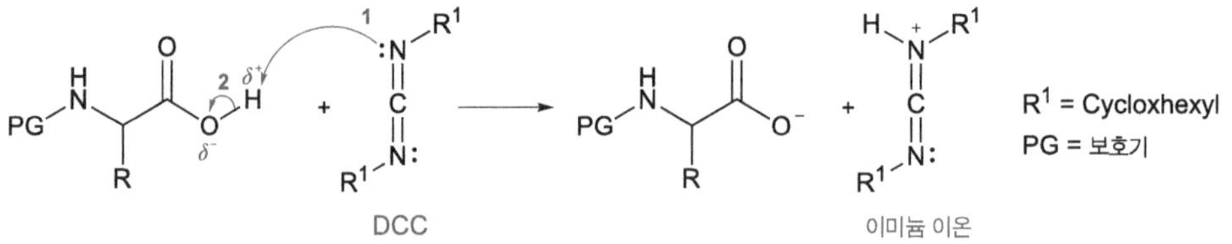

2단계 카복실산 음이온과 아미늄(aminium) 이온이 반응하여 *O*-acyl isourea가 생성되도록 전자 이동을 표시한다.

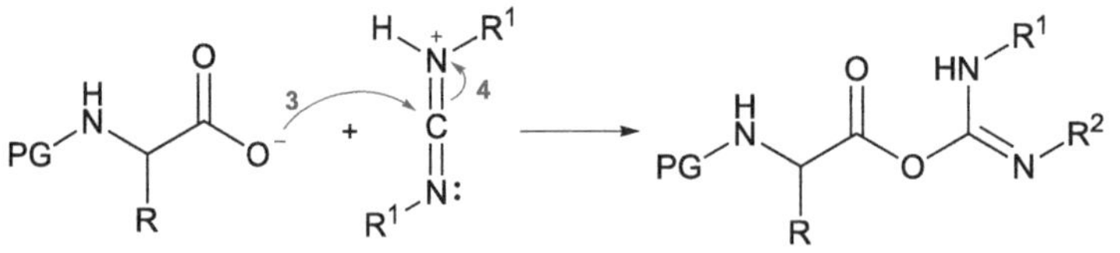

O-Acyl isourea

3단계 *O*-Acyl isourea와 *C*-말단이 보호된 아미노산이 첨가 반응하여 사면체 중간체가 생성되도록 전자 이동을 표시한다.

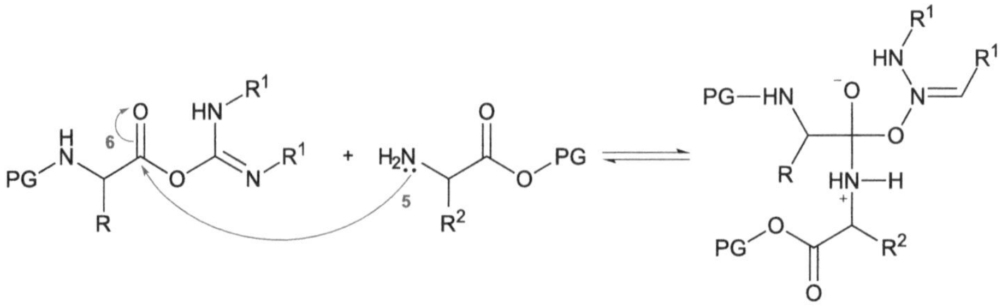

4단계 중간체 산소 음이온 전자가 이동하여 다이펩타이드와 urea가 생성되도록 전자 이동을 표시한다.

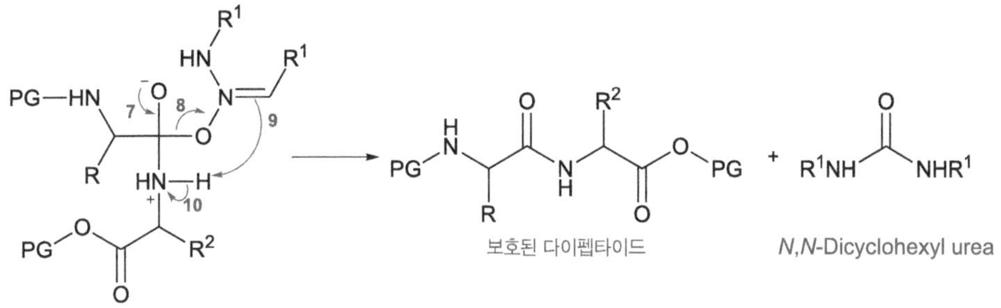

보호된 다이펩타이드

N,*N*-Dicyclohexyl urea

복습문제 10.20 DCC를 이용한 펩타이드 합성 반응 메커니즘에 적합한 전자 이동을 그리시오.

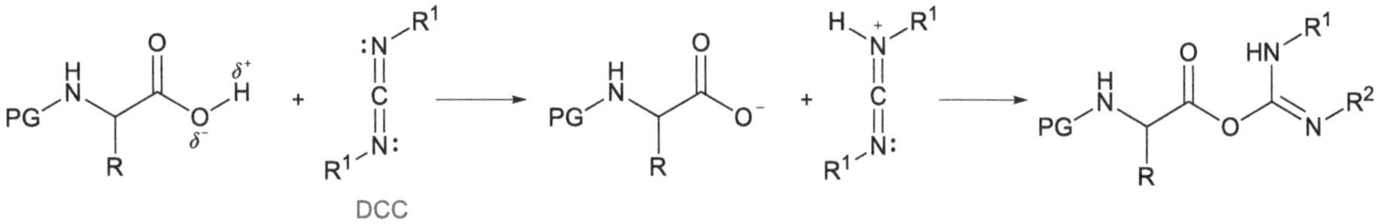

DCC

R^1 = Cycloxhexyl

PG = 보호기

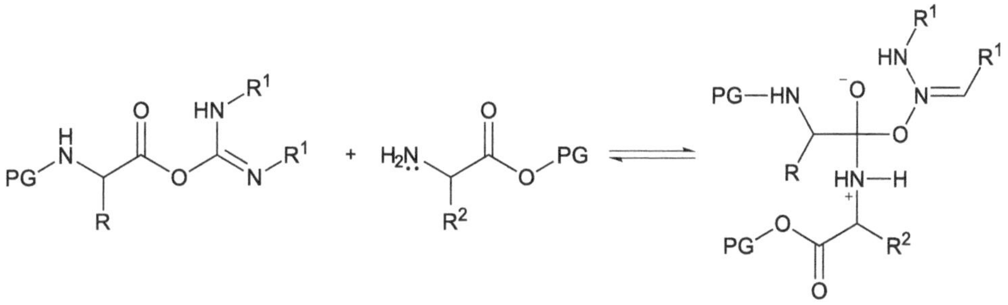

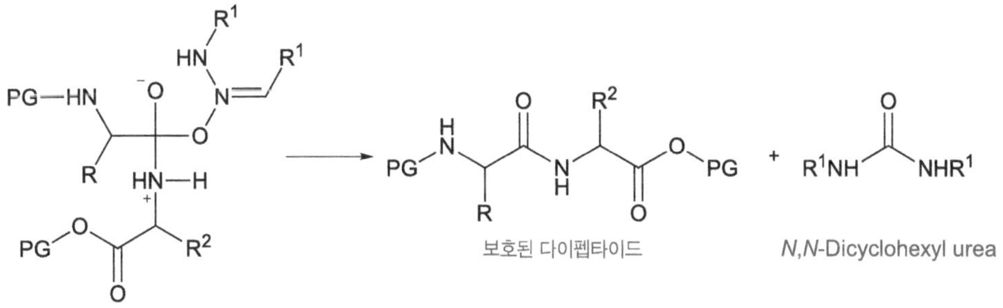

보호된 다이펩타이드

N,*N*-Dicyclohexyl urea

연습문제 10.11 다음 반응 메커니즘을 완결하시오. 전자 이동을 표시하시오.

PG–NH–CH(CH_2Ph)–C(=O)–O–H + :N(R^1)=C=N:(R^1) (DCC) ⟶ [ ] + H–N^+(R^1)=C=N:(R^1) ⟶

R^1 = Cycloxhexyl
PG = 보호기

[ ] + H_2N–CH(CH_2Ph)–C(=O)–O–PG ⇌ PG–HN–CH(CH_2Ph)–C(O^-)(O–N=…)(–NH_2^+–CH(CH_2Ph)–C(=O)–O–PG) ⟶

[ ] + R^1NH–C(=O)–NHR^1

10.4 효소 반응 메커니즘

생체에서 반응을 촉진하는 물질을 특별히 효소(enzyme)라고 한다. 효소는 단백질이며 그 기능을 발휘하기 위해 보조 인자(cofactor)가 필요하다. 보조 인자는 비단백질이며, 무기 이온이나 작은 유기분자이다. 많은 보조 효소(coenzyme)가 비타민으로부터 유도된다. 학문의 발달로 보조 효소들의 반응 메커니즘이 알려졌다. NAD^+(**n**icotinamide **a**denine **d**inucleotide), FAD(**f**lavin **a**denine **d**inucleotide), TPP(**t**hiamine **pyrophosphate**)와 PLP(**p**yridoxal **p**hosphate) 등이 그 예이다. 이들 보조 효소들의 반응은 주로 포함된 질소(N) 헤테로 고리에서 일어난다.

방법 10.23 NAD^+에 의한 malate의 산화 반응 및 oxaloacetate의 환원 반응 메커니즘 그리기

1단계 Malate와 NAD^+가 반응하여 malate의 α–수소가 이탈되도록 전자 이동을 표시한다. 이 단계는 산화 반응이며, 탈수소화 반응(dehydrogenation)이라고 한다.

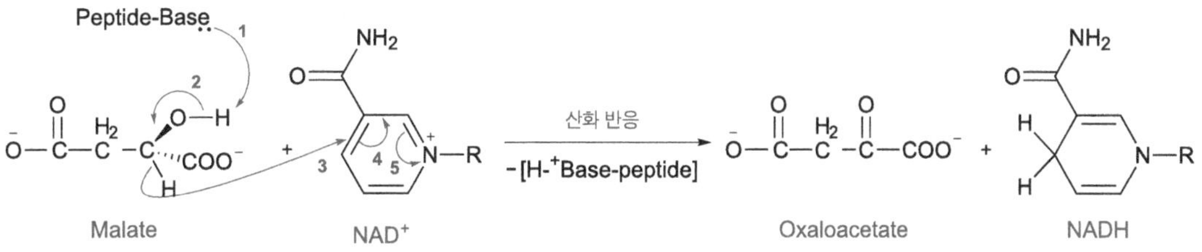

Peptide-Base: + Malate + NAD^+ —산화 반응, −[H-$^+$Base-peptide]→ Oxaloacetate + NADH

2단계 NADH의 고리에 있는 질소 원자의 비공유 전자쌍이 이동하여 C=O가 환원되도록 전자 이동을 표시한다.

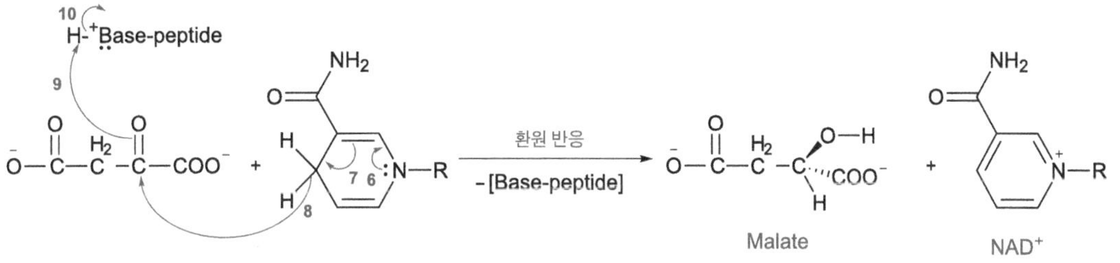

H-$^+$Base-peptide + Oxaloacetate + NADH —환원 반응, −[Base-peptide]→ Malate + NAD^+

복습문제 10.21 NAD^+와 NADH의 산화–환원 반응 메커니즘에 적합한 전자 이동을 그리시오.

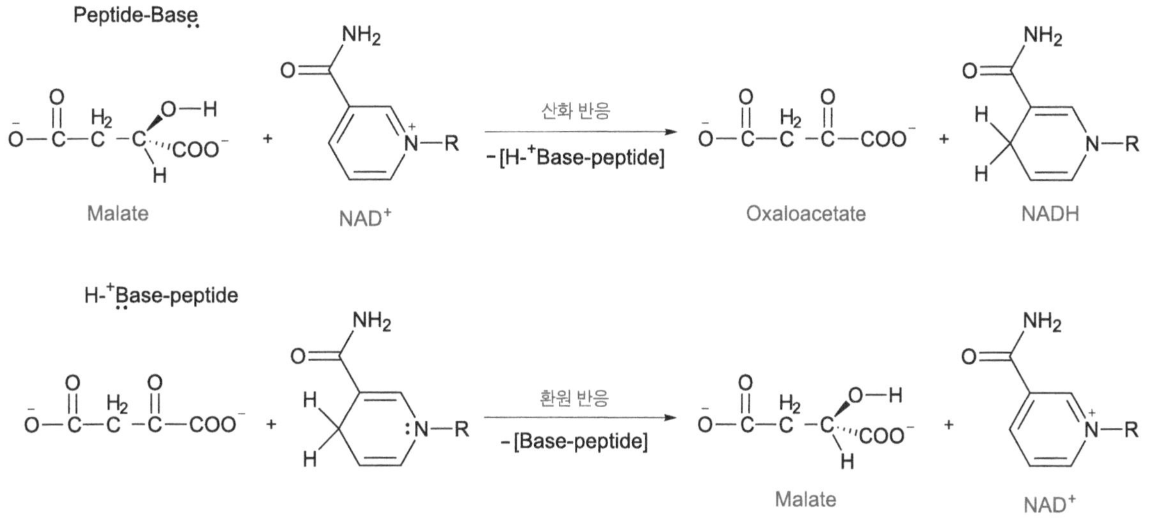

Peptide-Base: + Malate + NAD^+ —산화 반응, −[H-$^+$Base-peptide]→ Oxaloacetate + NADH

H-$^+$Base-peptide + Oxaloacetate + NADH —환원 반응, −[Base-peptide]→ Malate + NAD^+

방법 10.24 FAD(flavin adenine dinucleotide)에 의한 아민의 산화 반응 메커니즘 그리기

1단계 FAD와 아민이 첨가 반응하도록 전자 이동을 표시한다.

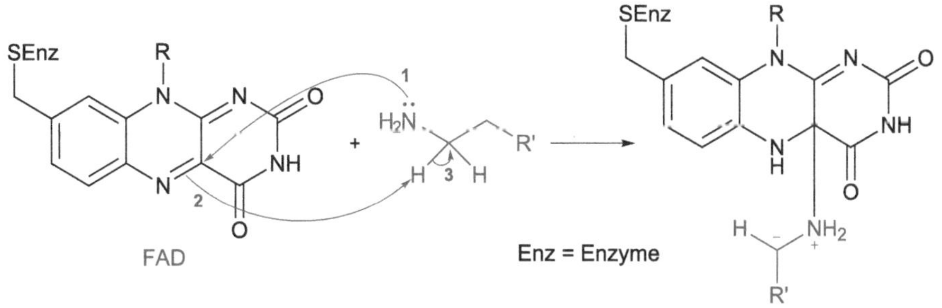

FAD + H_2N–CH_2–CH_2–R' →

Enz = Enzyme

2단계 탄소 음이온 전자가 질소로 이탈되고 고리 질소에 음이온이 생성되도록 전자 이동을 표시한다. 아민은 이미늄 이온으로 산화된다.

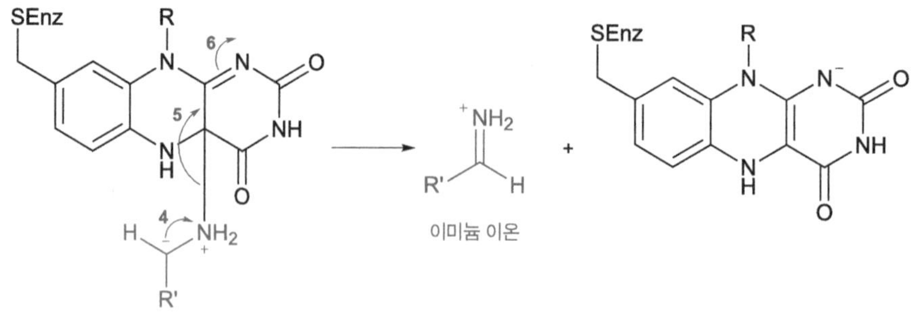

SEnz R 6 N O 5 NH N H O H 4 $\overset{+}{N}H_2$ R' → $^{+}NH_2$ R' H 이미늄 이온 + SEnz R N N^- O NH N H O

복습문제 10.22 FAD에 의한 아민의 산화 반응 메커니즘에 적합한 전자 이동을 그리시오.

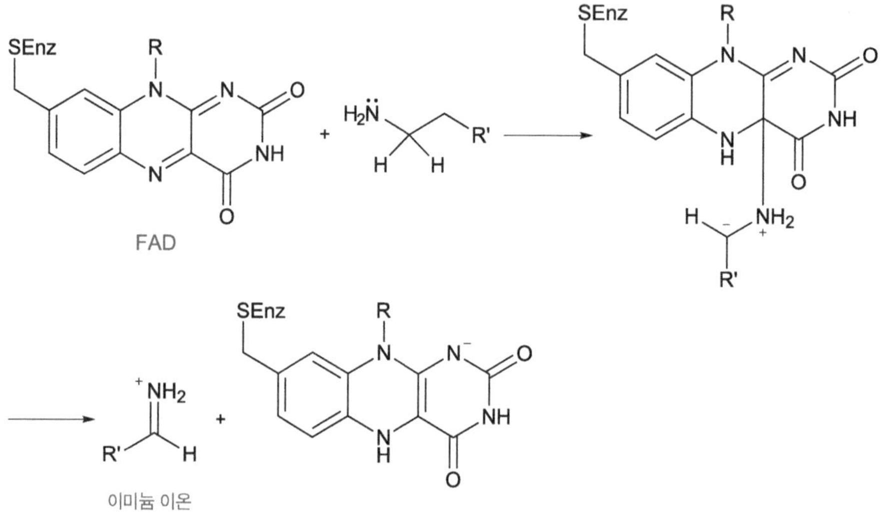

SEnz R N N O NH N O FAD + $H_2\ddot{N}$ H H R' → SEnz R N N O NH N H O H $\overset{+}{N}H_2$ R'

→ $^{+}NH_2$ R' H 이미늄 이온 + SEnz R N N^- O NH N H O

방법 10.25 TPP에 의한 pyruvate의 탈카복실화 반응(decarboxylation) 메커니즘 그리기

1단계 TPP(thiamine pyrophosphate)가 염기와 반응하여 고리 탄소가 음이온이 되도록 전자 이동을 표시한다.

H 2 1 R^1 $\overset{+}{N}$ S H_3C R^2 TPP + $\ddot{B}ase$ ⇌ R^1 $\overset{+}{N}$ S H_3C R^2

R^1 = NH_2 N H_3C N H_2 C

$R^2 = -(H_2C)_2O-\overset{O}{\overset{\|}{P}}(O^-)-O-\overset{O}{\overset{\|}{P}}(O^-)-O^-$

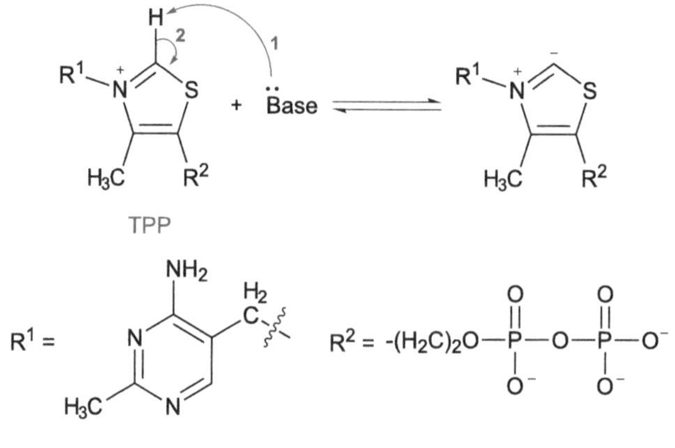

2단계 고리 탄소 음이온이 pyruvate에 첨가 반응하고 양성자화된 염기와 반응하도록 전자 이동을 표시한다.

Pyruvate

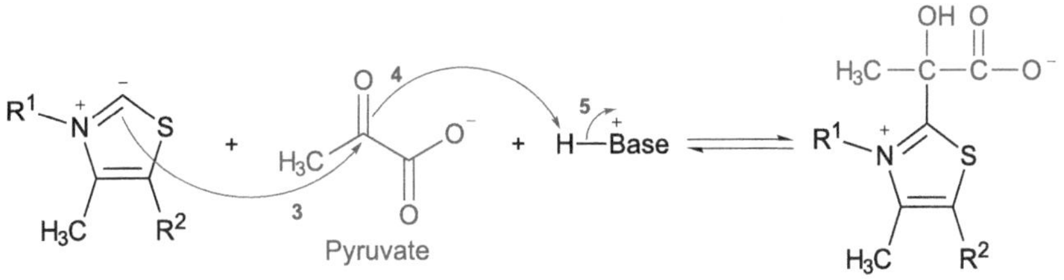

3단계 생성물의 카복실산 음이온 전자가 이동하여 CO_2가 이탈되고, thiazolylidene ethanol이 생성되도록 전자 이동을 표시한다.

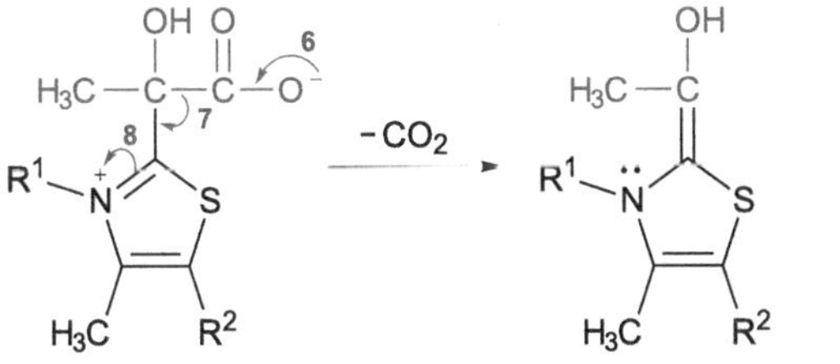

(Thiazol-2(3*H*)-ylidene)-ethanol

4단계 Thiazolylidene ethanol에서 질소의 비공유 전자쌍이 이중 결합 탄소로 이동하여 탄소 음이온 공명 구조가 되도록 전자 이동을 표시한다. 이 탄소 음이온이 양성자 이온과 반응하여 싸이아졸리윰(thiazolium) 이온이 생성되도록 전자 이동을 그린다.

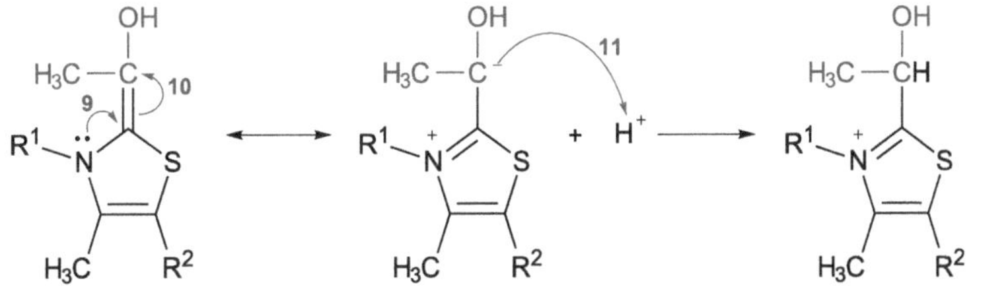

2-(1-Hydroxyethyl)-thiazol-3-ium

5단계 싸이아졸리윰 곁사슬의 OH가 염기와 반응하여 acetaldehyde가 생성되고 고리가 이탈되도록 전자 이동을 표시한다.

Acetaldehyde

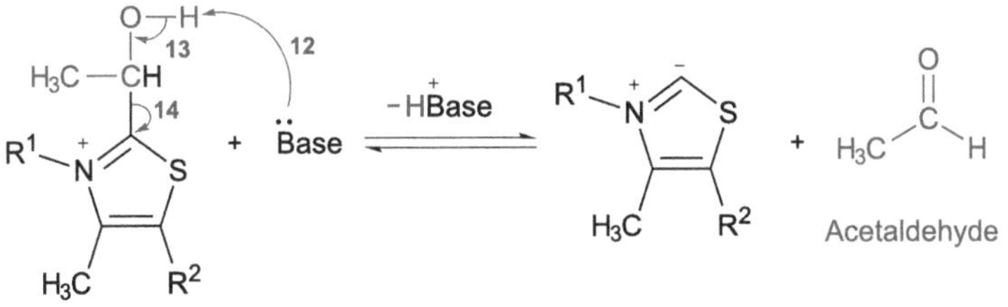

복습문제 10.23 TPP에 의한 pyruvate의 탈카복실화 반응 메커니즘에 적합한 전자 이동을 그리시오.

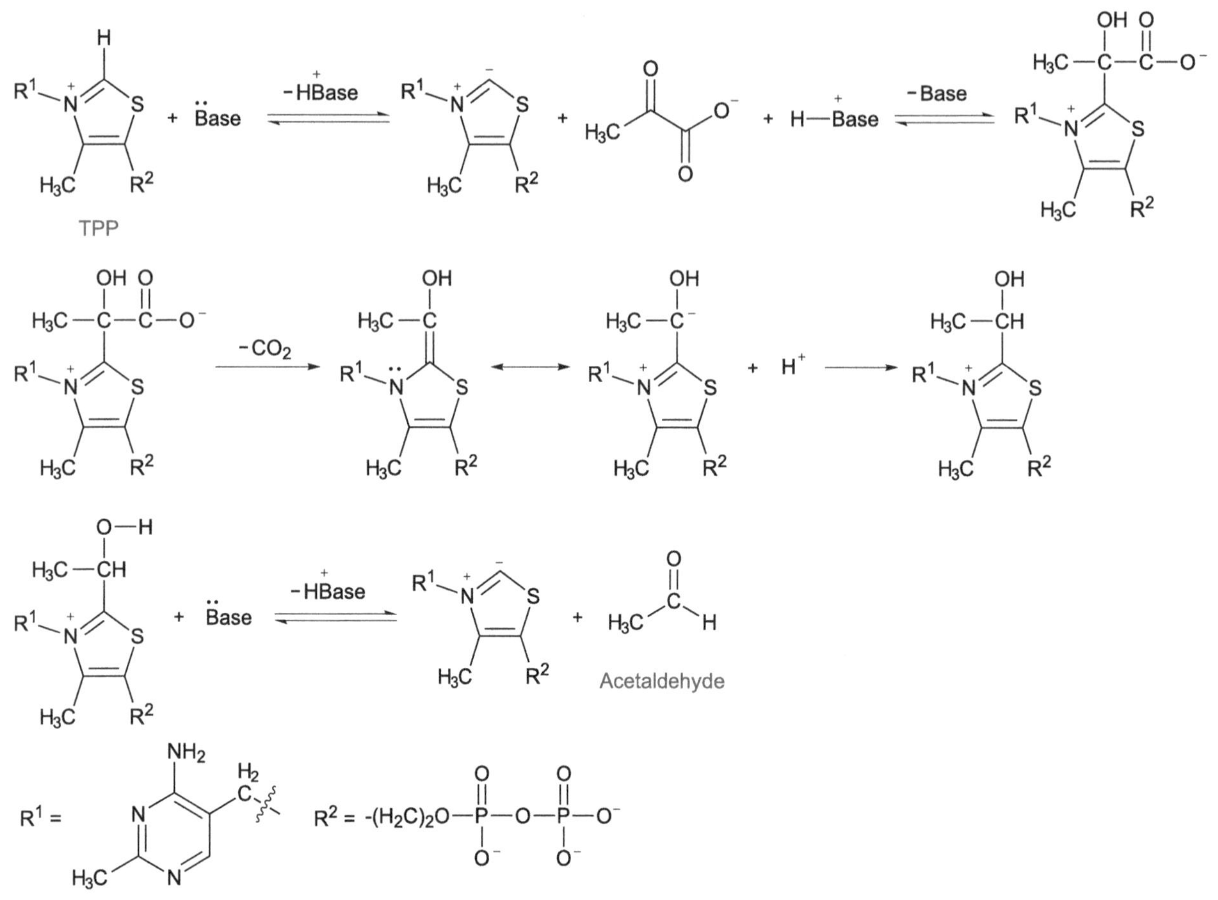

TPP

Acetaldehyde

R^1 =

R^2 = $-(H_2C)_2O-P(=O)(O^-)-O-P(=O)(O^-)-O^-$

방법 10.26 PLP에 의한 아미노산의 탈카복실 반응 메커니즘 그리기

1단계 아미노산의 아미노기와 PLP(pyridoxal phosphate)의 카보닐기가 첨가 반응하도록 전자 이동을 표시한다. 생성된 이온 종에서 산소 음이온이 질소의 양성자와 반응하여 안정한 중성 분자가 되도록 전자 이동을 표시한다.

PLP

아미노산

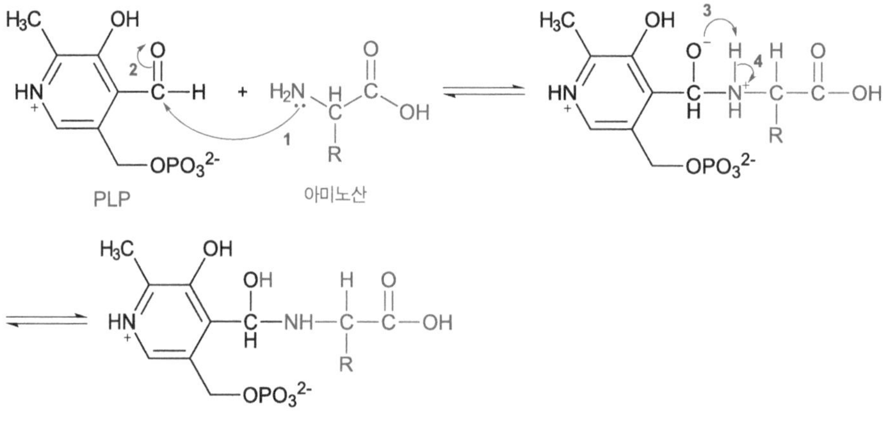

2단계 생성된 중간체에서 물 한 분자가 이탈되어 이민이 생성되도록 전자 이동을 표시한다.

$-H_2O$

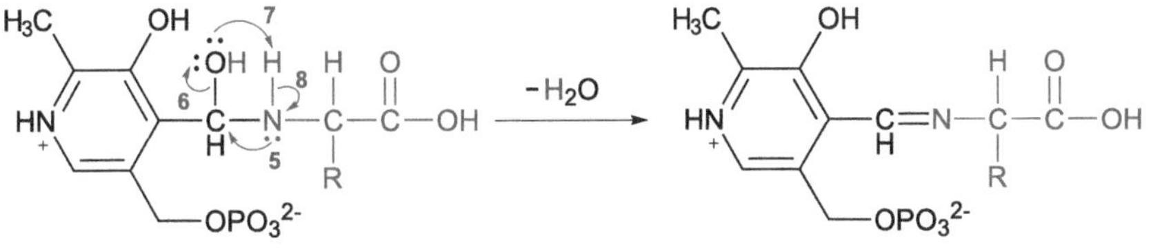

이민

3단계 물 분자와 카복실산 양성자가 반응하여 음이온이 되도록 전자 이동을 표시한다.

$-H_3O^+$

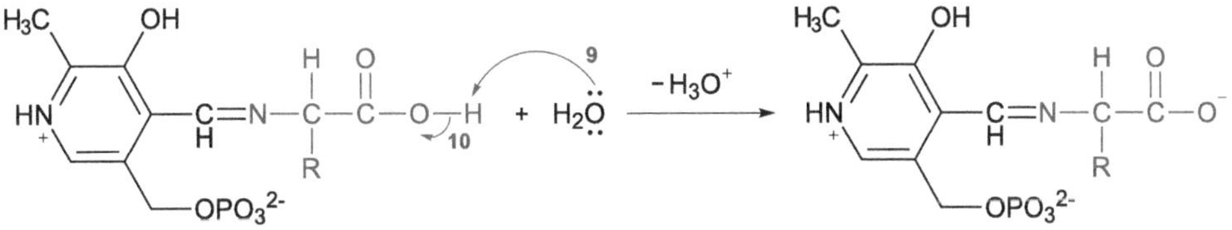

4단계 카복실산 음이온의 전자가 이동하여 CO_2가 이탈되도록 전자 이동을 표시한다.

$-CO_2$

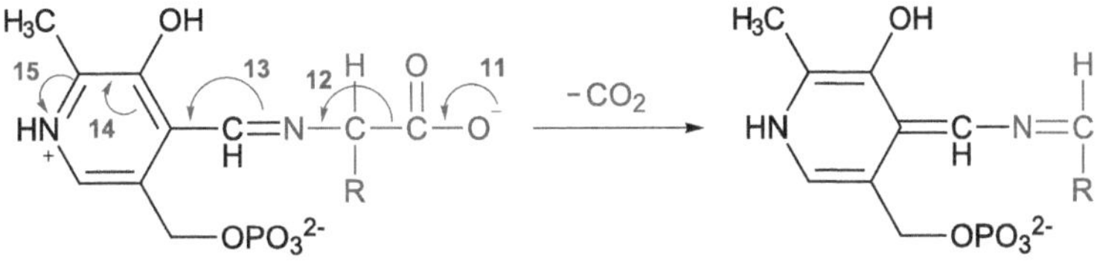

5단계 생성물의 고리 질소 원자의 비공유 전자쌍이 이동하여 이민 양이온이 되도록 전자 이동을 표시한다.

-Base

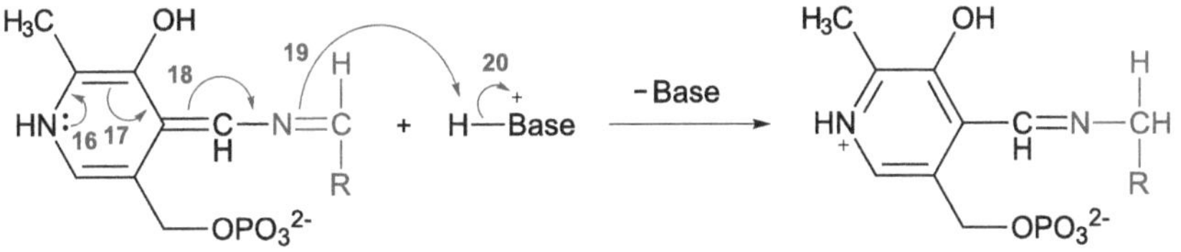

6단계 이민 질소 원자에 양성자화가 일어난 후, 물 분자가 첨가되도록 전자 이동을 표시한다. 이 단계부터는 가수분해 과정이다.

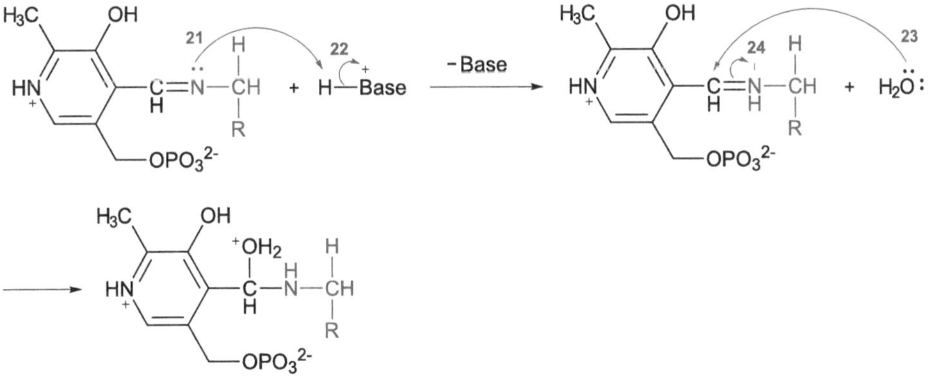

-Base

7단계 첨가 생성물에서 양성자 이동이 일어나고, OH 산소의 비공유 전자쌍이 이동하여 아민이 이탈되도록 전자 이동을 표시한다.

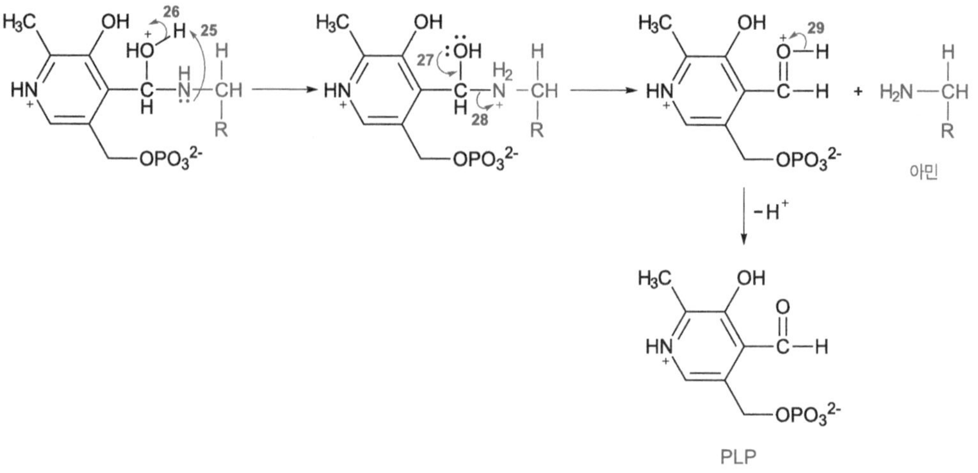

복습문제 10.24 PLP에 의한 아미노산의 탈카복실 반응 메커니즘에 적합한 전자 이동을 그리시오.

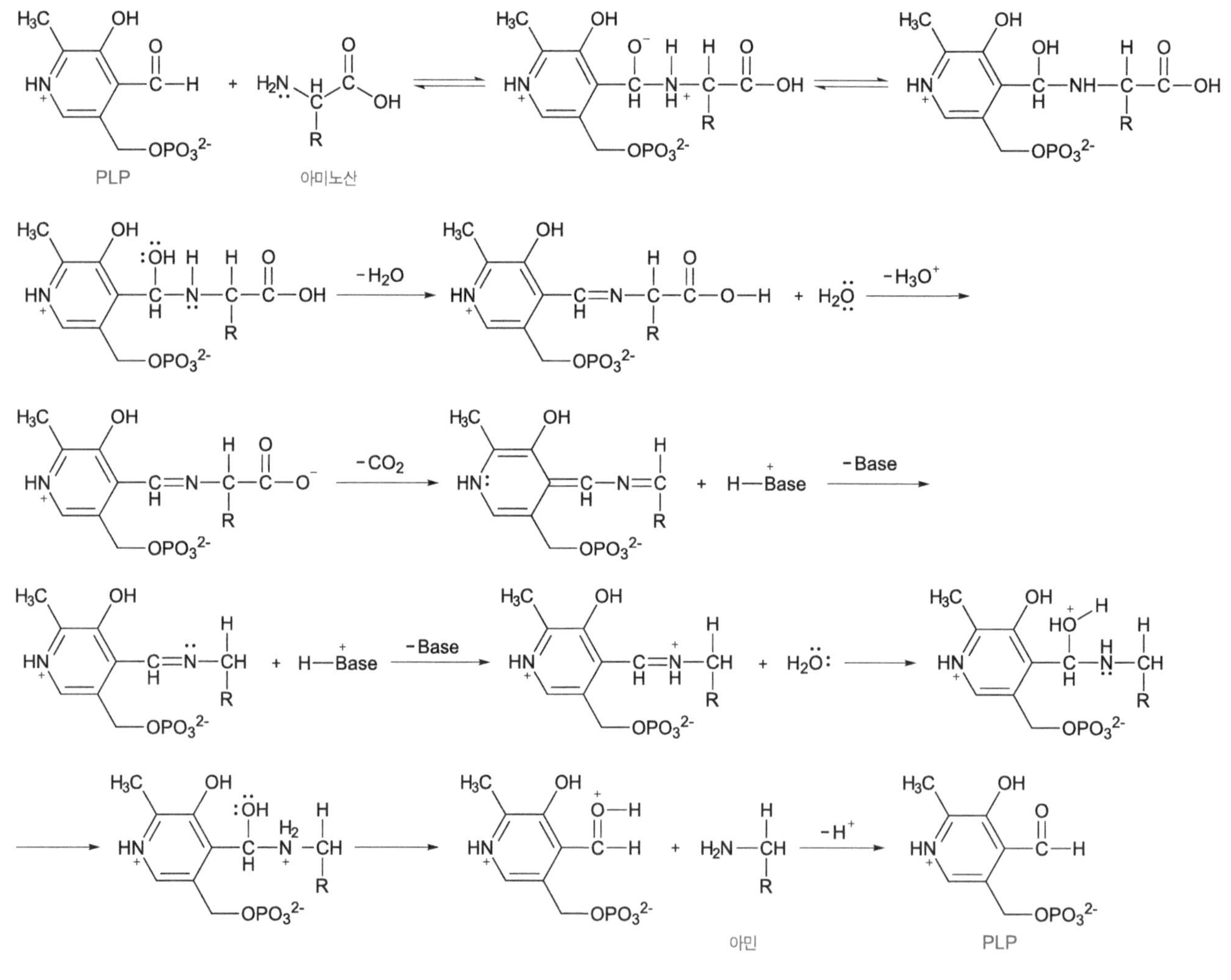

10.5 대사 반응의 메커니즘

대사(metabolism)는 큰 분자가 작은 분자로 전환되는 **분해대사**(catabolism)와 작은 분자가 큰 분자로 전환되는 **합성대사**(anabolism)가 있다. 합성대사 과정에는 에너지 흡수가 필요하고, 분해 대사 과정에서는 에너지가 방출된다. 에너지 저장과 방출은 ADP와 ATP가 관련된다.

대사 과정은 복잡하고 여러 단계를 거친다. 여기서는 탄수화물, 단백질 및 지질 등의 대사 과정에서 중요한 몇 가지 단계의 메커니즘 그리기를 다룬다.

방법 10.27 ATP의 인산 전달 반응 메커니즘 그리기

1단계 ATP의 말단 인산기와 탄수화물의 OH기가 첨가 반응하도록 전자 이동을 표시한다.

ATP

Glucose

R =

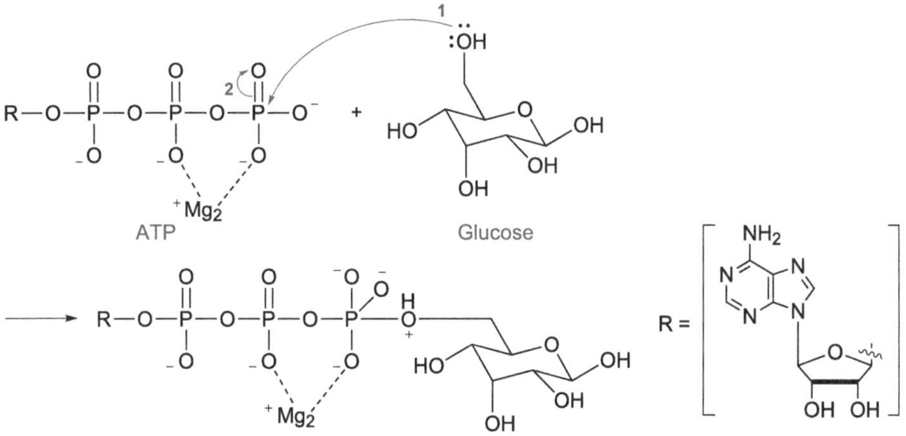

2단계 생성물에서 양성자가 이탈되어 인산 에스터 결합이 생성되도록 전자 이동을 표시한다.

$-H^+$

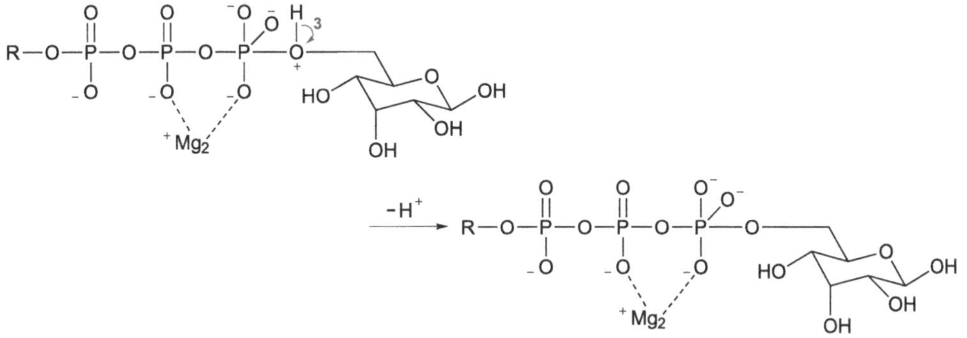

3단계 산소 음이온 전자가 이동하여 P−O−P 결합이 분해되도록 전자 이동을 표시한다.

$-Mg_2^+$

ADP

Glucose 6-phosphate

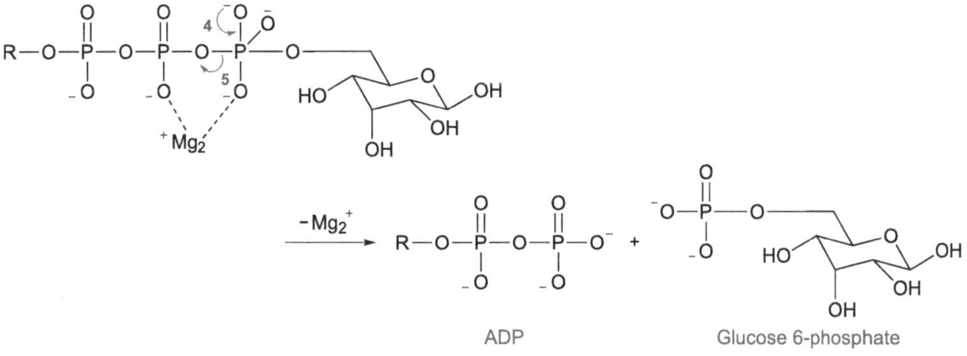

복습문제 10.25 ATP의 인산 전달 반응 메커니즘에 적합한 전자 이동을 그리시오.

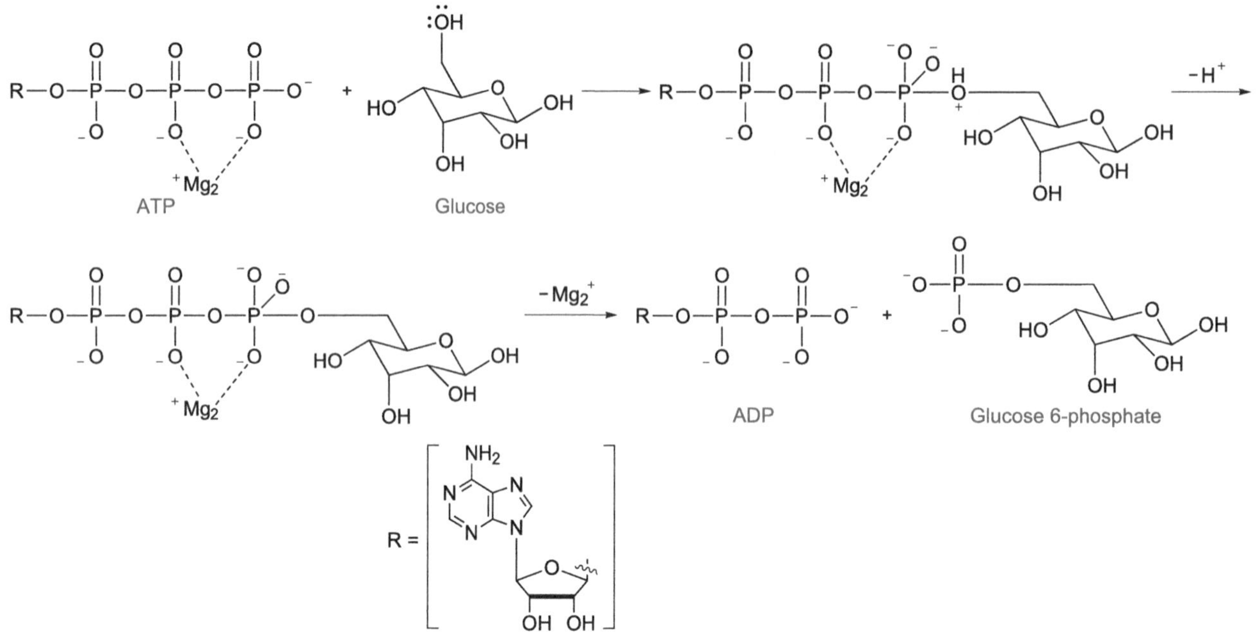

ATP

Glucose

$-H^+$

$-Mg_2^+$

ADP

Glucose 6-phosphate

R =

방법 10.28 Glucose 6-phosphate의 이성질화 반응 메커니즘 그리기

1단계 염기와 짝산이 연속으로 반응하여 당 분자의 고리가 열리도록 전자 이동을 표시한다.

$-\overset{+}{H}Base$

α-Glucose 6-phosphate

알도스

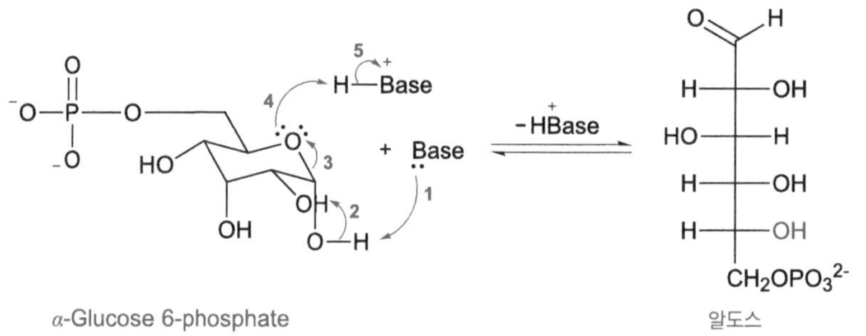

2단계 생성된 알데하이드가 토토머화를 일으켜 엔올이 생성되고, 염기와 반응하여 케토스로 변환되도록 전자 이동을 표시한다.

토토머화

알도스

엔올

케토스

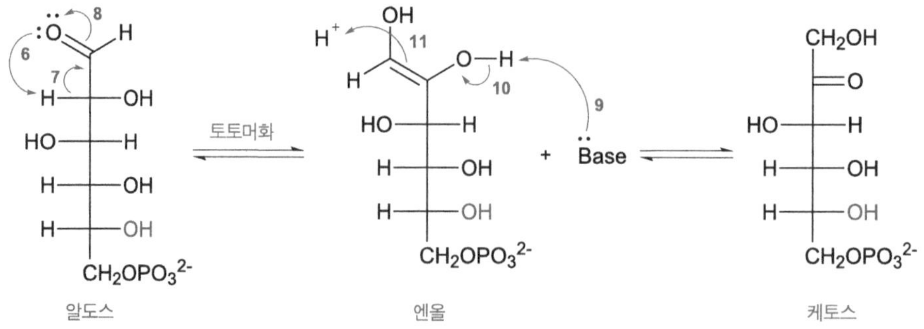

3단계 마지막 단계로 사슬형 케토스가 헤미아세탈화를 일으켜 오-고리인 α-fructose 6-phosphate로 변환된다.

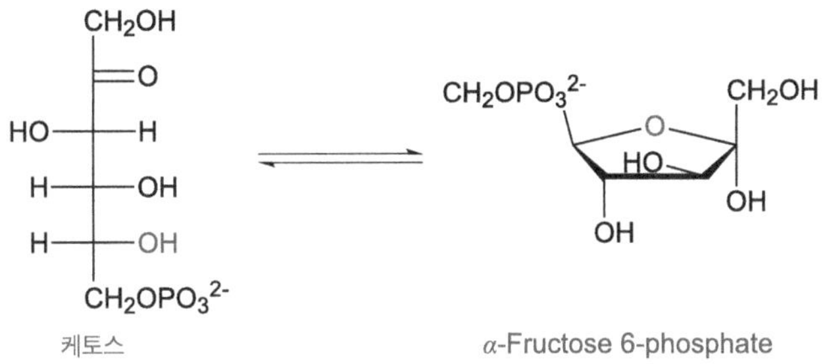

케토스 ⇌ α-Fructose 6-phosphate

복습문제 10.26 Glucose 6-phosphate의 이성질화 반응 메커니즘에 적합한 전자 이동을 그리시오.

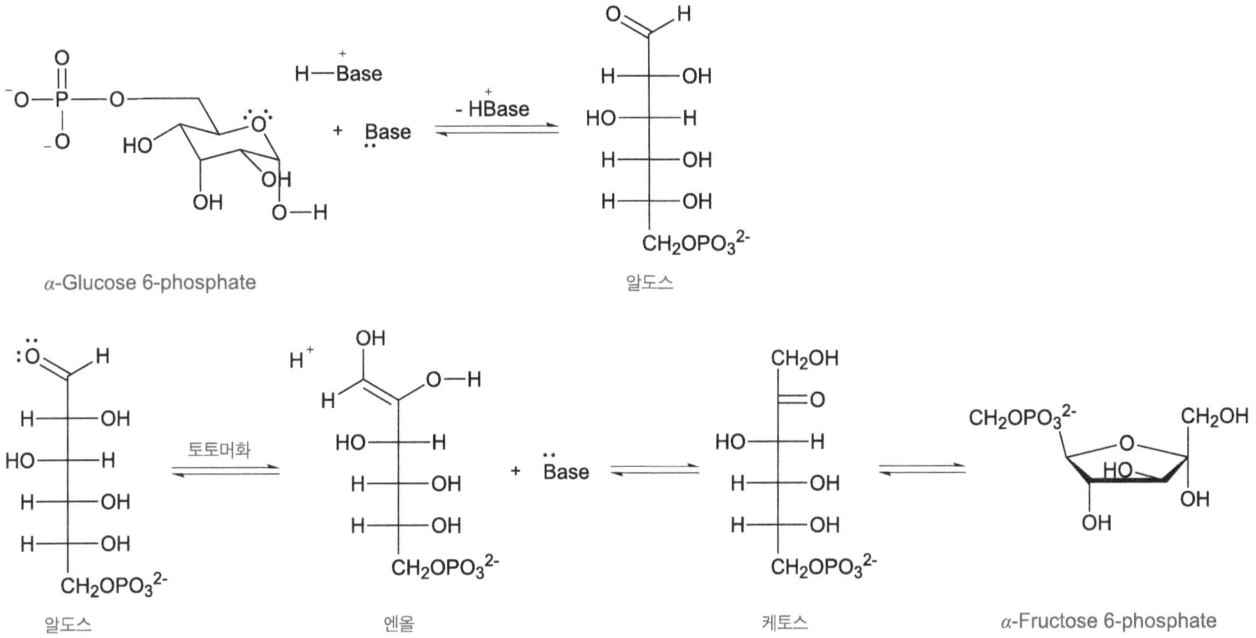

α-Glucose 6-phosphate + Base ⇌ (- HBase) 알도스

알도스 ⇌ (토토머화) 엔올 + Base ⇌ 케토스 ⇌ α-Fructose 6-phosphate

방법 10.29 β-Fructose 1,6-bisphosphate 분해 반응 메커니즘 그리기

1단계 Fructose 1,6-bisphosphate가 염기와 반응하여 역 알돌 반응을 일으키도록 전자 이동을 표시한다.

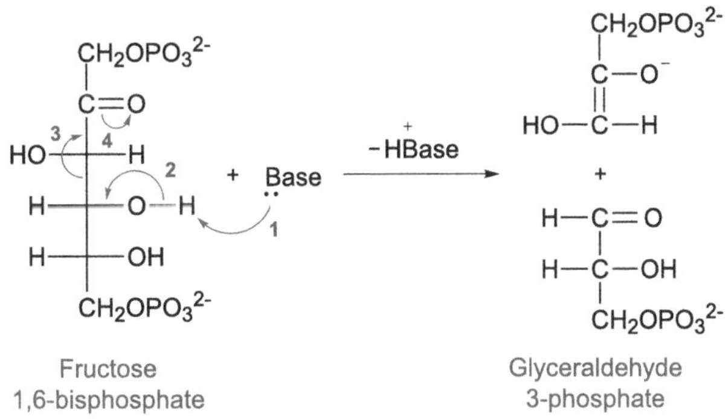

Fructose 1,6-bisphosphate + Base → (- HBase) + Glyceraldehyde 3-phosphate

2단계 생성된 엔올 음이온에 양성자가 반응하여 dihydroxyallyl phosphate가 생성되도록 전자 이동을 표시한다.

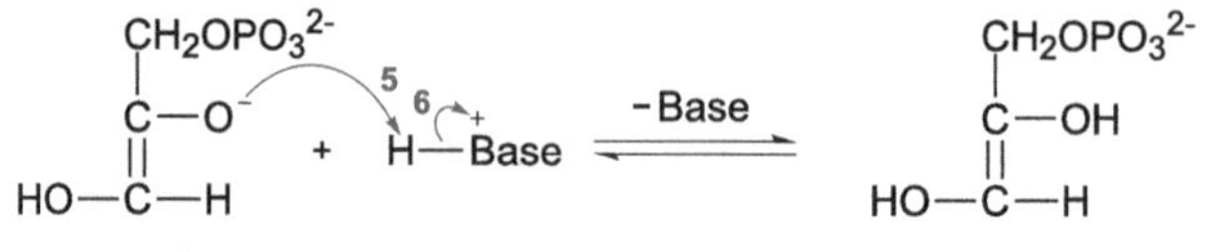

Dihydroxyallyl phosphate

3단계 Dihydroxyallyl phosphate와 염기가 반응하여 α-탄소가 음이온이 되도록 전자 이동을 표시한다. 생성된 음이온이 짝산과 반응하여 dihydroxyacetone phosphate가 생성되도록 전자 이동을 표시한다.

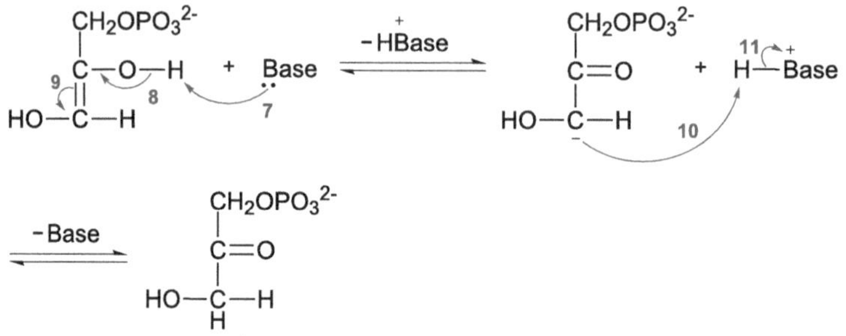

Dihydroxyacetone phosphate

복습문제 10.27 β-Fructose 1,6-bisphosphate 분해 반응 메커니즘에 적합한 전자 이동을 그리시오.

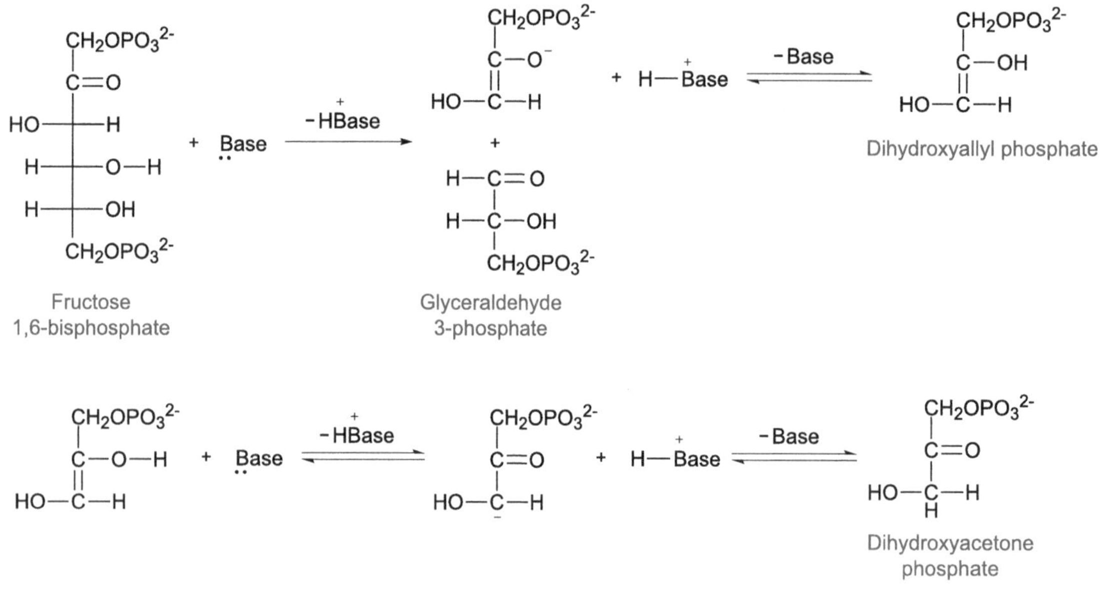

Fructose 1,6-bisphosphate

Glyceraldehyde 3-phosphate

Dihydroxyallyl phosphate

Dihydroxyacetone phosphate

방법 10.30 이민을 거쳐 일어나는 fructose 1, 6-bisphosphate의 역-알돌 반응 메커니즘 그리기

1단계 효소의 아미노산이 반응하여 이미늄 이온으로 된 후, 염기와 역-알돌 반응을 하여 C–C 결합이 분해되도록 전자 이동을 표시한다.

Fructose 1,6-bisphosphate + 효소-NH_2 ⇌ 이미늄 이온 + Base

$\xrightarrow[\text{역-알돌 반응}]{-\overset{+}{H}Base}$ (엔올 + Glyceraldehyde 3-phosphate)

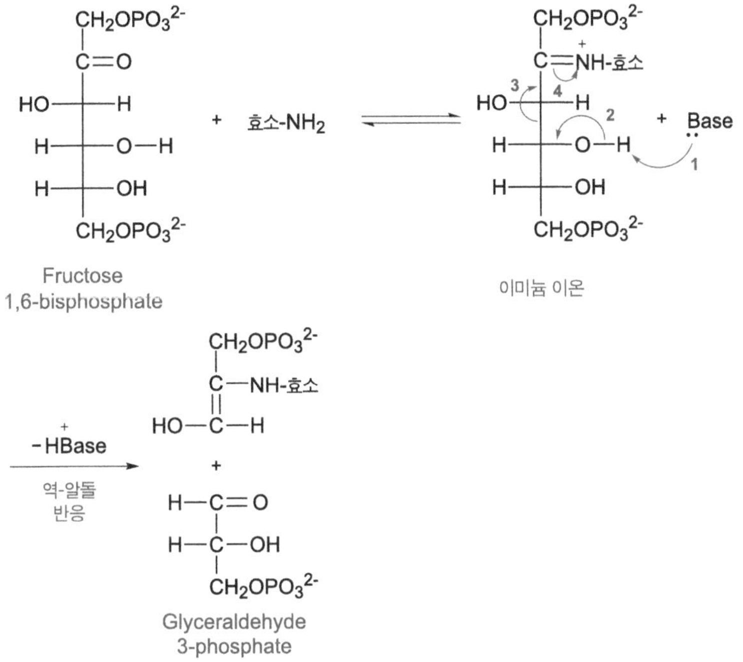

2단계 생성된 엔올과 짝산이 반응하여 이미늄 이온을 형성하고, 가수분해되어 dihydroxyacetone phosphate가 되도록 전자 이동을 표시한다.

엔올 + $\overset{+}{H}$–Base $\xrightarrow{-\text{Base}}$ 이미늄 이온 $\xrightarrow[\text{가수분해}]{-\text{효소-}NH_2}$ Dihydroxyacetone phosphate

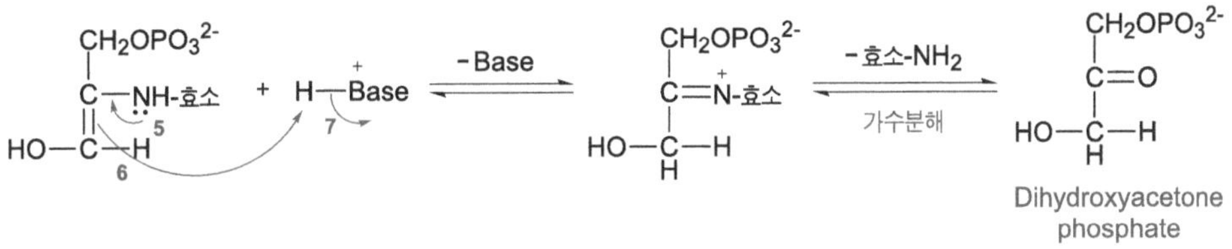

복습문제 10.28 이민을 거쳐 일어나는 fructose 1,6-bisphosphate의 역-알돌 반응 메커니즘에 적합한 전자 이동을 그리시오.

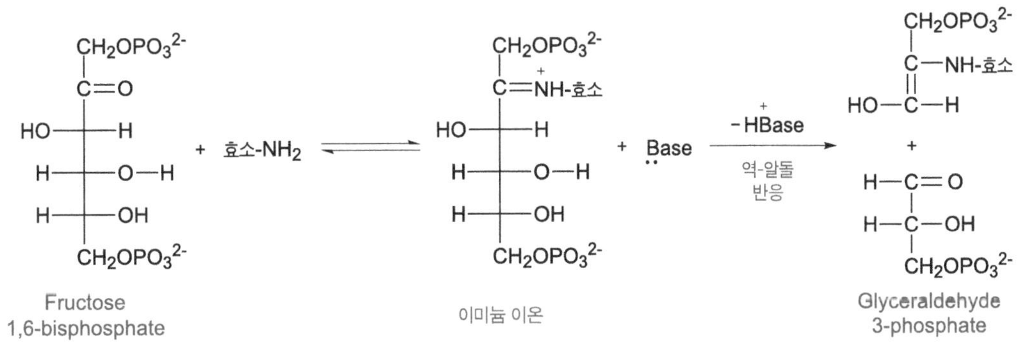

Fructose 1,6-bisphosphate + 효소-NH_2 ⇌ 이미늄 이온 + Base $\xrightarrow[\text{역-알돌 반응}]{-\overset{+}{H}Base}$ (엔올 + Glyceraldehyde 3-phosphate)

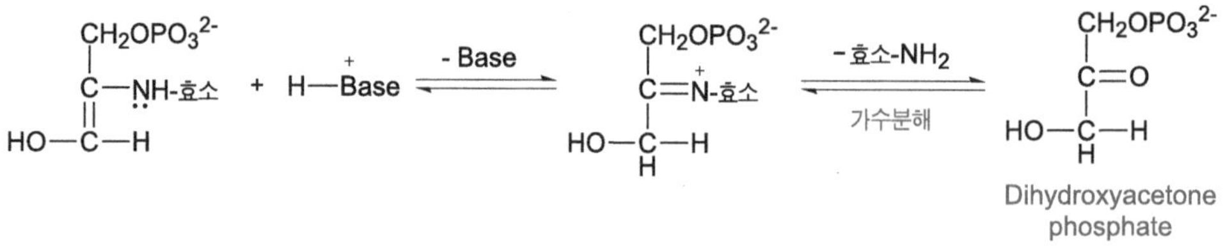

방법 10.31 Glyceraldehyde 3-phosphate의 1,3-bisphosphoglycerate로의 변환 반응 메커니즘 그리기

1단계 Glyceraldehyde와 효소의 SH기가 첨가 반응하여 헤미싸이오아세탈이 형성되도록 전자 이동을 표시한다.

Glyceraldehyde phosphate

헤미 -싸이오 아세탈

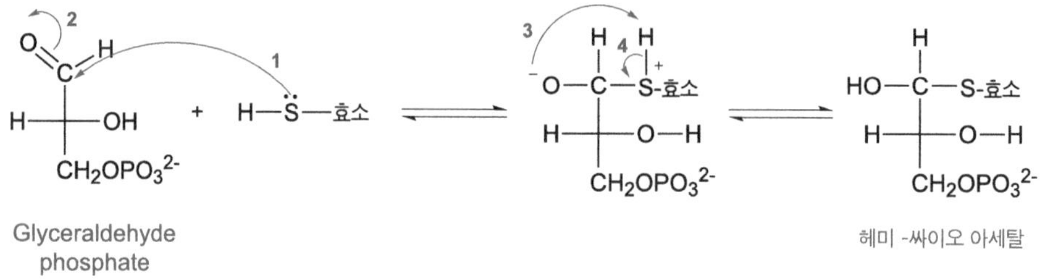

2단계 헤미싸이오아세탈이 염기 조건에서 NAD^+와 반응하여 싸이오 에스터가 생성되도록 전자 이동을 표시한다.

NAD^+

싸이오 에스터

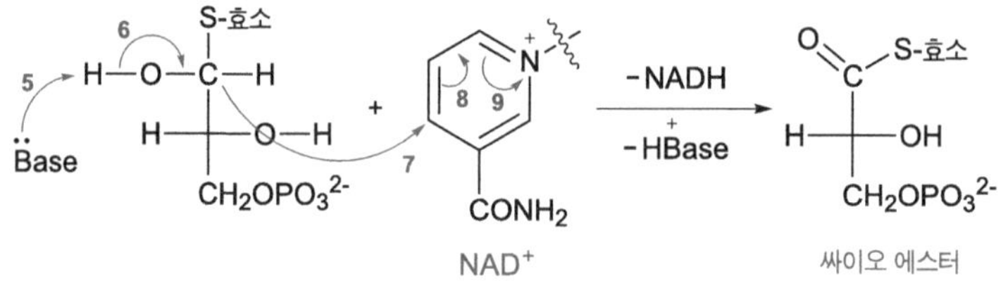

3단계 싸이오 에스터에 인산기가 첨가 반응하도록 전자 이동을 표시한다.

싸이오 에스터

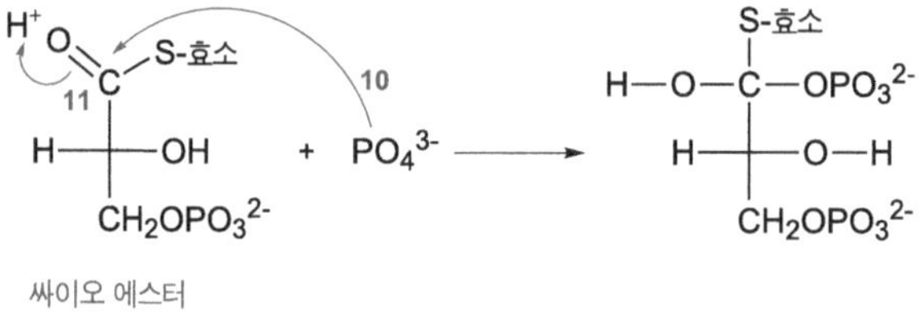

4단계 3단계에서 생성된 헤미싸이오아세탈에서 양성자 이동이 일어나서 1,3-bisphospho-glycerate가 생성되도록 전자 이동을 표시한다. 생성물이 ADP와 반응하여 ATP와 3-phosphoglycerate로 변환된다.

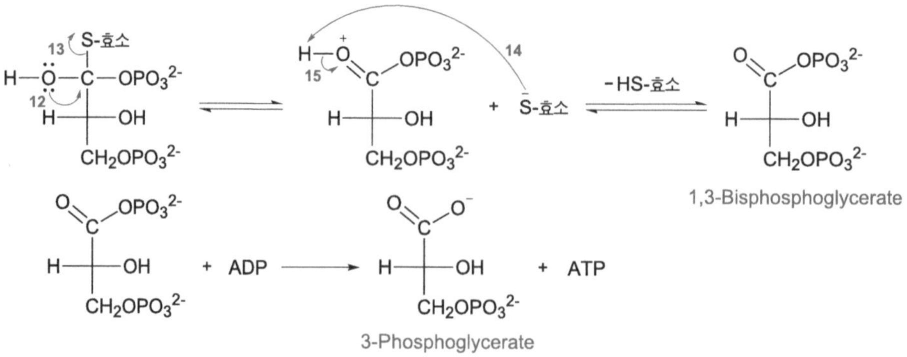

1,3-Bisphosphoglycerate

3-Phosphoglycerate

복습문제 10.29 Glyceraldehyde 3-phosphate의 1,3-bisphosphoglycerate로의 변화 반응 메커니즘에 적합한 전자 이동을 그리시오.

Glyceraldehyde phosphate

NAD^+

싸이오 에스터

1,3-Bisphosphoglycerate

3-Phosphoglycerate

방법 10.32 Pyruvate로부터 acetyl CoA의 생성 반응 메커니즘 그리기

1단계 Pyruvate가 TPP일라이드(thiamin diphosphate ylide)와 반응하도록 전자 이동을 표시한다.

Pyruvate

TPP Ylide

$R = -CH_2-$ (4-amino-2-methylpyrimidin-5-yl)

$R' = -CH_2CH_2OPO_2OPO_3^{2-}$

2단계 첨가 생성물에서 CO_2가 이탈되도록 전자 이동을 표시한다. 생성물은 HETPP(hydroxyethylthiamine diphosphate)이다.

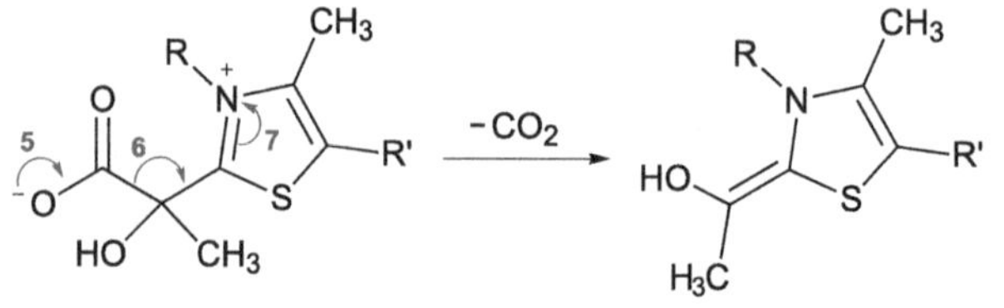

$-CO_2$

HETPP

3단계 HETPP와 lipoamide가 반응하여 1,2−dithiolate의 S−S 결합이 분해되도록 전자 이동을 표시한다.

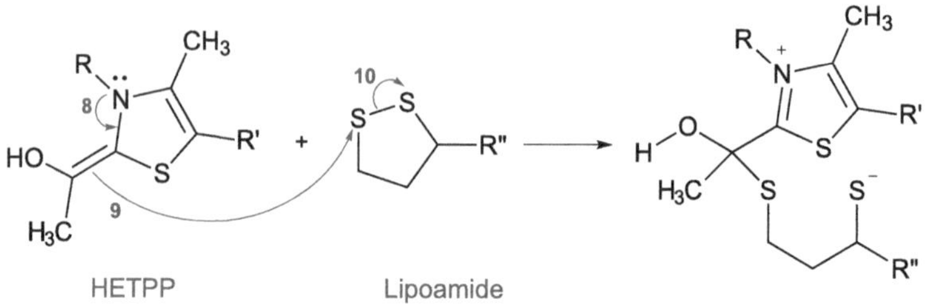

HETPP Lipoamide

R" = -$(CH_2)_4CONH(CH_2)_4CH(NH\text{-}Enz)(CO\text{-}Enz)$

4단계 생성된 첨가 반응 생성물에 양성자가 첨가되고, 내부에서 전자 이동이 일어나 TPP 일라이드와 acetyl dihydrolipoamide가 생성되도록 전자 이동을 표시하다.

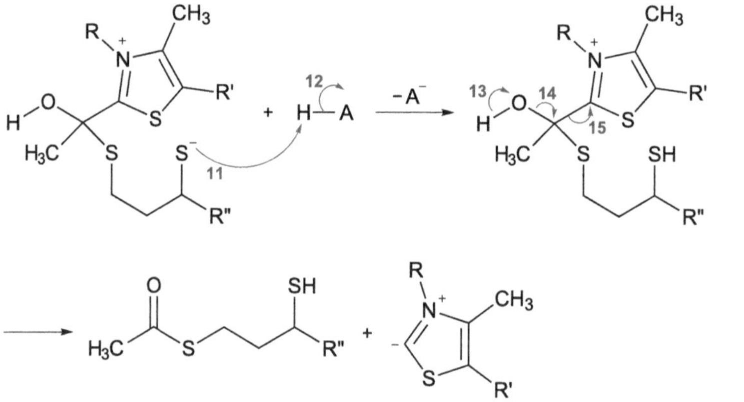

Acetyl dihydrolipoamide

5단계 보조 효소 HSCoA와 첨가 반응을 하도록 전자 이동을 표시한다.

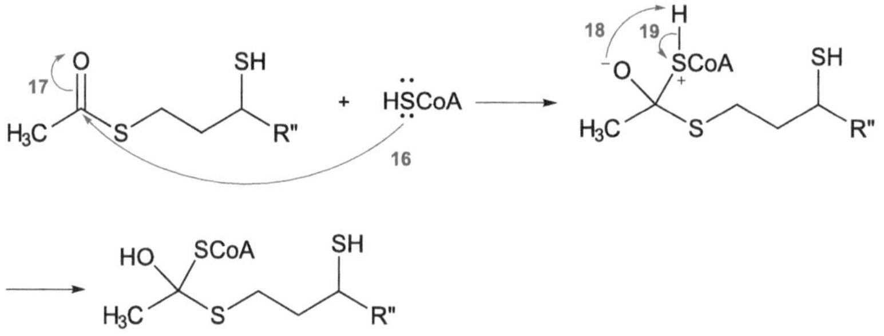

6단계 첨가 생성물에 염기가 반응하여 C–S 결합이 분해되면서 acetyl CoA와 dihydrolipoamide가 생성되도록 전자 이동을 표시한다.

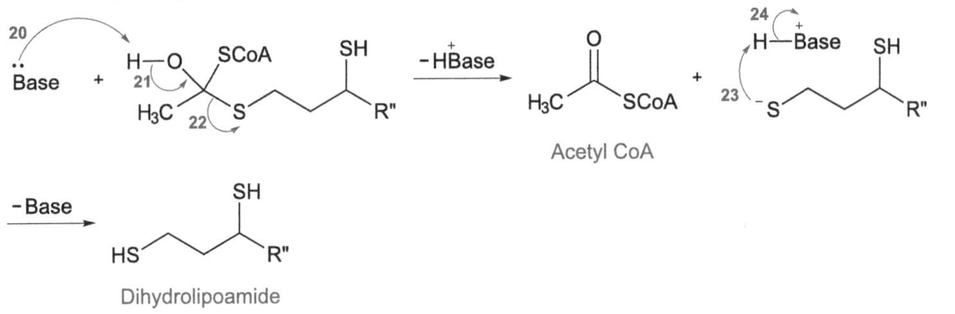

Acetyl CoA

Dihydrolipoamide

복습문제 10.30 Pyruvate로부터 acetyl CoA의 생성 반응 메커니즘에 적합한 전자 이동을 그리시오.

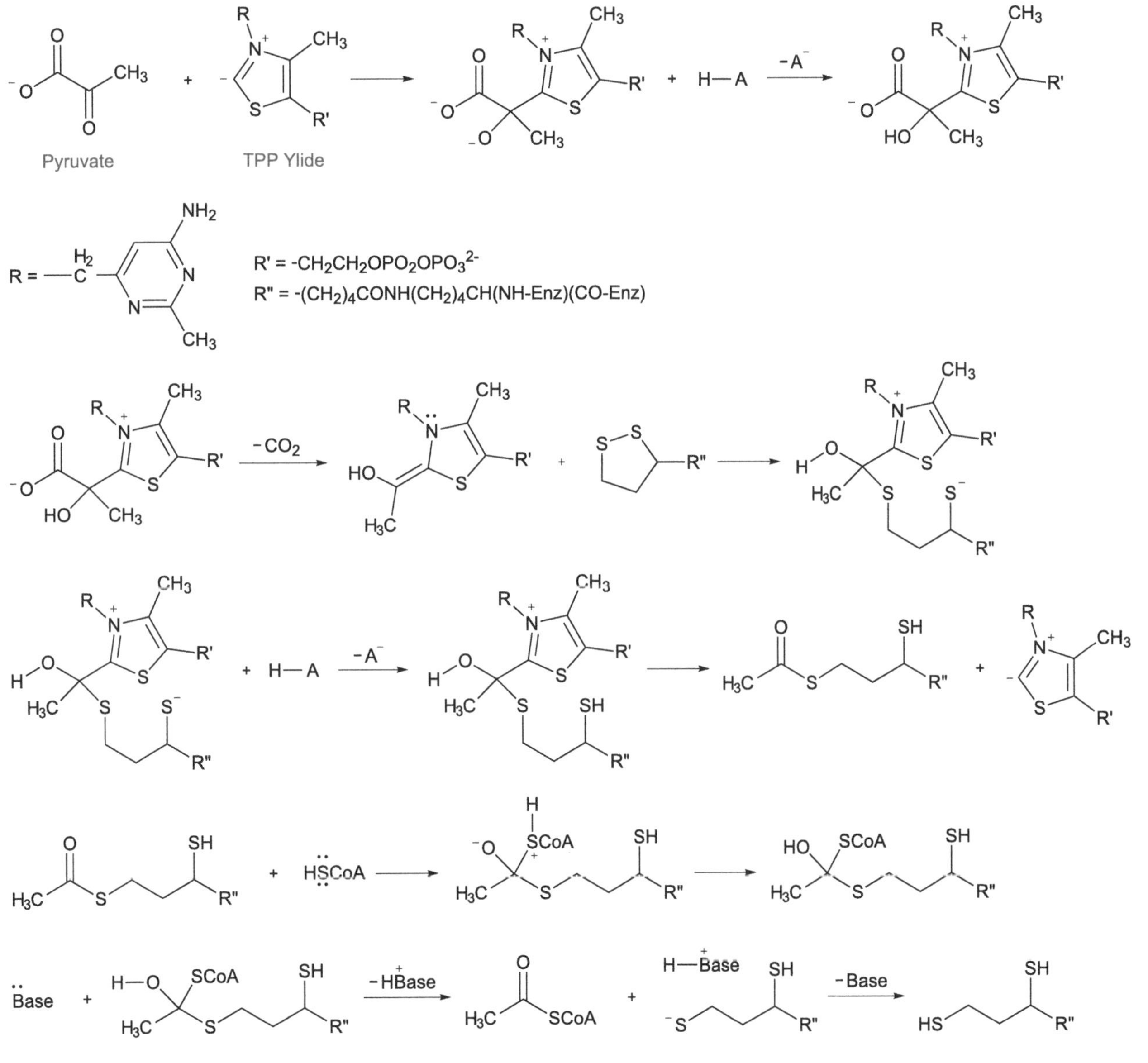

Pyruvate TPP Ylide

R' = $-CH_2CH_2OPO_2OPO_3^{2-}$

R" = $-(CH_2)_4CONH(CH_2)_4CH(NH\text{-}Enz)(CO\text{-}Enz)$

방법 10.33 α–아미노산의 α–케토산으로의 변환 반응 메커니즘 그리기

1단계 아미노산과 PLP–효소의 이민이 첨가 반응하고, 양성자가 이동하도록 전자 이동을 표시한다.

PLP-효소 이민

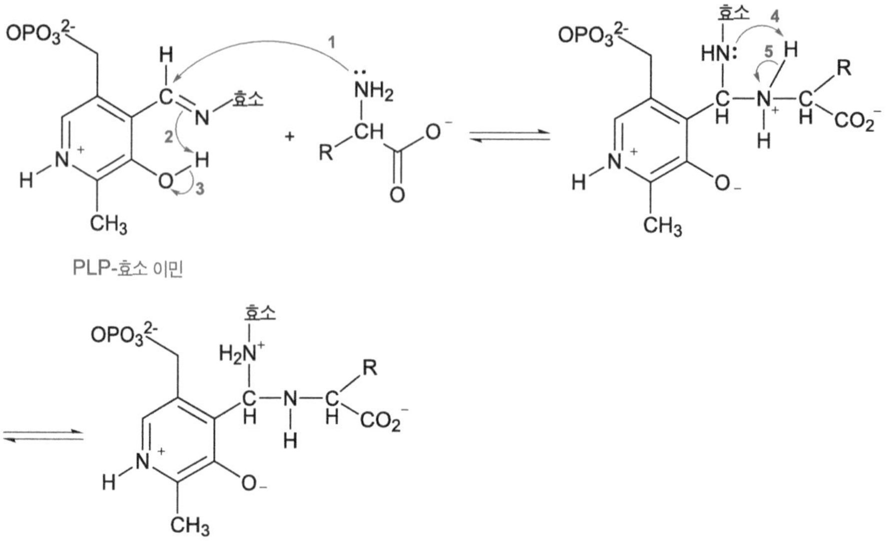

2단계 생성물의 산소 음이온 전자가 이동하면서 (효소–NH_2)가 이탈되도록 전자 이동을 표시한다.

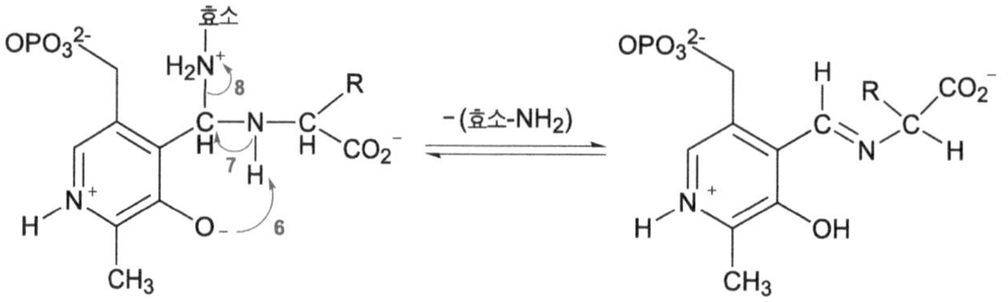

PLP-아미노산 이민

3단계 PLP–아미노산 이민과 효소의 NH_2기가 반응하여 α–케토산 이민이 생성되도록 전자 이동을 표시한다.

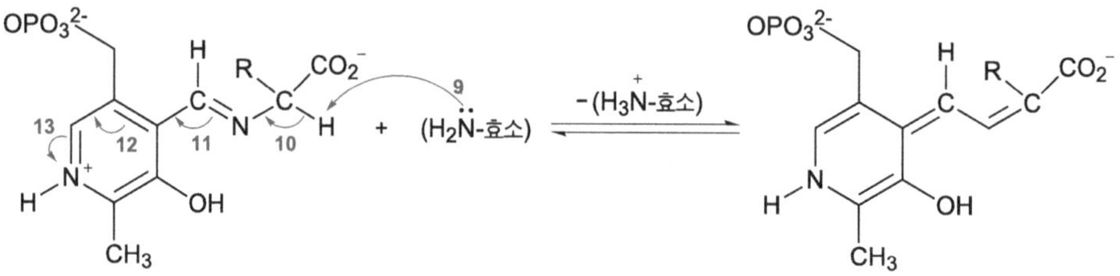

α-케토산 이민

4단계 α–케토산 이민과 효소 암모늄 이온이 반응하여 pyridine 고리의 방향족성이 회복되도록 전자 이동을 표시한다.

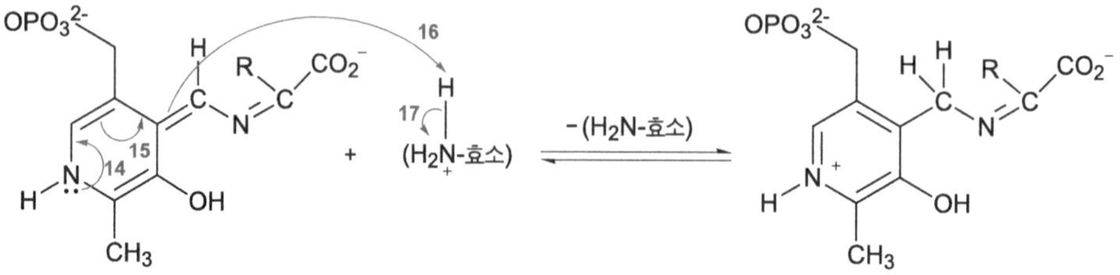

5단계 4단계의 생성물과 물이 첨가 반응하도록 전자 이동을 표시한다.

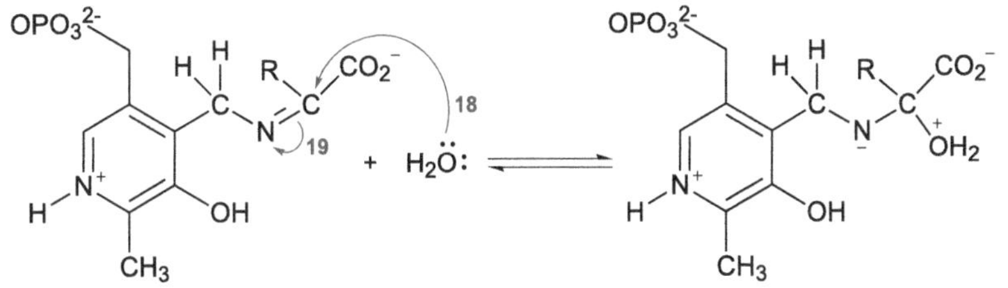

6단계 5단계의 생성물에서 양성자 이동이 일어나고, 산소 원자의 비공유 전자쌍이 이동하여 C−N 결합이 분해되도록 전자 이동을 표시한다. 최종 생성물은 PMP(pyridoxamine phosphate)와 α−케토산이다.

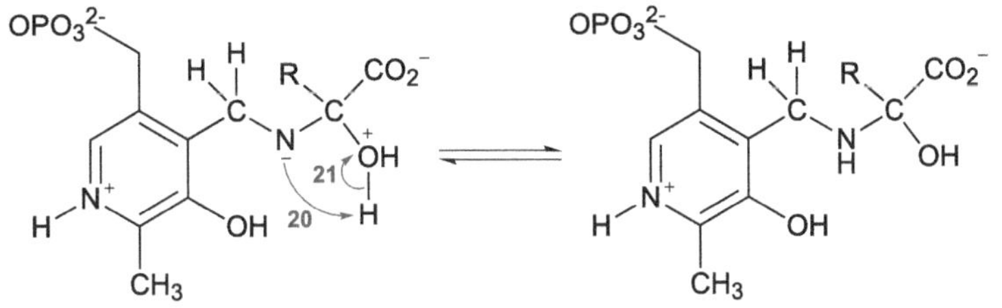

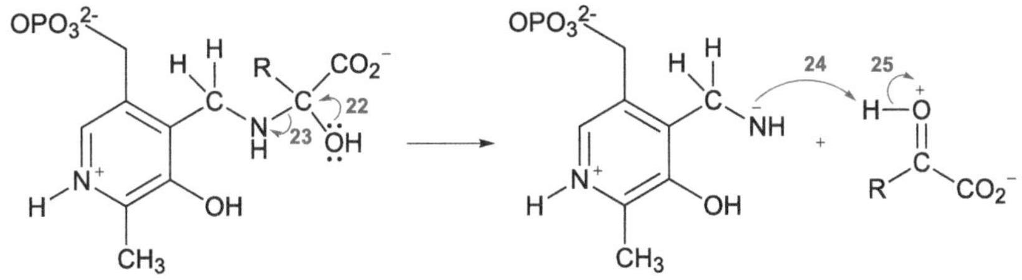

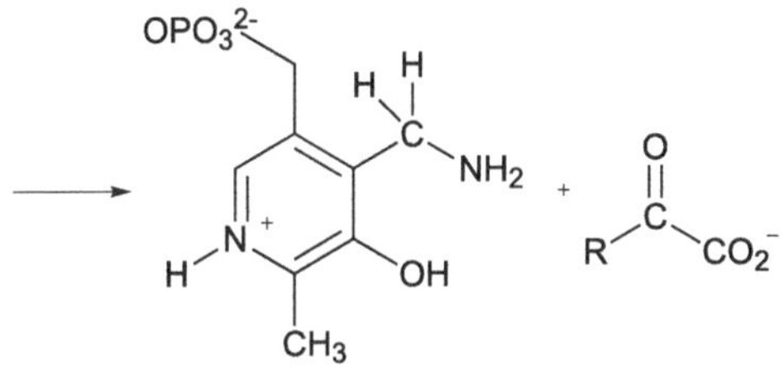

PMP

α-케토산

복습문제 10.31 α−아미노산의 α−케토산으로의 변환 반응 메커니즘에 적합한 전자 이동을 그리시오.

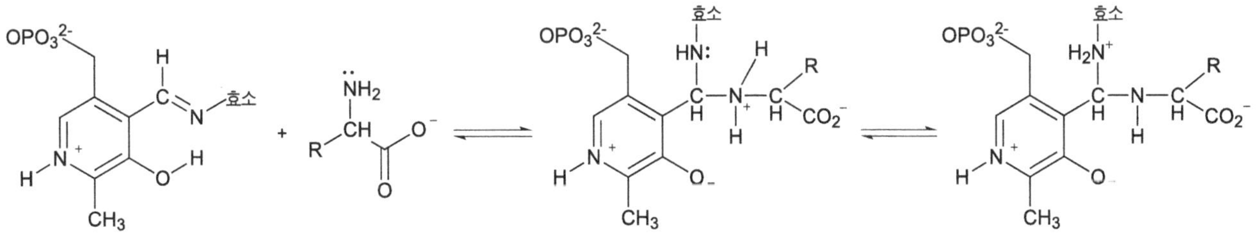

PLP-효소 이민

–(효소-NH_2)

+ ($H_2\ddot{N}$-효소)

–($H_3\overset{+}{N}$-효소)

+ ($H_2\overset{+}{N}H$-효소)

–(H_2N-효소)

+ $H_2\ddot{O}$:

PMP

α-케토산

방법 10.34 β–Ketoacyl CoA의 분해 반응 메커니즘 그리기

1단계 β–Ketoacyl CoA와 효소의 SH기가 첨가 반응을 하고, 양성자가 이동하도록 전자 이동을 표시한다.

β-Ketoacyl CoA

2단계 첨가 생성물의 OH 비공유 전자쌍이 이동하여 이중 결합이 형성되면서 C–C 결합이 분해되도록 전자 이동을 표시한다. 양성자 이동이 일어나 acetyl CoA가 생성되도록 전자 이동을 표시한다. 탄소–탄소 결합이 분해되는 과정은 역–Claisen 축합 반응 과정이다.

Acetyl CoA

복습문제 10.32 β–Ketoacyl CoA의 분해 반응 메커니즘에 적합한 전자 이동을 그리시오.

β-Ketoacyl CoA

Acetyl CoA

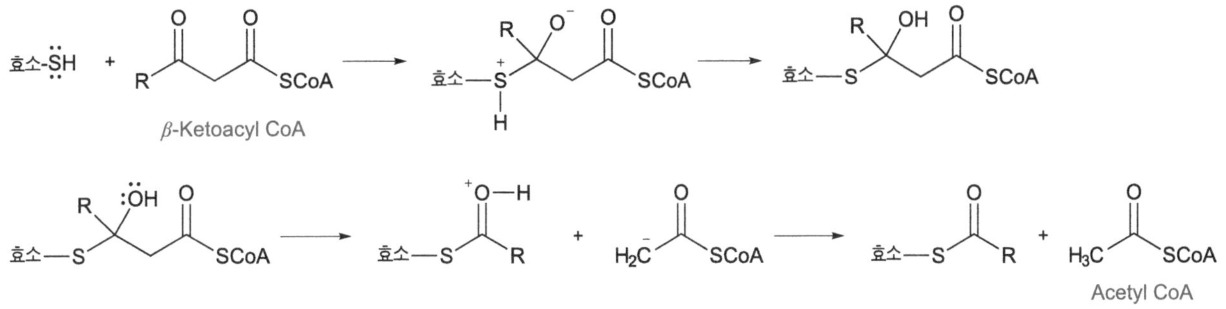

방법 10.35 Acetyl CoA의 카복실화 반응 메커니즘 그리기

1단계 Acetyl CoA가 염기와 반응하여 탄소 음이온이 형성되도록 전자 이동을 표시한다. 생성된 탄소 음이온은 엔올 음이온 공명 구조를 이루며 안정화된다.

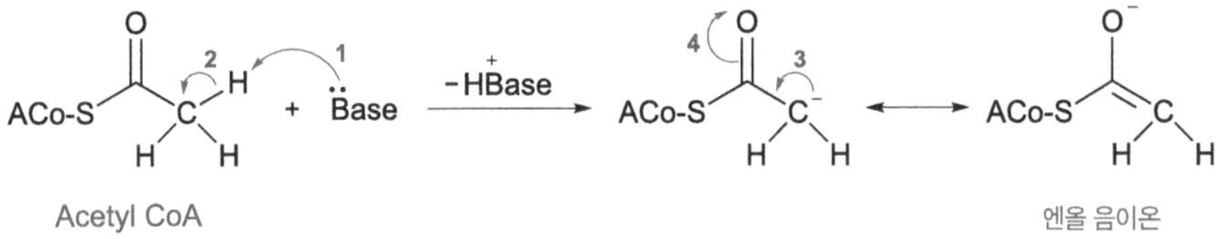

Acetyl CoA

엔올 음이온

2단계 엔올 음이온이 CO_2와 반응하여 malonyl CoA가 생성되도록 전자 이동을 표시한다.

Malonyl CoA

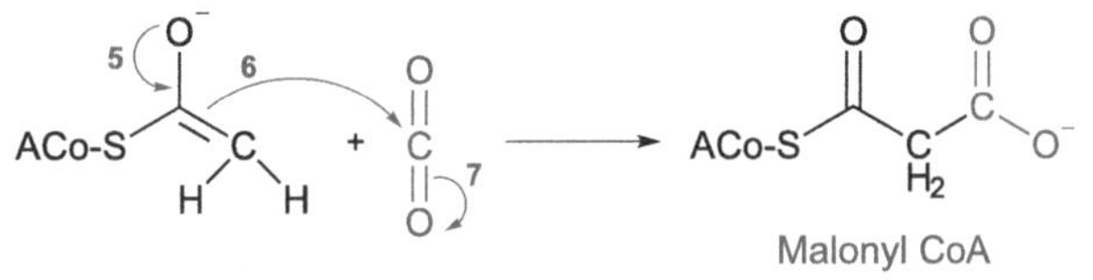

복습문제 10.33 Acetyl CoA의 카복시화 반응 메커니즘에 적합한 전자 이동을 그리시오.

Acetyl CoA

엔올 음이온

Malonyl CoA

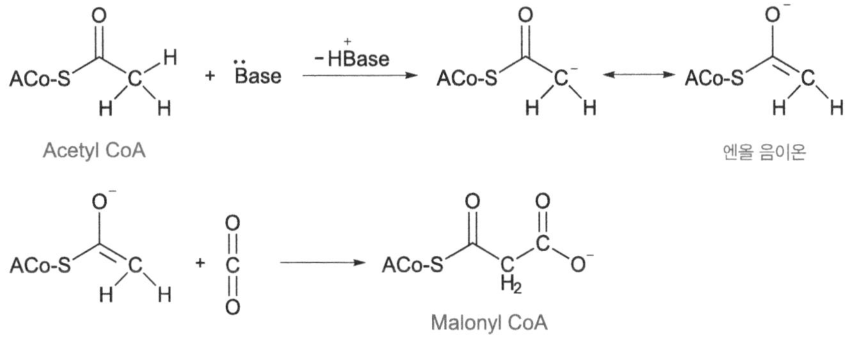

방법 10.36 Acetyl CoA로부터 citrate의 합성 반응 메커니즘 그리기

1단계 Acetyl CoA와 염기가 반응하여 엔올 음이온이 형성되고, 양성자가 이동하여 엔올이 생성되도록 전자 이동을 표시한다.

Acetyl CoA

엔올

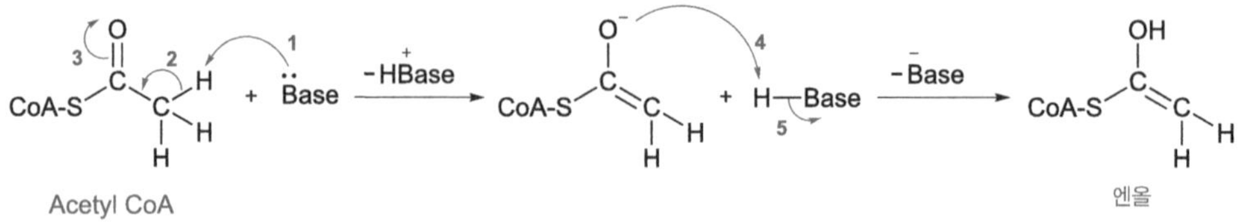

2단계 엔올과 oxaloacetate가 반응하여 (*S*)−citryl CoA가 생성되도록 전자 이동을 표시한다.

(*S*)-Citryl CoA

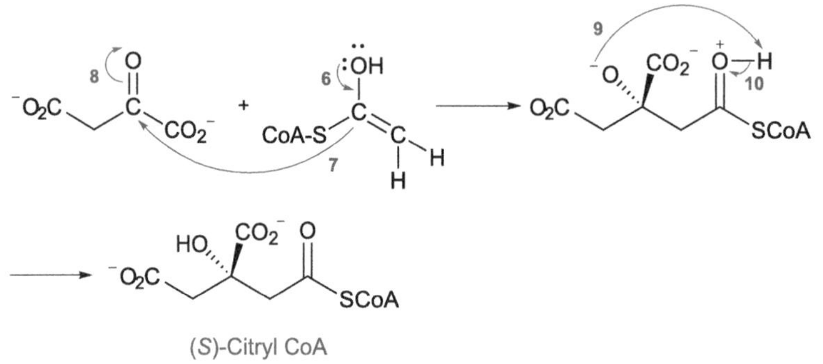

3단계 (*S*)−Citryl CoA에 물이 첨가 반응하여 트라이올(triol)이 생성되도록 전자 이동을 표시한다.

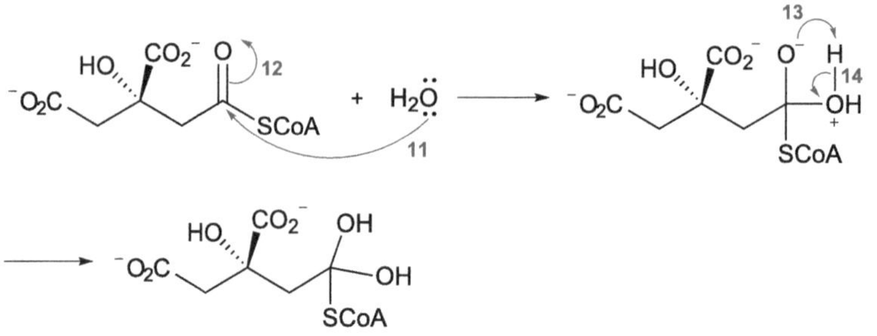

4단계 트라이올에서 비공유 전자쌍이 이동하여 −SCoA 이온이 이탈되도록 전자 이동을 표시한다. 이어서 양성자 이동이 일어나도록 전자 이동을 표시하여 citrate가 생성되도록 전자 이동을 표시한다.

(*S*)-Citrate

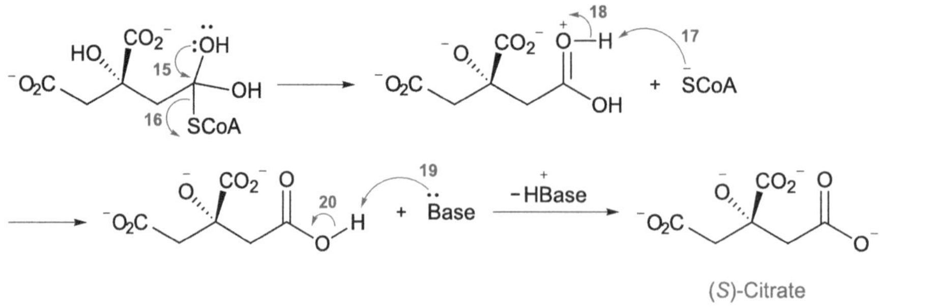

복습문제 10.34 Acetyl CoA로부터 citrate의 합성 반응 메커니즘에 적합한 전자 이동을 그리시오.

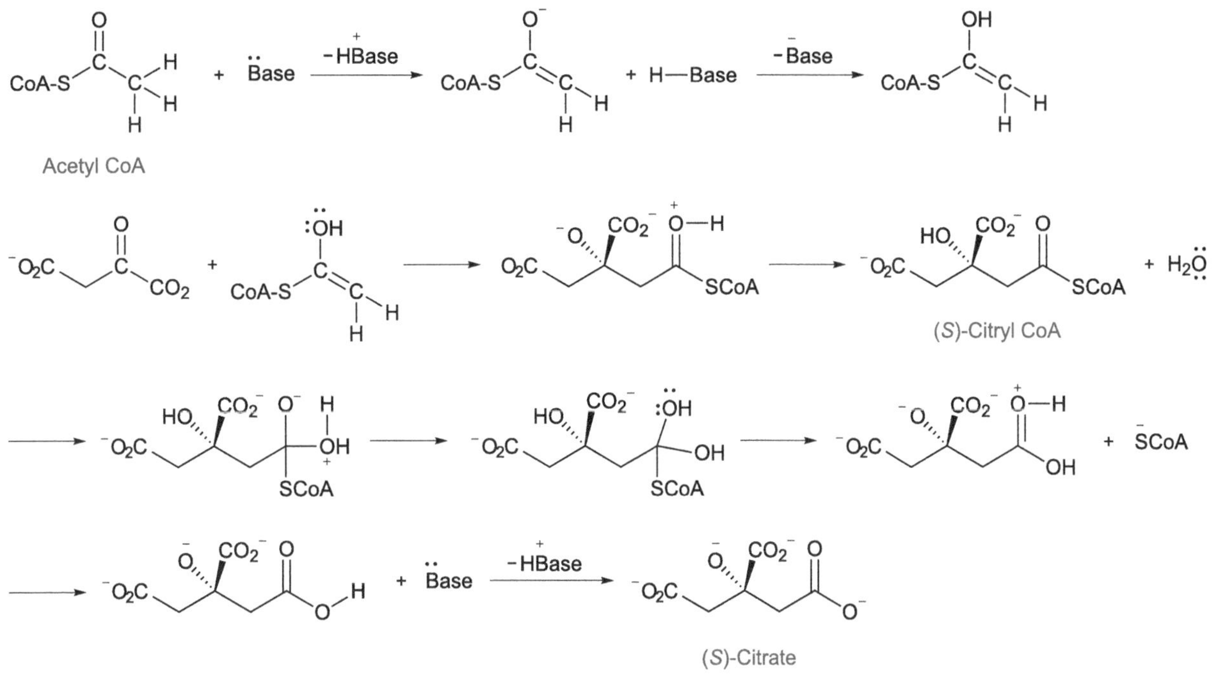

Acetyl CoA

(S)-Citryl CoA

(S)-Citrate

방법 10.37 Pyruvate의 phosphoenolpyruvate로의 변환 반응 메커니즘 그리기

1단계 Pyruvate가 효소의 황(S) 이온과 반응하여 엔올 음이온이 생성되도록 전자 이동을 표시한다.

Pyruvate

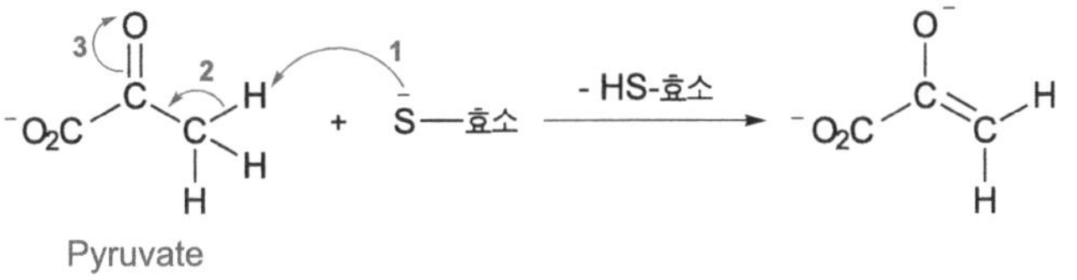

2단계 엔올 음이온이 CO_2와 반응하여 oxaloacetate가 생성되도록 전자 이동을 그린다.

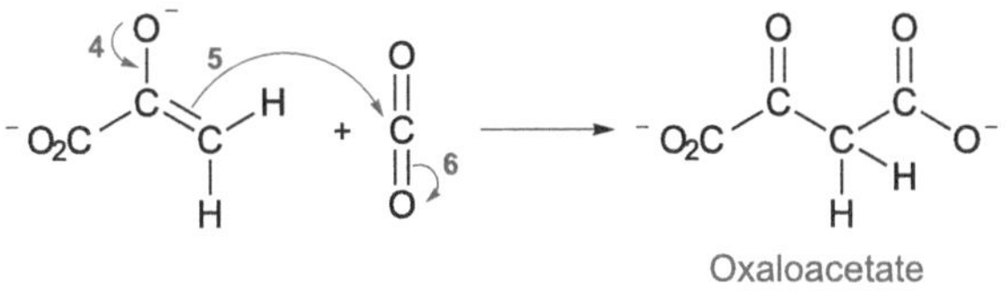

Oxaloacetate

3단계 Oxaloacetate가 GTP와 반응하여 인산화가 일어나도록 전자 이동을 표시한다.

Phosphoenolpyruvate

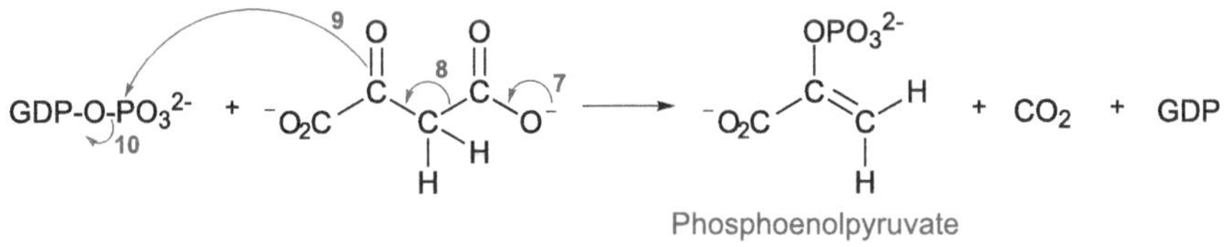

복습문제 10.35 Pyruvate의 phosphoenolpyruvate로의 변환 반응 메커니즘에 적합한 전자 이동을 그리시오.

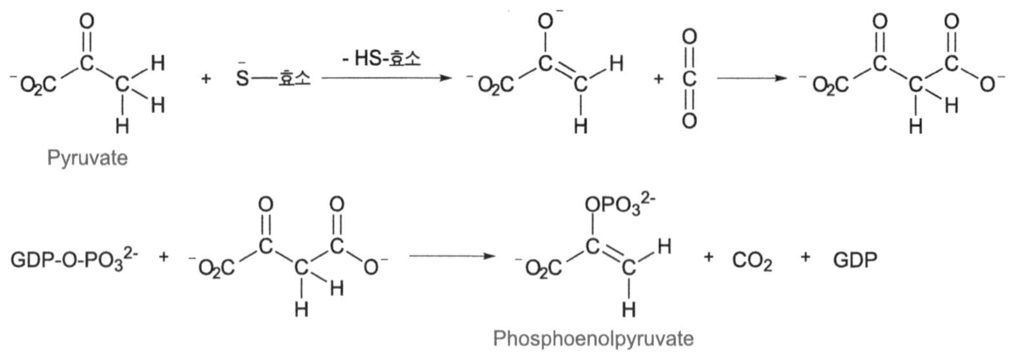

- HS-효소

Pyruvate

Phosphoenolpyruvate

GDP-O-PO_3^{2-} + ... → ... + CO_2 + GDP

부록 연습문제 정답

1 화합물의 표현법

연습문제 1.1

(a) 이 화합물은 H와 15족인 N를 포함하고 있다. 방법 1.1의 2단계의 예외에 해당하므로 N를 먼저 쓰고 H를 나중에 쓴다. 따라서 화학식은 NH_3이다.

(b) 이 화합물은 H와 B를 포함하고 있다. 방법 1.1의 2단계를 적용하여 B를 먼저 쓰고 H는 나중에 쓴다. 따라서 화학식은 BH_3이다.

(c) 이 화합물은 이성분 이온성 화합물이다. 따라서 방법 1.1의 4단계에 따른다. 따라서 화학식은 $CaCl_2$이다.

연습문제 1.2

(a) CH_4 (b) PCl_3 (c) C_2H_2 (d) C_6H_6 (e) PH_3

연습문제 1.3

(a) 이 화합물은 H, C 및 O 원자들을 포함하고 있다. 방법 1.2에 따라 C를 먼저, 그 다음에 H를 쓰고, O를 나중에 쓴다. 따라서 화학식은 C_2H_6O이다.

(b) 이 화합물은 H, C, N 및 O를 포함하고 있다. 방법 1.2에 따라 C를 먼저, 그 다음에 H와 N을 쓰고, O를 나중에 쓴다. 따라서 화학식은 C_3H_3NO이다.

(c) 이 화합물은 H, C, Cl 및 O를 포함하고 있다. 방법 1.2에 따라 C를 먼저, 그 다음에 H와 Cl을 쓰고, O를 나중에 쓴다. 따라서 화학식은 C_3H_3ClO이다.

연습문제 1.4

(a) $C_6H_8O_6$ (b) C_5H_5N (c) $C_3H_5BrO_2$ (d) C_3H_7ClNO

연습문제 1.5

(a) C 원자가 5개인 포화 탄화수소의 분자식은 C_5H_{12}이다. 따라서 불포화도는 (12H − 10H)/2 = 1이다.

(b) C 원자가 5개인 포화 탄화수소의 분자식은 C_5H_{12}이고, 실제 분자 $C_5H_8Br_2$는 C_5H_{10}로 간주한다. 따라서 불포화도는 (12H − 10H)/2 = 1이다.

(c) C 원자가 6개인 포화 탄화수소의 분자식은 C_7H_{16}이고, 실제 분자 $C_6H_{10}O$는 C_6H_{10}로 간주한다. 따라서 불포화도는 (14H − 10H)/2 = 2이다.

(d) C 원자가 8개인 포화 탄화수소의 분자식은 C_8H_{18}이고, 실제 분자 $C_8H_{13}N$은 C_8H_{12}로 간주한다. 따라서 불포화도는 (18H − 12H)/2 = 3이다.

연습문제 1.6

(a) 4 (b) 1 (c) 1 (d) 1

연습문제 1.7

(a) :F:　(b) ·S·　(c) :Br:　(d) ·Be·　(e) ·B·　(f) ·N·

연습문제 1.8

방법 1.5의 1단계에 따라 원자가 전자 수를 확인하면, C(4개), 2H(1 + 1 = 2개), 2O(6 + 6 = 12) 총 18개이다.
방법 1.5의 2단계에 의해 하나 이상의 결합을 하는 원자는 C(4개)와 O(2개)이다.
방법 1.5의 3단계 따라 1개의 C와 2개의 O 원자를 결합하면 다음과 같다.

:O:C:O: ≡ :O—C—O:

방법 1.5의 4단계에 따라 H를 홀전자 수가 많은 C 원자와 O 원자에 배열한다. 이때 두 가지 배열이 가능하나 2개 H 원자를 C 원자에만 결합하면, 2개 O 원자가 홀전자를 가지므로 옳지 않다.

:O:C:O: (H H) (O)　　:O:C:O: (H, H) (X)

방법 1.5의 5단계에 따라 C와 오른편 O의 홀전자를 공유시키면 다음과 같다.

:O:C::O: ≡ :O—C=O: (H H)

방법 1.5의 6단계를 만족하므로 올바른 Lewis 구조식이다.

연습문제 1.9

(a) H:C:C:H (H H / H H)　(b) H:C:O:H (H / H)　(c) H:C:N:H (H / H H)　(d) H:C:C:H (H H)

연습문제 1.10

C_6H_5- (또는 Ph−)는 benzene 고리에서 수소 하나가 없는 phenyl기의 축약 기호이다.
C_6H_5COOH은 하나의 benzene 고리를 가진 benzoic acid 분자이다.

O, O, H

연습문제 1.11

(a) O　(b) HN, O, NH_2　(c) F_3C, Cl　(d)

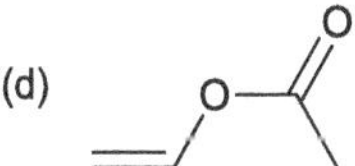

(e) H N　(f)

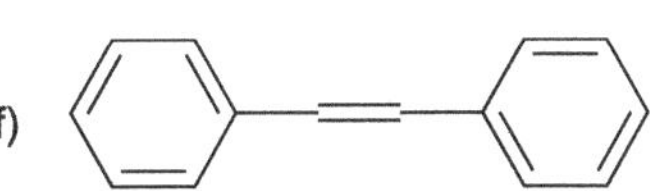

(g) O OH

연습문제 1.12

(a)

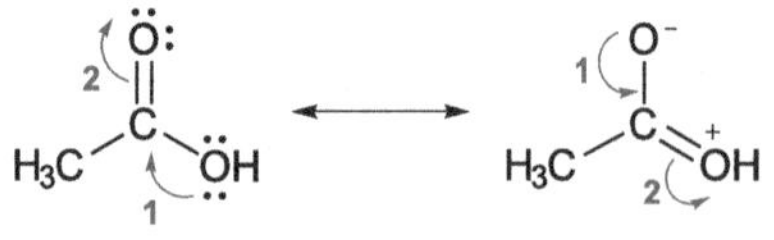

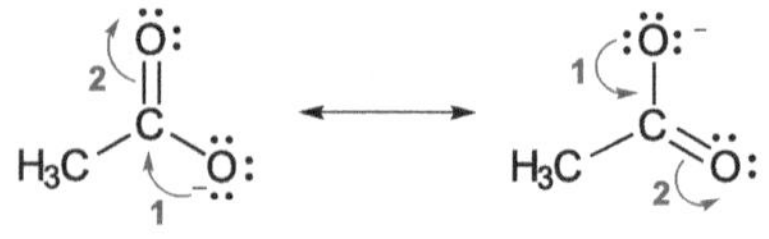

CH_3CO_2H의 공명구조

(b)

$CH_3CO_2^-$의 공명구조

(c)

(d)

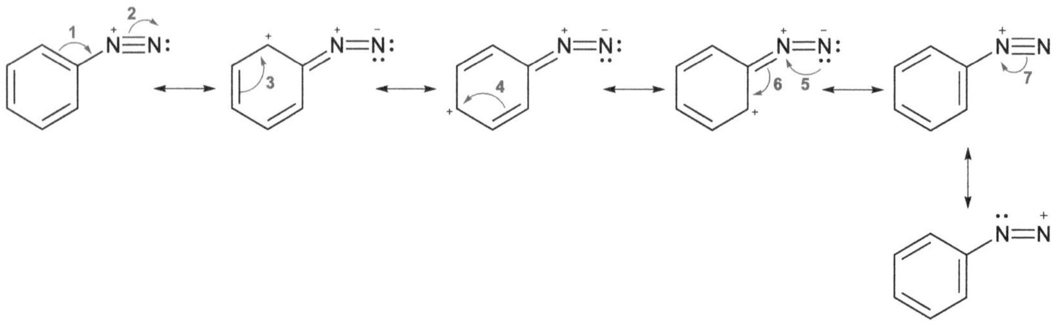

(e)

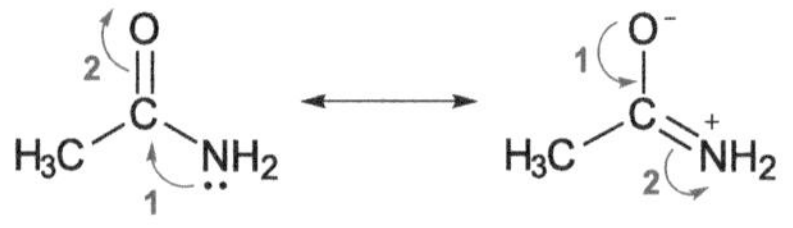

(f)

연습문제 1.13

(a)

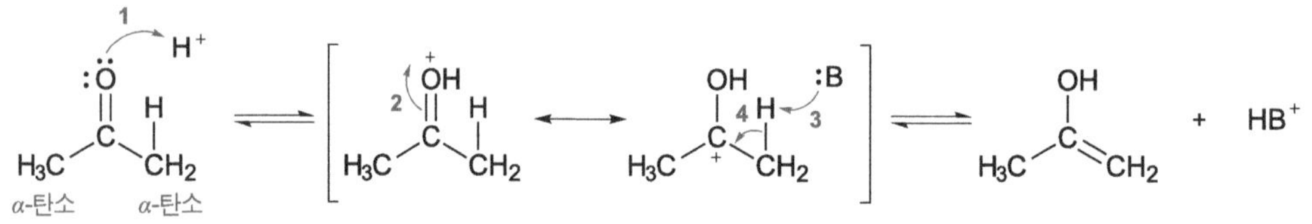

α-탄소 α-탄소

케토형

엔올형

(b)

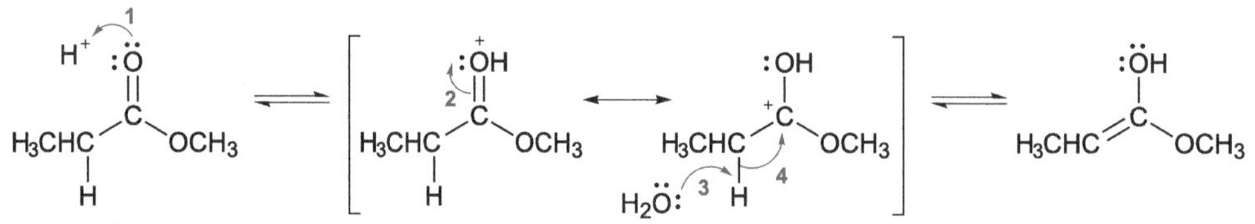

케토형

엔올형

(산-촉매)

케토형

엔올형

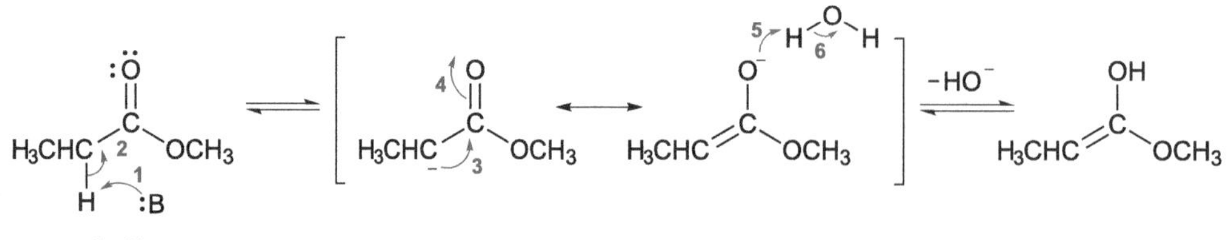

(염기-촉매)

(c)

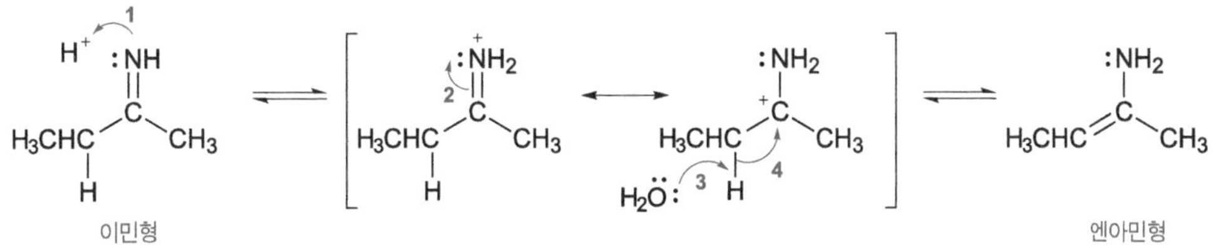

이민형 엔아민형

(d)

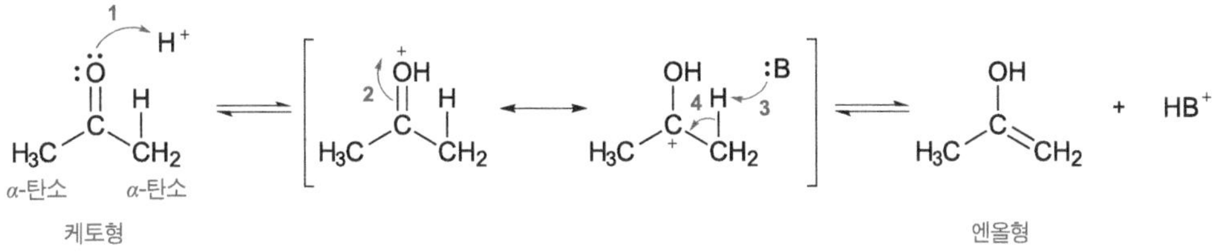

α-탄소 α-탄소

케토형 엔올형

(e)

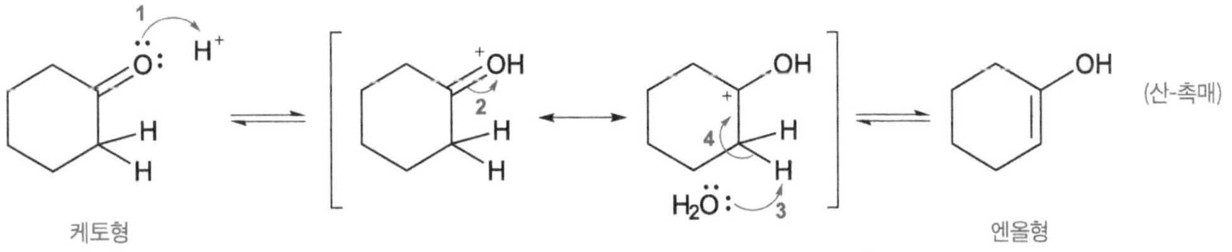

(산-촉매)

케토형 엔올형

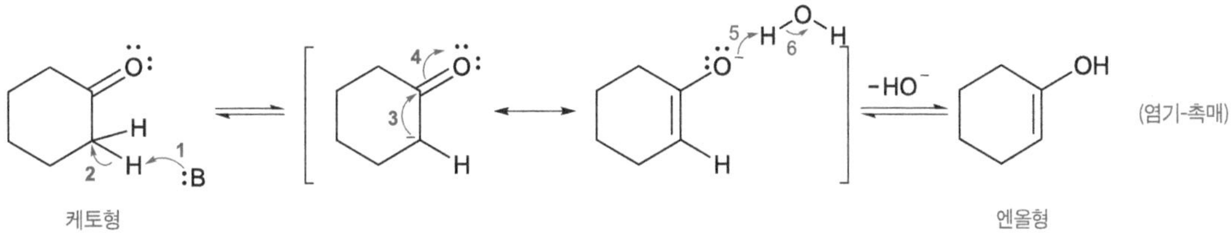

(염기-촉매)

케토형 엔올형

연습문제 1.14

(a) 구조 이성질체 (b) 다른 화합물 (c) 구조 이성질체

(d) 입체 이성질체 (e) 동일 화합물 (f) 구조 이성질체

연습문제 1.15

먼저 방법 1.11의 1단계를 적용하여 그린 첫 번째 구조 이성질체는 *n*–butane이다.

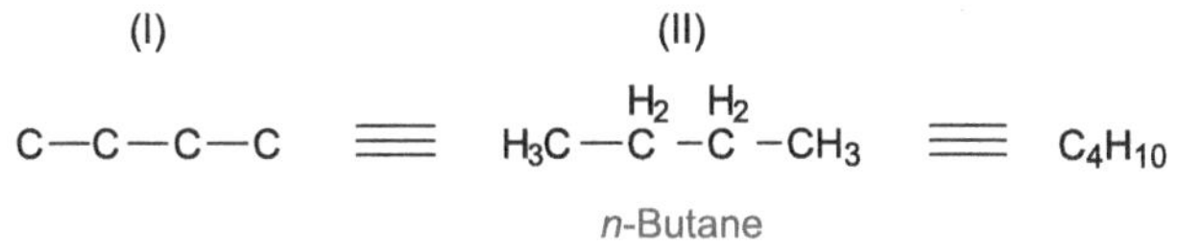

(I) C—C—C—C ≡ (II) $H_3C-CH_2-CH_2-CH_3$ ≡ C_4H_{10}

n-Butane

다음으로 방법 1.11의 2단계를 적용하여 그린 두 번째 구조 이성질체는 2–methylpropane이다.

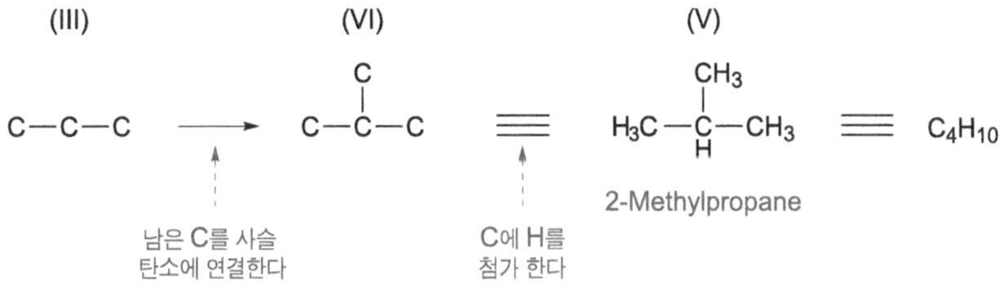

(III) C—C—C → (VI) C—C(C)—C ≡ (V) $H_3C-CH(CH_3)-CH_3$ ≡ C_4H_{10}

2-Methylpropane

남은 C를 사슬 탄소에 연결한다

C에 H를 첨가 한다

두 번째 이성질체 구조를 찾는 단계에서 아래와 같이 나머지 탄소를 사슬의 말단 탄소에 연결하는 배열은 잘못된 배열이다. 이런 배열은 첫 번째 이성질체와 동일하다.

굽은 사슬을 곧게 펴면 연속된 곧은 사슬이 된다.

C—C—C(—C) 또는 C—C—C(—C) ≡ C—C—C—C

남은 탄소의 잘못된 배열

연습문제 1.16

먼저 방법 1.11의 1단계를 적용하여 얻은 첫 번째 구조 이성질체는 *n*-hexane이다.

(I) C—C—C—C—C—C ≡ (II) $H_3C—CH_2—CH_2—CH_2—CH_2—CH_3$ ≡ C_6H_{14}

n-Hexane

다음으로 방법 1.11의 2단계를 적용하여 얻은 두 번째 구조 이성질체는 2-methylpentane과 3-methylpentane이다.

나머지 C 한 개를 사슬 탄소에 연결하는 방법은 두 가지이다

(III) C—C—C—C—C →

(IV) C—C—C—C(—C)—C ≡ (V) C—C(—C)—C—C—C ≡ $H_3C—CH(CH_3)—CH_2—CH_2—CH_3$ (수소 첨가)

2-Methylpentane

(VI) C—C—C(—C)—C—C ≡ $H_3C—CH_2—CH(CH_3)—CH_2—CH_3$ (수소 첨가)

3-Methylpentane

다음으로 방법 1.11의 3단계를 적용하여 얻은 세 번째 구조 이성질체는 2,2-dimethylbutane과 2,3-dimethylbutane이다.

(VII) C—C—C—C → (VIII) C—C—C(C)(C)—C ≡ (IX) $H_3C—CH_2—C(CH_3)_2—CH_3$ ≡ C_6H_{14}

남은 탄소 2개를 사슬 내부 탄소에 연결한다

탄소에 H를 연결한다

2,2-Dimethylbutane

(VII) C—C—C—C → (X) C—C(C)—C(C)—C ≡ (XI) $H_3C—CH(CH_3)—CH(CH_3)—CH_3$ ≡ C_6H_{14}

2,3-Dimethylbutane

연습문제 1.17

(a)

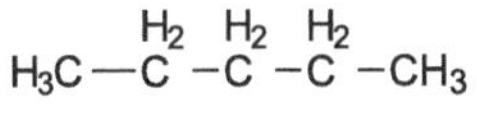

$H_3C-\overset{H_2}{C}-\overset{H_2}{C}-\overset{H_2}{C}-CH_3$

n-Pentane

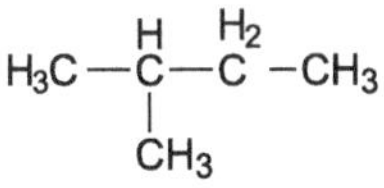

2-Methylbutane

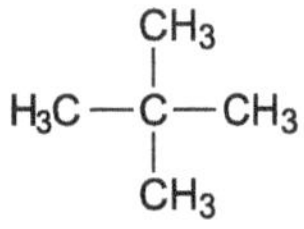

2,2-Dimethylpropane

(b)

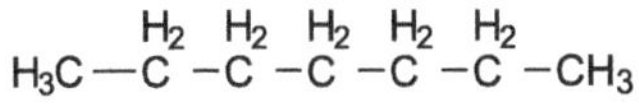

$H_3C-\overset{H_2}{C}-\overset{H_2}{C}-\overset{H_2}{C}-\overset{H_2}{C}-\overset{H_2}{C}-CH_3$

n-Heptane

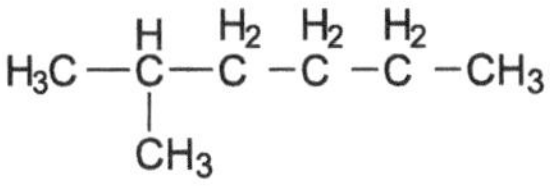

2-Methylhexane

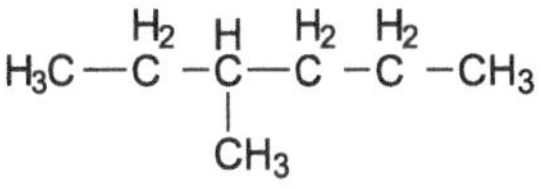

3-Methylhexane

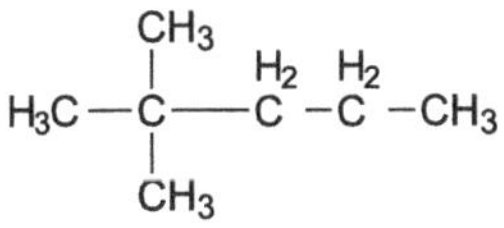

2,2-Dimethylpentane

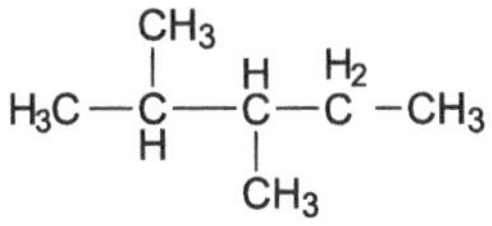

2,3-Dimethylpentane

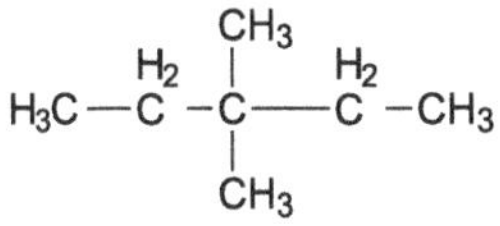

3,3-Dimethylpentane

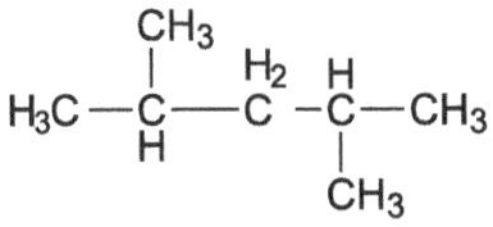

2,4-Dimethylpentane

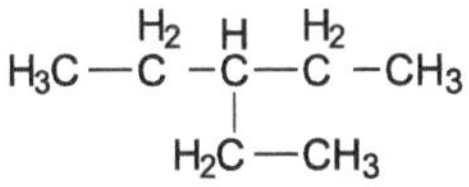

3-Ethylpentane

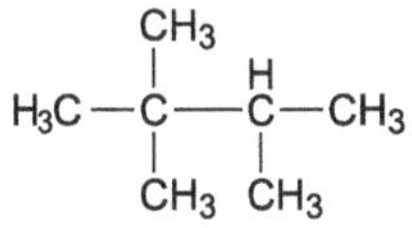

2,2,3-Trimethylbutane

연습문제 1.18

(a) 1°C, 1°H; 4°C

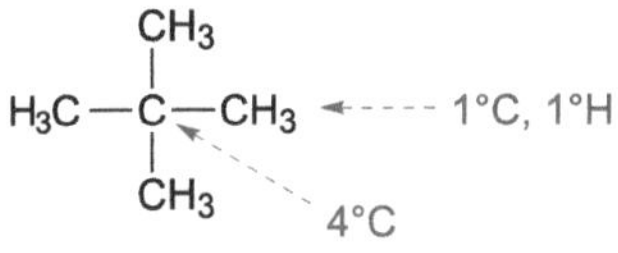

(b) 1°C, 1°H; 4°C; 2°C, 2°H

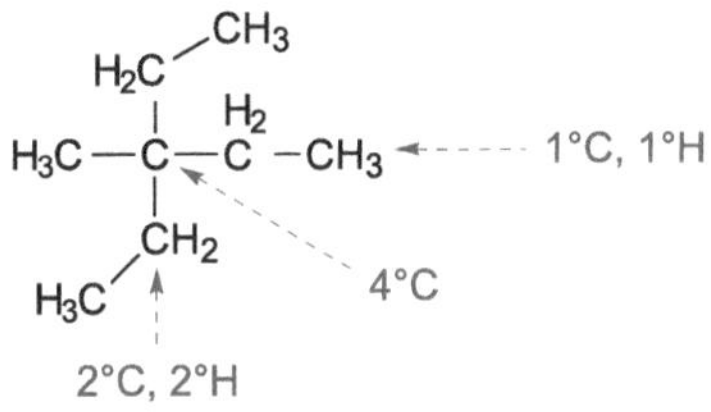

(c) 3°H; 1°C, 1°H; 2°C; 2°H; 3°C, 3°H; 3°C

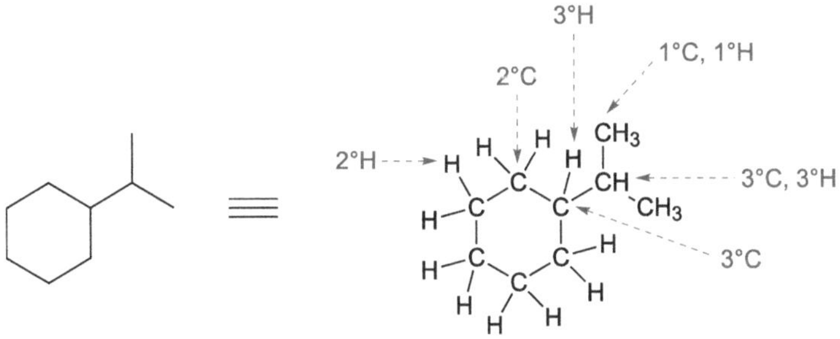

(d) 2°H 3°H; 1°C; 1°H; 1°H; 1°C; 3°C; 2°C; 1º H; 1°C

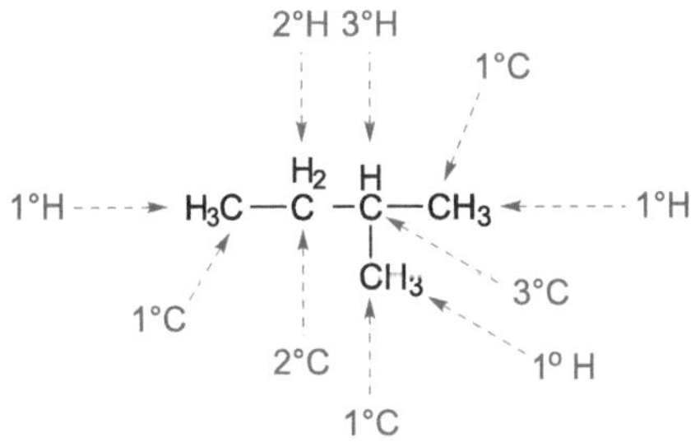

연습문제 1.19

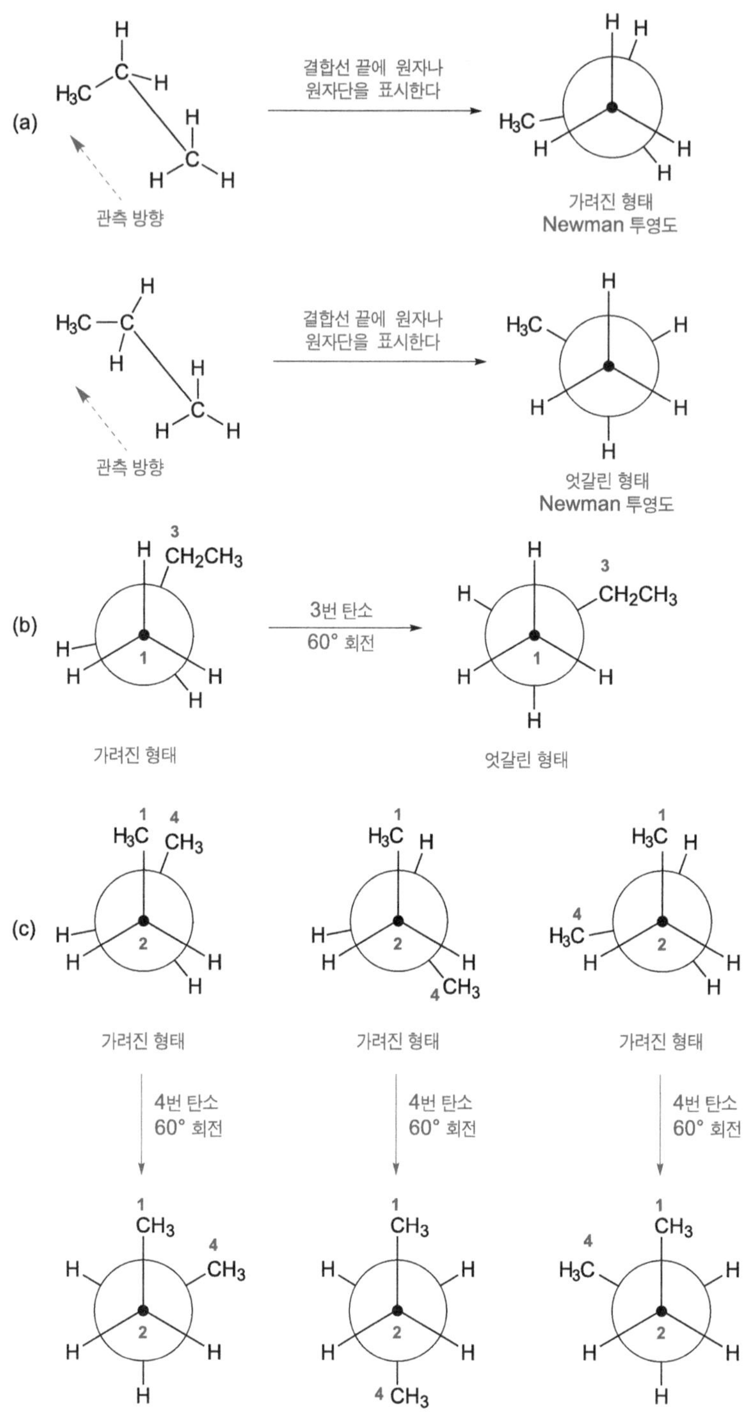

(a)
결합선 끝에 원자나 원자단을 표시한다
관측 방향
가려진 형태 Newman 투영도
결합선 끝에 원자나 원자단을 표시한다
관측 방향
엇갈린 형태 Newman 투영도
(b)
3번 탄소 60° 회전
가려진 형태
엇갈린 형태
(c)
가려진 형태
가려진 형태
가려진 형태
4번 탄소 60° 회전
4번 탄소 60° 회전
4번 탄소 60° 회전
엇갈린 형태
엇갈린 형태
엇갈린 형태

연습문제 1.20

$CH_3CH_2CH_3$의 가려진 형태에는 2개의 C−H/C−H 가리움과 하나의 C−H/C−CH_3 가리움이 존재하므로 14 kJ/mol의 에너지를 가진다.

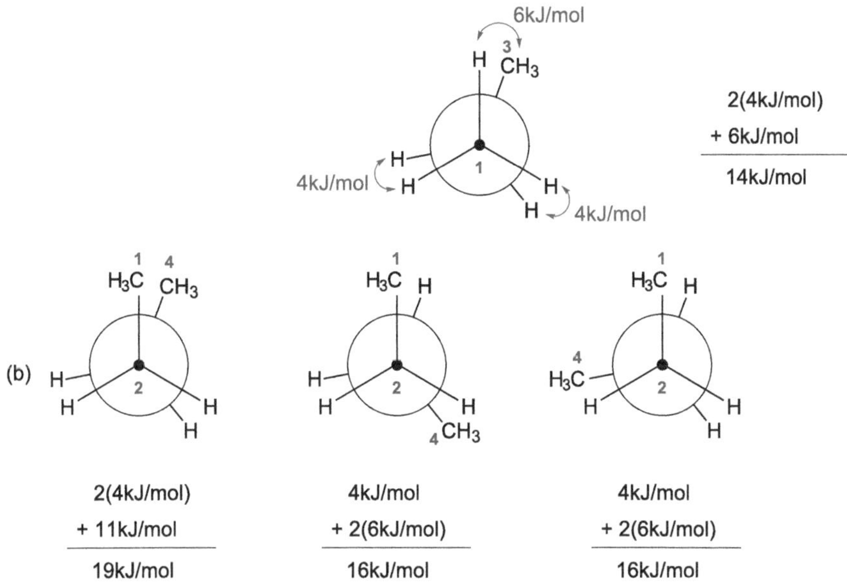

2(4kJ/mol)	4kJ/mol	4kJ/mol
+ 11kJ/mol	+ 2(6kJ/mol)	+ 2(6kJ/mol)
19kJ/mol	16kJ/mol	16kJ/mol

연습문제 1.21

방법 1.20의 1단계에 따라 2번 탄소를 중심으로 종이면에 있을 것으로 생각되는 두 개의 결합을 실선으로 그린다.

관찰 방향

종이면

방법 1.20의 2단계에 따라 종이면의 앞과 뒤로 배열된 결합을 그린다.

관찰 방향

방법 1.20의 3단계에 따라 이 분자의 왼편에 거울이 있다고 가정하고, 거울상에 해당하는 다른 이성질체를 그린다.

(*S*)-이성질체 (*R*)-이성질체 서로 포개지지 않는다

Butan-2-ol

연습문제 1.22

(a)

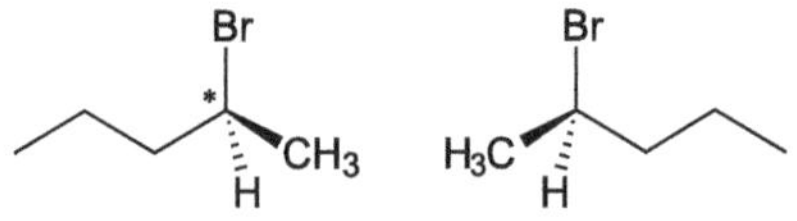

Br, CH$_3$, H — (*S*)-2-Bromopentane

Br, H$_3$C, H — (*R*)-2-Bromopentane

(b)

CH$_3$, HOOC, NH$_2$, H — (*R*)-2-Aminopropanoic acid

CH$_3$, H$_2$N, COOH, H — (*S*)-2-Aminopropanoic acid

연습문제 1.23

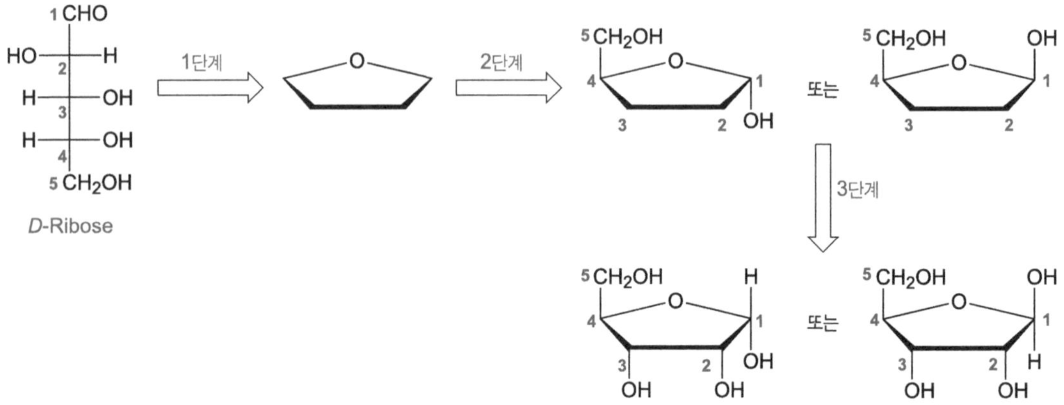

1 CHO, HO—2—H, H—3—OH, H—4—OH, 5 CH$_2$OH

D-Ribose

1단계

2단계

3단계

또는

5 CH$_2$OH, O, 1, OH, 4, 3, 2

α-아노머

α-*D*-Ribose

β-아노머

β-*D*-Ribose

연습문제 1.24

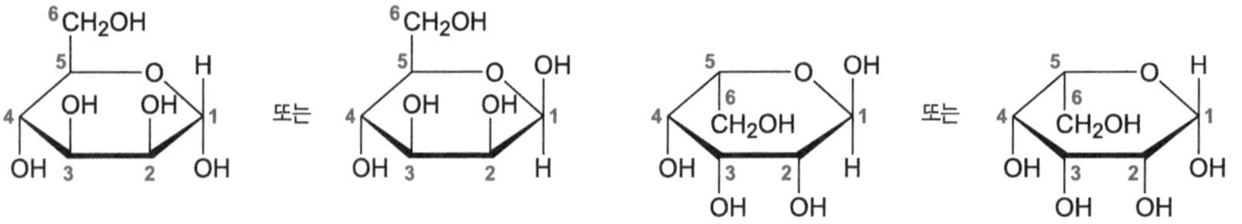

6 CH$_2$OH, 5, O, 4, 1, 3, 2, OH, H

α-아노머

β-아노머

D-Mannose

α-아노머

β-아노머

L-Mannose

2 유기 화합물 명명법

연습문제 2.1

(a) 3−Methylbutyl

(b) Cyclohexylmethyl

(c) 2−Methylheptan-3-yl 또는 1−Isopropylpentyl

(d) 3−Methylcyclopentyl

연습문제 2.2

(a) 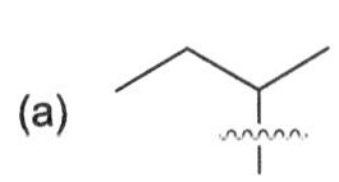

(b)

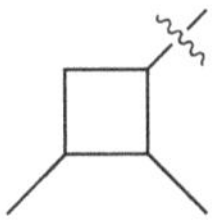

(c)

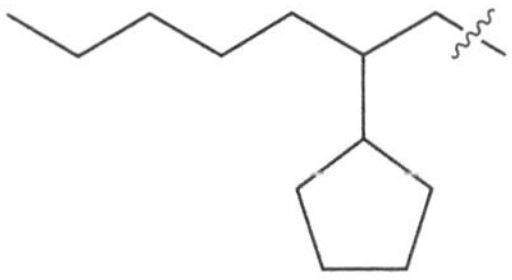

(d)

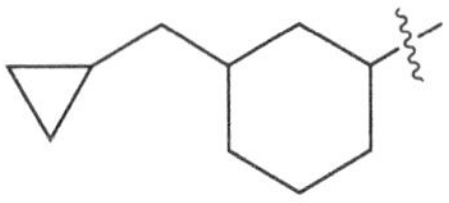

연습문제 2.3

(a) 2,3-Dimethylpentane

(b) 4-Ethyl-3,4-dimethyloctane

(c) 2,3,5-Trimethyl-4-propylheptane

(d) 5-(*tert*-Butyl)-3-methylnonane

연습문제 2.4

(a) 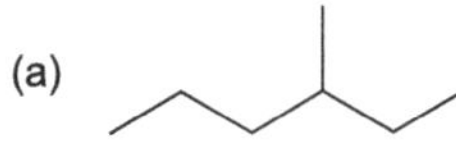

(b)

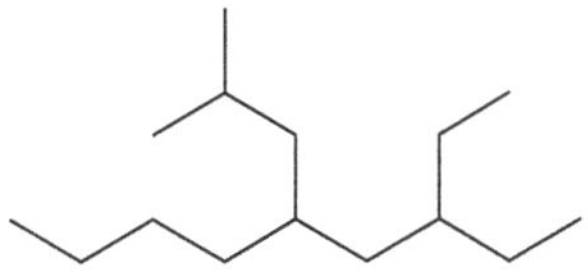

(c)

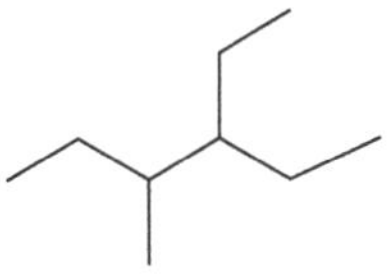

(d)

연습문제 2.5

(a) (*E*)-3-Methylpent-2-ene

(b) (*Z*)-2-Chlorohex-2-ene

(c) (*E*)-2-Methylhex-3-ene

연습문제 2.6

치환기 우선순위 :
(OH > $CH_2CH_2CH_3$ > CH_3 > H)

(a) 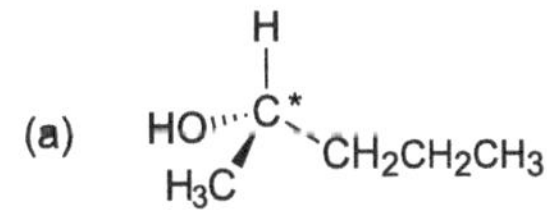

(*S*)-Pentan-2-ol

치환기 우선순위 :
(Cl > CF_3 > CH_2CH_2Cl > H)

(b) 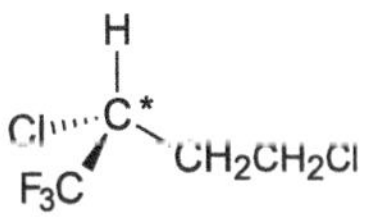 H, Cl, C*, CH_2CH_2Cl, F_3C

(*R*)-2,4-Dichloro-1,1,1-trifluorobutane

연습문제 2.7

(a) (*R*)-Alanine (*S*)-Alanine

(b) (*R*)-Amphetamine (*S*)-Amphetamine

연습문제 2.8

(a) Methylenecyclohexane
(b) Vinylcyclohexene
(c) 3-Methyl-1-vinylcyclopent-1-ene
(d) (2*E*,4*E*)-4-Isopropyl-3-methylhepta-2,4-diene

연습문제 2.9

(a)
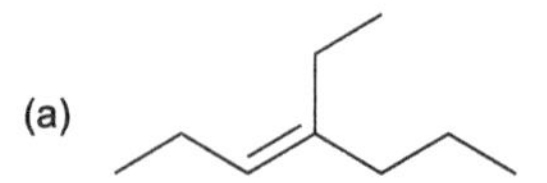
(*E*)-4-Ethylhept-3-ene

(b)
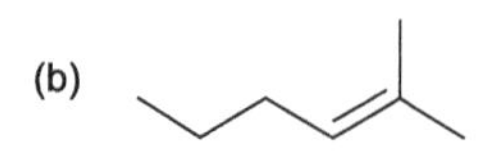
2-Methylhex-2-ene

(c)
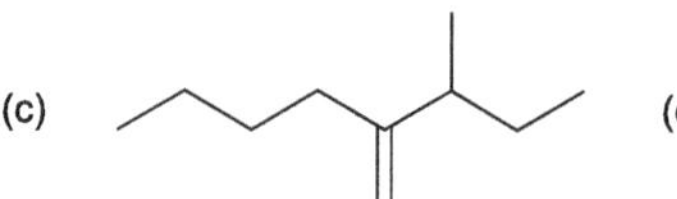
3-methyl-4-methyleneoctane

(d)
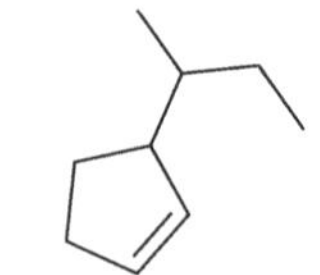
3-(*sec*-Butyl)cyclopent-1-ene

연습문제 2.10

(a) Ethynylcyclohexane
(b) Hepta-1,3-diyne
(c) Oct-4-en-2-yne
(d) 3-Ethynyl-4-methylcyclohex-1-ene

연습문제 2.11

(a) (b)
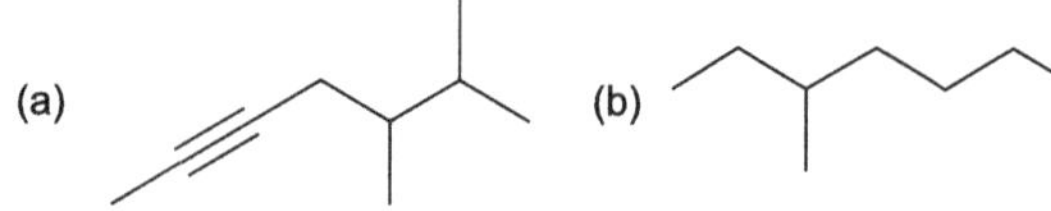

(c)
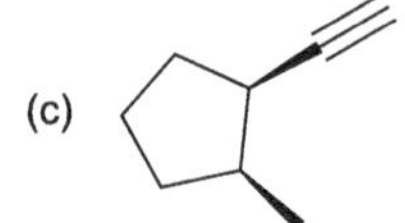

(d)
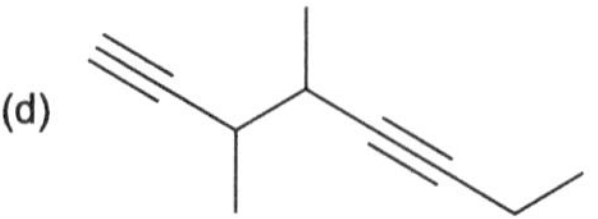

연습문제 2.12

(a) 1-Bromo-3-chloro-2-isopropylbenzene
(b) (*E*)-Prop-1-en-1-ylbenzene
(c) 2-Methoxyphenol
(d) 2-Ethyl-N-methylaniline

연습문제 2.13

(a) 1,2,4,5-Tetramethylbenzene
(b) 1,4-Diisopropylbenzene
(c) 4-Hexylbenzene-1,3-diol
(d) 4-Allyl-2-methoxyphenol

연습문제 2.14

(a) 1,2-Dibromoethane
(b) Trichloromethylcyclohexane
(c) (1,2,2-Trifluoroethyl)cyclopentane
(d) 2-Chloro-4-iodopentane

연습문제 2.15

(a) 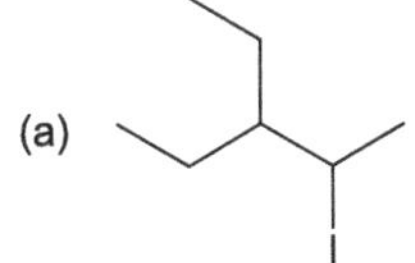

(b) Br Cl Cl

(c) Cl Cl Cl

(d) Br Cl

연습문제 2.16

(a) 3-Methylbutanol
(b) 3-Hexene-2,5-diol
(c) 2-Methylpropane-1,2-diol
(d) (1*R*,2*R*)-4-Bromocyclohexane-1,2-diol
(e) 2-Chloromethylphenol
(f) 2-Chloromethyl-3-fluorophenol

연습문제 2.17

(a) 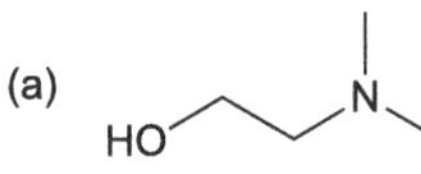

(b) 

(c) OH

(d) OH OH

(e) OH OH OH

(f) OH Br

연습문제 2.18

(a) Propyloxycyclopentane
(b) 1-(Methylthio)propan-2-ol
(c) Ethyl isopropyl sulfide
(d) *cis*-1,4-Dimethylcyclohexane

연습문제 2.19

(a) S

(b) O O O

(c) S

(d) S

연습문제 2.20

(a) 2-Methyl-3-nitrobutane

(b) 1-Nitrosocyclohex-1-ene

(c) 2-(2-Nitroethyl)phenol

(d) 2-Methyl-1,3,5-trinitrobenzene (2,4,6-Trinitrotoluene)

연습문제 2.21

(a) $HOH_2C—C≡C—NO_2$ (b) NO, OH (c) O_2N, NO_2 (d) NO_2, NO_2

연습문제 2.22

(a) (*E*)-2-Ethyl-4,6-dimethylhep-4-enal

(b) 3-Chlorocyclohexenecarbaldehyde

(c) 3-Cyclobutylpropanal

(d) (*E*)-3-(2-Dimethylaminophenyl)acrylaldehyde

연습문제 2.23

(a) O, H (b) H, O, O (c) H_3CO, O, H (d) HO, O, H

연습문제 2.24

(a) 3-Methoxycyclohexanone

(b) 6-Oxoheptanal

(c) 1-(3-Fluorophenyl)propan-1-one

(d) Cyclohepta-3,5-dienone

연습문제 2.25

(a) 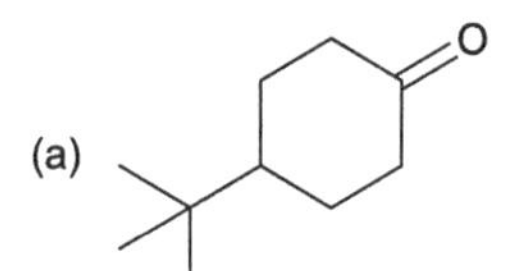

(b) 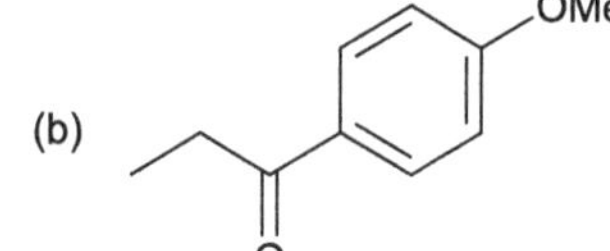

(c) 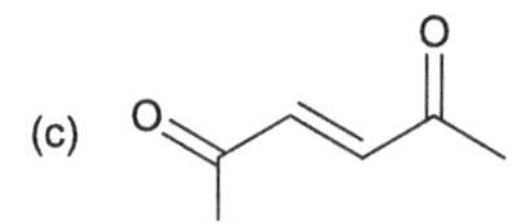

(d) 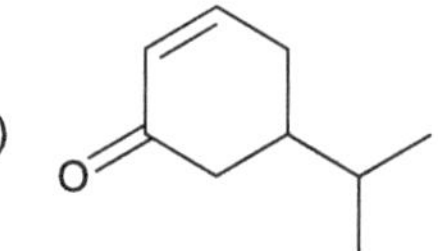

연습문제 2.26

(a) 3-Hydroxycyclohexanecarboxylic acid

(b) 2,4,6-Trinitrobenzoic acid

(c) (*E*)-Hex-2-enedioic acid

(d) Potassium octanoate

연습문제 2.27

(a) O, OH, NH_2

(b) O, O^- Na^+

(c) CO_2H, CO_2H, CO_2H

(d) O, CO_2H

연습문제 2.28

(a) 2-Cyanoheptanoyl bromide

(b) 2-(*o*-Vinylphenyl)propanoyl chloride

(c) Cyclohex-3-enecarbonyl fluoride

(d) 2-Phenylpent-4-ynoyl chloride

(e) Trichloroacetic anhydride

(f) *N*,*N*-Dimethylbenzamide

(g) Vinyl acetate

(h) Cyclopentyl butanoate

연습문제 2.29

(a) O, O, Br, Br

(b)

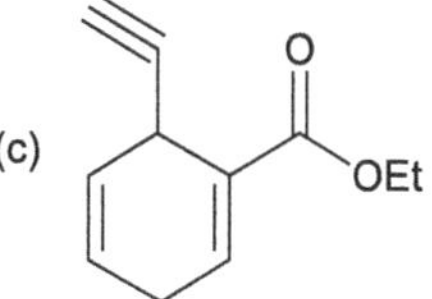

(c) O, OEt

(d) CONH(Et)

(e) H, O, O

(f) O, O

(g) O, O, MeO, CN

(h) CN, $CONH_2$

연습문제 2.30

3-(Oxocyclohexyl)propanoic acid에서는 propanoic acid 부분이 모체 사슬이고, 2-(3-oxopropyl)cyclohexane carboxylic acid에서는 cyclohexanecarboxylic acid가 모체 고리이다.

(a) (모체) O, O, C, OH, 3, 2, 1

3-(2-Oxocyclohexyl)propanoic acid

(b) (모체) CH_2OOH, 1, 2, CHO

2-(3-Oxopropyl)cyclohexanecarboxylic acid

연습문제 2.31

(a) 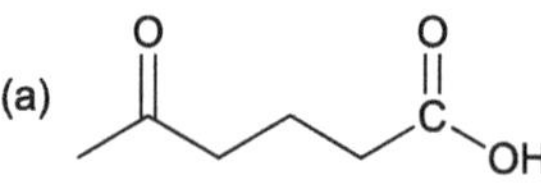

(b) 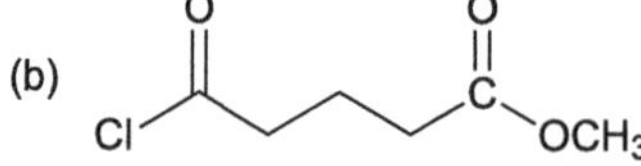

(c) CN NH2

(d) C≡CH H3C O

(e) HS OMe O

(f) N(Me)2 Br

(g) O O H Br

3 반응 메커니즘 그리기

연습문제 3.1

(a) $\overset{\delta^-}{HO}-\overset{\delta^+}{H} \longrightarrow (\overset{-}{O}H + \overset{+}{H})$

(b) $H_2C{=}CH_2 \longrightarrow (H_2\dot{C}-\dot{C}H_2)$

(c) $:NH_3 + H^+ \longrightarrow (NH_4^+)$

(d) $H_3C-C(=O)-O-O-C(=O)-CH_3 \longrightarrow 2\,(H_3C-C(=O)-O\cdot)$

연습문제 3.2

(a) $AlCl_3 + Et-\ddot{O}-Et \longrightarrow Cl_3\overset{-}{Al}-\overset{+}{O}(Et)_2$

(b) $H_3C-C(=O)-O-H \longrightarrow H_3C-C(=O)-O^- + H^+$

(c) $H_3CH_2C-O-H + \overset{-}{C}{\equiv}CH \longrightarrow H_3CH_2C-O^- + HC{\equiv}CH$

(d) $H_3C-C(=\ddot{O}:)-OH + H^+ \longrightarrow H_3C-C(=\overset{+}{O}H)-OH$

연습문제 3.3

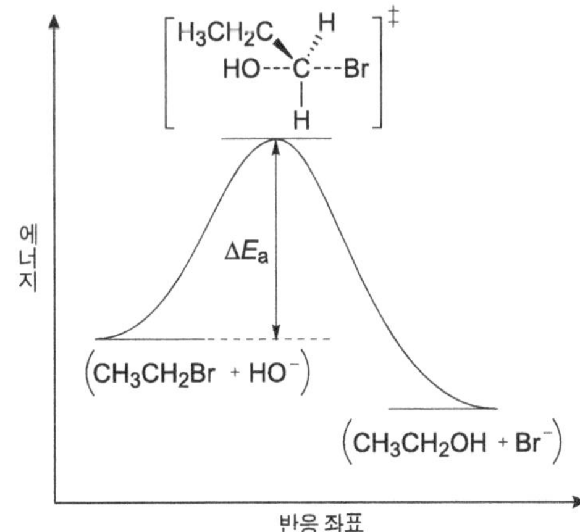

연습문제 3.4

제시된 문제 중 방향족 고리는 (b)와 (d)이다. 이 둘은 방향족성을 나타내기 위한 조건을 만족하고 있다. 화합물 (d)의 질소에 있는 비공유 전자쌍은 고리의 평면 밖으로 노출되어 있다. (a)와 (c)는 파이 전자 수가 4개이며, 두 개의 이중 결합을 가졌으나 하나 또는 두 개의 $2sp^3$ 혼성 탄소에 의해 완전한 콘쥬게이션을 이루지 못한다. 문제 (e)는 3개의 이중 결합이 부분적으로 콘쥬게이션을 이루지만 하나의 $2sp^3$ 혼성 탄소에 의해 완전한 콘쥬게이션을 이루지 못한다.

연습문제 3.5

(a) CH_3 + $^+NO_2$ —Base→ CH_3, NO_2 또는 CH_3, NO_2

o/*p*-지향기 *o*-생성물 *p*-생성물

(b) NO_2 + $^+NO_2$ —Base→ NO_2, NO_2

m-지향기 *m*-생성물

(c) OH, CH_3 —HNO_3/H_2SO_4→ OH, O_2N, CH_3 + OH, CH_3, NO_2

(d) CH_3, CN —$FeBr_3/Br_2$→ CH_3, Br, CN

4 알케인, 알켄, 알카인 반응

연습문제 4.1

(a)

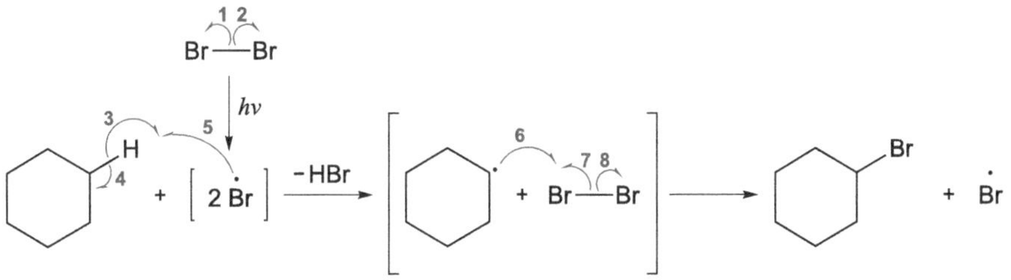

Br—Br 1 2 hν 3 H 4 + [2 Br·] −HBr 5 [6 · + Br—Br 7 8] ⟶ Br + Br·

(b)

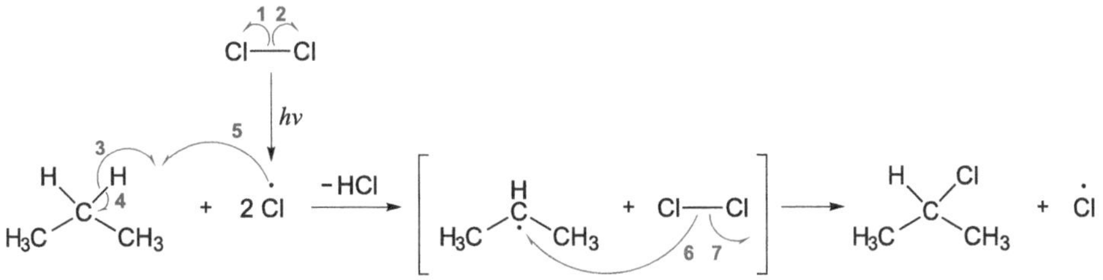

Cl—Cl 1 2 hν H H 3 4 H_3C C CH_3 + 2 Cl· 5 −HCl [H_3C Ċ(H) CH_3 + Cl—Cl 6 7] ⟶ H Cl H_3C C CH_3 + Cl·

연습문제 4.2

오른쪽에서 도입

Cl—Cl 1 2 가열 Br H 3 4 + 2 Cl· 5 −HCl

(R)-2-bromobutane

Br 6 + Cl—Cl 7 8 ⟶ −Cl· Cl Br

(S)-2-Bromo-2-chlorobutane

왼쪽에서 도입

Br 6 + Cl—Cl 7 8 ⟶ −Cl· Br Cl

(R)-2-Bromo-2-chlorobutane

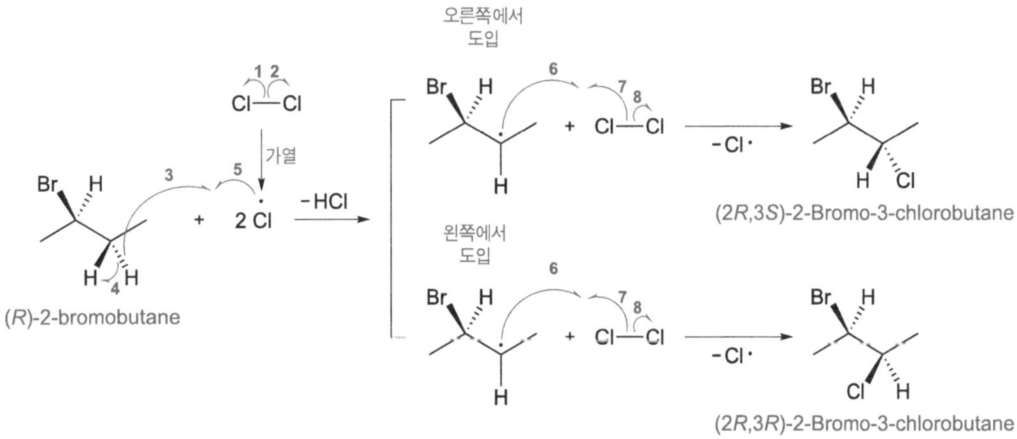

오른쪽에서 도입

Cl—Cl 1 2 가열 Br H 3 5 + 2 Cl· −HCl H 4 H

(R)-2-bromobutane

Br H 6 H + Cl—Cl 7 8 ⟶ −Cl· Br H H Cl

(2R,3S)-2-Bromo-3-chlorobutane

왼쪽에서 도입

Br H 6 H + Cl—Cl 7 8 ⟶ −Cl· Br H Cl H

(2R,3R)-2-Bromo-3-chlorobutane

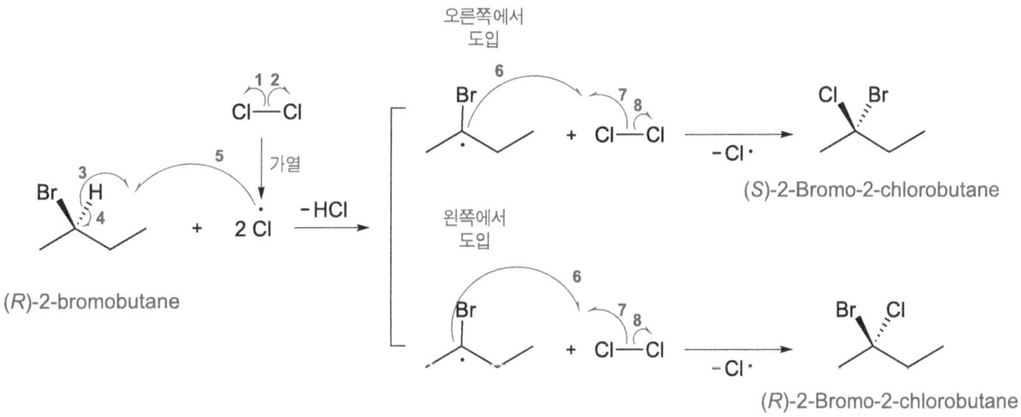

연습문제 4.3

(a) Cl—C(CH₂CH₃)(H)(H) + ⁻OH → [H₃CH₂C, H, Cl- - C - -OH, H]‡ —배열 반전→ H—C(CH₂CH₃)(H)—OH

(b) Br—C(CH₃)(H)(CH₂CH₃) + ⁻OCH₃ → [H₃C, H, Br- - C - -OCH₃, CH₂CH₃]‡ —배열 반전→ H—C(CH₃)(CH₂CH₃)—OCH₃ + ⁻Br

(S)-2-Bromobutane (R)-2-Methoxybutane

연습문제 4.4

H₃CH₂C—C(H₃C)(C(CH₃)₃)—Cl —(-Cl⁻)→ [H₃CH₂C, CH₃, C⁺, C(CH₃)₃, OH⁻, ⁻OH]

배열 보존 → H₃CH₂C—C(H₃C)(C(CH₃)₃)—OH

배열 반전 → HO—C(CH₃)(CH₂CH₃)(C(CH₃)₃)

연습문제 4.5

H₃C—C(H)(CH₃)—C(H)(Cl)—H + [⁻OC(CH)₃]K⁺ —(-HCl)→ (H₃C)₂C=CH₂

연습문제 4.6

(a) H₃C—C(H)(H)—C(CH₃)(Br)—Ph + ⁻OH —(-HBr)→ (H₃C)(H)C=C(CH₃)(Ph) Ph = C₆H₅

2-Phenyl-2-butene

(b) H₃C—C(H)(Ph)—C(CH₃)(Br)—CH₃ + ⁻OH —(-HBr)→ (H₃C)(Ph)C=C(CH₃)(CH₃) Ph = C₆H₅

2-Methyl-3-phenyl-2-butene

연습문제 4.7

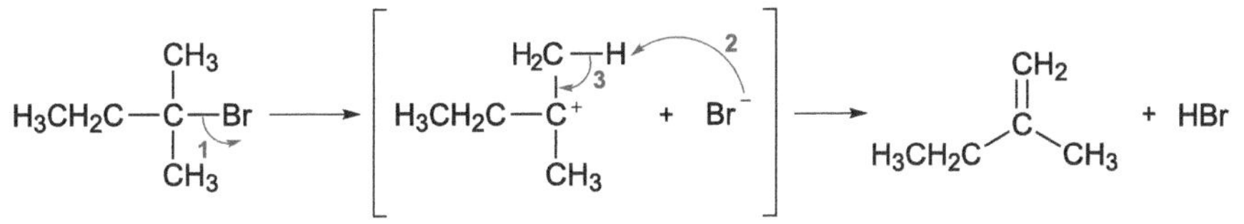

연습문제 4.8

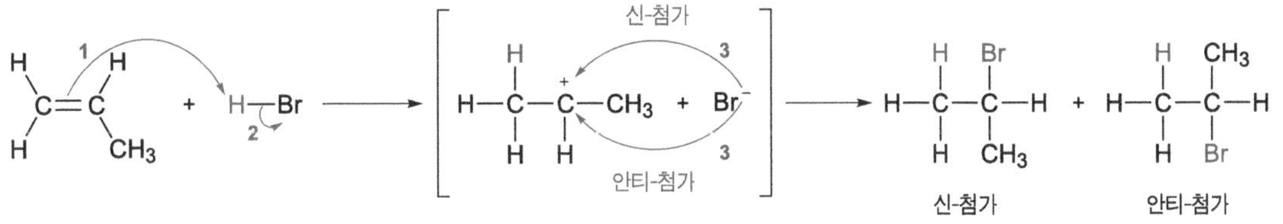

신-첨가

안티-첨가

신-첨가 안티-첨가

한계 반응물(propene)이 1몰이고 HBr이 1.5몰이지만 HBr도 1몰만 반응하고 나머지 0.5몰은 남아있다.

연습문제 4.9

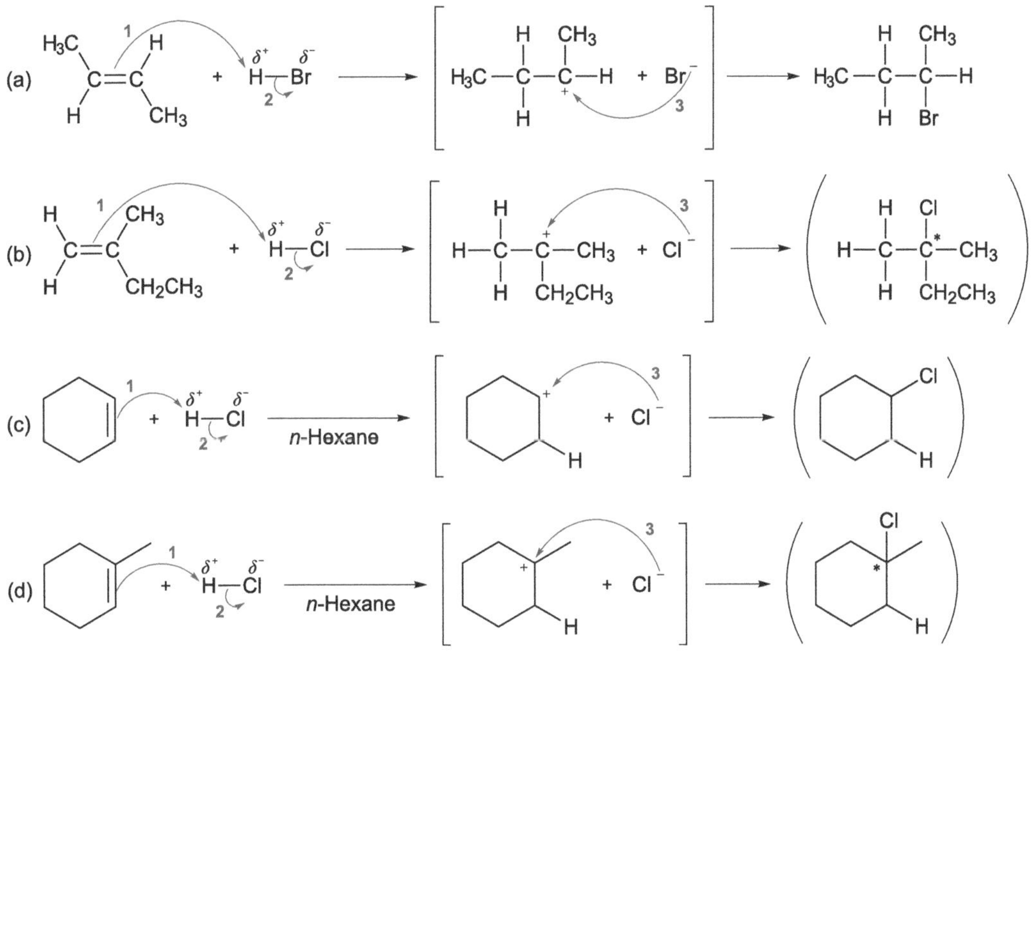

(a)

(b)

(c) n-Hexane

(d) n-Hexane

연습문제 4.10

(a) R—C≡C—CH₃ + H—Br (δ+ H, δ− Br) ⟶ [$H_2C{=}\overset{+}{C}{-}CH_3$ + Br^-] ⟶ $H_2C{=}C(Br)CH_3$

$H_2C{=}C(Br)CH_3$ + H—Br (δ+ H, δ− Br) ⟶ [$H{-}CH_2{-}\overset{+}{C}(Br){-}CH_3$ + Br^-] ⟶ $H{-}CH_2{-}CBr_2{-}CH_3$

(b) cyclohexyl—C≡CH + H—Cl (δ+ H, δ− Cl) —n-Hexane⟶ [cyclohexyl—$\overset{+}{C}{=}CH_2$ + Cl^-] ⟶ cyclohexyl—C(Cl)=CH₂

cyclohexyl—C(Cl)=CH₂ + H—Cl (δ+ H, δ− Cl) —n-Hexane⟶ [$Cl{-}\overset{+}{C}(\text{cyclohexyl}){-}CH_3$ + Cl^-] ⟶ ($Cl{-}C(Cl)(\text{cyclohexyl}){-}CH_3$)

연습문제 4.11

RO—OR —열 또는 빛⟶ 2 RO·

RO· + H—Br ⟶ ROH + Br·

$CH_3CH{=}CH_2$ + Br· ⟶ $H_3C{-}\dot{C}H{-}CH_2Br$

$H_3C{-}\dot{C}H{-}CH_2Br$ + H—Br ⟶ $H_3C{-}CH_2{-}CH_2Br$ + Br·

(종결 단계)

·Br + ·Br ⟶ Br—Br

$H_3C{-}\dot{C}H{-}CH_2Br$ + ·Br ⟶ $H_3C{-}CHBr{-}CH_2Br$

$H_3C{-}\dot{C}H{-}CH_2Br$ + $H_3C{-}\dot{C}H{-}CH_2Br$ ⟶ $BrH_2C{-}CH(CH_3){-}CH(CH_3){-}CH_2Br$

연습문제 4.12

RO—OR ⟶ 2 RO·

RO· + H—Br ⟶ ROH + Br·

H_3C—C≡C—H + Br· ⟶ H_3C—Ċ=C(Br)(H) + H—Br

Vinyl 라디칼

경로 8 ⟶ (H)(H$_3$C)C=C(Br)(H) + Br·

경로 8' ⟶ (H$_3$C)(H)C=C(Br)(H) + Br·

연습문제 4.13

(a) (H_3C)(H)C=C(H)(CH_3) + Cl—Cl ⟶ [chloronium ion + Cl^-] ⟶ H_3C—CH(Cl)—CH(Cl)—CH_3

2,3-Dichlorobutane

(b) Cyclohexene + Br—Br ⟶ [bromonium ion + Br^-] ⟶ (trans-1,2-dibromocyclohexane)

trans-1,2-Dibromocyclohexane

연습문제 4.14

(a) H_3CH_2C—C≡C—H + Br—Br ⟶ [H_3CH_2C—C(Br$^+$)—C—H + Br^-] ⟶ (Br)(H_3CH_2C)C=C(H)(Br)

(*E*)-1,2-Dibromobut-1-ene

(Br)(H_3CH_2C)C=C(H)(Br) + Br—Br ⟶ [bromonium ion + Br^-] ⟶ (H_3CH_2C—CBr$_2$—CBr$_2$—H)

1,1,2,2-Tetrabromobutane

(b) H_3CH_2C—C≡C—CH_3 + Br—Br ⟶ [H_3CH_2C—C(Br$^+$)—C—CH_3 + Br^-] ⟶ ((Br)(H_3CH_2C)C=C(CH_3)(Br))

(A)

2,3-Dibromo-2-pentene

((Br)(H_3CH_2C)C=C(CH_3)(Br)) (A) + Cl—Cl ⟶ [chloronium ion + Cl^-] ⟶ (H_3CH_2C—C(Cl)(Br)—C(Br)(Cl)—CH_3)

(B)

2,3-Dibromo-2,3-dichloropentane

연습문제 4.15

(a) $(H_3C)_3C$–CH=CH₂ + Cl–Cl (δ^+, δ^-) → [chloronium ion] + $H_2\ddot{O}$ → [$(H_3C)_3C$–CH(OH₂⁺)–CH₂Cl]

$\xrightarrow{-H^+}$ $(H_3C)_3C$–CH(OH)–CH₂Cl

1-Chloro-3,3-dimethylbutan-2-ol

(b) $(H_3C)_2C$=CH₂ + Br–Br (δ^+, δ^-) → [bromonium ion] + $H_2\ddot{O}$ → [H_3C–C(CH₃)(OH₂⁺)–CH₂Br]

$\xrightarrow{-H^+}$ [H_3C–C(CH₃)(OH)–CH₂Br]

1-Bromo-2-methylpropan-2-ol

연습문제 4.16

$(H_3C)_2C$=CH₂ + H–BH₂ → [transition state, δ^-] → [H_3C–CH(CH₃)–CH₂–BH₂] $\xrightarrow[\text{2번 반복}]{2\ CH_2C(CH_3)_2}$ R_3B

R = $-CH_2CH(CH_3)_2$

HOO–H + $^-$OH → [HOO$^-$] + R_3B → [R_3B^-–O–OH] $\xrightarrow[\text{2번 반복}]{2\ HOO^-}$ $B(OR)_3$

$B(OR)_3$ + $^-$OH $\xrightarrow{\text{2번 반복}}$ (3 RO$^-$ Na$^+$) + $B(OH)_3$ → 3 $HOCH_2CH(CH_3)_2$ + Na_3BO_3

2-Methylpropan-1-ol

연습문제 4.17

CH_3–C≡C–H + H–BH₂ $\xrightarrow[\text{협동 반응}]{\text{신-첨가}}$ [transition state, δ^-] → H_3C(H)C=C(H)BH₂ $\xrightarrow[\text{2번 반복}]{2\ RCCH,\ 2\ BH_3}$ R_3B

R = –CH=CHCH₃

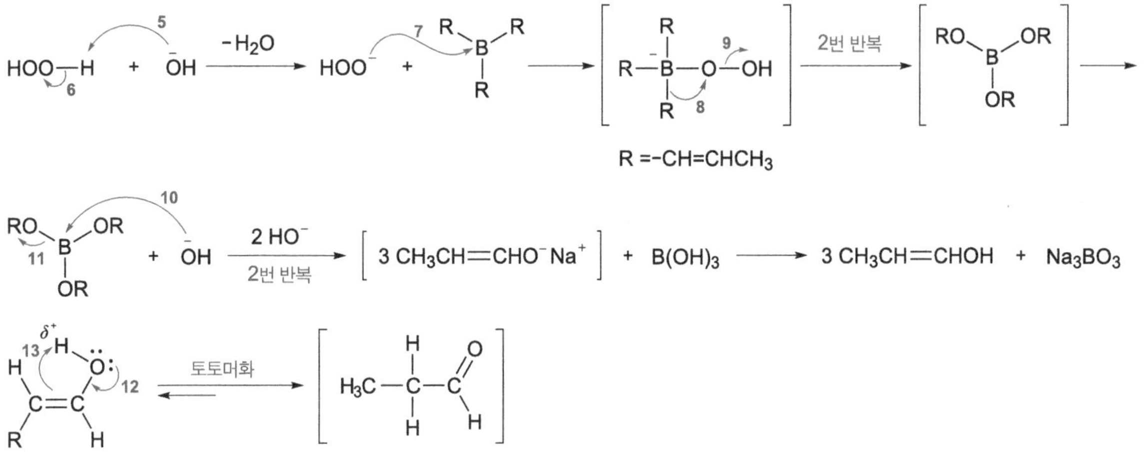

R =-CH=CHCH$_3$

2번 반복

토토머화

연습문제 4.18

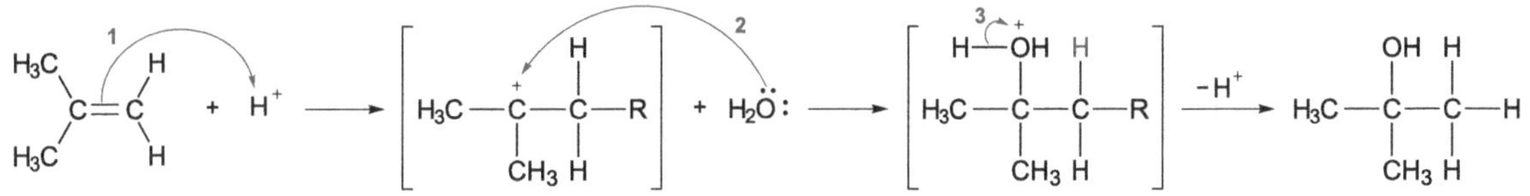

연습문제 4.19

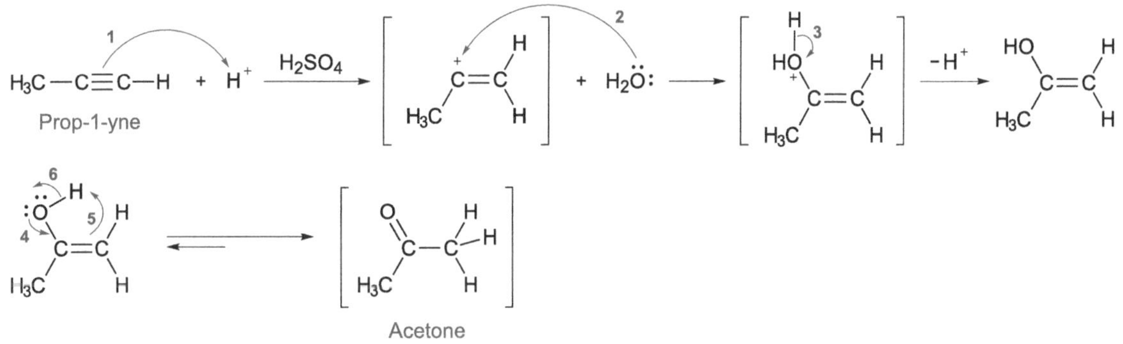

Prop-1-yne

Acetone

연습문제 4.20

(1*R*,6*S*)-Bicyclo[4.1.0]heptane

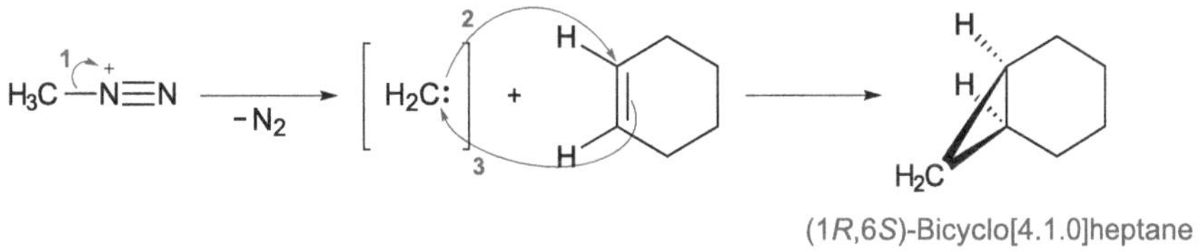

연습문제 4.21

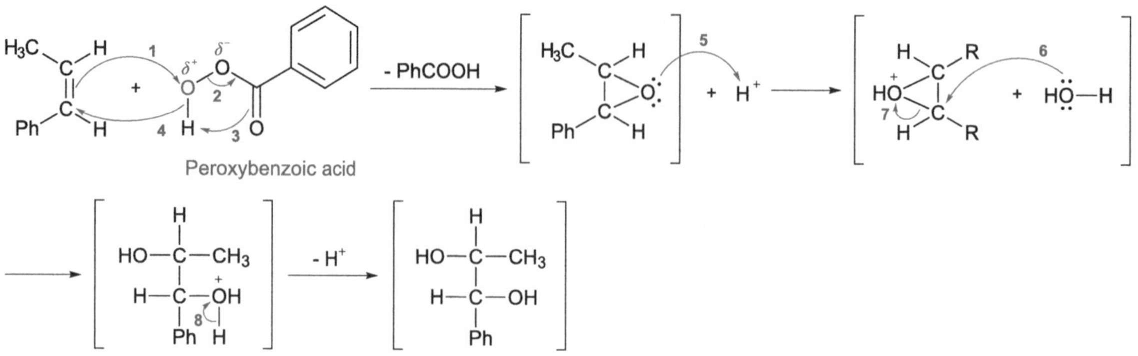

Peroxybenzoic acid

- PhCOOH

- H^+

(1*R*,2*S*)-1-Phenylpropane-1,2-diol

연습문제 4.22

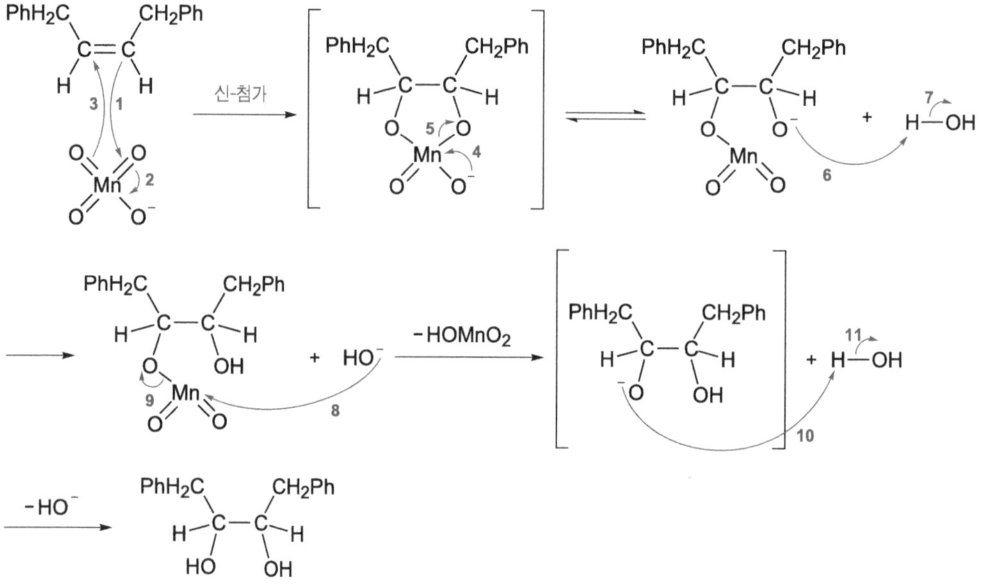

신-첨가

$-HOMnO_2$

$-HO^-$

연습문제 4.23

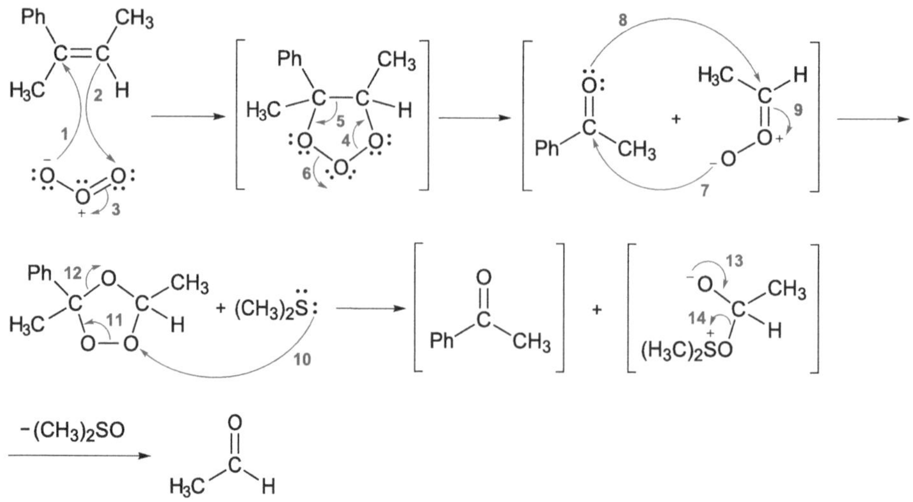

$-(CH_3)_2SO$

연습문제 4.24

$H_3C-C\equiv C-H$ + $\bar{B}ase$ → (−HBase) [$H_3C-C\equiv C^-$] + $PhH_2C^{\delta+}-Cl^{\delta-}$ → (−Cl^-) [$H_3C-C\equiv C-CH_2Ph$]

Base = NaH 또는 $NaNH_2$

But-2-yn-1-ylbenzene

연습문제 4.25

$Ph-C\equiv C-H$ + $\bar{B}ase$ → (−HBase) [$Ph-C\equiv C^-$] + Me, Et, O, H, H (epoxide)

Base = NaH 또는 $NaNH_2$

→ [^-O, Me, Et, C—C, H, H, C≡C, Ph] + H—OH → [HO, Me, Et, C—C, H, H, C≡C, Ph]

(*R*)-3-Methyl-6-phenylhex-5-yn-3-ol

연습문제 4.26

$Et-C\equiv C-Et$ + $\dot{N}a$ → [Et, C=C, Et] + $H-NH_2$ → (−$\bar{N}H_2$) [Et, C=C(H), Et] + $\dot{N}a$

→ (−Na^+) [Et, C=C(H), Et] + $H-NH_2$ → (−$\bar{N}H_2$) Et, C=C, H, H, Et

(*E*)-Hex-3-ene

연습문제 4.27

$H_2C=CH-CH=CH_2$ + H—Br → (−Br^-) [$H_2C=CH-\overset{+}{C}H-CH_3$] ↔ [$\overset{+}{C}H_2-CH=CH-CH_3$]

Br^- ↓ Br^- ↓

[$H_2C=CH-CHBr-CH_3$]   [$BrH_2C-CH=CH-CH_3$]

3-Bromobut-1-ene   1-Bromobut-2-ene

연습문제 4.28

s-시스형

Methylcyclohexene

5 알코올/아민/나이트로 작용기 반응 메커니즘

연습문제 5.1

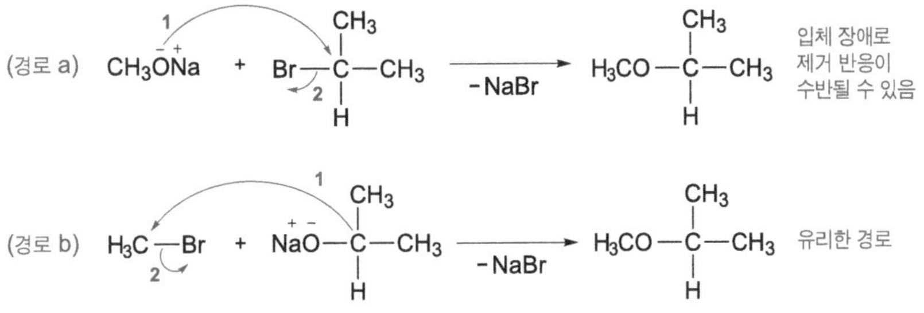

(경로 a) $CH_3\overset{-}{O}\overset{+}{N}a$ + $Br-C(CH_3)(H)-CH_3$ —(−NaBr)→ $H_3CO-C(CH_3)(H)-CH_3$ 입체 장애로 제거 반응이 수반될 수 있음

(경로 b) H_3C-Br + $\overset{+}{Na}\overset{-}{O}-C(CH_3)(H)-CH_3$ —(−NaBr)→ $H_3CO-C(CH_3)(H)-CH_3$ 유리한 경로

연습문제 5.2

$\overset{\delta^-}{O}-\overset{\delta^+}{H}$ + $\overset{+}{Na}\overset{-}{H}$ —($-H_2$, $-Na^+$)→ O^- + H_3CH_2C-Br —($-Br^-$)→ $O-CH_2CH_3$

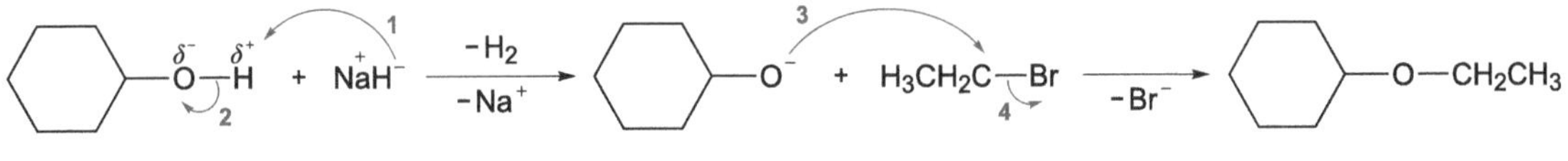

Ethoxycyclohexane

연습문제 5.3

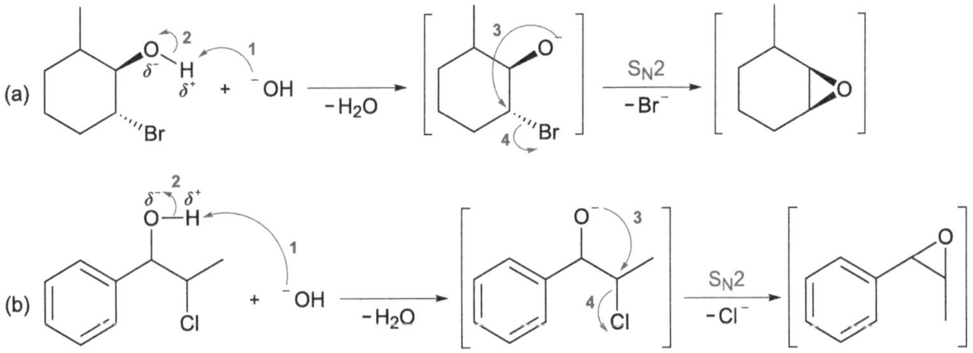

(a) + ^-OH —($-H_2O$)→ [ ] —(S_N2, $-Br^-$)→ [ ]

(b) + ^-OH —($-H_2O$)→ [ ] —(S_N2, $-Cl^-$)→ [ ]

연습문제 5.4

(a) [ ] + ^-OH —($-H_2O$)→ [ ] —($-Br^-$)→

(b) [ ] + ^-OH —($-H_2O$)→ [ ] —($-Cl^-$)→

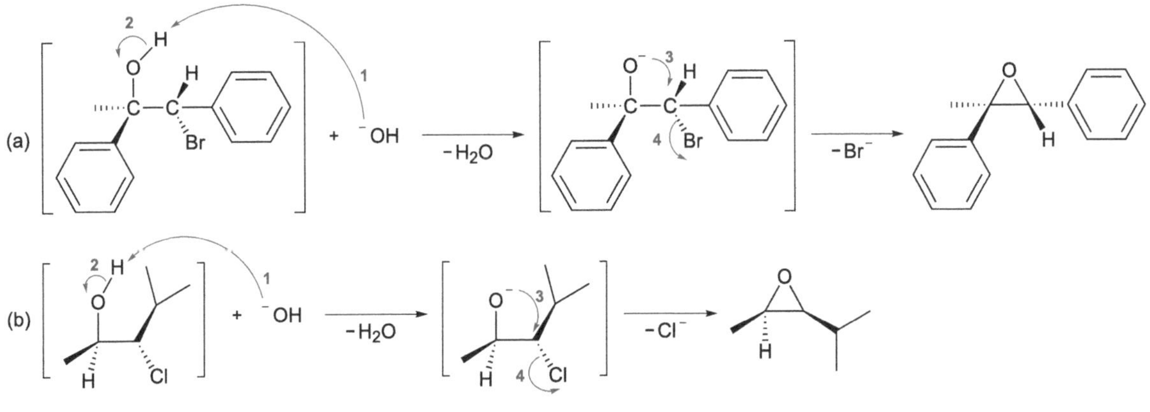

연습문제 5.5

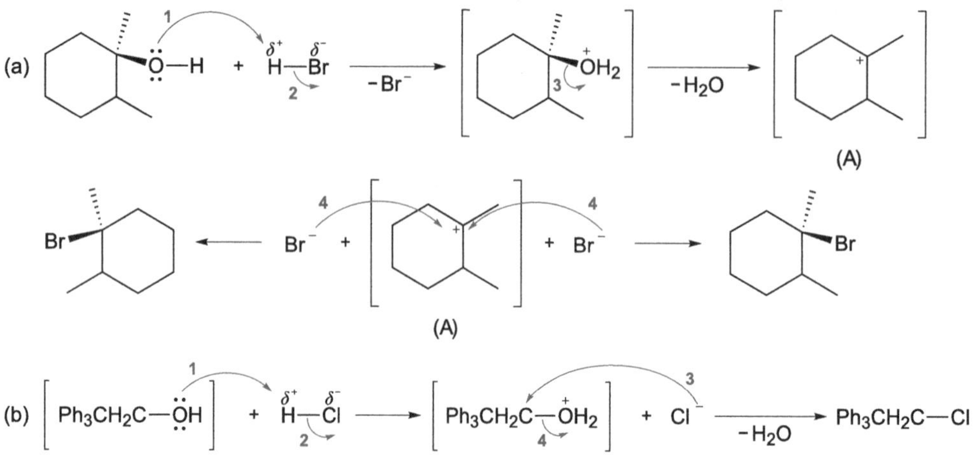

(a) –Br⁻ → [ ] → $-H_2O$ → [ ] (A)

Br⁻ + [ ] (A) + Br⁻

(b) $[Ph_3CH_2C—\ddot{O}H]$ + $\overset{\delta^+}{H}—\overset{\delta^-}{Cl}$ → $[Ph_3CH_2C—\overset{+}{O}H_2]$ + Cl^- $\xrightarrow{-H_2O}$ $Ph_3CH_2C—Cl$

연습문제 5.6

(a) $H—Br$ → Br^- + … $\xrightarrow[-H_2O]{S_N2}$ [ ]

(b) $H—Cl$ $\xrightarrow{-Cl^-}$ … →

S_N1 ← Cl^- + … + Cl^- → S_N1

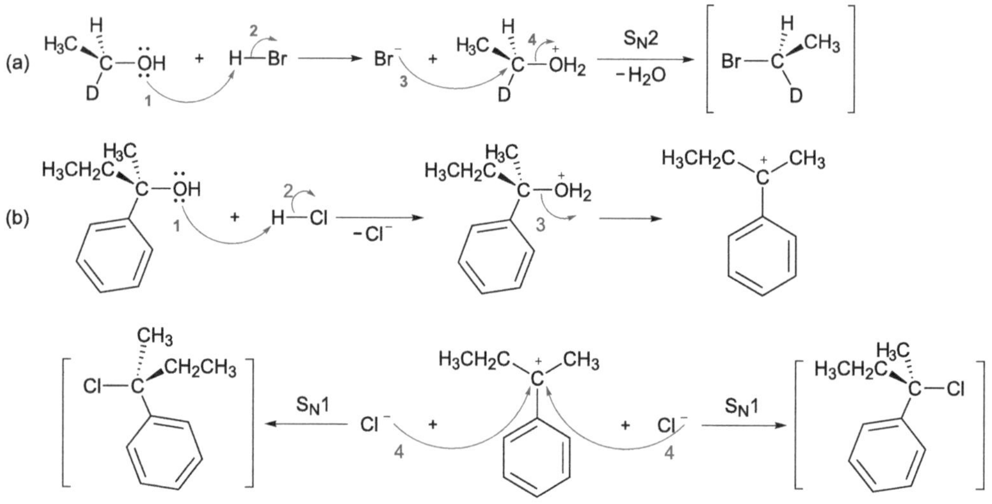

(*S*)-(2-Chlorobutane-2-yl)benzene

(*R*)-(2-Chlorobutane-2-yl)benzene

연습문제 5.7

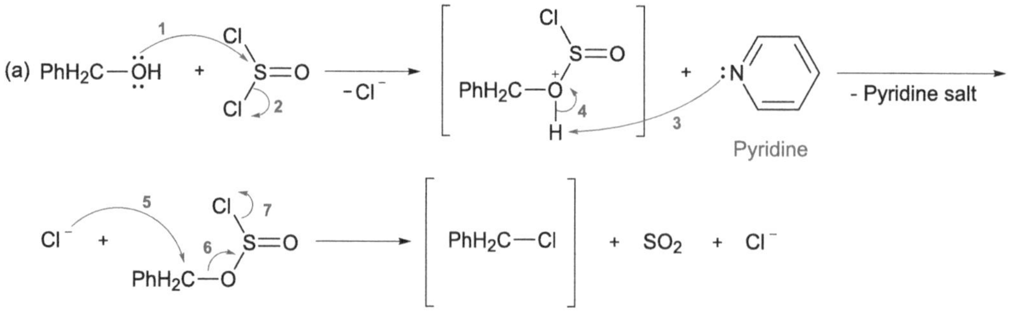

(a) $PhH_2C—\ddot{O}H$ + $SOCl_2$ $\xrightarrow{-Cl^-}$ [ ] + Pyridine → - Pyridine salt

Pyridine

Cl^- + → $[PhH_2C—Cl]$ + SO_2 + Cl^-

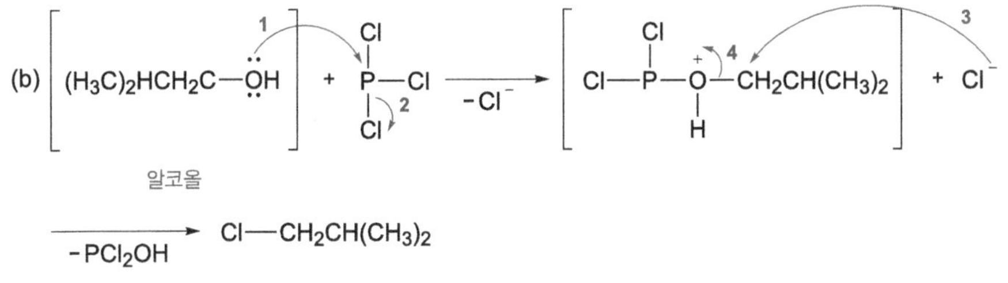

(b) [$(H_3C)_2HCH_2C-\ddot{O}H$] + PCl_3 $\xrightarrow{-Cl^-}$ [$Cl-P(Cl)-\overset{+}{O}(H)-CH_2CH(CH_3)_2$] + Cl^-

알코올

$\xrightarrow{-PCl_2OH}$ $Cl-CH_2CH(CH_3)_2$

연습문제 5.8

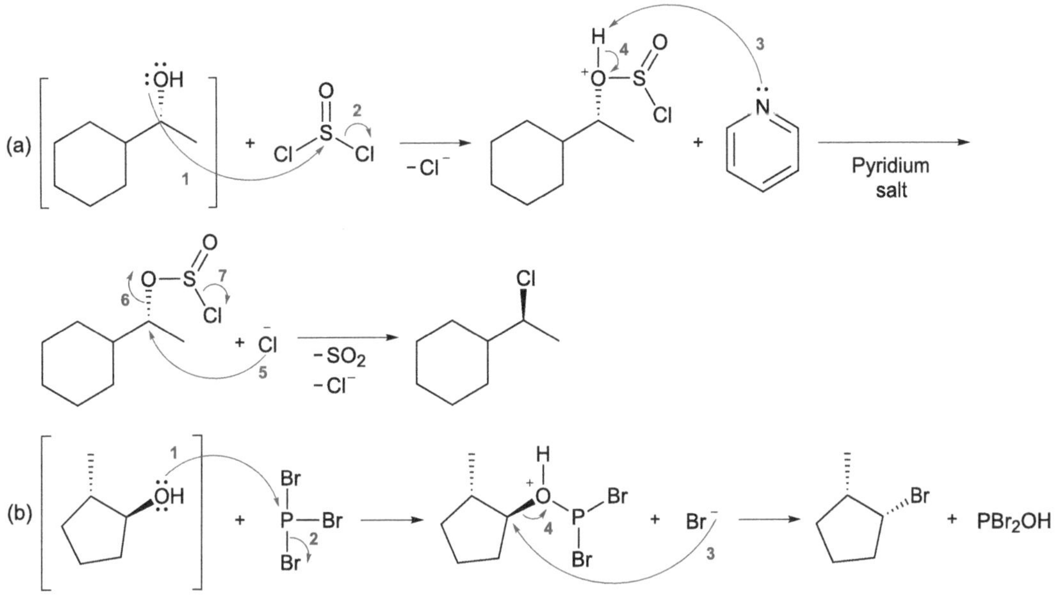

(a) [alcohol] + $Cl-S(=O)-Cl$ $\xrightarrow{-Cl^-}$ $\overset{+}{O}(H)-S(=O)Cl$ + pyridine $\xrightarrow{\text{Pyridium salt}}$

$O-S(=O)Cl$ + Cl^- $\xrightarrow{-SO_2,\ -Cl^-}$ product (Cl)

(b) [alcohol ($\ddot{O}H$)] + PBr_3 $\longrightarrow$ $\overset{+}{O}(H)-PBr_2$ + Br^- $\longrightarrow$ product (Br) + PBr_2OH

연습문제 5.9

$H_3CH_2C-\ddot{O}H$ + $Cl-SO_2-Ph$ $\xrightarrow{-Cl^-}$ [$H_3CH_2C-\overset{+}{O}(H)-SO_2-Ph$] $\xrightarrow{-H^+}$ $H_3CH_2C-O-SO_2-Ph$

$Ph-SO_2-O-CH_2CH_3$ + $Na^{+}\ {}^{-}OCH_3$ $\xrightarrow{-Na^+}$ [$H_3CH_2C-OCH_3$] + $Ph-SO_3^-$

Ph= $-C_6H_4-CH_3$

Ethyl methyl ether

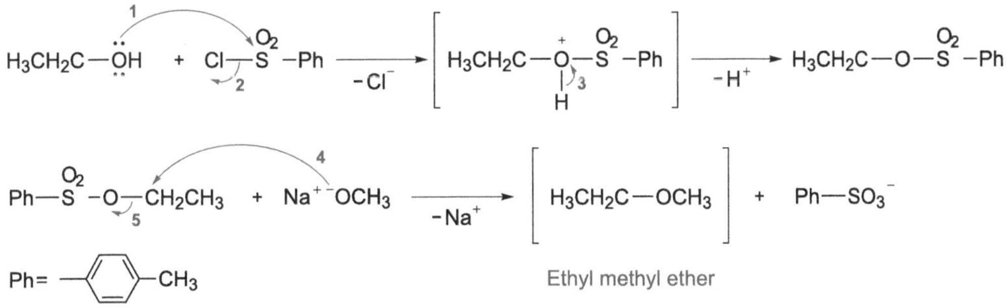

연습문제 5.10

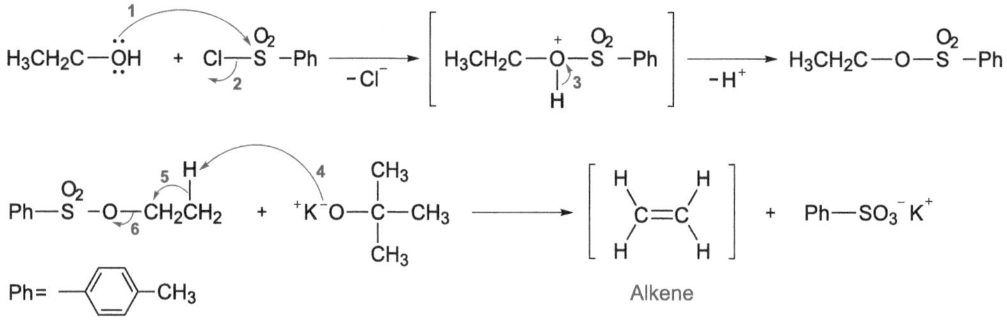

$H_3CH_2C-\ddot{O}H$ + $Cl-S(O_2)-Ph$ →(−Cl^-) [$H_3CH_2C-\overset{+}{O}(H)-S(O_2)-Ph$] →(−$H^+$) $H_3CH_2C-O-S(O_2)-Ph$

$Ph-S(O_2)-O-CH_2CH_2(H)$ + $^+K\ ^-O-C(CH_3)_3$ → [$H_2C=CH_2$] + $Ph-SO_3^-\ K^+$

Ph= —C_6H_4—CH_3

Alkene

연습문제 5.11

(a) $(CH_3)_3C-\ddot{O}H$ + $H-OSO_3H$ →(−HSO_4^-) $(CH_3)_3C-\overset{+}{O}H_2$ →(−H_2O)

[$(CH_3)_2\overset{+}{C}-CH_2-H$] + HSO_4^- →(−H_2SO_4) [$(CH_3)_2C=CH_2$]

(b) 3-methylcyclopentanol + $H-OSO_3H$ →(−HSO_4^-) [$\overset{+}{O}H_2$] →(−H_2O)

[carbocation] + HSO_4^- →(전자 이동 4로부터, −H_2SO_4) 4-methylcyclopentene

−H_2SO_4 ↓ 전자 이동 6으로부터

3-methylcyclopentene

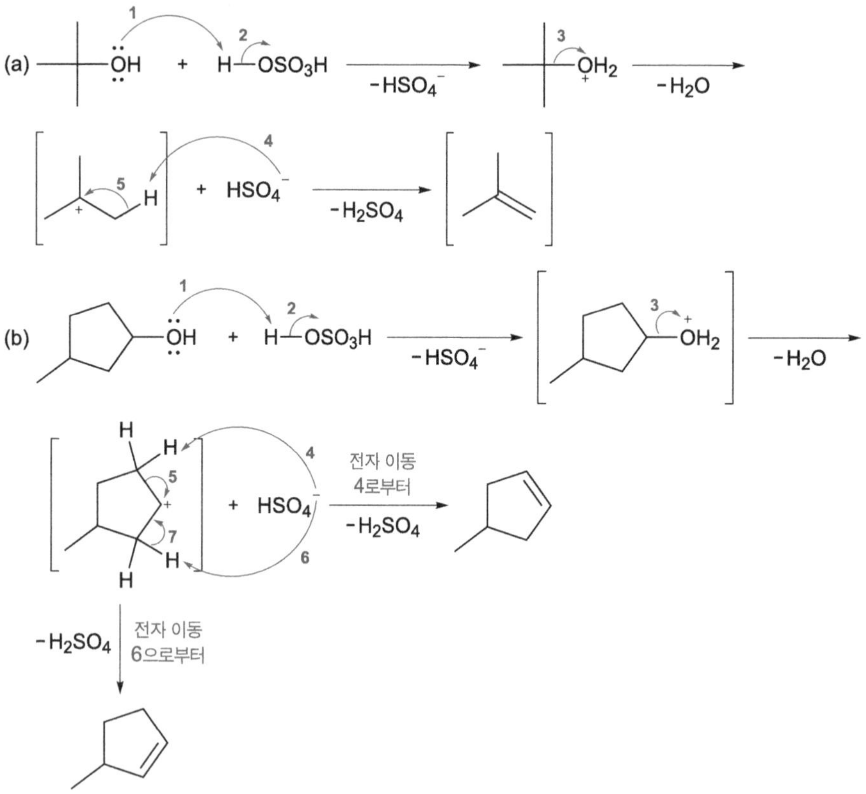

연습문제 5.12

(a) :ÖH alcohol + $H-OSO_3H$ →(−HSO_4^-) $\overset{+}{O}H_2$ →(−H_2O)

carbocation + HSO_4^- →(−H_2SO_4) alkene

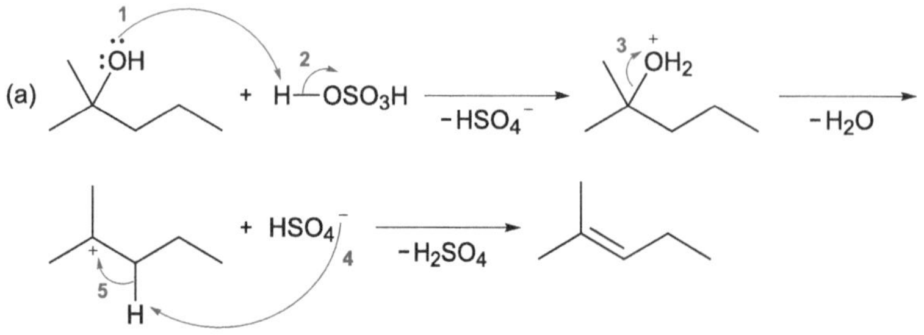

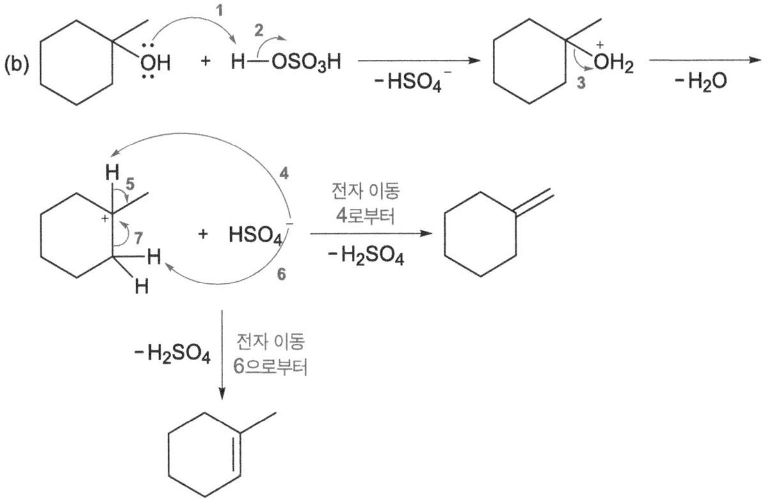

(b) OH + H—OSO$_3$H → (−HSO$_4^-$) → $\overset{+}{O}H_2$ → (−H$_2$O)

+ HSO$_4^-$ → 전자 이동 4로부터 −H$_2$SO$_4$

−H$_2$SO$_4$ 전자 이동 6으로부터

연습문제 5.13

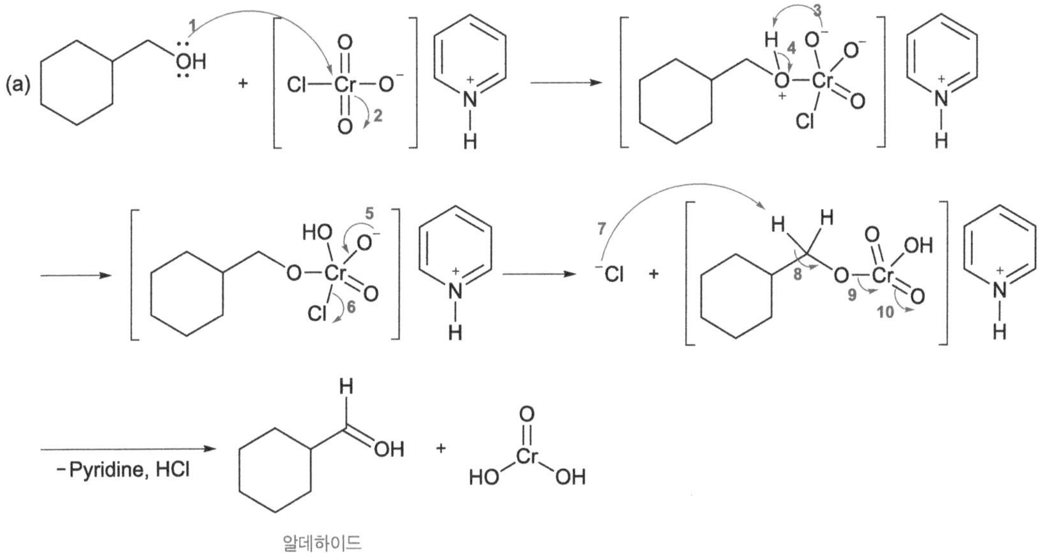

(a) OH + [Cl—Cr(=O)(=O)—O$^-$] [pyridinium N$^+$—H] → [O$^+$—Cr(O$^-$)(O$^-$)(Cl)=O] [N$^+$—H]

→ [O—Cr(HO)(O$^-$)(Cl)=O] [N$^+$—H] → $^-$Cl + [H H O—Cr(=O)(OH)=O] [N$^+$—H]

−Pyridine, HCl → H, OH + HO—Cr(=O)—OH

알데하이드

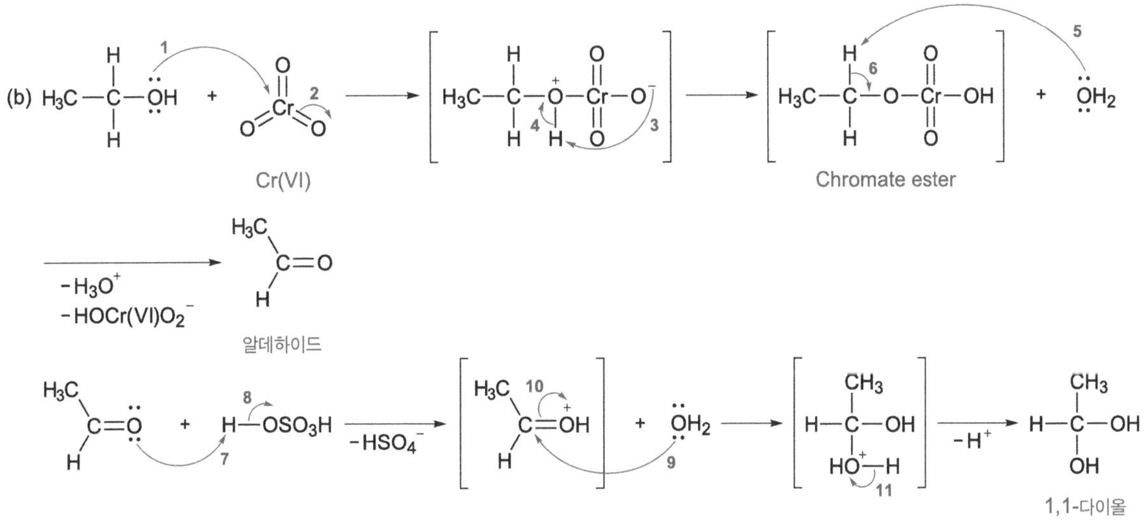

(b) H$_3$C—C(H)(H)—OH + O=Cr(=O)=O → [H$_3$C—C(H)(H)—$\overset{+}{O}$(H)—Cr(=O)(=O)—O$^-$] → [H$_3$C—C(H)(H)—O—Cr(=O)(=O)—OH] + OH$_2$

Cr(VI)

Chromate ester

−H$_3$O$^+$
−HOCr(VI)O$_2^-$
→ H$_3$C, C=O, H

알데하이드

H$_3$C(H)C=O + H—OSO$_3$H → (−HSO$_4^-$) → [H$_3$C(H)C=$\overset{+}{O}$H] + OH$_2$ → [H—C(CH$_3$)(OH)—$\overset{+}{O}$H—H] → (−H$^+$) → H—C(CH$_3$)(OH)—OH

1,1-다이올

$H_3C-C(H)(OH)-\ddot{O}H + CrO_3 \longrightarrow [H_3C-C(H)(OH)-O^+(H)-Cr(=O)_2-O^-] \longrightarrow H_3C-C(H)(OH)-O-Cr(=O)_2-OH + \ddot{O}H_2$

Chromate ester

$\longrightarrow$ $H_3C(HO)C=O$ + $^+OH_3$ + $HOCr(VI)O_2^-$

카복실산

연습문제 5.14

(a) [3-Fluorobutan-1-ol] + [$K_2Cr_2O_7$] $\xrightarrow{H_2SO_4/H_2O}$ 3-Fluorobutanoic acid

(b) [p-Methylphenylmethanol] + [PCC] $\xrightarrow{CH_2Cl_2}$ 4-Methylbenzaldehyde

연습문제 5.15

(a) $H_3CH_2C-C(H)(CH_3)-\ddot{O}H + CrO_3 \longrightarrow [H_3CH_2C-C(H)(CH_3)-O^+(H)-Cr(=O)_2-O^-] \longrightarrow [H_3CH_2C-C(H)(CH_3)-O-Cr(=O)_2-OH] + \ddot{O}H_2$

Chromate ester

$\longrightarrow$ $H_3CH_2C(H_3C)C=O$ + $^+OH_3$ + $HOCr(VI)O_2^-$

케톤

(b) [cyclopentyl$-C(H)(CH_3)-\ddot{O}H$] + $CrO_3 \longrightarrow$ cyclopentyl$-C(H)(CH_3)-O^+(H)-Cr(=O)_2-O^- \longrightarrow$ [cyclopentyl$-C(H)(CH_3)-O-Cr(=O)_2-OH$] + $\ddot{O}H_2$

Chromate ester

$\longrightarrow$ cyclopentyl$-C(=O)CH_3$ + $^+OH_3$ + $HOCr(VI)O_2^-$

케톤

연습문제 5.16

(a) 1-Cyclohexylpropan-2-ol + [$Na_2Cr_2O_7$ 또는 $K_2Cr_2O_7$] $\xrightarrow{H_2SO_4/H_2O}$ 1-Cyclohexylpropan-2-one

(b) 4-Bromobutan-2-ol + [PCC] $\xrightarrow{CH_2Cl_2}$ [4-Bromobutan-2-one]

연습문제 5.17

(a) $H_3C-CH_2-\ddot{O}-CH_3$ + $H-Br$ ⟶ [$H_3C-CH_2-O^+(H)-CH_3$] + Br^-

$\xrightarrow{S_N2}$ [H_3C-CH_2-Br] + $H\ddot{O}-CH_3$

1 2 4 3

(b) [$(CH_3)_3C-\ddot{O}-CH_3$] + $H-I$ $\xrightarrow{-I^-}$ [$(CH_3)_3C-O^+(H)-CH_3$] $\xrightarrow{-CH_3OH}$

[$(CH_3)_3C^+$] + I^- ⟶ $(CH_3)_3C-I$

1 2 3 4

연습문제 5.18

(a) $C_6H_5-\ddot{O}-CH_3$ + $H-Br$ ⟶ $C_6H_5-O^+(H)-CH_3$ + Br^-

⟶ C_6H_5-OH + CH_3Br

Phenol Bromomethane

1 2 3 4

(b) $C_6H_{11}-\ddot{O}-CH_3$ + $H-I$ $\xrightarrow{-I^-}$ $C_6H_{11}-O^+(H)-CH_3$ $\xrightarrow{-CH_3OH}$ $C_6H_{11}^+$ + I^-

⟶ $C_6H_{11}-I$ + CH_3OH

Iodocyclohexane

1 2 3 4

연습문제 5.19

(a) S_N2 — 알콕사이드 — 알코올

(b) S_N2

연습문제 5.20

(a) 2,2-Dimethyloxirane + $^{-}OCH_3$ —S_N2→ … + H^+ → 1-Methoxy-2-methylpropan-2-ol

(b) 2,2-Dimethyloxirane + H—Cl → … + Cl^- —S_N2→ 2-Chloro-2-methylpropan-1-ol

연습문제 5.21

(a) Phthalimide + ^{-}OH —$-H_2O$→ … + PhH_2C—X —$-Cl^-$→ *N*-Phenylmethylphthalimide

… + $H_2\ddot{N}$—$\ddot{N}H_2$ → … → … + H_2NCH_2Ph (Benzylamine)

(b) Phthalimide + $\overset{-}{O}H$ $\xrightarrow{-H_2O}$ ... + $(H_3C)_3CHC-Br$ $\xrightarrow{-Br^-}$ [$N-CH_2C(CH_3)_3$]

2-Neopentylisoindoline-1,3-dione

+ $H_2\ddot{N}-\ddot{N}H_2$ → ... → ... + $\overset{-}{H}NCH_2C(CH_3)_3$ → + $NH_2CH_2C(CH_3)_3$

2,2-Dimethylpropan-1-amine

연습문제 5.22

(a)와 (c)는 2차 아민이므로 Gabriel 합성법으로 만들 수 없다.

연습문제 5.23

$Ph-N=\overset{+}{N}=\overset{-}{N}$ + $H-\overset{-}{Al}H_3$ $\xrightarrow{-AlH_3}$ [$Ph-\overset{H}{\overset{|}{N}}-N=\overset{-}{N}$] $\xrightarrow{-N_2}$

아자이드

[$Ph-\overset{-}{N}H$] + $H-OH$ $\xrightarrow{-HO^-}$ [$Ph-NH_2$]

연습문제 5.24

$Ph-C(=NH)-CH_3$ + $H-\overset{-}{Al}H_3$ $\xrightarrow{-AlH_3}$ [$Ph-CH(\overset{-}{N}H)-CH_3$] + $H-OH$ $\xrightarrow{-HO^-}$ [$Ph-CH(NH_2)-CH_3$]

1-Phenylethanamine

6 방향족 화합물 반응 메커니즘

연습문제 6.1

(a) Benzene + NO_2^+ →(첨가) [2, 3, 5 ... NO_2] + $\bar{O}H$ 다이엔 (비방향족) →(제거, $-H_2O$) Nitrobenzene

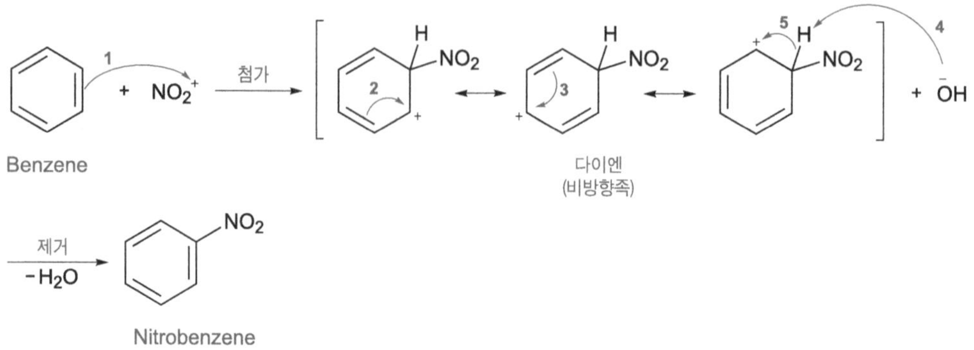

(b) Benzene + $\overset{+}{C}(CH_3)$ →(첨가) [2, 3, 5 ... $CH_2(CH_3)$] + $\bar{O}H$ 다이엔 (비방향족) →(제거, $-H_2O$) [$CH_2(CH_3)$] *t*-Butylbenzene

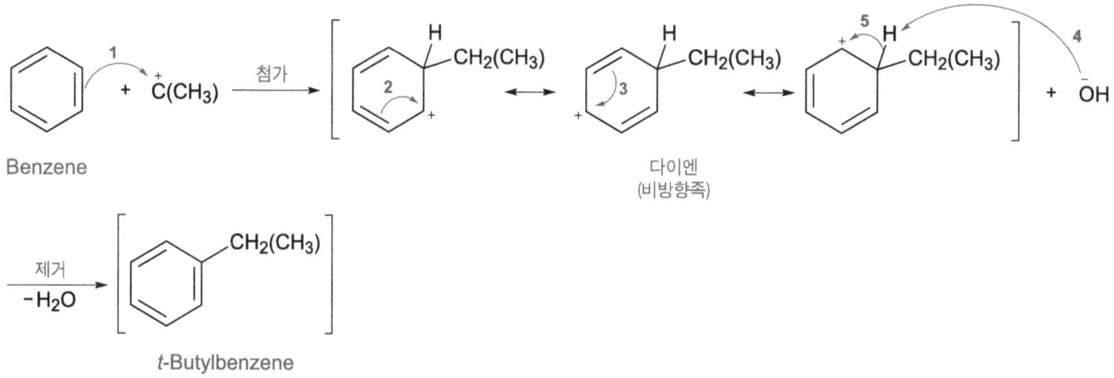

연습문제 6.2

(a) $:\ddot{Cl}-\ddot{Cl}:$ + $FeCl_3$ → [$:\ddot{Cl}-\overset{+}{\ddot{Cl}}-\overset{-}{Fe}Cl_3$ 또는 Cl^+ + $\overset{-}{Fe}Cl_4$] (A)

방향족 + [$Cl-\overset{+}{Cl}-\overset{-}{Fe}Cl_3$] (A) →(첨가) [4, 5 ... H, Cl] (B) 할로젠화 다이엔 + $\overset{-}{Fe}Cl_4$

[H, Cl, 7] (B) + $\overset{-}{Fe}Cl_4$ (6) →(제거) [Cl] Chlorobenzene + HCl + $FeCl_3$

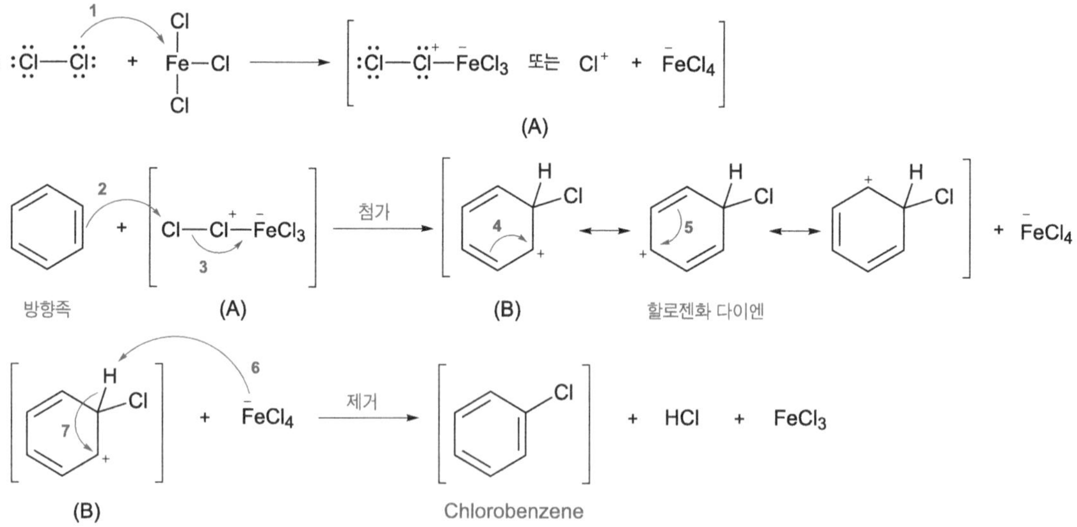

(b) $:\ddot{Br}—\ddot{Br}: + FeBr_3 \longrightarrow [:\ddot{Br}—\ddot{Br}^+—\bar{Fe}Br_3$ 또는 $Br^+ + \bar{Fe}Br_4]$

(A)

방향족 (A) 첨가 (B) 할로젠화 다이엔 $+ \bar{Fe}Br_4$

(B) $+ \bar{Fe}Br_4$ 제거 → Bromobenzene $+ HBr + FeBr_3$

연습문제 6.3

(a) $HNO_3 + H_2SO_4 \xrightarrow[-H_2O]{} {}^+NO_2 + HSO_4^-$

$+ {}^+NO_2 \longrightarrow [\ ] + HSO_4^- \longrightarrow$ 1-Methyl-4-nitrobenzene

(b) $HNO_3 + H_2SO_4 \xrightarrow[-H_2O]{} {}^+NO_2 + HSO_4^-$

$+ {}^+NO_2 \longrightarrow [\ ] + HSO_4^- \longrightarrow$ 1,4-Dinitrobenzene

연습문제 6.4

(a) $+ SO_3 \rightleftharpoons [\ ] + H—OSO_3H \rightleftharpoons$

$[\ ] + HOSO_3^- \xrightarrow{-H_2SO_4} [\ ]$

p-Methylbenzene-sulfonic acid

(b) O_2N-benzene + SO_3 ⇌ [O_2N-$C_6H_5^+$-H-SO_3^-] + H—OSO_3H ⇌

[O_2N-$C_6H_5^+$-H-SO_3H] + $HOSO_3^-$ —($-H_2SO_4$)→ [O_2N-C_6H_4-SO_3H]

m-Nitrobenzene-sulfonic acid

연습문제 6.5

연습문제 6.4(a)의 경우는 benzene 고리에 활성화기인 methyl기가 치환되어 있다. Methyl기는 *o*,*p*−배향성기이므로 *p*−생성물이 생성된다. 연습문제 6.4(b)의 출발물질 benzene 유도체에 nitro기가 치환되어 있다. Nitro기는 *m*−배향성기이므로 설폰화가 *m*−위치로 일어난다.

연습문제 6.6

(a) $H_3C—CH_2—Cl$: + $AlCl_3$ → [$H_3C—CH_2—Cl^+—AlCl_3^-$ 또는 [$H_3C—CH_2^+$] + $AlCl_4^-$]

(A)

Benzene + [$H_3C—CH_2^+$] (A) → [$C_6H_6^+$(H)CH_2CH_3] (B) ← $H_3CH_2C—Cl^+—AlCl_3^-$ + Benzene

[$C_6H_6^+$(H)CH_2CH_3] (B) + $AlCl_4^-$ —($-HCl$)→ [$C_6H_5CH_2CH_3$] + $AlCl_3$

Ethylbenzene

(b) $H_3C—C(=O)—Br$: + $AlBr_3$ → [[$H_3C—C(=O)—Br^+—AlBr_3^-$] (A) 또는 $H_3C—C^+(=O)$ + $AlBr_4^-$]

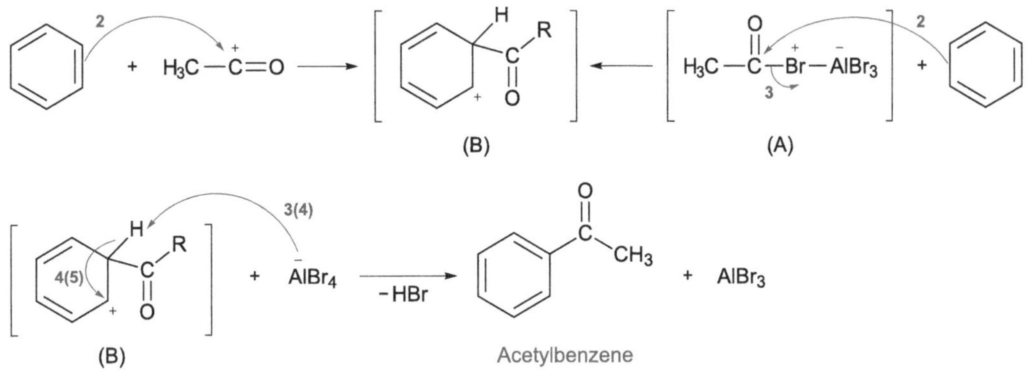

연습문제 6.7

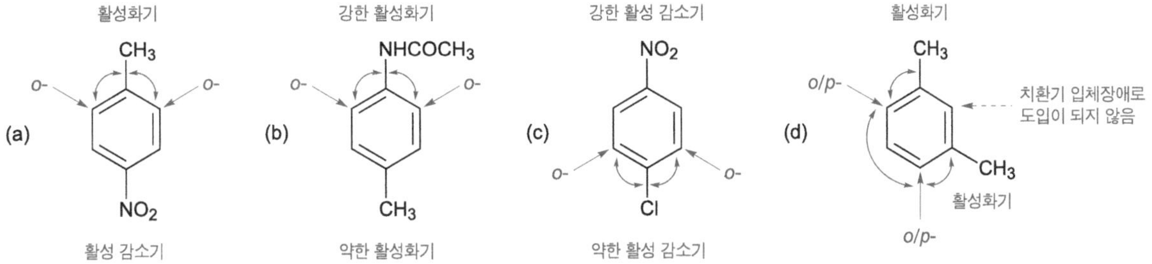

(a) CH_3: 활성화기, NO_2: 활성 감소기
(b) $NHCOCH_3$: 강한 활성화기, CH_3: 약한 활성화기
(c) NO_2: 강한 활성 감소기, Cl: 약한 활성 감소기
(d) CH_3: 활성화기, CH_3: 활성화기, 치환기 입체장애로 도입이 되지 않음

연습문제 6.8

CH_3 : 활성화기, *o*/*p*-지향성

Cl : 활성 감소기, *o*/*p*-지향성

NH_2 : 활성화기, *o*/*p*-지향성

NH_2 ⟶ NO_2(*m*-지향성)로 대체

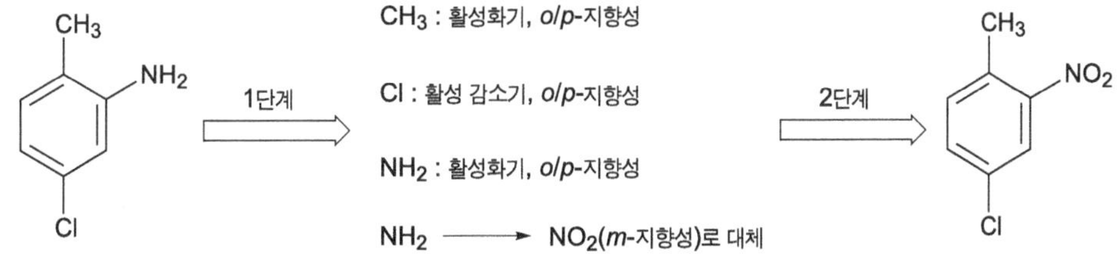

지침에 따라 활성화기를 먼저 도입하면 반응에 유리하다. 그러나 알킬화는 다중 치환 가능성이 있으므로 이를 고려해야 한다. 두 가지 도입 순서가 가능하다.

경로 1) Cl → CH_3 → NO_2 →(NO_2 환원), 경로 2) CH_3 → Cl → NO_2 →(NO_2 환원)

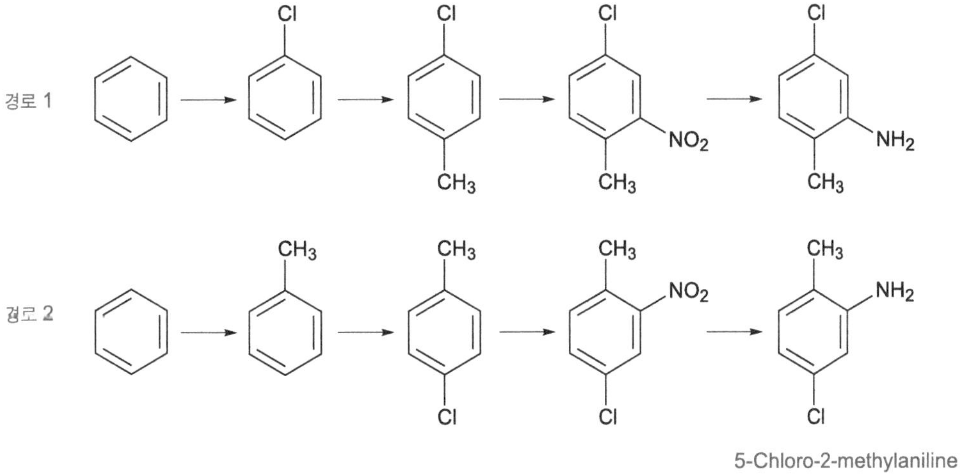

경로 1

경로 2

5-Chloro-2-methylaniline

연습문제 6.9

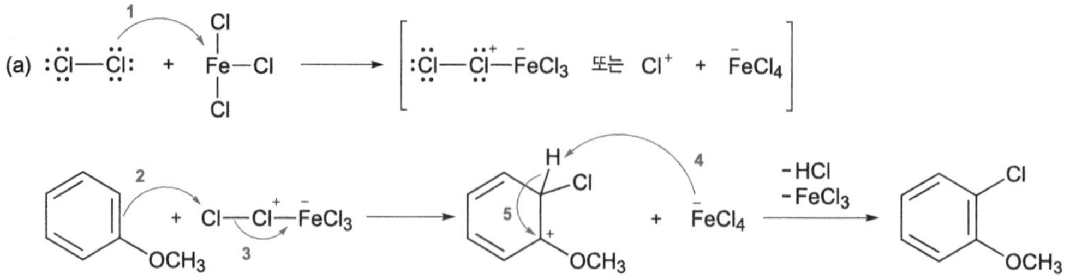

(a) $:\ddot{Cl}-\ddot{Cl}: + FeCl_3 \longrightarrow [:\ddot{Cl}-\ddot{Cl}^{+}-\bar{F}eCl_3$ 또는 $Cl^{+} + \bar{F}eCl_4]$

$-HCl$, $-FeCl_3$

1-Chloro-2-methoxybenzene

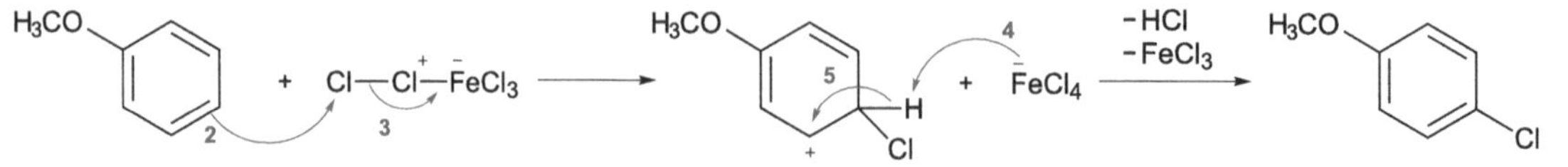

1-Chloro-4-methoxybenzene

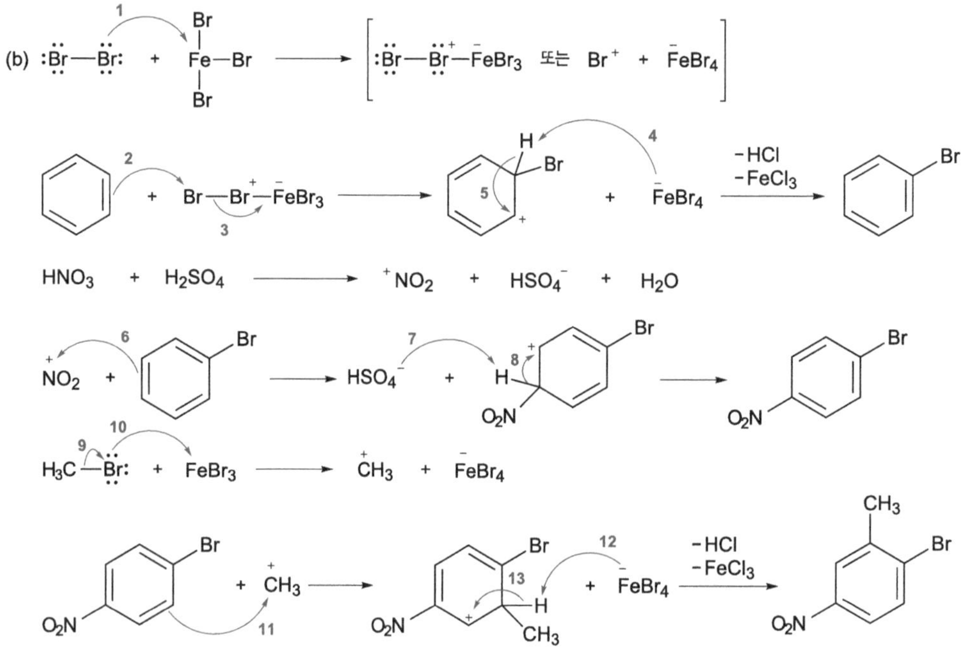

(b) $:\ddot{Br}-\ddot{Br}: + FeBr_3 \longrightarrow [:\ddot{Br}-\ddot{Br}^{+}-\bar{F}eBr_3$ 또는 $Br^{+} + \bar{F}eBr_4]$

$HNO_3 + H_2SO_4 \longrightarrow {}^{+}NO_2 + HSO_4^{-} + H_2O$

$H_3C-\ddot{Br}: + FeBr_3 \longrightarrow \overset{+}{C}H_3 + \bar{F}eBr_4$

1-Bromo-2-methyl-4-nitrobenzene

연습문제 6.10

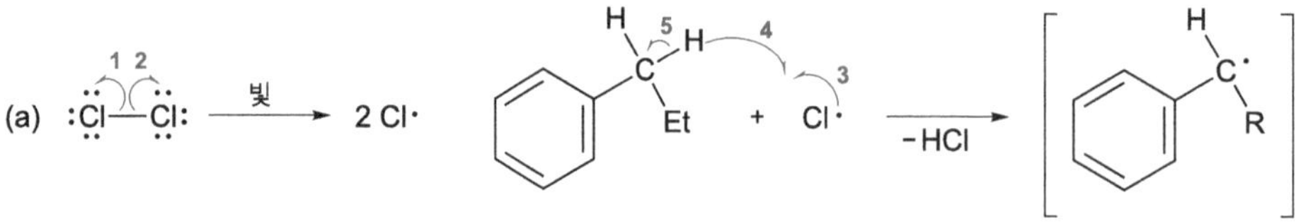

(a) $:\ddot{Cl}-\ddot{Cl}: \xrightarrow{빛} 2\ Cl\cdot$

$-HCl$

Benzyl 라디칼

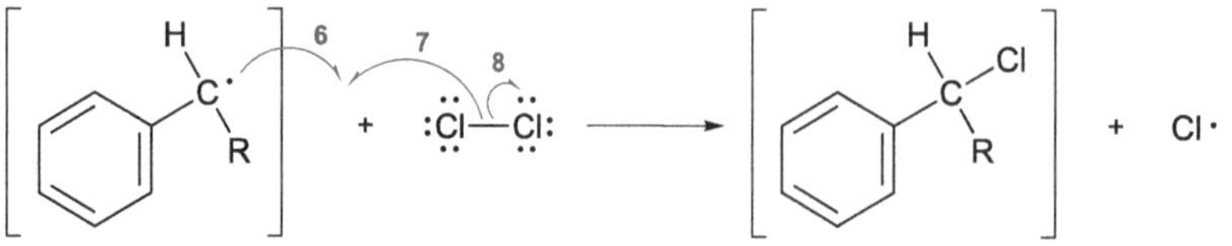

Benzyl 라디칼

1-Chloropropylbenzene

$+\ Cl\cdot$

(b)

CH3, CH, H, 3, 2, +, Mn, O, 1, CH(CH)3, 6, 5, 7, OH, 4, 8, OH, 9, H, CCH3, 10, 11

$-HMnO_3^-$

Acetophenone

연습문제 6.11

(a)

$Br_2/FeBr_3$ → 1-Bromo-2-ethylbenzene + 1-Bromo-4-ethylbenzene

Br_2 가열 → (1-Bromoethyl)benzene

이유: $Br_2/FeBr_3$ 반응 조건은 이온 메커니즘 조건이고, Br_2/빛 조건은 라디칼 메커니즘 조건이므로 생성물이 다르다.

(b)

$KMnO_4$ → 반응 진행되지 않음

$KMnO_4$ → Benzoic acid

이유: *tert*−Butylbenzene은 벤질 자리 수소가 하나도 없으므로 이 조건에서 반응이 일어나지 않는다.

연습문제 6.12

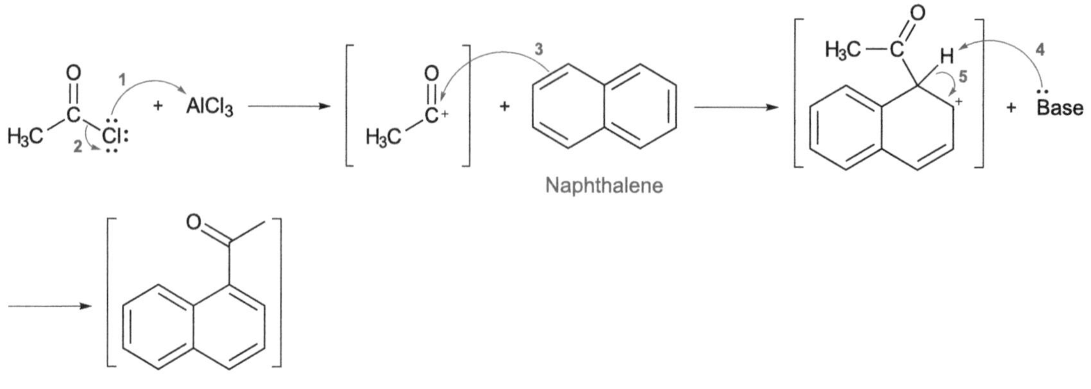

H3C–C(=O)–Cl: + AlCl3 → [H3C–C+=O] + Naphthalene → [intermediate] + Base → [1-Acetyl-naphthalene]

Naphthalene

1-Acetyl-
naphthalene

연습문제 6.13

2-탄소에 치환되면 방법 6.14에서 나타낸 것보다 더 불안정한 공명 구조가 생성되므로 반응이 일어나지 않는다. 즉, 그릴 수 있는 탄소 양이온 중간체의 공명 구조 수가 적다.

연습문제 6.14

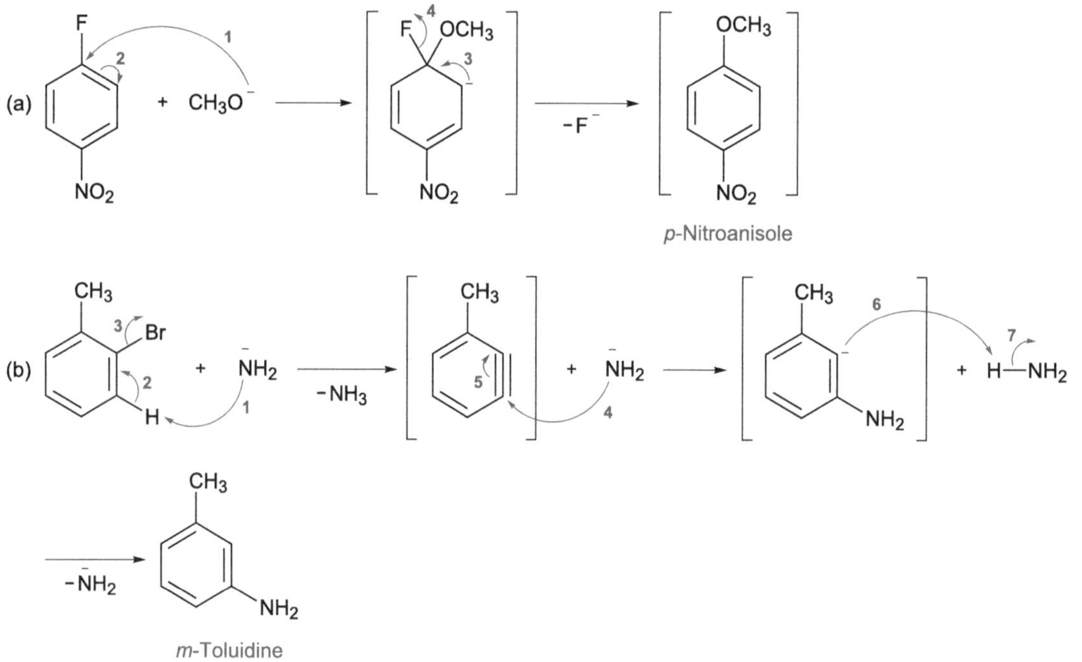

(a) F, NO_2 + CH_3O^- → [F, OCH_3, NO_2] $\xrightarrow{-F^-}$ [OCH_3, NO_2]

p-Nitroanisole

(b) CH_3, Br, H + $\bar{N}H_2$ $\xrightarrow{-NH_3}$ [CH_3] + $\bar{N}H_2$ → [CH_3, NH_2] + H–NH_2 $\xrightarrow{-\bar{N}H_2}$ CH_3, NH_2

m-Toluidine

연습문제 6.15

(a) 얻을 수 있다. 중간체가 벤자인이기 때문에 가능하다.

(b) *m*-Bromotoulene을 $NaNH_2/NH_3$로 반응하면 중간체로 methylbenzyne이 생성되고, $-NH_2$ 음이온은 2개 삼중 결합 탄소로 도입될 수 있다. 따라서 생성물은 *o*-methylaniline과 *m*-methylaniline의 생성이 가능하다.

7 카보닐 화합물 반응 메커니즘

연습문제 7.1

(a) H_3C-CHO + $(H-AlH_3)^- Li^+$ $\xrightarrow{-AlH_3}$ $[H_3C-CH_2-O^- Li^+]$ + $H-OH$ $\xrightarrow{-HO^-}$ $[H_3C-CH_2-OH]$

Ethanol

(b) PhH_2C-CHO + $(H-AlH_3)^- Li^+$ $\xrightarrow{-AlH_3}$ $[PhH_2C-CH_2-O^- Li^+]$ + $H-OH$ $\xrightarrow{-HO^-}$ $[PhH_2C-CH_2-OH]$

2-Pheylethanol

연습문제 7.2

(a) ^-OH + $H-C(=O)-CH_2CH_3$ ⟶ $[^-O-CH(OH)-CH_2CH_3]$ + H^+ ⟶ $[HO-CH(OH)-CH_2CH_3]$

Propane-1,1-diol

(b) (경로 1) ^-CN + $H_3C-C(=O)-CH_2CH_3$ + ^-CN (경로 2)

(경로 1) ⟶ $[NC-C(CH_3)(O^-)-CH_2CH_3]$ + H^+ ⟶ $[NC-C(CH_3)(OH)-CH_2CH_3]$

(*R*)-2-Hydroxy-2-methylbutanenitrile

(경로 2) ⟶ $[^-O-C(CH_3)(CN)-CH_2CH_3]$ + H^+ ⟶ $[HO-C(CH_3)(CN)-CH_2CH_3]$

(*S*)-2-Hydroxy-2-methylbutanenitrile

연습문제 7.3

(a) PhH_2C-CHO + $^-OCH_3$ ⟶ $[PhH_2C-CH(O^-)-OCH_3]$ + $H-OH$ $\xrightarrow{-HO^-}$ $[PhH_2C-CH(OH)-OCH_3]$

2-Phenylacetaldehyde

(*R*)-1-Methoxy-2-phenylethanol

$^-OCH_3$ + PhH_2C-CHO ⟶ $[H-C(O^-)(PhH_2C)-OCH_3]$ + $H-OH$ $\xrightarrow{-HO^-}$ $[H-C(OH)(PhH_2C)-OCH_3]$

(*S*)-1-Methoxy-2-phenylethanol

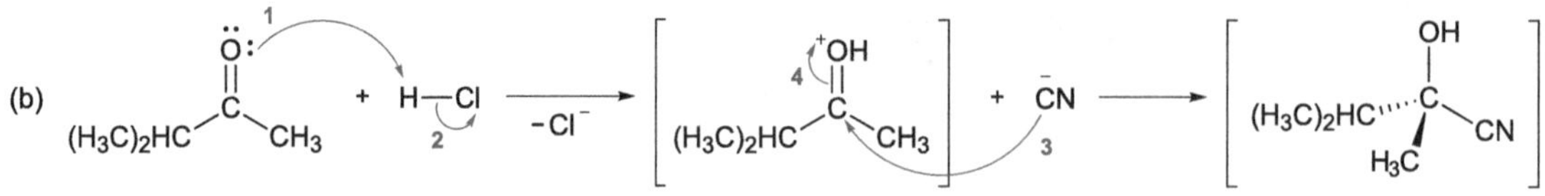

(b)

3-Methylbutan-2-one

(*S*)-2-Hydroxy-2,3-dimethylbutanenitrile

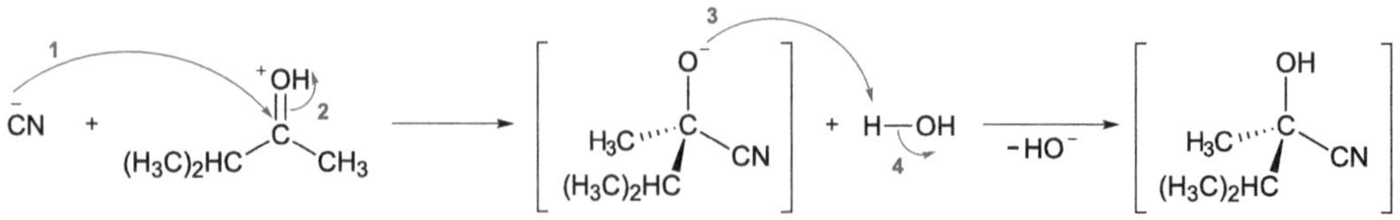

(*R*)-2-Hydroxy-2,3-dimethylbutanenitrile

연습문제 7.4

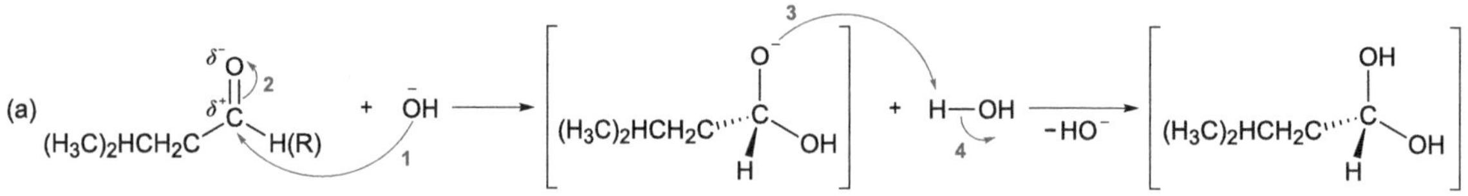

(a)

3-Methylbutanal

3-Methylbutane-1,1-diol

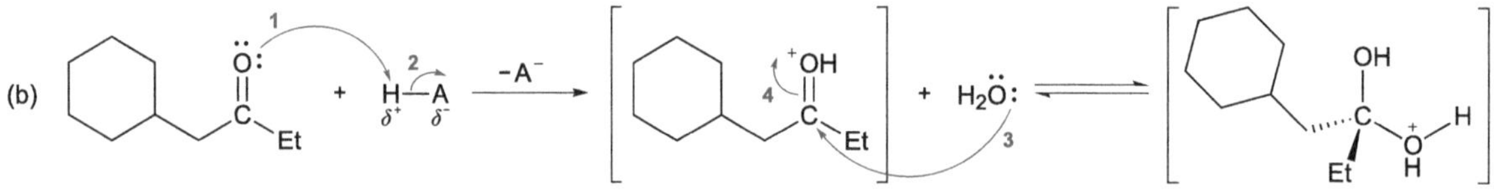

(b)

1-Cyclohexylbutan-2-one

(A)

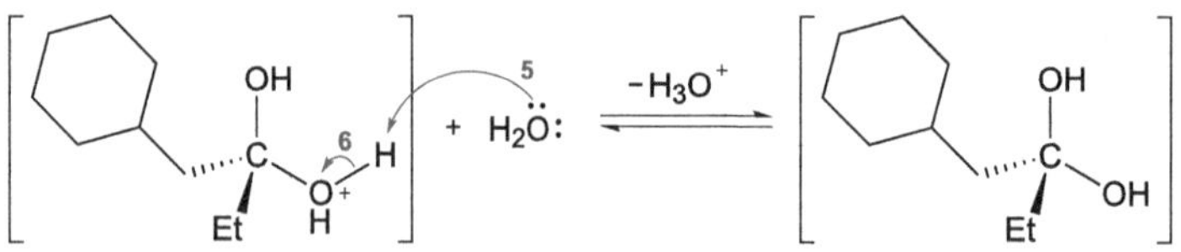

(A)

1-Cyclohexylbutane-2,2-diol

연습문제 7.5

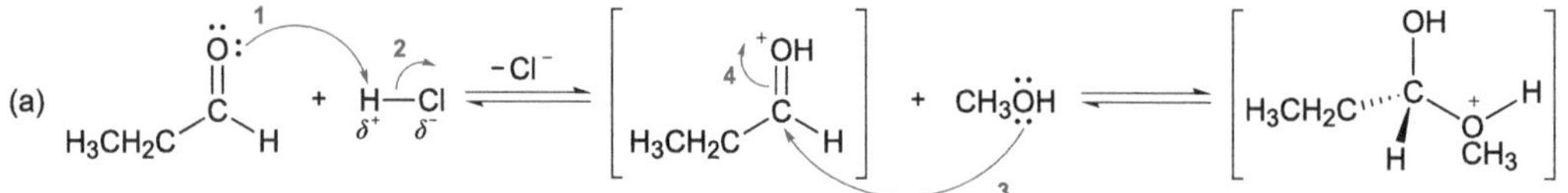

(a)

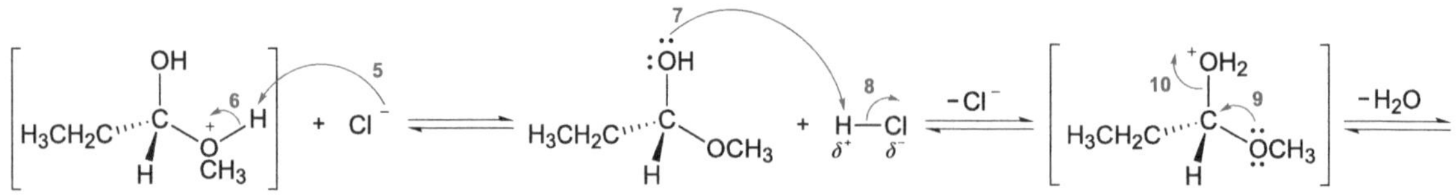

(A)

(A)

반-아세탈

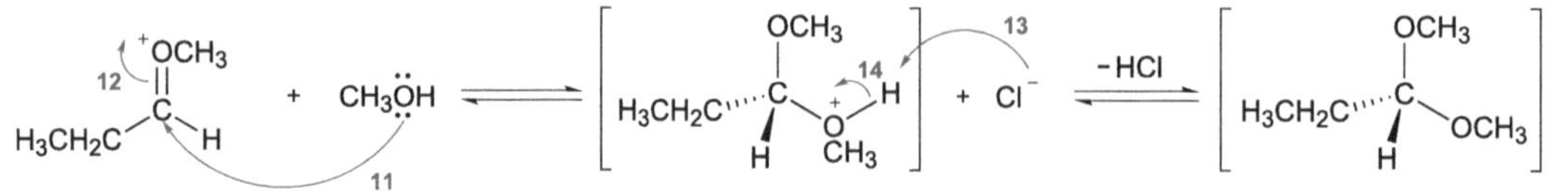

1,1-Dimethoxypropane

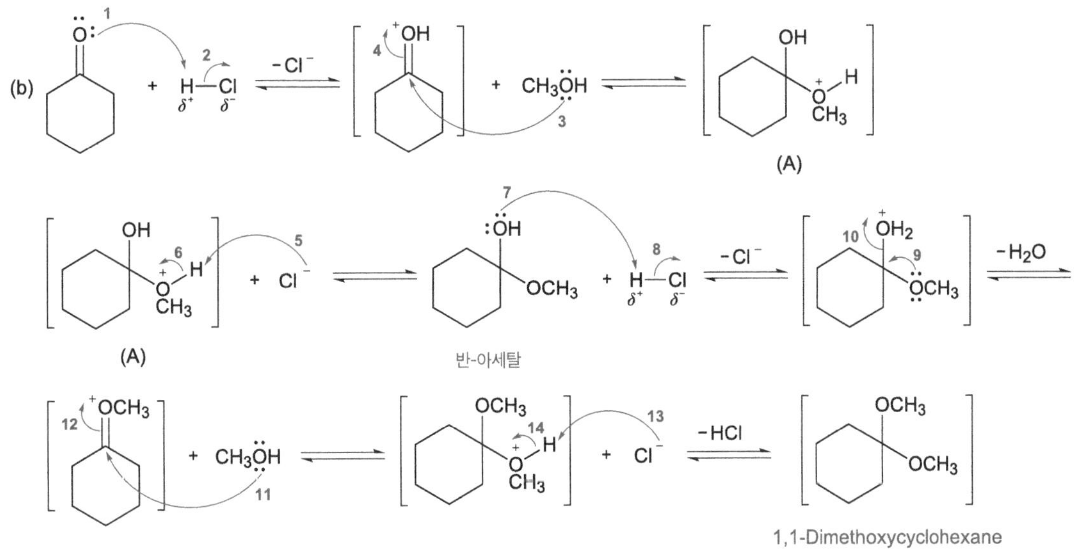

(b)

(A)

(A)

반-아세탈

1,1-Dimethoxycyclohexane

연습문제 7.6

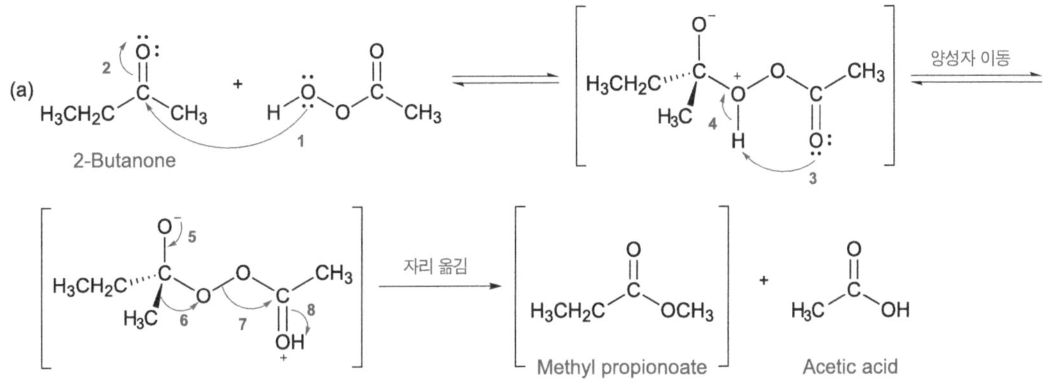

(a)

2-Butanone

양성자 이동

자리 옮김

Methyl propionoate

Acetic acid

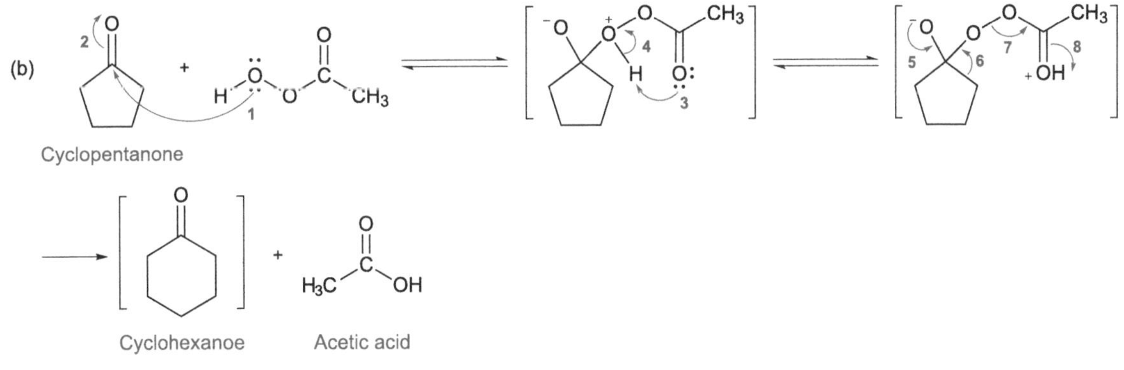

(b)

Cyclopentanone

Cyclohexanoe

Acetic acid

연습문제 7.7

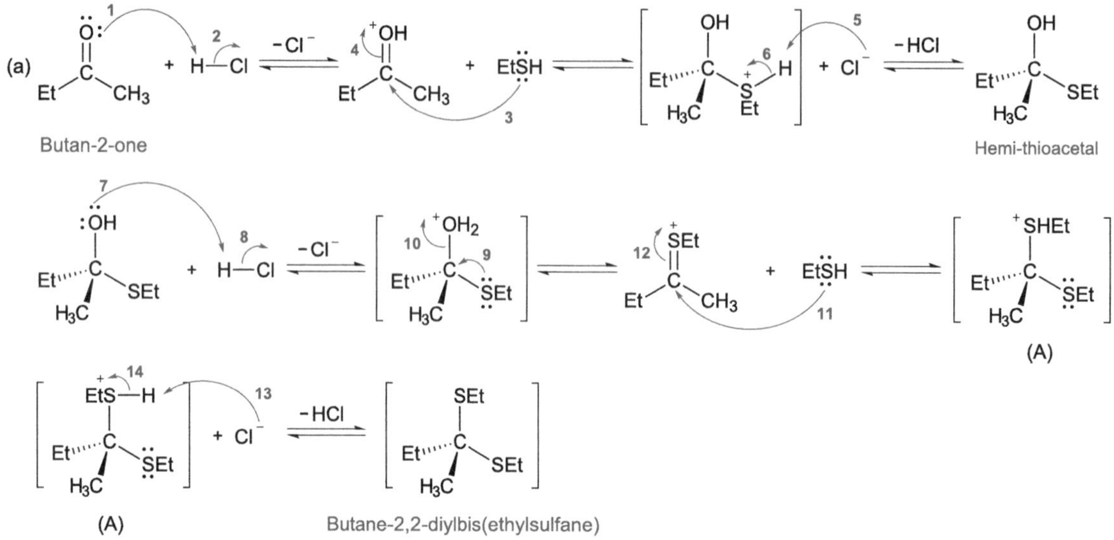

(a)

Butan-2-one

Hemi-thioacetal

(A)

(A)

Butane-2,2-diylbis(ethylsulfane)

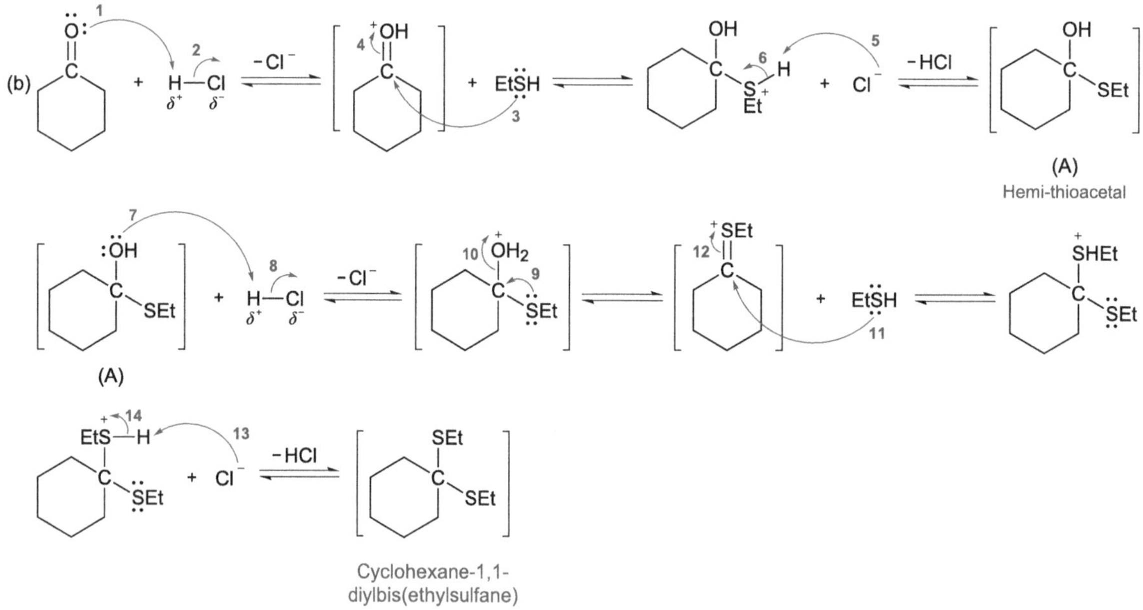

(b)

(A)

Hemi-thioacetal

(A)

Cyclohexane-1,1-diylbis(ethylsulfane)

연습문제 7.8

(a)

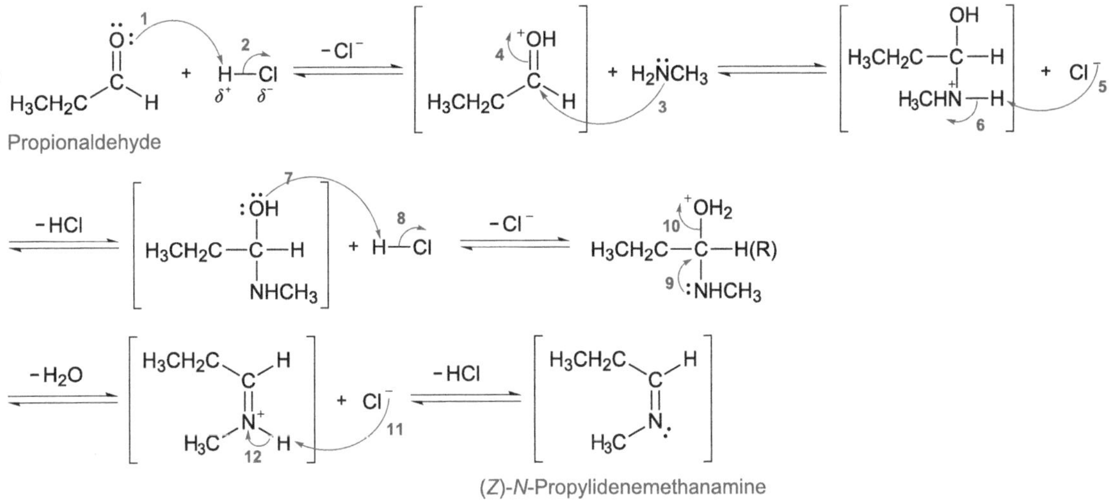

Propionaldehyde

(Z)-N-Propylidenemethanamine

(b)

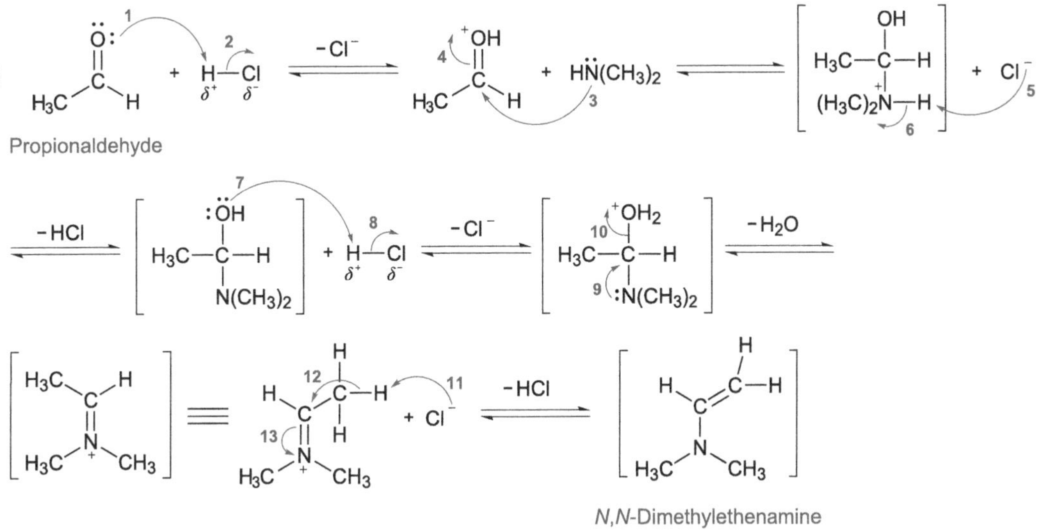

Propionaldehyde

N,N-Dimethylethenamine

연습문제 7.9

(a)

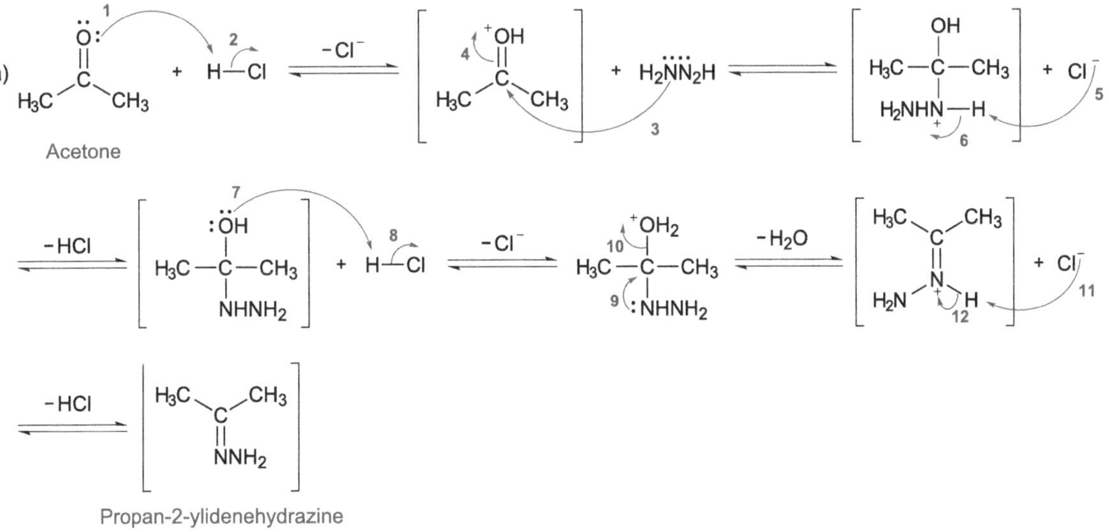

Acetone

Propan-2-ylidenehydrazine

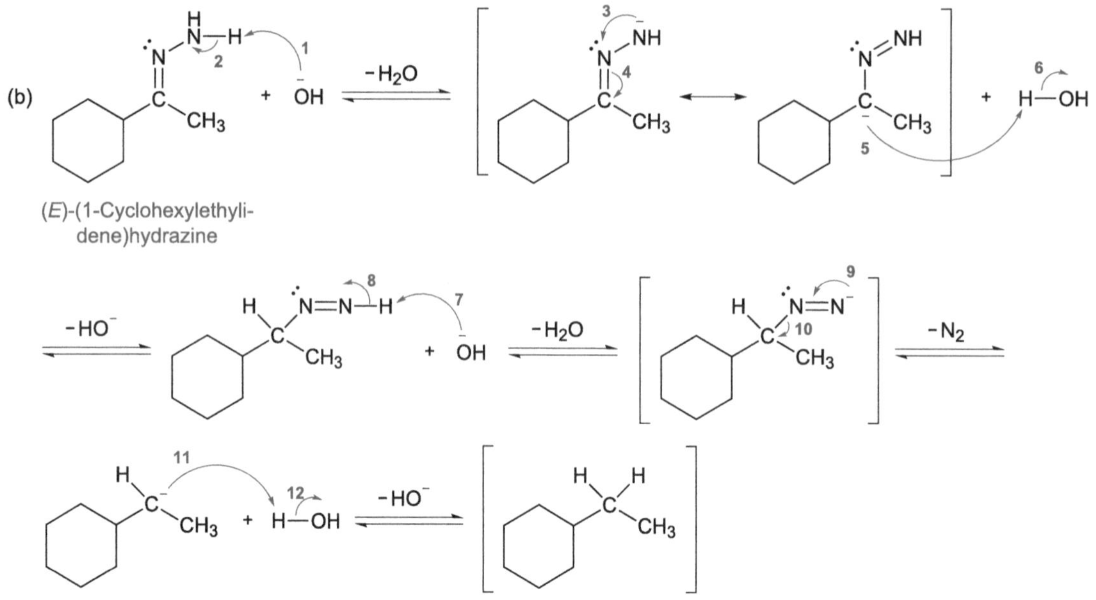

(b)

(*E*)-(1-Cyclohexylethylidene)hydrazine

Ethylcyclohexane

연습문제 7.10

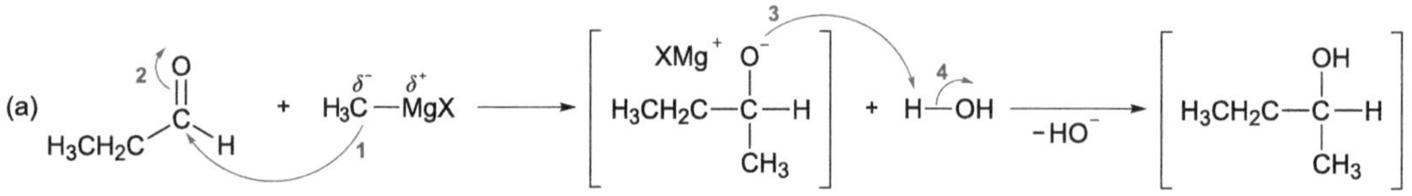

(a)

Propionaldehyde

2-Butanol

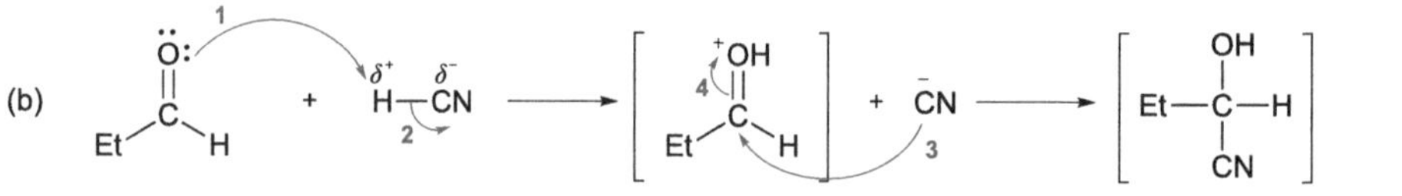

(b)

Propionaldehyde

(*S*)-2-Hydroxybutanenitrile

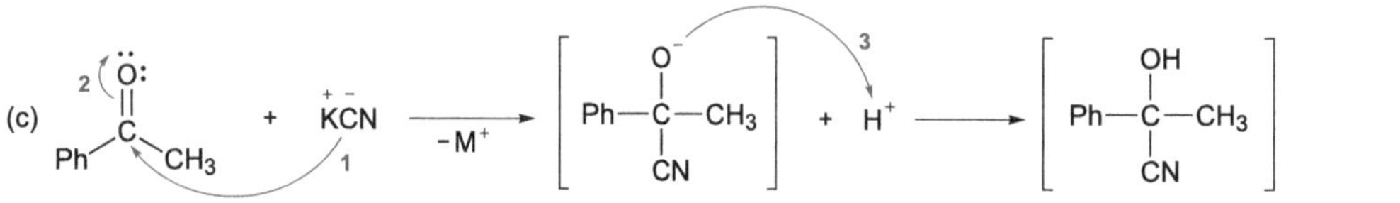

(c)

Acetophenone

(*S*)-2-Hydroxy-2-phenylpropanenitrile

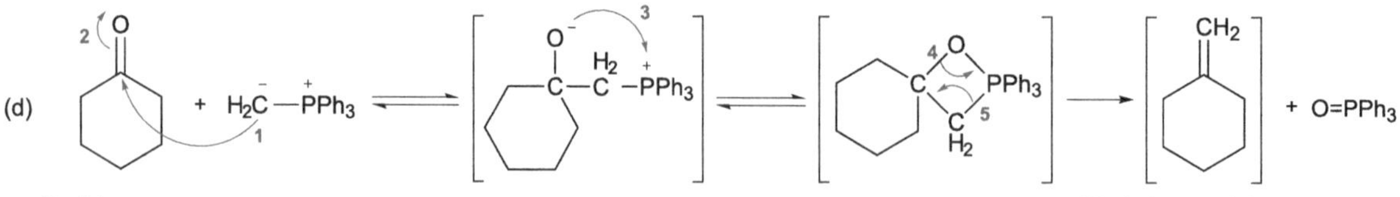

(d)

Cyclohexanone

Methylenecyclohexane

8 카복실산과 카복실산 유도체들의 반응 메커니즘

연습문제 8.1

(a)

$-H_2$, $-AlH_3$

$-H_2AlOLi$

$-AlH_3$

$-Li^+$, $-H_2O$

Ethanol

(b)

$-H_2$, $-AlH_3$

$-H_2AlOLi$

$-AlH_3$

$-Li^+$, $-H_2O$

Cyclopentylmethanol

연습문제 8.2

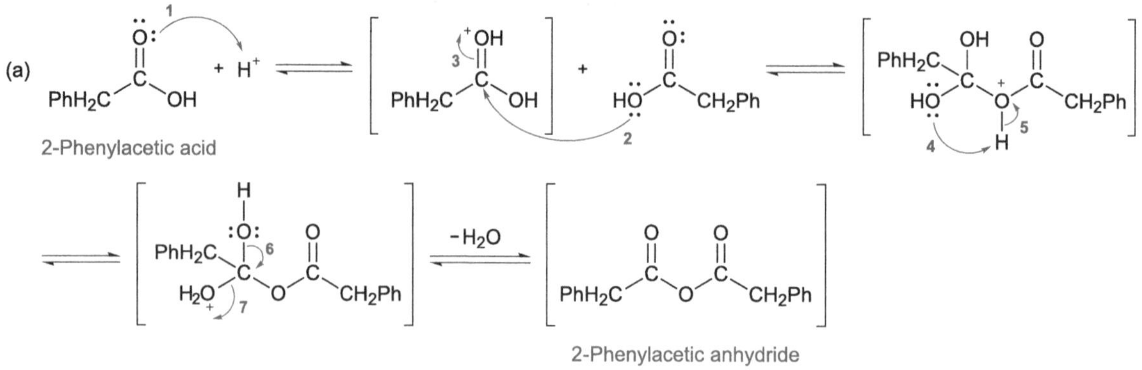

(a)

2-Phenylacetic acid

$-H_2O$

2-Phenylacetic anhydride

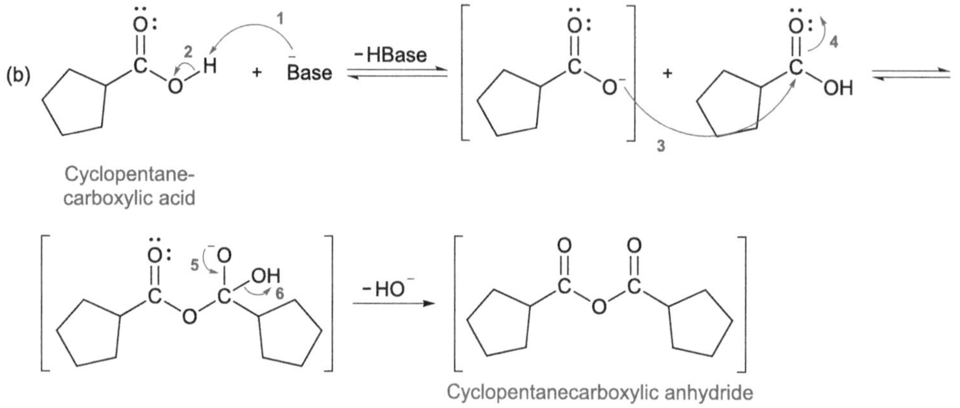

(b)

$-HBase$

Cyclopentane-carboxylic acid

$-HO^-$

Cyclopentanecarboxylic anhydride

연습문제 8.3

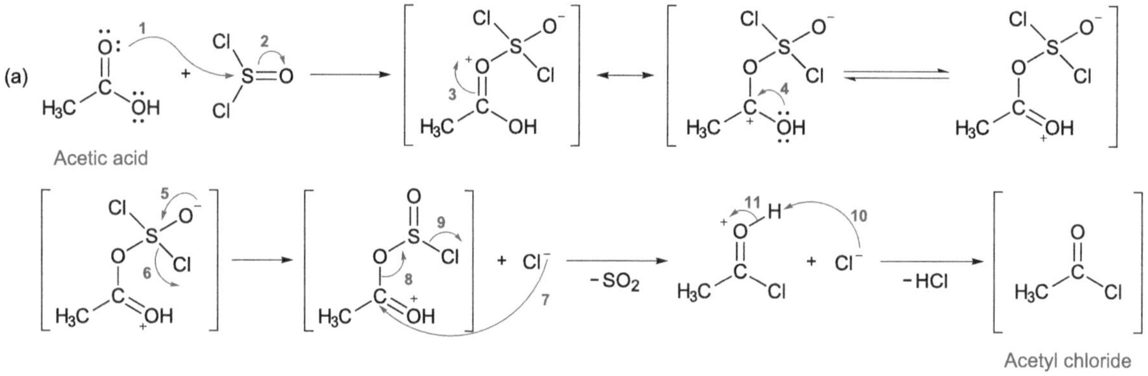

(a)

Acetic acid

$-SO_2$

$-HCl$

Acetyl chloride

(b)

Benzoic acid

$-SO_2$

$-HBr$

Benzoyl bromide

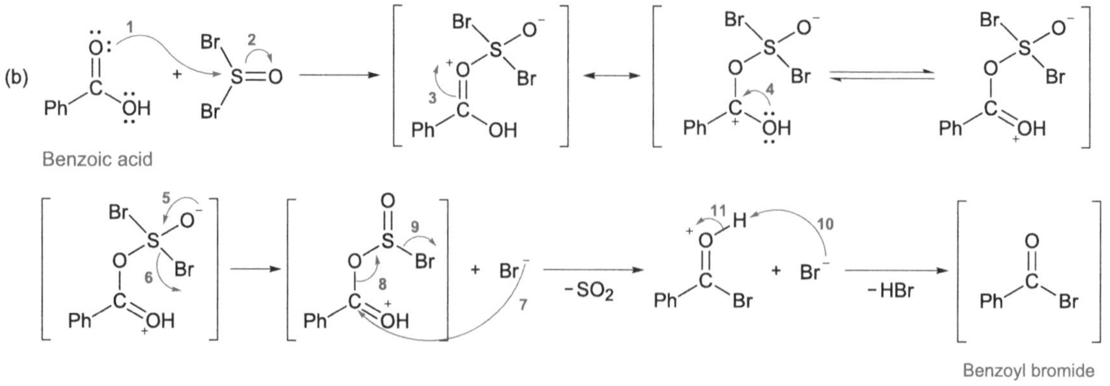

연습문제 8.4

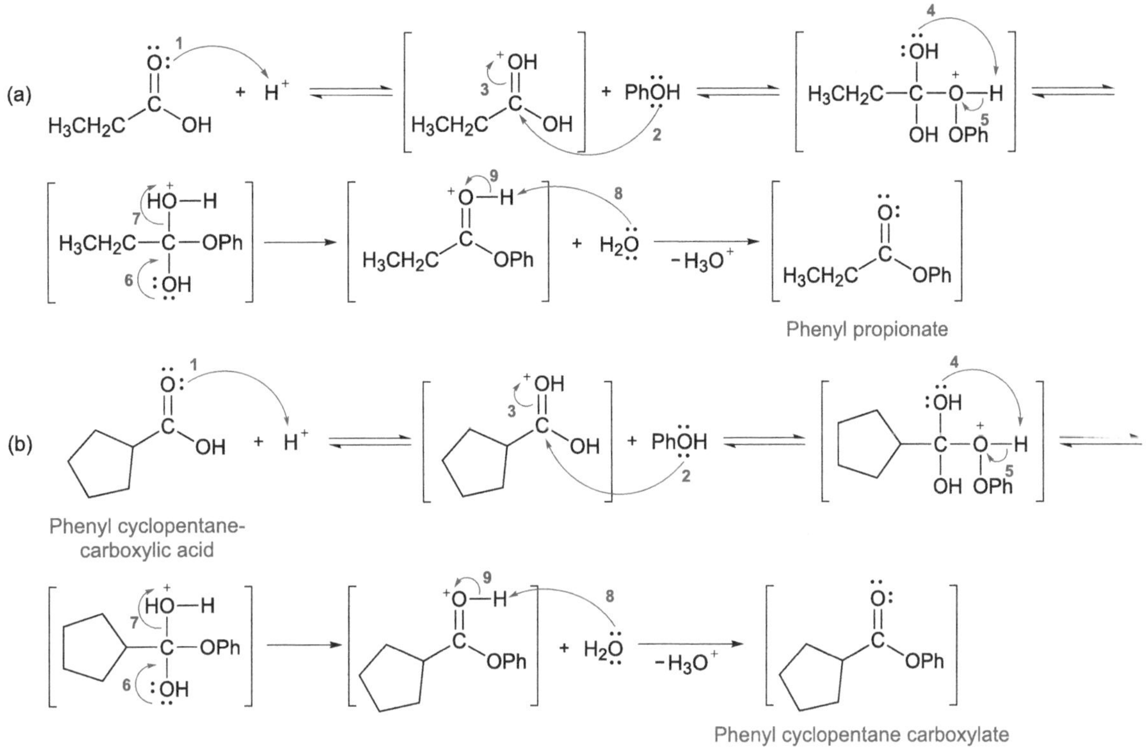

(a)

Phenyl propionate

(b)

Phenyl cyclopentane-carboxylic acid

Phenyl cyclopentane carboxylate

연습문제 8.5

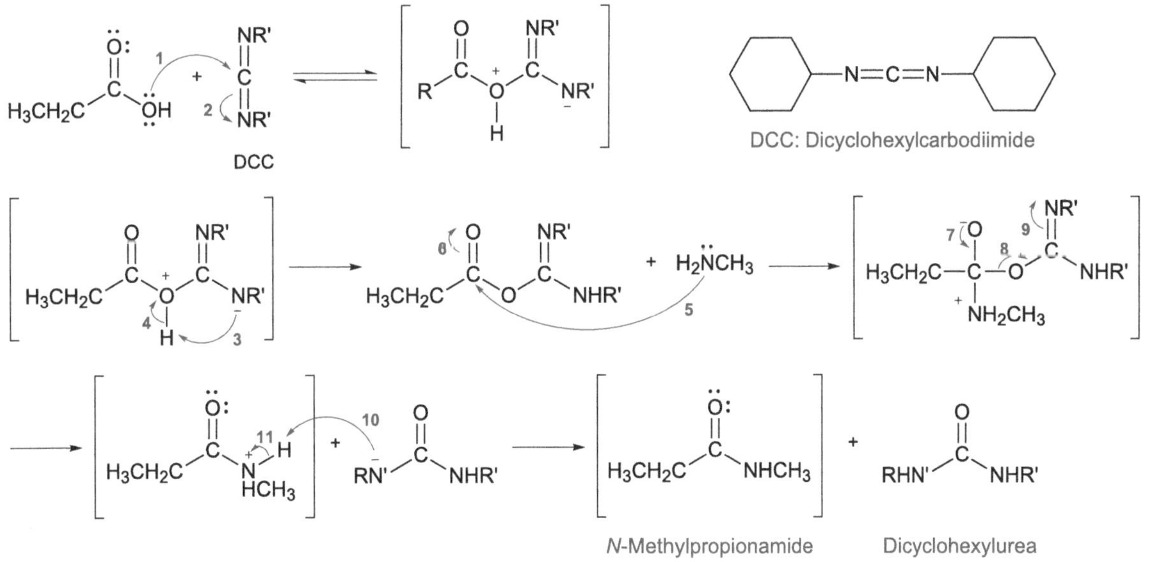

DCC

DCC: Dicyclohexylcarbodiimide

N-Methylpropionamide

Dicyclohexylurea

연습문제 8.6

$H_3C-C(=O)-Cl + H_2\ddot{O} \longrightarrow [H_3C-C(O^-)(Cl)-O^+H_2] \longrightarrow [H_3C-C(OH)(Cl)-OH] \xrightarrow{-Cl^-}$

$H_3C-C(=O^+H)-OH + Cl^- \xrightarrow{-HCl} [H_3C-C(=O)-OH]$

Acetic acid

연습문제 8.7

$H_3CH_2C-C(=O)-Cl + CH_3\ddot{N}H_2 \longrightarrow [H_3CH_2C-C(O^-)(Cl)-N^+H_2CH_3] \longrightarrow [H_3CH_2C-C(OH)(Cl)-NHCH_3] \longrightarrow$

Propionyl chloride

$H_3CH_2C-C(=O^+H)-NHCH_3 + Cl^- \xrightarrow{-HCl} [H_3CH_2C-C(=O)-NHCH_3]$

N-Methylpropionamide

연습문제 8.8

$H_3CH_2C-C(=O)-Br + {}^-O-C(=O)-CH_3 \longrightarrow [H_3CH_2C-C(O^-)(Br)-O-C(=O)-CH_3] \xrightarrow{-HBr} [H_3CH_2C-C(=O)-O-C(=O)-CH_3]$

Acetic propionic anhydride

연습문제 8.9

$PhH_2C-C(=O)-Cl + Li^+(H-AlH_2^--H) \xrightarrow{-Li^+/AlH_3} [PhH_2C-C(O^-)(H)-Cl] \xrightarrow{-Cl^-} [PhH_2C-C(=O)-H] + Li^+(H-AlH_2^--H)$

2-Phenylacetyl chloride

2-Phenylethanol

$\xrightarrow{-Li^+/AlH_3} [PhH_2C-C(O^-)(H)-H] + H-OH \xrightarrow{-HO^-} [PhH_2C-C(OH)(H)-H]$

2-Phenylacetaldehyde

연습문제 8.10

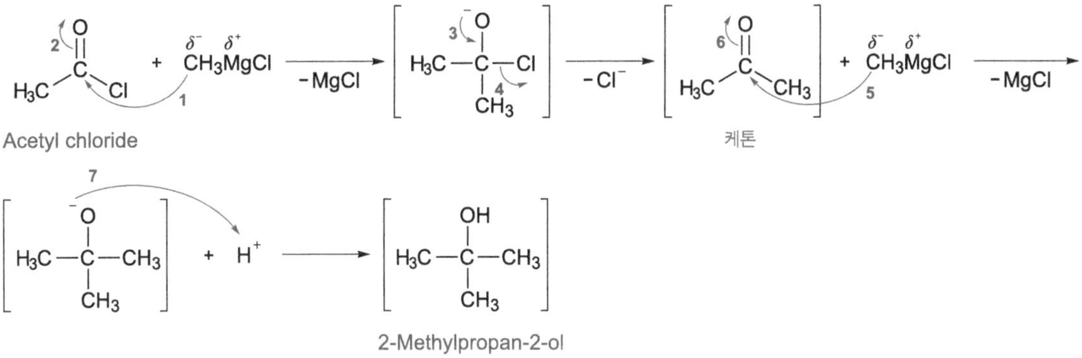

Acetyl chloride

케톤

2-Methylpropan-2-ol

연습문제 8.11

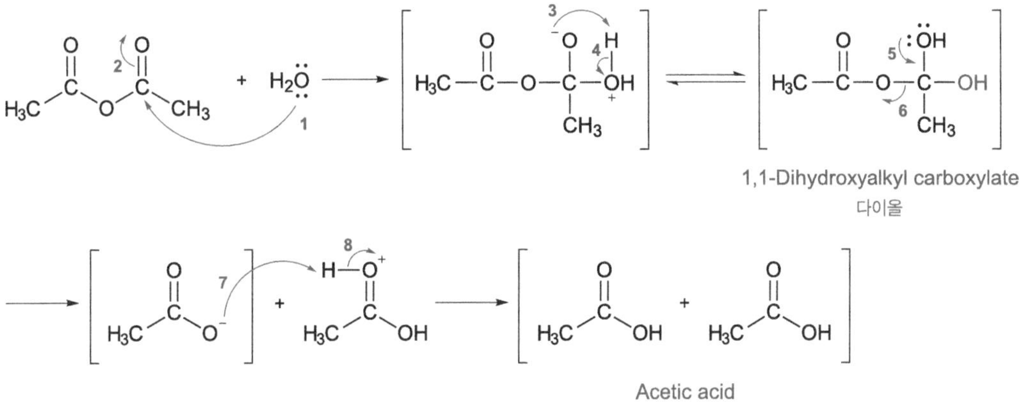

1,1-Dihydroxyalkyl carboxylate
다이올

Acetic acid

연습문제 8.12

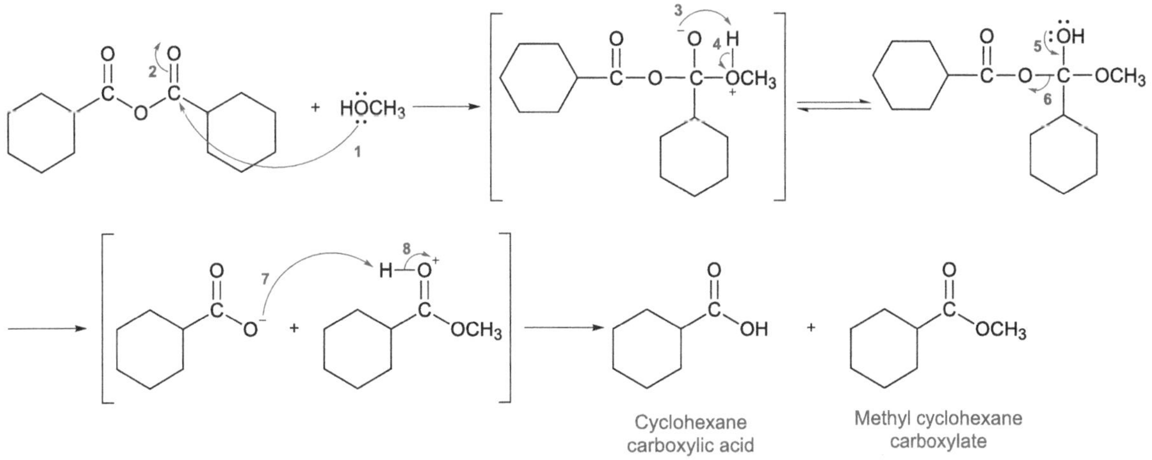

Cyclohexane carboxylic acid

Methyl cyclohexane carboxylate

연습문제 8.13

Ph–C(=O)–O–C(=O)–Ph + $H_2\ddot{N}CH_3$ ⟶ [Ph–C(=O)–O–C(O⁻)(Ph)–$\overset{+}{N}HCH_3$] ⇌ [Ph–C(=O)–O–C(:ÖH)(Ph)–$NHCH_3$]

⟶ Ph–C(=O)–O⁻ + $H–O^+$=C(Ph)–$NHCH_3$ ⟶ [Ph–C(=O)–OH + R–C(=O)–$NHCH_3$]

Benzoic acid *N*-Methyl benzoate

연습문제 8.14

H_3CH_2C–C(=O)–O–C(=O)–CH_2CH_3 + $\overset{\delta^-\,\delta^+}{H_3CMgCl}$ $\xrightarrow{-\overset{+}{M}gCl}$ [H_3CH_2C–C(=O)–O–C(O⁻)(CH_3)–CH_2CH_3] ⟶

[H_3CH_2C–C(=O)–O⁻] + [H_3CH_2C–C(=O)–CH_3] + $\overset{\delta^-\,\delta^+}{H_3CMgCl}$ $\xrightarrow{-\overset{+}{M}gCl}$ [H_3CH_2C–C(O⁻)(CH_3)–CH_3] $\xrightarrow{H^+}$ [H_3CH_2C–C(OH)(CH_3)–CH_3]

2-Methylbutan-2-ol

$\downarrow H^+$

H_3CH_2C–C(=O)–OH

Propionic acid

연습문제 8.15

(a) PhH_2C–C(=Ö:)–OEt + H–Cl $\underset{}{\overset{-Cl^-}{\rightleftharpoons}}$ [PhH_2C–C(=$\overset{+}{O}H$)–OEt] + $H_2\ddot{O}$: ⇌ [PhH_2C–C(OH)(:ÖEt)–$\overset{+}{O}H_2$] ⇌

Ethyl 2-phenylacetate

[PhH_2C–C(:ÖH)(O–H)–$\overset{+}{O}$(Et)–H] $\underset{}{\overset{-EtOH}{\rightleftharpoons}}$ PhH_2C–C(=$\overset{+}{O}$–H)–OH + Cl^- $\xrightarrow{-HCl}$ [PhH_2C–C(=O)–OH]

2-Phenylacetic acid

(b) Cyclohexyl–CH_2–C(=O)–OMe + ⁻OH ⇌ [Cyclohexyl–CH_2–C(O⁻)(OH)–OMe] ⇌ [Cyclohexyl–CH_2–C(=O)–O–H] + ⁻OMe

Methyl 2-Cyclohexylacetate

⇌ [Cyclohexyl–CH_2–C(=O)–O⁻] + HOMe

2-Cyclohexylacetate

연습문제 8.16

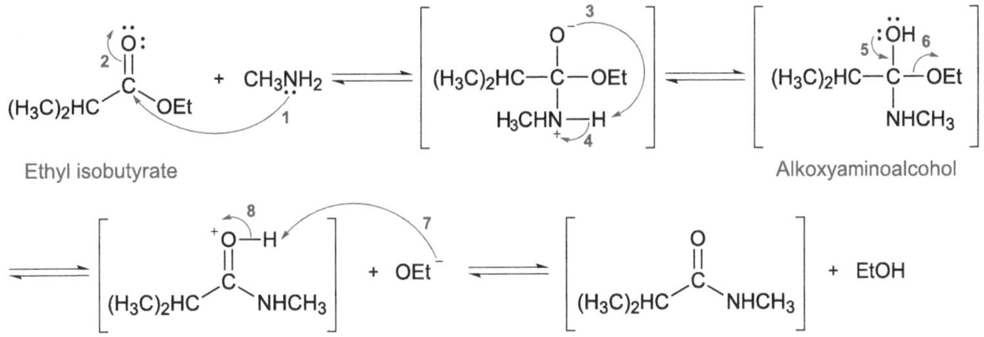

Ethyl isobutyrate

Alkoxyaminoalcohol

N-Methylisobutyramide

연습문제 8.17

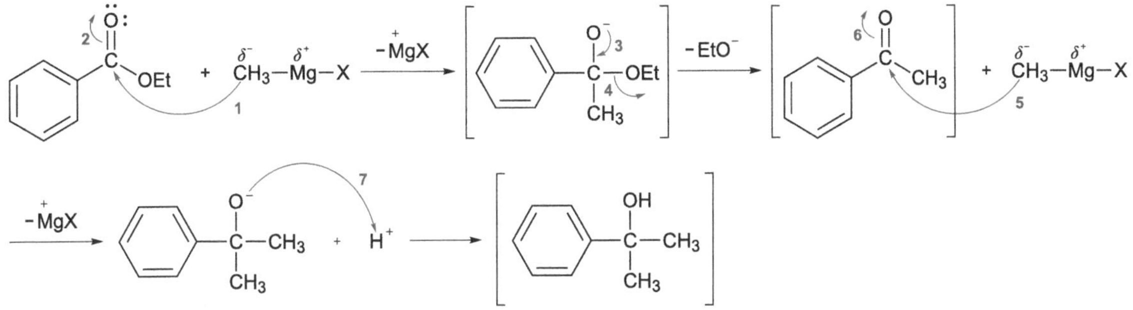

2-Phenylpropan-2-ol

연습문제 8.18

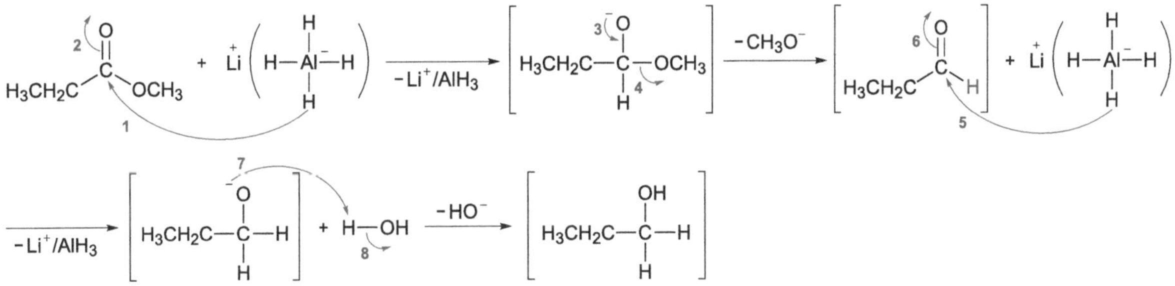

Propan-1-ol

연습문제 8.19

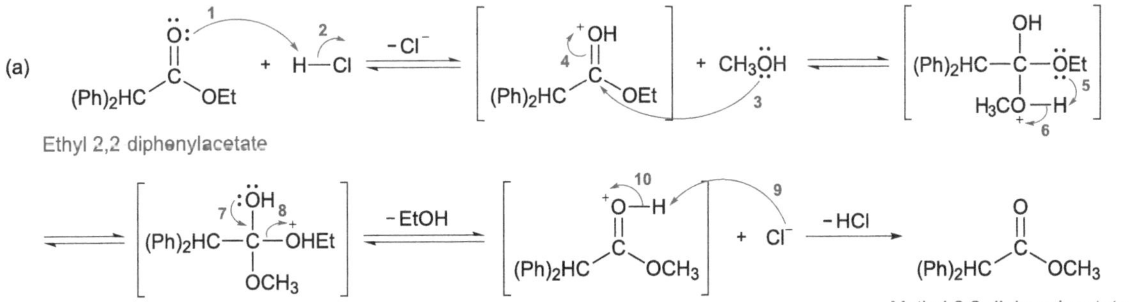

(a)

Ethyl 2,2 diphenylacetate

Methyl 2,2-diphenylacetate

(b) Ethyl propionate + ^{-}OPh ⇌ [$H_3CH_2C-C(O^-)(OPh)-OEt$] ⇌ ($-EtO^-$) [$H_3CH_2C-C(=O)-OPh$]

Ethyl propionate

Phenyl propionate

연습문제 8.20

2-Phenylacetamide + ^{-}OH ⇌ [$PhH_2C-C(O^-)(OH)-NH_2$] ⇌ [$PhH_2C-C(=O)-O-H$] + $^{-}NH_2$

⇌ [$PhH_2C-C(=O)-O^-$] + NH_3

2-Phenylacetamide

2-Phenylacetate

연습문제 8.21

(a) Acetamide + Li^+ $(H-Al^--H)$ → ($-Li^+$) [$H_3C-C(O^--AlH_3)(H)-NH_2$] → ($-AlH_3O^-$) [$H_3C-CH=NH_2^+$] + Li^+ $(H-Al^--H)$

→ ($-Li^+/AlH_3$) [$H_3C-CH(NH_2)-H$]

Acetamide

Ethylamine

(b) 2-Phenylacetamide + ^{-}OH ⇌ ($-H_2O$) [$PhH_2C-C(=O)-N^--H$] + $:Cl-Cl:$ → ($-Cl^-$) [$PhH_2C-C(=O)-N(Cl)-H$] + ^{-}OH

2-Phenylacetamide

⇌ ($-H_2O$) $PhH_2C-C(=O)-N^--Cl$ → (자리 옮김) [$PhH_2C-N=C=O$] + H_2O → [$PhH_2C-N^--C(=O)-O^+(H)-H$]

→ [$PhH_2C-NH-C(=O)-O-H$] → ($-CO_2$) [$PhCH_2NH_2$]

Phenylmethanamine

연습문제 8.22

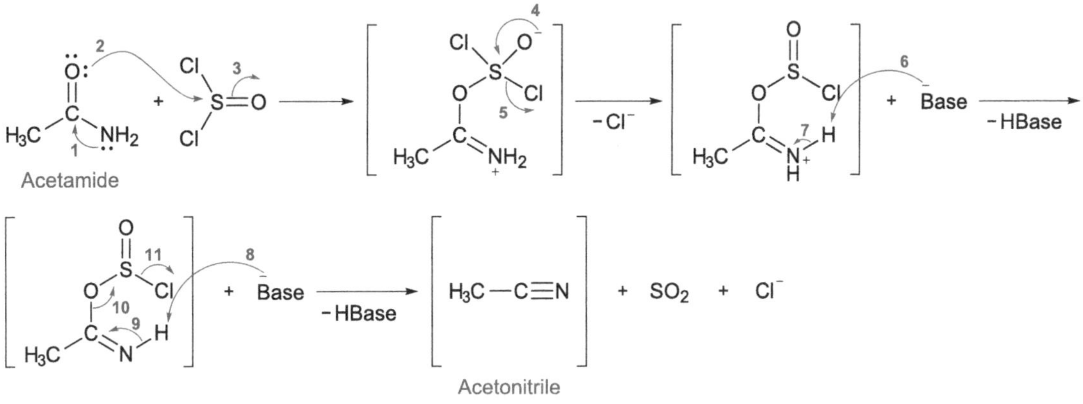

Acetamide

$-Cl^-$

$-HBase$

Acetonitrile

$H_3C-C\equiv N$ + SO_2 + Cl^-

연습문제 8.23

(a)

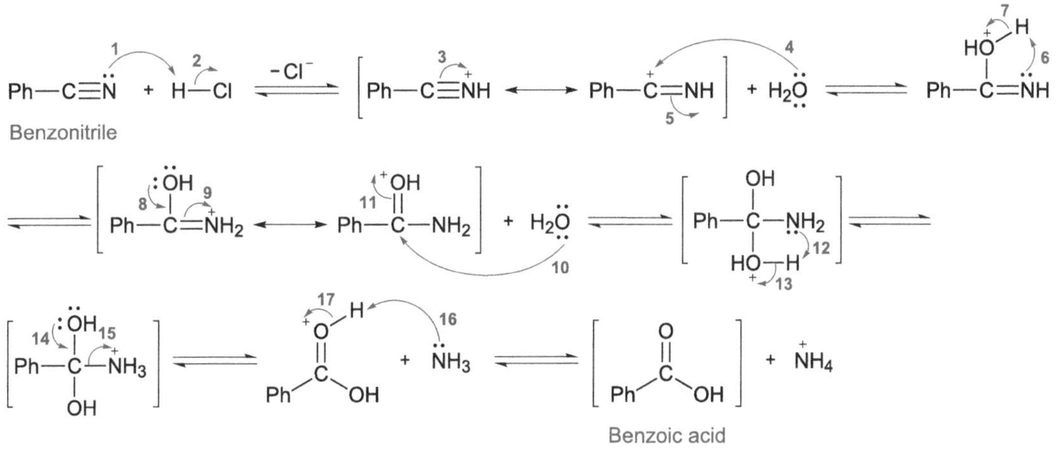

Benzonitrile

Benzoic acid

(b)

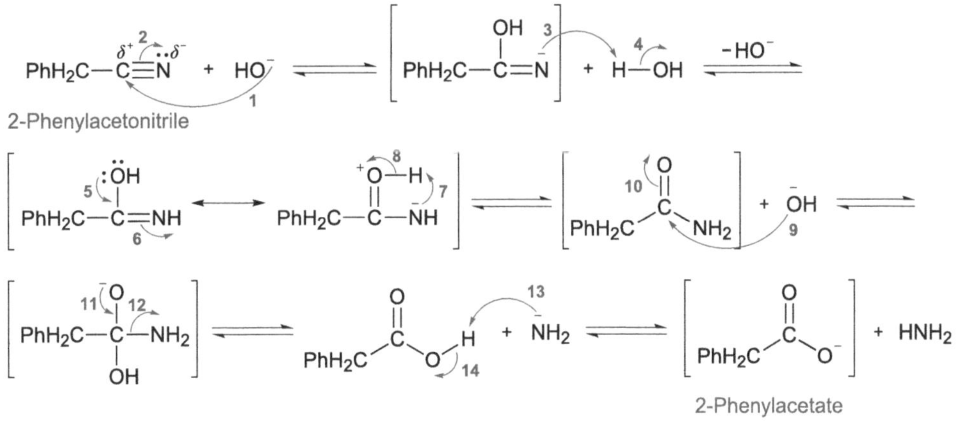

2-Phenylacetonitrile

2-Phenylacetate

연습문제 8.24

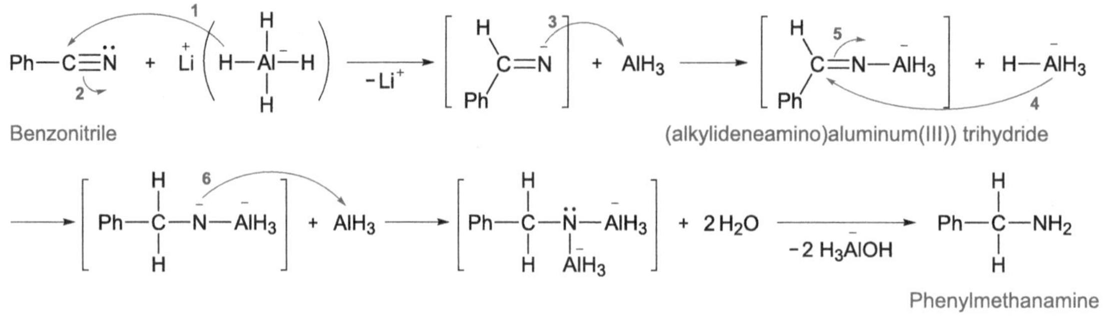

Benzonitrile

(alkylideneamino)aluminum(III)) trihydride

Phenylmethanamine

연습문제 8.25

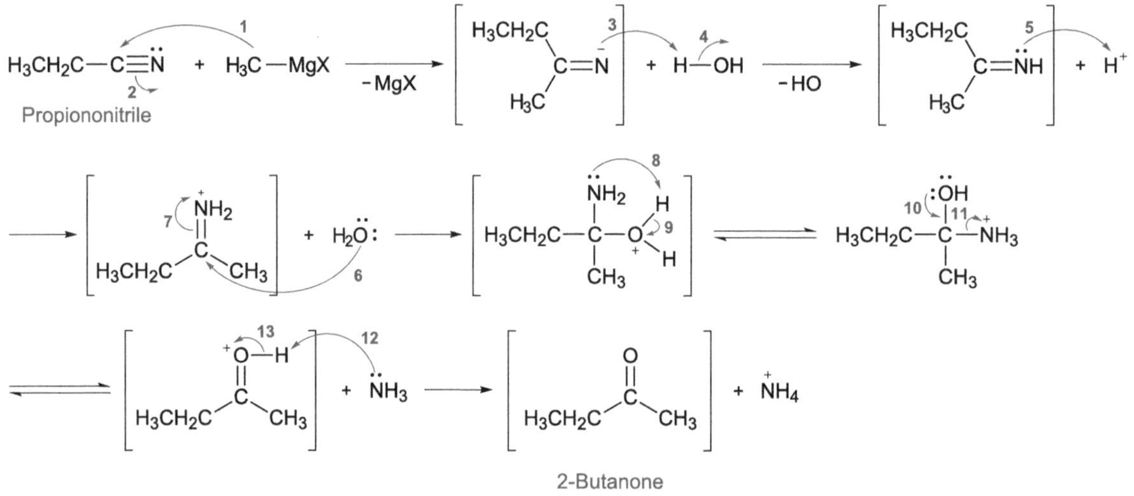

Propiononitrile

2-Butanone

9 카보닐 화합물의 α-탄소 반응 메커니즘

연습문제 9.1

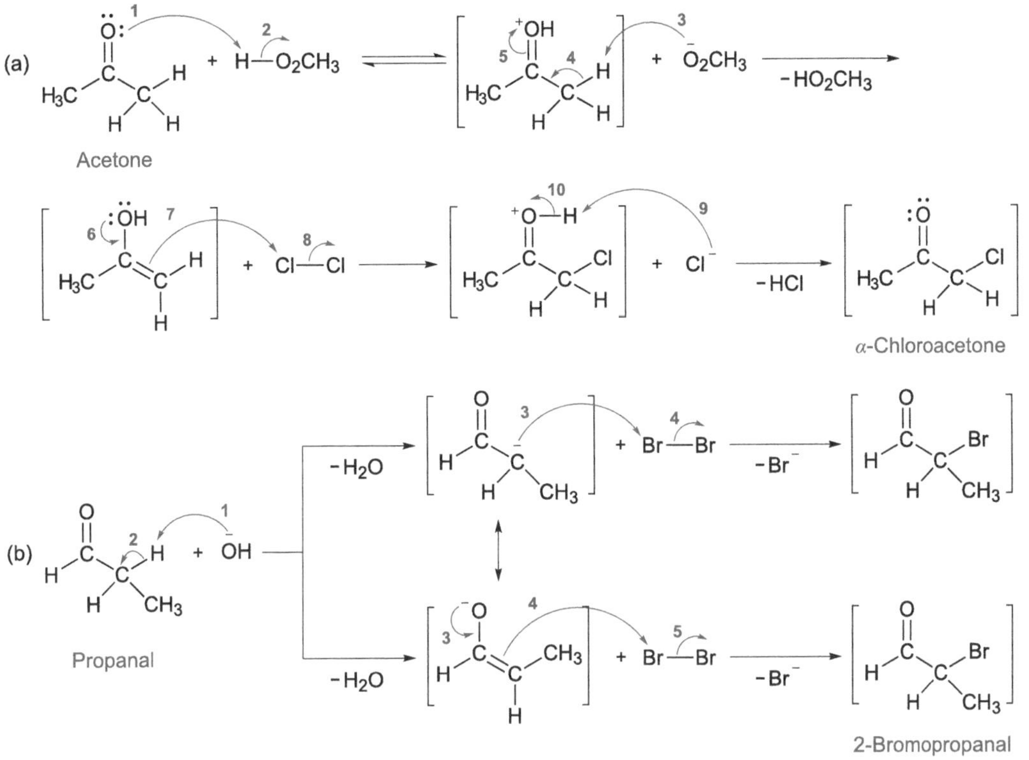

(a)

Acetone

α-Chloroacetone

(b)

Propanal

2-Bromopropanal

연습문제 9.2

Propanoic acid

α-Chloropropanoic acid

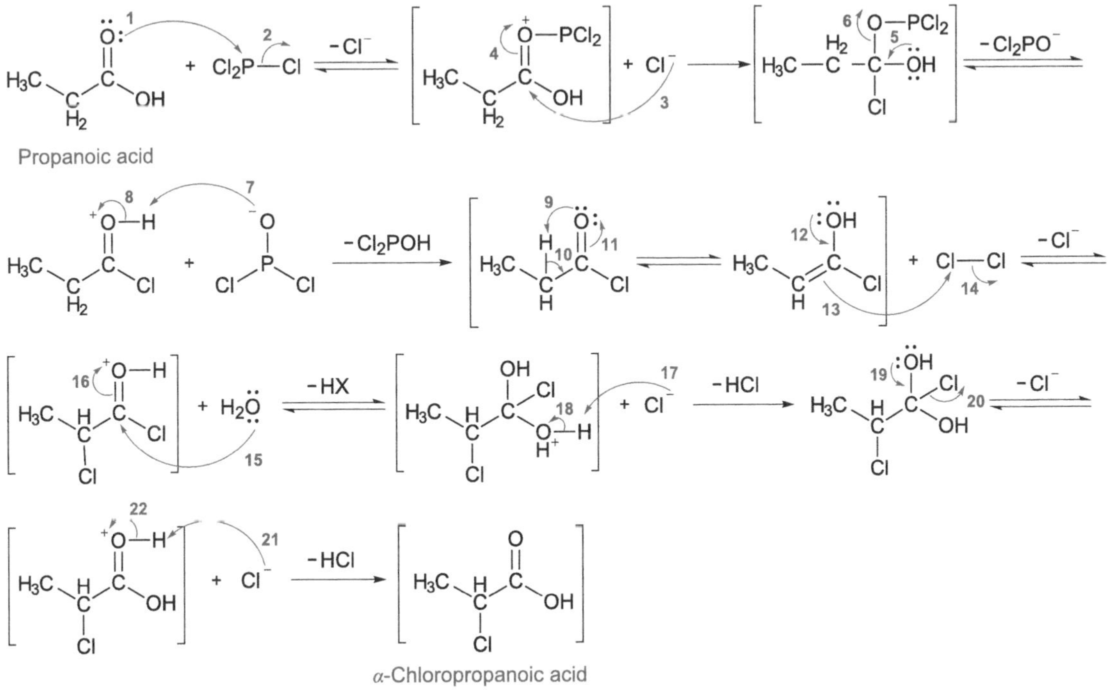

연습문제 9.3

1-Cyclohexyl-2-methyl-propan-1-one

$+ \ ((i\text{-}Pr)_2N^-)Li^+ \xrightarrow{-HN(i\text{-}Pr)_2/Li^+}$

$+ \ H_3C{-}Br \xrightarrow{-Br^-}$

1-Cyclohexyl-2,2-dimethyl-propan-1-one

연습문제 9.4

(a) Diethyl maolonate $+ \ ^-OEt \xrightarrow{-EtOH}$ $+ \ H_3C{-}Br \xrightarrow{-Br^-}$

$+ \ H^+ \longrightarrow$ $+ \ H_2\ddot{O}: \longrightarrow$ $\xrightarrow{-H^+}$

$\xrightarrow{-H^+}$ $\xrightarrow{-EtO^-}$ $+ \ EtO^- \xrightarrow{-EtOH}$

3-Ethoxy-2-methyl-3-oxopropanoic acid

(b) Ethyl acetoacetate $+ \ ^-OEt \xrightarrow{-EtOH}$ $+ \ H_3C{-}Cl \xrightarrow{-Cl^-}$

$+ \ H^+ \longrightarrow$ $+ \ H_2\ddot{O}: \longrightarrow$

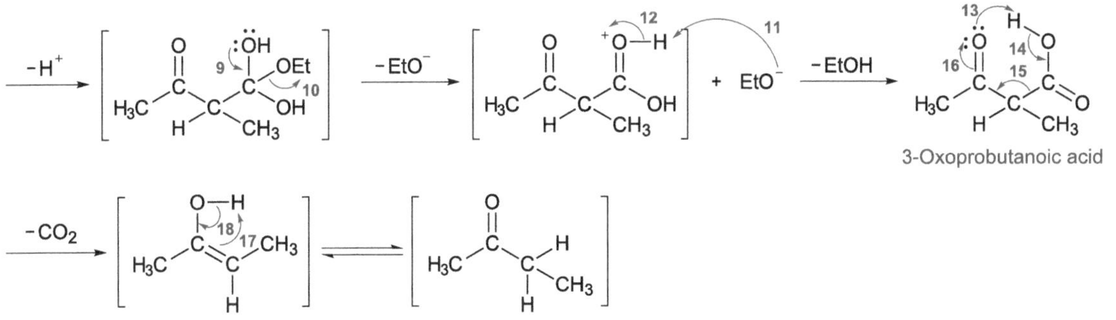

연습문제 9.5

(a)

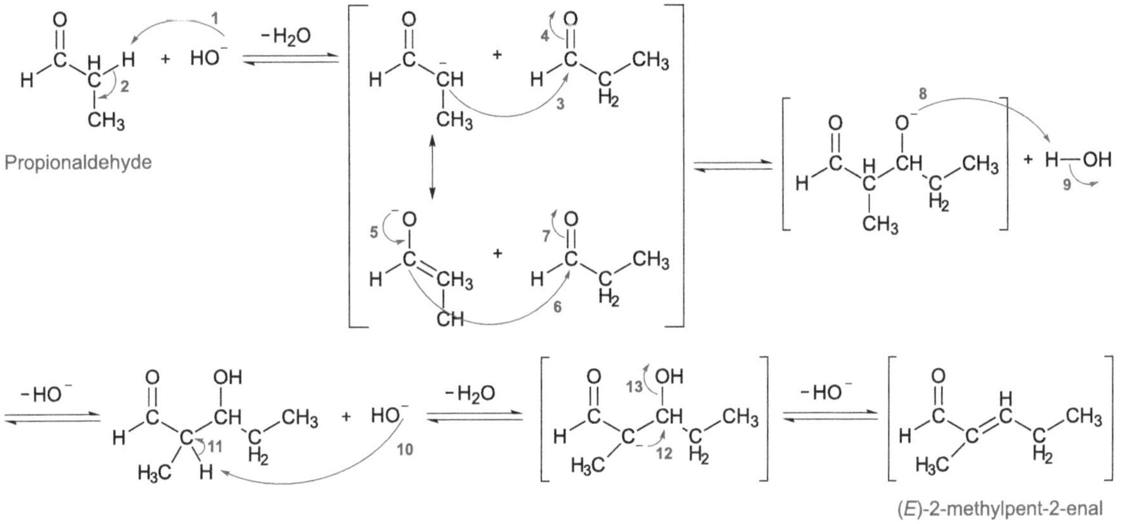

Propionaldehyde

(E)-2-methylpent-2-enal

(b)

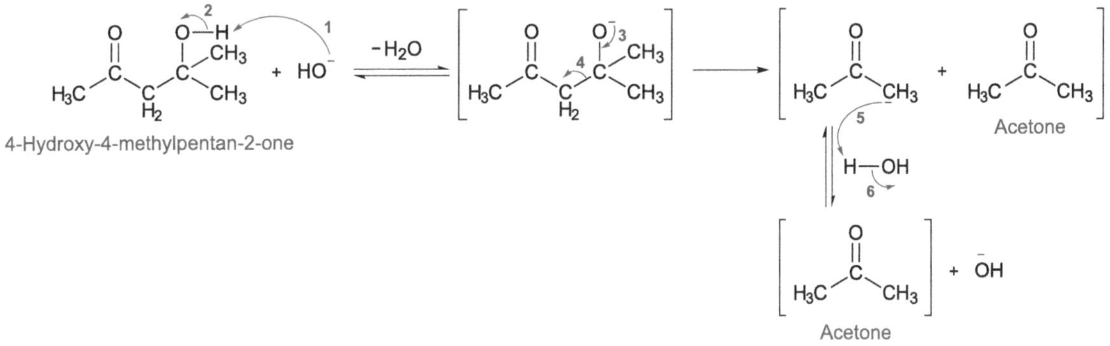

4-Hydroxy-4-methylpentan-2-one

Acetone

Acetone

연습문제 9.6

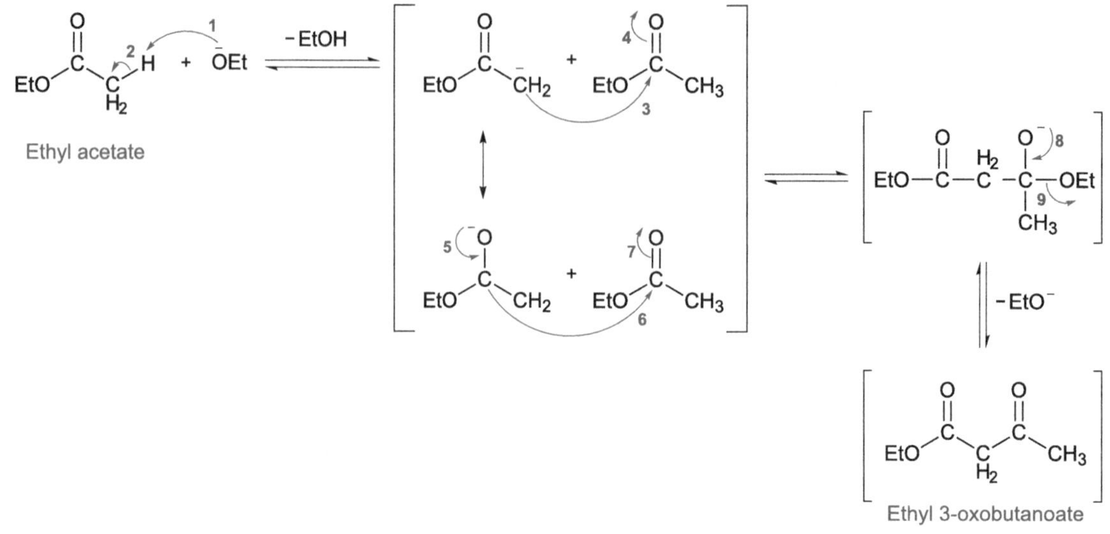

Ethyl acetate

Ethyl 3-oxobutanoate

연습문제 9.7

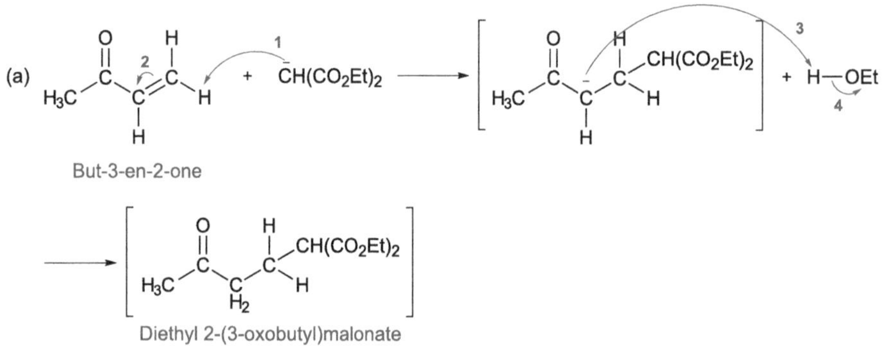

(a)

But-3-en-2-one

Diethyl 2-(3-oxobutyl)malonate

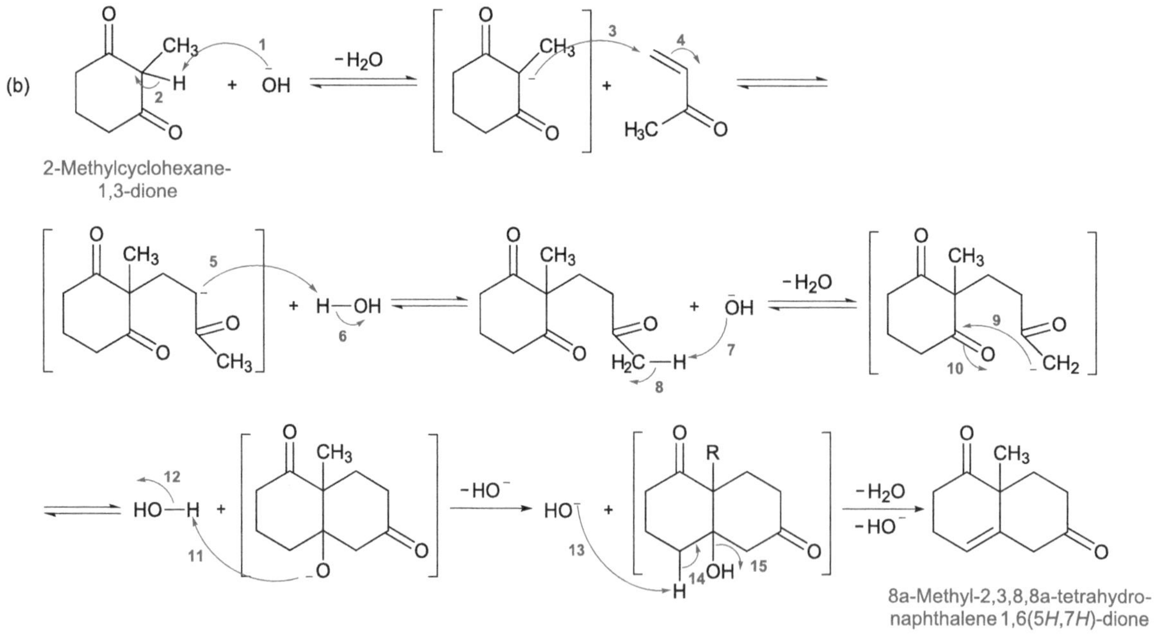

(b)

2-Methylcyclohexane-1,3-dione

8a-Methyl-2,3,8,8a-tetrahydronaphthalene 1,6(5*H*,7*H*)-dione

연습문제 9.8

α-탄소

(a) $H_3C-CH_2-C(=O)-CH_3$ + $O=C(CH_3)-CH_2-CH_3$ ⟶ $O=C(CH_3)-C(CH_3)=C(CH_3)-CH_2-CH_3$

(*E*)-3,4-Dimethylhex-3-en-2-one

(b) $H_3CH_2C-C(=O)-CH_2-CH_3$ + $O=C(CH_2CH_3)-CH_2-CH_3$ ⟶ $H_3CH_2C-C(=O)-C(CH_3)=C(CH_2CH_3)-CH_2-CH_3$

연습문제 10.1

β-D-Glucopyranose

(2S,3R,4S,5S,6R)-2-Ethoxy-6-(hydroxymethyl) tetrahydro-2H-pyran-3,4,5-triol

(2R,3R,4S,5S,6R)-2-Ethoxy-6-(hydroxymethyl) tetrahydro-2H-pyran-3,4,5-triol

연습문제 10.2

(2R,3R,4S,5R,6R)-2-(Acetoxymethyl)-6-ethoxytetrahydro-2H-pyran-3,4,5-triyl triacetate

연습문제 10.3

$-HOCH_3$

위쪽에서 반응

$-H_3O^+$

아래쪽에서 반응

$-H_3O^+$

연습문제 10.4

(a) 글라이신의 pI= 6.06 (b) Lysine은 염기성 아미노산이며, 두 $-^+NH_3$의 pK_a 값은 8.95와 10.53이다. 따라서 pI = (8.95 + 10.53) / 2 = 9.74이다.

(c) pI = (4.07 + 2.10) / 2 = 3.08 (d) pI = (9.18 + 6.10) / 2 = 7.64.

연습문제 10.5

pH = 10

Alanine

쯔비터 이온
pI = 6.11

pH = 10은 염기성 조건이다

연습문제 10.6

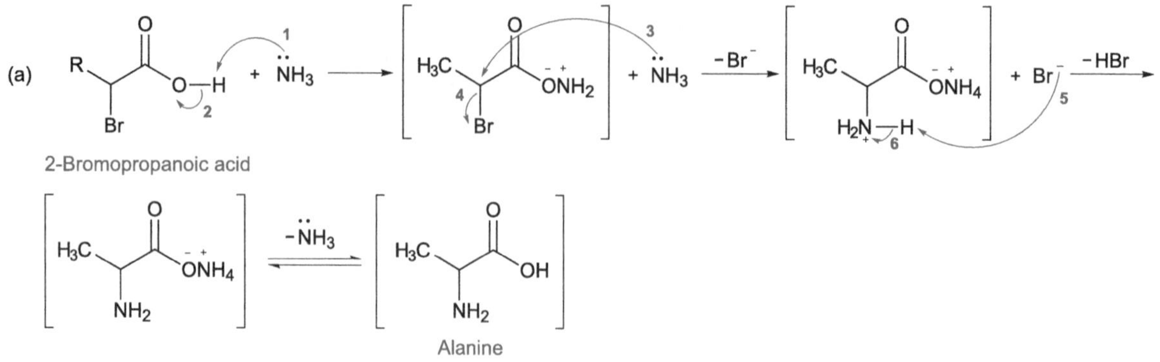

(a)

2-Bromopropanoic acid

Alanine

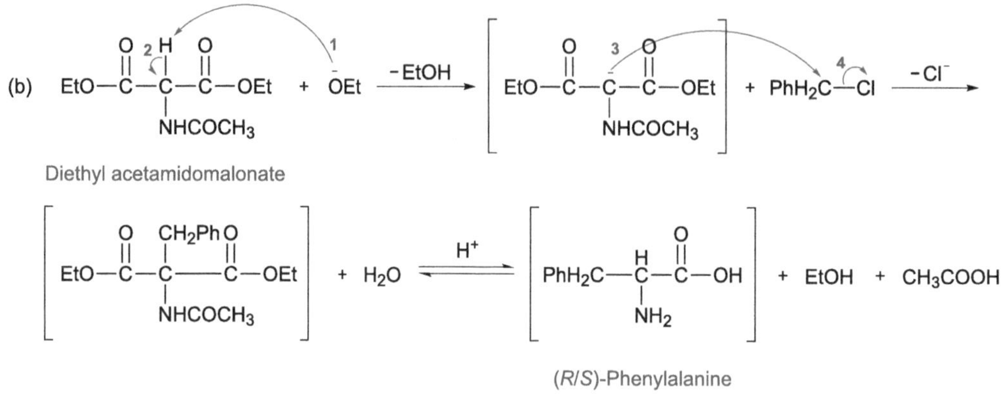

(b)

Diethyl acetamidomalonate

(*R*/*S*)-Phenylalanine

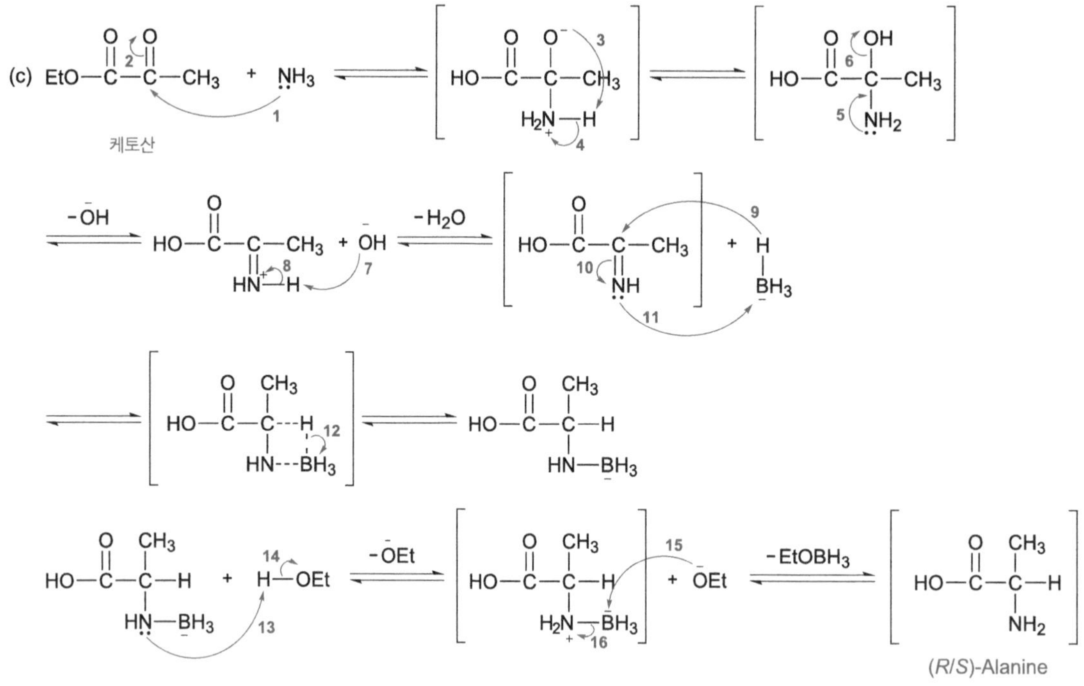

(c)

케토산

(*R*/*S*)-Alanine

연습문제 10.7

Potassium phthalimide

Diethyl α-Halomalonate

-KCl

-EtOH

$-Cl^-$

$-2H^+$

$-2EtO^-$

$-2H^+$

$-CO_2$

가열

Phthalazin-1,4-dione

Alanine

연습문제 10.8

$(H_3C)_2HC-CHO + H^+ \rightleftharpoons [(H_3C)_2HC-CH=\overset{+}{O}H] + \ddot{N}H_3 \rightleftharpoons [(H_3C)_2HC-CH(\ddot{O}H)-\overset{+}{N}H_3] \rightleftharpoons$

$(H_3C)_2HC-CH(\overset{+}{O}H_2)-\ddot{N}H_2 \xrightleftharpoons{-H_2O} [(H_3C)_2HC-CH=\overset{+}{N}H_2] + {}^-CN \rightleftharpoons (H_3C)_2HC-CH(NH_2)-C\equiv\ddot{N} + H^+$

$\rightleftharpoons [(H_3C)_2HC-CH(NH_2)-C\equiv\overset{+}{N}H] + H_2\ddot{O} \rightleftharpoons (H_3C)_2HC-CH(NH_2)-C(=\ddot{N}H)-\overset{+}{O}H_2 \rightleftharpoons$

$[(H_3C)_2HC-CH(NH_2)-C(OH)=\overset{+}{N}H_2] + H_2\ddot{O} \rightleftharpoons (H_3C)_2HC-CH(NH_2)-C(OH)(\ddot{N}H_2)-\overset{+}{O}H_2 \rightleftharpoons$

$[(H_3C)_2HC-CH(H_2N)-C(\ddot{O}H)(OH)-\overset{+}{N}H_3] \rightleftharpoons (H_3C)_2HC-CH(NH_2)-C(=\overset{+}{O}H)-OH + \ddot{N}H_3 \rightleftharpoons [(H_3C)_2HC-CH(NH_2)-C(=O)-OH] + \overset{+}{N}H_4$

Valine

(화살표 번호 1–22)

연습문제 10.9

(a) $HOOC-CH(R)-\ddot{N}H_2 + Cl-C(=O)-O-R'$ (Fmoc) $\rightarrow [HOOC-CH(R)-\overset{+}{N}H_2-C(O^-)(Cl)-O-R'] \rightarrow [HOOC-CH(R)-NH-C(\ddot{O}H)(Cl)-O-R']$

$[HOOC-CH(R)-NH-C(\ddot{O}H)(Cl)-O-R'] \xrightarrow{-HCl} HOOC-CH(R)-NH-C(=O)-O-R'$

Fmoc로 보호된 아미노산

R' = (9-fluorenyl)

(b) Fmoc로 보호된 아미노산 + piperidine $\xrightarrow{-(\text{piperidinium})}$ [carbanion intermediate]

$\xrightarrow{-CO_2}$ [dibenzofulvene (CH_2) + $HOOC-CH(R)-\bar{N}H$] $\rightarrow HOOC-CH(R)-NH_2$

(화살표 번호 1–7)

연습문제 10.10

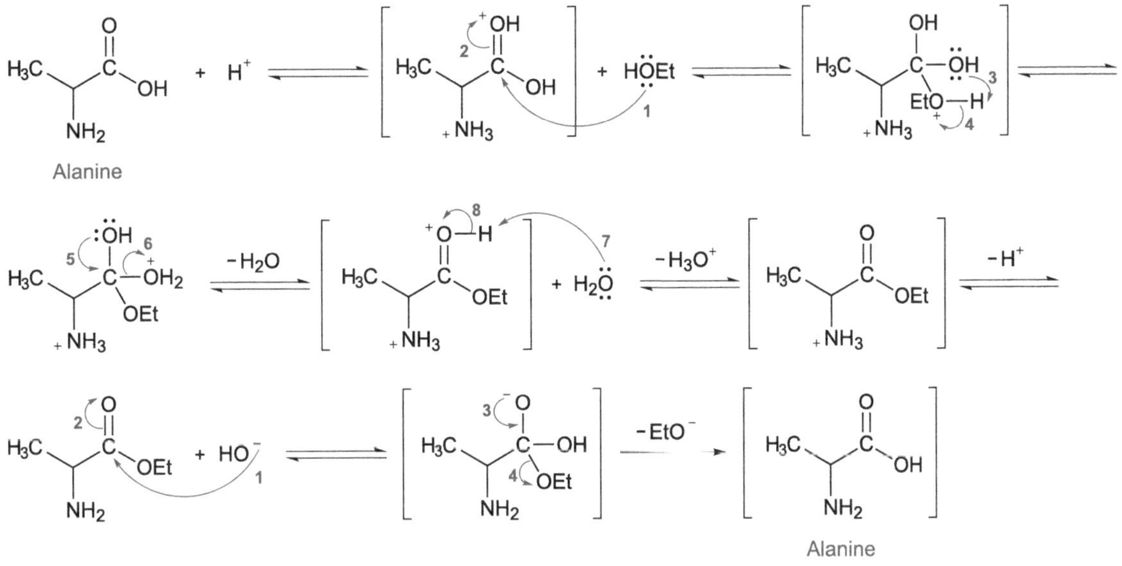

Alanine

H_3C ... NH_2 + H^+ ⇌ [...] + HÖEt ⇌ [...] ⇌

$-H_2O$ ⇌ [...] + $H_2\ddot{O}$; $-H_3O^+$ ⇌ [...] ; $-H^+$ ⇌

+ HO^- ⇌ [...] ; $-EtO^-$ → [...]

Alanine

연습문제 10.11

DCC

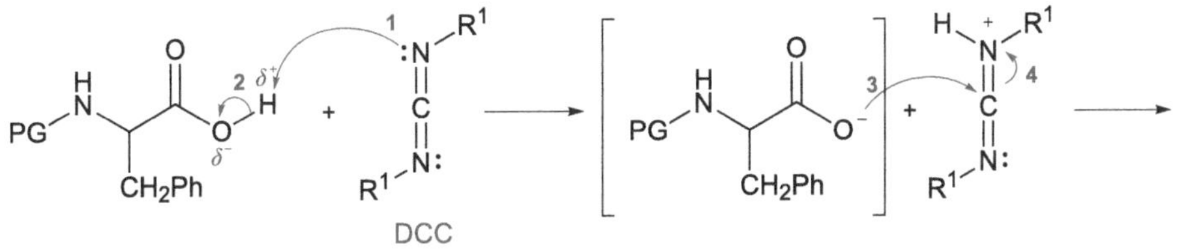

R^1 = Cycloxhexyl

PG = 보호기

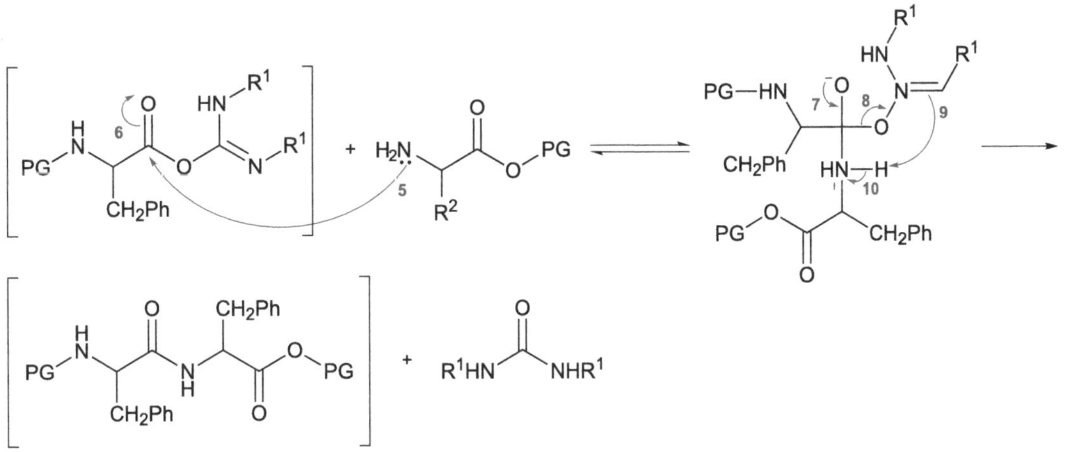

찾아보기

ㅅ

ㅇ

저자 소개

윤용진

성균관대학교 화학과를 졸업하고 동 대학교에서 이학석 · 박사 학위를 취득하였다. 카톨릭의과대학교 생화학교실과 미시간대학(앤아버)에서 연구하였고, 35년 동안 국립경상대학교 화학과에서 일반화학을 비롯한 유기화학 분야 과목들과 자연과학발달사를 강의하였다. 재직 기간에 의약화학, 농약화학 및 특히 피리다진(pyridazine) 화학 분야에 대해 주로 연구하였다.
저서로는 『일반화학 실험』, 『유기화학 실험』, 『기초 유기화학』, 『이공학도를 위한 Yoon's 유기화학』, 『생명과학자를 위한 Yoon's 유기화학』, 『Yoon's 유기합성』, 『유기화학 용어집』, 『뉴턴 음양오행설을 만나다』 및 『자연의 소통기술』 등이 있다.

윤효재

서강대학교 화학과에서 이학사를 취득하고 미국 노스웨스턴대학교 화학과에서 박사 학위를 취득하였다. 하버드대학교 화학과에서 박사후 연구를 진행한 후 2014년 고려대학교 이과대학 화학과로 부임하여 현재 부교수로 재직하고 있다. 다양한 유기 분자 및 고분자들에 기반한 물질의 합성, 물성 제어, 표면 화학적 이해에 관한 연구를 주로 수행하고 있다. 화학에 대한 열정이 가득한 대학원생들이 훌륭한 과학자가 되는 데 도움을 주고자 노력하고 있다.

한 권으로 끝내는

유기화학 기초 연습

저 자 윤용진·윤효재
발 행 인 김지영
발 행 처 자유아카데미
주 소 경기도 파주시 회동길 37-42
파주출판도시
전 화 031-955-1321
팩 스 031-955-1322
홈페이지 www.freeaca.com
전자우편 main@freeaca.com (대표)
editor@freeaca.com (편집)
crm@freeaca.com (영업)
등 록 제406-2003-017호, 1980. 7. 12
제1판1쇄 2020년 3월 25일 발행
정 가 37,000원

저자와의
협의하에
인지생략

ISBN 979-11-5808-252-9 93430

일반적인 작용기 구조와 이름

작용기	계열 이름 (우리말 용어)	IUPAC 끝 이름 (치환기 이름)
R—H	Alkane[*] (알케인)	-ane (alkyl-)
R—X	Alkyl halide (할로젠화 알킬)	없음 (halo-)
$R_2C{=}CR_2$	Alkene (알켄)	-ene (alkenyl-)
R—C≡C—R	Alkyne (알카인)	-yne (alkynyl-)
R—OH	Alcohol (알코올)	-ol (hydroxy-)
R—O—R	Ether (에터)	ether
R—SH	Thiol (싸이올)	-thiol (mercapto-)
R—S—R	Sulfide (설파이드)	sulfide
R—S—S—R	Disulfide (다이설파이드)	disulfide
R—S(=O)—R	Sulfoxide (설폭사이드)	sulfoxide
(benzene ring)	Aromatic (or arene) (방향족)	없음
$R{-}OPO_2^{-2}$	Phosphate	phosphate
R—C(=O)—H	Aldehyde (알데하이드)	-al
R—C(=O)—R	Ketone (케톤)	-one
R—C(=O)—OH	Carboxylic acid (카복실산)	-oic acid
R—C(=O)—X (X=halogen)	Acid halide (산 할로젠화물)	-oyl halide
R—C(=O)—O—C(=O)—R	Acid anhydride (산 무수물)	-oic anhydride
R—C(=O)—OR	Ester (에스터)	-ate
$R{-}C(=O){-}NR_2$	Amide (아마이드)	-amide
R—C≡N	Nitrile (나이트릴)	-nitrile (cyano-)
$R{-}NH_2$	Amine (아민)	-amine (amino-)
$R_2C{=}NR$	Imine (이민)	없음
$R{-}OPO_2^{-1}{-}OPO_2^{-2}$	Diphosphate	diphosphate

[*] Alkane의 작용기를 포함하지 않는 계열이지만, 이해를 돕기 위해 삽입하였다.

화합물의 차수 및 형태 구분

	1° (일차, primary)	2° (이차, secondary)	3° (삼차, tertiary)	4° (사차, quarternary)
Alkane	$R-\underset{H}{\overset{H}{C}}-H$	$R-\underset{R}{\overset{H}{C}}-H$	$R-\underset{R}{\overset{R}{C}}-H$	$R-\underset{R}{\overset{R}{C}}-R$
Alkyl halide	$R-\underset{H}{\overset{H}{C}}-X$	$R-\underset{R}{\overset{H}{C}}-X$	$R-\underset{R}{\overset{R}{C}}-X$	
Alcohol	$R-\underset{H}{\overset{H}{C}}-OH$	$R-\underset{R}{\overset{H}{C}}-OH$	$R-\underset{R}{\overset{R}{C}}-OH$	
Amine	$R-NH_2$	$R-\underset{R}{N}-H$	$R-\underset{R}{\overset{R}{N}}$	
알켄(Alkene)	$R_2C=CR_2$ 내부 알켄	$R_2C=CH_2$ 말단 알켄		
알카인(Alkyne)	$RC\equiv CR$ 내부 알카인	$RC\equiv CH$ 말단 알카인		